Grundlagen der elektrischen Energieversorgung

Von Dr.-Ing. habil. Gerhard Herold
Professor an der Universität Erlangen-Nürnberg

Mit 220 Bildern

B. G. Teubner Stuttgart 1997

Die Deutsche Bibliothek – CIP-Einheitsaufnahme

Herold, Gerhard:
Grundlagen der elektrischen Energieversorgung / von Gerhard Herold.
Stuttgart : Teubner, 1997
ISBN-13: 978-3-519-06187-8 e-ISBN-13: 978-3-322-87190-9
DOI: 10.1007/978-3-322-87190-9

Gesamtherstellung: Präzis-Druck GmbH, Karlsruhe
Einbandgestaltung: Peter Pfitz, Stuttgart

Vorwort

Die Versorgung mit Energie gehört zu den elementaren Bedürfnissen aller Menschen. Das Lebensniveau in den hochentwickelten Ländern der Erde konnte nur auf einer stabilen und leistungsfähigen energetischen Grundlage entstehen. Ohne Energie ist keine industrielle Produktion möglich, Energie verleiht Mobilität, erleichtert das Leben und ist das Fundament seiner Annehmlichkeiten. Weltweit unterscheidet sich der Pro-Kopf-Verbrauch an Energie um zwei bis drei Größenordnungen mit den entsprechenden Auswirkungen auf die Lebensbedingungen. Die Verringerung dieser Unterschiede bei schonendem Umgang mit allen verfügbaren Energiequellen ist nicht nur eine humanitäre, sondern auch eine existentielle Aufgabe. Daher wird die Auseinandersetzung mit Energiefragen auf lange Sicht von erstrangiger Bedeutung bleiben.

Die elektrische Energie nimmt seit dem Beginn ihrer großtechnischen Nutzung im Prozeß einer nachhaltigen energetischen Entwicklung auf der Erde wegen ihrer besonderen Eigenschaften und nicht zuletzt wegen ihrer hervorragenden Anpaßbarkeit an die Erfordernisse des Verbrauchs eine Schlüsselposition ein. Wir stehen am Beginn einer Entwicklung, in der in Kombination von moderner Leistungs- und Informationselektronik intelligente elektrische Betriebsmittel mit bisher unbekannten Gebrauchswerteigenschaften für eine rationelle Energieübertragung, -verteilung und -anwendung geschaffen werden, die zum weiteren Ausbau dieser Position beitragen wird. Elektrische Energieversorgung ist eine herausfordernde Aufgabe mit Zukunft.

Das vorliegende Buch entstand aus meiner Vorlesung "Grundlagen der elektrischen Energietechnik", die ich nun zum vierten Mal vor Studenten der Elektrotechnik des fünften Semesters an der Universität Erlangen-Nürnberg gehalten habe. Bei ihrer Konzeption ließ ich mich von der Ansicht leiten, daß man in der Ausbildung den aktuellen Entwicklungen in der elektrischen Energietechnik am besten durch Konzentration auf wichtige Grundlagen Rechnung tragen kann. Einerseits sollten es Grundlagen für weiterführende Vorlesungen sein. Andererseits lag es in meiner Absicht, Hörern, die später andere Spezialisierungsrichtungen einschlagen, "energietechnisches" Denken nahezubringen und so Verständnis und Offenheit für diese grundlegenden und zukunftsbestimmenden Fragen zu wecken.

Das erste Kapitel dient dem Überblick. Der grundsätzliche Aufbau von elektrischen Energieversorgungssystemen wird aus den Eigenschaften der elektrischen Energie abgeleitet. Nach einer Vorstellung typischer Netzstrukturen werden die wichtigsten elektrischen Betriebsmittel aufgeführt. Das zweite Kapitel faßt die für die elektrische Energietechnik wichtigen Grundlagen der Wechselstromtechnik zusammen. Es dient als Vorbereitung für die Auseinandersetzung mit symmetrischen Drehstromnetzwerken.

In der elektrischen Energieversorgung dominiert ungebrochen die Drehstromtechnik. Ihre Bedeutung hat sich durch die Entwicklungen auf dem Gebiet der modernen Leistungselektronik weiter erhöht. Das dritte Kapitel behandelt daher die in der elektrischen Energietechnik gebräuchlichen Koordinatentransformationen für Dreiphasensysteme in ihren wechselseitigen Zusammenhängen mit dem Ziel, Hilfsmittel für eine anschauliche

Beschreibung von Betriebsvorgängen in Drehstromsystemen bereitzustellen. Das Fundament für diese Betrachtungen ist die Transformation von Dreiphasensystemen in Raumzeiger und Nullgrößen.

Der Prozeß der elektrischen Energieversorgung wird sowohl im Hinblick auf quantitative Aspekte als auch auf seine Qualität durch Größen wie den Wirkungsgrad, die Wirk-, die Schein- und die Blindleistung sowie den Leistungsfaktor beschrieben. Unter dem Stichwort "Energiequalität" ist das Interesse an diesem Problemkreis vor allem im Zusammenhang mit dem zunehmenden Einsatz von leistungselektronischen Anlagen in Energieversorgungsnetzen sehr hoch. Die Beschränkung auf Leistungsgrößen bei kosinusförmigen Strömen und Spannungen ist daher nicht mehr zeitgemäß. Andererseits ist die wissenschaftliche Diskussion über verallgemeinerte, von den Zeitfunktionen der Ströme und Spannungen unabhängige, Leistungsgrößen noch nicht abgeschlossen. Dieser Situation angepaßt wird hier der Versuch unternommen, die Leistungstheorie möglichst allgemein aufzubauen und dabei doch mit wenigen Begriffen und Kenngrößen, die auf eine physikalisch interpretierbare Grundlage zurückgeführt werden können, auszukommen. Zwangsläufig kann so der wissenschaftliche Bearbeitungsstand nicht in allen seinen Aspekten widergespiegelt werden.

Das letzte Kapitel beschäftigt sich mit Fragen der wirtschaftlichen Energieversorgung angefangen von den Gestehungskosten für elektrische Energie über die Lastverteilung bis hin zur wirtschaftlichen Auslastung elektrischer Betriebsmittel. Nicht zuletzt soll hier die Erkenntnis vermittelt werden, daß elektrische Energieversorgung nur dann wirtschaftlich gestaltet werden kann, wenn das komplexe System über große Zeiträume betrachtet wird. Die Ansätze des Integrated-Ressource-Planning begründen ihre Wirkungen auf einer Erweiterung der Grenzen über das eigentliche elektrische System hinaus. Sie lassen sich von der Erkenntnis leiten, daß die Energieprobleme nur durch Erfassung immer komplexerer Zusammenhänge gelöst werden können.

Ein Buch wie das vorliegende ist in gewisser Weise immer ein Gemeinschaftswerk. So bin auch ich vielen Menschen für ihre Hilfe bei seiner Erarbeitung zu Dank verpflichtet. Mein besonderer Dank gilt Herrn Dipl.-Ing. Christian Weindl, der bei der Korrektur und Nachrechnung weder Zeit noch Mühen gescheut hat. Auch Frau Ingrid Willner, Frau Gertraud Stumpf, Frau Johanna Biegel und Herrn Tobias Knoll schulde ich großen Dank dafür, daß sie meine Computermanuskripte in eine dem Leser zumutbare Form gebracht haben. Schließlich danke ich dem Teubner-Verlag für die gute und fördernde Zusammenarbeit.

Erlangen, im Februar 1997 Gerhard Herold

Inhaltsverzeichnis

1 AUFBAU VON ELEKTRISCHEN ENERGIEVERSORGUNGSSYSTEMEN

2 GRUNDLAGEN DER WECHSELSTROMTECHNIK

4 LEISTUNGEN IN ELEKTROENERGIESYSTEMEN

1 Aufbau von elektrischen Energieversorgungssystemen

1.1 Energie und menschliche Entwicklung

1.1.1 Zum Begriff der Energie

Der Begriff **Energie** ist aus dem Griechischen entlehnt und bedeutet "wirkende Kraft". Im Deutschen verwenden wir das Wort Energie für verschiedene Inhalte. Physikalisch bedeutet für uns Energie **die Fähigkeit eines Stoffes, Körpers oder Systems, Arbeit zu verrichten**. Diese Definition gilt im übertragenen Sinne auch für viele umgangssprachliche Wortverbindungen wie Energiequellen, Energiereserven, Energieträger usw.

Unter naturwissenschaftlichen Kriterien wird die Energie nach ihrer Erscheinungsart verschiedenen **Energieformen** zugeordnet. Vereinfacht können wir sechs solcher Erscheinungsformen unterscheiden:

1. **Mechanische Energie:** Mechanische Energie äußert sich als Bewegungsenergie (kinetische Energie) (fließendes Wasser, strömendes Gas (Wind), geschleuderter Stein) oder als Energie aufgrund der Lage (potentielle Energie) (gestautes Wasser, komprimiertes Gas, gespannte Feder).

2. **Thermische Energie:** Wärmeenergie, die in einem Körper aufgrund der ungeordneten Bewegung seiner atomaren Bausteine (Atome, Moleküle) vorhanden ist (kochendes Wasser, glühender Stahl, Gasflamme).

3. **Chemische Energie:** Chemische Energie ist in Stoffen gebundene Energie, die durch chemische Reaktionen freigesetzt werden kann (Verbrennung fester, flüssiger und gasförmiger Brennstoffe unter Entstehung von Wärme und Licht).

4. **Elektrische Energie:** Sie ist an Ladungsträger gebundene Energie, die in kinetischer (elektrischer Strom in einer Leitung → bewegte Ladungsträger) oder potentieller Form (gespeicherte Ladung in einer Batterie oder einem Kondensator) auftreten kann.

5. **Elektromagnetische Energie:** Sie setzt das Vorhandensein bewegter elektrischer Ladungsträger voraus und ist an zeitlich veränderliche (periodische) elektrische und magnetische Felder gebunden (Rundfunk- und Fernsehwellen, Licht, Wärmestrahlung, Röntgenstrahlen, Gammastrahlen usw.).

6. **Kernenergie:** Sie ist in Atomkernen gebundene Energie, die bei bestimmten Kernreaktionen freigesetzt werden kann (Spaltung von Uran-Atomkernen, Fusion von Wasserstoffkernen).

Für technische Anwendungen ist es von entscheidender Bedeutung, daß sich die einzelnen Energieformen ineinander umwandeln lassen. Dabei gilt der **Energieerhaltungssatz**: In einem abgeschlossenen System ist die Summe aller Energiemengen stets konstant. Diese Umwandlung ist jedoch immer mit Verlusten in Form von Wärme verbunden. Allen Umwandlungsmechanismen ist deshalb gemeinsam, daß neben der gewünschten Energieform auch Wärme entsteht. Sie hat als Energieform eine Sonderstellung, da nach dem zweiten Hauptsatz der Thermodynamik gleiche Mengen von Wärmenergie nicht gleich wertvoll in Bezug auf ihre Umsetzbarkeit in Arbeit sind.

Der Wert von Wärmeenergie hängt auch von der Temperatur ab. Eine gegebene Menge Wärme kann nur mit zusätzlicher Arbeit auf ein höheres Temperaturniveau gebracht werden. Alle Energieumwandlungen enden daher in der Freisetzung von Wärme niedrigen Temperaturniveaus. Energieverbrauch ist aus dieser Sicht Energieentwertung. Der Verbrauch von Energiereserven ist ein Umsatz von vielfältig umwandelbaren Energieformen in eine nur beschränkt umwandelbare Energieform.

Aus energiewirtschaftlicher Sicht wird der Begriff Energie nicht nur unter physikalischen Aspekten betrachtet, sondern auch hinsichtlich der Herkunft und der Verwendung von Energiearten. Alle Energieträger, die in der Natur vorkommen und nicht durch technologische Prozesse umgewandelt oder veredelt sind, werden als Primärenergien (**Primärenergieträger**) bezeichnet. Beispiele dafür sind Kohle, Uran, Erdgas, Erdöl, Sonnenstrahlung, Windkraft, Wasserkraft, Biomasse, Erdwärme. Sonnenstrahlung, Windkraft, Wasserkraft, Biomasse, Erdwärme sind sich ständig erneuernde (**regenerative**) Primärenergieträger. Kohle, Uran, Erdgas, Erdöl brauchen sich dagegen auf.

Die meisten Primärenergien sind für eine direkte Nutzung wenig geeignet. Um sie den Bedürfnissen der Energieversorgung anzupassen, werden sie in **Sekundärenergien** umgewandelt. Beispiele dafür sind die Umwandlung von Kohle in Elektrizität oder Fernwärme, die Umwandlung von Erdöl in Benzin oder Heizöl, die Umwandlung von Wasser- und Windkraft in elektrische Energie.

Nach entsprechender Aufbereitung werden den Verbrauchern Primär- oder Sekundärenergien als **Endenergien** zur Verfügung gestellt. Die Verbraucher (Haushalte, Gewerbe, Industrie, Verkehr) wandeln die Endenergie in **Nutzenergie** um. Am Ende der Kette steht die sogenannte "Energie-Dienstleistung": der geheizte oder beleuchtete Raum, die laufende Maschine, das fahrende Verkehrsmittel usw.. Für den Nutzer der Energie-Dienstleistung ist es oft unerheblich, auf welchem Weg und mit welcher Energie sie zustande gekommen ist.

1.1.2 Wichtige Primärenergieträger

Die genannten Energieträger unterscheiden sich nicht nur durch Form und Verwendungszweck voneinander, sondern auch durch ihren **Energiegehalt**. Um Vergleiche zu ermöglichen, wird meist die Energiemenge angegeben, die bei der vollständigen Verbrennung einer bestimmten Menge des jeweiligen Energieträgers freigesetzt werden würde. Eine Maßeinheit dafür ist das **Joule (J)**. Die Tabelle 1.1. zeigt die durchschnittlichen Energiegehalte verschiedener Energieträger.

Tabelle 1.1: Energiegehalt verschiedener Primärenergieträger

Menge	Energieträger	Energiegehalt
1 kg	Braunkohle	9,0 MJ
1 kg	Torf	11 MJ
1 kg	Holz	14,7 MJ
1 kg	Steinkohle	29,3 MJ
1 m^3	Erdgas	31,7 MJ
1 kg	Rohöl	42,6 MJ
1 kg	Heizöl, leicht	42,7 MJ
1 kg	Benzin	43,5 MJ
1 kg	Kernbrennstoff (Urandioxid angereichert auf 3,2 %)	2 416 838,4 MJ
1 kWh	Elektroenergie	3,6 MJ

Energiemengen (vor allem Primärenergien) werden häufig noch in sogenannten **Steinkohleneinheiten (SKE)** angegeben. Eine Steinkohleneinheit entspricht der in der Tabelle 1.1. angegebenen Energiemenge, die bei der vollständigen Verbrennung von einem Kilogramm Steinkohle bestimmter Qualität (29,3 MJ/kg) freigesetzt wird. Um größere Energiemengen zu bezeichnen, verwendet man die Maßeinheit Tonnen **Steinkohleneinheiten (t SKE)**. Der Energieinhalt einer Tonne Steinkohle entspricht dem von 0,7 Tonnen Rohöl, 925 m^3 Erdgas oder etwa 12 g Kernbrennstoff aus Urandioxid.

Der natürliche Kreislauf des Wassers auf der Erde speichert ständig potentielle mechanische Energie, die sich in Form der Wasserkraft nutzen läßt, wenn entsprechende geographische Bedingungen erfüllt sind. Die nutzbare Energiemenge wird durch die zur Verfügung stehende Wassermenge und die vorhandene Gefällehöhe bestimmt. Wasserkraft ist die gegenwärtig ergiebigste regenerative Energiequelle für die Stromerzeugung. Ihr Anteil an der Stromerzeugung beträgt zur Zeit weltweit ca. 19%, in Deutschland liegt er bei etwa 4 %.

Auch Wind läßt sich besonders in Küstengebieten und exponierten Lagen im Binnenland zur Stromerzeugung nutzen. Ab Windgeschwindigkeiten von etwa 4,6 m/s ist der Bau von Windkraftwerken heute wirtschaftlich. Die niedrige Dichte der Luft führt zwangsläufig zu einer niedrigen Dichte der Windenergie. Der Flächenbedarf für Windkraftwerke ist daher etwa 100mal so groß wie der konventioneller thermischer Kraftwerke. Der Flächenbedarf bestimmt die Kosten für ein Kraftwerk entscheidend.

Die Solarenergie ist einer der umweltfreundlichsten Energieträger. Sie ist für menschliche Vorstellungen unerschöpflich und sowohl bei der Erzeugung von Wärme als auch elektrischer Energie einfach zu handhaben. Ihr Nachteil besteht in der Abhängigkeit der Strahlungsleistung von der Tages- und Jahreszeit und der geographischen Lage. Die Intensität der solaren Strahlung beträgt außerhalb der Erdatmosphäre 1353 W/m^2. Man bezeichnet diesen Wert als Solarkonstante. Die Strahlung wird in der Atmosphäre erheblich abgeschwächt. In Deutschland trifft auf einer horizontalen Fläche noch eine

Strahlungsleistung von der Tages- und Jahreszeit und der geographischen Lage. Die Intensität der solaren Strahlung beträgt außerhalb der Erdatmosphäre 1353 W/m^2. Man bezeichnet diesen Wert als Solarkonstante. Die Strahlung wird in der Atmosphäre erheblich abgeschwächt. In Deutschland trifft auf einer horizontalen Fläche noch eine Strahlungsleistung von 114 W/m^2 auf. Dies entspricht über das Jahr gemittelt einer Energiemenge von 1000 kWh/(m^{2}a). In der Sahara betragen die Strahlungsleistung der Sonne 291 W/m^2 und die mittlere jährliche Energiemenge 2550 kWh/(m^{2}a). Die mittlere eingestrahlte Energiemenge verteilt sich ungleichmäßig über das Jahr. In unseren Breiten fallen etwa 80% in den Sommermonaten und 20 % in den Wintermonaten an.

Eine steigende Bedeutung in der Energieerzeugung erlangten in den vergangenen Jahren auch Müll, Deponie- und Klärgase. Regenerative Energieträger außer der Wasserkraft sind in Deutschland etwa mit 0,7 % in der Stromerzeugung beteiligt.

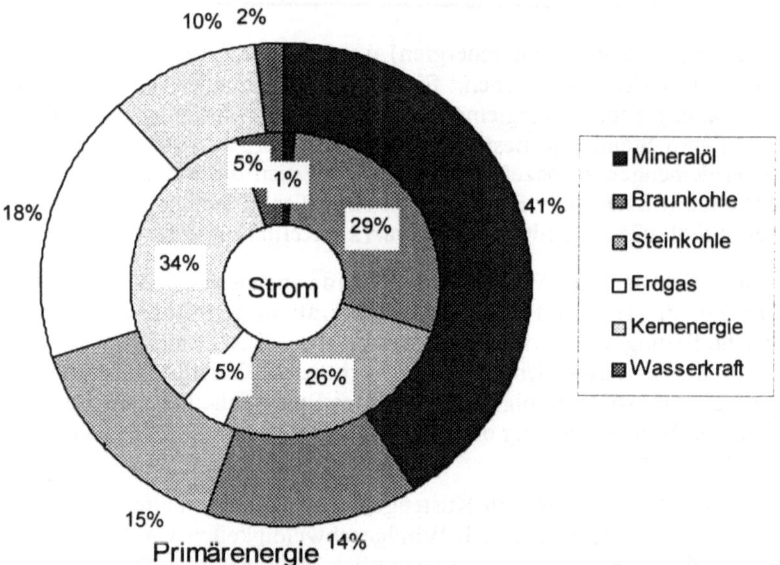

Bild 1.1 : Anteil der Primärenergieträger an der Energie- und Stromversorgung in Deutschland 1995

Bild 1.1 zeigt im äußeren Ring den Anteil der Primärenergieträger an der gesamten Energieversorgung in Deutschland im Jahr 1995. Der innere Ring stellt ihren Anteil an der Stromerzeugung dar. Bild 1.2 gibt im Vergleich dazu einen Überblick über die Primärenergienutzung in der Dritten Welt. Beide Bilder belegen den sehr hohen Anteil fossiler Energieträger an der Energieversorgung. Nach bekannten Prognosen wird sich daran in den nächsten Jahrzehnten wenig ändern.

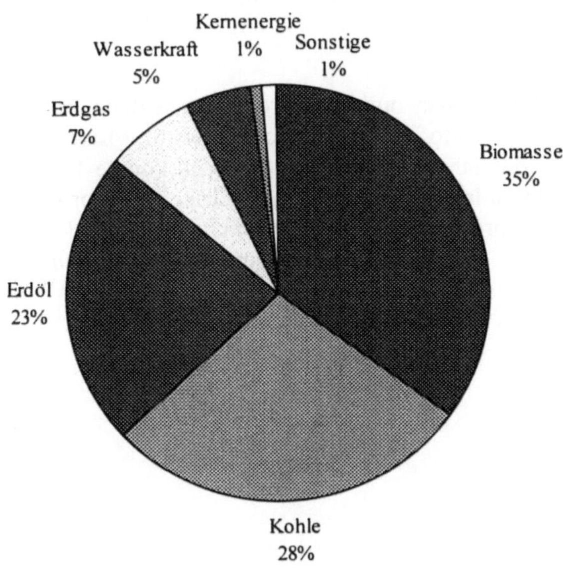

Bild 1.2 : Anteil der Primärenergieträger an der Energieversorgung in der Dritten Welt

1.1.3 Kulturelle Entwicklung des Menschen und Energienutzung

Die kulturelle Entwicklung des Menschen ist eng mit seiner Fähigkeit verknüpft, sich Energiequellen für seine Zwecke nutzbar machen zu können. Das Feuer ist die älteste Energiequelle der Menschheit. Sie wird seit etwa 400000 Jahren genutzt. Seine Verwendung wurde um 4000 v. Chr. entscheidend durch die erworbene Fähigkeit, Metalle zu gewinnen, verbreitert. Neben dem Feuer war die Muskelkraft von Mensch und Tier lange Zeit die einzige weitere Energiequelle.

Das Wasserrad ist ab dem 7. Jahrhundert v. Chr. aus Ägypten überliefert. Es diente dort der Bewässerung und dem Antrieb von Mühlen. Windmühlen kennen wir ab dem 8. Jahrhundert n. Chr. aus Afghanistan. In Europa hielten sie erst im 12. Jahrhundert Einzug. Die Nutzung von Dampf als Kraftquelle war erst am Ende des 17. Jahrhunderts erfolgreich. In den Jahren 1765 bis 1784 konstruierte der schottische Mechaniker James Watt die ersten gewerblich nutzbaren Dampfmaschinen. Eine seiner ersten Maschinen hatte eine Leistung von 10 PS (7,353 kW) und verbrauchte in der Stunde 57 kg Kohle. Sie konnte nur 1,6 % der in der Kohle gespeicherten Energie in mechanische Energie umwandeln. Ungeachtet dessen ist die Dampfmaschine der Beginn der stürmischen industriellen Entwicklung, weil ihre Nutzung das Arbeitsvermögen des Menschen entscheidend steigerte.

Die Spaltung von Urankernen durch Neutronenbestrahlung wurde im Jahre 1938 von dem deutschen Physiker Otto Hahn nach Vorarbeiten mit Lise Meitner in Zusammenarbeit mit Friedrich Straßmann entdeckt. Enrico Fermi konnte 1942 die erste kontrollierte Kettenreaktion ablaufen lassen. Der erste Versuchskernreaktor ging im Jahr 1951 in den USA in Betrieb. Im Jahre 1956 wurde das Kernkraftwerk Calder Hall in Großbritannien nach nur 38monatiger Bauzeit in Betrieb genommen. Im Jahre 1961 ging der erste Kernreaktor in Deutschland (Kahl) mit einer Leistung von 15 MW in Betrieb.

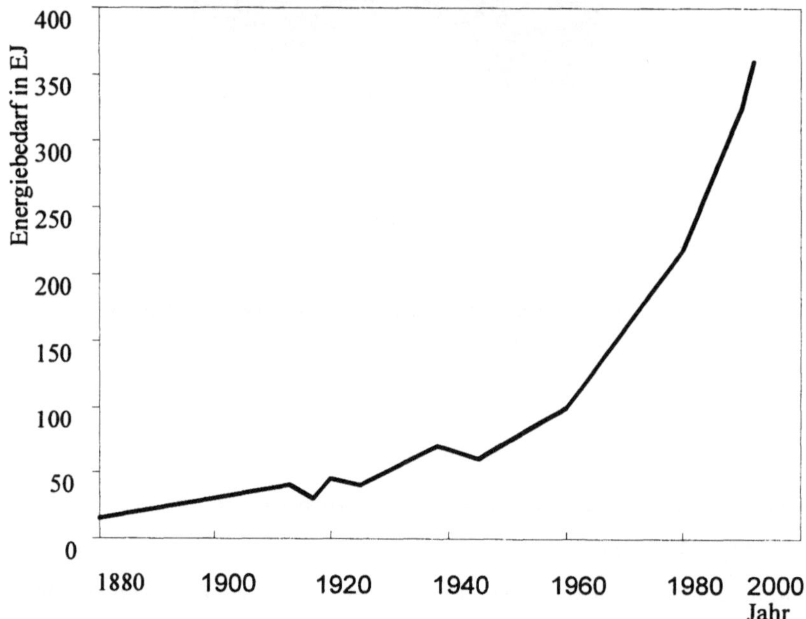

Bild 1.3 : Entwicklung des weltweiten Energiebedarfs (1 EJ = 10^{18} J)

Die Entwicklung der Energienutzung durch den Menschen ist mit fortschreitender Zeit durch Erschließung immer höherer Energiedichten gekennzeichnet. Jeder Übergang zu einer höheren Energiedichte eröffnete für den Menschen neue Optionen. Erst durch die Nutzung von Kohle, Öl und Gas konnte z. B. eine moderne Chemie entwickelt werden. Auf der Basis einer Energieversorgung mit Wasser- und Windmühlen war man nur zur Beherrschung von chemischen Prozessen auf niedrigem Temperaturniveau in der Lage. Ebenso hatten Alchimisten auf der Basis von fossilen Energieträgern keine Chance, ein chemisches Element in ein anderes umzuwandeln. Die mit der Energienutzung eröffneten Optionen sind aber auch mit Gefahren und Risiken verknüpft, deren Beherrschung eine außerordentlich hohe Beachtung geschenkt werden muß.

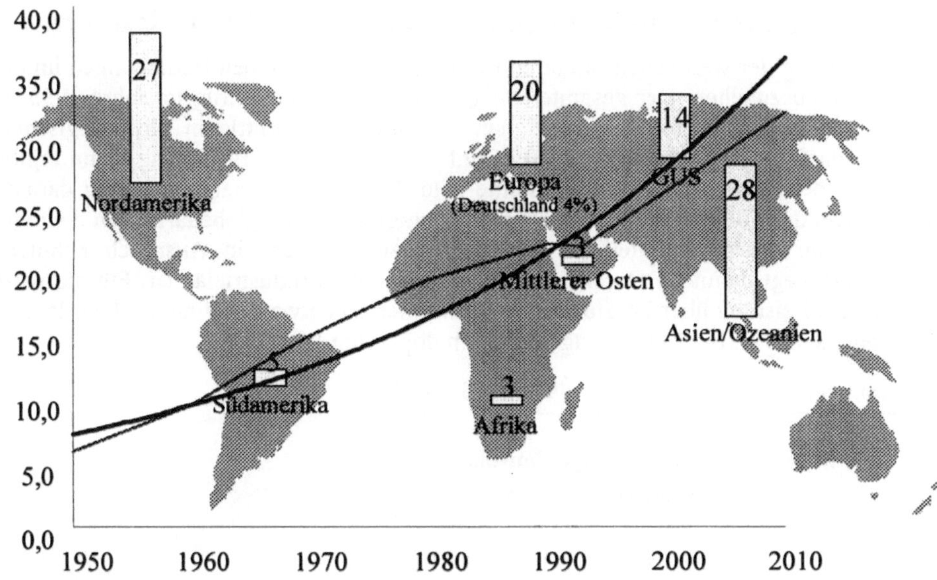

Bild 1.4 : Globale CO_2-Emissionen infolge der Energieerzeugung in Mrd. t

Die Bedeutung der Energienutzung für die menschliche Entwicklung hat den Energiebedarf im Laufe der industriellen Entwicklung weltweit ansteigen lassen. Das wird aus dem Bild 1.3 deutlich. Der weltweite Energieverbrauch wächst ab 1880 stetig. Einschnitte des Wachstums werden lediglich durch den Ersten Weltkrieg, die Weltwirtschaftskrise um 1930 und den Zweiten Weltkrieg verursacht. Um 1950 begann ein gewaltiger Anstieg des Energieverbrauchs. Er führte innerhalb von dreißig Jahren zur Verdreifachung der weltweit eingesetzten Energiemenge. Diese Entwicklung beruhte auf der Nutzung von Erdöl und Erdgas.

Bedeutsam für die Zukunft ist die Tatsache, daß die Steigerung des Energiebedarfs im wesentlichen nur in den hochentwickelten Industrienationen der Erde stattgefunden hat. Der hohe Anteil fossiler Primärenergieträger an der Energieerzeugung hat nach Bild 1.4 zu einem starken Anstieg der CO_2-Emissionen geführt. Bild 1.4 zeigt auch die ungleichmäßige Aufteilung des CO_2-Ausstoßes auf die einzelnen Erdteile.

1.1.4 Energieverbrauch in den entwickelten Industrieländern

Zur Beurteilung der weltweiten Situation ist es angebracht, von den Bedingungen im eigenen Land auszugehen. Der gesamte Primärenergieverbrauch betrug im Jahre 1995 in Deutschland 486 Mio. t SKE. Setzt man ihn mit einem mittleren physiologischen Energiebedarf des Menschen von 2500 kcal/d (10460 kJ/d) in Beziehung, dann ergibt sich das in der Gleichung (1.1) dargestellte Bild. Unser Lebensstandard beruht darauf, daß wir etwa das 50fache unseres eigenen physiologischen Energiebedarfs, von dem wir wiederum nur einen Bruchteil in Arbeit umsetzen können, in Anspruch nehmen. Deutschland liegt damit im Durchschnitt der entwickelten Industrieländer. Für sie wird eine mittlere Leistung über 24 Stunden je Einwohner von etwa 6 kW angegeben. In den USA liegt sie mit 12 bis 13 kW ungefähr beim doppelten Wert.

$$
\begin{array}{c}
\underbrace{486\ Mio.\,t\ SKE \,\hat{=}\, 3955{,}5\ TWh \quad \cap \quad 79{,}5\ Mio.\ \text{Einwohner}}\\
\Downarrow\\
\text{mittlere Leistung über 24 h je Einwohner}\\
\underbrace{5{,}680\ kW}\\
\Downarrow\\
\dfrac{5680\ W}{121\ W}\approx 47\\
\Uparrow\\
\overbrace{121\ W}\\
\text{mittlere Leistung über 24 h je Mensch}\\
\Uparrow\\
\overbrace{2500\ kcal \,\hat{=}\, 2{,}908\ kWh \quad \cap \quad \text{ein Mensch}}
\end{array}
\tag{1.1}
$$

Der Verbrauch von elektrischer Energie betrug im Jahr 1995 in Deutschland 455,9 TWh. Wenn wir die oben für die gesamte Primärenergie angestellte Rechnung für die elektrische Energie durchführen, dann erhalten wir

$$
\begin{array}{c}
\underbrace{455{,}9\ TWh \quad \cap \quad 79{,}5\ Mio.\ \text{Einwohner}}\\
\Downarrow\\
\text{mittlere Leistung über 24 h je Einwohner}\\
\underbrace{655\ W}\\
\Downarrow\\
\dfrac{655\ W}{121\ W}\approx 5
\end{array}
\tag{1.2}
$$

Etwa das 5fache unseres täglichen physiologischen Energiebedarfs nehmen wir in Form von elektrischer Energie in Anspruch. Mag diese Rechnung die realen Verhältnisse auch sehr vereinfachen, so verdeutlicht sie doch die Bedeutung einer gesicherten Energieversorgung für das Leben der Menschen in den hochentwickelten Industrieländern der Erde.

1.1.5 Energieversorgung in den Entwicklungsländern

Die mittlere Leistung über 24 Stunden je Einwohner liegt in den weniger entwickelten Ländern der Erde etwas über einem Kilowatt bis maximal 1,5 kW. Die verständlichen Bestrebungen nach einer Verbesserung und gegebenenfalls einem Angleich der Lebensbedingungen in den Ländern der Dritten Welt wird daher mit einem drastischen Anstieg des Energieverbrauchs einhergehen. Dabei geht es nicht allein um die Erhöhung der mittleren verfügbaren Leistung je Einwohner.

Diese Entwicklung spielt sich vielmehr vor dem Hintergrund eines starken Wachstums der Bevölkerung in diesen Ländern ab. Gegenwärtig leben auf der Erde etwa 5,6 Milliarden Menschen. Man hofft, daß sich die Bevölkerungszahl bis zum Ende des nächsten Jahrhunderts auf 12 bis 14 Milliarden stabilisieren wird. Erschwerend kommt hinzu, daß sich das Bevölkerungswachstum nicht in der Fläche vollzieht, sondern daß ein Trend der Zunahme von sogenannten Mega-Städten zu beobachten ist. Im Jahre 1900 gab es auf der Erde die fünf Millionenstädte London, Paris, Berlin, Wien und New York. Heute gibt es bereits 300 Millionenstädte und für das Jahr 2020 erwartet man 600 Städte mit mehr als 20 Millionen Einwohner. Diese Entwicklung führt nicht nur zu großen Schwierigkeiten in der Energieversorgung, sondern darüberhinaus in der gesamten Infrastruktur. Ein optimistisches Szenario für das Jahr 2040 geht von folgenden Annahmen aus :

$$\underbrace{\begin{array}{lll} \multicolumn{3}{l}{\text{Stabilisierung der Weltbevölkerung auf 12 Mrd. Menschen}} \\ \text{USA} & \Rightarrow & 12\,kW/Kopf(1993) \rightarrow 3\,kW/Kopf \\ \text{OECD} & \Rightarrow & 6\,kW/Kopf(1993) \rightarrow 3\,kW/Kopf \\ \text{Drittweltländer} & \Rightarrow & 1{,}5\,kW/Kopf(1993) \rightarrow \text{nur } 3\,kW/Kopf \end{array}}_{\Downarrow \atop \underline{\text{3-facher Energieverbrauch gegenüber 1995}}} \tag{1.3}$$

Trotz drastischer Energiesparmaßnahmen in den entwickelten Ländern wird sich nach diesem Szenario der Energieverbrauch gegenüber 1995 verdreifachen. Durch die starke Nutzung fossiler Energieträger wird die Umweltbelastung stark zunehmen.

Aus der geschilderten Situation erwachsen folgende Aufgaben:

1. In den entwickelten Ländern sind alle Möglichkeiten zur Energieeinsparung konsequent auszuschöpfen. Wir werden später sehen, daß neben vielen anderen Wegen dem Einsatz von Strom anstelle anderer Energieträger eine sehr hohe Bedeutung beigemessen werden muß.

2. Die Industrieländer müssen ihre Anstrengung bei der Entwicklung neuer Energietechnologien verstärken und ihr Know-How im Bereich der Energieerzeugung und -anwendung in den Entwicklungsländern stärker einbringen. Sie müssen alles dafür tun, daß entwicklungsbedingte "Fehler" in ihrer eigenen Vergangenheit zukünftig in den Entwicklungsländern vermieden werden.

3. Energieversorgung ist eng an weltpolitische Verhältnisse gebunden. Daher sind der Einsatz und der gute Wille aller Länder zur Beseitigung politischer Unwägbarkeiten

gefordert, denn sie sind gegenwärtig das vielleicht größte Hindernis für die schnelle weltweite Verbreitung effizienter Energiesysteme.

4. Energiebewußtes Denken und Handeln, der sorgsame Umgang mit allen Formen der Energie, gehört angesichts der weltweiten Energiesituation und ihrer möglichen Entwicklungsrichtungen zu den moralischen Werten aller Menschen. Die Erziehung in Energiefragen, die langfristig zu einem Wandel des Lebenstils führen soll, ist daher von außerordentlich hoher Bedeutung.

Der Aufbau einer sicheren und stabilen Energieversorgung unter größtmöglicher Schonung der verfügbaren Ressourcen an Primärenergieträgern und der Umwelt ist eine der größten Herausforderungen in den kommenden Jahren und Jahrzehnten.

1.2 Eigenschaften der elektrischen Energie

1.2.1 Erzeugung und Anwendung

Elektrische Energie kann aus jedem verfügbaren Primärenergieträger mit vergleichsweise hohem Wirkungsgrad erzeugt werden. Sie läßt sich nahezu unbegrenzt und mit hohem Wirkungsgrad in alle Nutzenergieformen umwandeln.

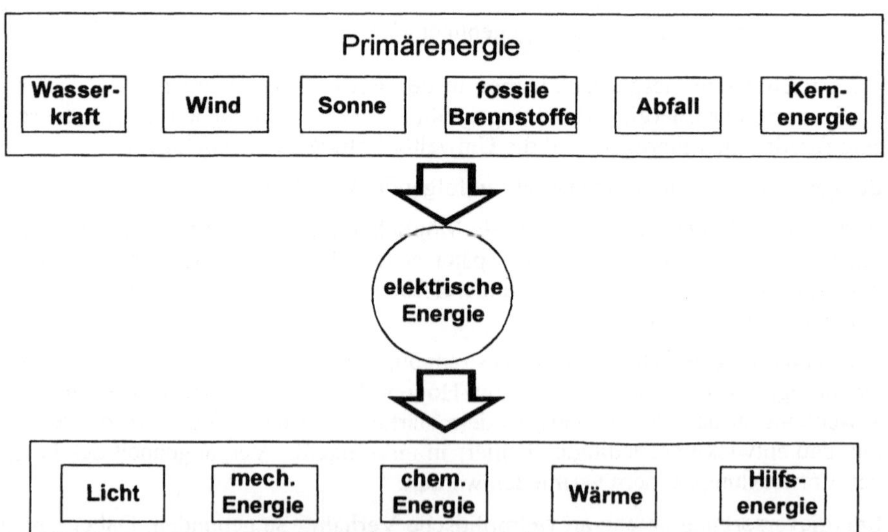

Bild 1.5 : Elektrische Energie als Sekundärenergie

Man spricht von einem Quasimonopol der Anwendung, weil die Umwandlung elektrischer Energie im Vergleich zu anderen Rohenergieformen meist einfacher und mit geringerem Aufwand durchführbar ist. Bei einer Vielzahl von Anwendungen hat sie eine Schlüsselstellung inne (Licht, Kommunikation, Datenverarbeitung). Bild 1.5 gibt einen Überblick über die elektrische Energie als Sekundärenergie von der Erzeugung von Licht bis hin zur Bereitstellung von Hilfsenergie zur Versorgung von informationsverarbeitenden Anlagen und Geräten.

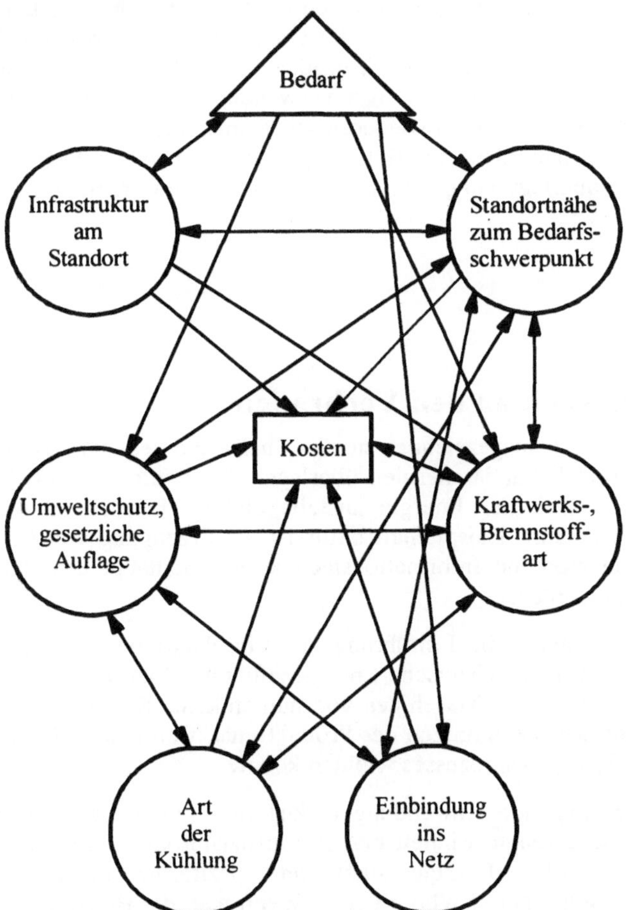

Bild 1.6 : Einflußparameter auf die Standortfindung von Kraftwerken

Elektrische Energie kann theoretisch überall erzeugt werden. Praktisch müssen jedoch bei der Standortfindung von Kraftwerken ausgehend von einem vorhandenen Bedarf eine Vielzahl von Einflußparametern in ihren gegenseitigen Wechselwirkungen nach Bild 1.6 berücksichtigt werden. Die Kosten für das Kraftwerk nehmen dabei eine zentrale Stellung ein.

Das Gewicht der Einflußparameter hängt sehr vom jeweiligen Einzelfall ab. Ausgangspunkt bei der Kraftwerksplanung ist die Belastung am Einspeiseort im elektrische Netz in ihrer maximalen Höhe und ihrem zeitlichen Verlauf. Davon wird unter Berücksichtigung des Standes der Technik die Kraftwerksgröße bestimmt. Nun kann man Überlegungen zum einzusetzenden Brennstoff anstellen. Diese wirken sich wiederum auf den Wirkungsgrad des Kraftwerkes und die Belastungen der Umwelt aus. Eine zentrale Frage beim Bau von Kraftwerken ist die Kühlung. Bei konventionellen Dampfkraftwerken müssen aus thermodynamischen Gründen ca. 50 % der eingesetzten Primärenergie bei Temperaturen von 20 bis 35 °C an die Umgebung abgegeben werden. Bei Kernkraftwerken ist dieser Anteil sogar noch größer. Zur Kühlung kann Frischwasser (z.B. Flußwasser) eingesetzt werden oder man verwendet in Naß- und Trockenkühltürmen Luft als Kühlmedium. Davon wird wiederum die Primärenergieausnutzung im Kraftwerk bestimmt. Beides ist außerdem mit Belastungen der Umwelt verbunden, die in jedem Einzelfall sorgsam überlegt und gegeneinander abgewogen werden müssen.

1.2.2 Anpaßbarkeit an den Verbrauch

Elektrische Energie ist ausgezeichnet steuer-, meß- und regelbar. Darin ist sie allen anderen Primär- und Sekundärenergien überlegen. Im Laufe der Entwicklung hat die Anwendung von elektrischer Energie anstelle anderer Formen häufig zu positiven externen Effekten geführt. Beispielhaft dafür ist die Erzeugung von Licht mit elektrischem Strom. Die moderne Informationstechnik ist überhaupt erst durch elektrische Energie möglich geworden.

Der Elektromotor erlaubte die Einführung des Einzelantriebes für Be- und Verarbeitungsmaschinen. Auf die mechanische Energiezuführung über Transmissionen brauchte man bei der Aufstellung von Maschinen von nun an keine Rücksicht mehr zu nehmen. Das führte zu enormen Steigerungen der Produktivität, weil man sich dadurch ganz der Optimierung des Fertigungsprozesses widmen konnte.

Insgesamt ist die steigende Anwendung elektrischer Energie mit sinkenden Primärenergieverbrauch je erzeugte Einheit des Bruttosozialprodukts verbunden. Durch den Einsatz von elektrischer Energie sinkt der spezifische Energieverbrauch (z.B. kWh/Einwohner, kWh/Stück, kWh/kg usw.). Wenn man die Bezugsmenge des spezifischen Energieverbrauchs durch eine äquivalente Geldmenge ersetzt, dann gelangt man zum Begriff der Energieintensität E. Im Bild 1.7 sind dazu Untersuchungen für die USA bezogen auf das Jahr 1950 dargestellt. Vom Jahr 1880 bis etwa 1900 ist zunächst eine steigende Energieintensität festzustellen. Nach 1900 beginnt der Stromanteil E_{el} zu wachsen. Von diesem Zeitpunkt an sinkt die Energieintensität. Wir stellen fest, daß Strom Energie spart. Strom ist daher die Energie der Zukunft, für die es keine Alternative gibt.

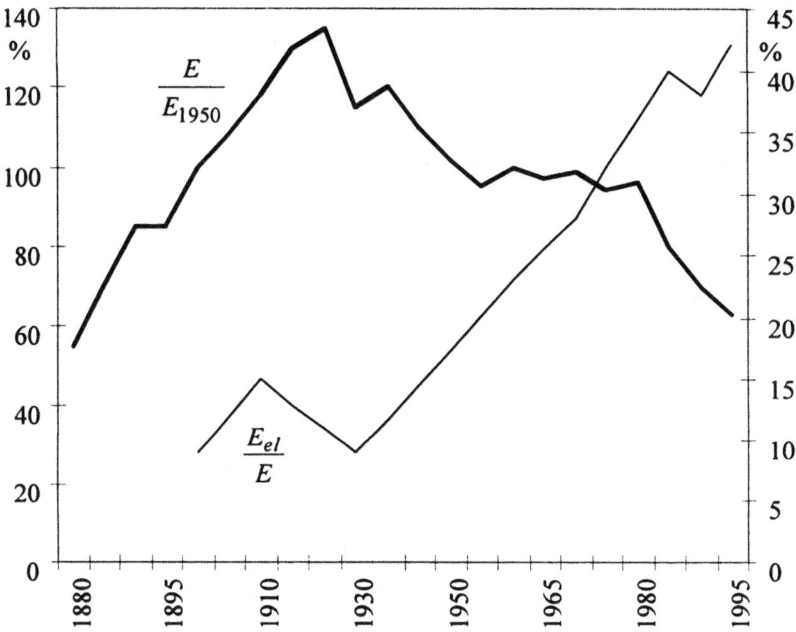

Bild 1.7 : Energieintensität und Elektrizitätsanteil

In Deutschland hat als Folge der Ölkrise in der Mitte der siebziger Jahre zunächst eine Entkopplung des Endenergieverbrauchs von dem Nettoproduktionsindex (des preisbereinigten Bruttosozialprodukts bezogen auf das Jahr 1965) stattgefunden, d.h., von diesem Zeitpunkt an ist die Produktion bei sinkendem Endenergieverbrauch gestiegen. Zunächst vollzog sich diese Entwicklung bei leicht steigendem Stromverbrauch. Etwa seit 1985 ist auch eine Entkopplung zwischen dem Stromverbrauch und der Produktion eingetreten. Diese Entwicklung ist im Bild 1.8 graphisch dargestellt.

Wir erleben gegenwärtig den Beginn der Verwirklichung eines weiteren positiven externen Effektes der elektrischen Energie. Die leistungselektronischen Bauelemente haben im Hinblick auf die Stromtragfähigkeit und die Spannungsfestigkeit einen Entwicklungsstand erreicht, der ihren verbreiteten Einsatz bis in die Übertragungsnetze zuläßt. Damit stehen dynamische Stellglieder zur Verfügung, die mit den modernen Mitteln der Mikroelektronik eine neue Qualität von intelligenten Steuerungen und Regelungen der elektrischen Energie erlauben. Die gute Anpaßbarkeit der elektrischen Energie an die Erfordernisse des Verbrauchs wird im Rahmen dieser Entwicklung auf eine qualitativ völlig neue Stufe gehoben werden.

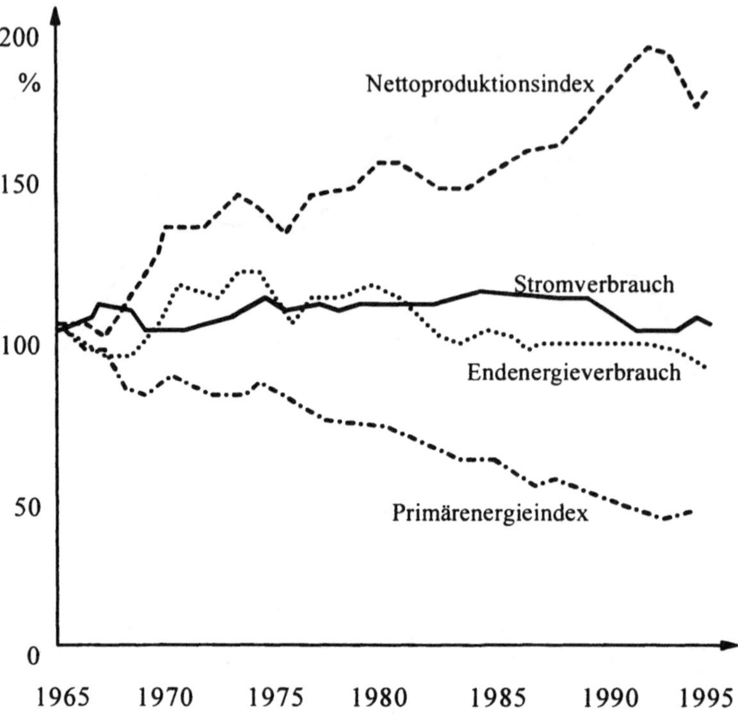

Bild 1.8 : Entkopplung des Industriewachstums vom Energieverbrauch

1.2.3 Unzureichende Speicherfähigkeit

Wir stellen uns zunächst ein Energieversorgungssystem nach Bild 1.9 vor, bei dem zwischen die Energieerzeugung und ihren Verbrauch ein Speicher geschaltet ist. Wenn die Größe des Speichers so bemessen werden kann, daß er in der Lage ist, tages- und jahreszeitliche Schwankungen des Energiebedarfs auszugleichen, dann tritt eine völlige Entkopplung von Erzeugung und Verbrauch ein. Beide können unabhängig voneinander nach ihren eigenen Gegebenheiten optimiert werden. Ein Beispiel für ein derartiges Energieversorgungssystem ist die Ölheizung eines Einfamilienhauses mit ausreichend großem Vorratstank.

Die Erzeugerleistung $P_E(t)$ und die Verbraucherleistung $P_V(t)$ sind unabhängig voneinander. Die Verluste $P_v(t)$ im System werden durch beide bestimmt.

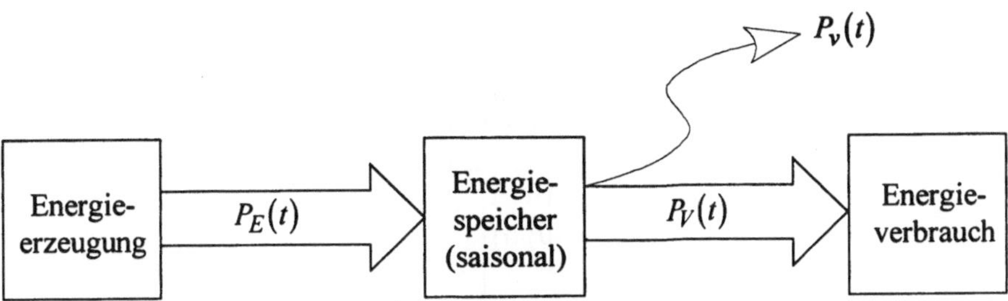

Bild 1.9 : Energieversorgungssystem mit Speicher

Ein entscheidender Nachteil der elektrischen Energie besteht darin, daß mit ihr Systeme nach Bild 1.9 nicht aufgebaut werden können, weil sie in den dafür erforderlichen Größenordnungen nicht direkt speicherbar ist. Dies hat zur Folge, daß Erzeugung und Verbrauch elektrischer Energie in jedem Augenblick übereinstimmen müssen. Ein elektrisches Versorgungsgebiet mit eigener Erzeugung, Leistungsbezug von Dritten und Leistungsabgabe an Dritte können wir durch das Schema nach Bild 1.10 darstellen. In jedem Augenblick gilt in diesem Versorgungsgebiet das Leistungsgleichgewicht.

$$P_E(t) + P_B(t) = P_V(t) + P_A(t) + P_v(t) \tag{1.4}$$

Die Energieversorgungsgebiete werden normal so betrieben, daß die Leistungsbezüge von Dritten und die Leistungsabgabe an Dritte zumindest über größere Zeitabschnitte konstant sind. Diese Übergabeleistungen werden vertraglich vereinbart. Darauf kommen wir an späterer Stelle zurück.

Das Leistungsgleichgewicht (1.4) ist Ausdruck des Gesetzes von Angebot und Nachfrage in seiner schärfsten Form. Die elektrische Energie muß entsprechend der momentanen Nachfrage sofort produziert, gleichzeitig über große Entfernungen transportiert (übertragen und verteilt) und überwacht sowie gezählt an den Endabnehmer in der geforderten Qualität und Menge übergeben werden. Diese Funktionen eines Energieversorgungsunternehmens sind im Bild 1.11 zusammengefaßt.

Die unzureichende Speicherfähigkeit der elektrischen Energie hat zur Folge, daß das gesamte elektrische Energieversorgungssystem nach der maximalen geforderten elektrischen Leistung ausgelegt sein muß, auch wenn diese innerhalb eines Belastungszyklus nur kurze Zeit in Anspruch genommen wird. Die Investitonskosten für das System werden von der Höhe seiner maximalen Leistung bestimmt. Die elektrische Energieversorgung ist ein sehr investitionsintensiver Wirtschaftszweig, in Deutschland sogar der investitonsintensivste. Im Jahre 1995 wurden in der deutschen Elektrizitätswirtschaft insgesamt 16,2 Mrd. DM investiert. Es ist daher selbstverständlich, daß man die maximale Systemleistung so klein wie möglich zu halten bzw. die geforderte Energiemenge bei kleinster Leistung anzubieten versucht, um so eine hohe Systemauslastung zu erreichen.

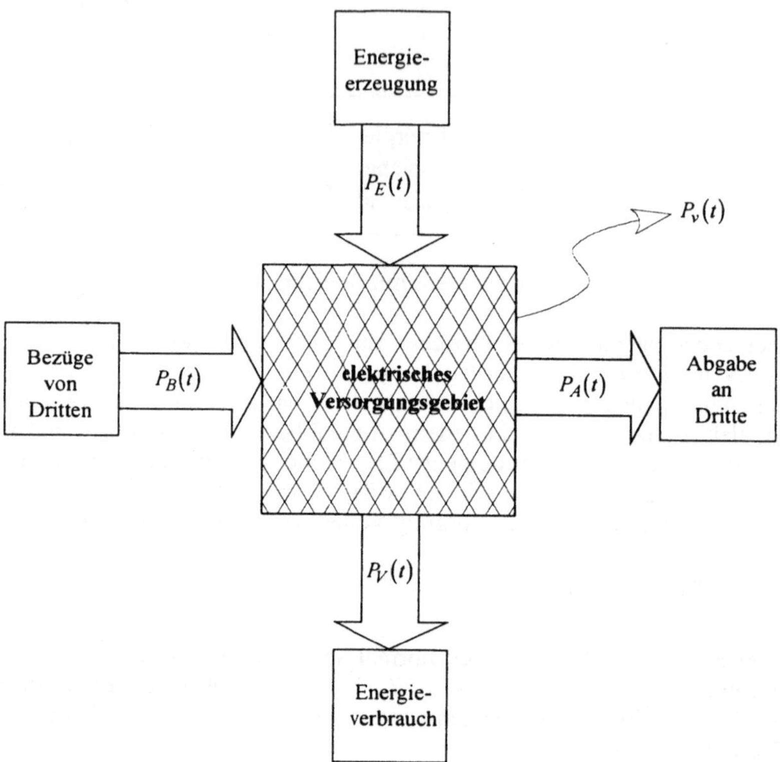

Bild 1.10 : Schematische Darstellung eines elektrischen Versorgungsgebietes

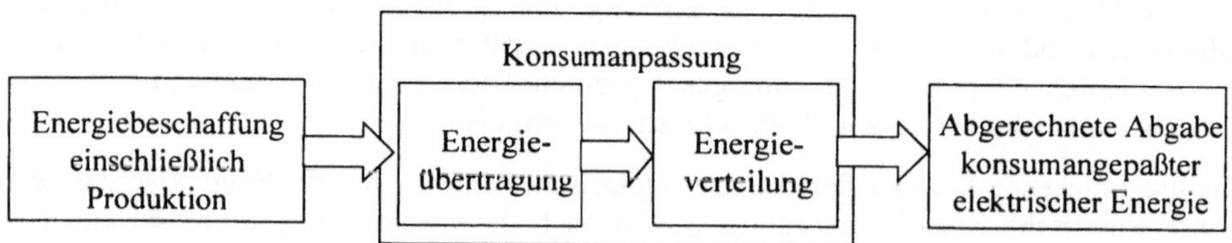

Bild 1.11 : Aufgaben eines Energieversorgungsunternehmens

1.2.4 Verluste und Leitungsgebundenheit

Elektroenergieerzeugung, -übertragung und -umwandlung sind in allen Systemelementen mit Verlusten verbunden. Darin unterscheidet sich ein Elektroenergiesystem nicht von anderen Energiesystemen. Die Verluste bestimmen einerseits den Wirkungsgrad und andererseits den Materialeinsatz für die elektrischen Betriebsmittel (Leitermaterial, Isolation, tragende Konstruktionen). Sie sind damit ein zentrales Problem der elektrischen Energieversorgung und erfordern angefangen von der Entwicklung und Konstruktion neuer Betriebsmittel bis hin zum Netzbetrieb höchste Aufmerksamkeit. Wir kommen darauf an späterer Stelle zurück. **Die Verluste bewirken eine Beanspruchung der Systemelemente, wobei wir annehmen dürfen, daß Strom und Spannung in erster Näherung getrennt beanspruchen.** Daraus folgt in letzter Konsequenz, daß es für jede zu übertragende Leistung einen optimalen Strom und eine optimale Spannung gibt. Dieses Optimum wird vom Stand der Technik bestimmt und ist damit kein für alle Zeiten feststehender Wert. Wir erkennen hieraus jedoch, daß elektrische Energieversorgungssysteme mehrere verschiedene Spannungsebenen besitzen müssen, um der o.g. Tatsache Rechnung zu tragen.

Die Übertragung elektrischer Energie ist leitungsgebunden. Als Übertragungselemente werden Freileitungen und Kabel eingesetzt, für kürzere Entfernungen auch Leiteranordnungen aus biegesteifen, metallischen Leitern mit unterschiedlichen Querschnittsprofilen.

Die Übertragungsfähigkeit der Systemelemente wird durch ihre Geometrie bestimmt. Diese Aussage trifft für alle Elemente eines Elektroenergiesystems (Generatoren, Transformatoren, Freileitungen, Kabel, Schalter usw.) zu. Wir wollen uns die daraus erwachsenden Konsequenzen am Beispiel der Leitungen (Freileitungen und Kabel) überlegen. Die wirksame Induktivität beim Normalbetrieb einer symmetrischen Drehstromleitung (Betriebsinduktivität) ist

$$L_b = \frac{\mu}{2\pi} \ln \frac{D}{g} \tag{1.5}$$

In (1.5) stehen D für den geometrischen Mittelwert der Leiterabstände der Leitung und die Größe g für den mittleren geometrische Abstand des Leiters von sich selbst.
Für einen Leiter mit kreisrundem Querschnitt gilt

$$g = e^{-\frac{1}{4}} r_{ers} \approx 0{,}778\, r_{ers} \tag{1.6}$$

Die Betriebskapazität einer symmetrischen Drehstromleitung ist näherungsweise

$$C_b \approx \frac{2\pi\varepsilon}{\ln \dfrac{D}{r_{ers}}} \tag{1.7}$$

Die Größe r_{ers} ist der Ersatzradius der Leiterquerschnittsfläche. Bei kreisrunden Leitern ist er gleich dem Leiterradius. Der Wellenwiderstand dieser Leitung ist unter Vernachlässigung ohmscher Widerstände

$$Z_{wb} \approx \frac{1}{2\pi}\sqrt{\frac{\mu_0\,\mu_r}{\varepsilon_0\,\varepsilon_r}}\ln\frac{D}{\sqrt{g\,r_{ers}}} = \frac{60\,\Omega}{\sqrt{\varepsilon_r}}\ln\frac{D}{\sqrt{g\,r_{ers}}} \tag{1.8}$$

In Gleichung (1.8) wurde vorausgesetzt, daß bei technisch realen Leitungen die relative Permeabilität μ_r stets gleich 1 ist.

Der Betrieb der Leitung verläuft dann optimal, wenn sie an ihrem Ende mit dem Wellenwiderstand abgeschlossen ist. Der optimale Abnehmer müßte demzufolge eine dem Wellenwiderstand der Leitung gleiche Impedanz haben. Der Energietechniker verwendet statt des Wellenwiderstandes einen Leistungsbegriff, die sogenannte **natürliche Leistung**, die dem optimalen Belastungsfall der Leitung beschreibt. Für sie gilt

$$P_{nat} = \frac{U_n^2}{Z_{wb}} \approx \frac{U_n^2}{60\,\Omega}\,\frac{\sqrt{\varepsilon_r}}{\ln\dfrac{D}{\sqrt{g\,r_{ers}}}} \tag{1.9}$$

Tabelle 1.2: Mindestabstände zwischen Leitern in Luft

Nennspannung in kV	Mindestabstand zwischen den Leitern in mm	$\ln\frac{D}{\sqrt{g\,r_{ers}}}$ für $r_{ers} = 10\,mm$
10	150	2,834
20	215	3,194
30	325	3,607
45	520	4,077
60	700	4,374
110	1100	4,826
150	1550	5,169
220	2200	5,519
330	2700	5,724
380	3100	5,862
500	4300	6,189

Wir erkennen aus Gleichung (1.9), daß die übertragbare Leistung vom Quadrat der Nennspannung der Leitung abhängt. Hohe zu übertragende Leistungen erfordern hohe Nennspannungen. Weiterhin ist die natürliche Leistung von der Leitungsgeometrie abhängig. Wir überlegen dies zunächst für eine Freileitung. Die übertragbare Leistung wird umso größer, je kleiner der mittlere Leiterabstand D und je größer der Leiterradius r_{ers} werden. Der minimale Leiterabstand wird durch die elektrische Festigkeit der Isolierung, die im Falle der Freileitung die umgebende Luft (ε_r=1) ist, bestimmt. Unter Berücksichtigung des Blitzschutzes und des Schutzes vor sogenannten inneren Überspannungen, die durch Vorgänge im Elektroenergiesystem selbst entstehen, benötigt man in Abhängigkeit von der Spannung die in der Tabelle 1.2 angegebenen Mindestabstände zwischen den einzelnen Leitern.

Ein kreisrunder Leiter mit einem Querschnitt von 300 mm^2 hat einen Radius von etwa 10 *mm*. Für diesen Leiter erhalten wir Wellenwiderstände der Freileitung je nach Spannung zwischen $Z_{wb} \approx 160...360\ \Omega$ Die übertragbaren Leistungen liegen damit zwischen $P_{nat} \approx 0{,}6...700\ MW$.

Praktisch kann man Leitungen mit Mindestabständen nicht bauen. Sie würden voraussetzen, daß die Leiter ideal straff gespannt wären, damit sie bei Wind oder Sturm nicht zusammenschlagen. Die Leiter und Maste müßten den erforderlichen Zugspannungen standhalten. Das würde viele entsprechend stark dimensionierte Maste und hochfeste Leiterseile erfordern und wäre daher wirtschaftlich nicht tragbar und ökologisch sowie ästhetisch in der Landschaft nicht akzeptabel. In der Praxis werden daher wesentlich höhere Leiterabstände gewählt. Die Leiterseile weisen einen erheblichen Durchhang auf. Die Zahl der Maste wird wirtschaftlich, ökologisch und ästhetisch in vertretbaren Grenzen gehalten. Die Wahl des Durchhanges ist aus der Sicht der erforderlichen mechanischen Festigkeit der Leiter und der Dimensionierung der Maste ein wirtschaftliches Optimierungsproblem.

Die Leiterabstände einer 380-kV-Leitung liegen bei 6 bis 7 m. Sie hängen über 10 m durch. Man erreicht so Mastabstände von 300 bis 400 m.

Die natürliche Leistung liegt so in Abhängigkeit von der Spannung bei P_{nat} = 0,3 *MW* für 10 kV , P_{nat} = 602 *MW* für 380 *kV* und P_{nat} = 2160 *MW* für 750 *kV*. Die höchste Spannung beträgt in Deutschland 380 *kV*. Hochspannungsfreileitungen von 110 *kV* aufwärts werden in Deutschland in der Regel als Doppelleitungen (zwei Drehstromsysteme) ausgeführt. Sie besitzen daher die doppelte Übertragungskapazität. Eine 380-kV-Doppelleitung kann damit etwa die Leistung eines Kernkraftwerksblockes von 1300 *MW* abführen. Bei Spannungen ab 220 *kV* verwendet man statt einfacher Leiterseile Bündelleiter bestehend aus zwei, drei oder vier Seilen, die mit Abstandshaltern in einem bestimmten Abstand voneinander gehalten werden (z.B. 40 *cm*). Bündelleiter wirken wie ein kreisrunder Ersatzleiter mit wesentlich größerem Radius als ein einzelnes Leiterseil. Sie führen also zur Verminderung des Wellenwiderstandes und damit zur Erhöhung der übertragbaren Leistung.

Bei Kabeln werden die Leiter mit festen Isolierstoffen isoliert. Deshalb haben sie wesentlich kleinere Leiterabstände. Die Isolierstoffe besitzen darüber hinaus eine relative Dielektrizitätskonstante ε_r>1. Gehen wir in einem Beispiel davon aus, daß der Leiterabstand 3-mal so groß wie der Leiterradius und ε_r=3 sind, dann erhalten wir für einen Wellenwiderstand von $Z_{wb} \approx 38\ \Omega$. Ein 380-kV-Kabel mit diesen Daten hätte eine natürliche Leistung von $P_{nat} \approx 3800\ MW$. Sie ist mehr als 12-mal so hoch wie die natürliche Leistung einer einfachen 380-kV-Freileitung. An dieser Stelle erhebt sich nun die Frage, warum Energieversorgungsnetze nicht vollständig mit Kabeln ausgeführt werden. Kabel mit einer Spannung von bis zu 1000 *kV* können heute hergestellt werden. Das Problem ist die Abführung der Verluste (stromabhängige Leiterverluste und spannungsabhängige Verluste im Dielektrikum). Sie fallen beim Kabel in einem wesentlich kleineren Volumen als bei der Freileitung an und müssen über ihre Oberfläche an die Umgebung abgegeben werden. Die Isolierstoffe des Kabels sind darüber hinaus schlechte Wärmeleiter. Ein mit natürlicher Leistung betriebenes Kabel würde hermisch zerstört werden, während eine mit natürlicher Leistung betriebene Freileitung thermisch nicht ausgelastet ist. Kabel können daher nur weit unter ihrer natürlichen Leistung betrieben werden. Das macht sie für Fernübertragung ungeeignet. Die längste 380-kV-Kabelstrecke in Deutschland ist deshalb nur etwa 30 *km* lang. Große Hoffnungen hatte man Ende der sechziger und Anfang der siebziger Jahre in diesem Zusammenhang in die Supraleitung gesetzt. Das Problem der Verluste stellt sich bei ihnen nicht in dieser Schärfe. Man wollte Leistung mit vergleichsweise niedriger Generatorspannung (10 bis 30 *kV*) übertragen und so Transformationsstufen einsparen. Hier ergab sich das Problem, daß die übertragbare Leistung am Kabelende (mehrere Gigawatt) nur selten benötigt wird. Als einziger Anwendungsfall schien sich nach längeren Untersuchungen die Energieableitung von Kraftwerksgeneratoren bis zum nächsten Umspannwerk herauszukristallisieren.

Die letzte Spalte der Tabelle 1.2 zeigt, daß sich die Geometrieverhältnisse mit steigender Nennspannung nur wenig ändern, da der natürliche Logarithmus der Abmessungen in die Übertragungseigenschaften eingeht. Zwischen dem größten Wert bei 500 *kV* und dem kleinsten bei 10 *kV* besteht ein Verhältnis von 2,184. Das bedeutet nach Gleichung (1.9) für Freileitungen, daß die zu übertragende Leistung wesentlich nur über die Höhe der Nennspannung vergrößert werden kann, da sie quadratisch in die Übertragungsfähigkeit eingeht. Bei Kabeln ist dieser Effekt in der gleichen Weise gegeben. Große zu übertragende Leistungen erfordern daher hohe Nennspannungen und kleine Leistungen können mit kleineren Spannungen übertragen werden. Auch aus dieser Sicht muß ein elektrisches Energieversorgungssystem mehrere verschiedene Spannungsebenen besitzen.

1.3 Elektrische Energieversorgungsnetze

1.3.1 Wahl des Stromsystems

Die Eigenschaften der elektrischen Energie und die praktischen Erfordernisse ihrer Bereitstellung bestimmen den Aufbau und den Betrieb von elektrischen Energieversorgungsnetzen. Die Abnehmer wollen ihren Energiebedarf freizügig in Anspruch nehmen. Die größte Freizügigkeit besteht, wenn sie parallel geschaltet sind und je nach Belieben ein- und ausgeschaltet werden können. Das erfordert einen **Betrieb des Elektroenergiesystems mit konstanter Spannung** in den einzelnen Spannungsebenen.

Tabelle 1.3: Auswahl international genormter Spannungen

Klein- und Niederspannungs-Systeme (Spannungen in *V*)							
$U_r < 120\,V\ a.c.$		6	12	24	48	110	
$U_r < 750\,V\ d.c.$		6	12	24	36	48	60
		72	96	110	220	440	
3-Leiter-Einphasen-S.		120/240					
3-u.4-Leiter-Dreiph.-S.		230/400	277/480	400/690	1000		
Bahnstromsysteme (Spannungen in *V*)							
Gleichstrom	U_{min}	(400)	500	1000	2000		
	U_r	(600)	750	1500	3000		
	U_{max}	(720)	900	1800	3600		
Wechselstrom	U_{min}	12000					
16 2/3 *Hz*	U_r	15000					
	U_{max}	17250					
Wechselstrom	U_{min}	4750	19000				
50/60 *Hz*	U_r	6250	25000				
	U_{min}	6900	27500				
Drehstromsysteme mit $U_r > 1\,kV$,50/60 *Hz* (Spannungen in *kV*)							
$1\,kV < U_r \leq 35\,kV$	U_m	3,6	6,6	12	(17,5)	24	40,5
(Mittelspannung)	U_r	3	6	10	(15)	20	35
$35\,kV < U_r < 230\,kV$	U_m	(52)	72,5	123	145	(170)	245
(Hochspannung)	U_r	(45)	60	110	132	(150)	220
$U_r > 245\,kV$	U_m	(300)	(363)	420	525	765	1200
(Höchstspannung)	U_r			380	500	700	1000

Tabelle 1.3 enthält eine Auswahl international genormter Gleich- (d.c.) und Wechsel-Spannungen (a.c.). Eingeklammerte Werte sollten für Neuanlagen nicht mehr verwendet werden. Die Nennspannungen werden mit U_r bezeichnet. Die Spannung U_m bezeichnet die größte Spannung, für die eingesetzte Geräte in der jeweiligen Spannungsebene ausgelegt sein müssen.

Der Betriebsweise mit konstanter Spannung kommt entgegen, daß ein leerlaufendes System bei konstanter Spannung kleinere Verluste hat als bei konstantem Strom. Die Querleitwerte zwischen den Leitern sind infolge der Isolation sehr groß, die spannungsabhängigen Verluste sind klein. Wie die Abnehmer werden auch die Erzeuger parallelgeschaltet. Auch sie können bei dieser Betriebsweise freizügig entsprechend den betrieblichen Erfordernissen ein- und ausgeschaltet werden.

Aus der Sicht der wirtschaftlichen Energieübertragung scheinen zunächst Gleichstromsysteme am günstigsten zu sein. Sie gehören zu den sogenannten balancierten Systemen, die Versorgung von Abnehmern mit zeitlich konstanter Leistung gestatten. Einer breiteren Anwendung stehen jedoch zwei entscheidende Nachteile entgegen.

Gleichströme können nicht direkt transformiert werden. Der Aufbau von Netzen mit mehreren verschiedenen Spannungsebenen, wie er im vorherigen Abschnitt als notwendig abgeleitet wurde, ist daher schwierig und im Vergleich zu Wechselstromsystemen viel aufwendiger.

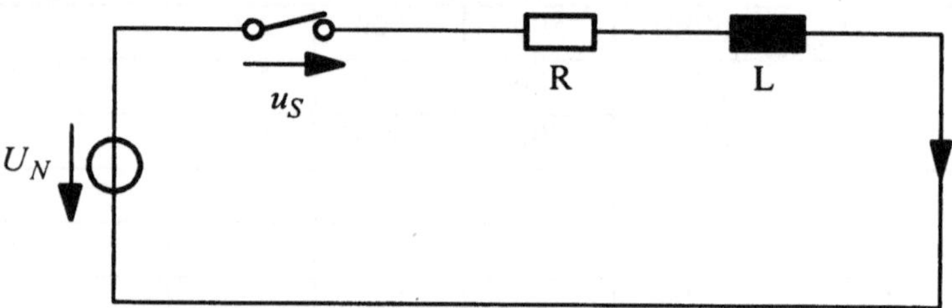

Bild 1.12 : Gleichstromkreis mit Schalter

Gleichströme lassen sich mit konventionellen Schaltgeräten viel schwerer ausschalten als Wechselströme. Um das zu verdeutlichen, betrachten wir einen Gleichstromkreis bestehend aus einer Spannungsquelle, einer Induktivität, einem ohmschen Widerstand und einen Schalter nach Bild 1.12. Wir beschreiben ihn durch seine Maschengleichung.

$$U_N = Ri + L\frac{di}{dt} + u_S \quad \Rightarrow \quad L\frac{di}{dt} = \underbrace{U_N - Ri}_{\text{Netz-Kennlinie}} \quad \underbrace{-u_S}_{\text{Schalter-Kennlinie}} \tag{1.10}$$

Bei der Kontaktöffnung des Schalters entsteht in ihm ein Lichtbogen, der einen sanften Übergang des Stromkreises in den ausgeschalteten Zustand herbeiführt. Der Stromanstieg muß während des Ausschaltens negativ sein, da der Strom ja abnehmen soll bis er schließlich zu null werden kann. Das ist nur möglich, wenn die Spannung über dem Schalter, die Lichtbogenspannung, ständig oberhalb der Netz-Kennlinie nach Gleichung

(1.10) liegt. Bei kleinen Strömen muß sie die Leerlaufspannung des Netzes übersteigen. Bei hoher Netzspannung könnte man daher Gleichströme nicht ausschalten, weil die erforderliche hohe Lichtbogenspannung in keinem Schalter realisiert werden kann. Gleichstromnetze zur Bahnstromversorgung haben daher heute Nennspannungen von maximal 3600 V. Ein großer Teil der in der Induktivität des Stromkreises gespeicherten magnetischen Energie muß außerdem im Schalter (im Lichtbogen) in Wärme umgesetzt werden. Die Beanspruchung des Gleichstromschalters bei der Ausschaltung ist deshalb umso größer, je größer die Induktivität des Stromkreises ist. Das Ausschalten von Wechselströmen ist vergleichsweise einfacher, da sie natürliche Nulldurchgänge besitzen. Im Wechselstromschalter muß daher im Stromnulldurchgang nur ein Wiederzünden des Lichtbogens verhindert werden. Das ist auch bei sehr hohen Spannungen möglich.

Wechselströme sind direkt transformierbar. Die Forderung nach mehreren Spannungsebenen, die über Transformatoren mit einem entsprechenden Übersetzungsverhältnis verbunden sind, kann daher einfach erfüllt werden. Einphasenwechselstrom hat jedoch den Nachteil, daß seine Leistung mit doppelter Netzfrequenz pulsiert. Wir werden später darauf zurückkommen. Eine Energieübertragung mit zeitlich konstanter Leistung ist also nicht möglich. Die Lösung dieses Widerspruchs bietet Dreiphasen-Drehstrom mit sinusförmigen symmetrischen Strömen und Spannungen. Er gestattet wie Gleichstrom die Energieübertragung mit konstanter Leistung und ist wie Einphasen-Wechselstrom transformierbar. Drehstrom vereinigt so die Vorteile des Gleichstromes (balanciertes System) mit denen des Wechselstromes (Transformierbarkeit). Die heute nicht mehr so geläufigen Bezeichnungen Kraftstrom und Kraftübertragung weisen auf den besonderen Charakter des Drehstromes hin.

Zu Beginn der Entwicklung der elektrischen Energieversorgung hat man über das zu wählende Stromsystem umfassende Überlegungen angestellt. Dabei spielte auch der sogenannte Kupferwirkungsgrad eine wichtige Rolle. Bei gleicher Spannung und gleichen Verlusten benötigt man in Drehstrom-Dreileiter-Systemen nur 75 % des Leitermaterials von Gleich- bzw. Einphasen-Wechselstrom-Systemen.

Moderne elektrische Energieversorgungsnetze sind aus den genannten Gründen heute überwiegend Drehstromnetze.

1.3.2 Verbundbetrieb

Aus Gründen der Zuverlässigkeit der Stromversorgung kann bei uns jeder bedeutende Abnehmerschwerpunkt über mehrere Wege mit den Erzeugerschwerpunkten verbunden werden. **Die Übertragungs- und Verteilungsanlagen besitzen Redundanzen**. Es sind **Übertragungs- und Verteilungsnetze**.

Der Netzbetrieb ist in der Praxis immer mit Störungen (z.B. Kurzschlüssen, Unterbrechungen) verbunden. Die mit solchen Vorgängen verknüpften Übergangsprozesse verlaufen im Vergleich zu anderen Systemen (Fernwärme-, Gas-, Wassernetze) sehr schnell. Außerdem kann man ein elektrisches Energieversorgungsnetz und jedes einzelne seiner Betriebsmittel praktisch nur so bemessen, daß es lediglich eine relativ kurze Zeit (wenige Sekunden) im Kurzschlußzustand betrieben werden kann, ohne daß Zerstörungen auftreten. Darum benötigt man automatisch arbeitende Netzschutzeinrichtungen, die in der Lage sind, Störungen sehr schnell von normalen Betriebsvorgängen zu unterscheiden und fehlerbehaftete Teilsysteme auszuschalten. Die Beherrschung von Störungsfällen und auch die Durchführung von Wartungs- und Instandhaltungsmaßnahmen erfordert demzufolge Möglichkeiten, den Schaltzustand des Netzes (die Systemkonfiguration) freizügig den Erfordernissen anpassen zu können. **Im Netz sind dazu Schaltstellen (Schaltanlagen) erforderlich**. Sie gestatten die Herstellung verschiedener Schaltzustände. Fehlerfreie Teilsysteme übernehmen zeitweise die Funktion fehlerbehafteter bzw. aus anderen Gründen nicht in Betrieb befindlicher. **Die Teilsysteme müssen daher in gewissem Grade überdimensioniert werden**.

Die Übertragungsnetze verschiedener Energieversorger eines Landes und darüber hinaus verschiedener Länder werden miteinander verbunden, um so die Nachteile der unzureichenden Speicherfähigkeit der elektrischen Energie teilweise ausgleichen zu können. **Verbundbetrieb** in der Stromversorgung ist dann gegeben, wenn zwei oder mehrere Stromquellen in einer Weise elektrisch miteinander verbunden sind, daß eine anstelle der anderen oder zu deren Ergänzung eingesetzt werden kann. Ziel ist dabei immer ein wirtschaftliches Optimum. Die besten Bedingungen für einen wirksamen Verbundbetrieb ergeben sich bei der Zusammenschaltung von Laufwasser-, Speicher-, und Wärmekraftwerken. Die Vorteile des Verbundbetriebes sind:

- Zusammenfassung ausreichend großer Absatzgebiete mit Abnehmern unterschiedlicher Charakteristik ⇒ Ausgleich von Belastungsschwankungen
- Ausgleich der jährlich schwankenden Energiedarbietung aus Wasserkräften durch thermo-hydraulischen Verbundbetrieb ⇒ Optimale Nutzung der Wasserkraft, sparsame Verwendung fossiler Brennstoffe
- Eingliederung standortgebundener Kraftwerke (Wasserkraft, Braunkohle, nicht absetzbare Steinkohle (Ballastkohle))
- Deckung der Spitzenlasten durch hydraulische Speicherkraftwerke
- Begrenzung der Reserveleistung durch gegenseitige Aushilfe
- Stromaustausch mit den Nachbarländern.

Elf Länder Westeuropas einschließlich Deutschlands sind seit 1951 im europäischen Verbundsystem UCPTE (Union für die Koordinierung der Erzeugung und des Transports elektrischer Energie) zusammengeschlossen und betreiben ihr Verbundnetz mit einer installierten Kraftwerksleistung von etwa 390 GW und einer konstanten Frequenz von 50 Hz. Sie sind mit den ebenfalls im Verbund (NORDEL) arbeitenden skandinavischen Ländern und Großbritannien über Gleichstrom-Seekabel-Verbindungen gekuppelt. Die politische Wende in Osteuropa hat dazu geführt, daß das westeuropäische

Verbundnetz im Herbst 1995 um die ostdeutschen Bundesländer und Westberlin erweitert wurde. Probeweise sind Polen, die Tschechische und die Slovakische Republik sowie Ungarn ebenfalls mit diesem Netz verbunden.

1.3.3 Leistungsregelung in Verbundnetzen

Die Leistung eines Generators wird durch die Veränderung der Zufuhr des Arbeitsmediums seiner Antriebsmaschine (Dampf-, Gas-, Wasserturbine, Dieselmotor, Windturbine usw.) geregelt. Frequenz und Leistung eines Generators sind über das Drehmoment der Turbine miteinander verknüpft. Die Regelung beider Größen ist daher stets kombiniert (**Frequenz-Leistungsregelung**). Wenn die Frequenz und/oder die Leistung von ihren Sollwerten abweichen, muß z. B. die Dampfzufuhr der Dampfturbine entsprechend verändert werden. Unabhängig von der Art der Antriebsmaschine des Generators muß die Frequenz-Leistungs-Kennlinie nach Bild 1.13 fallend sein, damit eine feste Zuordnung von Frequenz und Leistung gegeben ist. Ein Maß für die Kennlinienneigung ist der **Proportionalitätsgrad** p (**Statik**). Er ist nach Bild 1.13 definiert.

$$p = \frac{\Delta f}{f_0} \tag{1.11}$$

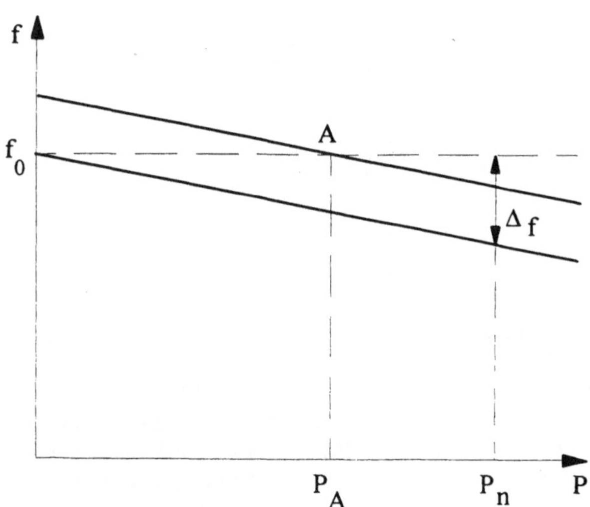

Bild 1.13 : Frequenz-Leistungs-Kennlinie eines Generators

Die Frequenz f_0 ist der Sollwert der Frequenz. In der Praxis sind Werte von p=0,05 üblich. Im Inselbetrieb und einer Betriebsfrequenz von 50 Hz bedeutet das, daß sich die Frequenz beim Übergang von Leerlauf auf Vollast um 0,05·50 Hz=2,5 Hz verringern würde. Im Verbundnetz kann die Frequenz dagegen als starr angesehen werden. Will man hier eine bestimmt Lastübernahme P_A der Maschine erreichen, so muß die Kennlinie durch Veränderung des Leistungs-Sollwertes solange parallel verschoben werden, bis sich der Schnittpunkt A mit der 50-Hz-Ordinate ergibt. Ändert sich dagegen die Netzfrequenz, dann bestimmt die Neigung der Regler-Kennlinie die dadurch bedingte Veränderung der Belastung.

Das Prinzip der Frequenz-Leistungsregelung eines Generators ist im Bild 1.14 dargestellt. Die Frequenz und die Wirkleistung werden an den Klemmen des Generators gemessen. Die Regelabweichung der Frequenz wird über die Statik der Frequenz-Leistungs-Kennlinie umgeformt und geht so mit der gemessenen Leistung in die Regelabweichung ein. Diese wirkt schließlich über einen PID-Regler auf das Stellventil der Antriebsmaschine. Die Turbinenregelung wird als **Primärregelung** bezeichnet.

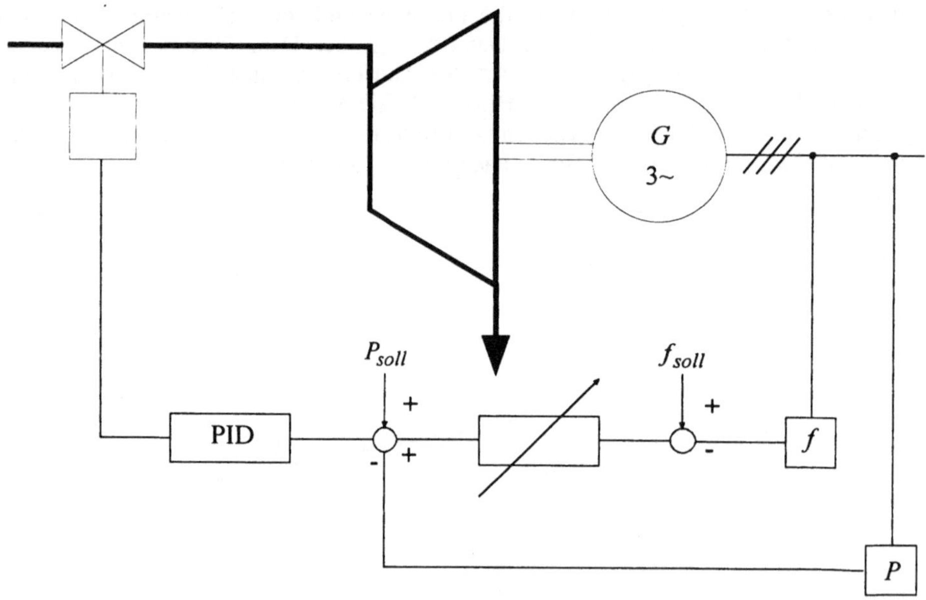

Bild 1.14 : Prinzip der Frequenz-Leistungsregelung eines Generators

In einem Verbundnetz ist den Primärreglern der einzelnen Generatoren ein **Sekundär-** oder **Netzregler** überlagert. Er hat die Aufgabe, die Frequenz nach einer Abweichung (nach einer Störung) mit Hilfe von **Regelkraftwerken** auf ihren Nennwert zurückzuführen. Als Regelkraftwerke kommen solche zum Einsatz, die in kurzer Zeit in Betrieb genommen werden können. Das sind Speicher- und Pumpspeicher- sowie Gasturbinenkraftwerke. In Ländern mit überwiegend thermischer Elektroenergieerzeugung müssen jedoch dafür auch thermische Kraftwerke eingesetzt werden. Die Sekundärregelung darf zeitlich erst nach der Primärregelung in den Prozeß eingreifen, um Schwingungen des Regelkreises zu vermeiden.

Die Sekundärregelung hat die zusätzliche Aufgabe, die Übergabeleistungen zu anderen Netzverbänden und Verbundnetzen anderer Länder in einer bestimmten Bandbreite um einen vorgegebenen Wert konstant zu halten. Dann spricht man von **Übergabeleistungs-Frequenz-Regelung**, die ebenfalls eine kombinierte Regelung darstellt. Sie erfordert wie die Primärregelung, daß Leistung und Frequenz nach einer Kennlinie gemäß Bild 1.13 in einem definierten Verhältnis zueinander stehen. Wir betrachten dazu ein Beispiel nach Bild 1.15

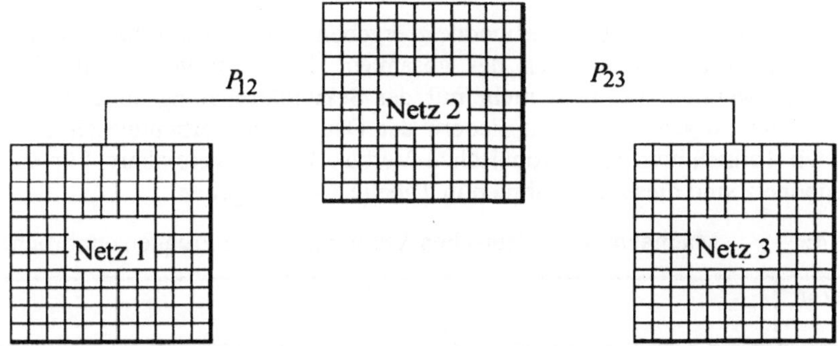

Bild 1.15 : Drei elektrische Energieversorgungsnetze im Verbundbetrieb

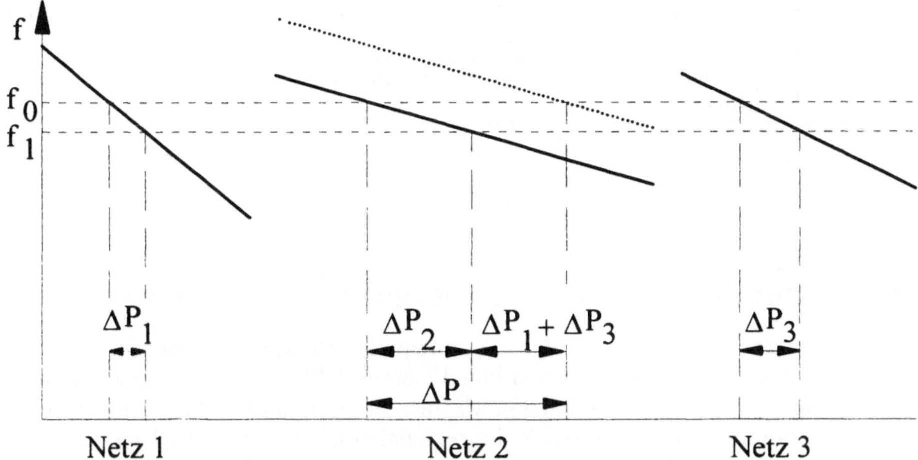

Bild 1.16 : Übergabeleistungs-Frequenz-Regelung zwischen drei Netzen

Drei Netze mit unterschiedlicher Statik ihrer Frequenz-Leistungs-Kennlinien arbeiten im Verbund mit den vereinbarten Übergabeleistungen P_{12} und P_{23}. Infolge einer Belastungszunahme ΔP im Netz 2 sinkt die Frequenz von f_0 vor der Störung auf die Frequenz f_1. Die Primärregler in den drei Netzen werden jetzt wirksam und erhöhen die

Frequenz wiederum auf f_0. Dadurch übernimmt jedes der drei Netze eine zusätzliche Leistung ΔP_1, ΔP_2, und ΔP_3 entsprechend der Statik seiner Regler-Kennlinie. Die Übergabeleistungen vom Netz 1 zum Netz 2 und vom Netz 3 zum Netz 2 sind nun größer als ihre Sollwerte. Nun wird der Netzregler des Netzes 2 wirksam. Er verschiebt die Netz-Kennlinie so lange, bis die Übergabeleistungen ihre Sollwerte wieder erreichen. Dann hat das Netz 2 die gesamte zusätzliche Leistung ΔP allein übernommen. Die vereinbarten Übergabeleistungen werden wieder eingehalten. Auf diese Weise wird erreicht, daß jedes Netz die in ihm ablaufenden Belastungsschwankungen selbst ausregelt und seine Verbundpartner damit nicht belastet.

Bei großen Störungen in einem Verbundnetz ergeben sich dynamische Frequenzänderungen. Um einen Zusammenbruch des gesamten Netzes zu vermeiden, sind dann Maßnahmen notwendig, die nicht mehr mit der Sekundärregelung abgedeckt werden können. Sie sind zwischen den Mitgliedern der Deutschen Verbundgesellschaft bzw. zwischen den Teilnehmern am europäischen Verbundbetrieb vereinbart. Für das deutsche Verbundnetz sind diese Maßnahmen in Tabelle 1.4 angegeben.

Tabelle 1.4: Maßnahmen im deutschen Verbundnetz bei Frequenzeinbrüchen

Frequenz in Hz	Maßnahme
49,8	Warnung des Personals, Einsatz aller verfügbaren Reserven
49,4	Abschaltung ausgewählter Abnehmer z. B. durch Unterfrequenz-Relais (frequenzabhängiger Lastabwurf)
48,4	Abtrennung von Eigenbedarfsanlagen, die bei Störungen mit vom Netz unabhängiger Einspeisung arbeiten
47,6	Auftrennen des Verbundnetzes in einzelne Inselnetze, Abtrennen aller Kraftwerke vom Netz

1.3.4 Struktur von elektrischen Energieversorgungsnetzen

Aus den bisherigen Überlegungen folgt die prinzipielle Struktur der elektrischen Energieversorgung. Sie ist schematisch im Bild 1.17 dargestellt. Das Höchstspannungsnetz mit den Spannungsebenen 220 kV und 380 kV dient als **Verbundnetz** dem überregionalen und internationalen Austausch sowie der regionalen Übertragung der Elektroenergie von den großen Kraftwerken zu den nachgeordneten Netzen. In Einzelfällen werden große Industriebetriebe mit einem hohen Leistungsbedarf und gegebenenfalls unruhigen Lasten (Lichtbogenöfen, Walzwerke) direkt an 220- oder 380-kV-Netze angeschlossen.

Zur Hochspannungsebene zählen Netze mit Spannungen über 60 kV, vornehmlich 110 kV. Sie sind dem Höchstspannungsnetz unterlagert und dienen sowohl der Übertragung als auch der Verteilung von Elektroenergie. Wir sprechen von der sogenannten **Pri-**

märverteilung. In die Hochspannungsebene speisen kleinere und mittlere Kraftwerksblöcke ein. Sondervertragskunden (Industriebetriebe, Stadtwerke, bezeichnet mit S) mit einem hohen Leistungsbedarf werden direkt aus dem Hochspannungsnetz beliefert.

Die Mittelspannungsnetze übernehmen die **Sekundärverteilung** mit Spannungen von mehr als 1 kV bis 60 kV. Die gebräuchlichsten Spannungen sind 10 kV und 20 kV. Über die Mittelspannungsebene werden viele Sondervertragskunden versorgt und die Niederspannungs-Ortsnetze gespeist. Tarifkunden (T) der öffentlichen Energieversorgung werden aus den Niederspannungs-Netzen mit einer Spannung von 400 V versorgt.

Die Übertragung der elektrischen Energie geschieht wie bereits besprochen mit Freileitungen und Kabeln. Im Hochspannungsnetz liegt der Kabelanteil unter 1%. Eine Ursache dafür ist die schlechte Eignung der Kabel für die Fernübertragung. Im Mittelspannungsnetz liegt er etwa bei 29 % und im Niederspannungsnetz bei 70 %. Durch die fortschreitende Verdichtung der Versorgungsräume steigt der Kabelanteil vornehmlich in den unteren Spannungsebenen.

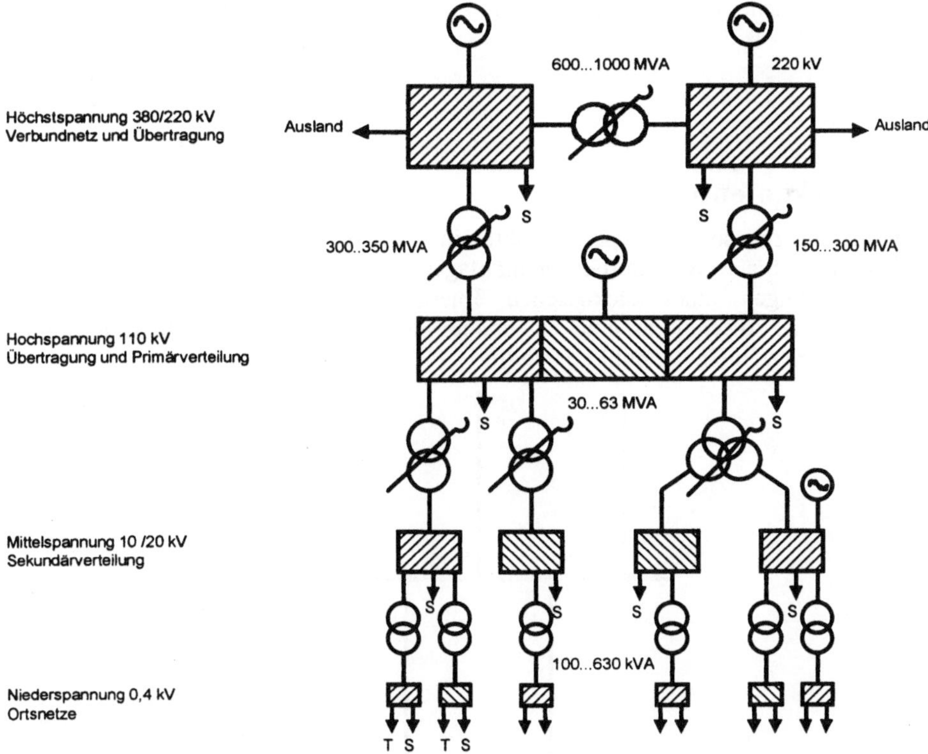

Bild 1.17 : Schematische Darstellung der öffentlichen Energieversorgung in Deutschland

Die im Bild 1.17 angegebenen Transformator-Leistungen sind typische Werte, wie sie in den verschiedenen Spannungsebenen zur Anwendung kommen.

Die Leistungsdichten in der öffentlichen Energieversorgung betragen in Deutschland durchschnittlich 1,4 W/m^2, in Nordrhein-Westfalen 4,2 W/m^2, in München 132 W/m^2 und beispielsweise in Manhattan 630 W/m^2.

In Industrienetzen sind die Verhältnisse oft völlig anders als in der öffentlichen Energieversorgung. Wir treffen hier auf relativ kleine territoriale Bereiche mit hoher Leistungsdichte (bis 100 kW/m^2). Industrienetze sind nahezu ausschließlich Kabelnetze.

Für Industrienetze wird häufig eine hohe Versorgungszuverlässigkeit gefordert, vor allem um Folgeschäden durch Energieausfall zu vermeiden. Teilweise sind Abnehmer mit einem unruhigen Lastgang bzw. großen Netzrückwirkungen angeschlossen (große Motoren, Lichtbogenöfen, leistungselektronische Anlagen usw.). Viele Industriebetriebe benötigen für ihren technologischen Prozeß Dampf (chemische Industrie, Kaliindustrie, Zuckerfabriken o. ä.). In solchen Fällen ist es naheliegend und wirtschaftlich, eine Eigenerzeugung von Elektroenergie zu betreiben. Dann liegt Verbundbetrieb zwischen öffentlicher Energieversorgung und Industriekraftwerk vor.

1.3.5 Netzknotenpunkte

Wir wollen uns zunächst den Knotenpunkten in einem elektrischen Energieversorgungsnetz zuwenden. Sie werden durch Schaltanlagen gebildet. Die einfachste Möglichkeit, mehrere Leitungen eines elektrischen Energieversorgungsnetzes miteinander zu verbinden, ist ihr Anschluß an eine sogenannte Sammelschiene nach Bild 1.18, die den räumlich aufgelösten Knotenpunkt darstellt.

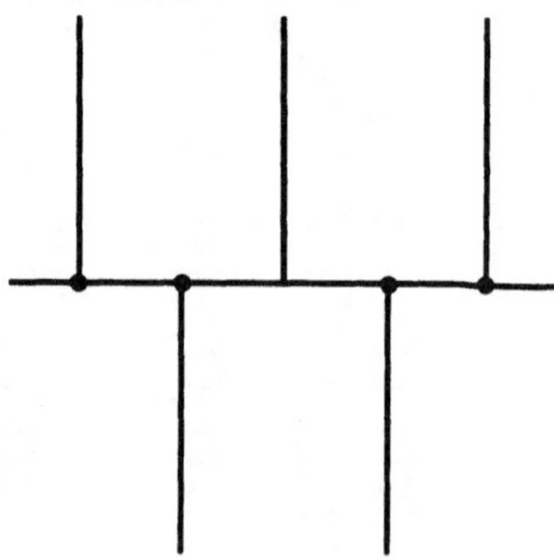

Bild 1.18 : Schaltanlage als Knotenpunkt im Netz

Es ist offensichtlich, daß die einfache Bildung eines Knotenpunktes durch Zusammenschluß aller von ihm ausgehenden Verbindungen (Leitungen und Transformatoren) für den praktischen Betrieb nicht akzeptabel ist. Ein Fehler auf einer Verbindung oder aber eine notwendige Wartungsmaßnahme würde zum Ausfall aller an der Sammelschiene angeschlossenen Abzweige führen.

Zur Gewährleistung eines flexiblen und zuverlässigen Netzbetriebes wird daher das **Prinzip der Streckentrennung** mit Schaltgeräten nach Bild 1.19 eingeführt. Eine fehlerhafte oder wartungsbedürftige Verbindung kann nun ausgeschaltet werden, ohne daß die anderen am Knotenpunkt angeschlossenen davon beeinträchtigt werden.

Mit Ausnahme von Schaltanlagen sehr geringer Bedeutung muß das Prinzip der Streckentrennung auch bei Störungen (z.B. Kurzschlüssen) wirksam sein. Das verlangt den Einsatz von Schaltgeräten, die eine Ausschaltung von Kurzschlüssen innerhalb kurzer Zeit beherrschen. Die Kurzschlußdauer muß so klein sein, daß die elektrischen Betriebsmittel durch den Kurzschlußstrom nicht unzulässig hoch beansprucht werden. Solche Schaltgeräte werden als Leistungsschalter bezeichnet.

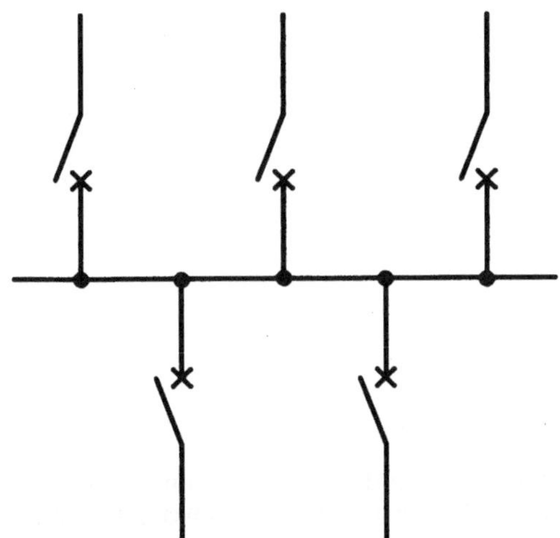

Bild 1.19 : Prinzip der Streckentrennung mit Leistungsschaltern

Um Störungen zu erkennen, müssen die Ströme und Spannungen eines jeden Abganges ständig überwacht werden. In Hochspannungsanlagen und Niederspannungsanlagen mit hohen Strömen ist die Strom- und Spannungsmessung nicht direkt möglich. Man benötigt dazu Strom- und Spannungswandler, die Meßgrößen in eine verarbeitbare Form auf niedrigem Potential umwandeln. Diese Betriebsmittel beanspruchen Platz innerhalb der Schaltanlage und können nach Bild 1.20 auf unterschiedliche Weise in Bezug zum Leistungsschalter angeordnet werden. In beiden Anordnungsfällen kann ein von der Sammelschiene her gespeister Kurzschluß zwischen dem Leistungsschalter und dem Stromwandler nicht erfaßt werden, weil der hohe Kurzschlußstrom nicht durch den

Stromwandler fließt. Der Kurzschlußschutz hat eine tote Zone, in der er nicht wirkt. Im linken Abzweig befindet sich aber der Spannungswandler im Schutzbereich des Stromwandlers. Störungen an ihm werden daher vom Schutz erfaßt. Ein Fehler am Spannungswandler am rechten Abzweig wird im Gegensatz dazu nicht erkannt.

Bei Störungen ist das Prinzip der Streckentrennung nur dann ausreichend wirksam, wenn der Netzschutz selektiv arbeitet. Die Selektivität des Schutzes hat zwei Aspekte: Erstens muß die Störung sicher von normalen Betriebsvorgängen unterschieden werden können, damit letztere keine ungewollten Unterbrechungen des Betriebes herbeiführen. Dieser Aspekt wird als Selektivität der Fehlerart bezeichnet. Zweitens dürfen nur die dem Fehlerort am nächsten gelegenen Schutzeinrichtungen ausschalten, damit alle fehlerfreien Betriebsmittel und Teilnetze weiter betrieben werden können. Das wird durch die Selektivität des Fehlerortes erreicht.

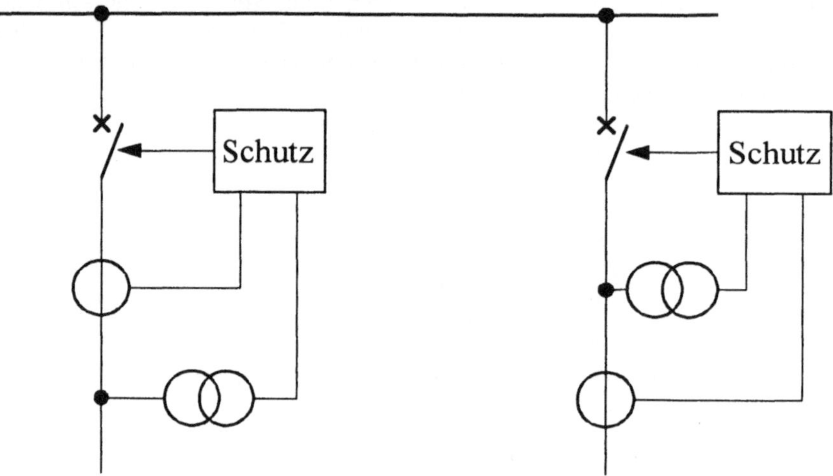

Bild 1.20 : Anordnungen von Strom- und Spannungswandlern für den Netzschutz

Das in Bild 1.19 dargestellte Prinzip der Streckentrennung ist in der Praxis noch immer unzureichend. Die Leistungsschalter und Wandler müssen im Laufe ihrer Nutzungsdauer gewartet werden. Defekte Betriebsmittel muß man ersetzen können. Dazu muß der Abgang mit Hilfe zusätzlicher Schaltgeräte freigeschaltet werden können. Diese Schaltgeräte sind sogenannte Trenner. Sie dürfen nur stromlos betätigt werden und sind deshalb wesentlich billiger als Leistungsschalter. Die Trenner schaffen Trennstrecken mit einer sehr hohen Spannungsfestigkeit, die in konventionellen Schaltanlagen zudem sichtbar sind. Sie dienen so der Sicherheit des Personals bei Wartungsarbeiten. Zusätzlich sieht man Vorrichtungen zum Erden und Kurzschließen (Erdungsschalter, Kugelfestpunkt zum Anschließen einer beweglichen Erdungs- und Kurzschließvorrichtung) vor. Damit kann das Personal gegen unbeabsichtigtes Einschalten gesichert werden. So gelangen wir zu einer vollständigen Schaltung des Abganges einer Schaltanlage, an den Leitungen (Freileitungen, Kabel) oder Transformatoren angeschlossen werden, nach Bild 1.21.

Mit diesem Konzept haben wir einen Zustand erreicht, der es ermöglicht eine gestörte Verbindung innerhalb eines Netzes außer Betrieb zu nehmen, ohne daß die anderen Verbindungen dadurch beeinträchtig werden.

Wenn nun gefordert wird, daß die Verbindung selbst bei Ausfall eines Betriebsmittels im Abgang nicht ausfallen darf, dann muß das **Prinzip der Umgehung** zur Anwendung kommen. Es beinhaltet Schaltungen innerhalb einer Schaltanlage, die eine Freischaltung einzelner Betriebsmittel ohne Unterbrechung einer Verbindung gestatten. Dafür gibt es verschiedene Möglichkeiten, auf die wir hier nicht eingehen wollen.

Schaltanlagen dienen auch der Flexibilität des Netzbetriebes. Darunter wird die Option verstanden, im gestörten und ungestörten Betrieb Umgruppierungen von Abgängen in Abhängigkeit sich ändernden Erfordernissen vornehmen zu können. Die Flexibilität einer Schaltung wird danach bewertet, welche Varianten der Umgruppierung realisierbar sind. Der Extremfall liegt dann vor, wenn jeder Abgang mit jedem anderen ohne Beeinflussung der nichtbeteiligten verbunden werden kann. Eine so hohe Flexibilität ist praktisch nicht notwendig und wirtschaftlich nicht realisierbar.

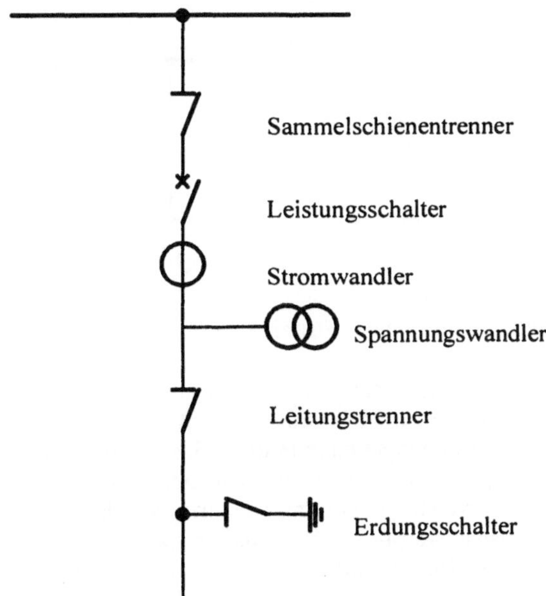

Bild 1.21 : Schaltung des Abganges einer Schaltanlage

1.3.6 Typische Netzformen

Bild 1.22 zeigt die einfachste Form eines elektrischen Energieversorgungsnetzes, ein sogenanntes einfach stichgespeistes Strahlennetz. Die Schaltgeräte und Betriebsmittel in den einzelnen Abgängen sind aus Gründen der Übersichtlichkeit nicht dargestellt. Es ist wegen seiner Einfachheit sehr übersichtlich, hat jedoch den Nachteil, daß bei Ausfall einer Stichverbindung die angeschlossenen Abnehmer bis zur Behebung der Ursache nicht versorgt werden können. Die Anwendung beschränkt sich aus diesem Grunde auf Fälle geringer Bedeutung.

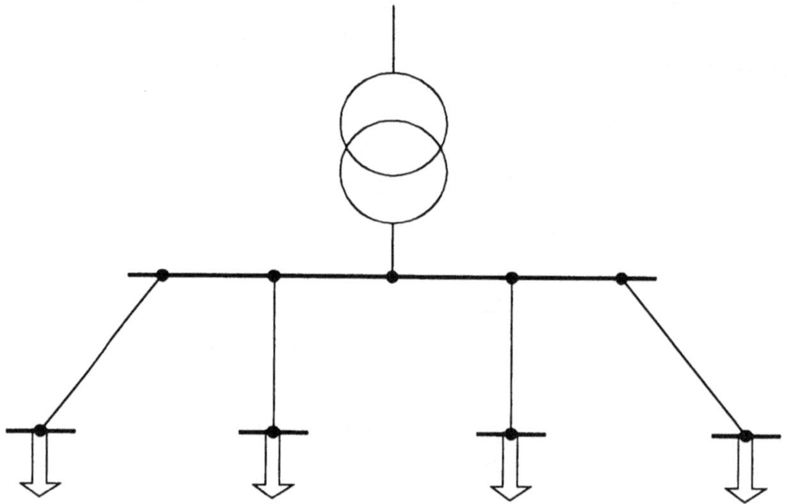

Bild 1.22 : Einfach stichgespeistes Strahlennetz

Eine Verbesserung der Versorgungszuverlässigkeit erhält man durch Verdopplung des Aufwandes gegenüber dem einfachen Strahlennetz. Wir kommen auf diese Weise zum zweifach stichgespeisten Strahlennetz nach Bild 1.23. Dort sind die zusätzlichen Schaltgeräte als Rechtecke eingetragen. Jeder Lastschwerpunkt ist bei dieser Netzform über zwei verschiedene Wege erreichbar. Die zusätzlichen Schaltgeräte sind im Normalzustand geöffnet. Jeder Lastschwerpunkt bildet daher zwei Knotenpunkte im Netz. Die Schaltgeräte werden nur im Bedarfsfall geschlossen. Der betreffende Lastschwerpunkt wird dann zu nur einem Knotenpunkt. Das Doppelstrahlennetz kann bei hohen Anforderungen an die Versorgungszuverlässigkeit aus zwei voneinander unabhängigen übergeordneten Netzen eingespeist werden. Dann spricht man vom Zwei-Zentralen-Betrieb. Netze gelten als unabhängig, wenn sich eine Störung in einem von beiden nicht im anderen auswirkt. Das können zum Beispiel zwei 110-kV-Netze sein, die über verschiedene Transformatoren an verschiedenen Netzknoten aus dem Übertragungsnetz gespeist werden.

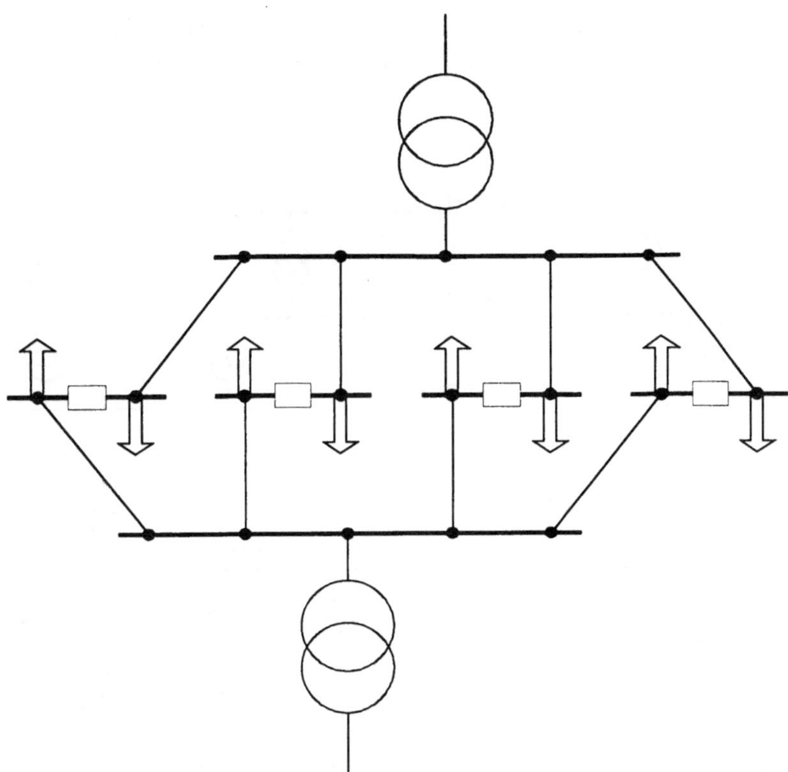

Bild 1.23 : Zweifach stichgespeistes Doppelstrahlennetz

Bild 1.24 zeigt ein über mehrere Spannungsebenen hinweg aufgebautes Doppelstrahlen-Industrienetz. Es wird zweifach aus der 110-kV-Ebene eingespeist. Die beiden 110-kV-Einspeisungen können aus unabhängigen Netzen kommen. Der 110-kV-Ebene ist eine 20-kV-Mittelspannungsebene unterlagert. Diese besteht aus zwei Netzgruppen, die über Drosselspulen miteinander gekuppelt sind. Die Drosselspulen dienen der Begrenzung der Kurzschlußströme. In jeweils eine 20-kV-Netzgruppe speist ein Generator ein.

Der 20-kV-Ebene ist wiederum eine 6-kV-Ebene unterlagert. Auch sie besteht aus zwei Netzgruppen, die über Drosselspulen miteinander gekuppelt sind. An die Netzgruppe mit den hohen Kurzschlußströmen sind Abnehmer mit unruhigem Lastgang bzw. großen Rückwirkungen auf das vorgeordnete Netz (große Motoren, Lichtbogenöfen, große leistungselektronische Anlagen) angeschlossen. An der Netzgruppe mit kleineren Kurzschlußströmen werden ruhigere Abnehmer und solche mit kleinerer Leistung betrieben.

In Industrienetzen ist die 6-kV-Spannungsebene weit verbreitet. Das ist historisch bedingt. Die Fertigung von Motoren für höhere Spannungen bereitete aus isolationstechnischen Gründen lange Zeit erhebliche Schwierigkeiten, so daß die 6-kV-Ebene technisch notwendig war, um Motoren größerer Leistung betreiben zu können.

Der 6-kV-Ebene ist eine 400-V-Niederspannungsebene unterlagert. An ihr werden die Abnehmer kleiner Leistung betrieben. Über alle Spannungsebenen hinweg können alle Knotenpunkte des Netzes über jeweils zwei unabhängige Einspeisungen versorgt werden.

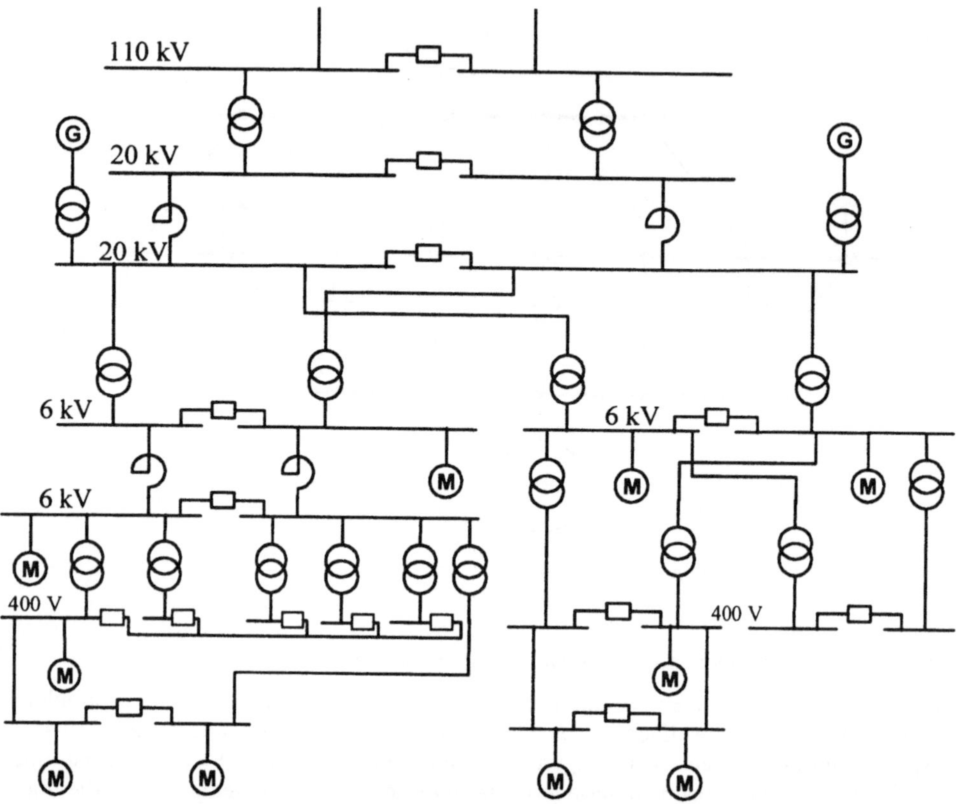

Bild 1.24 : Doppelstrahlen-Industrienetz

Elektrische Energieversorgungsnetze können auch als sogenannte Ringnetze aufgebaut werden. Bild 1.25 zeigt eine Erweiterung des einfachen Strahlennetzes nach Bild 1.22 durch eine Ringergänzungs-Leitung. Auf diese Weise wird es ebenfalls möglich, jeden Lastschwerpunkt über mehrere Wege zu versorgen.

Bild 1.26 zeigt einem Ring, der vornehmlich aus Kabeln besteht und an seinen Enden aus zwei verschiedenen Netzen gespeist wird. In den Ring sind vereinfachte Schaltmöglichkeiten, sogenannte Ringkabelfelder, integriert. In einem Mittelspannungs-Industrienetz können an die Ringkabelfelder zum Beispiel Motoren, andere Mittelspannungsabnehmer und Einspeisetransformatoren in das Niederspannungsnetz angeschlossen werden. Im linken Bildteil ist ein Ringkabelfeld dargestellt, an das ein Motor und ein Transformator angeschlossen sind. Im Zuge des Ringes sind Schaltgeräte angeordnet, die eine Auftrennung bei Störungen erlauben. Oft werden solche Ringe auch im Normalbetrieb an einer Stelle unterbrochen betrieben, um einfachere Bedingungen für den Netzschutz zu schaffen.

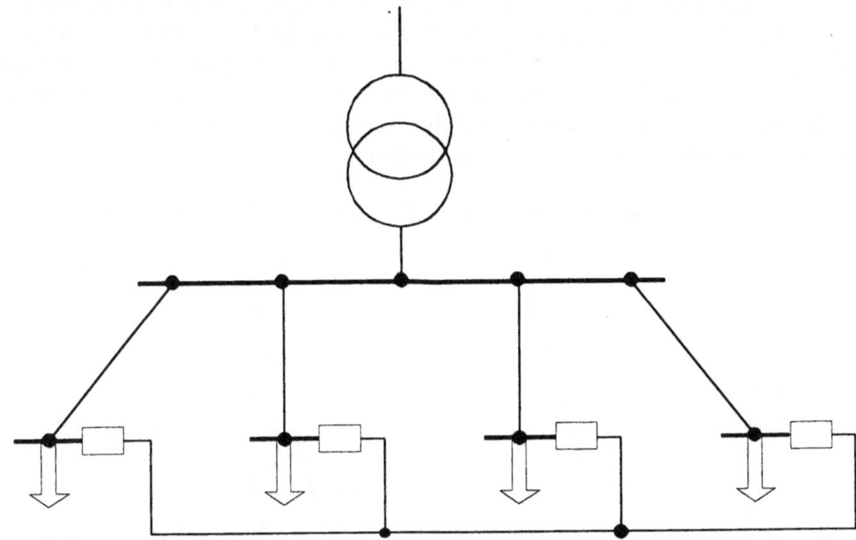

Bild 1.25 : Einfach stichgespeistes Strahlennetz mit Ringergänzung

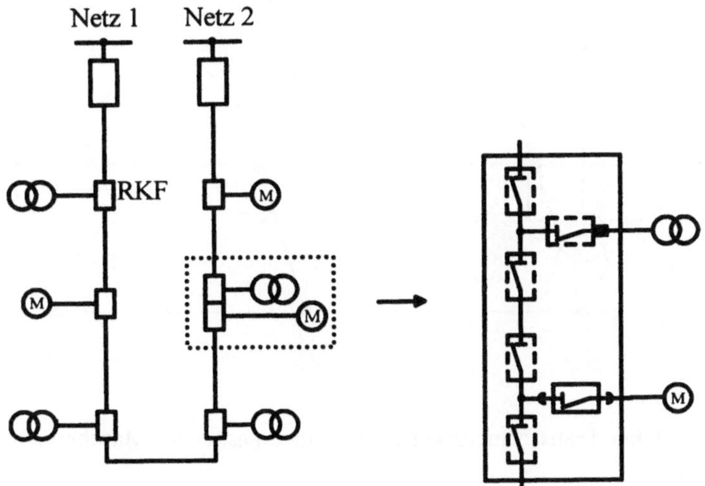

Bild 1.26 : Ringnetz und Ringkabelfeld

Ringnetze nach Bild 1.26 werden auch in der öffentlichen Energieversorgung zum Beispiel zur Speisung von Ortsnetz-Transformatorstationen aus einem Mittelspannungsnetz eingesetzt. Die an die Ringkabelfelder angeschlossenen Abnehmer sind dann sämtlich Niederspannungs-Transformatoren.

Maschennetze bieten die höchste Versorgungszuverlässigkeit, stellen gleichzeitig aber auch die größten Anforderungen an den Netzschutz. Sie zeichnen sich dadurch aus, daß sie stoßartige Belastungen gut ausgleichen können und eine gute Spannungsstabilität besitzen. Die einspeisenden Transformatoren brauchen nur mit einer vergleichsweise geringen Reserve ausgelegt zu werden und die Netzverluste sind gering. Bild 1.27 zeigt ein mehrfach über sogenannte Transformatorketten gespeistes Maschennetz.

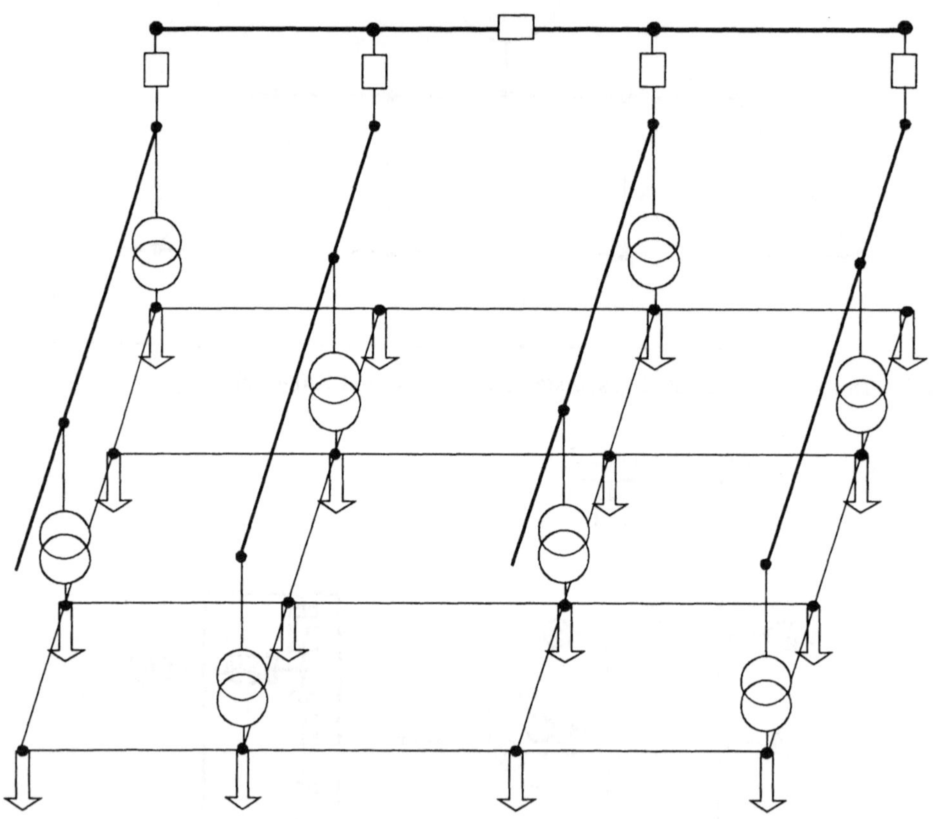

Bild 1.27 : Über Transformatorketten mehrfach gespeistes Maschennetz

1.3.7 Sonderformen elektrischer Energieversorgungsnetze

Außer der Drehstromtechnik gibt es Sonderformen von geringerer Bedeutung. Diese sind meist historisch gewachsen und haben daher noch heute ihre Existenzberechtigung, obwohl sie ebenfalls aus der Drehstromtechnik heraus realisierbar wären. Bewußt werden aber auch Vorteile anderer Systeme genutzt, die die Drehstromtechnik für den jeweiligen Einsatzfall nicht bietet. Solche Ausnahmen sind:

- Gleichstromnetze vergleichsweise geringer territorialer Ausdehnung zur Bahnstromversorgung. Hier kam es darauf an, eine einfache Stromversorgung über Eindrahtsysteme zu realisieren und einen Antriebsmotor mit guter Drehzahlregelbarkeit und hohem Anzugsmoment (Gleichstrom-Reihen-Schlußmotor) einsetzen zu können. Das Antriebsproblem wäre heute auch mit Drehstromantriebstechnik beherrschbar (ICE). Die elektrische Energie wird in den seltensten Fällen mit Gleichstromgeneratoren erzeugt, sondern über Stromrichter aus dem Drehstromnetz entnommen.
- Einphasenwechselstromnetze zur Bahnstromversorgung mit einer Frequenz von 16 2/3 Hz. Die Beweggründe waren die gleichen wie bei der Bahn-Stromversorgung mit Gleichstrom. Die höheren Leistungen der Lokomotiven und die größere territoriale Ausdehnung des Netzes erforderten jedoch eine höhere Fahrleitungsspannung. Zusätzlich war daher eine Transformation auf der Lokomotive notwendig. Die Frequenz ist ein Kompromiß, um z. B. für den Motor gleichstromähnliche Verhältnisse zu erreichen. Die Energie wird zum Teil in bahneigenen Kraftwerken erzeugt und über ein eigenes 110-kV-Bahnstromnetz an die verschiedenen Einspeisepunkte verteilt. Zunehmend werden aber auch Umformerstationen zur Einspeisung aus dem öffentlichen Drehstromnetz eingesetzt.
- Gleichstromnetze zur Bereitstellung von Steuerspannungen oder für die Notstromversorgung. Die hier benötigten Energiemengen können für begrenzte Zeiten in Batterien gespeichert werden. Derartige Netze funktionieren daher auch noch, wenn die öffentliche Energieversorgung ausgefallen ist. Im Normalbetrieb wird die Batterie durch aus dem Drehstromnetz gespeiste Stromrichter ständig nachgeladen (gepuffert). Die Steuerung von Relais und Schützen mit Gleichspannung bietet Vorteile gegenüber Wechselspannung (kein Brummen, hohe Anzugskraft). Dafür gibt es aber heute ebenfalls gute Wechselstromlösungen.
- Gleichstromerzeugung für Elektrolysen. Hier ist Gleichstrom Voraussetzung für die Funktion. Eine andere Stromart ist physikalisch nicht möglich. Der Gleichstrom wird überwiegend über Stromrichter aus dem Drehstromnetz entnommen.
- Energieversorgung drehzahlgeregelter Antriebe für Walzwerke, Fördermaschinen und ähnliche. Früher dienten für diesen Zweck rotierende elektrische Umformer (Motor-Generator), die Drehstrom mit der mechanischen Energie als Zwischenstufe in Gleichstrom umwandelten (Leonardumformer). Dies war notwendig, um die gute Drehzahlstellmöglichkeit von Gleichstrommotoren nutzen zu können. Die Umformer wurden im Laufe der Zeit durch Stromrichter ersetzt. Heute bietet die Leistungselektronik die Möglichkeit, neben Gleichstrommotoren auch frequenzgeregelte Drehstrommotoren einsetzen zu können.

- Hochspannungs-Gleichstrom-Übertragung (HGÜ). Hier werden die Vorteile von Gleichstrom bei der Energieübertragung über große Entfernungen und die Möglichkeit der Kopplung von Netzen mit voneinander abweichenden Frequenzen (auch mit HGÜ-Kurzkupplungen) genutzt. Besondere Bedeutung haben Seekabel-Verbindungen. HGÜ wurde bisher ausnahmslos als Zweipunkt-Verbindung von Drehstromsystemen eingesetzt, da das Schalten von Gleichströmen hoher Spannung mit konventionellen Schaltern nicht möglich ist. Die HGÜ-Verbindungen werden drehstromseitig ausgeschaltet.

1.4 Elektrische Betriebsmittel

1.4.1 Gesamtüberblick

Bild 1.28 gibt einen Gesamtüberblick über die wichtigsten konventionellen Betriebsmittel elektrischer Energieversorgungsnetze.

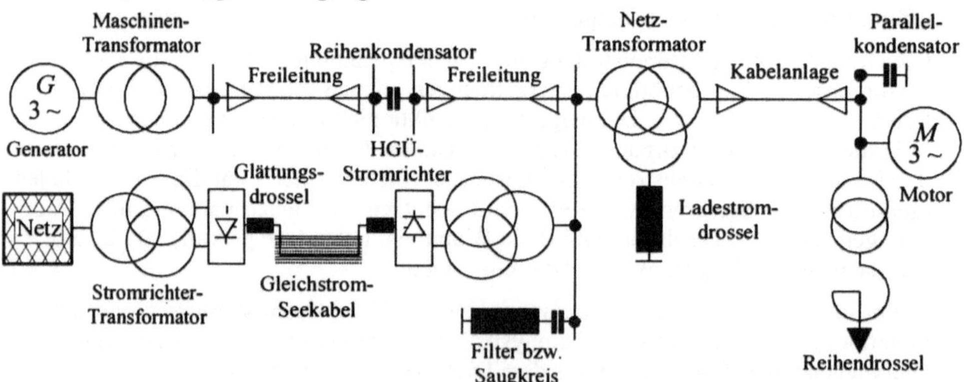

Bild 1.28 : Betriebsmittel elektrischer Energieversorgungsnetze

Die elektrische Energie wird in Generatoren erzeugt und über Maschinen- oder Blocktransformatoren in das Netz eingespeist. Sie wird über Freileitungen übertragen. Bei großen Leitungslängen können Reihenkondensatoren zur Veränderung der Übertragungseigenschaften in den Leitungszug geschaltet werden. Netztransformatoren verbinden Übertragungs- und Verteilungsnetze mit unterschiedlichen Spannungen. Sie besitzen häufig eine dritte Drehstromwicklung, die in Dreieck geschaltete Tertiär- oder Ausgleichswicklung. An ihr können Ladestromdrosseln angeschlossen sein, die wie die Reihenkondensatoren ebenfalls der Veränderung der Eigenschaften der Fernübertragung dienen.

An den Netztransformator ist eine Kabelanlage angeschlossen, die der Energieübertragung über kürzere Entfernung dient. Sie speist einen Netzknotenpunkt, in den ein Motor als wichtiger Abnehmer eines elektrischen Energieversorgungsnetzes angeschlossen ist. Am gleichen Knoten wird ein Parallelkondensator betrieben, der der Kompensation der Blindleistung der ebenfalls dort angeschlossenen Abnehmer dient. Ein Drehstrom-Zweiwicklungs-Transformator speist von dort eine untergeordnete Spannungsebene. Mit ihm ist eine Drosselspule in Reihe geschaltet, die der Begrenzung der Kurzschlußströme im nachgeordneten Netz dient.

Über eine Hochspannungs-Gleichstrom-Übertragung wird aus einem fremden Drehstromnetz zusätzliche Energie eingespeist. Beispielhaft ist eine Fernübertragung über ein Seekabel angegeben. Ebenso könnte natürlich auch eine Gleichstrom-Freileitung zum Einsatz kommen. Beide Stromrichterstationen der HGÜ-Strecke könnten im Extremfall aber auch an einem gemeinsamen Ort stehen. Die Gleichstrom-Übertragung würde dann über eine Leiterschienen-Verbindung über nur wenige Meter stattfinden. Man spricht in diesem Fall von einer sogenannten HGÜ-Kurzkupplung. Sie kann überall dort vorteilhaft eingesetzt werden, wo Netze mit voneinander abweichenden Frequenzen zu verbinden sind.

Mit Ausnahme der Fernübertragungsstrecke sind die elektrischen Betriebsmittel von HGÜ-Verbindungen im wesentlichen gleich. An den Enden der Übertragungsstrecke befinden sich Stromrichterstationen, die die Umformung von Drehstrom in Gleichstrom und umgekehrt vornehmen. Ihre Haupt-Elemente sind die Stromrichter-Transformatoren und die Stromrichter selbst. Auf der Gleichstromseite der Stromrichter werden Drosselspulen zur Glättung des Gleichstromes eingesetzt. Die Ströme und Spannungen an den drehstromseitigen Klemmen eines Stromrichters sind im allgemeinen nicht kosinusförmig. Deshalb betreibt man auf der Drehstromseite von großen Stromrichtern Filter bzw. Saugkreise zur Verminderung der Strom- und Spannungsverzerrungen. Sie werden nicht nur bei HGÜ-Verbindungen eingesetzt, sondern auch in Verteilungsnetzen, in denen Stromrichter als Abnehmer angeschlossen sind.

In allen Knotenpunkten des Netzes dienen Schaltgeräte zum Ein- und Ausschalten der Verbindungen und Abnehmer sowohl im Normalbetrieb als auch im Zusammenwirken mit Schutzrelais bei Fehlern und Störungen.

1.4.2 Rotierende elektrische Drehstrommaschinen

Rotierende elektrische Drehstrommaschinen sind dominierende Betriebsmittel von Drehstromnetzen. Rotierende Drehstromgeneratoren, angetrieben durch Wasser-, Dampf-, Gas- und Windturbinen sowie Verbrennungsmotoren, erzeugen heute über 99 % der elektrischen Energie. Über die Hälfte dieser Energie wird in elektrischen Motoren in mechanische Energie umgewandelt.

Bild 1.29 zeigt den prinzipiellen Aufbau von Drehstrom-Synchronmaschinen. Im feststehenden Teil der Maschine, dem Ständer oder Stator, ist bei der zweipoligen Maschine eine dreisträngige Drehstromwicklung untergebracht. Die Spulenachsen dieser Wicklung sind jeweils um 120 Grad gegeneinander gedreht. Die Stränge der Drehstromwicklung können in Stern oder in Dreieck geschaltet sein.

Im Läufer oder Rotor der Maschine befindet sich eine Wicklung, die mit Gleichstrom gespeist wird. Sie wird Erregerwicklung genannt. Weiterhin trägt der Läufer eine zweite kurzgeschlossene Wicklung, die sogenannte Dämpferwicklung. Sie kann in zwei einsträngige kurzgeschlossene Wicklungen mit senkrecht aufeinanderstehenden Spulenachsen, von denen eine mit der Achse der Erregerwicklung zusammenfällt, zerlegt werden.

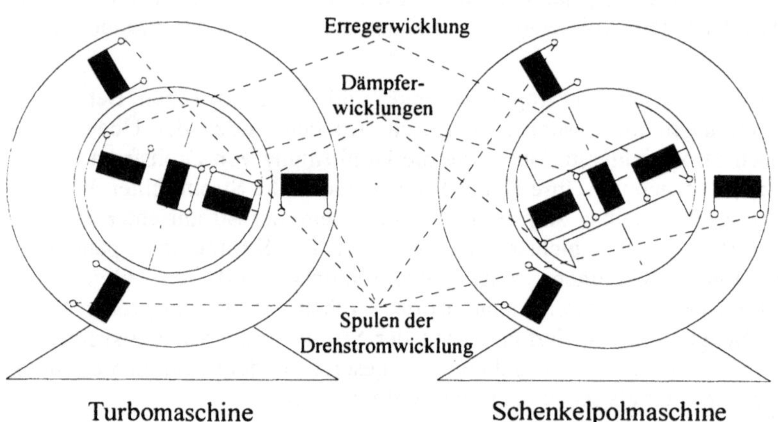

Bild 1.29 : Prinzipieller Aufbau von Synchronmaschinen

Der Läufer der im Bild 1.29 links dargestellten Maschine ist zylindrisch. Der Luftspalt zwischen ihm und dem Ständer kann deshalb längs seines Umfanges als nahezu konstant angesehen werden. Der magnetische Kreis der Maschine besitzt daher in allen Richtungen gleiche Eigenschaften. Eine derartige Maschine wird als Turbomaschine bezeichnet. Eine Turbomaschine wird stets zweipolig ausgeführt.

Der Läufer der im Bild 1.29 rechts dargestellten Synchronmaschine besitzt ausgeprägte Pole. Sie wird Schenkelpolläufer genannt. Der Luftspalt zwischen Läufer und Ständer ist in der Polachse wesentlich kleiner als senkrecht dazu. Dementsprechend unterscheiden sich die magnetischen Eigenschaften in diesen beiden Richtungen deutlich voneinander.

Schenkelpolmaschinen haben meist mehr als zwei Pole. Bei mehrpolpaarigen Maschinen müssen wir uns die Bild 1.29 angegebene Anordnung entsprechend der Polpaarzahl vervielfacht denken.

Im stationären Betrieb dreht sich der Läufer der Synchronmaschine genauso schnell wie das durch die Ständerwicklung erzeugte Drehfeld. Das Feld der Erregerspule und das Drehfeld bewegen sich synchron und schließen dann miteinander einen konstanten Winkel ein. Die Drehzahl einer Synchronmaschine mit der Polpaarzahl p (die synchrone Drehzahl) je Minute ist

$$n = \frac{60\,f}{p} \tag{1.12}$$

Eine Turbomaschine dreht sich bei einer Frequenz von 50 Hz mit 3000 Umdrehungen je Minute. Eine Schenkelpolmaschine dreht sich in Abhängigkeit von ihrer Polpaarzahl entsprechend langsamer.

Synchronmaschinen können sowohl als Generatoren als auch als Motoren betrieben werden. In der überwiegenden Zahl werden sie als Generatoren eingesetzt. Turbogeneratoren werden bis zu Leistungen über 1000 MW gebaut. Sie werden in Wärmekraftwerken eingesetzt. Schenkelpolgeneratoren werden für Leistungen bis maximal 800 MW gebaut. Sie werden vorwiegend in Wasserkraftwerken eingesetzt.

Die zweite wichtige Drehstrommaschine ist die Asynchronmaschine. Ihr Ständer ist ebenso aufgebaut wie der der Synchronmaschine. Im Läufer besitzt sie im einfachsten Fall eine dreisträngige Drehstromwicklung wie im Ständer. Sie kann in Stern oder Dreieck geschaltet sein und wird mit drei Schleifringen verbunden. Die Schleifringe sind im stationären Betrieb kurzgeschlossen. Nur während des Anlaufes wird an sie der Anlasser, ein veränderbarer dreisträngiger Widerstand, angeschlossen, dessen Widerstandswert mit steigender Drehzahl bis zu null verringert wird. Auf diese Weise wird der Anlaufstrom begrenzt, gleichzeitig aber ein hohes Drehmoment erzeugt. Derartige Maschinen werden als Schleifringläufer bezeichnet.

Statt der dreisträngigen Drehstromwicklung kann der Läufer aber auch eine kurzgeschlossene Käfigwicklung besitzen. Die Maschine wird dann als Kurzschlußläufer bezeichnet. Der Aufbau eines Kurzschlußläufers entspricht dem einer Synchron-Turbomaschine ohne Erregerwicklung. Die Läuferdrehzahl einer Asynchronmaschine weicht von der synchronen Drehzahl nach Gleichung (1.12) ab. Auch sie kann sowohl als Generator als auch als Motor arbeiten. Im generatorischen Betrieb ist die Läuferdrehzahl größer als die synchrone Drehzahl, im motorischen Betrieb kleiner. Asynchronmaschinen werden überwiegend als Motoren eingesetzt und dort bis zu Leistungen von 20 MW und mehr gebaut. Als Generatoren werden sie nur für kleine Leistungen zum Beispiel in kleinen Wasser- oder Windkraftwerken eingesetzt.

1.4.3 Transformatoren

Transformatoren haben in elektrischen Energieversorgungsnetzen vielfältige Aufgaben. Entsprechend vielfältig sind ihre Bauformen. Der aktive Teil eines Drehstrom-Transformators besteht im Prinzip aus einem magnetischen Eisenkreis mit drei Schenkeln, die durch die sogenannten Joche miteinander verbunden sind. Die Schenkel tragen zwei oder mehr Drehstromwicklungen, die je nach Aufgabe in Stern oder Dreieck geschaltet sein können. Bild 1.30 zeigt den prinzipiellen Aufbau des aktiven Teils eines Drehstrom-Zweiwicklungs-Transformators. Sein Eisenkreis besitzt neben den drei wicklungstragenden Schenkeln noch zwei Rückschlußschenkel, die Einfluß auf den Magnetisierungsstrom und die Betriebseigenschaften des Transformators bei Unsymmetrie haben und die Joche magnetisch entlasten. Der Eisenquerschnitt der Joche kann kleiner gewählt werden als beim Dreischenkelkern. Dadurch verringert sich die Bauhöhe des Transformators.

Wenn der aktive Teil des Transformators in einem Stahl-Kessel in Isolieröl untergebracht ist, dann spricht man von einem Öltransformator. Transformatoren, deren Wicklungen zum Beispiel mit Gießharz vergossen sind, kommen aber auch ohne Ölkessel zum Einsatz. Man nennt sie Trockentransformatoren.

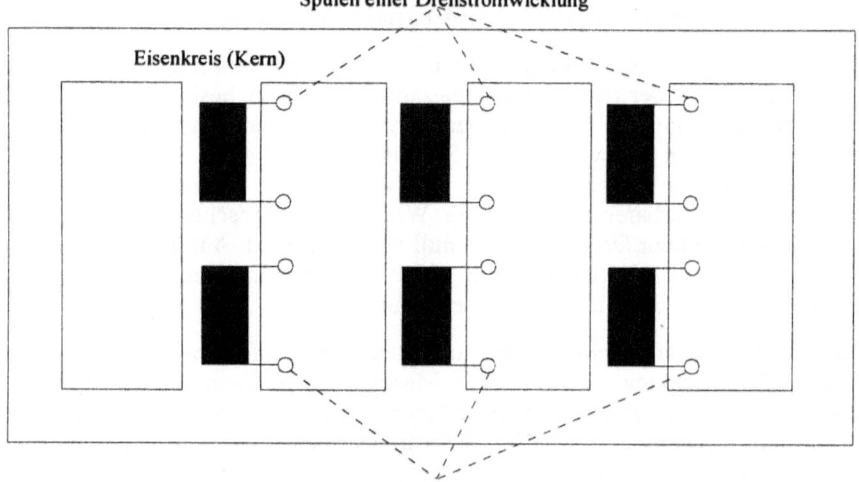

Bild 1.30 : Aktiver Teil eines Drehstrom-Zweiwicklungs-Transformators

1.4.4 Leitungen

Zu den Leitungen zählen wir Freileitungen, Kabel und dazu vergleichsweise kurze Leiter-Anordnungen aus biegesteifen Leitern. Freileitungen gibt es in praktisch allen Spannungsebenen von der Niederspannung bis zur Höchstspannung. In den unteren Spannungsebenen werden sie jedoch zunehmend durch Kabel verdrängt. Für Fernübertragungen elektrischer Energie mit Drehstrom sind Freileitungen unverzichtbar.

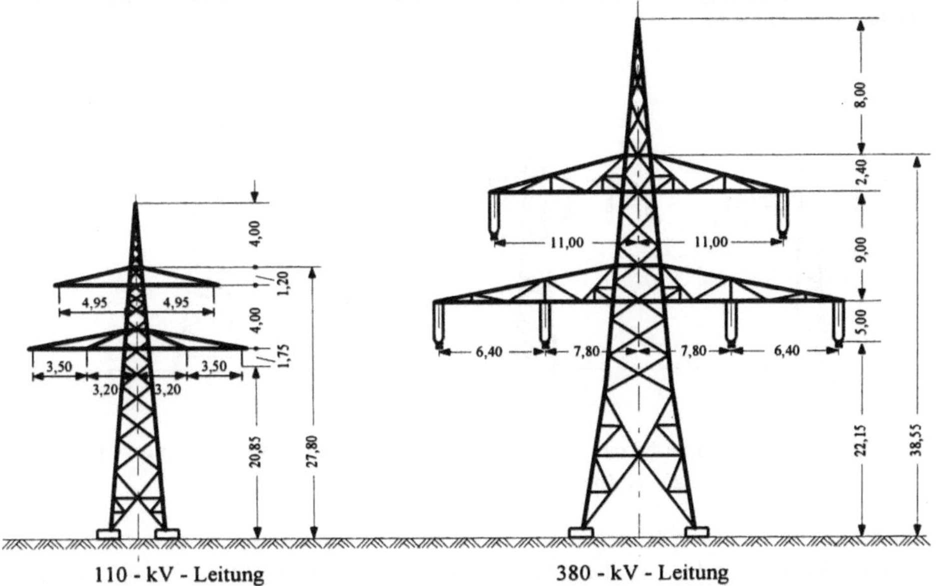

Bild 1.31 : Doppelleitungsmaste für 110 kV und 380 kV (Längen in m)

Die Leiter einer Freileitung sind mehrdrähtige Seile. Bei Hoch- und Höchstspannungsleitungen überwiegen Aluminium-Stahl-Seile. Ein äußerer Mantel von Aluminium-Drähten verleiht diesen Seilen eine gute elektrische Leitfähigkeit, der mehrdrähtige Stahlkern des Seiles gibt ihm die erforderliche mechanische Festigkeit. Bauform und Material der Freileitungsmaste sind sehr vielfältig. In Deutschland werden für Spannungen unterhalb von 110 kV Holz-, Beton- und Stahlgitter-Maste verwandt. In den höheren Spannungsebenen dominieren Stahlgittermaste vielfältiger Bauformen. Im Hoch- und Höchstspannungsnetz werden Freileitungen wegen Trassenmangel in der Regel als Doppelleitungen (mit zwei Drehstromsystemen) ausgeführt. In Ballungsgebieten gibt es auch Leitungen mit mehr als zwei Drehstromsystemen und unterschiedlichen Spannungen der Systeme.

Charakteristikum einer Freileitung ist ihr Mastkopfbild, die Anordnung der Leiterseile in der Ebene senkrecht zu ihrer Längsrichtung. Bild 1.31 zeigt zwei sogenannte Donau-Maste für 110 kV und 380 kV im Größenvergleich.

Die beiden Drehstromsysteme beider Leitungen sind im Dreieck angeordnet. An der

Mastspitze ist ein sogenanntes Erdseil befestigt. Das Erdseil liegt, wie der Name sagt, auf Erdpotential. Es dient dem Blitzschutz der Freileitung und beeinflußt ihr Betriebsverhalten bei Fehlern mit Erdberührung.

Bild 1.32 zeigt als Gegensatz zum Donau-Mast die Mastbilder von drei Einebenen-Masten für 30 kV, 110 kV und 220 kV. Bei ihnen sind alle sechs Leiter der beiden Drehstromsysteme in einer Ebene angeordnet. Die Maste können mit einem Erdseil in der Mitte des Querträgers oder aber mit zwei symmetrisch zur Mastmitte angeordneten Erdseilen versehen sein.

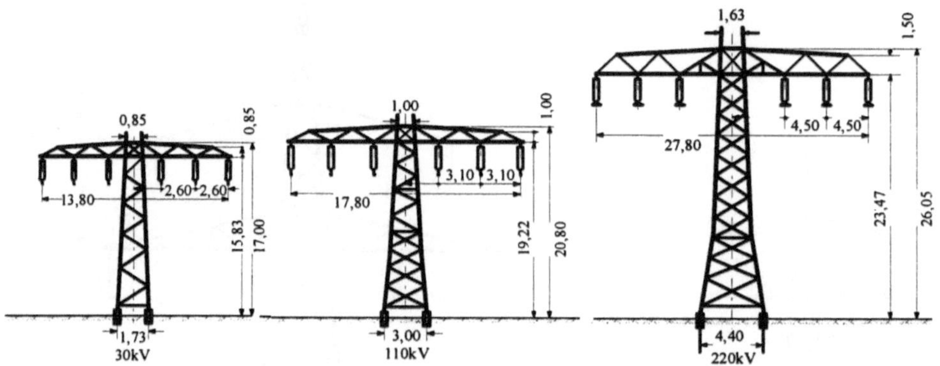

Bild 1.32 : Einebenen-Maste von Drehstrom-Doppelleitungen für 30 kV, 110 kV und 220 kV (Längen in cm)

Auch die Bauformen von Kabeln und die bei ihnen eingesetzten Werkstoffe sind entsprechend der Verwendungsbreite sehr vielfältig. Kabel können heute für alle Spannungen bis 1000 kV gebaut werden. Da sie sich für die Fernübertragung jedoch nicht eignen, liegt ihr Haupteinsatzgebiet bei Spannungen bis 110 kV.

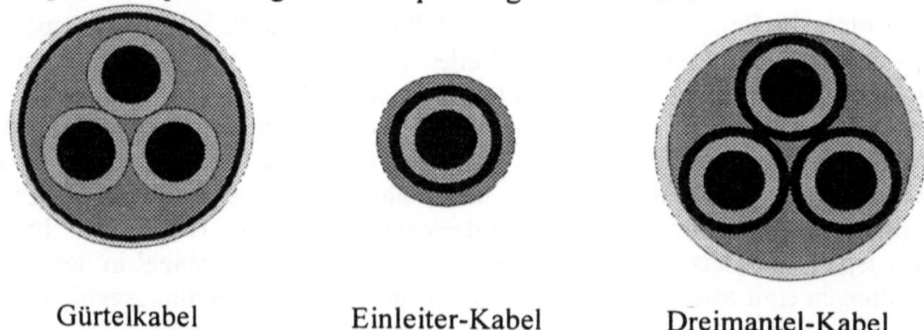

Bild 1.33 : Grundtypen von Starkstrom-Kabeln

Trotz der Vielfalt der Kabelbauformen sind im Hinblick auf das elektrische Feld nur zwei Grundtypen zu unterscheiden: Kabel mit nichtradialem und solche mit radialem elektrischen Feld.

Bei Kabeln mit nichtradialem elektrischen Feld sind die drei isolierten Leiter innerhalb eines gemeinsamen Metallmantels untergebracht. Niederspannungskabel können auch vier und mehr Leiter besitzen. Der Mantel umschließt die drei Leiter wie ein Gürtel. Deshalb heißen sie auch Gürtelkabel. Der Schnitt durch ein Gürtelkabel ist im Bild 1.33 links dargestellt. Die nicht von den Leitern einschließlich ihrer Isolierung beanspruchten Flächen des Kabelquerschnitts sind mit geschichteten Isoliermaterialien ausgefüllt. Bei Spannungen oberhalb von 10 kV ist die elektrische Beanspruchung dieser Kabel besonders in den Zwickeln zwischen den Leitern sehr hoch. Gürtelkabel werden deshalb nur für Spannungen bis 30 kV hergestellt.

Wegen der ungünstigen elektrischen Eigenschaften der Gürtelkabel begann der Übergang zu Kabeln mit radialem Feld bereits um 1913. Man umwickelte die isolierten Leiter in den USA zu dieser Zeit mit Metallfolien. Eine entscheidende Verbesserung gelang Höchstädter durch Verwendung von metallisiertem und perforiertem Papier als oberste Lage der Leiterisolierung, weil Schirmung und Aderisolierung nun die gleiche Wärmedehnung besaßen.

Später ging man zur Einzeladerabschirmung durch Metallmäntel um jeden einzelnen Leiter über. Derartige Kabel werden als Dreimantel-Kabel bezeichnet. Sie wurden für Spannungen bis 60 kV gefertigt, werden heute allerdings nur noch bis Spannungen von 30 kV eingesetzt. In Bild 1.33 ist rechts ein Schnitt durch ein Dreimantel-Kabel dargestellt.

Heute hat das Einleiter-Kabel mit radialem Feld in allen Spannungsebenen eine weite Verbreitung gefunden. Bei hohen Spannungen wird ausschließlich dieser Kabeltyp eingesetzt. Es ist nach Bild 1.33, Mitte, koaxial aufgebaut. Der isolierte Leiter ist mit einem Metallmantel oder -schirm umgeben. Der Metallmantel wird durch äußere Schutzhüllen geschützt. Drehstromsysteme werden durch Verwendung dreier Einleiter-Kabel gebildet. Diese werden entweder in einer Ebene nebeneinander mit einem lichten Abstand zur Verbesserung der Wärmeabfuhr oder aber im Dreieck angeordnet.

Für die Überbrückung kurzer Entfernungen werden bei hohen Strömen vorzugsweise Leiter-Anordnungen aus biegesteifen Leitern mit unterschiedlichen Querschnittsprofilen eingesetzt. Solche Schienensysteme können gekapselt oder ungekapselt sein. Sie werden teilweise auch in Gießharz eingegossen. SF_6-Rohrleiter haben im Prinzip den gleichen Aufbau wie ein Einleiter-Kabel. Anstelle des festen Isolierstoffes des Kabels wird bei ihnen unter Druck stehendes Schwefelhexafluorid eingesetzt.

1.4.5 Drosselspulen

Drosselspulen haben nach Bild 1.28 in elektrischen Energieversorgungsnetzen vielfältige Aufgaben. Als Reihendrosseln werden sie zur Begrenzung der Höhe der Kurzschlußströme eingesetzt. Kurzschlußstrombegrenzungs-Drosseln besitzen keinen Eisenkreis. Sie sind als Luftspulen aufgebaut. Die drei Stränge einer Drehstrom-Drossel sind meist übereinander mit den drei Spulen in einer Achse angeordnet.

Die Ladestromdrosseln dienen der Kompensation des kapazitiven Ladestromes von Leitungen. Sie besitzen einen Eisenkreis in Form eines Dreischenkelkerns. Der Eisenkreis enthält im Gegensatz zum Transformator zur Linearisierung Luftspalte. Aus dem gleichen Grund kann er eine in Dreieck geschaltete Ausgleichswicklung besitzen. Ladestromdrosseln werden meist in einem Ölkessel untergebracht.

Drosselspulen für Filter werden sowohl mit als auch ohne Eisenkreis ausgeführt. Sie werden mit Parallelkondensatoren kombiniert und auf eine Resonanzfrequenz, die in der Nähe einer charakteristischen Harmonischen im Drehstromsystem liegt, abgestimmt.

In Drehstromnetzen werden einphasige Drosselspulen unterschiedlicher Ausführungen zur Erdung von Transformator-Sternpunkten eingesetzt.

In Stromrichteranlagen der Starkstromtechnik dienen Drosseln zur Glättung des Gleichstromes und gegebenenfalls zur gleichmäßigen Aufteilung des Stromes auf parallelgeschaltete Stromrichterventile. Eine gleichmäßige Stromaufteilung auf mehrere parallelgeschaltete Stromrichter wird bei verschiedenen Stromrichterschaltungen durch sogenannte Saugdrosseln erreicht.

1.4.6 Kondensatoren

Die Elektroden von Leistungskondensatoren bestehen überwiegend aus Aluminiumfolie, die zusammen mit einem verlustarmen Dielektrikum zu induktivitätsarmen Wickelelementen verarbeitet werden. Mehrere solcher Wickel werden in hermetisch verschlossenen Metallgehäusen untergebracht. Die optimalen Spannungen solcher einphasigen Kondensatoren liegt bei 1 bis 10 kV. Höhere Spannungen werden durch Reihenschaltung einzelner Kondensatoren bei isolierter Aufstellung der Gehäuse (Kaskadierung) erreicht. Höhere Kapazitäten erfordern die Parallelschaltung einer entsprechenden Zahl von Kondensatoren. Einzelne Leistungskondensatoren findet man daher selten. Häufig kommen Kondensatorgruppen oder -batterien, in denen viele (bis zu mehreren tausend) Einzelkondensatoren in Reihen-Parallelschaltung zusammengeschaltet sind, zum Einsatz.

Nach Bild 1.28 werden Kondensatoren in elektrischen Energieversorgungsnetzen als Reihen- und Parallelkondensatoren zur Blindleistungskompensation eingesetzt. Filterkondensatoren sind speziell bemessene Parallelkondensatoren, die meist Strom- und Spannungsverzerrungen sowie Verschiebungs-Blindleistung gemeinsam kompensieren. Durch höhere Stromharmonische werden sie stärker beansprucht als Parallelkondensatoren, die mit kosinusförmiger Spannung betrieben werden.

1.4.7 Schaltgeräte

Im Bild 1.28 sind zur Erhöhung der Übersichtlichkeit keine Schaltgeräte eingetragen. Sie sind jedoch für den Betrieb eines elektrischen Energieversorgungsnetzes von großer Bedeutung. Grob können wir drei bedeutende Kategorien von Schaltgeräten unterscheiden: Leistungsschalter, Lastschalter, Trenner.

Da die Parameter eines einzuschaltenden Stromkreises nicht vorhersehbar sind, müssen alle Schaltgeräte jeden Strom bis zur Höhe des Kurzschlußstromes ohne Beeinträchtigung der Sicherheit einschalten können. An Leistungsschalter werden nach Abschnitt 1.3.5 die höchsten Anforderungen gestellt. Sie müssen in allen Spannungsebenen sämtliche Belastungsströme zwischen Leerlauf und Kurzschluß auch ausschalten können.

Lastschalter brauchen hingegen nur die Ströme normaler Lasten auszuschalten. Sie sind nicht in der Lage, Kurzschlußströme zu unterbrechen. In Nieder- und Mittelspannungsnetzen werden sie daher häufig mit Sicherungen für den Kurzschlußschutz kombiniert. Der Vorteil der Lastschalter besteht in ihrer Einfachheit im Vergleich zu Leistungsschaltern und den damit verbundenen niedrigeren Kosten.

Trenner sind sehr einfach aufgebaute Schaltgeräte, die nur stromlos ausgeschaltet werden dürfen. Dessen ungeachtet besitzen sie wichtige Aufgaben. Sie dienen nach Abschnitt 1.3.5 zum Freischalten von Betriebsmitteln und Anlageteilen, die zum Beispiel gewartet werden müssen. Sie gewährleisten dabei durch ihre hohe Spannungsfestigkeit die Sicherheit des Wartungspersonals. Mit Trennern wird zweitens der Stromweg innerhalb einer Schaltanlage festgelegt. Diese Funktion entspricht derjenigen der Weichen bei der Bahn.

1.4.8 Sonstige Betriebsmittel und Elemente elektrischer Energieversorgungsnetze

Im Abschnitt 1.3.5 haben wir die Bedeutung der Meßwandler für die Netzschutztechnik kennengelernt. Strom- und Spannungswandler stellen Meßsignale für die Schutzzwecke, für Betriebsmessungen und für Energiezählungen zur Verfügung. Sie arbeiten bis heute überwiegend nach dem transformatorischen Prinzip. Lediglich für Spannungsmessungen werden daneben kapazitive Meßprinzipien eingesetzt. Induktive Meßwandler sind sehr teure Betriebsmittel.

Überspannungsableiter haben die Aufgabe, Überspannungen in elektrischen Netzen auf einen vorgegebenen Schutzpegel zu begrenzen. Sie werden sowohl zwischen den Leitern des Drehstromsystems und der Erde als auch zwischen jeweils zwei Leitern des Drehstromsystems betrieben. Isolierte Sternpunkte von Transformatoren werden ebenfalls über Überspannungsableiter mit der Erde verbunden. Ein nichtlinearer Widerstand, an dem eine vom fließenden Strom nahezu unabhängige Spannung abfällt, ist das

Hauptelement von Überspannungsableitern.

Bei Siliciumkarbid-Ableitern ist dieser nichtlineare Widerstand mit einer Funkenstrecke, die bei Überschreiten einer vorgegebenen Spannung zündet, in Reihe geschaltet, weil ohne sie im Normalbetrieb ein zu hoher Ableitstrom fließen würde. Zinkoxidableiter benötigen diese Funkenstrecke nicht, da ihr Strom im Normalbetrieb vernachlässigbar gering ist. Das hat den Vorteil, daß solche Ableiter zu Ableiterbänken parallelgeschaltet und so dem Energieinhalt der abzuleitenden Überspannungen am Einsatzort angepaßt werden können.

Die **Relaisschutztechnik** wertet die Ströme und Spannungen im Netz nach verschiedenen Fehlerkriterien aus und leitet gegebenenfalls Meldungen oder Ausschalthandlungen ein. Moderne Schutzrelais arbeiten digital. Wegen der hohen Lebensdauern sind aber auch heute noch elektromechanische und analoge elektronische Schutzrelais im Einsatz.

Die **Stations- und Netzleittechnik** hat die Aufgabe, den Betrieb von Schaltstationen, Umspannwerken und vollständigen Netzen zu steuern und zu überwachen. Aus Sicherheitsgründen ist sie von der Schutztechnik getrennt. Moderne Leittechnik arbeitet ebenfalls digital. Daneben sind jedoch noch immer ältere Ausführungsformen mit einem niedrigeren Automatisierungsgrad in Betrieb.

2 Grundlagen der Wechselstromtechnik

2.1 Periodische Wechselgrößen

Drehstromsysteme zur elektrischen Energieversorgung können in vielen Fällen auf der Grundlage einpoliger Wechselstromnetzwerke beschrieben und berechnet werden. Periodische Wechselgrößen spielen daher in der elektrischen Energietechnik eine wichtige Rolle, obwohl reine Wechselstromsysteme von untergeordneter Bedeutung sind.

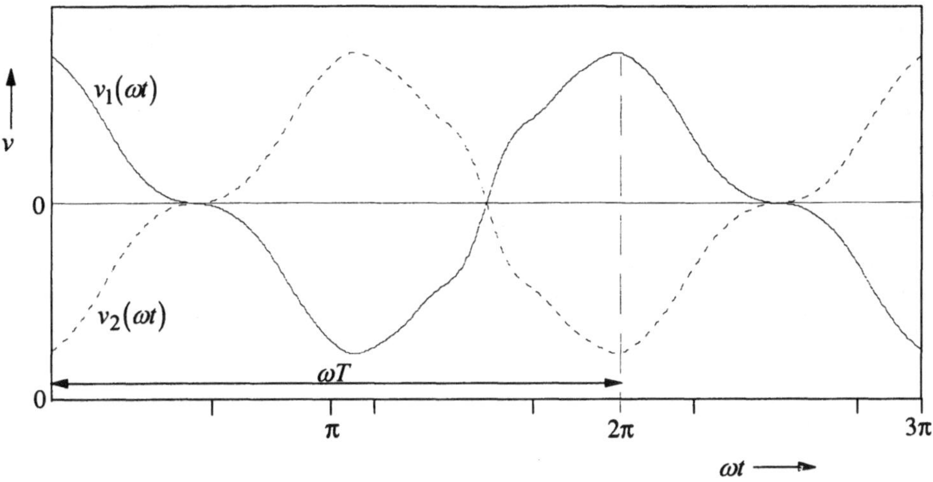

Bild 2.1: Darstellungen einer Wechselgröße

Eine periodische Wechselgröße gehorcht der Bedingung

$$v = f(t) = f(t + k\,T) \tag{2.1}$$

In Gleichung (2.1) bedeuten k eine beliebige ganze Zahl und T eine konstante Zeit. Die nach Gleichung (2.1) definierte Wechselgröße nimmt periodisch immer wieder die gleichen Werte an. Die Zeit T ist die kürzeste Zeit zwischen zwei Wiederholungen. Sie wird daher Periodendauer genannt. Der reziproke Wert der Periodendauer ist die Frequenz f des Wechselvorganges.

$$f = \frac{1}{T} \quad \text{mit} \quad [f] = [t]^{-1} \tag{2.2}$$

Die Einheit der Frequenz ist das Hertz (Hz). Ein Wechselvorgang mit einer Periodendauer von T=1s hat eine Frequenz von f=1 Hz. Anstelle der Frequenz f führen wir die Kreisfrequenz ω ein. Für sie gilt

$$\omega = 2\,\pi\,f = \frac{2\pi}{T} \tag{2.3}$$

Die Kreisfrequenz hat ebenfalls die Maßeinheit Hz. Mit Gleichung (2.3) wird aus (2.1)

$$v = f(\omega t) = f(\omega t + k\,2\,\pi) \tag{2.4}$$

Eine Wechselgröße ist durch die Angabe ihrer Periodizität noch nicht vollständig bestimmt. Zusätzlich muß noch eine Aussage über ihre positive Richtung getroffen werden. Eine der zwei möglichen Richtungen wird dazu als positiv festgelegt und entsprechend gekennzeichnet. Die Wechselgröße ist dann positiv, wenn ihre Richtung mit der als positiv gewählten übereinstimmt. Bild 2.1 zeigt dazu als Beispiel die Darstellungen einer Wechselgröße für verschiedene positive Richtungen. Bei der im Bild 2.1 gewählten positiven Richtung gilt $v_2 = -v_1$.

In vielen Fällen ist der arithmetische Mittelwert von Wechselgrößen der elektrischen Energietechnik Null.

$$V_a = \frac{1}{T}\int_0^T v(t)\,\mathrm{d}t = \frac{1}{2\pi}\int_0^{2\pi} v(\omega t)\;\mathrm{d}\omega t = 0. \tag{2.5}$$

Ausnahmen hiervon sind bestimmte Wechselgrößen in Stromrichtersystemen.

Im Idealfall sind Wechselgrößen, die Gleichung (2.5) erfüllen, rein sinus- bzw. kosinusförmig. Sie werden durch die Funktion

$$v = \hat{V}\cos(\omega t + \varphi) \tag{2.6}$$

beschrieben, wobei $\hat{V}$ den Maximalwert der Wechselgröße, ihre Amplitude, darstellt. Diese Wechselgrößen sollen im folgenden betrachtet werden.

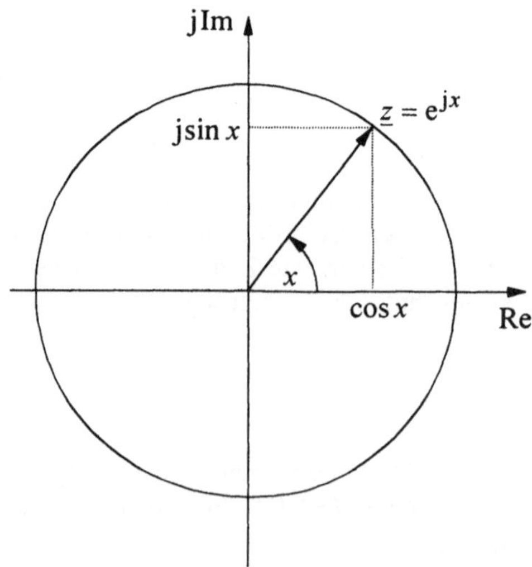

Bild 2.2: Darstellung einer komplexen Zahl

2.2 Komplexe Wechselstromrechnung

2.2.1 Komplexe Darstellung trigonometrischer Funktionen

Bild 2.2 zeigt die Darstellung einer komplexen Zahl $\underline{z}$ mit dem Betrag $|\underline{z}| = 1$ am Einheitskreis. Unter Anwendung der Euler'schen Formel für komplexe Zahlen erhalten wir für $\underline{z}$

$$\underline{z} = \mathrm{e}^{\mathrm{j}x} = (\cos x + \mathrm{j}\sin x) \tag{2.7}$$

Die konjugiert komplexe Zahl von $\underline{z}$ ergibt sich mit der geraden Kosinus- und der ungeraden Sinusfunktion zu

$$\underline{z}^* = \mathrm{e}^{-\mathrm{j}x} = \cos(-x) + \mathrm{j}\sin(-x) = \cos x - \mathrm{j}\sin x \tag{2.8}$$

Wir bilden die Summe aus $\underline{z}$ und ihrer konjugiert komplexen Zahl.

$$\underline{z} + \underline{z}^* = \mathrm{e}^{\mathrm{j}x} + \mathrm{e}^{-\mathrm{j}x} = 2\cos x \quad \Rightarrow \quad \cos x = \frac{1}{2}\left(\mathrm{e}^{\mathrm{j}x} + \mathrm{e}^{-\mathrm{j}x}\right) = \cosh(\mathrm{j}x) \tag{2.9}$$

Die Differenz von $\underline{z}$ und ihrer konjugiert Komplexen ergibt

$$\underline{z} - \underline{z}^* = \mathrm{e}^{\mathrm{j}x} - \mathrm{e}^{-\mathrm{j}x} = 2\,\mathrm{j}\sin x \quad \Rightarrow \quad \sin x = \frac{-\mathrm{j}}{2}\left(\mathrm{e}^{\mathrm{j}x} - \mathrm{e}^{-\mathrm{j}x}\right) = -\mathrm{j}\sinh(\mathrm{j}x) \tag{2.10}$$

Die Kosinus- und die Sinusfunktion können nach den Gleichungen (2.9) und (2.10) komplex ausgedrückt werden. Wir werden im folgenden die Kosinusfunktion bevorzugen, da sie einfacher handhabbar ist. Für die Sinusfunktion gilt

$$\sin x = \cos\left(x - \frac{\pi}{2}\right) = \frac{1}{2}\left(\mathrm{e}^{-\mathrm{j}\frac{\pi}{2}}\,\mathrm{e}^{\mathrm{j}x} + \mathrm{e}^{\mathrm{j}\frac{\pi}{2}}\,\mathrm{e}^{-\mathrm{j}x}\right) = \frac{1}{2}\left(-\mathrm{j}\,\mathrm{e}^{\mathrm{j}x} + \mathrm{j}\,\mathrm{e}^{-\mathrm{j}x}\right) \tag{2.11}$$

Mit Gleichung (2.11) sind alle für die Kosinusfunktion geltenden Aussagen auch auf die Sinusfunktion übertragbar.

Ausgehend von den Gleichungen (2.9) können der Realteil und der Imaginärteil einer komplexen Zahl $\underline{z}$ mit beliebigen Betrag einfach berechnet werden.

$$\mathrm{Re}\{\underline{z}\} = \frac{1}{2}\left(\underline{z} + \underline{z}^*\right) \quad \text{und} \quad \mathrm{Im}\{\underline{z}\} = \frac{-\mathrm{j}}{2}\left(\underline{z} - \underline{z}^*\right) \tag{2.12}$$

Der Betrag und Argument einer komplexen Zahl sind

$$z = \sqrt{\underline{z}\,\underline{z}^*} \quad \text{und} \quad \arg(\underline{z}) = \arctan\frac{-\mathrm{j}\underline{z} + \mathrm{j}\underline{z}^*}{\underline{z} + \underline{z}^*} \tag{2.13}$$

2.2.2 Addition zweier Kosinusfunktionen

Gegeben seien zwei Kosinusfunktionen, deren Summe, die wiederum eine Kosinusfunktion sein muß, ermittelt werden soll.

$$\hat{V}_1 \cos(x+\varphi_1)+\hat{V}_2 \cos(x+\varphi_2)=\hat{V} \cos(x+\varphi) \tag{2.14}$$

Wir führen die Berechnung zunächst reell durch und verwenden dafür das Additionstheorem

$$\cos(x+y)=\cos x \cos y-\sin x \sin y \tag{2.15}$$

Mit Gleichung (2.15) wird aus (2.14)

$$\begin{aligned} & \hat{V}_1 \cos x \cos\varphi_1-\hat{V}_1 \sin x \sin\varphi_1+\hat{V}_2 \cos x \cos\varphi_2-\hat{V}_2 \sin x \sin\varphi_2 \\ = \; & \hat{V} \cos x \cos\varphi-\hat{V} \sin x \sin\varphi \end{aligned} \tag{2.16}$$

Da die Kosinus- und die Sinusfunktion zueinander orthogonal sind, müssen die Koeffizienten von $\cos x$ und $\sin x$ auf beiden Seiten von (2.16) jeweils gleich sein. Wir erhalten daher

$$\begin{aligned} a=\hat{V}\cos\varphi=\hat{V}_1\cos\varphi_1+\hat{V}_2\cos\varphi_2 \\ b=\hat{V}\sin\varphi=\hat{V}_1\sin\varphi_1+\hat{V}_2\sin\varphi_2 \end{aligned} \tag{2.17}$$

Der Quotient aus der zweiten und der ersten Gleichung (2.17) liefert den Tangens des Arguments der Summenfunktion

$$\tan\varphi=\frac{b}{a} \tag{2.18}$$

Die Amplitude der Summenfunktion erhalten wir schließlich durch Radizieren der Summe der Quadrate beider Gleichungen (2.17)

$$\hat{V}=\sqrt{a^2+b^2} \tag{2.19}$$

Damit ist die Summenfunktion vollständig bestimmt.

Wir erkennen jedoch, daß das Verfahren ziemlich umständlich ist. Darum soll überprüft werden, ob die Anwendung der komplexen Rechnung zu Vereinfachungen führt. Wir drücken Gleichung (2.14) komplex aus und erhalten

$$\left(\hat{V}_1 e^{j\varphi_1}+\hat{V}_2 e^{j\varphi_2}\right)e^{jx}+\left(\hat{V}_1 e^{-j\varphi_1}+\hat{V}_2 e^{-j\varphi_2}\right)e^{-jx}=\hat{V} e^{j\varphi}e^{jx}+\hat{V} e^{-j\varphi}e^{-jx} \tag{2.20}$$

Durch Koeffizientenvergleich folgen aus (2.20) zwei Gleichungen.

$$\begin{aligned} \hat{V}_1 e^{j\varphi_1}+\hat{V}_2 e^{j\varphi_2} &= \underline{\hat{V}}_1+\underline{\hat{V}}_2 &= \hat{V} e^{j\varphi} &= \underline{\hat{V}} \\ \hat{V}_1 e^{-j\varphi_1}+\hat{V}_2 e^{-j\varphi_2} &= \underline{\hat{V}}_1^*+\underline{\hat{V}}_2^* &= \hat{V} e^{-j\varphi} &= \underline{\hat{V}}^* \end{aligned} \tag{2.21}$$

Sie sind zueinander konjugiert komplex und besitzen daher die gleiche Information. Nur eine von ihnen braucht deshalb gelöst zu werden, um die Parameter der Summenfunktion zu bestimmen.

2.2.3 Darstellung kosinusförmiger Wechselgrößen durch Zeiger

Nach unseren bisherigen Betrachtungen kann eine kosinusförmige Wechselgröße als die Summe aus einer komplexen Zahl und ihrer konjugiert Komplexen dargestellt werden. Da die konjugiert Komplexe keine zusätzliche Information enthält, reicht die Ausgangszahl allein aus, um die Parameter der Kosinusfunktion eindeutig zu bestimmen. Dies gibt uns die Möglichkeit, kosinusförmige Wechselgrößen als komplexe Zeiger darzustellen. Wir gehen dazu zunächst von der ersten Gleichung (2.20) aus. Im Bild 2.3 sind die beiden Zeiger $\underline{\hat{V}}_1$ und $\underline{\hat{V}}_2$ in ein Koordinatensystem eingetragen. Ihre Addition ergibt den Zeiger der Summenfunktion $\underline{\hat{V}}$. Die Beziehungen zwischen den drei Zeigern sind auf anschauliche Weise dargestellt. Ihre Projektionen auf die reelle Achse (ihre Realteile) geben die Werte der drei Kosinusfunktionen für $x = 0$ an. Sie können mit Hilfe der Gleichung (2.12) berechnet werden.

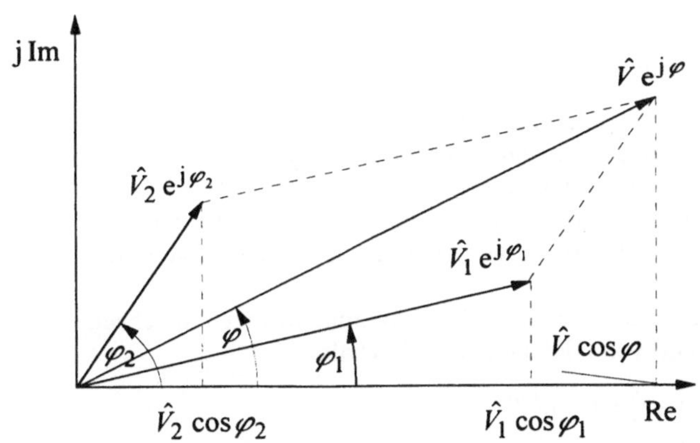

Bild 2.3: Zeigerbild zur Addition zweier Kosinusfunktionen

Wir ergänzen nun die Zeiger um die bisher außer acht gelassene unabhängige Veränderliche x und kommen auf diese Weise zu bewegten Zeigern.

$$\underline{\hat{V}}_\nu(x) = \underline{\hat{V}}_\nu\,e^{jx} \tag{2.22}$$

Im Bild 2.4 ist das Zeigerbild für die Addition der beiden Kosinusfunktionen für zwei verschiedene Werte von x dargestellt. Die Projektionen auf die reelle Achse geben wiederum die Momentanwerte der Kosinusfunktionen für die beiden x-Werte an. Wir erkennen, daß die Betrags- und Winkelbeziehungen zwischen den drei Kosinusfunktionen erhalten bleiben, da sie durch die ruhenden Zeiger nach Bild 2.3 bestimmt sind.

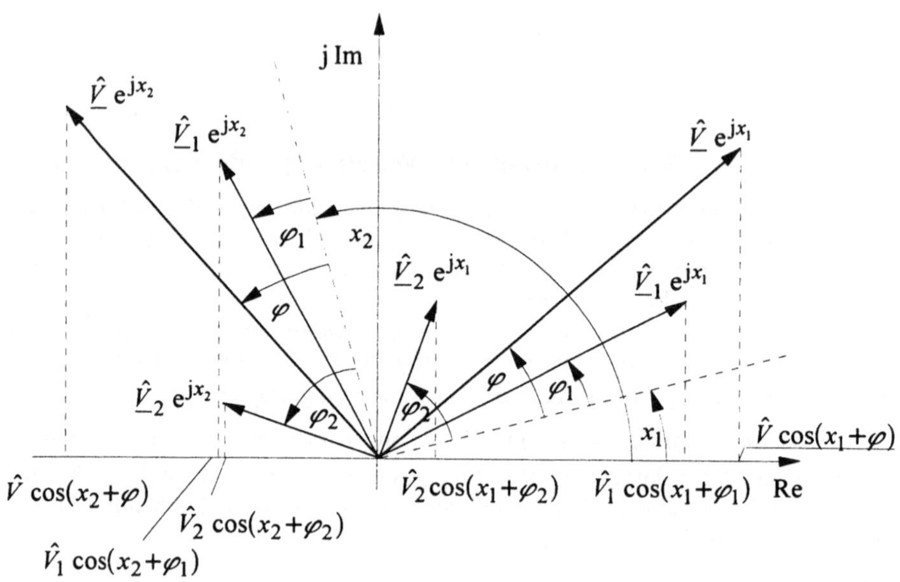

Bild 2.4: Zeigerbild für bewegte Zeiger

Der Übergang von ruhenden zu bewegten Zeigern und umgekehrt ist nichts anderes als ein Übergang von einem bewegten Koordinatensystem in ein ruhendes und umgekehrt. Wir können beide Darstellungen durch Ergänzung von Bild 2.3 um eine veränderliche x-Achse gemäß Bild 2.5 vereinigen. Sie fällt für $x = 0$ mit der reellen Achse zusammen und wird in mathematisch negativer Richtung jeweils um x gedreht.

Die unabhängige Veränderliche x ist bei kosinusförmigen Wechselgrößen eine Funktion der Zeit. Ausgehend von Gleichung (2.6.) erhalten wir

$$x = \omega t \quad \Rightarrow \quad \hat{\underline{V}}_\nu(\omega t) = \hat{\underline{V}}_\nu\,e^{j\omega t} \tag{2.23}$$

Mit Gleichung (2.23) wird das bewegte zu einem mit konstanter Drehgeschwindigkeit umlaufenden Koordinatensystem. Die Drehgeschwindigkeit ist gemäß (2.3) durch die Frequenz des Wechselvorganges gegeben. Die x-Achse in Bild 2.5 dreht sich mit dieser Drehgeschwindigkeit in mathematisch negativer Richtung.

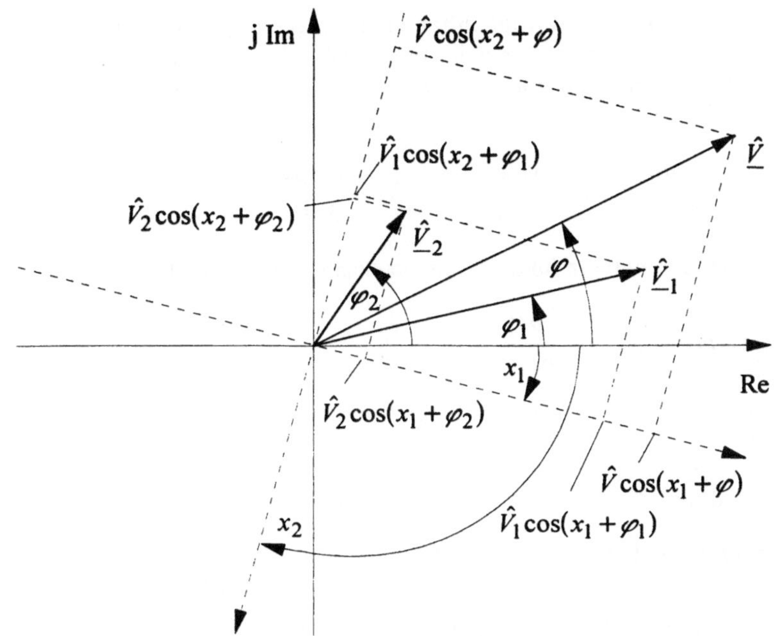

Bild 2.5: Zeigerbild mit veränderlicher x-Achse

2.2.4 Stationäre Ströme und Spannungen in Wechselstromkreisen

2.2.4.1 Kosinusförmiger Strom durch einen ohmschen Widerstand. Für den Strom durch einen Widerstand gilt das ohmsche Gesetz. Bei zeitlich veränderlichen Größen erhalten wir

$$u(\omega t)=R\,i(\omega t) \quad\Rightarrow\quad i(\omega t)=\frac{1}{R}\,u(\omega t)=G\;u(\omega t) \tag{2.24}$$

Strom und Spannung sind in jedem Augenblick zueinander proportional. Für die ruhenden komplexen Zeiger kosinusförmiger Zeitfunktionen folgt daraus

$$\underline{U}_R=R\,\underline{I}_R \quad\Rightarrow\quad \underline{I}_R=G\,\underline{U}_R \tag{2.25}$$

Die Beträge der Zeiger von Strom und Spannung sind über den ohmschen Widerstand bzw. Leitwert zueinander proportional und ihre Argumente sind gleich. Zwischen den Kosinusfunktionen von Strom und Spannung besteht keine Phasenverschiebung.

2.2.4.2 Kosinusförmige Spannung über einer idealen Induktivität. Die Beziehung zwischen Strom und Spannung einer idealen Induktivität wird durch das Induktionsgesetz vermittelt. Ein zeitlich veränderlicher Strom durch eine Induktivität induziert die Spannung

$$\mathrm{e}_L(\omega t) = -L\,\frac{\mathrm{d}\,i_L(\omega t)}{\mathrm{d}t} = -\omega L\,\frac{\mathrm{d}\,i_L(\omega t)}{\mathrm{d}\,\omega t} = -X_L\,\frac{\mathrm{d}\,i_L(\omega t)}{\mathrm{d}\,\omega t} \tag{2.26}$$

Damit der Strom durch die Induktivität fließen kann, muß an sie die Spannung

$$u_L(\omega t) = -\mathrm{e}_L(\omega t) = X_L\,\frac{\mathrm{d}\,i_L(\omega t)}{\mathrm{d}\,\omega t} \tag{2.27}$$

angelegt werden. Für einen kosinusförmigen Strom erhalten wir

$$\begin{aligned} u_L(\omega t) &= X_L\,\frac{\mathrm{d}}{\mathrm{d}\,\omega t}\left(\hat{I}_L \cos(\omega t + \varphi_i)\right) = -X_L\,\hat{I}_L \sin(\omega t + \varphi_i) \\ &= -X_L\,\hat{I}_L \cos\left(\omega t + \varphi_i - \frac{\pi}{2}\right) = X_L\,\hat{I}_L \cos\left(\omega t + \varphi_i + \frac{\pi}{2}\right) \end{aligned} \tag{2.28}$$

Die Maximalwerte von Strom und Spannung einer Induktivität sind zueinander proportional, der Proportionalitätsfaktor ist das Produkt aus der Kreisfrequenz des Stromkreises ω und der Induktivität L. Die Spannung eilt dem Strom um eine Viertelperiode voraus. Für die ruhenden komplexen Zeiger erhalten wir aus (2.28) die Beziehung

$$\underline{\hat{U}}_L = X_L\,\underline{\hat{I}}_L\,\mathrm{e}^{\mathrm{j}\frac{\pi}{2}} = \mathrm{j}\,X_L\,\underline{\hat{I}}_L \tag{2.29}$$

Wir überprüfen, ob die Anwendung des Induktionsgesetzes auf die komplexen Zeiger auf das gleiche Ergebnis führt. Dazu müssen wir von drehenden Zeigern ausgehen, da die Ableitung des Stromes nach ωt zu bilden ist.

$$\underline{\hat{U}}_L\,\mathrm{e}^{\mathrm{j}\omega t} = X_L\,\frac{\mathrm{d}}{\mathrm{d}\,\omega t}\left(\underline{\hat{I}}_L\,\mathrm{e}^{\mathrm{j}\omega t}\right) = \mathrm{j}\,X_L\,\underline{\hat{I}}_L\,\mathrm{e}^{\mathrm{j}\omega t} \tag{2.30}$$

Die Rechnung mit den Zeigern hat auf einfachere Weise zum gleichen Ergebnis geführt.

2.2.4.3 Kosinusförmige Spannung über einer verlustbehafteten Induktivität. Wir betrachten eine verlustbehaftete Induktivität als die Reihenschaltung eines ohmschen Widerstandes mit einer verlustlosen Induktivität. Die Spannung wird durch die Differentialgleichung

$$u = u_R + u_L = R\,i + X_L\,\frac{\mathrm{d}\,i}{\mathrm{d}\,\omega t} \tag{2.31}$$

beschrieben. Wir nehmen an, daß im Stromkreis stationäre Verhältnisse vorliegen, weil er dazu bereits ausreichend lange in Betrieb ist. Gesucht ist daher nicht die vollständige Lösung von (2.31), sondern lediglich die partikuläre Lösung der inhomogenen Differentialgleichung. Ausgehend von unseren bisherigen Erfahrungen gehen wir zu ihrer Bestimmung sofort von drehenden Zeigern aus.

$$\begin{gathered} \underline{\hat{U}}\,\mathrm{e}^{\mathrm{j}\omega t} = R\,\underline{\hat{I}}\,\mathrm{e}^{\mathrm{j}\omega t} + X_L \frac{\mathrm{d}}{\mathrm{d}\,\omega t}\left(\underline{\hat{I}}\,\mathrm{e}^{\mathrm{j}\omega t}\right) = (R + \mathrm{j}\,X_L)\,\underline{\hat{I}}\,\mathrm{e}^{\mathrm{j}\omega t} = \underline{Z}\,\underline{\hat{I}}\,\mathrm{e}^{\mathrm{j}\omega t} \\ \Downarrow \\ \underline{\hat{U}} = (R + \mathrm{j}\,X_L)\,\underline{\hat{I}} = \underline{Z}\,\underline{\hat{I}} \end{gathered} \tag{2.32}$$

Die Größe $\underline{Z}$ in (2.32) bezeichnet man als Scheinwiderstand bzw. Impedanz. Der Realteil der Impedanz ist der Wirkwiderstand bzw. die Resistanz und ihr Imaginärteil heißt Blindwiderstand bzw. Reaktanz.

Impedanz = Resistanz + j Reaktanz

Auch Strom und Spannung der verlustbehafteten Induktivität sind zueinander proportional. Der Proportionalitätsfaktor ist gleich dem Betrag Z der Impedanz. Sie sind zueinander um einen Winkel φ phasenverschoben. Er ist das Argument der Impedanz.

$$\begin{aligned} &\hat{U} = Z\,\hat{I} \\ &\varphi_u = \varphi_i + \arg(\underline{Z}) = \varphi_i + \arctan\left(\frac{X_L}{R}\right) = \varphi_i + \varphi \end{aligned} \tag{2.33}$$

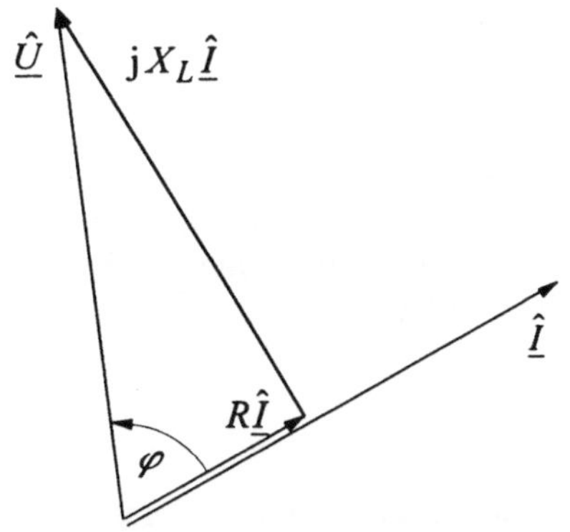

Bild 2.6: Zeigerbild einer verlustbehafteten Induktivität

Die Spannung eilt dem Strom um den Winkel φ voraus. Die ruhenden Zeiger in (2.32) können wiederum in einem Zeigerbild 2.6 dargestellt werden. Wir geben dazu den Strom nach Betrag und Richtung vor. Die Spannung über der Resistanz ist nach Gleichung (2.25) mit dem Strom in Phase, d.h., sie besitzt die gleiche Richtung wie der

Strom. Die Spannung über der verlustlosen Induktivität eilt dem Strom um 90° voraus, sie steht senkrecht auf der Richtung des Stromes. Die Summe der beiden Teilspannungen ist die Spannung über der verlustbehafteten Induktivität, die dem Strom um den Winkel φ vorauseilt.

Die Zeitfunktion der Spannung erhalten wir mit (2.25) aus (2.32)

$$u(\omega t) = \hat{U} \cos(\omega t + \varphi_u) = \frac{1}{2}\left(\underline{\hat{U}}\,\mathrm{e}^{\mathrm{j}\omega t} + \underline{\hat{U}}^*\,\mathrm{e}^{-\mathrm{j}\omega t}\right) = \frac{1}{2}\left(\underline{Z}\,\underline{\hat{I}}\,\mathrm{e}^{\mathrm{j}\omega t} + \underline{Z}^*\,\underline{\hat{I}}^*\,\mathrm{e}^{-\mathrm{j}\omega t}\right) \tag{2.34}$$

2.2.4.4 Kosinusförmiger Strom durch einen idealen Kondensator. Der Strom durch einen idealen Kondensator ist seiner zeitlichen Ladungsänderung proportional. Es gilt

$$i_C = \frac{\mathrm{d}q_C}{\mathrm{d}t} = C\frac{\mathrm{d}u_C}{\mathrm{d}t} = \omega C\frac{\mathrm{d}u_C}{\mathrm{d}\omega t} = B_C\frac{\mathrm{d}u_C}{\mathrm{d}\omega t} \tag{2.35}$$

Gleichung (2.35) ist zu (2.26) dual. Wir erhalten daher analog zu Gleichung (2.29) das Ergebnis

$$\underline{\hat{I}}_C = \mathrm{j}\,B_C\,\underline{\hat{U}}_C \tag{2.36}$$

Die Maximalwerte von Strom und Spannung eines verlustlosen Kondensators sind zueinander proportional, der Proportionalitätsfaktor ist das Produkt aus der Kreisfrequenz des Stromkreises ω und seiner Kapazität C. Der Strom eilt der Spannung um eine Viertelperiode voraus.

2.2.4.5 Kosinusförmiger Strom durch einen verlustbehafteten Kondensator. Wir fassen den verlustbehafteten Kondensator als Parallelschaltung aus einem verlustlosen Kondensator mit der Kapazität C und einem ohmschen Leitwert G auf. Der Knotenpunktsatz ist die Differentialgleichung

$$i = i_G + i_C = G\,u + B_C\frac{\mathrm{d}u}{\mathrm{d}\omega t} \tag{2.37}$$

Gleichung (2.37) ist zu Gleichung (2.31) dual. Das Ergebnis ist daher zu (2.31) analog

$$\underline{\hat{I}} = (G + \mathrm{j}\,B_C)\,\underline{\hat{U}} = \underline{Y}\,\underline{\hat{U}} \tag{2.38}$$

Die Größe $\underline{Y}$ wird als Scheinleitwert oder Admittanz bezeichnet. Ihr Realteil heißt dementsprechend Wirkleitwert bzw. Konduktanz, ihr Imaginärteil Blindleitwert oder Suszeptanz.

Admittanz = Konduktanz + j Suszeptanz

Analog zur verlustbehafteten Induktivität gilt für den verlustbehafteten Kondensator

$$\hat{I} = Y\,\hat{U}$$
$$\varphi_i = \varphi_u + \arg(\underline{Y}) = \varphi_u + \arctan\left(\frac{B_C}{G}\right) = \varphi_u + \psi \qquad (2.39)$$

Das Zeigerbild des verlustbehafteten Kondensators ist im Bild 2.7 dargestellt. Der Strom hat eine Komponente in Richtung der Kondensatorspannung. Sie entspricht dem Teilstrom durch den ohmschen Leitwert G. Die zweite Stromkomponente durch den Blindleitwert eilt der Kondensatorspannung um 90° voraus. Die Summe der beiden Teilströme ergibt den gesamten Kondensatorstrom. Er eilt der Spannung um den Winkel ψ der Admittanz voraus. Die Zeitfunktion des Kondensatorstromes erhalten wir analog zur Zeitfunktion der Induktivitätsspannung nach Gleichung (2.34).

$$i(\omega t) = \hat{I}\cos(\omega t + \varphi_i) = \frac{1}{2}\left(\underline{\hat{I}}\,e^{j\omega t} + \underline{\hat{I}}^*\,e^{-j\omega t}\right) = \frac{1}{2}\left(\underline{Y}\,\underline{\hat{U}}\,e^{j\omega t} + \underline{Y}^*\underline{\hat{U}}^*\,e^{-j\omega t}\right) \qquad (2.40)$$

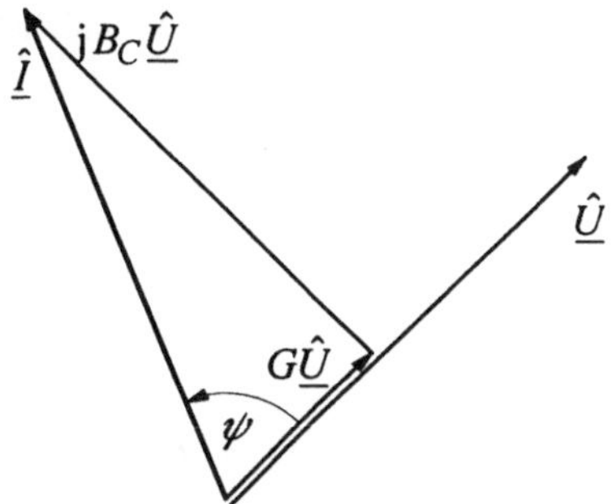

Bild 2.7: Zeigerbild eines verlustbehafteten Kondensators

2.2.5 Grundgesetze für Wechselstromnetzwerke

2.2.5.1 Kirchhoff'sche Sätze für kosinusförmige Wechselgrößen. Die Untersuchungen zur Addition zweier Kosinusfunktionen in den Abschnitten 2.2.2 und 2.2.3 zeigen, daß diese auf komplexe Zeiger übertragen werden können. Die Summe der Momentanwerte der Ströme in einem Knotenpunkt eines elektrischen Netzwerkes ist gleich Null. Für ruhende Stromzeiger erhalten wir daraus den 1. Kirchhoff'schen Satz für kosinusförmige Wechselströme.

$$\sum_n i_n = 0 \xrightarrow[\text{Wechselströme}]{\text{kosinusförmige}} \sum_n \underline{\hat{I}}_n = 0 \tag{2.41}$$

Der erste Kirchhoff'sche Satz gilt ebenso für drehende Stromzeiger, da sie sich nach Gleichung (2.23) von den ruhenden Zeigern lediglich durch einen für alle in jedem Augenblick gleichgroßen Faktor unterscheiden.

Die Summe der Momentanwerte der Spannungen in einer Masche eines elektrischen Netzwerkes ist gleich Null. Analog zu (2.41) erhalten wir für ruhende Spannungszeiger den zweiten Kirchhoff'schen Satz kosinusförmiger Wechselspannungen.

$$\sum_m u_m = 0 \xrightarrow[\text{Wechselspannungen}]{\text{kosinusförmige}} \sum_m \underline{\hat{U}}_m = 0 \tag{2.42}$$

2.2.5.2 Ohmsches Gesetz für kosinusförmige Wechselströme. Wir erweitern die Untersuchungen des Abschnittes 2.2.4 und betrachten zunächst die Reihenschaltung von ohmschen Widerstand, Induktivität und Kondensator. Die komplexe Spannung über dieser Reihenschaltung ist

$$\underline{\hat{U}} = \underline{\hat{U}}_R + \underline{\hat{U}}_L + \underline{\hat{U}}_C \tag{2.43}$$

Die ersten beiden Teilspannungen sind bereits mit Gleichung (2.32) gegeben, den dritten Summanden bestimmen wir durch Umstellung von Gleichung (2.36).

$$\underline{\hat{U}} = (R + \mathrm{j}\,X_L)\,\underline{\hat{I}} + \frac{1}{\mathrm{j}\,B_C}\,\underline{\hat{I}} = (R + \mathrm{j}(X_L - X_C))\,\underline{\hat{I}} = (R + \mathrm{j}\,X)\,\underline{\hat{I}} = \underline{Z}\,\underline{\hat{I}} \tag{2.44}$$

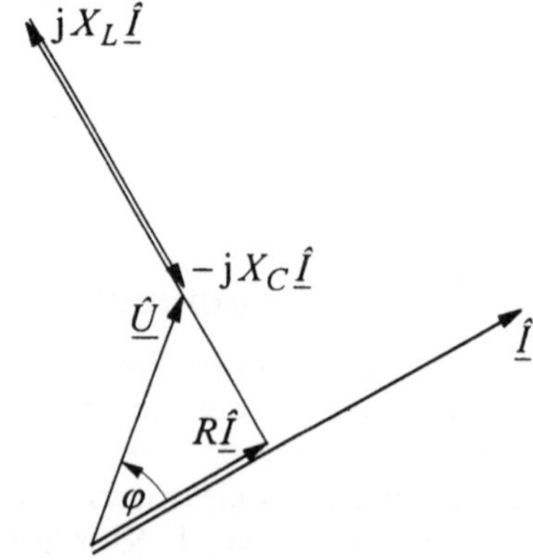

Bild 2.8: Zeigerbild einer R-L-C-Reihenschaltung

Bild 2.8 zeigt das Zeigerbild dieser Reihenschaltung. Die Spannungen über der Induktivität und dem Kondensator stehen senkrecht auf dem Strom und der Spannung über dem ohmschen Widerstand. Sie sind gegeneinander um 180° phasenverschoben.

Gleichung (2.44) zeigt, daß auch für die betrachtete Reihenschaltung eine Impedanz gebildet werden kann. Wir erkennen, daß eine induktive Reaktanz positiv, eine kapazitive jedoch negativ ist.

Für die Parallelschaltung von ohmschem Leitwert, Kondensator und Induktivität erhalten wir den komplexen Knotenpunktsatz

$$\underline{\hat{I}} = \underline{\hat{I}}_G + \underline{\hat{I}}_C + \underline{\hat{I}}_L \tag{2.45}$$

Die ersten beiden Summanden sind aus Gleichung (2.38) bekannt, den dritten Summanden erhalten wir durch Umstellung von Gleichung (2.29)

$$\underline{\hat{I}} = (G + \mathrm{j}\, B_C)\,\underline{\hat{U}} + \frac{1}{\mathrm{j}\, X_L}\,\underline{\hat{U}} = (G + \mathrm{j}(B_C - B_L))\,\underline{\hat{U}} = \underline{Y}\,\underline{\hat{U}} \tag{2.46}$$

Bild 2.9 zeigt das Zeigerbild dieser Parallelschaltung. Die Ströme durch den Kondensator und die Induktivität stehen senkrecht auf der Spannung und dem Strom durch den ohmschen Leitwert, sind einander jedoch entgegengerichtet. Der Gesamtstrom ist um den Admittanzwinkel ψ zur Spannung phasenverschoben.

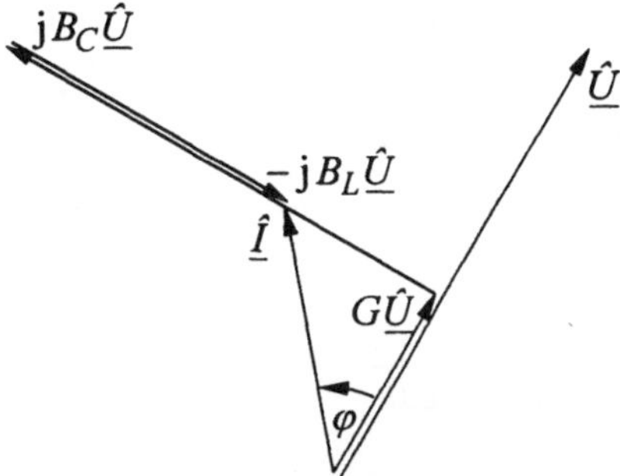

Bild 2.9: Zeigerbild einer G-C-L-Parallelschaltung

Gleichung (2.46) zeigt, daß eine kapazitive Suszeptanz positiv, eine induktive jedoch negativ ist.

Die Betrachtungen können auf beliebige Schaltungen erweitert werden. Das ohmsche Gesetz für kosinusförmige Wechselspannungen und Ströme lautet daher

$$\underline{\hat{U}} = \underline{Z}\,\underline{\hat{I}} \quad \text{oder} \quad \underline{\hat{I}} = \underline{Y}\,\underline{\hat{U}} \tag{2.47}$$

Zwischen der Impedanz und der Admittanz eines Stromkreises gilt die Beziehung

$$\underline{Z} = Z\,\mathrm{e}^{\mathrm{j}\varphi} = \frac{1}{\underline{Y}} = \frac{1}{Y}\mathrm{e}^{-\mathrm{j}\psi} \tag{2.48}$$

2.2.5.3 Satz von der Ersatzquelle. In Elektroenergiesystemen treffen wir häufig auf den Fall, daß eine bekannte Last (bekannte Impedanz) an einem Netz mit unbekannter innerer Schaltung aus Impedanzen und idealen Spannungsquellen betrieben wird. Ein solches Netz stellt einen aktiven linearen Zweipol dar. Diese Situation ist im Bild 2.10. schematisch dargestellt. Bei geöffnetem Schalter stellt sich über den Schalterklemmen die Leerlaufspannung $\underline{\hat{U}}_p$ des Netzes ein, die gemessen werden kann. Bei geschlossenem Schalter fließt der ebenfalls meßbare Laststrom $\underline{\hat{I}}$. Zwischen ihm und der Leerlaufspannung besteht die Beziehung

$$\underline{\hat{U}}_p = \left(\underline{Z}_k + \underline{Z}\right)\underline{\hat{I}} \tag{2.49}$$

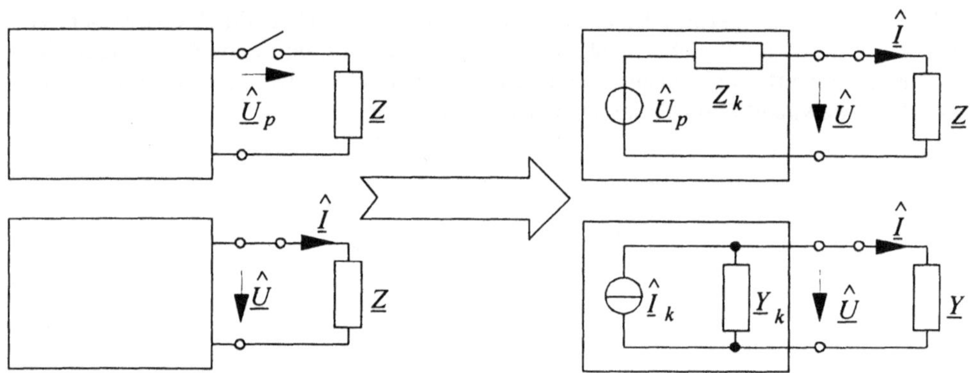

Bild 2.10: Satz von der Ersatzquelle

Bei bekannter Lastimpedanz $\underline{Z}$ kann die Kurzschlußimpedanz $\underline{Z}_k$ des Netzes berechnet werden.

$$\underline{Z}_k = \frac{\underline{\hat{U}}_p - \underline{Z}\underline{\hat{I}}}{\underline{\hat{I}}} = \frac{\underline{\hat{U}}_p}{\underline{\hat{I}}} - \underline{Z} \tag{2.50}$$

Die Spannung $\underline{\hat{U}}$ über der Last kann nun in Abhängigkeit von der Leerlaufspannung des Netzes und dem Laststrom angegeben werden.

$$\underline{\hat{U}} = \underline{\hat{U}}_p - \underline{Z}_k\,\underline{\hat{I}} \tag{2.51}$$

Gleichung (2.51) gibt den Satz von der Ersatzspannungsquelle an. Wenn die Spannung über der Last Null wird, dann fließt im Netz der Kurzschlußstrom. Für ihn gilt

$$\underline{\hat{I}}_k = \frac{\underline{\hat{U}}_p}{\underline{Z}_k} = \underline{Y}_k \, \underline{\hat{U}}_p \tag{2.52}$$

Für den Laststrom gilt mit Gleichung (2.52)

$$\underline{\hat{I}} = \underline{\hat{I}}_k \frac{\underline{Y}}{\underline{Y}_k + \underline{Y}} \quad \text{mit} \quad \underline{Y} = \frac{1}{\underline{Z}} \tag{2.53}$$

Gleichung (2.53) stellt den Satz von der Ersatzstromquelle dar. Bild (2.10) zeigt die beiden möglichen Ersatzschaltungen auf der Grundlage der Ersatzquellen.

2.2.6 Wechselstromleistung

2.2.6.1 Momentanwert der Leistung. Die Berechnung der Leistung führt auf die Multiplikation zweier Kosinusfunktionen. Der Momentanwert der Leistung ist

$$p(\omega t) = u(\omega t)\; i(\omega t) = \hat{U} \cos(\omega t + \varphi_u)\; \hat{I} \cos(\omega t + \varphi_i) \tag{2.54}$$

Wir schreiben die Kosinusfunktionen mit Gleichung (2.9) komplex und führen die Multiplikation aus.

$$p(\omega t) = \frac{1}{2} \hat{U} \left(\mathrm{e}^{\mathrm{j}(\omega t + \varphi_u)} + \mathrm{e}^{-\mathrm{j}(\omega t + \varphi_u)} \right) \frac{1}{2} \hat{I} \left(\mathrm{e}^{\mathrm{j}(\omega t + \varphi_i)} + \mathrm{e}^{-\mathrm{j}(\omega t + \varphi_i)} \right) \tag{2.55}$$

$$p(\omega t) = \frac{1}{4} \hat{U}\, \hat{I} \left(\mathrm{e}^{\mathrm{j}(\varphi_u - \varphi_i)} + \mathrm{e}^{-\mathrm{j}(\varphi_u - \varphi_i)} + \mathrm{e}^{\mathrm{j}(2\omega t + \varphi_u + \varphi_i)} + \mathrm{e}^{-\mathrm{j}(2\omega t + \varphi_u + \varphi_i)} \right) \tag{2.56}$$

Die Exponentialfunktionen in Gleichung (2.56) werden schließlich wieder in Kosinusfunktionen zurückgeführt.

$$p(\omega t) = \frac{1}{2} \hat{U}\, \hat{I} \left(\cos(\varphi_u - \varphi_i) + \cos(2\omega t + \varphi_u + \varphi_i) \right) \tag{2.57}$$

Die Wechselstromleistung setzt sich nach Gleichungen (2.57) aus einem zeitlich konstanten und einem mit doppelter Betriebsfrequenz pulsierenden Anteil zusammen. Da der zeitlich konstante Leistungsanteil für $\varphi_u \neq \varphi_i$ kleiner als die Amplitude des pulsierenden Anteils ist, wechselt die Leistung innerhalb einer Periode viermal ihr Vorzeichen. Der Leistungsfluß verläuft demzufolge nicht ständig in der gleichen Richtung. Wenn die Momentanwerte von Spannung und Strom bei Speisung eines ohmschen

Widerstandes R bzw. ohmschen Leitwertes G zueinander proportional sind, dann sind die Phasenwinkel φ_u und φ_i gleich und man erhält aus Gleichung (2.57)

$$p(\omega t) = \frac{1}{2} R \hat{I}^2 (1 + \cos(2\omega t + 2\varphi_0)) = \frac{1}{2} G \hat{U}^2 (1 + \cos(2\omega t + 2\varphi_0)) \tag{2.58}$$

Der zeitlich konstante Leistungsanteil wird in diesem Fall maximal und die Leistung schwankt zwischen dem Wert Null und dem doppelten konstanten Leistungsanteil. Die Leistung wechselt ihr Vorzeichen nicht. Der Leistungsfluß verläuft in diesem speziellen Fall immer in der gleichen Richtung.

2.2.6.2 Wirkleistung und Effektivwert. Die Frage nach der pro Zeiteinheit erzeugten, übertragenen oder umgewandelten Elektroenergiemenge führt uns auf den arithmetischen Mittelwert der Wechselstromleistung.

$$P = \frac{1}{2\pi} \int_0^{2\pi} p(\omega t)\ \mathrm{d}\omega t = \frac{1}{2} \hat{U}\ \hat{I} \cos(\varphi_u - \varphi_i) = \frac{1}{2} \hat{U}\ \hat{I} \cos\varphi \tag{2.59}$$

Der arithmetische Mittelwert der Wechselstromleistung ist gleich dem konstanten Leistungsanteil. Er wird als Wirkleistung bezeichnet, weil er den Effekt (die Wirkung) des von uns betrachteten Prozesses beschreibt. Die Berechnung der Wirkleistung aus Gleichung (2.58) führt uns auf den in der Wechselstromtechnik gebräuchlichen Begriff des Effektivwertes von Strom oder Spannung.

$$V = \sqrt{\frac{1}{2\pi} \int_0^{2\pi} \frac{1}{2} \hat{V}^2 (1 + \cos(2\omega t + 2\varphi_0))\ \mathrm{d}\omega t} = \frac{1}{2}\sqrt{2}\ \hat{V} \tag{2.60}$$

Für die Wirkleistung gilt in diesem Fall

$$P = R\, I^2 = G\, U^2 \tag{2.61}$$

Die gleiche Leistung erhält man, wenn man den Widerstand mit einem dem Effektivwert entsprechenden Gleichstrom speist bzw. an den Leitwert eine mit dem Effektivwert übereinstimmende Gleichspannung legt. Gleichung (2.60) zeigt, daß die Amplitude und der Effektivwert einer Wechselgröße unabhängig von der Frequenz des Wechselvorganges zueinander proportional sind. Alle Berechnungen, die wir bisher mit den Amplituden der Wechselgrößen durchgeführt haben, können daher ebenso mit Effektivwerten geschehen. Diese Vorgehensweise wird in der Starkstromtechnik bevorzugt, weil der Effektivwert aussagekräftiger als die Amplitude ist, da er den unmittelbaren Vergleich mit entsprechenden Gleichgrößen erlaubt. Die Zeitverläufe der Wechselgrößen werden jedoch nur mit ihren Amplituden richtig beschrieben.

Für den Momentanwert der Leistung erhalten wir mit den Effektivwerten von Strom und Spannung aus Gleichung (2.57)

$$p(\omega t) = U\,I\left(\cos(\varphi_u - \varphi_i) + \cos(2\omega t + \varphi_u + \varphi_i)\right) \tag{2.62}$$

Die Wirkleistung kann aus den komplexen Strom- und Spannungszeigern direkt ermittelt werden.

$$P = \frac{1}{2} U\,I\left(\mathrm{e}^{\mathrm{j}(\varphi_u - \varphi_i)} + \mathrm{e}^{-\mathrm{j}(\varphi_u - \varphi_i)}\right) = \frac{1}{2}\left(\underline{U}\;\underline{I}^* + \underline{U}^*\;\underline{I}\right) \tag{2.63}$$

$$P = \mathrm{Re}\left\{\underline{U}\;\underline{I}^*\right\} = \mathrm{Re}\left\{\underline{U}^*\;\underline{I}\right\} \xrightarrow{\text{Vereinbarung}} P = \mathrm{Re}\left\{\underline{U}\;\underline{I}^*\right\} \tag{2.64}$$

Die Gleichung (2.64) zeigt, daß es prinzipiell zwei Möglichkeiten gibt, die Wirkleistung aus den komplexen Spannungs- und Stromzeigern zu bestimmen. Deswegen bedarf es einer Vereinbarung: Wir berechnen die Leistungen aus dem Produkt des Spannungszeigers und des konjugiert komplexen Stromzeigers.

Das Produkt der Spannung mit dem konjugiert komplexen Strom wird komplexe Scheinleistung $\underline{S}$ genannt, der Imaginärteil der Scheinleistung ist die Blindleistung Q.

$$\underline{S} = \underline{U}\;\underline{I}^* = \mathrm{Re}\left\{\underline{U}\;\underline{I}^*\right\} + \mathrm{j}\,\mathrm{Im}\left\{\underline{U}\;\underline{I}^*\right\} = P + \mathrm{j}\,Q \tag{2.65}$$

Die Schein- und die Blindleistung werden bei der Betrachtung der Leistungsverhältnisse in Drehstromsystemen physikalisch interpretiert. Für die Scheinleistung einer Impedanz $\underline{Z}$ erhalten wir

$$\underline{S} = \underline{U}\;\underline{I}^* = \underline{Z}\;\underline{I}\;\underline{I}^* = \underline{Z}\,I^2 = R\,I^2 + \mathrm{j}\,X\,I^2 \tag{2.66}$$

Analog zu Gleichung (2.65) gilt für die Scheinleistung einer Admittanz

$$\underline{S} = \underline{U}\;\underline{I}^* = \underline{U}\;\underline{Y}^*\;\underline{U}^* = \underline{Y}^*\,U^2 = G\,U^2 - \mathrm{j}\,B\,U^2 \tag{2.67}$$

2.2.6.3 Leistung und Energie in einem verlustfreien Blindelement. Bei einem verlustfreien Blindelement beträgt die Phasenverschiebung zwischen Spannung und Strom 90°. Nach Gleichung (2.62) wird die Wirkleistung Null. Die Leistung pulsiert mit doppelter Betriebsfrequenz um den Mittelwert Null.

$$p(\omega t) = U\,I\cos(2\omega t + \varphi_u + \varphi_i) \tag{2.68}$$

Aus Gleichung (2.68) und Gleichung (2.30) folgt für eine Induktivität

$$p(\omega t) = X_L \, I^2 \cos\left(2\omega t + 2\varphi_i + \frac{\pi}{2}\right) \tag{2.69}$$

Zwischen der Energie und der Leistung besteht der Zusammenhang

$$p = \frac{\mathrm{d}w}{\mathrm{d}t} \quad \Rightarrow \quad \mathrm{d}w = p\,\mathrm{d}t = \frac{1}{\omega}\,p\,\mathrm{d}\omega t \tag{2.70}$$

Wir führen mit Gleichung (2.69) die Integration nach Gleichung (2.70) aus und erhalten

$$w = LI^2 \int \cos\left(2\omega t + 2\varphi_i + \frac{\pi}{2}\right) \mathrm{d}\omega t = \frac{LI^2}{2} \cos(2\omega t + 2\varphi_i) + w_0 \tag{2.71}$$

Die Integrationskonstante w_0 in Gleichung (2.71) ist dadurch festgelegt, daß die magnetische Energie im Feld der Induktivität nicht kleiner als Null sein kann. Damit wird aus (2.71)

$$w = \frac{LI^2}{2} \left(\cos(2\omega t + 2\varphi_i) + 1\right) \tag{2.72}$$

Die in der Induktivität gespeicherte magnetische Energie pulsiert zwischen dem Maximalwert Null und LI^2.

Aus Gleichung (2.68) und Gleichung (2.36) folgt für einen Kondensator

$$p(\omega t) = B_C \, U^2 \cos\left(2\omega t + 2\varphi_u + \frac{\pi}{2}\right) \tag{2.73}$$

Für die im Kondensator gespeicherte elektrische Energie erhalten wir mit Gleichung (2.73) analog zu Gleichung (2.72)

$$w = \frac{CU^2}{2} \left(\cos(2\omega t + 2\varphi_u) + 1\right) \tag{2.74}$$

Die im Kondensator gespeicherte elektrische Energie pulsiert zwischen dem Maximalwert Null und CU^2.

Auch die Energie in einem Blindelement ist dem Quadrat des Effektivwertes des Stromes bzw. der Spannung proportional.

2.2.6.4 Komplexe Darstellung der momentanen Leistung. Der mit doppelter Netzfrequenz pulsierende Leistungsanteil kann ebenfalls aus den Effektivwertzeigern von Strom und Spannung berechnet werden. Er beträgt

$$\tilde{p}(\omega t) = \mathrm{Re}\left\{\underline{U}\,\underline{I}\,\mathrm{e}^{\mathrm{j}2\omega t}\right\} = \mathrm{Re}\left\{\underline{\tilde{S}}\,\mathrm{e}^{\mathrm{j}2\omega t}\right\} \tag{2.75}$$

Den Momentanwert der Wechselstromleistung erhalten wir aus den Zeigern von Spannung und Strom.

$$p(\omega t) = P + \tilde{p}(\omega t) = \mathrm{Re}\left\{\underline{U}\,\underline{I}^{*} + \underline{U}\,\underline{I}\,\mathrm{e}^{\mathrm{j}2\omega t}\right\} = \mathrm{Re}\left\{\underline{S} + \underline{\tilde{S}}\,\mathrm{e}^{\mathrm{j}2\omega t}\right\} \tag{2.76}$$

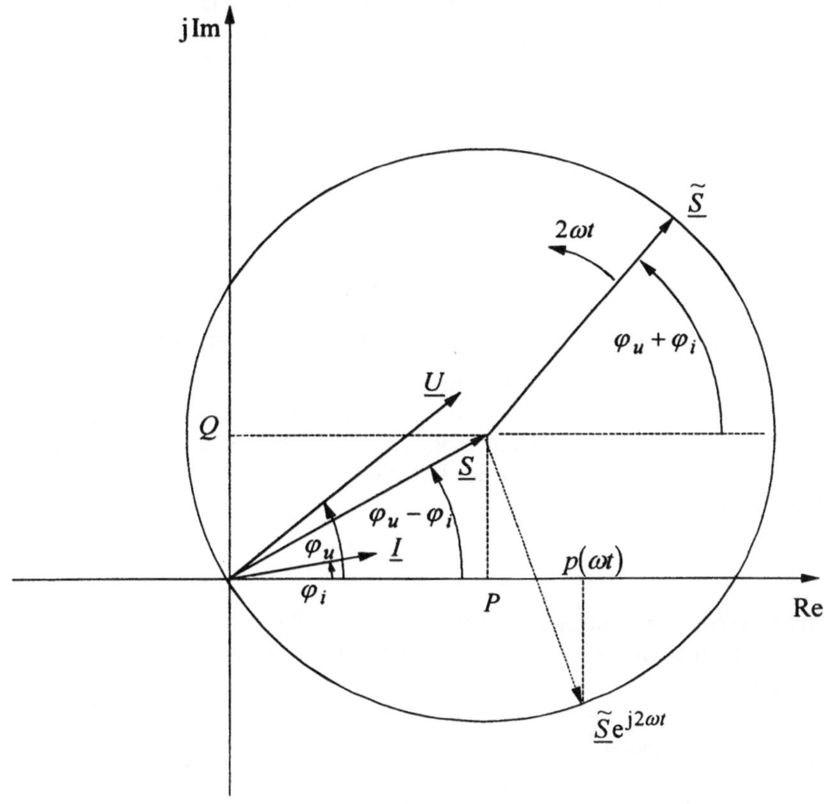

Bild 2.11: Leistung im Wechselstromkreis

Die Wechselstromleistung kann in der komplexen Ebene nach Bild 2.11 dargestellt werden. Um die Zeigerspitze der Scheinleistung rotiert ein Zeiger gleichen Betrages mit doppelter Winkelgeschwindigkeit im mathematisch positiven Sinn. Die Projektion seiner Spitze auf die reelle Achse ergibt den zeitlichen Verlauf der Wechselstromleistung. Die

Projektion des ruhenden Scheinleistungszeigers auf die reelle Achse ist gleich der Wirkleistung und die auf die imaginäre Achse gleich der Blindleistung. Wenn die Phasenverschiebung zwischen der Spannung und dem Strom Null ist, dann liegt die Spitze des Scheinleistungszeigers auf der reellen Achse. Der Leistungskreis berührt die imaginäre Achse im Koordinatenursprung. Der Momentanwert der Leistung ist dann stets positiv. Die Wirkleistung wird maximal und ist gleich der Scheinleistung. Die Blindleistung ist Null. Dieser Fall liegt vor, wenn die Lastimpedanz ein ohmscher Widerstand ist.

Bei einer Phasenverschiebung zwischen Strom und Spannung von 90° liegt der Scheinleistungszeiger auf der imaginären Achse. Der Leistungskreis berührt die reelle Achse im Koordinantenursprung. Der Momentanwert der Leistung schwingt zwischen dem positiven und negativen Betrag der Scheinleistung. Die Wirkleistung ist Null. Die Blindleistung ist gleich dem Betrag der Scheinleistung. Dieser Fall liegt vor, wenn die Lastimpedanz eine ideale Reaktanz ist. Bei einer induktiven Reaktanz liegt der Leistungskreis oberhalb der reellen Achse und bei einer kapazitiven unterhalb. Wir werden die Leistungen in elektrischen Energieversorgungssystemen an späterer Stelle ausführlicher untersuchen.

2.2.7 Kosinusförmige symmetrische Dreiphasensysteme

Kosinusförmige symmetrische Dreiphasensysteme von Spannungen und Strömen sind die Grundlage des idealen Betriebes von Drehstrom-Energieversorgungsnetzen. Wir werden uns mit ihnen an späterer Stelle eingehend auseinandersetzen. Hier seien nur die im unmittelbaren Zusammenhang mit der komplexen Wechselstromrechnung stehenden Beziehungen aufgeführt.

2.2.7.1 Drehoperatoren. Für eine anschauliche Darstellung von m-phasigen Mehrphasensystemen benötigen wir Zeiger mit dem Betrag 1, mit deren Hilfe komplexe Zahlen um die Winkel

$$\xi = k\,\frac{2\pi}{m} \quad \text{mit} \quad k \in \text{ganze Zahlen} \tag{2.77}$$

gedreht werden können. Sie werden Drehoperatoren oder Versoren genannt. Die in der Drehstromtechnik gebräuchlichen Drehoperatoren sind die Lösungen der Gleichung

$$\underline{z}^3 = 1 \tag{2.78}$$

Sie teilen den Einheitskreis, wie in Bild 2.12 dargestellt, in drei gleiche Teile (Einheitswurzeln).

Gleichung (2.79) hat die Lösungen

$$\underline{z}_1 = 1 \tag{2.79}$$

$$\underline{z}_2 = \underline{a} = \mathrm{e}^{\mathrm{j}\frac{2\pi}{3}} = \cos\frac{2\pi}{3} + \mathrm{j}\sin\frac{2\pi}{3} = -\frac{1}{2} + \mathrm{j}\frac{\sqrt{3}}{2} \tag{2.80}$$

$$\underline{z}_3 = \underline{a}^2 = \mathrm{e}^{\mathrm{j}\frac{4\pi}{3}} = \cos\frac{4\pi}{3} + \mathrm{j}\sin\frac{4\pi}{3} = -\frac{1}{2} - \mathrm{j}\frac{\sqrt{3}}{2} \tag{2.81}$$

$$\left(\sqrt[3]{1}\right)^T = \begin{pmatrix}1 & \underline{a} & \underline{a}^2\end{pmatrix} \tag{2.82}$$

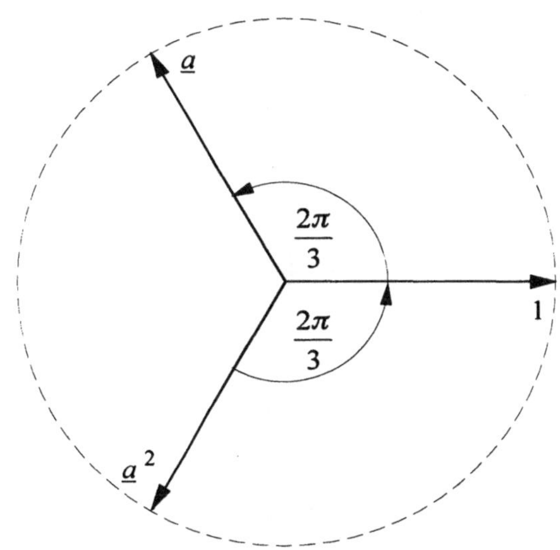

Bild 2.12 Drehoperatoren für Dreiphasensysteme

Aus den Gleichungen (2.79) bis (2.81) folgen die elementaren Beziehungen

$$\underline{a}^3 = \underline{a}^{2^3} = 1 \tag{2.83}$$

$$\left(\underline{a}^*\right)^2 = \underline{a} \quad \text{und} \quad \underline{a}^* = \underline{a}^2 \tag{2.84}$$

$$1 + \underline{a} + \underline{a}^2 = 0 \tag{2.85}$$

Wenn die Drehoperatoren für Dreiphasensysteme nach Gleichung (2.82) um ihre negativen Größen ergänzt werden, erhält man die Drehoperatoren für Sechsphasensysteme.

$$\left(\sqrt[6]{1}\right)^T = \begin{pmatrix}1 & -\underline{a}^2 & \underline{a} & -1 & \underline{a}^2 & -\underline{a}\end{pmatrix} \tag{2.86}$$

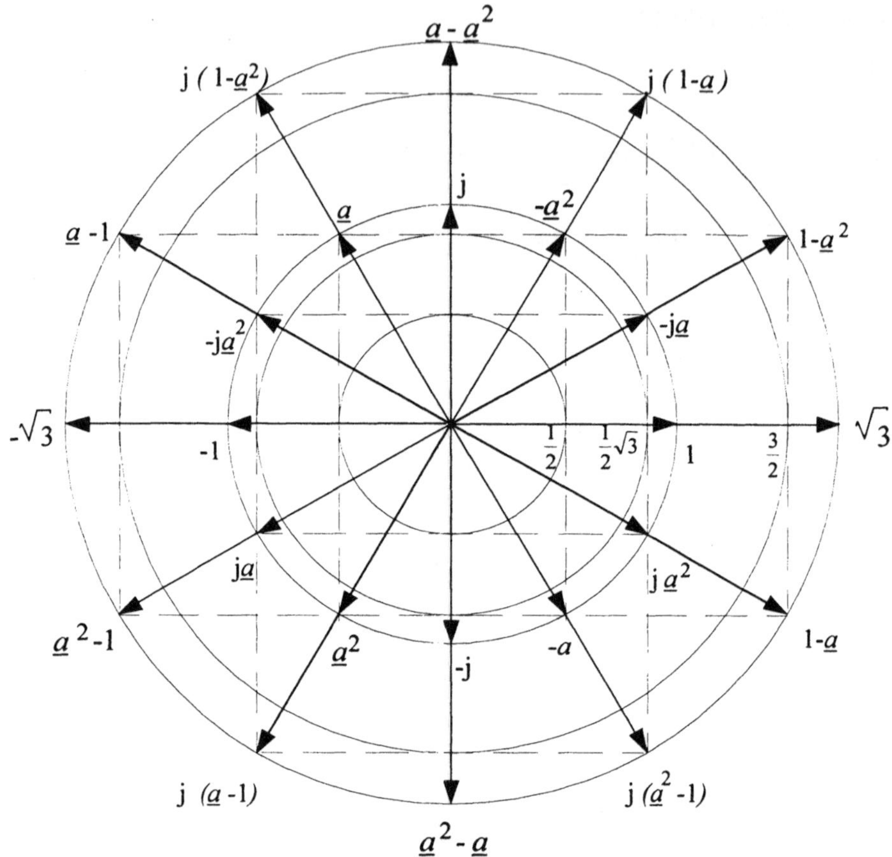

Bild 2.13: Drehoperatoren für Dreiphasensysteme

Schließlich können die Drehoperatoren für Sechsphasensysteme nach Gleichung (2.86) um ihre um 90 Grad gedrehten (mit j multiplizierten) Größen ergänzt werden. Wir erhalten auf diese Weise die Drehoperatoren für Zwölfphasensysteme.

$$\left(\sqrt[12]{1}\right)^T = \begin{pmatrix} 1 & -\mathrm{j}\underline{a} & -\underline{a}^2 & \mathrm{j} & \underline{a} & -\mathrm{j}\underline{a}^2 & -1 & \mathrm{j}\underline{a} & \underline{a}^2 & -\mathrm{j} & -\underline{a} & \mathrm{j}\underline{a}^2 \end{pmatrix} \tag{2.87}$$

Mit den Drehoperatoren nach Gleichung (2.87) können Drehungen um ganzzahlige Vielfache von 30 Grad realisiert werden.

Die Differenz zweier verschiedener Drehoperatoren für Dreiphasensysteme hat stets den Betrag $\sqrt{3}$ und ist gegenüber den Ausgangsoperatoren jeweils um ein ungeradzahliges Vielfaches von 30 Grad gedreht. So gilt beispielsweise

$$\underline{z} = 1 - \underline{a} = \sqrt{3}\,\mathrm{e}^{\mathrm{j}\frac{11\pi}{6}} = \sqrt{3}\,\mathrm{e}^{-\mathrm{j}\frac{\pi}{6}} \tag{2.88}$$

Die komplexe Zahl $\underline{z}$ ist gegenüber der 1 um $11 \cdot 30$ Grad und gegenüber $\underline{a}$ um $7 \cdot 30$ Grad gedreht. Auch aus den Differenzen der Drehoperatoren kann ein System aufgebaut werden, das die Wurzeln der Gleichung

$$\sqrt{3}\,\underline{z}^{12} = \sqrt{3} \tag{2.89}$$

beschreibt. Bild 2.13 enthält die Kombinationen von Drehoperatoren, die für unsere späteren Untersuchungen wichtig sind.

2.2.7.2 Sinusförmige symmetrische Ströme und Spannungen. Unter einem symmetrischen kosinusförmigen Dreiphasensystem wollen wir hier drei Wechselgrößen mit gleichen Amplituden bzw. Effektivwerten verstehen, die um jeweils 120 Grad gegeneinander phasenverschoben sind. Das System

$$\begin{pmatrix} v_R(\omega t) \\ v_S(\omega t) \\ v_T(\omega t) \end{pmatrix} = \hat{V} \begin{pmatrix} \cos\left(\omega t + \varphi\right) \\ \cos\left(\omega t + \varphi - \frac{2\pi}{3}\right) \\ \cos\left(\omega t + \varphi + \frac{2\pi}{3}\right) \end{pmatrix} \tag{2.90}$$

erfüllt beispielsweise diese Bedingung.

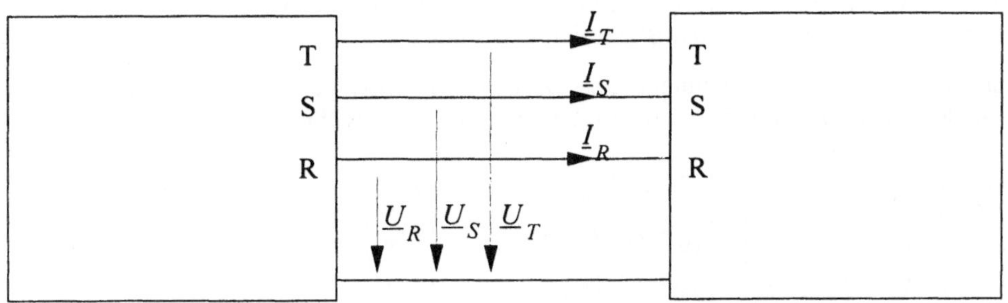

Bild 2.14: Ströme und Spannungen in einem Drehstromsystem

Wir nehmen an, daß die Ströme und Spannungen an einem Punkt des Drehstromsystems nach Bild 2.14 symmetrische Dreiphasensysteme nach Gleichung (2.90) bilden. Für ihre Effektivwertzeiger gilt

$$\begin{pmatrix} \underline{U}_R \\ \underline{U}_S \\ \underline{U}_T \end{pmatrix} = \begin{pmatrix} \underline{U} \\ \underline{a}^2\underline{U} \\ \underline{a}\,\underline{U} \end{pmatrix} \quad \text{und} \quad \begin{pmatrix} \underline{I}_R \\ \underline{I}_S \\ \underline{I}_T \end{pmatrix} = \begin{pmatrix} \underline{I} \\ \underline{a}^2\underline{I} \\ \underline{a}\,\underline{I} \end{pmatrix} \tag{2.91}$$

Die Leistung im Drehstromsystem ist die Summe der Leistungen der drei Stränge.

$$p(\omega t) = u_R(\omega t)\, i_R(\omega t) + u_S(\omega t)\, i_S(\omega t) + u_T(\omega t)\, i_T(\omega t) \tag{2.92}$$

Für die Wirkleistung erhalten wir mit Hilfe der komplexen Rechnung die Beziehung

$$P = \mathrm{Re}\left\{\underline{U}_R\, \underline{I}_R^* + \underline{U}_S\, \underline{I}_S^* + \underline{U}_T\, \underline{I}_T^*\right\} \tag{2.93}$$

$$P = \mathrm{Re}\left\{\underline{U}\,\underline{I}^* + \underline{a}^2\,\underline{U}\,\underline{a}\,\underline{I}^* + \underline{a}\,\underline{U}\,\underline{a}^2\underline{I}^*\right\} = 3\,\mathrm{Re}\left\{\underline{U}\,\underline{I}^*\right\} \tag{2.94}$$

Analog zum Wechselstromsystem wird die komplexe Drehstrom-Scheinleistung berechnet nach

$$\underline{S} = P + \mathrm{j}\,Q = S\,(\cos\varphi + \mathrm{j}\sin\varphi) = 3\,\underline{U}\,\underline{I}^* \tag{2.95}$$

Der pulsierende Leistungsanteil im symmetrischen Drehstromsystem kann auf der Grundlage von Gleichung (2.75) berechnet werden.

$$\tilde{p}(\omega t) = \mathrm{Re}\left\{\tilde{\underline{S}}\; \mathrm{e}^{\mathrm{j}2\omega t}\right\} = \mathrm{Re}\left\{\left(\underline{U}_R\, \underline{I}_R + \underline{U}_S\, \underline{I}_S + \underline{U}_T\, \underline{I}_T\right) \mathrm{e}^{\mathrm{j}2\omega t}\right\} \tag{2.96}$$

$$\tilde{\underline{S}} = \underline{U}\,\underline{I} + \underline{a}^2\,\underline{U}\,\underline{a}^2\,\underline{I} + \underline{a}\,\underline{U}\,\underline{a}\,\underline{I} = \left(1 + \underline{a} + \underline{a}^2\right)\underline{U}\,\underline{I} = 0 \tag{2.97}$$

Wir erhalten das im Kapitel 1 bereits angeführte Ergebnis: Die Drehstromleistung im symmetrisch belasteten System ist zeitlich konstant.

Aus den Leiter-Erde-Spannungen des Drehstromsystems nach Bild 2.14 können mit Hilfe des Maschensatzes die Leiter-Leiter-Spannungen berechnet werden. Es ist

$$\begin{pmatrix} \underline{U}_{RS} \\ \underline{U}_{ST} \\ \underline{U}_{TR} \end{pmatrix} = \begin{pmatrix} \underline{U}_R \\ \underline{U}_S \\ \underline{U}_T \end{pmatrix} - \begin{pmatrix} \underline{U}_S \\ \underline{U}_T \\ \underline{U}_R \end{pmatrix} = \begin{pmatrix} \left(1-\underline{a}^2\right)\underline{U} \\ \left(\underline{a}^2-\underline{a}\right)\underline{U} \\ \left(\underline{a}-1\right)\underline{U} \end{pmatrix} = \sqrt{3}\,\mathrm{e}^{\mathrm{j}\frac{\pi}{6}} \begin{pmatrix} \underline{U}_R \\ \underline{U}_S \\ \underline{U}_T \end{pmatrix} \tag{2.98}$$

Ihr Betrag ist nach Gleichung (2.98) das $\sqrt{3}$-fache des Betrages der symmetrischen Leiter-Erde-Spannungen.

Bild 2.15 zeigt das Zeigerdiagramm der Spannungen eines Drehstromsystems. Die Summe der Leiter-Leiter-Spannungen ist unabhängig von der Symmetrie der Leiter-

Erde-Spannungen gemäß Gleichung (2.91) stets Null. Sie bilden daher immer ein geschlossenes Dreieck. Für die Leiter-Erde-Spannungen gilt das nur unter den von uns angenommenen idealen Bedingungen. In der Praxis weichen die Leiter-Erde-Spannungen oft von dem hier betrachteten Idealfall ab. Deshalb werden Drehstromsysteme mit Hilfe von Leiter-Leiter-Spannungen gekennzeichnet.

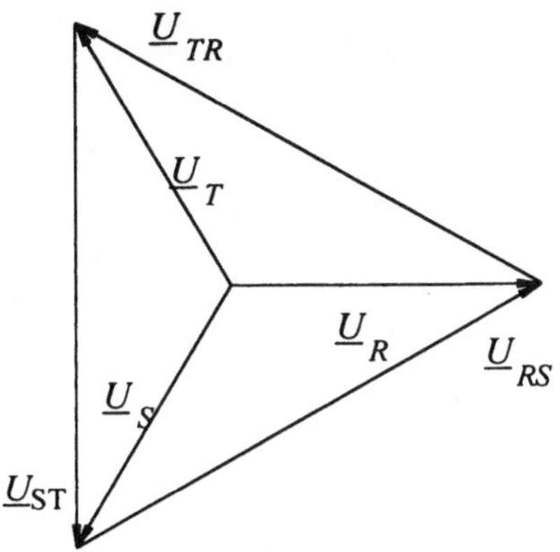

Bild 2.15: Spannungszeiger eines Drehstromsystems

Die Nennscheinleistungen elektrischer Betriebsmittel (Beträge) werden daher aus ihrer Nenn-Leiter-Leiter-Spannung und dem Nenn-Leiterstrom ermittelt.

$$S_r = \sqrt{3}\, U_r\, I_r \tag{2.99}$$

Der Index r bedeutet "rated" (nenn). Für die Wirkleistung und die Blindleistung gilt sinngemäß

$$P_r = \sqrt{3}\, U_r\, I_r \cos\varphi_r \quad \text{und} \quad Q_r = \sqrt{3}\, U_r\, I_r \sin\varphi_r \tag{2.100}$$

Bei der Anwendung von Gleichung (2.100) muß beachtet werden, daß mit dem Winkel φ_r nicht die Phasenverschiebung zwischen der Leiter-Leiter-Spannung und dem Leiterstrom bezeichnet wird, sondern die zwischen der aus Gleichung (2.98) bestimmbaren idealen Leiter-Erde-Spannung und dem dazugehörigen Leiterstrom.

2.2.8 Vorzeichenfestlegungen und Zählpfeilsysteme

Für die Berechnung von elektrischen Netzwerken sind Vorzeichenfestlegungen und Zählpfeilsysteme unerläßlich, um die Ergebnisse eindeutig interpretieren zu können. Durch die Zählpfeile wird ein bestimmter Richtungssinn vorgegeben. Die gegenseitige Zuordnung der Zählpfeile für Ströme und Spannungen wird als Zählpfeilsystem bezeichnet. In der elektrischen Energietechnik sind das Verbraucher- und das Erzeugerzählpfeilsystem (VZS und EZS) üblich. Beide werden im Bild 2.16 vorgestellt.

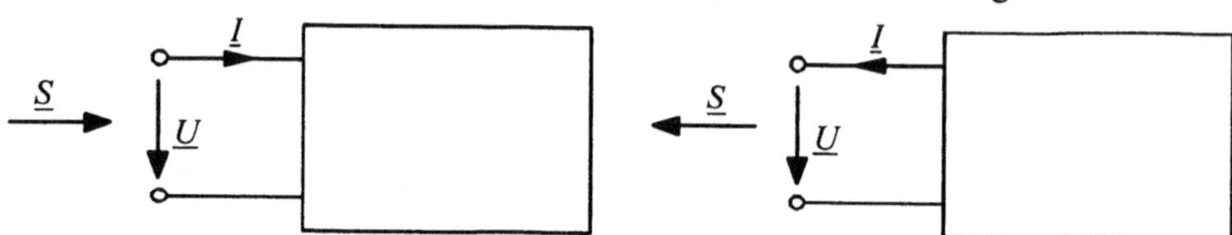

Verbraucher-Zählpfeilsystem Erzeuger-Zählpfeilsystem

Bild 2.16 : Zählpfeilsysteme

Die Zweige elektrischer Netze bestehen häufig aus einer Kettenschaltung elektrischer Betriebsmittel. Es kann zweckmäßig sein, das Zählpfeilsystem an der Verbindungsstelle zweier Betriebsmittel zu wechseln, um die Knotenpunktzahl des Netzwerkes nicht unnötig zu vergrößern. Das ist im Bild 2.17 schematisch dargestellt.

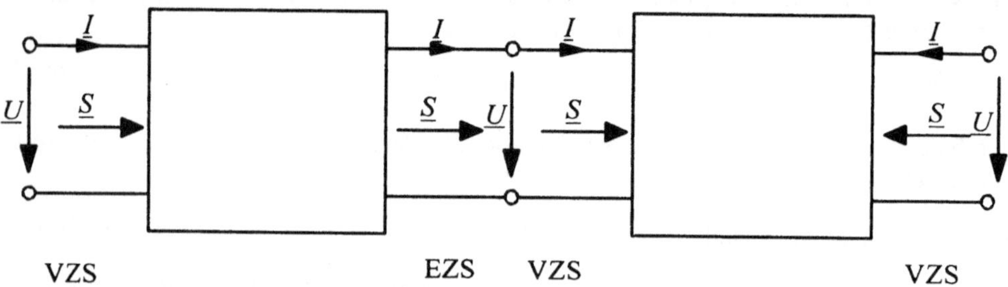

VZS EZS VZS VZS

Bild 2.17 : Zählpfeile bei Kettenschaltungen

Bei der Kettenschaltung von mehr als drei Betriebsmitteln wird an den Schnittstellen zwischen allen Betriebsmitteln so verfahren, wie oben dargestellt. Am Anfang und am Ende des Zweiges kommt jeweils das gleiche Zählpfeilsystem zur Anwendung. Im Bild 2.17 wurde dafür das Verbraucher-Zählpfeilsystem gewählt. Ebenso kann natürlich auch das Erzeugerzählpfeilsystem verwendet werden.

Die Ersatzschaltungen von rotierenden elektrischen Maschinen (Synchronmaschinen, Asynchronmaschinen) enthalten innere Spannungen. Die Zählpfeilfestlegungen für diesen Fall zeigt Bild 2.18. Bei Asynchronmaschinen ist auch eine Beschreibung als passiver Zweipol ohne innere Spannung üblich. Dann gelten die Zählpfeilfestlegungen nach Bild 2.16.

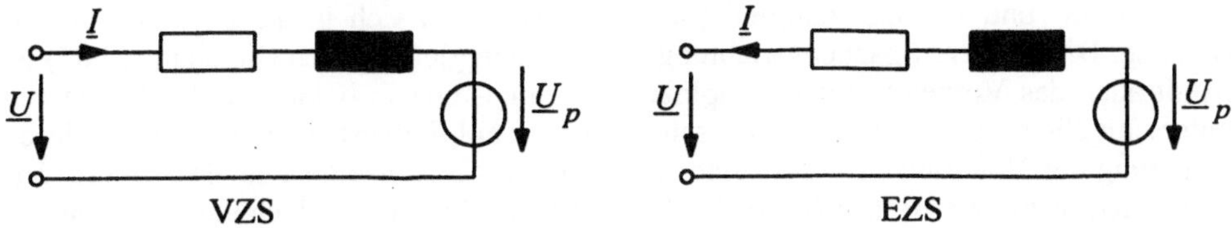

Bild 2.18: Zählpfeilsysteme bei rotierenden elektrischen Maschinen mit innerer Spannung

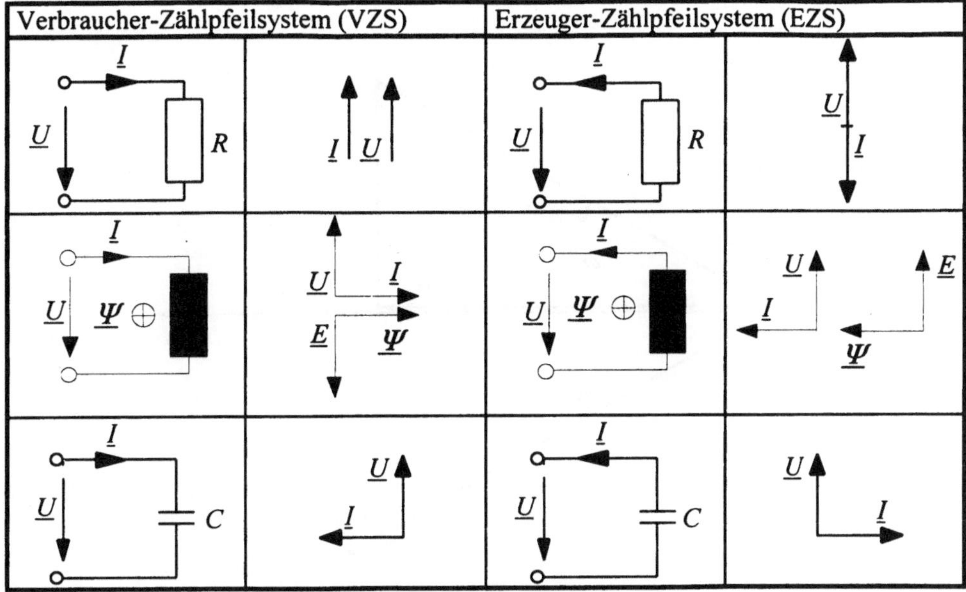

Bild 2.19: Zählpfeilsysteme bei passiven Netzwerkelementen

Das Bild 2.19 enthält die Zählpfeile und Zeigerdarstellungen für die passiven Netzwerkelemente R, L und C. Bei der Induktivität sind zusätzlich zur Spannung und zum Strom in Bild 2.19 auch der Fluß Ψ und die induzierte Spannung E angegeben. In beiden Zählpfeilsystemen kommt die Lenz'sche Regel zur Anwendung, d.h., das Induktionsgesetz hat nach Gleichung (2.26) die Form

$$e = -L\frac{\mathrm{d}i}{\mathrm{d}t} = -\frac{\mathrm{d}\Psi}{\mathrm{d}t} = -\omega L\frac{\mathrm{d}i}{\mathrm{d}\,\omega t} = -X_\mathrm{L}\frac{\mathrm{d}i}{\mathrm{d}\,\omega t} \tag{2.101}$$

$$\underline{E} = -\mathrm{j}\omega L\,\underline{I} = -\mathrm{j}X_L\,\underline{I} = -\mathrm{j}\omega\underline{\Psi} \tag{2.102}$$

Die Zeiger von Fluß und Strom sind gemäß Gleichung (2.102) in Phase, die induzierte Spannung E eilt dem Fluß wegen Gleichung (2.101) um 90 Grad nach.

Verbraucher- und Erzeugerzählpfeilsystem unterscheiden sich in der positiven Stromrichtung. Die positive Spannungsrichtung ist in beiden gleich. Nach Gleichung (2.65) ist damit auch das Vorzeichen der komplexen Scheinleistung in beiden Zählpfeilsystemen unterschiedlich. Der Wechsel zwischen den Zählpfeilsystemen geschieht durch Änderung des Vorzeichens des Stromes (Drehung des Stromzeigers um 180 Grad). Wir betrachten dazu zwei Beispiele. Im Bild 2.20 ist die Phasenverschiebung zwischen der in der reellen Achse liegenden Spannung und dem Strom kleiner als 90 Grad. Da der Strom der Spannung nacheilt, liegt der Zeiger der komplexen Scheinleistung im ersten Quadranten.

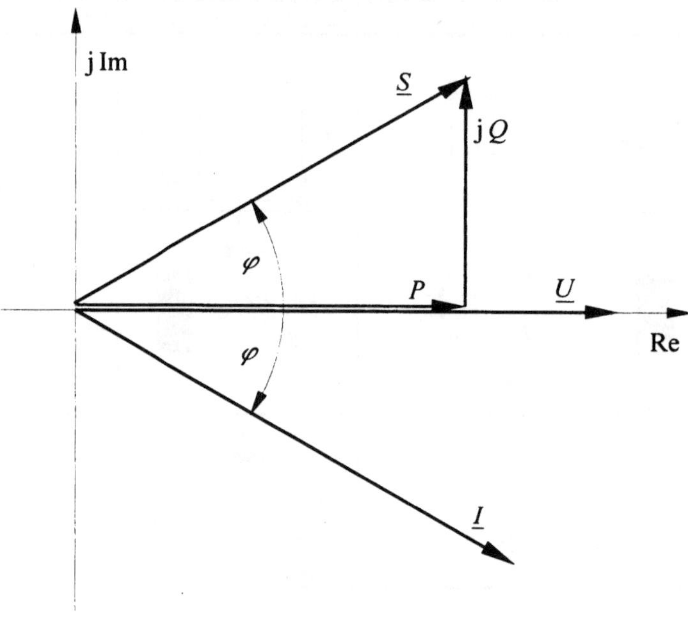

Bild 2.20: Komplexe Scheinleistung bei $|\varphi| = |\varphi_u - \varphi_i| \leq \frac{\pi}{2}$

Im Verbraucherzählpfeilsystem beschreibt Bild 2.20 einen ohmisch-induktiven Verbraucher (z. B. eine verlustbehaftete Induktivität nach Bild 2.6), da der Strom der Spannung nacheilt. Wirkleistung und induktive Blindleistung werden von ihm aufgenommen, denn beide sind positiv.

Im Erzeugerzählpfeilsystem stellt Bild 2.20 dagegen einen Erzeuger (Generator) dar, der Wirkleistung und induktive Blindleistung abgibt. Beide Zählpfeilsysteme geben einen ihrem Namen entsprechenden Zustand wieder.

Im Bild 2.21 eilt der Strom der wiederum in der reellen Achse liegenden Spannung um mehr als 90 Grad nach. Die Wirkleistung ist deshalb negativ und die Blindleistung positiv. Der Zeiger der komplexen Scheinleistung liegt im zweiten Quadranten.

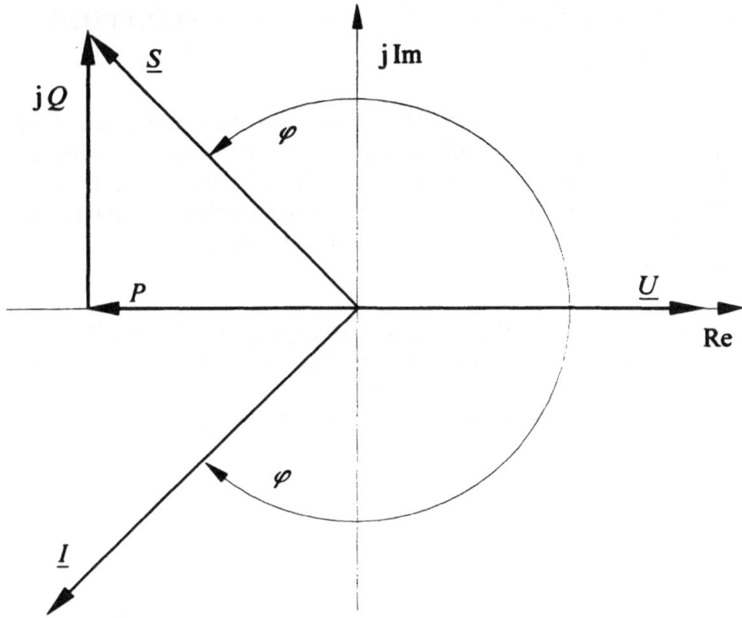

Bild 2.21 : Komplexe Scheinleistung bei $|\varphi| = |\varphi_u - \varphi_i| \geq \frac{\pi}{2}$

Im Verbraucherzählpfeilsystem beschreibt Bild 2.21 einen Erzeuger, der Wirkleistung abgibt und induktive Blindleistung aufnimmt. Im Erzeugerzählpfeilsystem stellt es im Gegensatz dazu einen ohmisch-kapazitiven Verbraucher dar. Er nimmt Wirkleistung und kapazitive Blindleistung auf. Das Verbraucherzählpfeilsystem charakterisiert bei Phasenverschiebungen von mehr als 90 Grad zwischen Strom und Spannung einen Erzeuger und das Erzeugerzählpfeilsystem einen Verbraucher.

Die Unterscheidung zwischen Verbraucher und Erzeuger ist in beiden Zählpfeilsystemen allein durch das Vorzeichen der Wirkleistung gegeben. Wir erkennen aus den Bildern 2.20 und 2.21, daß die Aufnahme von induktiver Blindleistung gleichbedeutend mit der Abgabe kapazitiver ist und umgekehrt.

2.3 Vierpole als Elemente von Wechselstromnetzwerken

Unter einem Vierpol versteht man ein elektrisches Netzwerk mit einem Eingangs- und einem Ausgangsklemmenpaar. Die Klemmenpaare werden auch als Tore genannt und deshalb der Vierpol als Zweitor bezeichnet. Ein Vierpol ohne innere Energiequellen ist ein passiver Vierpol. Ein Vierpol mit inneren Energiequellen ist dagegen aktiv. Wenn die Ströme und Spannungen eines Vierpols zueinander in linearen Beziehungen stehen, nennt man ihn linear.

Die Betriebsmittel von elektrischen Energieversorgungsnetzen (Freileitungen, Kabel, Transformatoren, Generatoren, Motoren, Drosselspulen, Kondensatoren oder Kondensatorbatterien, Abnehmer) lassen sich als Vierpole darstellen. Sie sind daher wichtige Elemente bei der Beschreibung und Berechnung von Energieversorgungsnetzen.

2.3.1 Parameter von linearen Vierpolen

Bild 2.22 zeigt einen Vierpol mit unbekannter innerer Schaltung als Verbindungsglied zwischen zwei aktiven Zweipolen. Die Zweipole werden mit dem Satz von der Ersatzspannungsquelle beschrieben. Als Zählpfeilsystem wurden Kettenzählpfeile wie für den linken Vierpol in Bild 2.17 gewählt.

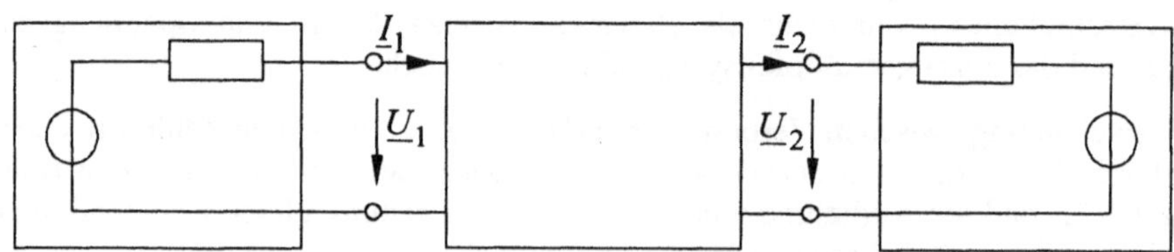

Bild 2.22: Vierpol als Verbindungsglied zwischen zwei aktiven Zweipolen

2.3.1.1 Leerlauf und Kurzschluß als spezielle Belastungsfälle des Vierpols. Leerlauf und Kurzschluß stellen zwei spezielle Belastungsfälle eines Vierpols dar, die durch die folgenden Bedingungen gekennzeichnet sind.

$$\begin{aligned}
&\text{Leerlauf auf der Seite 2} && \Rightarrow \quad \underline{I}_2 = 0 \\
&\text{Kurzschluß auf der Seite 2} && \Rightarrow \quad \underline{U}_2 = 0 \\
&\text{Leerlauf auf der Seite 1} && \Rightarrow \quad \underline{I}_1 = 0 \\
&\text{Kurzschluß auf der Seite 1} && \Rightarrow \quad \underline{U}_1 = 0
\end{aligned} \tag{2.103}$$

Wenn wir bei Leerlauf auf der Seite 2 des Vierpols an der Seite 1 eine Spannung anlegen, dann wird sich auf der Seite 2 ebenfalls eine Spannung einstellen. Gleichzeitig wird auf der Seite 1 ein Strom fließen. Zwischen Eingangs- und Ausgangsspannung sowie zwischen Eingangsstrom und Ausgangsspannung bestehen entsprechend unseren Voraussetzungen lineare Beziehungen.

$$\begin{pmatrix} \underline{U}_1 \\ \underline{I}_1 \end{pmatrix} = \begin{pmatrix} \underline{A}_{11} & \underline{A}_{12} \\ \underline{A}_{21} & \underline{A}_{21} \end{pmatrix} \cdot \begin{pmatrix} \underline{U}_2 \\ \underline{I}_2 \end{pmatrix} \tag{2.104}$$

Aus Eingangsspannung und Eingangsstrom können wir eine Eingangsimpedanz des Vierpols ableiten. Ebenso können wir eine Impedanz aus der Ausgangsspannung und dem Eingangsstrom bilden.

$$\begin{aligned}
\underline{Z}_{11} &= \frac{\underline{U}_1}{\underline{I}_1} = \frac{\underline{A}_{11}}{\underline{A}_{21}} \\
\underline{Z}_{21} &= \frac{\underline{U}_2}{\underline{I}_1} = \frac{1}{\underline{A}_{21}}
\end{aligned} \tag{2.105}$$

Um unerwünschte Meßfehler durch Nebeneffekte zu vermeiden, ist es in der Starkstromtechnik wichtig, die Bestimmung der Vierpolparameter mit praktisch realen Strömen und Spannungen vorzunehmen. Wir legen daher an der Seite 1 des Vierpols eine so hohe Spannung $\underline{U}_{1l}$ an, daß sich auf der Seite 2 die gewünschte Spannung $\underline{U}_{2b}$ bei Nennbelastung des Vierpols einstellt. Auf der Seite 1 des Vierpols fließt dann der Leerlaufstrom $\underline{I}_{1l}$. Wir erhalten aus den Gleichungen (2.104) und (2.105)

$$\begin{aligned}
\underline{U}_{1l} &= \underline{A}_{11}\,\underline{U}_{2b} \\
\underline{I}_{1l} &= \underline{A}_{21}\,\underline{U}_{2b}
\end{aligned} \quad \text{und} \quad \begin{aligned}
\underline{Z}_{11} &= \frac{\underline{U}_{1l}}{\underline{I}_{1l}} = \frac{\underline{A}_{11}}{\underline{A}_{21}} \\
\underline{Z}_{21} &= \frac{\underline{U}_{2b}}{\underline{I}_{1l}} = \frac{1}{\underline{A}_{21}}
\end{aligned} \tag{2.106}$$

Bei Kurzschluß auf der Seite 2 legen wir an der Seite 1 eine so hohe Spannung $\underline{U}_{1k}$ an, daß sich auf der Seite 2 der Strom bei Nennbelastung $\underline{I}_{2b}$ einstellt. Wir erhalten die linearen Beziehungen

$$\begin{aligned}
\underline{U}_{1k} &= \underline{A}_{12}\,\underline{I}_{2b} \\
\underline{I}_{1k} &= \underline{A}_{22}\,\underline{I}_{2b}
\end{aligned} \tag{2.107}$$

Aus Kurzschlußspannung und Kurzschlußstrom der Seite 1 kann die Kurzschlußimpedanz der Seite 1 des Vierpols gebildet werden.

$$\underline{Z}_{1k} = \frac{\underline{U}_{1k}}{\underline{I}_{1k}} = \frac{\underline{A}_{12}}{\underline{A}_{22}} = \frac{1}{\underline{Y}_{11}} \qquad (2.108)$$

Aus dem Belastungsstrom der Seite 2 und der Kurzschlußspannung der Seite 1 können wir weiterhin einen Leitwert bilden.

$$\underline{Y}_{21} = \frac{\underline{I}_{2b}}{\underline{U}_{1k}} = \frac{1}{\underline{A}_{12}} \qquad (2.109)$$

Für Leerlauf und Kurzschluß der Seite 1 des Vierpols können sinngemäß die gleichen Überlegungen angestellt werden.

2.3.1.2 Meßschaltungen zur Bestimmung der Vierpolparameter. Zur Bestimmung der Vierpolparameter benötigen wir die Effektivwerte der Spannungen und Ströme und ihre Phasenbeziehungen untereinander. Die Effektivwerte können wir mit einfachen Strom- und Spannungsmessern ermitteln. Die Beträge der im Abschnitt 2.3.1.1 angegebenen Vierpolparameter können aus ihnen errechnet werden. Für die Ermittlung der Phasenbeziehungen wendet man in der Starkstromtechnik zusätzlich zur Effektivwertmessung eine Wirkleistungsmessung an. Die Wirkleistung einer Impedanz ist nach Gleichung (2.65) das Produkt aus ihrer Resistanz und dem Quadrat des Stromeffektivwertes. Die Impedanz ist daher mit Strom- und Spannungseffektivwert und Wirkleistung vollständig bestimmt.

$$\begin{aligned} Z &= \frac{U}{I} \\ R &= \frac{P}{I^2} \end{aligned} \quad \Rightarrow \quad \underline{Z} = R + \mathrm{j}\sqrt{Z^2 - R^2} \qquad (2.110)$$

Mit der Meßschaltung nach Bild 2.23 können die Impedanz $\underline{Z}_{1l}$ nach Gleichung (2.105) und $\underline{Z}_{1k}$ nach Gleichung (2.108) vollständig bestimmt werden.

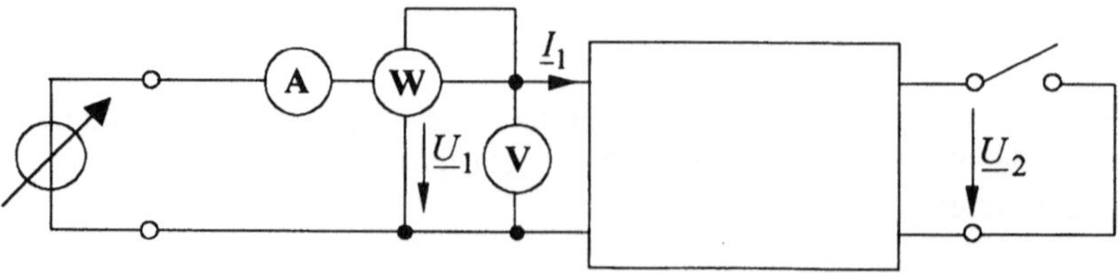

Bild 2.23: Meßschaltung zur Bestimmung der Eingangsimpedanzen eines Vierpols

Die Impedanz $\underline{Z}_{1k}$ nach Gleichung (2.105) kann vollständig bestimmt werden, wenn man die Spannung $\underline{U}_2$ an den Spannungspfad des Leistungsmessers legt und den Strom $\underline{I}_1$ weiterhin durch seinen Strompfad fließen läßt. Wir messen dann keine Wirkleistung im physikalischen Sinne, sondern die Größe

$$P_{21} = U_{2b}\, I_{1l} \cos(\varphi_{u2} - \varphi_{i1}) = U_{2b}\, I_{1l} \cos\varphi_{21} \qquad 2.111)$$

Wir erhalten damit die Impedanz $\underline{Z}_{21}$ aus

$$\left.\begin{aligned} Z_{21} &= \frac{U_{2b}}{I_{1l}} \\ \cos\varphi_{21} &= \frac{P_{21}}{U_{2b}\, I_{1l}} \end{aligned}\right\} \Rightarrow \quad \underline{Z}_{21} = Z_{21}\left(\cos\varphi_{21} + \mathrm{j}\sin\varphi_{21}\right) \qquad (2.112)$$

Die Meßschaltung für die Impedanz $\underline{Z}_{21}$ zeigt Bild 2.24

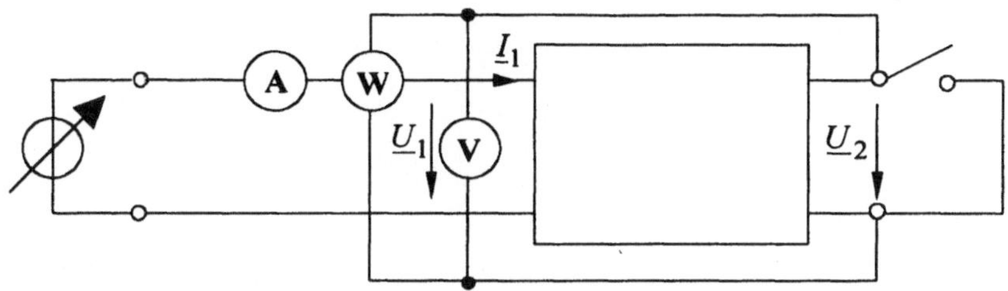

Bild 2.24: Meßschaltung zur Bestimmung von $\underline{Z}_{21}$

Die Admittanz $\underline{Y}_{21}$ erhalten wir auf analoge Weise. Den Spannungspfad des Leistungsmessers beaufschlagen wir jetzt mit der Spannung $\underline{U}_{1k}$ und den Strompfad mit dem Strom $\underline{I}_{2b}$. Die Meßschaltung ist im Bild 2.25 dargestellt.

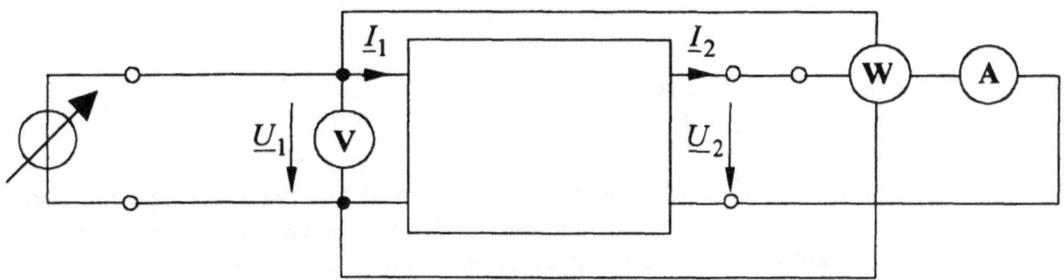

Bild 2.25: Meßschaltung zur Bestimmung von $\underline{Y}_{21}$

Wir messen mit dem Leistungsmesser die Größe

$$P_{12} = U_{1k}\, I_{2b} \cos(\varphi_{u1} - \varphi_{i2}) = U_{1k}\, I_{2b} \cos\varphi_{12} \qquad (2.113)$$

Unter Berücksichtigung von Gleichung (2.48) können wir den Leitwert $\underline{Y}_{21}$ vollständig angeben.

$$Y_{21} = \frac{I_{2b}}{U_{1k}} \qquad \cos\varphi_{12} = \frac{P_{12}}{U_{1k}\, I_{2b}} \quad \Rightarrow \quad \underline{Y}_{21} = Y_{21}\,(\cos\varphi_{12} - \mathrm{j}\sin\varphi_{12}) \tag{2.114}$$

Die Vierpolparameter nach Abschnitt 2.3.1.1 können aus den angegebenen Messergebnissen berechnet werden.

$$\underline{A}_{21} = \frac{1}{\underline{Z}_{21}} \tag{2.115}$$

$$\underline{A}_{11} = \underline{Z}_{11}\,\underline{A}_{21} = \frac{\underline{Z}_{11}}{\underline{Z}_{21}} \tag{2.116}$$

$$\underline{A}_{12} = \frac{1}{\underline{Y}_{21}} \tag{2.117}$$

$$\underline{A}_{22} = \underline{Y}_{11}\,\underline{A}_{12} = \frac{\underline{Y}_{11}}{\underline{Y}_{21}} \tag{2.118}$$

2.3.1.3 Beschreibung des belasteten Vierpols. Wir überlagern die beiden Belastungsfälle Leerlauf und Kurzschluß des Vierpols und erhalten ausgehend von den Gleichungen (2.97) und (2.98)

$$\begin{aligned} \underline{U}_{1l} + \underline{U}_{1k} &= \underline{A}_{11}\,\underline{U}_{2b} + \underline{A}_{12}\,\underline{I}_{2b} = \underline{U}_{1b} \\ \underline{I}_{1l} + \underline{I}_{1k} &= \underline{A}_{21}\,\underline{U}_{2b} + \underline{A}_{22}\,\underline{I}_{2b} = \underline{I}_{1b} \end{aligned} \tag{2.119}$$

Gleichung (2.119) zeigt, daß der Belastungsfall des Vierpols aus der Überlagerung von Leerlauf und Kurzschluß bestimmt werden kann. Solange Linearität besteht, können wir nun Strom und Spannung an den Eingangsklemmen des Vierpols für beliebige Belastungsspannungen und -ströme auf der Seite 2 berechnen.

2.3.2 Vierpolgleichungen

2.3.2.1 Kettenform der Vierpolgleichungen. Im vorhergehenden Abschnitt haben wir gefunden, daß von einem Vierpol meßtechnisch Parameter ermittelt werden können, die es schließlich gestatten, das Paar von Eingangsspannung und Eingangsstrom in Abhängigkeit vom Paar von Ausgangsspannung und Ausgangsstrom für beliebige Belastungszustände zu beschreiben. Wir haben damit die Kettenform der Vierpolgleichungen erhalten.

$$\begin{pmatrix} \underline{U}_1 \\ \underline{I}_1 \end{pmatrix} = \begin{pmatrix} \underline{A}_{11} & \underline{A}_{12} \\ \underline{A}_{21} & \underline{A}_{22} \end{pmatrix} \begin{pmatrix} \underline{U}_2 \\ \underline{I}_2 \end{pmatrix} = \underline{\mathbf{A}} \begin{pmatrix} \underline{U}_2 \\ \underline{I}_2 \end{pmatrix} \tag{2.120}$$

Aus Gleichung (2.119) ist ersichtlich, daß auch die Umkehrung möglich ist und das Paar von Ausgangsspannung und Ausgangsstrom für beliebige Belastungszustände in Abhängigkeit vom Paar aus Eingangsspannung und Eingangsstrom beschrieben werden kann. Wir erhalten aus Gleichung (2.120)

$$\begin{pmatrix} \underline{U}_2 \\ \underline{I}_2 \end{pmatrix} = \begin{pmatrix} \underline{A}_{11} & \underline{A}_{12} \\ \underline{A}_{21} & \underline{A}_{22} \end{pmatrix}^{-1} \begin{pmatrix} \underline{U}_1 \\ \underline{I}_1 \end{pmatrix} = \underline{\mathbf{A}}^{-1} \begin{pmatrix} \underline{U}_1 \\ \underline{I}_1 \end{pmatrix} \tag{2.121}$$

Über die beiden mit den Gleichungen (2.120) und (2.121) dargestellten Möglichkeiten der Beschreibung von Vierpolen gibt es noch weitere. Wir können aus seinen vier Eingangs- und Ausgangsgrößen beliebige Paare bilden und das Betriebsverhalten in Abhängigkeit eines Paares vom jeweils anderen angeben. Im folgenden werden weitere Formen der Vierpolgleichungen abgeleitet.

2.3.2.2 Impedanzform der Vierpolgleichungen. Wir ordnen das Gleichungssystem (2.120) so um, daß auf seiner linken Seite nur Spannungen und auf seiner rechten Seite nur Ströme stehen. In Matrizenschreibweise erhält man so

$$\begin{pmatrix} 1 & -\underline{A}_{11} \\ 0 & -\underline{A}_{21} \end{pmatrix} \begin{pmatrix} \underline{U}_1 \\ \underline{U}_2 \end{pmatrix} = \begin{pmatrix} 0 & \underline{A}_{12} \\ -1 & \underline{A}_{22} \end{pmatrix} \begin{pmatrix} \underline{I}_1 \\ \underline{I}_2 \end{pmatrix} \tag{2.122}$$

Gleichung (2.122) kann einfach in die Impedanzform überführt werden.

$$\begin{pmatrix} \underline{U}_1 \\ \underline{U}_2 \end{pmatrix} = \begin{pmatrix} 1 & -\underline{A}_{11} \\ 0 & -\underline{A}_{21} \end{pmatrix}^{-1} \begin{pmatrix} 0 & \underline{A}_{12} \\ -1 & \underline{A}_{22} \end{pmatrix} \begin{pmatrix} \underline{I}_1 \\ \underline{I}_2 \end{pmatrix} = \begin{pmatrix} \underline{Z}_{11} & \underline{Z}_{12} \\ \underline{Z}_{21} & \underline{Z}_{22} \end{pmatrix} \begin{pmatrix} \underline{I}_1 \\ \underline{I}_2 \end{pmatrix} = \underline{\mathbf{Z}} \begin{pmatrix} \underline{I}_1 \\ \underline{I}_2 \end{pmatrix} \tag{2.123}$$

Die Parameter der Impedanzmatrix des Vierpols können aus der Kettenmatrix nach Gleichung (2.123) leicht berechnet werden.

2.3.2.3 Admittanzform der Vierpolgleichungen. Zur Aufstellung der Admittanzform der Vierpolgleichungen gehen wir wiederum von Gleichung (2.122) aus.

$$\begin{pmatrix} \underline{I}_1 \\ \underline{I}_2 \end{pmatrix} = \begin{pmatrix} 0 & \underline{A}_{12} \\ -1 & \underline{A}_{22} \end{pmatrix}^{-1} \begin{pmatrix} 1 & -\underline{A}_{11} \\ 0 & -\underline{A}_{21} \end{pmatrix} \begin{pmatrix} \underline{U}_1 \\ \underline{U}_2 \end{pmatrix} = \begin{pmatrix} \underline{Y}_{11} & \underline{Y}_{12} \\ \underline{Y}_{21} & \underline{Y}_{22} \end{pmatrix} \begin{pmatrix} \underline{U}_1 \\ \underline{U}_2 \end{pmatrix} = \underline{\mathbf{Y}} \begin{pmatrix} \underline{U}_1 \\ \underline{U}_2 \end{pmatrix} \quad (2.124)$$

Gleichung (2.124) zeigt den Zusammenhang zwischen der Admittanzmatrix und den Kettenparametern des Vierpols. Bei bekannten Kettenparametern kann die Admittanzmatrix einfach berechnet werden. Wir erhalten die Admittanzform direkt auch aus Impedanzform der Vierpolgleichungen.

$$\begin{pmatrix} \underline{I}_1 \\ \underline{I}_2 \end{pmatrix} = \begin{pmatrix} \underline{Z}_{11} & \underline{Z}_{12} \\ \underline{Z}_{21} & \underline{Z}_{22} \end{pmatrix}^{-1} \begin{pmatrix} \underline{U}_1 \\ \underline{U}_2 \end{pmatrix} = \begin{pmatrix} \underline{Y}_{11} & \underline{Y}_{12} \\ \underline{Y}_{21} & \underline{Y}_{22} \end{pmatrix} \begin{pmatrix} \underline{U}_1 \\ \underline{U}_2 \end{pmatrix} = \underline{\mathbf{Y}} \begin{pmatrix} \underline{U}_1 \\ \underline{U}_2 \end{pmatrix} \quad (2.125)$$

Die Admittanzmatrix ist nach Gleichung (2.125) die Inverse der Impedanzmatrix.

2.3.2.4 Hybride Formen der Vierpolgleichungen. Neben den bisher vorgestellten Formen können wir auch Eingangsspannung und Ausgangsstrom sowie Ausgangsspannung und Eingangsstrom jeweils als Paar auffassen. Zunächst wird dazu die Kettenform wiederum entsprechend umgeformt.

$$\begin{pmatrix} 1 & -\underline{A}_{12} \\ 0 & -\underline{A}_{22} \end{pmatrix} \begin{pmatrix} \underline{U}_1 \\ \underline{I}_2 \end{pmatrix} = \begin{pmatrix} 0 & \underline{A}_{11} \\ -1 & \underline{A}_{21} \end{pmatrix} \begin{pmatrix} \underline{I}_1 \\ \underline{U}_2 \end{pmatrix} \quad (2.126)$$

Ausgehend von Gleichung (2.126) erhält man die erste hybride Form (H-Form)

$$\begin{pmatrix} \underline{U}_1 \\ \underline{I}_2 \end{pmatrix} = \begin{pmatrix} 1 & -\underline{A}_{12} \\ 0 & -\underline{A}_{22} \end{pmatrix}^{-1} \begin{pmatrix} 0 & \underline{A}_{11} \\ -1 & \underline{A}_{21} \end{pmatrix} \begin{pmatrix} \underline{I}_1 \\ \underline{U}_2 \end{pmatrix} = \begin{pmatrix} \underline{H}_{11} & \underline{H}_{12} \\ \underline{H}_{21} & \underline{H}_{22} \end{pmatrix} \begin{pmatrix} \underline{I}_1 \\ \underline{U}_2 \end{pmatrix} = \underline{\mathbf{H}} \begin{pmatrix} \underline{I}_1 \\ \underline{U}_2 \end{pmatrix} \quad (2.127)$$

Die zweite Hybridform (H^{-1}- bzw. D-Form) erhält man auf die gleiche Weise aus Gleichung (2.118).

$$\begin{pmatrix} \underline{I}_1 \\ \underline{U}_2 \end{pmatrix} = \begin{pmatrix} 0 & \underline{A}_{11} \\ -1 & \underline{A}_{21} \end{pmatrix}^{-1} \begin{pmatrix} 1 & -\underline{A}_{12} \\ 0 & -\underline{A}_{22} \end{pmatrix} \begin{pmatrix} \underline{U}_1 \\ \underline{I}_2 \end{pmatrix} = \begin{pmatrix} \underline{D}_{11} & \underline{D}_{12} \\ \underline{D}_{21} & \underline{D}_{22} \end{pmatrix} \begin{pmatrix} \underline{U}_1 \\ \underline{I}_2 \end{pmatrix} = \underline{\mathbf{D}} \begin{pmatrix} \underline{U}_1 \\ \underline{I}_2 \end{pmatrix} \quad (2.128)$$

Zwischen den beiden Hybridformen besteht die Beziehung

$$\underline{\mathbf{D}} = \underline{\mathbf{H}}^{-1} \quad (2.129)$$

Die Hybridformen können mit der gleichen Verfahrensweise auch aus der Impedanz- oder der Admittanzform abgeleitet werden. Darauf wird an dieser Stelle verzichtet.

Tabelle 2.1: **Beziehungen zwischen Vierpoldeterminanten und Vierpolkoeffizienten**

Koeffizient Determinant e	$\underline{\mathbf{A}}$	$\underline{\mathbf{Z}}$	$\underline{\mathbf{Y}}$	$\underline{\mathbf{H}}$
$\Delta\underline{\mathbf{A}}$	$\underline{A}_{11}\underline{A}_{22}-\underline{A}_{12}\underline{A}_{21}$	$-\dfrac{\underline{Z}_{12}}{\underline{Z}_{21}}$	$-\dfrac{\underline{Y}_{12}}{\underline{Y}_{21}}$	$\dfrac{\underline{H}_{12}}{\underline{H}_{21}}$
$\Delta\underline{\mathbf{Z}}$	$-\dfrac{\underline{A}_{12}}{\underline{A}_{21}}$	$\underline{Z}_{11}\underline{Z}_{22}-\underline{Z}_{12}\underline{Z}_{21}$	$\dfrac{1}{\Delta\underline{\mathrm{Y}}}$	$\dfrac{\underline{H}_{11}}{\underline{H}_{22}}$
$\Delta\underline{\mathbf{Y}}$	$-\dfrac{\underline{A}_{21}}{\underline{A}_{12}}$	$-\dfrac{1}{\Delta\underline{\mathbf{Z}}}$	$\underline{Y}_{11}\underline{Y}_{22}-\underline{Y}_{12}\underline{Y}_{21}$	$\dfrac{\underline{H}_{22}}{\underline{H}_{11}}$
$\Delta\underline{\mathbf{H}}$	$-\dfrac{\underline{A}_{11}}{\underline{A}_{22}}$	$\dfrac{\underline{Z}_{11}}{\underline{Z}_{22}}$	$\dfrac{\underline{Y}_{22}}{\underline{Y}_{11}}$	$\underline{H}_{11}\underline{H}_{22}-\underline{H}_{12}\underline{H}_{21}$

In der Tabelle 2.1 sind die Beziehungen zwischen den Determinanten der verschiedenen Formen der Vierpolgleichungen und ihren Koeffizienten aufgeführt. Damit können die Gleichungen analytisch invertiert werden. Tabelle 2.2 gibt die Zusammenhänge zwischen den Koeffizienten der fünf Vierpolgleichungsformen an, um ebenfalls analytische Umrechnungen zwischen ihnen zu unterstützen. Beim Rechnen mit mathematischer PC-Software greift man besser auf die Gleichungen (2.120) bis (2.129) zurück.

Die Form der Vierpolgleichungen wird allein nach der Zweckmäßigkeit gewählt. Das Rechnen mit Vierpolen ist daher mit häufigen Umwandlungen verbunden.

Tabelle 2.2: Beziehungen zwischen den Parametern der vier Formen der Vierpolgleichungen

Form	$\underline{\mathbf{A}}$	$\underline{\mathbf{Z}}$	$\underline{\mathbf{Y}}$	$\underline{\mathbf{H}}$
$\underline{\mathbf{A}}$	$\begin{pmatrix} \underline{A}_{11} & \underline{A}_{12} \\ \underline{A}_{21} & \underline{A}_{22} \end{pmatrix}$	$\begin{pmatrix} \frac{\underline{Z}_{11}}{\underline{Z}_{21}} & -\frac{\Delta\underline{\mathbf{Z}}}{\underline{Z}_{21}} \\ \frac{1}{\underline{Z}_{21}} & -\frac{\underline{Z}_{22}}{\underline{Z}_{21}} \end{pmatrix}$	$\begin{pmatrix} -\frac{\underline{Y}_{22}}{\underline{Y}_{21}} & \frac{1}{\underline{Y}_{21}} \\ -\frac{\Delta\underline{\mathbf{Y}}}{\underline{Y}_{21}} & \frac{\underline{Y}_{11}}{\underline{Y}_{21}} \end{pmatrix}$	$\begin{pmatrix} -\frac{\Delta\underline{\mathbf{H}}}{\underline{H}_{21}} & \frac{\underline{H}_{21}}{\underline{H}_{11}} \\ -\frac{\underline{H}_{22}}{\underline{H}_{21}} & \frac{1}{\underline{H}_{21}} \end{pmatrix}$
$\underline{\mathbf{Z}}$	$\begin{pmatrix} \frac{\underline{A}_{11}}{\underline{A}_{21}} & -\frac{\Delta\underline{\mathbf{A}}}{\underline{A}_{21}} \\ \frac{1}{\underline{A}_{21}} & -\frac{\underline{A}_{22}}{\underline{A}_{21}} \end{pmatrix}$	$\begin{pmatrix} \underline{Z}_{11} & \underline{Z}_{12} \\ \underline{Z}_{21} & \underline{Z}_{22} \end{pmatrix}$	$\begin{pmatrix} \frac{\underline{Y}_{22}}{\Delta\underline{\mathbf{Y}}} & -\frac{\underline{Y}_{12}}{\Delta\underline{\mathbf{Y}}} \\ -\frac{\underline{Y}_{21}}{\Delta\underline{\mathbf{Y}}} & \frac{\underline{Y}_{11}}{\Delta\underline{\mathbf{Y}}} \end{pmatrix}$	$\begin{pmatrix} \frac{\Delta\underline{\mathbf{H}}}{\underline{H}_{22}} & \frac{\underline{H}_{12}}{\underline{H}_{22}} \\ -\frac{\underline{H}_{21}}{\underline{H}_{22}} & \frac{1}{\underline{H}_{22}} \end{pmatrix}$
$\underline{\mathbf{Y}}$	$\begin{pmatrix} \frac{\underline{A}_{22}}{\underline{A}_{12}} & -\frac{\Delta\underline{\mathbf{A}}}{\underline{A}_{12}} \\ \frac{1}{\underline{A}_{12}} & -\frac{\underline{A}_{11}}{\underline{A}_{12}} \end{pmatrix}$	$\begin{pmatrix} \frac{\underline{Z}_{22}}{\Delta\underline{\mathbf{Z}}} & -\frac{\underline{Z}_{12}}{\Delta\underline{\mathbf{Z}}} \\ -\frac{\underline{Z}_{21}}{\Delta\underline{\mathbf{Z}}} & \frac{\underline{Z}_{11}}{\Delta\underline{\mathbf{Z}}} \end{pmatrix}$	$\begin{pmatrix} \underline{Y}_{11} & \underline{Y}_{12} \\ \underline{Y}_{221} & \underline{Y}_{22} \end{pmatrix}$	$\begin{pmatrix} \frac{1}{\underline{H}_{11}} & -\frac{\underline{H}_{12}}{\underline{H}_{11}} \\ \frac{\underline{H}_{21}}{\underline{H}_{11}} & \frac{\Delta\underline{\mathbf{H}}}{\underline{H}_{11}} \end{pmatrix}$
$\underline{\mathbf{H}}$	$\begin{pmatrix} \frac{\underline{A}_{12}}{\underline{A}_{22}} & \frac{\Delta\underline{\mathbf{A}}}{\underline{A}_{22}} \\ \frac{1}{\underline{A}_{22}} & -\frac{\underline{A}_{21}}{\underline{A}_{22}} \end{pmatrix}$	$\begin{pmatrix} \frac{\Delta\underline{\mathbf{Z}}}{\underline{Z}_{22}} & \frac{\underline{Z}_{12}}{\underline{Z}_{22}} \\ -\frac{\underline{Z}_{21}}{\underline{Z}_{22}} & \frac{1}{\underline{Z}_{22}} \end{pmatrix}$	$\begin{pmatrix} \frac{1}{\underline{Y}_{11}} & -\frac{\underline{Y}_{12}}{\underline{Y}_{11}} \\ \frac{\underline{Y}_{21}}{\underline{Y}_{11}} & \frac{\Delta\underline{\mathbf{Y}}}{\underline{Y}_{11}} \end{pmatrix}$	$\begin{pmatrix} \underline{H}_{11} & \underline{H}_{12} \\ \underline{H}_{21} & \underline{H}_{22} \end{pmatrix}$
$\underline{\mathbf{D}}$	$\begin{pmatrix} \frac{\underline{A}_{21}}{\underline{A}_{11}} & \frac{\Delta\underline{\mathbf{A}}}{\underline{A}_{11}} \\ \frac{1}{\underline{A}_{11}} & -\frac{\underline{A}_{12}}{\underline{A}_{11}} \end{pmatrix}$	$\begin{pmatrix} \frac{1}{\underline{Z}_{11}} & -\frac{\underline{Z}_{12}}{\underline{Z}_{11}} \\ \frac{\underline{Z}_{21}}{\underline{Z}_{11}} & \frac{\Delta\underline{\mathbf{Z}}}{\underline{Z}_{11}} \end{pmatrix}$	$\begin{pmatrix} \frac{\Delta\underline{\mathbf{Y}}}{\underline{Y}_{22}} & \frac{\underline{Y}_{12}}{\underline{Y}_{22}} \\ -\frac{\underline{Y}_{21}}{\underline{Y}_{22}} & \frac{1}{\underline{Y}_{22}} \end{pmatrix}$	$\begin{pmatrix} \frac{\underline{H}_{22}}{\Delta\underline{\mathbf{H}}} & -\frac{\underline{H}_{12}}{\Delta\underline{\mathbf{H}}} \\ -\frac{\underline{H}_{21}}{\Delta\underline{\mathbf{H}}} & \frac{\underline{H}_{11}}{\Delta\underline{\mathbf{H}}} \end{pmatrix}$

2.3.2.5 Änderung der Zählpfeilsysteme am Vierpol. Die bisherigen Betrachtungen gehen von den Zählpfeilfestlegungen nach Bild 2.22 aus. Bei praktischen Anwendungen kann es zweckmäßig sein, das Zählpfeilsystem an einem oder an beiden Klemmenpaaren eines Vierpoles zu wechseln. Die im Abschnitt 2.2.8 vorgestellten Zählpfeilsysteme der elektrischen Energietechnik zeichnen sich dadurch aus, daß die Richtung der Spannung systemunabhängig ist. Für den Strom gilt

$$\underline{I}_{EZS} = -\underline{I}_{VZS} \tag{2.130}$$

Gleichung (2.130) läßt sich leicht in die Vierpolgleichungen einarbeiten. Dazu wird zunächst die Kettenform nach Gleichung (2.120) betrachtet. Gleichung (2.119) wird um Umrechnungsmatrizen in Diagonalform, die den Wechsel des Zählpfeilsystems bewirken, erweitert. Das Wertepaar im neuen Zählpfeilsystem wird mit dem Index n gekennzeichnet, das Wertepaar im alten mit dem Index a.

$$\begin{pmatrix} \underline{U}_1 \\ \underline{I}_1 \end{pmatrix}_n = \begin{pmatrix} 1 & 0 \\ 0 & q_1 \end{pmatrix} \begin{pmatrix} \underline{U}_1 \\ \underline{I}_1 \end{pmatrix}_a = \begin{pmatrix} 1 & 0 \\ 0 & q_1 \end{pmatrix} \begin{pmatrix} \underline{A}_{11} & \underline{A}_{12} \\ \underline{A}_{21} & \underline{A}_{22} \end{pmatrix}_a \begin{pmatrix} 1 & 0 \\ 0 & q_2 \end{pmatrix} \begin{pmatrix} \underline{U}_2 \\ \underline{I}_2 \end{pmatrix}_n \tag{2.131}$$

Für die Umrechnungsfaktoren q_υ in Gleichung (2.131) gilt

$$\begin{array}{ll} \text{Wechsel des Zählpfeilsystems} & \Rightarrow \quad q_\upsilon = -1 \\ \text{kein Wechsel des Zählpfeilsystems} & \Rightarrow \quad q_\upsilon = +1 \end{array} \tag{2.132}$$

Wenn einer der beiden Faktoren q_D gleich +1 ist, also auf der entsprechenden Vierpolseite das bisherige Zählpfeilsystem beibehalten werden soll, dann entfällt die entsprechende Umrechnungsmatrix in (2.131). Aus Gleichung (2.131) folgt die neue Kettenmatrix

$$\underline{\mathbf{A}}_n = \begin{pmatrix} \underline{A}_{11} & \underline{A}_{12} \\ \underline{A}_{21} & \underline{A}_{22} \end{pmatrix}_n = \begin{pmatrix} 1 & 0 \\ 0 & q_1 \end{pmatrix} \begin{pmatrix} \underline{A}_{11} & \underline{A}_{12} \\ \underline{A}_{21} & \underline{A}_{22} \end{pmatrix}_a \begin{pmatrix} 1 & 0 \\ 0 & q_2 \end{pmatrix} \tag{2.133}$$

Für die Umrechnung der Impedanzform der Vierpolgleichungen erhalten wir

$$\begin{pmatrix} \underline{U}_1 \\ \underline{U}_2 \end{pmatrix}_n = \begin{pmatrix} \underline{U}_1 \\ \underline{U}_2 \end{pmatrix}_a = \begin{pmatrix} \underline{Z}_{11} & \underline{Z}_{12} \\ \underline{Z}_{21} & \underline{Z}_{22} \end{pmatrix}_a \begin{pmatrix} q_1 & 0 \\ 0 & q_2 \end{pmatrix} \begin{pmatrix} \underline{I}_1 \\ \underline{I}_2 \end{pmatrix}_n \tag{2.134}$$

Für die Faktoren q_ν gilt Gleichung (2.123). Die neue Impedanzmatrix ist

$$\underline{\mathbf{Z}}_n = \begin{pmatrix} \underline{Z}_{11} & \underline{Z}_{12} \\ \underline{Z}_{21} & \underline{Z}_{22} \end{pmatrix}_n = \begin{pmatrix} \underline{Z}_{11} & \underline{Z}_{12} \\ \underline{Z}_{21} & \underline{Z}_{22} \end{pmatrix}_a \begin{pmatrix} q_1 & 0 \\ 0 & q_2 \end{pmatrix} \tag{2.135}$$

Analog zu Gleichung (2.135) erhalten wir für die neue Admittanzmatrix

$$\underline{\mathbf{Y}}_n = \begin{pmatrix} \underline{Y}_{11} & \underline{Y}_{12} \\ \underline{Y}_{21} & \underline{Y}_{22} \end{pmatrix}_n = \begin{pmatrix} q_1 & 0 \\ 0 & q_2 \end{pmatrix} \begin{pmatrix} \underline{Y}_{11} & \underline{Y}_{12} \\ \underline{Y}_{21} & \underline{Y}_{22} \end{pmatrix}_a \tag{2.136}$$

Die Umrechnung der hybriden Vierpolmatrizen geschieht analog zur Umrechnung der Kettenmatrix nach Gleichung (2.133). Wir sind mit den Gleichungen (2.131) bis (2.136) in der Lage, während der Durchführung von Vierpolrechnungen die Zählpfeilsysteme beliebig zu wechseln.

2.3.2.6 Leistungen an Vierpolen. Die Leistungen an Vierpolen werden zweckmäßigerweise ausgehend von der Impedanz- oder der Admittanzform der Vierpolgleichungen berechnet. Mit der Impedanzform erhalten wir

$$\begin{pmatrix} \underline{S}_1 \\ \underline{S}_2 \end{pmatrix} = \begin{pmatrix} \underline{I}_1^* & 0 \\ 0 & \underline{I}_2^* \end{pmatrix} \begin{pmatrix} \underline{U}_1 \\ \underline{U}_2 \end{pmatrix} = \begin{pmatrix} \underline{I}_1^* & 0 \\ 0 & \underline{I}_2^* \end{pmatrix} \begin{pmatrix} \underline{Z}_{11} & \underline{Z}_{12} \\ \underline{Z}_{21} & \underline{Z}_{22} \end{pmatrix} \begin{pmatrix} \underline{I}_1 \\ \underline{I}_2 \end{pmatrix} = \begin{pmatrix} \underline{Z}_{11} I_1^2 + \underline{Z}_{12} \underline{I}_1^* \underline{I}_2 \\ \underline{Z}_{21} \underline{I}_2^* \underline{I}_1 + \underline{Z}_{22} I_2^2 \end{pmatrix} \tag{2.137}$$

Die Admittanzform führt zu dem Ergebnis

$$\begin{pmatrix} \underline{S}_1 \\ \underline{S}_2 \end{pmatrix} = \begin{pmatrix} \underline{U}_1 & 0 \\ 0 & \underline{U}_2 \end{pmatrix} \begin{pmatrix} \underline{I}_1^* \\ \underline{I}_2^* \end{pmatrix} = \begin{pmatrix} \underline{U}_1 & 0 \\ 0 & \underline{U}_2 \end{pmatrix} \begin{pmatrix} \underline{Y}_{11}^* & \underline{Y}_{12}^* \\ \underline{Y}_{21}^* & \underline{Y}_{22}^* \end{pmatrix} \begin{pmatrix} \underline{U}_1^* \\ \underline{U}_2^* \end{pmatrix} = \begin{pmatrix} \underline{Y}_{11}^* U_1^2 + \underline{Y}_{12}^* \underline{U}_1 \underline{U}_2^* \\ \underline{Y}_{21}^* \underline{U}_2 \underline{U}_1^* + \underline{Y}_{22}^* U_2^2 \end{pmatrix} \tag{2.138}$$

Die Gleichungen (2.137) und (2.138) gelten unabhängig von den gewählten Zählpfeilsystemen. Bei der Berechnung der Eigenleistung des Vierpoles sind die Zählpfeilsysteme an seinen beiden Toren jedoch zu beachten. Bei den Zählpfeilfestlegungen nach Bild 2.22 erhalten wir

$$\underline{S}_{VP} = \underline{S}_1 - \underline{S}_2 \tag{2.139}$$

Die Leistung des Vierpoles setzt sich aus seinen Verlusten, seinem Blindleistungsbedarf und den Leistungen seiner gegebenenfalls vorhandenen inneren Energiequellen oder -senken zusammen.

2.3.3 Anwendung der Vierpolgleichungen

2.3.3.1 Kettenschaltung von Vierpolen. Wir betrachten die Zusammenschaltung zweier Vierpole nach Bild 2.26. Offensichtlich gilt mit den Zählpfeilfestlegungen nach Bild 2.22 an der Verbindungsstelle der beiden Vierpole

$$\begin{pmatrix} \underline{U}_2 \\ \underline{I}_2 \end{pmatrix}_1 = \begin{pmatrix} \underline{U}_1 \\ \underline{I}_1 \end{pmatrix}_2 \tag{2.140}$$

Mit Gleichung (2.140) kann die Kettengleichung des Vierpols 1 geschrieben werden als

$$\begin{pmatrix} \underline{U}_1 \\ \underline{I}_1 \end{pmatrix}_1 = \underline{\mathbf{A}}_1 \begin{pmatrix} \underline{U}_2 \\ \underline{I}_2 \end{pmatrix}_1 = \underline{\mathbf{A}}_1 \begin{pmatrix} \underline{U}_1 \\ \underline{I}_1 \end{pmatrix}_2 \qquad (2.141)$$

In Gleichung (2.141) kann nun die Kettengleichung für den Vierpol 2 eingesetzt werden. Wir erhalten damit

$$\begin{pmatrix} \underline{U}_1 \\ \underline{I}_1 \end{pmatrix}_1 = \underline{\mathbf{A}}_1 \, \underline{\mathbf{A}}_2 \begin{pmatrix} \underline{U}_2 \\ \underline{I}_2 \end{pmatrix}_2 = \underline{\mathbf{A}} \begin{pmatrix} \underline{U}_2 \\ \underline{I}_2 \end{pmatrix}_2 \qquad (2.142)$$

Die Kettenmatrix der Vierpolschaltung nach Bild 2.26 ist das Produkt der beiden Kettenmatrizen der beiden Einzelvierpole.

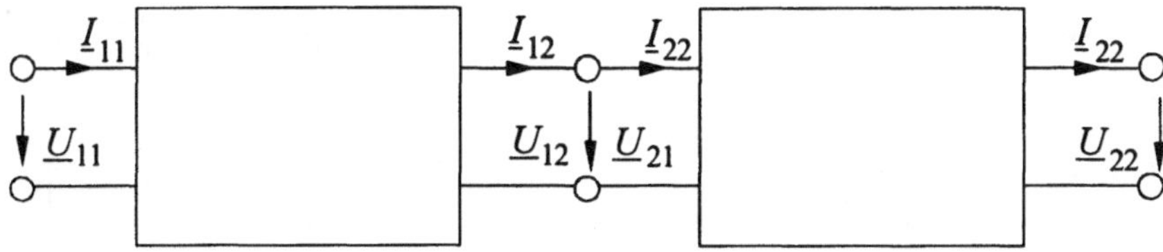

Bild 2.26: Kettenschaltung zweier Vierpole

Die Zählpfeilfestlegung nach Bild 2.22 ist für Kettenschaltungen vorteilhaft, da mit ihr die Bedingungen an den Verbindungsstellen zweier Vierpole am einfachsten formuliert werden können.

Kettenschaltungen treten in Energieversorgungsnetzen häufig auf. Als Beispiel sei hier die Reihenschaltung einer Freileitung mit einem Transformator, der wiederum auf der Sekundärseite mit einer Kabelstrecke verbunden ist, nach Bild 2.27 genannt. Die Kettenschaltung nach Bild 2.27 kann einen Netzzweig bilden, der zwei Umspannwerke miteinander verbindet. Wenn die Spannungen und Ströme an den Enden der Kettenschaltung bekannt sind, dann können rückwärts auch die Spannungen und Ströme an den Verbindungsstellen der zusammengeschalteten Betriebsmittel berechnet werden.

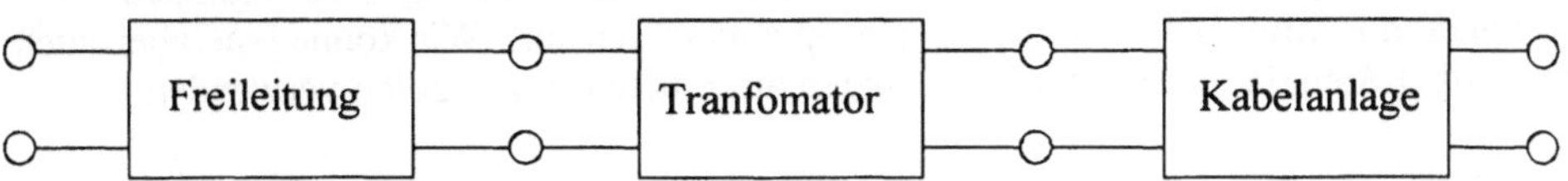

Bild 2.27: Kettenschaltung von Betriebsmitteln eines Energieversorgungsnetzes

2.3.3.2 Reihenschaltung von Vierpolen. Für die Zusammenschaltung von zwei Vierpolen nach Bild 2.28 gelten die Bedingungen

$$\begin{pmatrix} \underline{U}_1 \\ \underline{U}_2 \end{pmatrix} = \begin{pmatrix} \underline{U}_1 \\ \underline{U}_2 \end{pmatrix}_1 + \begin{pmatrix} \underline{U}_1 \\ \underline{U}_2 \end{pmatrix}_2 \quad \text{und} \quad \begin{pmatrix} \underline{I}_1 \\ \underline{I}_2 \end{pmatrix} = \begin{pmatrix} \underline{I}_1 \\ \underline{I}_2 \end{pmatrix}_1 = \begin{pmatrix} \underline{I}_1 \\ \underline{I}_2 \end{pmatrix}_2 \qquad (2.143)$$

Diese Bedingungen erlauben die Zusammenfassung mit Hilfe der Impedanzform der Vierpolgleichungen.

$$\begin{pmatrix} \underline{U}_1 \\ \underline{U}_2 \end{pmatrix} = \underline{\mathbf{Z}}_1 \begin{pmatrix} \underline{I}_1 \\ \underline{I}_2 \end{pmatrix}_1 + \underline{\mathbf{Z}}_2 \begin{pmatrix} \underline{I}_1 \\ \underline{I}_2 \end{pmatrix}_2 = (\underline{\mathbf{Z}}_1 + \underline{\mathbf{Z}}_2) \begin{pmatrix} \underline{I}_1 \\ \underline{I}_2 \end{pmatrix} = \underline{\mathbf{Z}} \begin{pmatrix} \underline{I}_1 \\ \underline{I}_2 \end{pmatrix} \qquad (2.144)$$

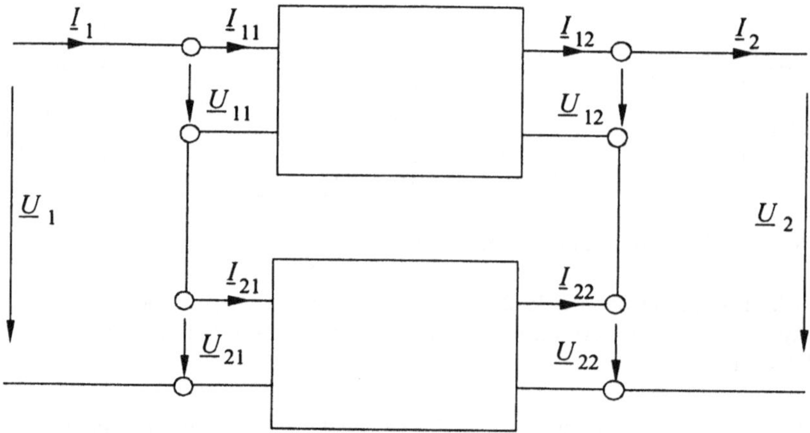

Bild 2.28: Reihenschaltung von zwei Vierpolen

Die Impedanzmatrix der Reihenschaltung zweier Vierpole ist die Summe ihrer beiden Impedanzmatrizen. Reihenschaltungen von Vierpolen kommen in der elektrischen Energieversorgung selten vor, da die Netze mit nahezu konstanter Spannung betrieben werden. Als Beispiele seien hier die Reihenschaltung mehrerer Kondensatorbatterien zur Erzielung einer geforderten Betriebsspannung oder Filterschaltungen zur Kompensation von höheren Harmonischen in Strom und Spannung genannt. Wir können sie aber auch zum Aufbau komplizierter Ersatzschaltungen aus einfachen Vierpolen verwenden.

2.3.3.3 Parallelschaltung von Vierpolen. Die Bedingungen der Parallelschaltung zweier Vierpole nach Bild 2.29 sind

$$\begin{pmatrix} \underline{I}_1 \\ \underline{I}_2 \end{pmatrix} = \begin{pmatrix} \underline{I}_1 \\ \underline{I}_2 \end{pmatrix}_1 + \begin{pmatrix} \underline{I}_1 \\ \underline{I}_2 \end{pmatrix}_2 \quad \text{und} \quad \begin{pmatrix} \underline{U}_1 \\ \underline{U}_2 \end{pmatrix} = \begin{pmatrix} \underline{U}_1 \\ \underline{U}_2 \end{pmatrix}_1 = \begin{pmatrix} \underline{U}_1 \\ \underline{U}_2 \end{pmatrix}_2 \qquad (2.145)$$

Die Bedingungen (2.145) zeigen, daß die Admittanzform der Vierpolgleichungen für die Zusammenfassung geeignet ist. Wir erhalten damit

$$\begin{pmatrix} \underline{I}_1 \\ \underline{I}_2 \end{pmatrix} = \underline{\mathbf{Y}}_1 \begin{pmatrix} \underline{U}_1 \\ \underline{U}_2 \end{pmatrix}_1 + \underline{\mathbf{Y}}_2 \begin{pmatrix} \underline{U}_1 \\ \underline{U}_2 \end{pmatrix}_2 = (\underline{\mathbf{Y}}_1 + \underline{\mathbf{Y}}_2) \begin{pmatrix} \underline{U}_1 \\ \underline{U}_2 \end{pmatrix} = \underline{\mathbf{Y}} \begin{pmatrix} \underline{U}_1 \\ \underline{U}_2 \end{pmatrix} \tag{2.146}$$

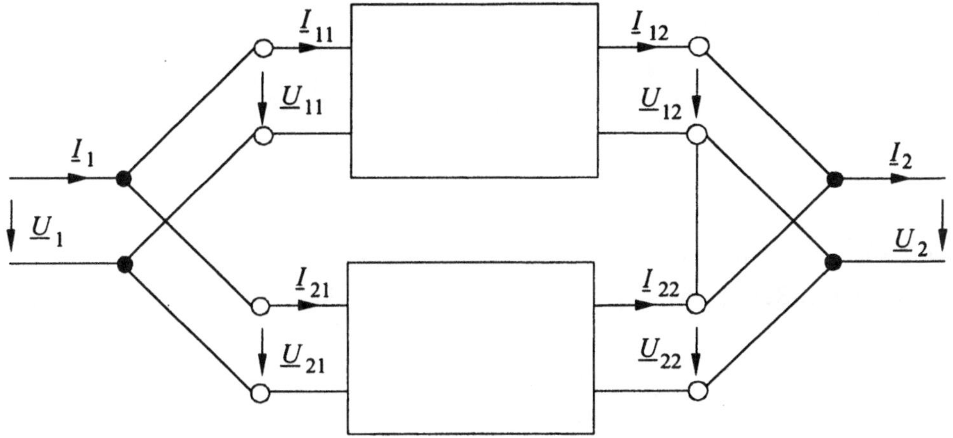

Bild 2.29: Parallelschaltung zweier Vierpole

Die Admittanzmatrix der Parallelschaltung zweier Vierpole ist die Summe ihrer beiden Admittanzmatrizen.

In der elektrischen Energieversorgung tritt diese Form der Zusammenschaltung häufig auf. Wir können mit ihr zwei parallelgeschaltete Netzzweige auf einfache Weise zusammenfassen und bei Bedarf auch die Ströme der einzelnen Vierpole wiederum aus der Zusammenfassung berechnen.

2.3.3.4 Reihen-Parallelschaltung und Parallel-Reihenschaltung von Vierpolen.

Für die Reihen-Parallelschaltung zweier Vierpole nach Bild 2.30 gelten die Schaltungsbedingungen

$$\begin{pmatrix} \underline{U}_1 \\ \underline{I}_2 \end{pmatrix} = \begin{pmatrix} \underline{U}_1 \\ \underline{I}_2 \end{pmatrix}_1 + \begin{pmatrix} \underline{U}_1 \\ \underline{I}_2 \end{pmatrix}_2 \quad \text{und} \quad \begin{pmatrix} \underline{U}_2 \\ \underline{I}_1 \end{pmatrix} = \begin{pmatrix} \underline{U}_2 \\ \underline{I}_1 \end{pmatrix}_1 = \begin{pmatrix} \underline{U}_2 \\ \underline{I}_1 \end{pmatrix}_2 \tag{2.147}$$

Aus den Bedingungen ist ablesbar, daß die H-Matrix der Zusammenschaltung beider Vierpole die Summe ihrer beiden H-Matrizen ist.

$$\underline{\mathbf{H}} = \underline{\mathbf{H}}_1 + \underline{\mathbf{H}}_2 \tag{2.148}$$

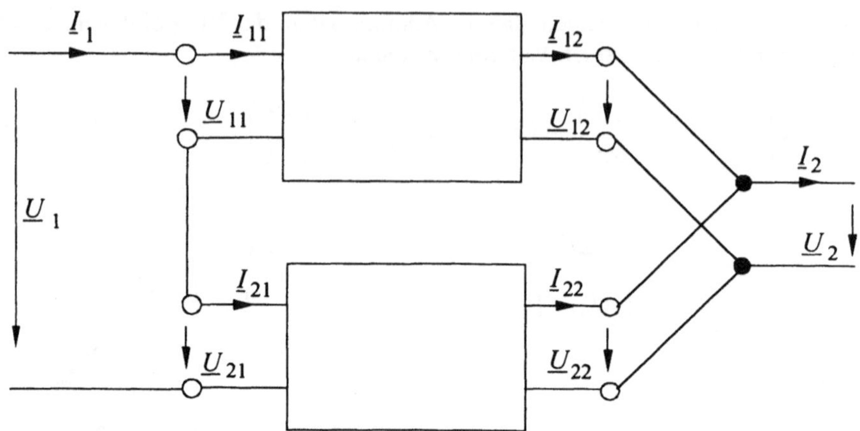

Bild 2.30: Reihen-Parallelschaltung zweier Vierpole

Für die Parallel-Reihenschaltung zweier Vierpole nach Bild 2.31 gelten die Schaltungsbedingungen

$$\begin{pmatrix}\underline{I}_1\\ \underline{U}_2\end{pmatrix}=\begin{pmatrix}\underline{I}_1\\ \underline{U}_2\end{pmatrix}_1+\begin{pmatrix}\underline{I}_1\\ \underline{U}_2\end{pmatrix}_2 \quad \text{und} \quad \begin{pmatrix}\underline{I}_2\\ \underline{U}_1\end{pmatrix}=\begin{pmatrix}\underline{I}_2\\ \underline{U}_1\end{pmatrix}_1=\begin{pmatrix}\underline{I}_2\\ \underline{U}_1\end{pmatrix}_2 \tag{2.149}$$

Die D-Matrix der Zusammenschaltung der beiden Vierpole ist die Summe ihrer D-Matrizen.

$$\underline{\mathbf{D}}=\underline{\mathbf{D}}_1+\underline{\mathbf{D}}_2 \tag{2.150}$$

Hybride Zusammenschaltungen von Vierpolen sind in der elektrischen Energieversorgung ebenfalls selten. Beispiele sind Transformatoren, deren Wicklungen auf der einen Seite parallel und auf der anderen Seite in Reihe geschaltet sind.

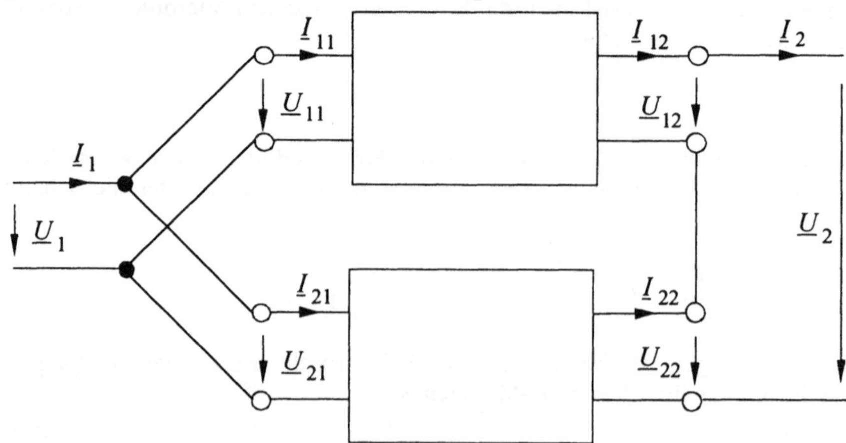

Bild 2.31: Parallel-Reihenschaltung zweier Vierpole

Mit den vorgestellten Varianten der Zusammenschaltung von Vierpolen sind wir in der Lage beliebig komplizierte Vierpol-Netzwerke zu berechnen. Dazu muß häufig zwischen den Formen der Vierpolgleichungen gewechselt werden, so wie man bei Zweipol-Zusammenschaltungen je nach Zweckmäßigkeit zwischen der Impedanz- und der Admittanzdarstellung wechselt. Mit heute zur Verfügung stehender mathematischer Software für Personalcomputer ist das leicht.

2.3.4 Elementar-Vierpole

Unter Elementar-Vierpolen sollen einfachste Vierpole verstanden werden, die zu beliebig komplizierten passiven Vierpolen zusammengeschaltet werden können. Vierpole mit weniger als drei Elementen (Impedanzen und/oder Admittanzen) bezeichnet man auch als unvollkommene Vierpole. Elementar-Vierpole können nicht durch alle vier Formen der Vierpolgleichungen beschrieben werden.

2.3.4.1 Elementar-Längsvierpol. Bild 2.32 zeigt einen Elementar-Längsvierpol. Er besitzt als einziges Element eine Impedanz zwischen seinen beiden Klemmenpaaren. Die Längsimpedanz kann auch in beliebiger Weise auf den oberen und den unteren Zweig des Vierpoles aufgeteilt sein. Die beiden unteren Klemmen haben dann ebenso wie die oberen verschiedenes Potential. Die Ströme und Spannungen an den Toren des Vierpols ändern sich dadurch jedoch nicht.

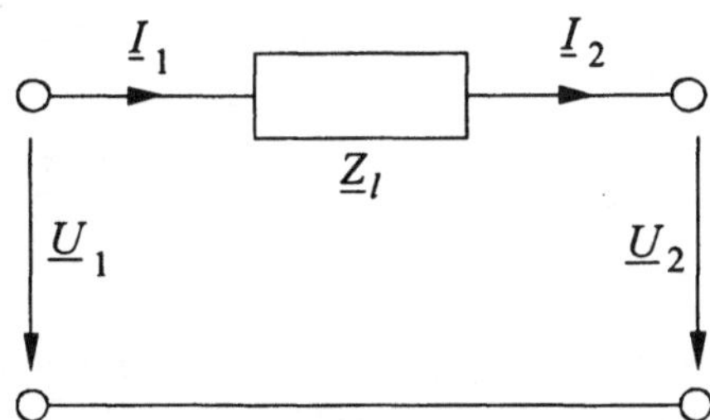

Bild 2.32: Elementar-Längsvierpol

Die Parameter des Elementar-Längsvierpoles können wir auf der Grundlage von Abschnitt 2.3.1.1 unmittelbar angeben.

$$\begin{aligned} \underline{A}_{11} &= 1 \quad \underline{A}_{12} = \underline{Z}_l \\ \underline{A}_{21} &= 0 \quad \underline{A}_{22} = 1 \end{aligned} \tag{2.151}$$

Die Kettengleichung dieses Vierpoles lautet mit Gleichung (2.151)

$$\begin{pmatrix} \underline{U}_1 \\ \underline{I}_1 \end{pmatrix} = \begin{pmatrix} 1 & \underline{Z}_l \\ 0 & 1 \end{pmatrix} \begin{pmatrix} \underline{U}_2 \\ \underline{I}_2 \end{pmatrix} = \underline{\mathbf{A}}_l \begin{pmatrix} \underline{U}_2 \\ \underline{I}_2 \end{pmatrix} \tag{2.152}$$

Tabelle 2.3 enthält die Vierpolmatrizen des Elementar-Längsvierpols für die Zählpfeilfestlegungen nach Bild 2.22. Die Impedanzmatrix ist nicht definiert, da die Admittanzmatrix singulär ist.

Tabelle 2.3: Vierpolmatrizen des Elementar-Längsvierpols

$\underline{\mathbf{A}}$	$\underline{\mathbf{Z}}$	$\underline{\mathbf{Y}}$	$\underline{\mathbf{H}}$	$\underline{\mathbf{D}}$
$\begin{pmatrix} 1 & \underline{Z}_l \\ 0 & 1 \end{pmatrix}$	nicht definiert	$\begin{pmatrix} \underline{Y}_l & -\underline{Y}_l \\ \underline{Y}_l & -\underline{Y}_l \end{pmatrix}$	$\begin{pmatrix} \underline{Z}_l & 1 \\ 1 & 0 \end{pmatrix}$	$\begin{pmatrix} 0 & 1 \\ 1 & -\underline{Z}_l \end{pmatrix}$

2.3.4.2 Elementar-Quervierpol. Bild 2.33 zeigt einen Elementar-Quervierpol. Er besteht aus einem einzigen Leitwert als Verbindungszweig zwischen den beiden Klemmen der zwei Klemmenpaare.

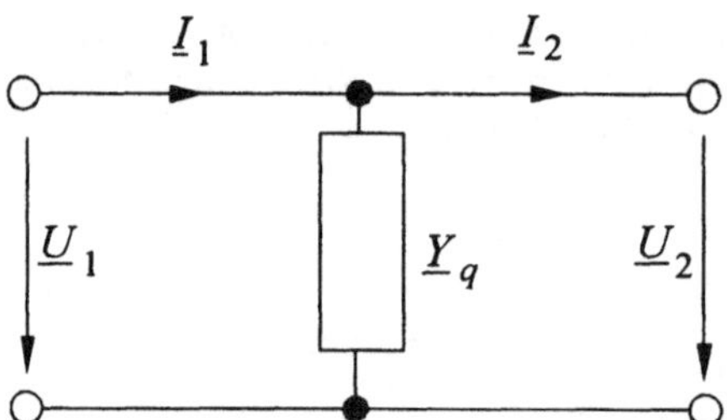

Bild 2.33: Elementar-Quervierpol

Die Parameter des Elementar-Quervierpoles können wir mit den Überlegungen des Abschnittes 2.3.1.1 ebenfalls unmittelbar angeben.

$$\begin{aligned} \underline{A}_{11} &= 1 \quad & \underline{A}_{12} &= 0 \\ \underline{A}_{21} &= \underline{Y}_q \quad & \underline{A}_{22} &= 1 \end{aligned} \tag{2.153}$$

Die Kettengleichung dieses Vierpoles lautet

$$\begin{pmatrix} \underline{U}_1 \\ \underline{I}_1 \end{pmatrix} = \begin{pmatrix} 1 & 0 \\ \underline{Y}_q & 1 \end{pmatrix} \begin{pmatrix} \underline{U}_2 \\ \underline{I}_2 \end{pmatrix} = \underline{\mathbf{A}}_q \begin{pmatrix} \underline{U}_2 \\ \underline{I}_2 \end{pmatrix} \tag{2.154}$$

Die Vierpolmatrizen des Elementar-Quervierpoles sind in Tabelle 2.4 für die Zählpfeilfestlegungen nach Bild 2.22 angegeben. Seine Impedanzmatrix ist singulär. Deshalb ist die Admittanzmatrix nicht definiert.

Tabelle 2.4: Vierpolmatrizen des Elementar-Quervierpols

$\underline{\mathbf{A}}$	$\underline{\mathbf{Z}}$	$\underline{\mathbf{Y}}$	$\underline{\mathbf{H}}$	$\underline{\mathbf{D}}$
$\begin{pmatrix} 1 & 0 \\ \underline{Y}_q & 1 \end{pmatrix}$	$\begin{pmatrix} \underline{Z}_q & -\underline{Z}_q \\ \underline{Z}_q & -\underline{Z}_q \end{pmatrix}$	nicht definiert	$\begin{pmatrix} 0 & 1 \\ 1 & -\underline{Y}_q \end{pmatrix}$	$\begin{pmatrix} 0 & 1 \\ 1 & -\underline{Z}_l \end{pmatrix}$

2.3.4.3 Leitungskreuzung. Auch zwei sich überkreuzende Leitungen bilden einen Elementar-Vierpol. Die Leitungskreuzung wird durch folgende Kettengleichung beschrieben

$$\begin{pmatrix} \underline{U}_1 \\ \underline{I}_1 \end{pmatrix} = \begin{pmatrix} -1 & 0 \\ 0 & -1 \end{pmatrix} \begin{pmatrix} \underline{U}_2 \\ \underline{I}_2 \end{pmatrix} = \underline{\mathbf{A}}_k \begin{pmatrix} \underline{U}_2 \\ \underline{I}_2 \end{pmatrix} \qquad (2.155)$$

Die Vierpolmatrizen der Leitungskreuzung sind in Tabelle 2.5 angegeben. Die Impedanz- und die Admittanzmatrix sind nicht definiert.

Tabelle 2.5: Vierpolmatrizen der Leitungskreuzung

$\underline{\mathbf{A}}$	$\underline{\mathbf{Z}}$	$\underline{\mathbf{Y}}$	$\underline{\mathbf{H}}$	$\underline{\mathbf{D}}$
$\begin{pmatrix} -1 & 0 \\ 0 & -1 \end{pmatrix}$	nicht definiert	nicht definiert	$\begin{pmatrix} 0 & -1 \\ -1 & 0 \end{pmatrix}$	$\begin{pmatrix} 0 & -1 \\ -1 & 0 \end{pmatrix}$

2.3.4.4 Synthese von Vierpolen aus Elementar-Vierpolen. Die Kettenschaltung eines Elementar-Längsvierpoles mit einem Elementar-Quervierpol ergibt einen gespiegelten Gamma-Vierpol (ꓶ-Vierpol) nach Bild 2.34. Seine Kettenmatrix ist

$$\underline{\mathbf{A}}_{\urcorner} = \underline{\mathbf{A}}_l\, \underline{\mathbf{A}}_q = \begin{pmatrix} 1+\underline{Z}_l\,\underline{Y}_q & \underline{Z}_l \\ \underline{Y}_q & 1 \end{pmatrix} \qquad (2.156)$$

Die Kettenschaltung eines Elementar-Quervierpols mit einem Elementar-Längsvierpol ergibt einen Gamma-Vierpol (Γ-Vierpol) nach Bild 2.35. Seine Kettenmatrix ist

$$\underline{\mathbf{A}}_{\Gamma} = \underline{\mathbf{A}}_q\, \underline{\mathbf{A}}_l = \begin{pmatrix} 1 & \underline{Z}_l \\ \underline{Y}_q & \underline{Z}_l\,\underline{Y}_q+1 \end{pmatrix} \qquad (2.157)$$

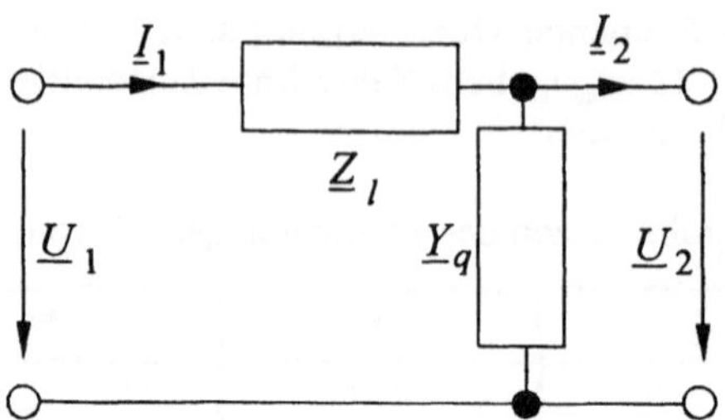

Bild 2.34: ˥-Vierpol

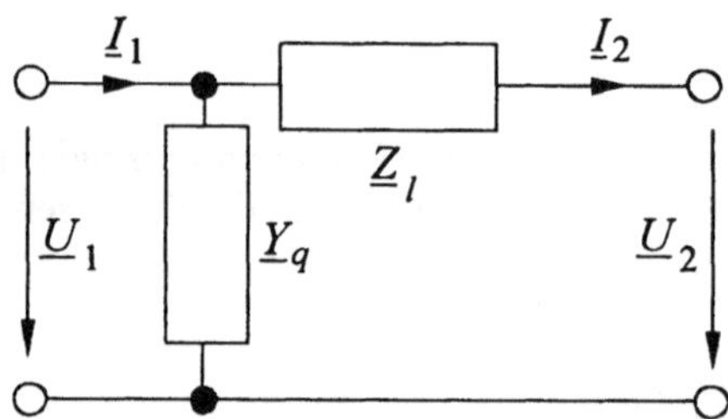

Bild 2.35: ˹-Vierpol

Die Kettenschaltung von einem Elementar-Quervierpol, einem Elementar-Längsvierpol und einem weiteren Elementar-Quervierpol führt zu einem Π-Vierpol nach Bild 2.36. Seine Kettenmatrix ist

$$\underline{\mathbf{A}}_{\Pi} = \underline{\mathbf{A}}_{q1}\ \underline{\mathbf{A}}_l\ \underline{\mathbf{A}}_{q2} = \begin{pmatrix} 1 + \underline{Z}_l\,\underline{Y}_{q2} & \underline{Z}_l \\ \underline{Y}_{q1} + \underline{Y}_{q1}\,\underline{Z}_l\,\underline{Y}_{q2} + \underline{Y}_{q2} & \underline{Z}_l\,\underline{Y}_{q1} + 1 \end{pmatrix} \tag{2.158}$$

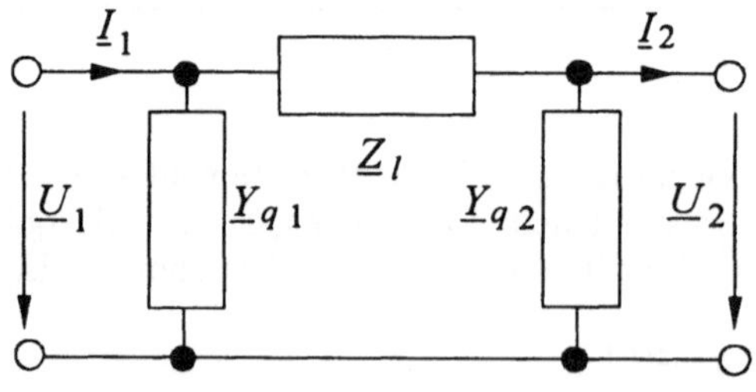

Bild 2.36: Π-Vierpol

Man nennt den Π-Vierpol symmetrisch, wenn die beiden Querleitwerte gleich sind. Kurze Leitungen (Leitungen, deren Länge klein gegenüber der Wellenlänge der Wechselgrößen ist, bei Freileitungen und einer Betriebsfrequenz von 50/60 Hz $l<300$ km) werden in der elektrischen Energietechnik häufig als symmetrische Π-Vierpole nachgebildet. Bei größeren Leitungslängen können Leitungen durch Kettenschaltungen von

mehreren Vierpolen nachgebildet werden. Einen Π-Vierpol erhält man auch durch die Kettenschaltung eines Γ-Vierpoles und eines ⅂-Vierpoles.
Die Kettenschaltung von einem Elementar-Längsvierpol, einem Elementar-Quervierpol und einem weiteren Elementar-Längsvierpol führt zu einem T-Vierpol nach Bild 2.37. Seine Kettenmatrix ist

$$\underline{\mathbf{A}}_{\mathrm{T}} = \underline{\mathbf{A}}_{l1}\,\underline{\mathbf{A}}_{q}\,\underline{\mathbf{A}}_{l2} = \begin{pmatrix} 1+\underline{Z}_{l1}\,\underline{Y}_{q} & \underline{Z}_{l1}+\underline{Z}_{l1}\,\underline{Y}_{q}\,\underline{Z}_{l2}+\underline{Z}_{l2} \\ \underline{Y}_{q} & \underline{Z}_{l2}\,\underline{Y}_{q}+1 \end{pmatrix} \tag{2.159}$$

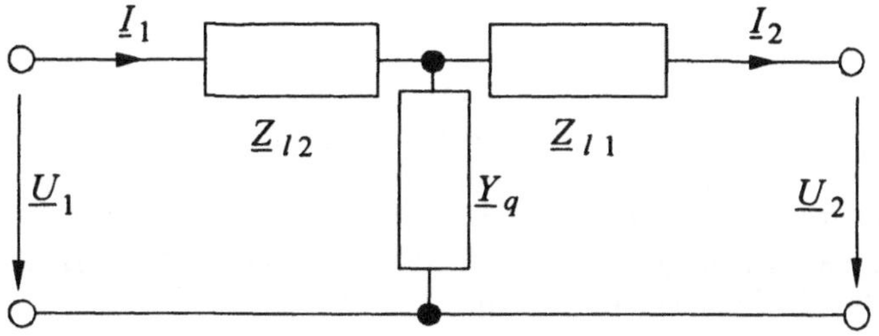

Bild 2.37: T-Vierpol

Der T-Vierpol heißt symmetrisch, wenn seine beiden Elementar-Längsvierpole gleich sind. In der elektrischen Energietechnik werden Transformatoren häufig als T-Vierpole nachgebildet. Wie wir später sehen werden, können auch rotierende elektrische Maschinen als Vierpole, die an einem Klemmenpaar kurzgeschlossen sind, nachgebildet werden.

Durch eine einfache Stern-Dreieck- bzw. Dreieck-Stern-Transformation können T- und Π-Vierpole bei gleichem Klemmenverhalten ineinander umgewandelt werden. Mit den Abkürzungen

$$\underline{Z}_{\Sigma} = \underline{Z}_{l} + \frac{1}{\underline{Y}_{q1}} + \frac{1}{\underline{Y}_{q2}} \quad \text{und} \quad \underline{Y}_{\Sigma} = \underline{Y}_{q} + \frac{1}{\underline{Z}_{l1}} + \frac{1}{\underline{Z}_{l2}} \tag{2.160}$$

erhalten wir

$$\underline{Z}_{l1} = \frac{\underline{Z}_{l}}{\underline{Y}_{q1}\,\underline{Z}_{\Sigma}} \quad \underline{Z}_{l2} = \frac{\underline{Z}_{l}}{\underline{Y}_{q2}\,\underline{Z}_{\Sigma}} \quad \underline{Y}_{q} = \underline{Z}_{\Sigma}\underline{Y}_{q1}\,\underline{Y}_{q2} \tag{2.161}$$

bzw.

$$\underline{Z}_{l} = \underline{Y}_{\Sigma}\underline{Z}_{l1}\,\underline{Z}_{l2} \quad \underline{Y}_{q1} = \frac{\underline{Y}_{q}}{\underline{Z}_{l2}\,\underline{Y}_{\Sigma}} \quad \underline{Y}_{q2} = \frac{\underline{Y}_{q}}{\underline{Z}_{l1}\,\underline{Y}_{\Sigma}} \tag{2.162}$$

Die Gleichungen (2.160) bis (2.162) erlauben die Wahl der Ersatzschaltung des Vierpols allein nach Gründen der Zweckmäßigkeit.

Die Beispiele zeigen, daß mit den Elementar-Vierpolen beliebig komplizierte passive Vierpolnetzwerke aufgebaut werden können. Wir können sie daher als Grundelemente von Wechselstromnetzwerken auffassen.

2.3.4.5 Grenzfälle der Belastung von Vierpolen in der elektrischen Energietechnik. In der Starkstromtechnik sind die Impedanzen der Längszweige im allgemeinen wesentlich kleiner als die Impedanzen der Querzweige.

$$\underline{Z}_l << \frac{1}{\underline{Y}_q} \tag{2.163}$$

Aus (2.163) folgt, daß die Ströme durch die Querzweige und die Spannungsabfälle über den Längszweigen normalerweise klein sind. Je nach dem zu untersuchenden Betriebszustand eines Energieversorgungsnetzes können daher die vollständigen Vierpole der Betriebsmittel-Ersatzschaltungen vereinfacht werden. Das soll am Beispiel eines Π-Vierpols nach Bild 2.38 untersucht werden.

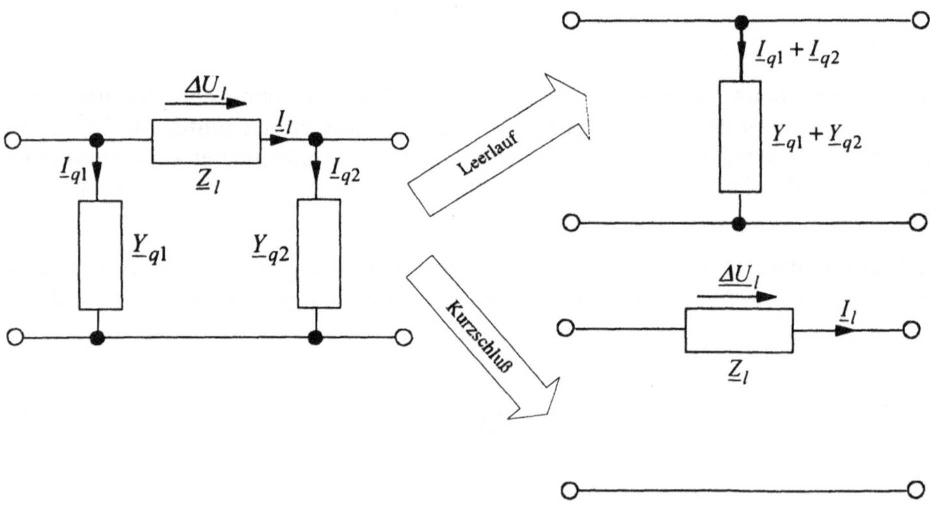

Bild 2.38: Vereinfachungen eines Π-Vierpols

Wenn das Energieversorgungsnetz im Leerlauf untersucht werden soll, dann sind die Ströme über seine Längszweige klein. Sie entsprechen den Strömen in den Querzweigen. Das bedeutet wegen (2.163), daß die Spannungsabfälle über den Längszweigen vernachlässigt werden können. Am Ein- und Ausgang des Vierpols liegt praktisch die gleiche Spannung an. Der Längszweig kann daher einfach weggelassen werden. Die beiden Querzweige werden so zu einem einzigen zusammengefaßt. Im Extremfall kann so das gesamte Netz durch einen einzigen Querzweig nachgebildet werden. Die Spannungsunterschiede zwischen den verschiedenen Netzknoten sind vernachlässigbar klein. Das trifft z.B. auf Energieversorgungsnetze mit isoliertem Sternpunkt im Erdschlußzustand (Verbindung eines Leiters mit der Erde) zu.

Wenn dagegen an einem Knotenpunkt des Netzes zum Beispiel ein Kurzschluß vorliegt, dann sind die Ströme in den Längszweigen sehr viel größer als die in den Querzweigen. Die Querzweige können daher vernachlässigt werden. Der Π-Vierpol entartet zu einem Elemtar-Längsvierpol. Kurzschlußstromberechnungen werden daher praktisch immer unter Vernachlässigung der Querzweige des Netzes durchgeführt. In vielen Fällen kann der Normalbetrieb auf die gleiche Weise berechnet werden. Der dabei begangene Fehler ist ebenfalls sehr gering. Der Leerlaufstrom von Transformatoren liegt beispielsweise in der Größenordnung von einem Prozent des Nennstromes, bei großen Transformatoren sogar noch darunter. Wir begehen also einen Fehler von etwa einem Prozent, wenn wir ihn vernachlässigen.

Die Vereinfachungen der Ersatzschaltungen der elektrischen Betriebsmittel in Abhängigkeit vom jeweiligen Belastungsfall führen natürlich zu erheblichen Vereinfachungen bei Netzberechnungen. Bei den heute zur Verfügung stehenden Mitteln ist das jedoch kein ausreichendes Argument, sie anzuwenden. Uns sollen solche Vereinfachungen helfen, das Wesen bestimmter Betriebsvorgänge in Energieversorgungsnetzen besser verstehen zu können. Vereinfachungen erhöhen den Überblick und erleichtern die analytische Durchdringung eines Phänomens, die auch im Zeitalter der Simulation von ungebrochener Bedeutung ist, wenn wir uns Computerergebnissen nicht einfach ausliefern wollen.

2.3.5 Homogene Vierpolketten

Die Nachbildung von Freileitungen und Kabeln mit nur einem einzigen Vierpol führt bei größeren Längen zu Fehlern, da ihre Impedanzen und Admittanzen in der Realität über der Länge verteilt sind. Mit zunehmender Leitungslänge muß daher auch die Anzahl der Vierpole für die Nachbildung erhöht werden. Wir wollen deshalb an dieser Stelle eine Kette aus n gleichen symmetrischen Vierpolen nach Bild 2.39 betrachten.

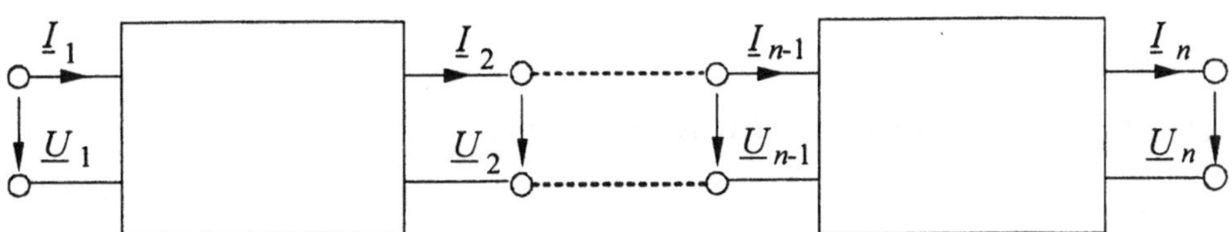

Bild 2.39: Vierpolkette aus n gleichen symmetrischen Vierpolen

2.3.5.1 Kettengleichung eines symmetrischen Vierpols. Einen Vierpol nennt man symmetrisch oder umkehrbar, wenn seine Kettenmatrix bei gleichen Zählpfeilsystemen an beiden Klemmenpaaren gleich ihrer Inversen ist. Dann können Ein- und Ausgang bei unveränderten Verhältnissen am jeweils anderen Klemmenpaar beliebig vertauscht werden. Unabhängig von den Zählpfeilsystemen gelten die Bedingungen

$$\text{Symmetrischer Vierpol} \Rightarrow \begin{array}{l} \underline{A}_{11} = \underline{A}_{22} \\ \Delta\underline{A} = \underline{A}_{11}^2 - \underline{A}_{12}\,\underline{A}_{21} = 1 \end{array} \tag{2.164}$$

Ein Π-Vierpol mit gleichen Queradmittanzen auf beiden Seiten und ein T-Vierpol mit gleichen Längsimpedanzen sind z. B. symmetrisch. Beide Arten der Gamma-Vierpole sind bedingt durch ihren Aufbau unsymmetrisch.
Wenn ein solcher Vierpol am Ausgang mit einer Impedanz $\underline{Z}_2$ belastet wird, dann erhalten wir die Kettengleichungen

$$\begin{aligned} \underline{U}_1 &= \underline{A}_{11}\,\underline{U}_2 + \underline{A}_{12}\,\underline{I}_2 = \left(\underline{A}_{11} + \frac{\underline{A}_{12}}{\underline{Z}_2}\right)\underline{U}_2 \\ \underline{I}_1 &= \underline{A}_{21}\,\underline{U}_2 + \underline{A}_{11}\,\underline{I}_2 = \left(\underline{A}_{21}\,\underline{Z}_2 + \underline{A}_{11}\right)\underline{I}_2 \end{aligned} \tag{2.165}$$

Die Eingangsimpedanz des Vierpols kann leicht aus (2.165) berechnet werden.

$$\underline{Z}_1 = \frac{\underline{A}_{11} + \dfrac{\underline{A}_{12}}{\underline{Z}_2}}{\underline{A}_{21}\,\underline{Z}_2 + \underline{A}_{11}}\,\underline{Z}_2 \tag{2.166}$$

Die Forderung, daß Ein- und Ausgangsimpedanz des Vierpols gleich sein sollen, führt uns auf

$$\frac{\underline{A}_{11} + \dfrac{\underline{A}_{12}}{\underline{Z}_2}}{\underline{A}_{21}\,\underline{Z}_2 + \underline{A}_{11}} = 1 \quad\Rightarrow\quad \underline{Z}_2 = \sqrt{\frac{\underline{A}_{12}}{\underline{A}_{21}}} = \underline{Z}_w \tag{2.167}$$

Die Größe $\underline{Z}_w$ ist der Wellenwiderstand des Vierpols. Wenn wir einen symmetrischen Vierpol mit dem Wellenwiderstand belasten, dann ist seine Eingangsimpedanz ebenfalls gleich dem Wellenwiderstand. Weiterhin wird für die weiteren Untersuchungen die Abkürzung

$$e^{\underline{\gamma}} = \underline{A}_{11} + \sqrt{\underline{A}_{12}\,\underline{A}_{21}} \tag{2.168}$$

eingeführt. Mit den Bedingungen (2.164) gilt weiterhin

$$e^{-\underline{\gamma}} = \underline{A}_{11} - \sqrt{\underline{A}_{12}\,\underline{A}_{21}} \tag{2.169}$$

Für die Elemente der Kettenmatrix erhalten wir aus (2.167) bis (2.169) die Beziehungen

$$\underline{A}_{11} = \frac{1}{2}\left(e^{\underline{\gamma}} + e^{-\underline{\gamma}}\right) = \cosh\underline{\gamma} \tag{2.170}$$

$$\sqrt{\underline{A}_{12}\,\underline{A}_{21}} = \frac{1}{2}\left(e^{\underline{\gamma}} - e^{-\underline{\gamma}}\right) = \sinh\underline{\gamma} \tag{2.171}$$

$$\underline{A}_{12} = \underline{Z}_w \sinh\underline{\gamma} \tag{2.172}$$

$$\underline{A}_{21} = \frac{\sinh\underline{\gamma}}{\underline{Z}_w} \tag{2.173}$$

2.3.5.2 Kettengleichung einer Kette aus n symmetrischen Vierpolen. Für die Kettenschaltung zweier solcher Vierpole gilt

$$\begin{pmatrix}\underline{U}_{n-2}\\ \underline{I}_{n-2}\end{pmatrix} = \begin{pmatrix}\cosh\underline{\gamma} & \underline{Z}_w\sinh\underline{\gamma}\\ \dfrac{\sinh\underline{\gamma}}{\underline{Z}_w} & \cosh\underline{\gamma}\end{pmatrix}\begin{pmatrix}\cosh\underline{\gamma} & \underline{Z}_w\sinh\underline{\gamma}\\ \dfrac{\sinh\underline{\gamma}}{\underline{Z}_w} & \cosh\underline{\gamma}\end{pmatrix}\begin{pmatrix}\underline{U}_n\\ \underline{I}_n\end{pmatrix} \tag{2.174}$$

Mit

$$\cosh\underline{\gamma}\,\cosh\underline{\gamma} + \sinh\underline{\gamma}\,\sinh\underline{\gamma} = \cosh 2\underline{\gamma} \tag{2.175}$$

und

$$\cosh\underline{\gamma}\,\sinh\underline{\gamma} + \sinh\underline{\gamma}\,\cosh\underline{\gamma} = \sinh 2\underline{\gamma} \tag{2.176}$$

wird aus Gleichung (2.173)

$$\begin{pmatrix}\underline{U}_{n-2}\\ \underline{I}_{n-2}\end{pmatrix} = \begin{pmatrix}\cosh 2\underline{\gamma} & \underline{Z}_w\sinh 2\underline{\gamma}\\ \dfrac{\sinh 2\underline{\gamma}}{\underline{Z}_w} & \cosh 2\underline{\gamma}\end{pmatrix}\begin{pmatrix}\underline{U}_n\\ \underline{I}_n\end{pmatrix} \tag{2.177}$$

Die Zusammenfassung der Vierpole kann bis zum ersten Vierpol fortgesetzt werden. Man erhält so das Ergebnis

$$\begin{pmatrix}\underline{U}_1\\ \underline{I}_1\end{pmatrix} = \begin{pmatrix}\cosh n\underline{\gamma} & \underline{Z}_w\sinh n\underline{\gamma}\\ \dfrac{\sinh n\underline{\gamma}}{\underline{Z}_w} & \cosh n\underline{\gamma}\end{pmatrix}\begin{pmatrix}\underline{U}_n\\ \underline{I}_n\end{pmatrix} \tag{2.178}$$

Die komplexe Größe $\underline{\gamma}$ ist das Übertragungsmaß eines Vierpols der Kette, ihr Realteil α heißt Dämpfung und ihr Imaginärteil β Phasenmaß.

$$\underline{\gamma} = \alpha + j\,\beta \tag{2.179}$$

Das Übertragungsmaß der gesamten Kette ist gleich dem n-fachen Übertragungsmaß eines ihrer Vierpole. Wenn wir die Anzahl der Vierpole der Kette theoretisch gegen unendlich gehen lassen, dann geht die Länge der Leitung, die ein einzelner Vierpol der Kette beschreibt, gegen Null. Wir nähern uns mit steigender Zahl der Vierpole der Kette der Beschreibung einer Leitung mit homogen über der Länge verteilten Parametern, der homogenen Leitung.

2.3.5.3 Spezielle Belastungsfälle der Vierpolkette. Bei Kurzschluß am Ende der Kette ist die Spannung dort Null. Die Kurzschlußimpedanz der Vierpolkette ist

$$\underline{Z}_k = \frac{\underline{U}_{1k}}{\underline{I}_{1k}} = \underline{Z}_w \tanh n\underline{\gamma} \tag{2.180}$$

Bei Leerlauf am Kettenende ist der Strom dort Null. Die Leerlaufadmittanz der Leitung ist

$$\underline{Y}_l = \frac{1}{\underline{Z}_w} \tanh n\underline{\gamma} \tag{2.181}$$

Wenn die Vierpolkette mit dem Wellenwiderstand abgeschlossen ist, erhalten wir an ihrem Anfang

$$\begin{aligned} \underline{U}_1 &= \underline{Z}_w\left(\cosh n\underline{\gamma} + \sinh n\underline{\gamma}\right)\underline{I}_n = \underline{Z}_w\,\underline{I}_n\,\mathrm{e}^{n\underline{\gamma}} = \underline{U}_n\,\mathrm{e}^{n\underline{\gamma}} \\ \underline{I}_1 &= \left(\cosh n\underline{\gamma} + \sinh n\underline{\gamma}\right)\underline{I}_n = \underline{I}_n\,\mathrm{e}^{n\underline{\gamma}} \end{aligned} \tag{2.182}$$

Die Eingangsimpedanz der Vierpolkette ist ebenfalls gleich dem Wellenwiderstand. Die Spannung am Anfang der Kette ist um den Faktor $\mathrm{e}^{n\alpha}$ größer als die Spannung am Ende und eilt ihr um den Winkel $n\beta$ voraus. Das gleiche gilt auch für den Strom am Anfang der Vierpolkette. Der Betrieb der Vierpolkette mit dem Wellenwiderstand als Abschlußimpedanz zeigt die günstigsten Übertragungseigenschaften. Da in der elektrischen Energietechnik die ohmschen Längswiderstände und Querleitwerte oft vernachlässigbar klein sind, sind die Spannungen am Ende und am Anfang der Vierpolkette betragsgleich. Anstelle des Wellenwiderstandes wird in der Energietechnik meist die sogenannte natürliche Leistung angegeben. Sie errechnet sich aus der Nennspannung des Betriebsmittels (z.B. der Freileitung oder des Kabels) und seinem Wellenwiderstand.

$$P_{nat} = \frac{U_r^2}{Z_w} \tag{2.183}$$

2.3.6 Homogene Leitung

2.3.6.1 Ersatzschaltung eines Leitungselementes differentieller Länge. Von der oben beschriebenen Vierpolkette kommen wir zur homogenen Leitung, indem wir die Anzahl ihrer Vierpolelemente gegen Unendlich wachsen lassen. Die Länge des durch ein einziges Element beschriebenen Leitungsabschnittes geht dann gegen Null. Wir führen an dieser Stelle diesen Grenzübergang jedoch nicht aus, sondern verfolgen einen anderen Ansatz ausgehend von einem differentiellen Leitungselement nach Bild 2.40.
Es besteht aus der Kettenschaltung eines Elementar-Längs- mit einem Elementar-Quervierpol, die die Länge dx der Leitung beschreiben. Wir sprechen von einer homogenen Leitung, wenn die Parameter ihrer differentiellen Längenelemente über der gesamten Leitungslänge konstant sind.

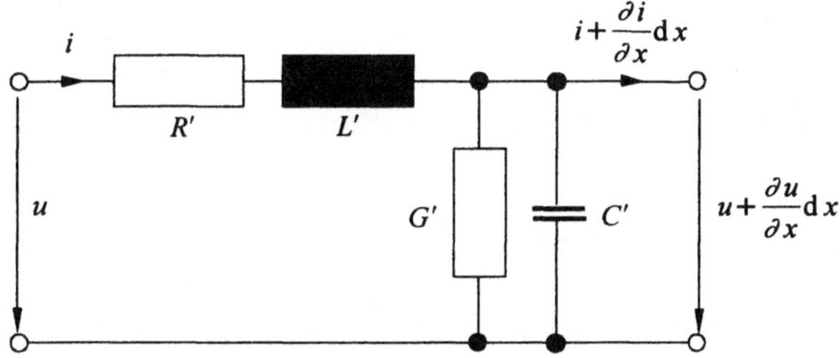

Bild 2.40 Differentielles Längenelement einer homogenen Leitung

Aus den Ersatzschaltbildern leiten wir mit Hilfe der Kirchhoffschen Sätze die partiellen Differentialgleichungssysteme für die Ströme und Spannungen ab.

$$u-\left(u+\frac{\partial u}{\partial x}\,dx\right)=R'\,\mathrm{d}x\,i+L'\,\mathrm{d}x\frac{\partial i}{\partial t} \tag{2.184}$$

$$i=\left(i+\frac{\partial i}{\partial x}\mathrm{d}x\right)+G'\,\mathrm{d}x\left(u+\frac{\partial u}{\partial x}\mathrm{d}x\right)+C'\,\mathrm{d}x\frac{\partial}{\partial t}\left(u+\frac{\partial u}{\partial x}\mathrm{d}x\right) \tag{2.185}$$

Wir lösen die Klammern in (2.185) auf und vernachlässigen die Glieder höherer Ordnung (Glieder, in denen dx quadratisch auftritt). Damit erhalten wir

$$-\frac{\partial u}{\partial x}=R'\,i+L'\,\frac{\partial i}{\partial t} \tag{2.186}$$

$$-\frac{\partial i}{\partial x}=G'\,i+C'\,\frac{\partial u}{\partial t} \tag{2.187}$$

Die Gleichungen (2.186) und (2.187) sind symmetrisch in u und i. Wir differenzieren

Gleichung (2.186) nach x und Gleichung (2.187) nach t. Damit erhalten wir

$$-\frac{\partial^2 u}{\partial x^2} = R' \frac{\partial i}{\partial x} + L' \frac{\partial}{\partial x}\left(\frac{\partial i}{\partial t}\right) \tag{2.188}$$

$$-\frac{\partial}{\partial t}\left(\frac{\partial i}{\partial x}\right) = G' \frac{\partial u}{\partial t} + C' \frac{\partial^2 u}{\partial t^2} \tag{2.189}$$

Die Gleichungen (2.187) und (2.189) werden in Gleichung (2.188) eingesetzt. Damit erhalten wir die als Telegraphengleichung bezeichnete Leitungsgleichung.

$$\frac{\partial^2 u}{\partial x^2} = R' G' u + (R'C' + L'G') \frac{\partial u}{\partial t} + L'C' \frac{\partial^2 u}{\partial t^2} \tag{2.190}$$

Wegen der Symmetrie von (2.186) und (2.187) in u und i kann man durch entsprechende Umformungen auch eine Gleichung gewinnen, in der nur der Strom als abhängige Variable auftritt.

$$\frac{\partial^2 i}{\partial x^2} = R'G'i + (R'C' + L'G') \frac{\partial i}{\partial t} + L'C' \frac{\partial^2 i}{\partial t^2} \tag{2.191}$$

Die Gleichungen (2.190) und (2.191) sind zueinander dual und haben die folgenden allgemeinen Lösungen

$$u(x,t) = u_v(x - vt) + u_r(x + vt) \tag{2.192}$$

$$i(x,t) = i_v(x - vt) + i_r(x + vt) \tag{2.193}$$

Der erste Lösungsanteil beschreibt eine Welle, die sich mit fortschreitender Zeit in positiver x-Richtung bewegt. Sie wird deshalb vorwärtslaufende Welle genannt. Der zweite Lösungsanteil ist demgegenüber eine rückwärtslaufende Welle. Beide Anteile überlagern sich unabhängig voneinander zur Gesamtlösung. Die Lösungen der Leitungsgleichungen sind bisher unabhängig von den Zeitfunktionen von Strom und Spannung.

2.3.6.2 Leitungsgleichungen bei kosinusförmigen Strömen und Spannungen. Zur Ermittlung der Lösungen der Leitungsgleichungen für kosinusförmige Ströme und Spannungen gehen wir von komplexen Augenblickswerten nach Gleichung (2.23) aus.

$$\underline{u}_x = \underline{U}_x \, e^{j\omega t} \tag{2.194}$$

$$\underline{i}_x = \underline{I}_x \, e^{j\omega t} \tag{2.195}$$

Mit diesem Ansatz erhalten wir aus den Gleichung (2.186) und (2.187)

$$-\frac{\partial \underline{U}_x}{\partial x} = (R' + \mathrm{j}\,\omega L')\,\underline{I}_x = \underline{Z}'\,\underline{I}_x \tag{2.196}$$

$$-\frac{\partial \underline{I}_x}{\partial x} = (G' + \mathrm{j}\,\omega C')\,\underline{U}_x = \underline{Y}'\,\underline{U}_x \tag{2.197}$$

Wir differenzieren die erste der beiden Gleichungen (2.196) nach x und setzen die Gleichung (2.197) ein. Auf diese Weise erhält man

$$\frac{\partial^2 \underline{U}_x}{\partial x^2} = \underline{Z}'\,\underline{Y}'\,\underline{U}_x = \underline{\gamma}^2\,\underline{U}_x \tag{2.198}$$

Die Lösung von Gleichung (2.198) gewinnen wir mit dem Ansatz

$$\underline{U}_x = \underline{U}\,\mathrm{e}^{\underline{c}\,x} \qquad \Rightarrow \qquad \underline{c} = \pm\,\underline{\gamma} \tag{2.199}$$

Die vollständige Lösung der Gleichung (2.197) lautet mit (2.199)

$$\underline{U}_x = \underline{U}_a\,\mathrm{e}^{-\underline{\gamma}\,x} + \underline{U}_b\,\mathrm{e}^{\underline{\gamma}\,x} \tag{2.200}$$

Die vollständige Lösung für den Strom erhält man aus der ersten Gleichung von (2.196) und (2.197)

$$\underline{I}_x = -\frac{1}{\underline{Z}'}\frac{\partial \underline{U}_x}{\partial x} = \frac{\underline{\gamma}}{\underline{Z}'}\underline{U}_a\,\mathrm{e}^{-\underline{\gamma}\,x} - \frac{\underline{\gamma}}{\underline{Z}'}\underline{U}_b\,\mathrm{e}^{\underline{\gamma}\,x} = \frac{\underline{U}_a}{\underline{Z}_w}\mathrm{e}^{-\underline{\gamma}\,x} - \frac{\underline{U}_b}{\underline{Z}_w}\mathrm{e}^{\underline{\gamma}\,x} \tag{2.201}$$

Die beiden Spannungen $\underline{U}_a$ und $\underline{U}_b$ gewinnen wir aus den Bedingungen am Anfang der Leitung bei $x = 0$. Wir erhalten

$$\begin{matrix} \underline{U}_1 = \underline{U}_a + \underline{U}_b \\ \underline{Z}_w\,\underline{I}_1 = \underline{U}_a - \underline{U}_b \end{matrix} \quad \Rightarrow \quad \begin{matrix} \underline{U}_a = \frac{1}{2}(\underline{U}_1 + \underline{Z}_w\,\underline{I}_1) \\ \underline{U}_b = \frac{1}{2}(\underline{U}_1 - \underline{Z}_w\,\underline{I}_1) \end{matrix} \tag{2.202}$$

Nach einigen Umformungen gelangen wir schließlich zu den endgültigen Lösungen der Leitungsgleichungen für kosinusförmige Ströme und Spannungen.

$$\begin{pmatrix} \underline{U}_x \\ \underline{Z}_w \underline{I}_x \end{pmatrix} = \begin{pmatrix} \cosh \underline{\gamma}\,x & -\sinh \underline{\gamma}\,x \\ -\sinh \underline{\gamma}\,x & \cosh \underline{\gamma}\,x \end{pmatrix} \begin{pmatrix} \underline{U}_1 \\ \underline{Z}_w\,\underline{I}_1 \end{pmatrix} \tag{2.203}$$

Wenn man in die Gleichung (2.203) für x die Leitungslänge l einsetzt, erhält man die Spannungen und Ströme am Ende der Leitung als Funktion der Spannungen und Ströme am Anfang. Für viele Anwendungsfälle ist es sinnvoller, den umgekehrten Zusammenhang zu verwenden. Er kann leicht aus (2.203) gewonnen werden.

$$\begin{pmatrix} \underline{U}_1 \\ \underline{Z}_w \, \underline{I}_1 \end{pmatrix} = \begin{pmatrix} \cosh \underline{\gamma}\, x & \sinh \underline{\gamma}\, x \\ \sinh \underline{\gamma}\, x & \cosh \underline{\gamma}\, x \end{pmatrix} \begin{pmatrix} \underline{U}_x \\ \underline{Z}_w \, \underline{I}_x \end{pmatrix} \tag{2.204}$$

Für x = l erhalten wir mit (2.204) die Spannungen und Ströme am Anfang der Leitung als Funktionen von denen am Ende. Die Größe $\underline{Z}_w$ ist der Wellenwiderstand der Leitung und die Größe $\underline{\gamma}$ das Übertragungsmaß oder die Fortpflanzungskonstante. Wir haben beide Größen bereits bei der Vierpolkette kennengelernt.

Die Leitungsgleichungen liegen für x = l in der Kettenform der Vierpolgleichungen vor. Wir können sie in alle anderen Vierpolgleichungen umwandeln und damit die homogene Leitung ebenso behandeln wie einen Vierpol mit konzentrierten Impedanzen und Admittanzen.

2.3.6.3 Wellenwiderstand, Übertragungsmaß und natürliche Leistung. Die Fortpflanzungskonstante einer Leitung kann aus der Gleichung (2.196) abgeleitet werden.

$$\underline{\gamma} = \alpha + \mathrm{j}\,\beta = \sqrt{(R' + \mathrm{j}\,\omega L')(G' + \mathrm{j}\,\omega C')} = \sqrt{\underline{Z}'\,\underline{Y}'} \tag{2.205}$$

Ihr Realteil ist die Dämpfung und ihr Imaginärteil das Phasenmaß. Beide Größen kennen wir bereits von der Vierpolkette. Der Wellenwiderstand ergibt sich aus der Gleichung (2.201) zu

$$\underline{Z}_w = \frac{\underline{Z}'}{\underline{\gamma}} = \sqrt{\frac{\underline{Z}'}{\underline{Y}'}} \tag{2.206}$$

Der Wellenwiderstand wird für

$$\frac{R'}{L'} = \frac{G'}{C'} \quad \Rightarrow \quad \underline{Z}_w = \sqrt{\frac{L'}{C'}} \text{ reell, } \alpha = \sqrt{R'G'}\text{, frequenzunabhängig} \tag{2.207}$$

reell, die Dämpfung nimmt einen minimalen frequenzunabhängigen Wert an. Man spricht in diesem Fall von einer verzerrungsfreien Leitung. In elektrischen Energieversorgungsnetzen gilt für Leitungen oft

$$R' < \omega L' \quad \mathit{und} \quad G' << \omega C' \tag{2.208}$$

R′ und G′ dürfen dann vernachlässigt werden. Die Leitung ist verlustfrei. Sie besitzt ebenfalls einen reellen Wellenwiderstand, die Dämpfung ist Null.

2.3.6.4 Spezielle Betriebszustände der homogenen Leitung. Zwei wichtige Betriebszustände der Leitung sind Leerlauf und Kurzschluß am Leitungsende. Der Leerlauf ist gekennzeichnet durch

$$\underline{I}_2 = 0 \tag{2.209}$$

$$\underline{U}_1 = \underline{U}_2 \cosh \underline{\gamma} l = \frac{1}{2} \underline{U}_2 \left(e^{\underline{\gamma} l} + e^{-\underline{\gamma} l}\right) \tag{2.210}$$

$$\underline{I}_1 = \frac{\underline{U}_2}{\underline{Z}_w} \sinh \underline{\gamma} l = \frac{1}{2} \frac{\underline{U}_2}{\underline{Z}_w} \left(e^{\underline{\gamma} l} - e^{\underline{\gamma} l}\right) \tag{2.211}$$

Bei Kurzschluß am Leitungsende gilt sinngemäß

$$\underline{U}_2 = 0 \tag{2.212}$$

$$\underline{U}_1 = \underline{I}_2 \underline{Z}_w \sinh \underline{\gamma} l = \frac{1}{2} \underline{I}_2 \underline{Z}_w \left(e^{\underline{\gamma} l} - e^{-\underline{\gamma} l}\right) \tag{2.213}$$

$$\underline{I}_1 = \underline{I}_2 \cosh \underline{\gamma} l = \frac{1}{2} \underline{I}_2 \left(e^{\underline{\gamma} l} + e^{-\underline{\gamma} l}\right) \tag{2.214}$$

In beiden Fällen sind die Beträge der hin- und rücklaufenden Wellen von Strom und Spannung jeweils gleich. Im Leerlauf haben beide Spannungswellen gleiches und beide Stromwellen entgegengesetztes Vorzeichen. Im Kurzschluß ist es umgekehrt. Alle möglichen Belastungsfälle liegen zwischen diesen beiden Betriebspunkten. Ein Spezialfall liegt vor, wenn die Leitung am Ende mit einer Impedanz belastet wird, die gleich dem Wellenwiderstand ist. Dann gilt

$$\underline{U}_2 = \underline{I}_2 \underline{Z}_w \tag{2.215}$$

$$\underline{U}_1 = \underline{I}_2 \underline{Z}_w \left(\cosh \underline{\gamma} l + \sinh \underline{\gamma} l\right) = \underline{I}_2 \underline{Z}_w \, e^{\underline{\gamma} l} \tag{2.216}$$

$$\underline{I}_1 = \underline{I}_2 \left(\cosh \underline{\gamma} l + \sinh \underline{\gamma} l\right) = \underline{I}_2 \, e^{\gamma l} \tag{2.217}$$

Die rücklaufenden Wellen in Spannung und Strom treten bei diesem Belastungsfall nicht auf, d.h., am Leitungsende finden keine Reflexionen statt. Für die elektrische Energieversorgung ist dieser Betriebszustand der Leitung im Normalbetrieb besonders interessant. Da wir uns mit Energieversorgung beschäftigen und Leistungen zu übertragen haben, kennzeichnen wir diesen Betriebszustand durch eine Leistungsgröße, die sogenannte natürliche Leistung der Leitung, die wir bereits bei der Vierpolkette kennengelernt haben. Sie wird für den Betrieb der Leitung mit Nennspannung angegeben und nach Gleichung (2.183) berechnet.

Wegen Gleichung (2.201) haben Wellenwiderstände von Energieübertragungsleitungen nur einen kleinen Imaginärteil, d.h., sie sind praktisch reelle Größen. Diese Annahme gilt umso besser, je höher die Nennspannung ist. Abschluß der Leitung mit Wellenwiderstand bedeutet daher auch, daß Phasenverschiebungen zwischen Strom und Spannung am Ende der Leitung kompensiert werden müssen. Bei einer verlustlosen mit dem Wellenwiderstand abgeschlossenen Leitung sind Spannungen und Ströme am Anfang und am Ende der Leitung betragsmäßig gleich und um den sogenannten Leitungswinkel θ gegeneinander verdreht. Das ist im Zeigerbild 2.41 dargestellt.

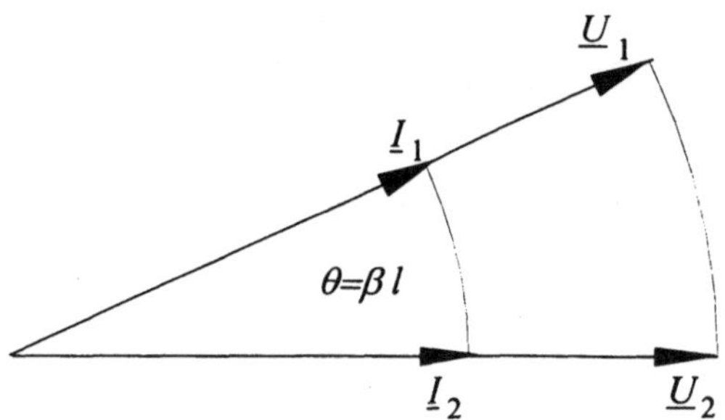

Bild 2.41: Zeigerbild einer verlustlosen Leitung

Die Ausbreitungsgeschwindigkeit von Wellen auf einer Leitung (Freileitung oder Kabel) ist mit der Lichtgeschwindigkeit c

$$v = \frac{1}{\sqrt{\mu_0\, \varepsilon_0}\, \sqrt{\mu_r\, \varepsilon_r}} = \frac{c}{\sqrt{\mu_r\, \varepsilon_r}} \tag{2.218}$$

In Gleichung (2.218) bedeuten μ_0 die absolute magnetische Permeabilität (Permeabilität des Vakuums) und ε_0 die absolute Dielektrizitätskonstante (Dielektrizitätskonstante des Vakuums). Die Größe μ_r ist die relative Permeabilität. Für sie gilt hier $\mu_r=1$. Die Größe ε_r ist die relative Dielektrizitätskonstante. Sie beträgt bei Freileitungen $\varepsilon_r=1$, bei Kabeln kann man im Mittel $\varepsilon_r \approx 3$ annehmen. Bei einer Frequenz von 50 Hz erhält man aus (2.218) die Wellenlänge

$$\lambda = \frac{v}{f} = \frac{c}{f\sqrt{\mu_r \varepsilon_r}} = \frac{6000km}{\sqrt{\mu_r \varepsilon_r}} \tag{2.219}$$

Infolge des Dielektrikums ist die Ausbreitungsgeschwindigkeit von Wellen in Kabeln kleiner als auf Freileitungen und die Wellenlänge entsprechend kürzer. Stellt man bei der Nachbildung von Kabeln durch Ersatzschaltbilder mit konzentrierten Elementen die gleichen Ansprüche wie bei Freileitungen, dann darf man Kabel nur bis zu einer Länge von weniger als 200 km (entsprechend der relativen Dielektrizitätskonstante der Isolierung) als kurze Leitungen auffassen. Derartige Längen kommen in der Praxis nicht vor, so daß zumindest für betriebsfrequente Vorgänge Ersatzschaltungen mit konzentrierten Elementen Verwendung finden können.

Die Wellenlänge auf Freileitungen beträgt bei 50 Hz λ=6000 km, d.h., der Leitungswinkel beträgt etwa 6° je 100 km Leitungslänge. Aus Gründen der Stabilität der Energieübertragung sollte er insgesamt 25°...30° nicht überschreiten. Bei längeren Leitungen (> 500km) sind daher Kompensationsmaßnahmen erforderlich. Die induktive Längsreaktanz der Leitung wird mit Reihenkondensatoren, und die kapazitive Quersuszeptanz mit Paralleldrosselspulen, sogenannten Ladestromdrosseln, kompensiert. Wir können diese Kompensation mit einer Vierpolkette beschreiben. Bild 2.42 zeigt dazu ein Schaltungsbeispiel, für das angenommen wurde, daß an beiden Leitungsenden symmetrisch kompensiert wird.

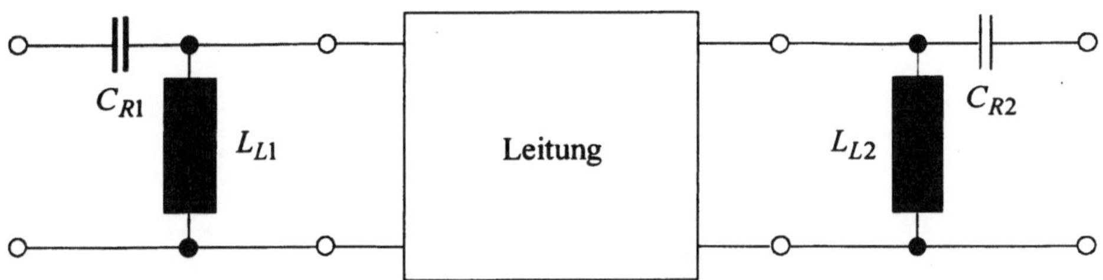

Bild 2.42: Leitung mit Längs- und Querkompensation

2.3.6.5 Ersatzschaltung und Zeigerdiagramm der kurzen Leitung. Leitungen, deren Länge klein im Vergleich zur Wellenlänge ist, bezeichnet man als kurze Leitungen. Bei einer Frequenz von 50 Hz ist es üblich, Freileitungen mit einer Länge von maximal 500 km als kurze Leitungen aufzufassen und sie mit konzentrierten Widerständen, Induktivitäten und Kapazitäten zu beschreiben.

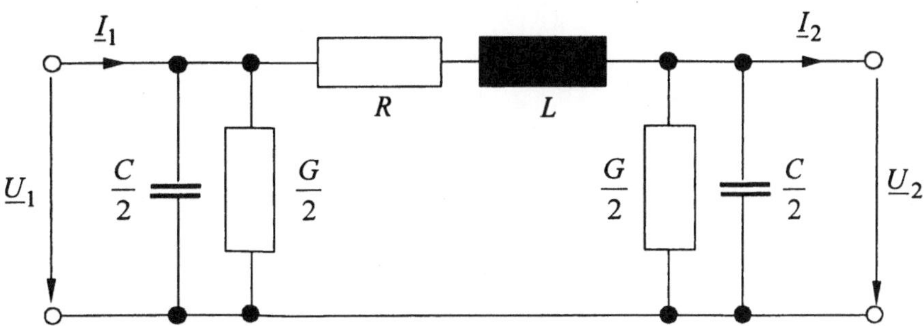

Bild 2.43: Π-Ersatzschaltung einer Leitung

Die Ersatzschaltung gewinnt man einfach aus dem differentiellen Längenelement einer Leitung nach Bild 2.40, indem man seine Parameter mit der Leitungslänge multipliziert.

Man erhält auf diese Weise einen Π-Vierpol. Ebenso ist jede andere Ersatzschaltung denkbar, beispielsweise auch ein Γ- oder ein **T**-Vierpol. Die Auswahl erfolgt nach der Zweckmäßigkeit. Am häufigsten wird der Π-Vierpol nach Bild 2.43 verwendet. Er ist symmetrisch und läßt sich gut im Zusammenhang mit dem Knotenpunkt-Verfahren, dem gebräuchlichsten Berechnungsverfahren für Energieversorgungsnetze, anwenden, da Knotenpunkte nur an den Enden der Leitung auftreten.

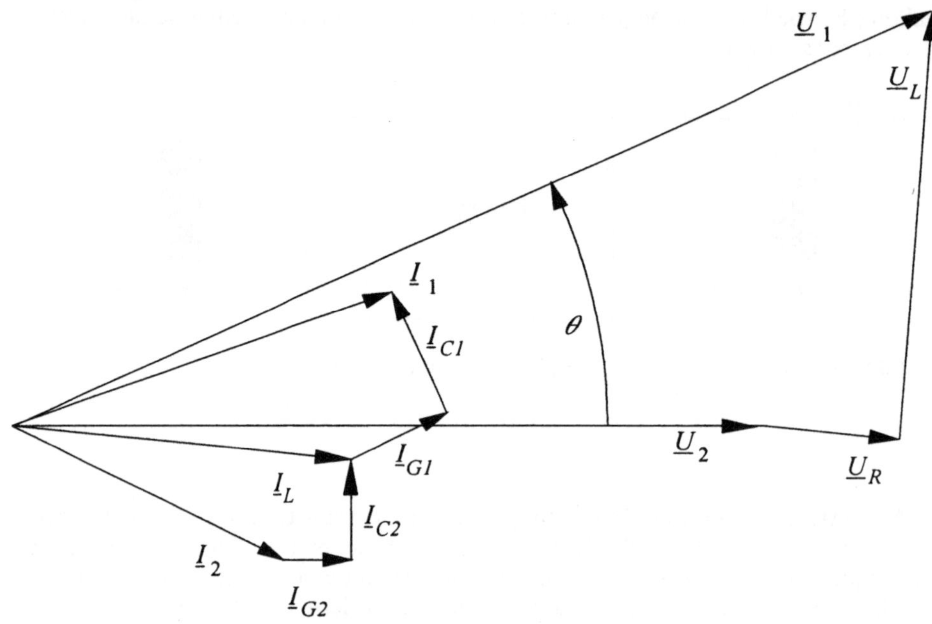

Bild 2.44: Zeigerbild der kurzen Leitung

2.3.7 Vierpole mit induktiver Kopplung zwischen den Toren

Induktive Kopplungen zwischen einzelnen Netzzweigen bzw. zwischen den zwei Toren eines Vierpols finden wir in Energieversorgungsnetzen oft. Naheliegendes Beispiel dafür sind die Transformatoren. Aber auch rotierende elektrische Maschinen bestehen aus relativ zueinander drehbaren Spulensystemen, die induktiv miteinander gekoppelt sind. Wir werden daher an späterer Stelle die Ersatzschaltungen rotierender Drehstrommaschinen aus Vierpolen mit induktiver Kopplung zwischen ihren Toren ableiten können. In Starkstromanlagen treten aber auch häufig induktiv gekoppelte Leiterschleifen auf. Sie können als Spulen mit jeweils nur einer Windung aufgefaßt werden. Die Grundlagen für die Beschreibung derartiger Anordnungen wollen wir an dieser Stelle ableiten, ohne jedoch auf ihre physikalischen Ursachen einzugehen.

2.3.7.1 Der mit einer Spule verkettete Fluß. Wir stellen uns eine Spule mit w Windungen vor, die von einem magnetischen Fluß Φ durchflossen wird. Jeder Fluß, der eine Fläche durchsetzt, ist mit deren Umrandung verkettet. Die Umrandung kann nun so verlaufen, daß gleiche Feldlinien die Fläche mehrmals durchsetzen. Das ist nach Bild 2.45 der Fall. Der mit der Spule verkettete Fluß ist gleich dem Integral der magnetischen Flußdichte über der durchsetzten Fläche. Wir erkennen, daß die Berechnung dieses Integrals wegen der komplizierten Fläche sehr schwierig ist.

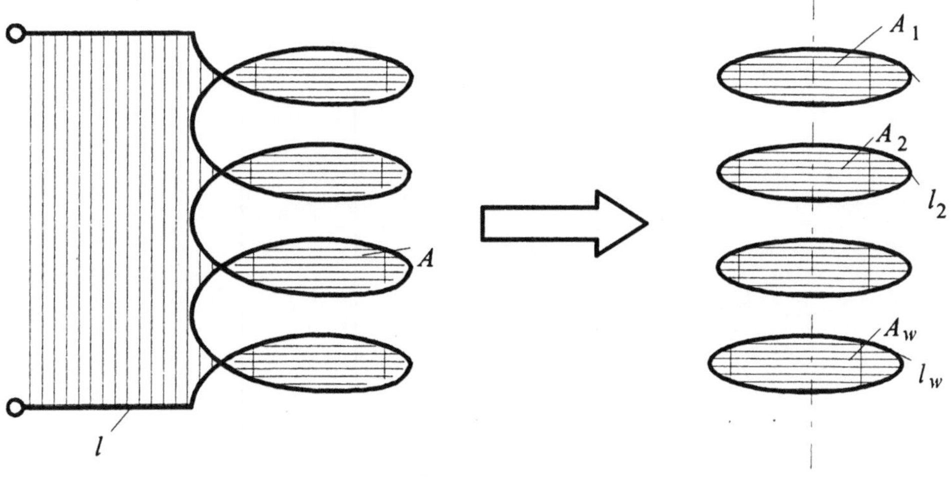

Bild 2.45: Mit einer Spule verketteteter Fluß

Wir ersetzen die tatsächliche Fläche daher durch w von den einzelnen Spulenwindungen umrandete einfachere Flächen und können nun schreiben

$$\varPsi = \int_A B \, dA = w\varPhi \tag{2.220}$$

Dieser Fluß $\varPhi$ ist demzufolge mit der Spule w-mal verkettet, da er durch jede einzelne Spulenwindung hindurchtritt. Im folgenden werden wir zweckmäßigerweise mit dem verketten Fluß $\varPsi$ arbeiten.
Die in der Spule induzierte Spannung ist die Summe ihrer Windungsspannungen.

$$u = w\frac{\mathrm{d}\varPhi}{\mathrm{d}t} = \frac{\mathrm{d}\varPsi}{\mathrm{d}t} \tag{2.221}$$

Wenn wir an die Spule eine kosinusförmige Wechselspannung anlegen, dann diktiert sie den Fluß. In Zeigerdarstellung erhalten wir

$$\underline{U} = \mathrm{j}\,\omega\,\underline{\varPsi} = \mathrm{j}\;\omega L\,\underline{I} = \mathrm{j}\,X\,\underline{I} \tag{2.222}$$

Der verkettete Fluß ist dem Spulenstrom proportional. Der Proportionalitätsfaktor ist die Induktivität L der Spule.

2.3.7.2 Idealer Transformator. Wir stellen uns nun zwei Spulen mit den Windungszahlen w_1 und w_2 nach Bild 2.46 vor, die induktiv so miteinander gekoppelt sind, daß sie vom gleichen magnetischen Fluß $\varPhi$ durchsetzt werden.

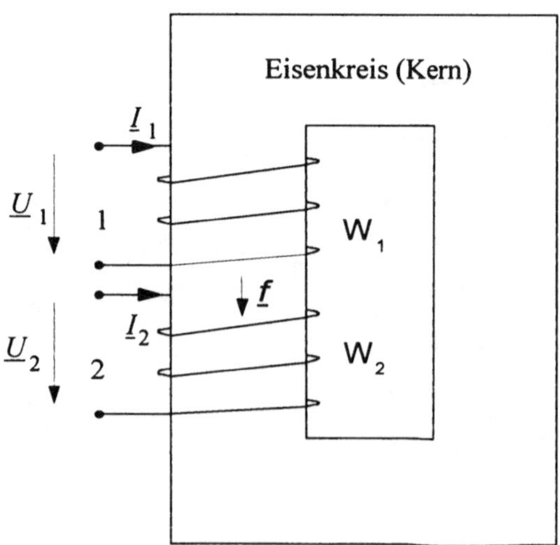

Bild 2.46: Zwei miteinander induktiv gekoppelte Spulen

Die Spannungen der beiden Spulen (Wicklungen) sind

$$\begin{aligned} \underline{U}_1 &= \mathrm{j}\,\omega\, w_1\, \underline{\Phi} = \mathrm{j}\,\omega\, \underline{\Psi}_1 \\ \underline{U}_2 &= \mathrm{j}\,\omega\, w_2\, \underline{\Phi} = \mathrm{j}\,\omega\, \underline{\Psi}_2 \end{aligned} \qquad (2.223)$$

Das Verhältnis der beiden Spannungen wird als Übersetzungsverhältnis bezeichnet. Es ist

$$\underline{\ddot{u}} = \frac{\underline{U}_1}{\underline{U}_2} = \frac{w_1}{w_2} \qquad (2.224)$$

Der ideale Transformator wird als verlustlos angenommen. Er ist nach dem Energieerhaltungssatz daher leistunsginvariant. Im Bild 2.46 haben wir für beide Spulen das Verbraucherzählpfeilsystem vorgegeben. Damit erhalten wir

$$\underline{S}_1 + \underline{S}_2 = \underline{U}_1\, \underline{I}_1^* + \underline{U}_2\, \underline{I}_2^* = 0 \qquad (2.225)$$

Aus Gleichung (2.216) folgt für die Übersetzung der Ströme

$$\frac{\underline{I}_1}{\underline{I}_2} = -\frac{\underline{U}_2^*}{\underline{U}_1^*} = -\frac{w_2}{w_1} = -\frac{1}{\underline{\ddot{u}}^*} \qquad (2.226)$$

Aus Gleichung (2.217) können wir eine weitere Beziehung zwischen den beiden Spulenströmen ableiten.

$$w_1\, \underline{I}_1 + w_2\, \underline{I}_2 = \underline{\Theta}_1 + \underline{\Theta}_2 = 0 \qquad (2.227)$$

Die beiden Größen Θ bezeichnet man als Durchflutungen. Die Summe der Durchflutungen der beiden Wicklungen eines idealen Transformators ist Null. Das Übersetzungsverhältnis des idealen Wechselstromtransformators ist reell. Wir könnten daher die Bezeichnung konjugiert komplexer Größen entfallen lassen, behalten sie zur Vermeidung von Irrtümern jedoch bei, da das Übersetzungsverhältnis von Drehstromtransformatoren komplex ist. Mit den Gleichungen (2.224) und (2.226) können wir die Kettenmatrix des idealen Transformators aufstellen.

$$\underline{\mathbf{A}}_{iT} = \begin{pmatrix} \underline{\ddot{u}} & 0 \\ 0 & -\dfrac{1}{\underline{\ddot{u}}^*} \end{pmatrix} \qquad (2.228)$$

Die Impedanz- und die Admittanzmatrix des idealen Transformators sind nicht definiert. Die beiden hybriden Matrizen können leicht bestimmt werden.

Die verketteten Flüsse der beiden Wicklungen eines Transformators hängen von beiden Wicklungsströmen ab.

$$\begin{pmatrix} \underline{\Psi}_1 \\ \underline{\Psi}_2 \end{pmatrix} = \begin{pmatrix} L_{11} & L_{12} \\ L_{21} & L_{22} \end{pmatrix} \begin{pmatrix} \underline{I}_1 \\ \underline{I}_2 \end{pmatrix} \qquad (2.229)$$

Aus Symmetriegründen sind die beiden Nebendiagonalelemente in Gleichung (2.229) gleich. Wenn wie hier vorausgesetzt der gesamte von der Wicklung 1 hervorgerufene Fluß die Wicklung 2 durchsetzt, dann gilt

$$\frac{\underline{\Psi}_1}{\underline{\Psi}_{12}} = \frac{w_1\,\underline{\Phi}_1}{w_2\,\underline{\Phi}_{12}} = \frac{w_1\,\underline{\Phi}_1}{w_2\,\underline{\Phi}_1} = \frac{L_{11}\,\underline{I}_1}{L_{12}\,\underline{I}_1} \quad\Rightarrow\quad \frac{w_1}{w_2} = \frac{L_{11}}{L_{12}} \tag{2.230}$$

Wenn der gesamte von der Wicklung 2 hervorgerufene Fluß umgekehrt die Wicklung 1 durchsetzt, dann erhalten wir analog zu Gleichung (2.230)

$$\frac{w_2}{w_1} = \frac{L_{22}}{L_{21}} \tag{2.231}$$

Aus den Gleichungen (2.230) und (2.231) folgt

$$\frac{w_2}{w_1} = \frac{L_{22}}{L_{21}} = \frac{L_{12}}{L_{11}} \quad\Rightarrow\quad L_{12} = L_{21} = \sqrt{L_{11}\,L_{22}} \tag{2.232}$$

2.3.7.3 Realer Transformator. Bei einem realen Transformator ist die Kopplung zwischen den beiden Wicklungen nicht so ideal, wie mit Gleichung (2.232) ausgedrückt. Es gilt

$$L_{12} = L_{21} < \sqrt{L_{11}\,L_{22}} \tag{2.233}$$

Gleichung (2.2) drückt aus, daß nicht der gesamte von einer Wicklung hervorgerufene Fluß die jeweils andere Wicklung durchsetzt. Das Verhältnis

$$\sigma = \frac{L_{11}\,L_{22} - L_{12}^2}{L_{11}\,L_{22}} \tag{2.234}$$

bezeichnet man als Streuziffer, da sie die Abweichung der induktiven Kopplung vom Idealfall durch das Auftreten von Streuflüssen, die nicht beide Spulen in gleicher Weise durchsetzen, beschreibt. Bei Transformatoren der elektrischen Energietechnik liegt die Streuziffer in einem Bereich von etwa 0,04 bis 0,15. Prüffeldtransformatoren können kleinere Streuziffern haben. In einzelnen Fällen werden auch Transformatoren mit Streuziffern bis 0,3 eingesetzt. Eine Streuziffer nahe Null ist nun nicht etwa erstrebenswert. Wir werden später sehen, daß die Streuung maßgeblichen Einfluß auf die Größe der Kurzschlußimpedanz des Transformators hat. Streuziffern von Starkstromtransformatoren werden daher mit Rücksicht auf beherrschbare Kurzschlußströme in Abhängigkeit vom Einsatzgebiet des Transformators bewußt in einer bestimmten Größenordnung gewählt.

In den Wicklungen eines realen Transformators treten in Abweichung vom idealen Verhalten stromabhängige Verluste als Folge der Wicklungswiderstände auf. Unter Berücksichtigung dieser Erscheinungen lautet die Vierpolgleichung des realen Transformators in Impedanzform

$$\begin{pmatrix} \underline{U}_1 \\ \underline{U}_2 \end{pmatrix} = \begin{pmatrix} R_1 + jX_{11} & jX_{12} \\ jX_{12} & R_2 + jX_{22} \end{pmatrix} \begin{pmatrix} \underline{I}_1 \\ \underline{I}_2 \end{pmatrix} \tag{2.235}$$

Wir transformieren die Größen der Wicklung 2 mit dem Betrag des Übersetzungsverhältnisses des idealen Transformators.

$$\begin{matrix} \underline{U}_2' = ü\underline{U}_2 \\ \underline{I}_2' = ü^{-1}\underline{I}_2 \end{matrix} \Rightarrow \underline{U}_2' \underline{I}_2'^* = \underline{U}_2 \underline{I}_2^* \tag{2.236}$$

$$\begin{pmatrix} \underline{U}_1 \\ \underline{U}_2' \end{pmatrix} = \begin{pmatrix} 1 & 0 \\ 0 & ü \end{pmatrix} \begin{pmatrix} \underline{U}_1 \\ \underline{U}_2 \end{pmatrix} = \begin{pmatrix} 1 & 0 \\ 0 & ü \end{pmatrix} \begin{pmatrix} R_1 + jX_{11} & jX_{12} \\ jX_{12} & R_2 + jX_{22} \end{pmatrix} \begin{pmatrix} 1 & 0 \\ 0 & ü \end{pmatrix} \begin{pmatrix} \underline{I}_1 \\ \underline{I}_2' \end{pmatrix} \tag{2.237}$$

$$\begin{pmatrix} \underline{U}_1 \\ \underline{U}_2' \end{pmatrix} = \begin{pmatrix} R_1 + jX_{11} & jüX_{12} \\ jüX_{12} & ü^2(R_2 + jX_{22}) \end{pmatrix} \begin{pmatrix} \underline{I}_1 \\ \underline{I}_2' \end{pmatrix} = \begin{pmatrix} R_1 + jX_{11} & jX_{12}' \\ jX_{12}' & (R_2' + jX_{22}') \end{pmatrix} \begin{pmatrix} \underline{I}_1 \\ \underline{I}_2' \end{pmatrix} \tag{2.238}$$

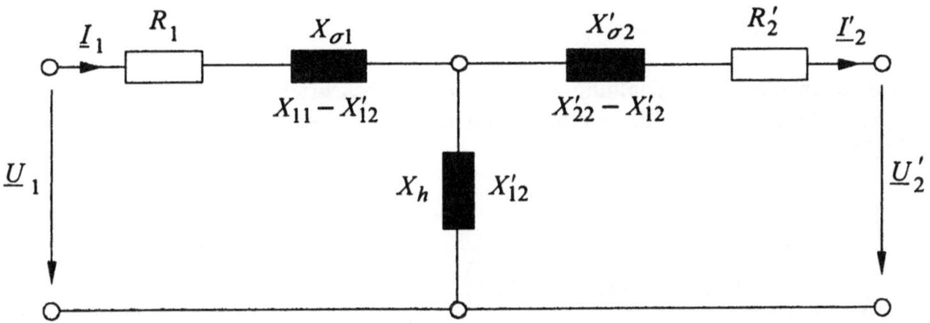

Bild 2.47: T-Ersatzschaltung eines Transformators mit $ü$=1

Diese Transformation ist, wie die Gleichung (2.236) zeigt, leistungsinvariant. Sie bewirkt die Umrechnung der Spannungsgleichungen auf einen Transformator mit dem Übersetzungsverhältnis $ü$=1. Wir formen die Gleichung (2.238) weiter um und erhalten

$$\begin{aligned} \underline{U}_1 &= \left(R_1 + j\left(X_{11} - X_{12}'\right)\right)\underline{I}_1 + jX_{12}'\left(\underline{I}_1 + \underline{I}_2'\right) \\ \underline{U}_2' &= jX_{12}'\left(\underline{I}_1 + \underline{I}_2'\right) + \left(R_2' + j\left(X_{22}' - X_{12}'\right)\right)\underline{I}_2' \end{aligned} \tag{2.239}$$

$$\underline{U}_1 = \left(R_1 + \mathrm{j}X_{\sigma 1}\right)\underline{I}_1 + \mathrm{j}X_h\left(\underline{I}_1 + \underline{I}'_2\right)$$
$$\underline{U}'_2 = \mathrm{j}X_h\left(\underline{I}_1 + \underline{I}'_2\right) + \left(R'_2 + \mathrm{j}X'_{\sigma 2}\right)\underline{I}'_2 \qquad (2.240)$$

Die Reaktanzen $X_{\sigma 1}$und $X_{\sigma 2}$ bezeichnet man als die Streureaktanzen des Transformators. Die Reaktanz X_h ist die sogenannte Hauptreaktanz. Die Gleichungen (2.239) und (2.240) beschreiben einen T-Vierpol nach Bild 2.47.

Die mit den beiden Wicklungen verketteten Flüsse schreiben wir auf der Grundlage der Gleichungen (2.239) und (2.240) um.

$$\underline{\Psi}_1 = L_{11}\,\underline{I}_1 + L_h\,\underline{I}'_2$$
$$\underline{\Psi}'_2 = L'_{22}\,\underline{I}'_2 + L_h\,\underline{I}_1 \qquad (2.241)$$

Die Hauptreaktanz des Transformators kann schließlich noch zu einer Impedanz ergänzt werden. Mit ihrer Resistanz werden die Wirbelstrom- und Ummagnetisierungsverluste seines Eisenkreises beschrieben. Wir kommen so zum Modell eines realen linearen Transformators. Aus Gleichung (2.240) wird so

$$\underline{U}_1 = (R_1 + jX_{\sigma 1})\,\underline{I}_1 + \underline{Z}_h\left(\underline{I}_1 + \underline{I}'_2\right)$$
$$\underline{U}'_2 = \underline{Z}_h\left(\underline{I}_1 + \underline{I}'_2\right) + (R'_2 + jX'_{\sigma 2})\,\underline{I}'_2 \qquad (2.242)$$

Er wird durch die Ersatzschaltung nach Bild 2.48 beschrieben. Ausgehend von Gleichung (2.241) können wir die Kettenparameter der T-Ersatzschaltung nach Bild 2.37 unmittelbar angeben.

$$\underline{A}_{11} = 1 + \frac{R_1 + jX_{\sigma 1}}{\underline{Z}_h} \qquad (2.243)$$

$$\underline{A}_{12} = R_1 + \mathrm{j}X_{\sigma 1} + \frac{\left(R_1 + \mathrm{j}X_{\sigma 1}\right)\left(R'_2 + \mathrm{j}X'_{\sigma 2}\right)}{\underline{Z}_h} + R'_2 + jX'_{\sigma 2} \qquad (2.244)$$

$$\underline{A}_{21} = \frac{1}{\underline{Z}_h} \qquad (2.245)$$

$$\underline{A}_{22} = 1 + \frac{R'_2 + \mathrm{j}X'_{\sigma 2}}{\underline{Z}_h} \qquad (2.246)$$

Wir beachten, daß mit der Bestimmung der Vierpolparameter nach den Gleichungen (2.243) bis (2.246) gleichzeitig der Wechsel des Zählpfeilsystems auf der Seite 2 vollzogen wurde. Die Gleichungen (2.243) bis (2.246) gelten für die Kettenzählpfeile nach Bild 2.22.

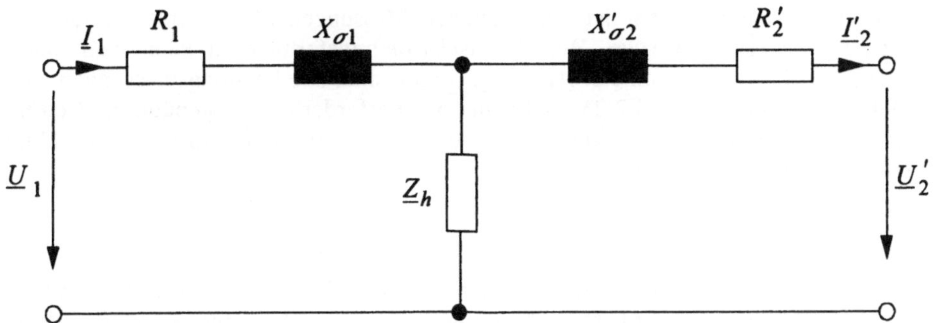

Bild 2.48: T-Ersatzschaltung eines linearen Transformators mit *ü*=1

Da der Magnetisierungsstrom im Vergleich zu den normalen Betriebsströmen sehr klein ist, kann der Querzweig bei vielen Berechnungen vernachlässigt werden. Wir kommen so auf einen Elementar-Längsvierpol nach Bild 2.32. Seine Längsimpedanz ist

$$\underline{Z}_l = R_1 + jX_{\sigma 1} + R'_2 + jX'_{\sigma 2} = \underline{Z}_k \tag{2.247}$$

Die vollständige Ersatzschaltung des Transformators mit seinem tatsächlichen Übersetzungsverhältnis erhalten wir nun durch die Kettenschaltung der T-Ersatzschaltung für *ü=1* mit einem idealen Transformator. Bei der Bildung der Kettenmatrix für den realen Transformator müssen wir darauf achten, daß für beide Teilmatrizen das Kettenzählpfeilsystem gewählt wurde.

$$\underline{\mathbf{A}}_T = \underline{\mathbf{A}}_{T1(ü=1)} \, \underline{\mathbf{A}}_{iT} \tag{2.248}$$

Mit der Kettenmatrix $\underline{\mathbf{A}}_{T1(ü=1)}$ wird zum Ausdruck gebracht, daß wir bei der Ableitung die Größen der Wicklung 2 auf die Wicklung 1 transformiert haben. Genauso wäre es natürlich möglich gewesen, die Größen der Wicklung 1 auf die Wicklung 2 zu beziehen. Dann würde gelten

$$\underline{\mathbf{A}}_T = \underline{\mathbf{A}}_{iT} \, \underline{\mathbf{A}}_{T2(ü=1)} \tag{2.249}$$

2.3.7.4 Messung der Parameter der Transformator-Ersatzschaltung. Die Längsimpedanz nach Gleichung (2.246) wird als Kurzschlußimpedanz des Transformators bezeichnet. Sie kann bei kurzgeschlossener Wicklung 2 mit Hilfe der Schaltung nach Bild 2.23 gemessen werden. Die Spannung, die man bei dieser Messung an der Wicklung 1 anlegen muß, damit der Nennstrom der Wicklungen zum Fließen kommt, ist die Kurzschlußspannung des Transformators. Sie ist ein wichtiger Betriebsparameter und wird bei vernachlässigbaren Wicklungswiderständen durch das Streufeld bestimmt. Die Resistanz der Kurzschlußimpedanz erhält man wie beschrieben aus der Wirkleistungsmessung. Bei leerlaufender Wicklung 2 mißt man mit der Schaltung 2.23 praktisch die Hauptimpedanz des Transformators, da die Längsimpedanz der Wicklung 1 im Vergleich zu ihr vernachlässigbar ist. Die gleichen Messungen können mit vertauschten Wicklungen wiederholt werden. Bei Wechselstromtransformatoren kann man davon ausgehen, daß die Kettenparameter $\underline{A}_{11}$und $\underline{A}_{22}$ reell sind. Die Leistungsmessungen nach den Meßschaltungen 2.24 und 2.25 sind daher nicht erforderlich. Es genügt, die Beträge der Spannungen der beiden Wicklungen zu bestimmen, um das Übersetzungsverhältnis des Transformators zu erhalten.

2.3.7.5 Kurzschluß der Seite 2. Abschließend wollen wir den Fall betrachten, daß die Seite 2 kurzgeschlossen ist. Er trifft nicht nur auf die kurzgeschlossene Wicklung 2 eines Transformators zu, sondern in der elektrischen Energietechnik treten häufig nicht zum Betriebsstromkreis gehörende kurzgeschlossene Leiterschleifen auf, die induktiv mit Betriebsstromkreisen gekoppelt sind. Sie können zum Beispiel durch Kabelmäntel oder andere metallische Umhüllungen von stromführenden Leitern gebildet werden. Aber auch benachbarte Fernmelde-, Steuer- und Signalleitungen können solche Stromkreise bilden. Wir gehen vom Gleichungssystem (2.240) bzw. von der T-Ersatzschaltung nach Bild 2.47 aus, verallgemeinern jedoch die Parameter, da sie nicht mehr nur auf den Tansformator zutreffen sollen. Die Größen mit dem Index 1 sollen zum Betriebstromkreis gehören, die Größen mit dem Index 2 gehören dagegen zu dem Stromkreis, der vom Betriebstromkreis beeinflußt wird.

$$\begin{aligned}\underline{U}_1 &= (R_1 + \mathrm{j}X_1)\,\underline{I}_1 + \mathrm{j}X_{12}\,(\underline{I}_1 + \underline{I}_2)\\ \underline{U}_2 &= \mathrm{j}X_{12}\,(\underline{I}_1 + \underline{I}_2) + (R_2 + \mathrm{j}X_2)\,\underline{I}_2\end{aligned} \qquad (2.250)$$

Bei leerlaufendem Stromkreis 2 wird in ihm eine Spannung durch den Strom 1 induziert. Die Kenntnis dieser Spannung ist zum Beispiel bei der Beurteilung der Beeinflussung von Fernmelde-, Steuer- und Signalleitungen durch den Starkstromkreis $\underline{I}_1$ wichtig. Wir erkennen, daß diese Beeinflussung klein gehalten werden kann, indem man die gegenseitige Reaktanz X_{12} klein macht. Die technischen Möglichkeiten hierzu wollen wir an dieser Stelle nicht erörtern.

Wenn der Stromkreis 2 kurzgeschlossen ist, dann ist seine Spannung Null, in ihm fließt ein Strom und es treten Verluste auf. Der Strom $\underline{I}_2$ kann mit Hilfe der zweiten Gleichung von (2.250) durch den Strom $\underline{I}_1$ ausgedrückt und in die erste Gleichung eingesetzt werden. Wir erhalten

$$\underline{U}_1 = \left(R_1 + \mathrm{j}(X_1 + X_{12}) + \frac{X_{12}^2}{R_2 + \mathrm{j}(X_2 + X_{12})} \right) \underline{I}_1 \qquad (2.251)$$

Der Stromkreis 2 verändert die Impedanz des Stromkreises 1. Wir messen im Stromkreis 1 Verluste, die durch seinen Gleichstromwiderstand nicht zu erklären sind. Impedanzmessungen mit der Schaltung nach Bild 2.23 sind daher in der Starkstromtechnik unabdingbar.

2.4 Nichtkosinusförmige periodische Wechselgrößen

Der Zeitverlauf von Wechselgrößen in Energieversorgungsnetzen weicht in der Praxis häufig von der anstrebenswerten Kosinusform ab. Dafür gibt es verschiedene Ursachen.

Bei der Konstruktion rotierender elektrischer Maschinen kann eine kosinusförmige Verteilung der Induktion im Luftspalt nur näherungsweise erreicht werden. Die Folge davon ist die Induktion von Spannungen, deren zeitlicher Verlauf nicht kosinusförmig ist. Die Forderungen an Generatoren bezüglich der Form ihrer Leerlaufspannungen sind sehr hoch. Wir können daher hier davon ausgehen, daß die Leerlaufspannungen von Großgeneratoren nur sehr wenig von der Kosinusform abweichen. Bei Maschinen kleinerer Leistung kann man jedoch nicht immer von dieser Voraussetzung ausgehen. Die Eisenkreise von Transformatoren und rotierenden elektrischer Maschinen werden bis in die Sättigung ausgesteuert. Magnetisierungsströme sind daher bei kosinusförmigen Spannungen nichtkosinusförmig. Durch Weiterentwicklung der Kernwerkstoffe für Transformatoren konnten ihre Magnetisierungsströme im Laufe der Entwicklung beträchtlich gesenkt werden. Heute beträgt der Leerlaufstrom eines Transformators weniger als ein Prozent seines Nennstromes. Damit hat die Eisensättigung nicht mehr die Bedeutung für die Verzerrung der Kurvenformen von Wechselgrößen wie früher. Einzelne Elektroenergieabnehmer nehmen auf Grund ihres physikalischen Wirkprinzips einen nichtkosinusförmigen Belastungsstrom auf. Als Beispiel sollen hier Lichtbogenöfen genannt werden. Sie besitzen oft sehr hohe Leistungen, treten jedoch in Energieversorgungsnetzen nicht allzu häufig auf.

Mit der Entwicklung der Halbleitertechnik haben aber Anlagen und Geräte mit leistungselektronischen Stellgliedern eine starke Verbreitung gefunden. Ihre Einsatzgebiete reichen von Geräten der Heimelektronik und Haushaltsgeräten über die elektrische Energieversorgung von technologischen Prozessen in der Industrie mit mittleren und hohen Leistungen und moderne Triebfahrzeuge im Fern- und Nahverkehr bis hin zu Großanlagen zur Blindleistungskompensation und zur Lastflußsteuerung in Übertragungs- und Verteilungsnetzen. Die Anwendung der Leistungselektronik hat zu vielen Vorteilen geführt, da sie durch optimale Steuerung des Energieflusses zu einem sehr effizienten Energieeinsatz beiträgt. In Energieversorgungsnetzen treten in Folge dessen jedoch immer stärkere Abweichungen der Kurvenform der Wechselgrößen von der Kosinusform auf. Daraus erwächst die Notwendigkeit, sich verstärkt mit den damit verbundenen Phänomenen auseinanderzusetzen.

2.4.1 Darstellung periodischer Wechselgrößen durch Fourierreihen

Eine nichtkosinusförmige Wechselgröße, die der Gleichung (2.1) genügt und die Grundkreisfrequenz

$$\omega = 2\pi\, f_1 = \frac{2\pi}{T} \tag{2.252}$$

besitzt, kann als trigonometrische Reihe (Fourierreihe) dargestellt werden, wenn sie innerhalb der Periode T eine endliche Zahl von Extrema und Unstetigkeitsstellen besitzt und die Funktionswerte beidseitig der Unstetigkeitsstellen jeweils endlich sind. An den Unstetigkeitsstellen nimmt die trigonometrische Summe den arithmetischen Mittelwert aus dem links- und dem rechtsseitigen Wert der Wechselgröße an. Die Fourierreihe ist

$$v(\omega t) = \frac{a_0}{2} + \sum_{n=1}^{\infty} \left(a_n \cos n\omega t + b_n \sin n\omega t\right) \tag{2.253}$$

Die einzelnen Summanden der Fourierreihe werden als Harmonische bezeichnet. Die Zahl n ist die Ordnungszahl einer Harmonischen. Die Ordnungszahl $n = 0$ kennzeichnet das Gleichglied der Wechselgröße, die Harmonische mit $n = 1$ ist ihre Grundschwingung. Alle Harmonischen mit $n > 1$ werden als Oberschwingungen bezeichnet. Die Fourierkoeffizienten in Gleichung (2.253) sind

$$a_0 = \frac{1}{\pi} \int_0^{2\pi} v(\omega t)\, d\omega t \tag{2.254}$$

$$a_n = \frac{1}{\pi} \int_0^{2\pi} v(\omega t) \cos n\omega t\, d\omega t \tag{2.255}$$

$$b_n = \frac{1}{\pi} \int_0^{2\pi} v(\omega t) \sin n\omega t\, d\omega t \tag{2.256}$$

Nach Gleichung (2.254) ist das erste Glied $a_0/2$ der Fourierreihe (2.253), das Gleichglied, der arithmetische Mittelwert der Zeitfunktion $v(\omega t)$. Die Fourierreihe kann unter Anwendung der Gleichungen (2.8) und (2.9) auch komplex geschrieben werden. Mit

$$a_n \cos n\omega t + b_n \sin n\omega t = \frac{a_n - \mathrm{j}b_n}{2}\, \mathrm{e}^{\mathrm{j}n\omega t} + \frac{a_n + \mathrm{j}b_n}{2}\, \mathrm{e}^{-\mathrm{j}n\omega t} \tag{2.257}$$

gelangen wir zu

$$v(\omega t)=\frac{a_0}{2}+\sum_{n=1}^{\infty}\left(\frac{a_n-\mathrm{j}b_n}{2}\,\mathrm{e}^{\mathrm{j}n\omega t}+\frac{a_n+\mathrm{j}b_n}{2}\,\mathrm{e}^{-\mathrm{j}n\omega t}\right) \tag{2.258}$$

Für die Fourierkoeffizienten in Gleichung (2.258) können die Beziehungen

$$a_n=a_{-n} \quad \text{und} \quad b_n=-b_{-n} \tag{2.259}$$

abgelesen werden. Wir nutzen sie zur Umformung von Gleichung (2.258)

$$v(\omega t)=\frac{a_0}{2}+\sum_{n=1}^{\infty}\left(\frac{a_n-\mathrm{j}b_n}{2}\,\mathrm{e}^{\mathrm{j}n\omega t}\right)+\sum_{n=-1}^{-\infty}\left(\frac{a_n-\mathrm{j}b_n}{2}\,\mathrm{e}^{\mathrm{j}n\omega t}\right) \tag{2.260}$$

Berücksichtigt man weiterhin

$$\frac{a_0}{2}=\left(\frac{a_n-\mathrm{j}b_n}{2}\,\mathrm{e}^{\mathrm{j}n\omega t}\right)_{n=0} \tag{2.261}$$

dann kann die Fourierreihe schließlich vollständig komplex formuliert werden.

$$v(\omega t)=\sum_{n=-\infty}^{n=\infty}\left(\frac{a_n-\mathrm{j}b_n}{2}\,\mathrm{e}^{\mathrm{j}n\omega t}\right)=\sum_{n=-\infty}^{n=\infty}\left(\frac{\underline{\hat{V}}_n}{2}\,\mathrm{e}^{\mathrm{j}n\omega t}\right) \tag{2.262}$$

Mit den Gleichungen (2.253) und (2.256) erhalten wir für die komplexen Fourierkoeffizienten in Gleichung (2.262)

$$\underline{\hat{V}}_n=\frac{1}{\pi}\int_0^{2\pi} v(\omega t)\cos n\omega t\;\mathrm{d}\omega t-\mathrm{j}\frac{1}{\pi}\int_0^{2\pi} v(\omega t)\sin n\omega t\;\mathrm{d}\omega t \tag{2.263}$$

$$\underline{\hat{V}}_n=\frac{1}{\pi}\int_0^{2\pi} v(\omega t)\left(\cos n\omega t-\mathrm{j}\sin n\omega t\right)\mathrm{d}\omega t=\frac{1}{\pi}\int_0^{2\pi} v(\omega t)\,\mathrm{e}^{-\mathrm{j}n\omega t}\;\mathrm{d}\omega t \tag{2.264}$$

Wegen Gleichung (2.259) gilt für die komplexen Fourierkoeffizienten von periodischen Wechselgrößen nach Gleichung (2.264)

$$\underline{\hat{V}}_n=\hat{V}_n\,\mathrm{e}^{\mathrm{j}\varphi_n}=\underline{\hat{V}}^*_{-n} \tag{2.265}$$

Demzufolge brauchen nur die Koeffizienten für $n\geq 0$ berechnet zu werden, um die Fourierreihe aufstellen zu können. Mit Gleichung (2.265) ist der Übergang von der komplexen Form der Fourierreihe (2.262) zur reellen leicht.

$$v(\omega t)=\frac{\hat{V}_0}{2}+\sum_{n=1}^{n=\infty}\left(\frac{\underline{\hat{V}}_n}{2}\,\mathrm{e}^{\mathrm{j}n\omega t}+\frac{\underline{\hat{V}}^*_n}{2}\,\mathrm{e}^{-\mathrm{j}n\omega t}\right)=\frac{\hat{V}_0}{2}+\sum_{n=1}^{n=\infty}\hat{V}_n\cos(n\omega t+\varphi_n) \tag{2.266}$$

Mit Gleichung (2.266) haben wir eine Darstellungsform für die Fourierreihe gefunden, die bei Anwendungen in der elektrischen Energieversorgung am häufigsten benutzt wird.

2.4.2 Symmetrien in der Kurvenform von periodischen Wechselgrößen

2.4.2.1 Symmetrie zur Abszisse. Das erste Glied der Fourierreihe wird zu Null, wenn der arithmetische Mittelwert der Zeitfunktion über eine Periode verschwindet. Dieser Fall tritt in Netzen der elektrischen Energieversorgung häufig auf. Wir nennen eine Wechselgröße symmetrisch zur Abszisse, wenn die Bedingung

$$v(\omega t+(2h+1)\,\pi)=-v(\omega t+2h\,\pi) \quad \text{mit} \quad h=0,1,2,3,\ldots \tag{2.267}$$

erfüllt ist. Bild 2.49 zeigt dafür ein Beispiel.

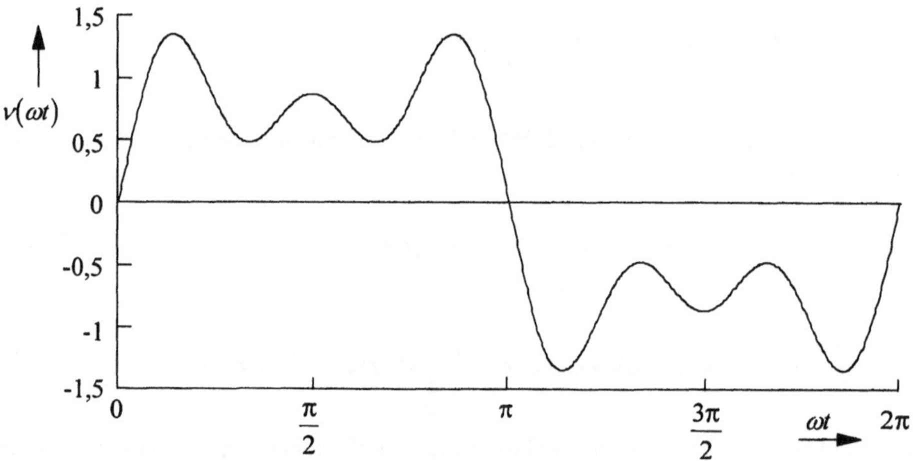

Bild 2.49 : Wechselgröße mit Symmetrie zur Abszisse

Wir berücksichtigen die Symmetriebedingung (2.267) bei der Berechnung der komplexen Fourierkoeffizienten nach Gleichung (2.264). Dazu wird das Fourierintegral in zwei Teilintegrale über jeweils eine halbe Periode aufgespalten. Das Teilintegral über die zweite Halbperiode wird dann mit Hilfe der Symmetriebedingung auf das der ersten Halbperiode zurückgeführt.

$$\pi\,\underline{\hat{V}}_n=\int_0^{2\pi} v(\omega t)\,\mathrm{e}^{-\mathrm{j}n\omega t}\,\mathrm{d}\omega t=\int_0^{\pi} v(\omega t)\,\mathrm{e}^{-\mathrm{j}n\omega t}\,\mathrm{d}\omega t+\int_{\pi}^{2\pi} v(\omega t)\,\mathrm{e}^{-\mathrm{j}n\omega t}\,\mathrm{d}\omega t \tag{2.268}$$

$$\pi\,\hat{\underline{V}}_n = \int_0^{\pi} v(\omega t)\,\mathrm{e}^{-\mathrm{j}n\omega t}\,\mathrm{d}\omega t + \int_0^{\pi} v(\omega t+\pi)\,\mathrm{e}^{-\mathrm{j}n(\omega t+\pi)}\mathrm{d}\omega t \tag{2.269}$$

$$\pi\,\hat{\underline{V}}_n = \left(1-\mathrm{e}^{-\mathrm{j}n\pi}\right)\int_0^{\pi} v(\omega t)\,\mathrm{e}^{-\mathrm{j}n\omega t}\,\mathrm{d}\omega t = c\int_0^{\pi} v(\omega t)\,\mathrm{e}^{-\mathrm{j}n\omega t}\,\mathrm{d}\omega t \tag{2.270}$$

Gleichung (2.270) zeigt, daß die gesamte Information über die betrachtete Wechselgröße in einer Halbperiode enthalten ist. Der Faktor c vor dem Fourierintegral nimmt folgende Werte an

$$c = 1-\mathrm{e}^{-\mathrm{j}n\pi} = \begin{cases} 2 & \text{für} \quad n = \pm(2\mathrm{k}+1) \\ 0 & \qquad \text{sonst} \end{cases} \tag{2.271}$$

Eine zur Abszisse symmetrische Wechselgröße enthält nur Harmonische mit ungerader Ordnungszahl.

2.4.2.2 Symmetrie zur Ordinate. Bei der Gleichrichtung von Wechselgrößen trifft man auf Ströme und Spannungen, die bei geeigneter Wahl des Koordinatenursprungs eine Symmetrie zur Ordinate aufweisen. Ein Beispiel für diese Symmetrie ist im Bild 2.50 dargestellt.

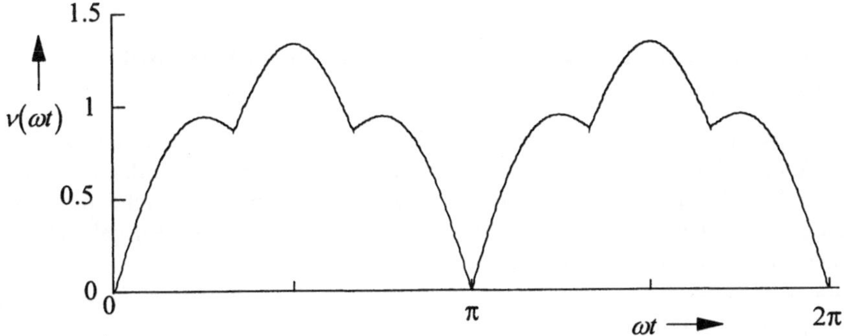

Bild 2.50 : Wechselgröße mit Symmetrie zur Ordinate

Dann gilt die Symmetriebedingung

$$v(\omega t) = v(-\omega t) \tag{2.272}$$

Aus Gleichung (2.262) erhalten wir für solche Wechselgrößen

$$v(\omega t)=\sum_{n=-\infty}^{n=\infty}\left(\frac{\underline{\hat{V}}_n}{2}\,\mathrm{e}^{\mathrm{j}n\omega t}\right)=v(-\omega t)=\sum_{n=-\infty}^{n=\infty}\left(\frac{\underline{\hat{V}}_n}{2}\,\mathrm{e}^{-\mathrm{j}n\omega t}\right) \tag{2.273}$$

Gleichung (2.273) kann nur erfüllt sein, wenn die Fourierkoeffizienten reell sind. Die Fourierreihe hat dann nur Kosinusglieder, der Phasenwinkel φ_n aller Harmonischen ist Null.

2.4.2.3 Verschiebung des Koordinatenursprungs. Das vorhergehende Beispiel zeigt, daß eine zweckmäßige Wahl des Koordinantenursprungs zur Vereinfachung der Fourierreihe beitragen kann oder aber eine übersichtlichere Darstellung erlaubt. Wir wollen daher an dieser Stelle überlegen, wie sich eine Verschiebung des Koordinatenursprungs um einen Winkel γ auf die Fourierkoeffizienten auswirkt. Dazu gehen wir wiederum von Gleichung (2.262) aus und ersetzen ωt durch $\omega t+\gamma$.

$$v(\omega t+\gamma)=\sum_{n=-\infty}^{n=\infty}\left(\frac{\underline{\hat{V}}_n}{2}\,\mathrm{e}^{\mathrm{j}n(\omega t+\gamma)}\right)=\sum_{n=-\infty}^{n=\infty}\left(\frac{\underline{\hat{V}}_n}{2}\,\mathrm{e}^{\mathrm{j}n\gamma}\,\mathrm{e}^{\mathrm{j}n\omega t}\right) \tag{2.274}$$

Wir können mit Gleichung (2.274) die Fourierkoeffizienten einfach für einen neugewählten Koordinatenursprung berechnen.

2.4.3 Kenngrößen nichtkosinusförmiger periodischer Wechselgrößen

2.4.3.1 Effektivwert. Im Abschnitt 2.2.6.2 haben wir den Effektivwert einer kosinusförmigen Wechselgröße als quadratischen Mittelwert über ihre Periodendauer kennengelernt. Er besitzt für nichtkosinusförmige Wechselgrößen die gleiche physikalische Bedeutung und ist daher für sie ebenfalls eine wichtige Kenngröße. Wir gehen bei seiner Berechnung von Gleichung (2.266) aus.

$$V=\sqrt{\frac{1}{4}\frac{1}{2\pi}\int_0^{2\pi}\left(\hat{V}_0+\sum_{n=1}^{n=\infty}\left(\underline{\hat{V}}_n\,\mathrm{e}^{\mathrm{j}n\omega t}+\underline{\hat{V}}_n^*\,\mathrm{e}^{-\mathrm{j}n\omega t}\right)\right)^2 d\omega t} \tag{2.275}$$

Da

$$\int_0^{2\pi}\mathrm{e}^{\mathrm{j}m\omega t}\,d\omega t=0 \quad \text{für} \quad m\neq 0,\text{ganzzahlig} \tag{2.276}$$

gilt, gehen in den Effektivwert nur die Produkte aus zueinander konjugiert komplexen Fourierkoeffizienten mit gleicher Ordnungszahl n ein. Für sie wird $m = 0$. Für jede Ordnungszahl n mit Ausnahme der Null treten diese Produkte zweimal auf. Wir erhalten demzufolge aus Gleichung (2.275)

$$V = \sqrt{\frac{1}{4}\left(\hat{V}_0^2 + 2\sum_{n=1}^{n=\infty} \underline{\hat{V}}_n \, \underline{\hat{V}}_n^*\right)} = \sqrt{\frac{1}{4}\hat{V}_0^2 + \frac{1}{2}\sum_{n=1}^{n=\infty} \hat{V}_n^2} = \sqrt{\frac{1}{2}V_0^2 + \sum_{n=1}^{n=\infty} V_n^2} \tag{2.277}$$

Im letzten Teil von Gleichung (2.277) haben wir die Beziehung zwischen der Amplitude und dem Effektivwert einer kosinusförmigen Wechselgröße nach Gleichung (2.59) berücksichtigt. Der Effektivwert einer nicht kosinusförmigen periodischen Wechselgröße setzt sich quadratisch aus den Effektivwerten ihrer einzelnen Harmonischen zusammen.

2.4.3.2 Grundschwingungsfaktor, Klirrfaktor, Formfaktor, Scheitelfaktor. Der Grundschwingungsfaktor, auch Grundschwingungsgehalt, ist das Verhältnis des Effektivwertes der Grundschwingung zum Effektivwert der vollständigen Wechselgröße.

$$k_g = \frac{V_1}{V} \tag{2.278}$$

Der Klirrfaktor setzt den Effektivwert der Oberschwingungen zum Effektivwert der vollständigen Wechselgröße ins Verhältnis. Bei seiner Definition wird davon ausgegangen, daß die Wechselgröße kein Gleichglied besitzt.

$$k_k = \frac{\sqrt{\sum_{n=2}^{\infty} V_n^2}}{V} \tag{2.279}$$

Der Formfaktor ist das Verhältnis vom Effektivwert der Wechselgröße zum Betrag ihres arithmetischen Mittelwertes über eine Halbwelle.

$$k_f = \frac{V}{V_a} = \frac{V}{\frac{1}{\pi}\int_0^{\pi} v(\omega t)\, d\omega t} \tag{2.280}$$

Für Gleichung (2.280) wurde der Koordinatenursprung so gelegt, daß er mit einem Nulldurchgang der Wechselgröße zusammenfällt.

Der Scheitelfaktor ist das Verhältnis des Maximalwertes einer Wechselgröße zu ihrem Effektivwert.

$$k_a = \frac{V_{\max}}{V} \tag{2.281}$$

Für eine kosinusförmige Wechselgröße sind die aufgeführten Faktoren

$$k_g = 1 \quad k_k = 0 \quad k_f = \frac{\pi}{2\sqrt{2}} = 1{,}11 \quad k_a = \sqrt{2} = 1{,}41 \tag{2.282}$$

Zwischen dem Grundschwingungs- und dem Klirrfaktor besteht die Beziehung

$$k_g^2 + k_k^2 = 1 \tag{2.283}$$

Für spezielle Anwendungen werden weitere Kenngrößen definiert, auf die hier nicht eingegangen werden soll.

2.4.4 Anwendung an einer Zweipuls-Brückenschaltung

Wir betrachten eine Zweipuls-Brückenschaltung nach Bild 2.51, die an einem Wechselstromnetz mit nicht vernachlässigbarer Kurzschlußimpedanz betrieben wird. Die Leistungshalbleiter seien einfache Dioden, die wie gesteuerte Synchronschalter arbeiten. Sie schalten ein, wenn die Diodenspannung positiv wird, und schalten wieder aus, wenn der Diodenstrom von positiven Werten aus durch Null geht.

2.4.4.1 Leerlauf. Wir nehmen zunächst an, daß der Schalter S in Bild 2.51 offen ist. Die Brückenschaltung befindet sich dann im Leerlauf. Der Strom i ist null. Im positiven Nulldurchgang der Leerlaufgleichspannung des Wechselstromnetzes u_p wird die Spannung der Dioden 1 und 3 positiv, sie werden leitend. Die Spannung über dem Schalter u_s, die der Leerlaufgleichspannung der Brückenschaltung u_{di} entspricht, verläuft nach der positiven Halbwelle von u_p. Im darauffolgenden negativen Nulldurchgang von u_p wird die Spannung über den Dioden 2 und 4 positiv. Sie werden leitend. Die Spannung u_s verläuft nun um 180 Grad phasenverschoben zur negativen Halbwelle von u_p. Die Leerlaufspannung u_{di} der Brückenschaltung ist durch die Schaltertätigkeit der Dioden stets positiv. Sie ist eine pulsierende Gleichspannung und verläuft nach der Zeitfunktion

$$u_{di} = \hat{U}_p \left|\sin \omega t\right| = \hat{U}_p \left|\frac{-\mathrm{j}}{2}\left(\mathrm{e}^{\mathrm{j}\omega t} - \mathrm{e}^{-\mathrm{j}\omega t}\right)\right| \tag{2.284}$$

Die Leerlaufspannung ist im Bild 2.52 graphisch dargestellt. Sie ist symmetrisch zur Ordinate und besitzt daher nach Abschnitt 2.4.2.2 nur reelle Fourierkoeffizienten. Damit hat ihre Fourierreihe nur Kosinusglieder.

Wir können aus Bild 2.52 eine weitere Symmetrie ableiten. Die Leerlaufspannung ist auch zur Ordinatenparallele an der Stelle $\omega t{=}\pi$ symmetrisch. Analog zu Gleichung (2.267) ist daher

$$v(\omega t + (2h+1)\pi) = v(\omega t + 2h\pi) \quad \text{mit} \quad h = 0,1,2,3,\ldots \tag{2.285}$$

Gleichung (2.285) kann ebenfalls wie bereits im Abschnitt 2.4.2.1 gezeigt zur Vereinfachung der Berechnung der Fourierkoeffizienten herangezogen werden. Wir erhalten so

$$\pi \underline{\hat{V}}_n = c\,\frac{\hat{U}_p}{2}\int_0^{\pi}\left(-\mathrm{j}\,\mathrm{e}^{-\mathrm{j}(n-1)\omega t} + \mathrm{j}\,\mathrm{e}^{-\mathrm{j}(n+1)\omega t}\right)d\omega t \tag{2.286}$$

Der Faktor c ist

$$c = 1 + \mathrm{e}^{-\mathrm{j}n\pi} = \begin{cases} 2 & \text{für} \quad n = \pm 2k \\ 0 & \text{sonst} \end{cases} \tag{2.287}$$

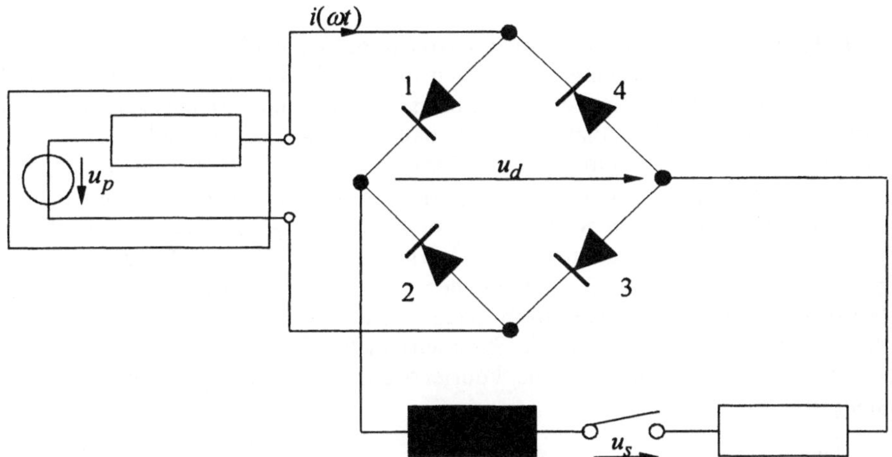

Bild 2.51 : Zweipuls-Brückenschaltung am Wechselstromnetz

Die Fourierreihe der Leerlaufspannung der Zweipuls-Brückenschaltung enthält nach Gleichung (2.287) nur geradzahlige Harmonische. Die Fourierkoeffizienten nach Gleichung (2.286) sind

$$\pi \underline{\hat{V}}_n = \begin{cases} \dfrac{-4\,\hat{U}_p}{(n-1)(n+1)} & \text{für} \quad n = \pm 2k \\ \\ 0 & \text{sonst} \end{cases} \tag{2.288}$$

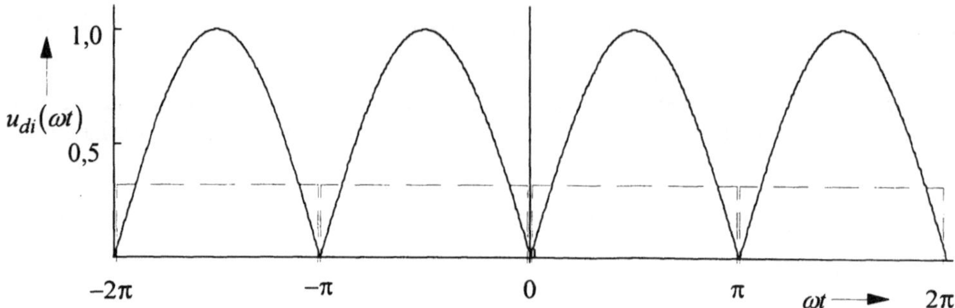

Bild 2.52 : Leerlaufspannung und ideal glatter Gleichstrom der Zweipuls-Brückenschaltung

2.4.4.2 Belastung der Zweipuls-Brückenschaltung. Wir wollen nun die Verhältnisse bei geschlossenem Schalter S untersuchen. Wir nehmen dazu an, daß die Induktivität der Gleichstromseite L_d unendlich groß ist. Dann ist der fließende Gleichstrom ideal glatt, eine Annahme, die bei der Analyse von Schaltungen der Leistungselektronik häufig getroffen wird. Der Gleichstrom durch die Last ist im Bild 2.52 gestrichelt dargestellt. Er setzt sich während einer Wechselstromperiode somit aus zwei π langen Rechteckblöcken zusammen, die mit der Spannung u_{di} in Phase sind. Während des ersten Blockes sind die Dioden 1 und 3 leitend und während des zweiten die Dioden 2 und 4. Im Wechselstromnetz ist jeder zweite Stromblock negativ. Wir erhalten daher während einer Wechselstromperiode den idealen Stromverlauf nach Bild 2.53.
Für den Wechselstromverlauf gilt die Symmetriebedingung (2.267). Er hat daher nur ungeradzahlige Harmonische. Für die Fourierkoeffizienten gelangen wir nach kurzer Rechnung zu

$$\pi \underline{\hat{V}}_n = \begin{cases} \dfrac{-4\,\mathrm{j}\, i_d}{n} & \text{für} \quad n = \pm(2k+1) \\ 0 & \text{sonst} \end{cases} \tag{2.289}$$

Sie sind rein imaginär, d.h. die Fourierreihe des Wechselstromes besitzt bei unserer Wahl des Koordinatensystems nur Sinusglieder.

Der rechteckförmige Wechselstromverlauf ist praktisch unrealistisch, da die Induktivität des Wechselstromkreises einen unendlich großen Stromanstieg nicht zuläßt. Der im Bild 2.53 gestrichelt eingezeichnete Stromverlauf trägt den Verhältnissen im Wechselstromkreis besser Rechnung, obwohl er von realen Stromverläufen ebenfalls abweicht. Wir haben vereinfachend angenommen, daß der Anstieg des Stromes von Null bis auf den Gleichstrom i_d während eines Winkels u sinusförmig geschieht. Der Winkel u in Bild 2.53 beträgt 20 Grad. Der Strom wird während seines An- und seines

Abstieges in der positiven Halbwelle durch die Funktion

$$i(\omega t) = \frac{i_d}{\sin u} \sin \omega t = -\frac{\mathrm{j}}{2} \frac{i_d}{\sin u} \left(\mathrm{e}^{\mathrm{j}\omega t} - \mathrm{e}^{-\mathrm{j}\omega t} \right) \tag{2.290}$$

beschrieben. Auch dieser Strom enthält nur ungeradzahlige Harmonische und besitzt rein imaginäre Fourierkoeffizienten. Die Fourierkoeffizienten sind

$$\begin{aligned} \pi \underline{\hat{V}}_n = \; & c \frac{-\mathrm{j}\, i_d}{2 \sin u} \int_0^u \left(\mathrm{e}^{-\mathrm{j}(n-1)\omega t} - \mathrm{e}^{-\mathrm{j}(n+1)\omega t} \right) d\omega t \; + \\ & + \; c\, i_d \int_u^{\pi-u} \mathrm{e}^{-\mathrm{j}n\omega t} \, d\omega t \; + \\ & + \; c \frac{-\mathrm{j}\, i_d}{2 \sin u} \int_{\pi-u}^{\pi} \left(\mathrm{e}^{-\mathrm{j}(n-1)\omega t} - \mathrm{e}^{-\mathrm{j}(n+1)\omega t} \right) d\omega t \end{aligned} \tag{2.291}$$

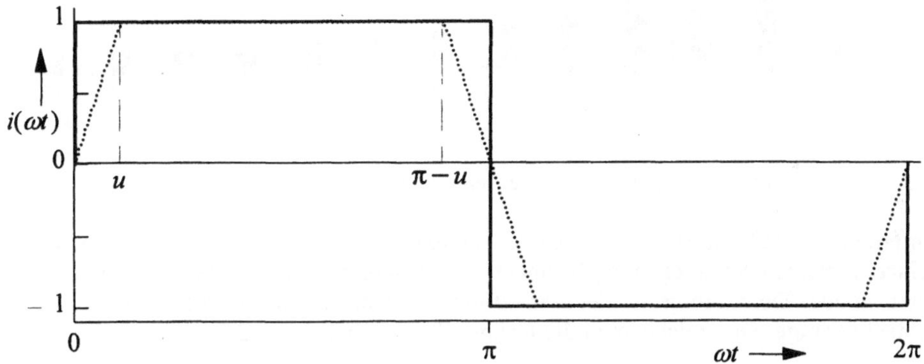

Bild 2.53 : Idealer Wechselstrom der Zweipuls-Brückenschaltung

Nach einer Zwischenrechnung wird

$$\pi \underline{\hat{V}}_n = \begin{cases} 2\,\mathrm{j}\, i_d \left(-\dfrac{\sin(n-1)u}{(n-1)\sin u} + \dfrac{\sin(n+1)u}{(n+1)\sin u} - \dfrac{2}{n} \cos nu \right) & \text{für} \quad n = \pm(2k+1) \\ 0 & \text{sonst} \end{cases} \tag{2.292}$$

Bild 2.54 zeigt die Frequenzspektren des rechteck- und des trapezförmigen Stromes für einen Winkel u von 20 Grad.

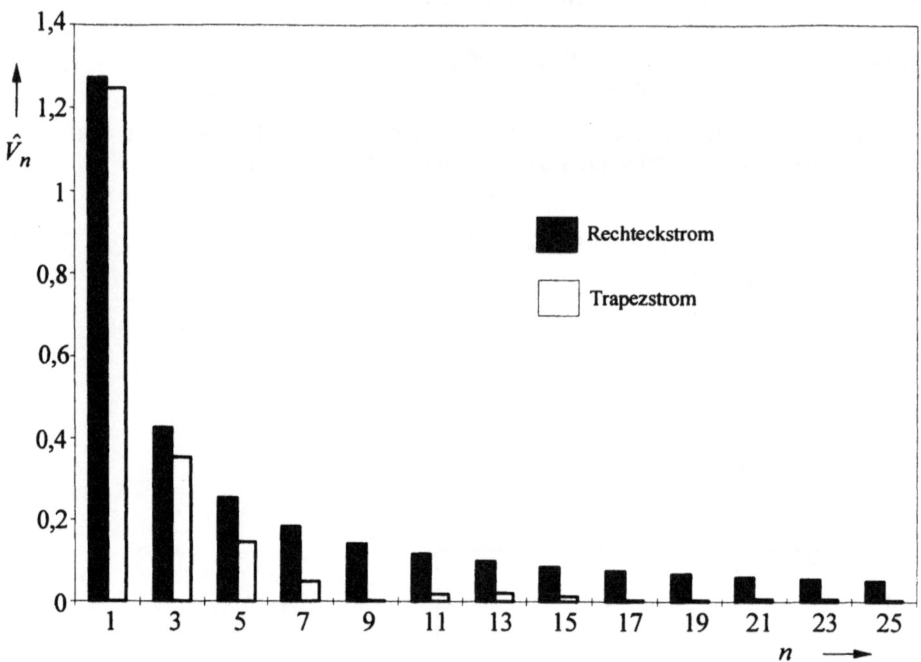

Bild 2.54 : Frequenzspektren der beiden Wechselströme

Wir erkennen, daß alle Harmonischen des trapezförmigen kleiner als die entsprechenden rechteckförmigen Stromes sind. Je höher die Ordnungszahl ist, desto größer sind die Unterschiede. Demzufolge ist der trapezförmige Strom nicht so stark verzerrt wie der rechteckförmige. Das zeigen auch die Kenngrößen nach Tabelle 2.3.

Tabelle 2.3: Kenngrößen der Wechselströme nach Bild 2.53

Kenngröße	Rechteckstrom	Trapezstrom
Effektivwert	1,00	0,92
Grundschwingungsfaktor	0,90	0,96
Klirrfaktor	0,43	0,30

Die Verzerrung des Trapezstromes wird mit steigendem Winkel *u* kleiner.

2.4.5 Netzberechnungen mit nichtkosinusförmigen Wechselgrößen

2.4.5.1 Beschreibung der Wechselgrößen. Praktisch kann man nicht mit unendlichen Fourierreihen arbeiten, sondern muß bei ihrer Anwendung die Reihenentwicklung nach einer gewissen Anzahl von Gliedern abbrechen. Bild 2.55 zeigt die Approximation einer Halbwelle des Rechteckstromes durch Fourierreihen mit einem Glied (Grundschwingung), 2, 5 und 101 Gliedern.

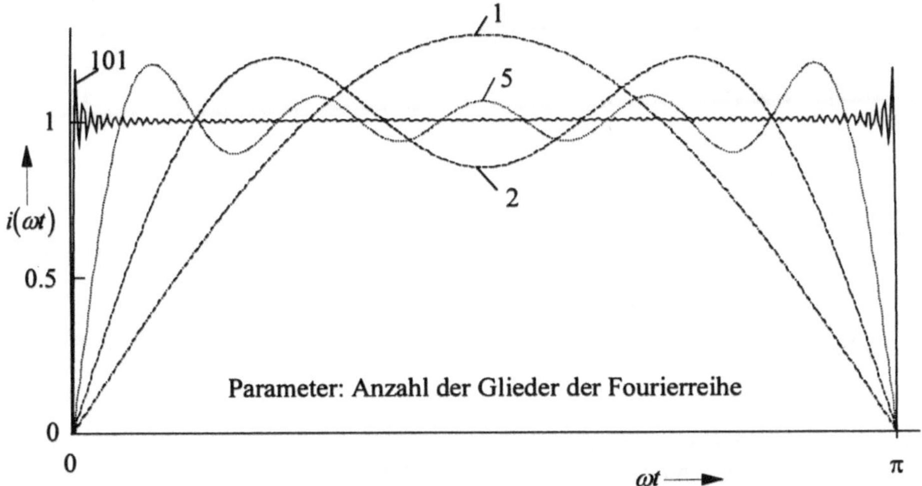

Bild 2.55 : Approximation des Rechteckstromes durch endliche Fourierreihen mit unterschiedlicher Anzahl von Gliedern

Wir erkennen, daß eine gute Approximation der steilen Flanken eine große Zahl von Gliedern der Fourierreihe verlangt. Bild 2.56 zeigt die gleichen Approximationen für den trapezförmigen Strom.

Der Trapezstrom ist im Bild 2.56 ebenfalls graphisch dargestellt. Auch hier zeigen die Approximationen besonders in der Nähe der Flanken Abweichungen, die nur mit einer sehr hohen Anzahl von Gliedern der Fourierreihe beseitigt werden können. Trotzdem entsteht der Eindruck, daß der Aufwand zur Approximation mit flacheren Flanken abnimmt.

Bei Anwendungen muß stets entschieden werden, welchen Aufwand man treiben will bzw. welcher Aufwand zum Erreichen des gewünschten Zieles getrieben werden muß. Auf der anderen Seite muß man jedoch auch immer beachten, welche Grenze für den sinnvollen Aufwand durch die Modellbildung und die zur Verfügung stehenden Daten vorgegeben ist. Bei den hier beispielhaft dargestellten einfachen Zeitverläufen ist es zweckmäßig, von der tatsächlich gegebenen Zeitfunktion auszugehen und zusätzlich noch die Grundschwingung der Wechselgröße zu bestimmen. Die wichtigen Kenngößen der Wechselgröße können auf dieser Basis berechnet werden. Dieser Weg bietet sich auch für aus Rechnung oder Messung gegebene Wechselgrößen an, wenn diese stückweise durch einfach auswertbare Funktionen approximiert werden können. In vielen Fällen wird diese Form der Beschreibung der Wechselgrößen trotz geringeren Aufwandes besser als die mit Fourierreihen.

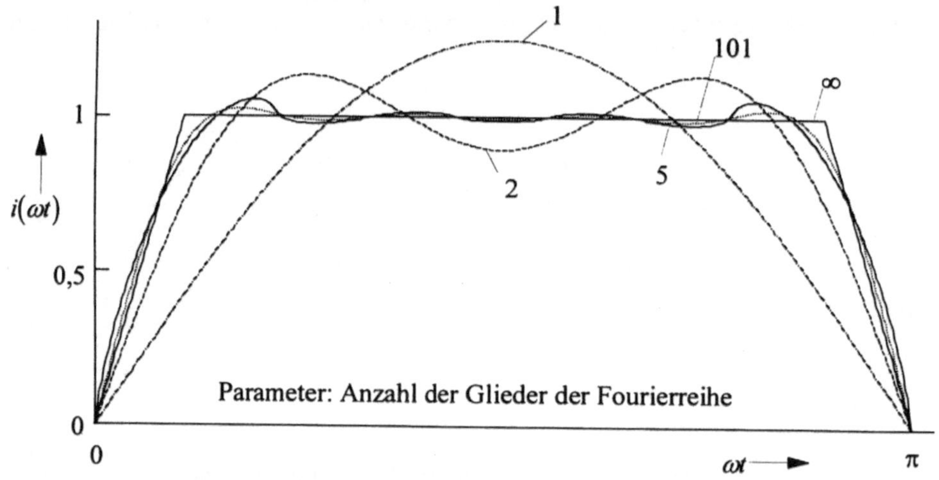

Bild 2.56 : Approximation des Trapezstromes durch endliche Fourierreihen mit unterschiedlicher Anzahl von Gliedern

2.4.5.2 Nichtkosinusförmige Leerlaufspannung des Wechselstromnetzes. Wenn die Leerlaufspannung des Wechselstromnetzes durch eine Fourierreihe beschrieben werden kann, dann kann bei der Netzberechnung vom Satz der Ersatzquelle ausgegangen werden. Die Berechnung wird für jede einzelne Harmonische der Leerlaufspannung getrennt durchgeführt. Das Gesamtergebnis gewinnt man schließlich durch Superposition.

Zu Beginn dieses Abschnittes haben wir festgestellt, daß die Anforderungen an die Leerlaufspannungen von Generatoren in Energieversorgungsnetzen sehr hoch sind. Der hier beschriebene Fall tritt daher in Energieversorgungsnetzen selten auf. Nichtkosinusförmige Ströme induzieren jedoch Spannungen in benachbarten nachrichtentechnischen Anlagen unterschiedlichster Art und beeinflussen sie dadurch. Diese Beeinflussung dürfen wir als rückwirkungsfrei annehmen, d.h., die durch die Induktionswirkung hervorgerufenen elektrischen Vorgänge in den nachrichtentechnischen Anlagen verändern die Betriebsvorgänge in den Starkstromanlagen nicht. In der nachrichtentechnischen Anlage können wir deshalb von nichtkosinusförmigen Leerlaufspannungen ausgehen und so rechnen wie oben beschrieben.

2.4.5.3 Abnehmer als Konstantstromquelle für höhere Harmonische. Mit der Entwicklung der Stromrichtertechnik hat die sogenannte Oberschwingungstheorie eine starke Verbreitung gefunden. Im Rahmen dieser Theorie wird die leistungselektronische Anlage (der Stromrichter) als Konstantstromquelle für höhere Harmonische angesehen, die an ihrem Einsatzort in das Netz einspeist. Die Prinzip-Ersatzschaltung ist im Bild 2.57 dargestellt.

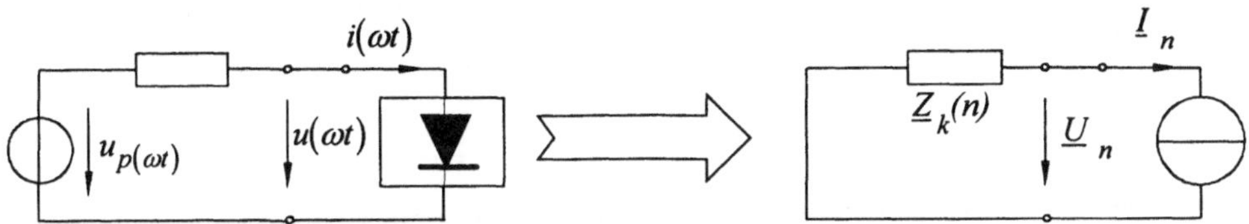

Bild 2.57 : Leistungselektronische Anlage als Konstantstromquelle höherer Harmonischer

Ausgehend von der Ersatzschaltung kann die Ausbreitung der einzelnen Harmonischen im Wechselstromnetz untersucht werden, wenn entsprechende harmonische Einspeiseströme am Einsatzort der leistungselektronischen Anlage vorgegeben werden. Die im Abschnitt 2.4.4 angestellten einfachen Überlegungen zur Begrenzung des Stromanstieges durch die Induktivität des Wechselstromnetzes zeigen jedoch, daß die Höhe der harmonischen Einspeiseströme mit dieser Methode nicht bestimmt werden kann, da sie in Wechselwirkung zwischen Abnehmer und Netz entstehen. Eine Rückwirkungsfreiheit des Netzes auf den Abnehmer kann demzufolge nicht vorausgesetzt werden. In der Praxis geht man daher von bekannten typischen Frequenzspektren der Ströme leistungselektronischer Anlagen aus, die in den meisten Fällen aus Meßergebnissen berechnet worden sind. Die Berechnung der Stromverläufe muß von anderen Methoden ausgehen. Beispielsweise kann der Betrieb der leistungselektronischen Anlage als periodische Folge von Schaltvorgängen aufgefaßt werden. Das ist jedoch hier nicht Gegenstand unserer Betrachtungen.

3 Transformationen für Dreiphasensysteme

Transformationen für Dreiphasensysteme nehmen seit jeher einen bedeutsamen Platz bei der Beschreibung, Berechnung und Messung von Betriebsvorgängen in Drehstromsystemen ein. Gegenüber der Anwendung der originären, "natürlichen", Größen bietet eine Transformation den Vorteil einfacherer mathematischer Modelle und einer damit verbundenen höheren Anschaulichkeit. Sie gestattet die Behandlung des Drehstromsystems als einheitliches Ganzes, eine notwendige Voraussetzung für die physikalisch richtige Erfassung und Interpretation der in ihm ablaufenden energetischen Prozesse, und fördert gleichzeitig die analytische Erkenntnis des Wesens der Betriebsvorgänge.

Alle bekannten Transformationen für Dreiphasensysteme sind unter bestimmten Annahmen und Voraussetzungen entwickelt worden, deren Kenntnis für die richtige und sichere Anwendung entscheidend ist. An dieser Stelle wird das Ziel verfolgt, die Zusammenhänge zwischen den bekannten Transformationen darzustellen und in einem zweiten Teil die Grundlagen und Voraussetzungen sowie die Möglichkeiten und Grenzen ihrer Anwendung bei der Beschreibung und Berechnung von Betriebsvorgängen in Drehstromsystemen zu zeigen. Dabei dienen Momentanwerte von Dreiphasensystemen als Ausgangsgrößen. Es werden also zunächst keine Annahmen bezüglich des zeitlichen Verlaufes der Spannungen, Ströme, magnetischen Flüsse usw. im Drehstromsystem getroffen.

Auf eine Ableitung der Transformationen aus den elektrischen und magnetischen Symmetrieeigenschaften von Drehstrombetriebsmitteln mit Hilfe der Eigenwertanalyse wird bewußt verzichtet, die Bedeutung spezieller Symmetriebedingungen für Modellvereinfachungen in der Anwendung jedoch gezeigt.

Es ist zweckmäßig, begrifflich verschiedene Arten von Dreiphasensystemen zu unterscheiden. In einem Drehstromnetz können wir nach Bild 2.14 Dreiphasensysteme von Leiter-Erde-Spannungen und Leiterströmen messen. Diese Größen nennen wir im folgenden Leitergrößen. Ebenso kann man natürlich auch Dreiphasensysteme von Leiter-Leiter-Spannungen in einem Drehstromnetz messen. Wir erkennen aus Bild 2.14, daß Leiter-Leiter-Spannungen Differenzen zugehöriger Leiter-Erde-Spannungen sind. Wir nennen sie daher verkettete Spannungen. Wie wir später sehen werden, sind die Leiterströme bei einem Abnehmer in Dreieck-Schaltung Differenzen der Ströme, die in den Zweigen des Dreiecks fließen. Es gibt also auch verkettete Ströme, so daß wir allgemein von verketteten Größen sprechen können. Schließlich können wir auch Dreiphasensysteme der drei Stränge einer Drehstromwicklung eines Transformators oder einer rotierenden Drehfeldmaschine betrachten. Dann sprechen wir von Stranggrößen. Da Drehstromwicklungen in unterschiedlicher Weise miteinander verschaltet werden können (z.B. Stern- oder Dreieckschaltung), können Stranggrößen Leitergrößen entsprechen oder auch verkettete Größen sein.

Wir gehen zunächst von Leiter- oder Stranggrößen aus, beachten jedoch die Schaltung der drei Stränge einer Drehstromwicklung noch nicht. Dabei bezeichnen wir die drei Leiter bzw. die drei Stränge mit R, S und T.

3.1 Nullgrößen und Raumzeiger

3.1.1 Definition der Nullgröße und des Raumzeigers

Ein beliebiges Dreiphasensystem besitzt zu jedem Zeitpunkt die drei voneinander unabhängigen Momentanwerte v_R, v_S und v_T. In einem ersten Transformationsschritt wird von ihnen eine Größe v_0 abgetrennt, so daß die Bedingung

$$(v_R - v_0) + (v_S - v_0) + (v_T - v_0) = v'_R + v'_S + v'_T = 0 \tag{3.1}$$

erfüllt ist, d.h.,

$$v_0 = \frac{1}{3}(v_R + v_S + v_T) \tag{3.2}$$

Diese sogenannte Nullgröße oder homopolare Größe ist allen bekannten Transformationen für Dreiphasensysteme gemeinsam.

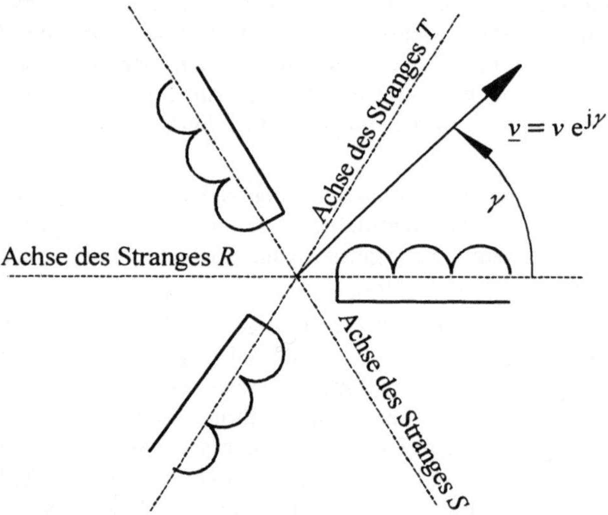

Bild 3.1 : Zur Definition des Raumzeigers

Das nach Abspaltung der Nullgröße verbleibende Dreiphasensystem besteht wegen Gleichung (3.1) nur noch aus zwei voneinander unabhängigen Größen. Es ist demzufolge durch eine komplexe Zahl vollständig beschrieben. Dafür hat Kovacz definiert

$$\underline{v} = \frac{2}{3}\left(v'_R + \underline{a}\,v'_S + \underline{a}^2\,v'_T\right) = \frac{2}{3}\left(v_R + \underline{a}\,v_S + \underline{a}^2\,v_T\right) \tag{3.3}$$

und die so gewonnene komplexe Größe als Raumzeiger bezeichnet, da man sich die Drehoperatoren 1, $\underline{a}$ und $\underline{a}^2$ als die Spulenachsen einer zweipoligen Drehfeldmaschine in der komplexen Ebene nach Bild 3.1 vorstellen kann. Die Projektion des Raumzeigers auf die jeweilige Spulenachse liefert den Momentanwert der Größe in dieser Spule ohne die Nullgröße. Diese muß zusätzlich ergänzt werden.

Wegen $1 + \underline{a} + \underline{a}^2 = 0$ ist die Reihenfolge der Transformationsschritte nach den Gleichungen (3.2) und (3.3) beliebig.

3.1.2 Umrechnung von Raumzeigern zwischen beliebigen Bezugskoordinatensystemen

In Bild 3.2 ist ein Raumzeiger $\underline{v}$ in zwei um den Winkel x gegeneinander verdrehten Koordinatensystemen dargestellt. Die Umrechnung vom Koordinatensystem 1 in das Koordinatensystem 2 ist einfach.

$$\underline{v}_2 = \underline{v}_1 \, \mathrm{e}^{-\mathrm{j}x} \tag{3.4}$$

Mit ihrer Hilfe kann das Koordinatensystem angepaßt an die jeweilige Problemstellung frei gewählt werden. Gleichung (3.4) ermöglicht unter anderem problemlos auch den Übergang zwischen ständer- und läuferfesten Koordinatensystemen bei der Untersuchung rotierender elektrischer Maschinen. Dann ist der Winkel x eine Funktion der Zeit, die die Drehbewegung des Läufers der Maschine beschreibt. Wenn die Maschine mit konstanter Drehzahl läuft, dann erhalten wir

$$\omega_l = \frac{\mathrm{d}x_l}{\mathrm{d}t} \quad \text{mit} \quad x_l = \omega_l t + x_{l0} \quad \text{und} \quad \omega_l = \frac{\pi \, n_l}{30} \tag{3.5}$$

Die Größe ω_l ist die der Läuferdrehzahl entsprechende Kreisfrequenz, x_{l0} ist der Anfangswinkel bei $t = 0$.

Für die Untersuchung des Betriebsverhaltens rotierender elektrischer Maschinen ist es zweckmäßig, die Raumzeiger von Ständer- und Läufergrößen in ein mit frei wählbarer Winkelgeschwindigkeit ω_k umlaufendes Koordinatensystem zu überführen. In Bild 3.3 sind die diesbezüglichen Beziehungen dargestellt, wobei aus Gründen der Übersichtlichkeit nur die reellen Achsen der drei Koordinatensysteme angegeben sind.
Die Drehgeschwindigkeit und der Drehwinkel des Läufer-Koordinatensystems werden nach Gleichung (3.5) berechnet. Für das Bezugs-Koordinatensystem gilt

$$\omega_k = \frac{\mathrm{d}x_k}{\mathrm{d}t} \quad \text{mit} \quad x_k = \omega_k t + x_{k0} \tag{3.6}$$

Der im Bild 3.3 dargestellte Raumzeiger wird in den drei Koordinatensystemen durch

$$\underline{v}_s = v\,\mathrm{e}^{\mathrm{j}\gamma} \qquad \underline{v}_l = v\,\mathrm{e}^{\mathrm{j}(\gamma - x_l)} \qquad \underline{v}_k = v\,\mathrm{e}^{\mathrm{j}(\gamma - x_k)} \tag{3.7}$$

beschrieben.

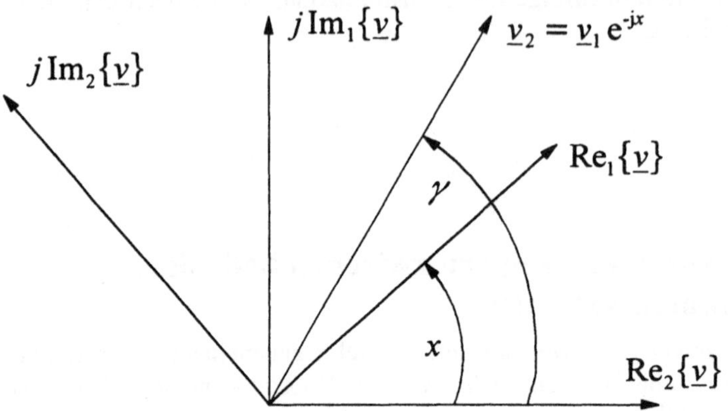

Bild 3.2 : Umrechnung des Raumzeigers zwischen zwei Bezugskoordinatensystemen

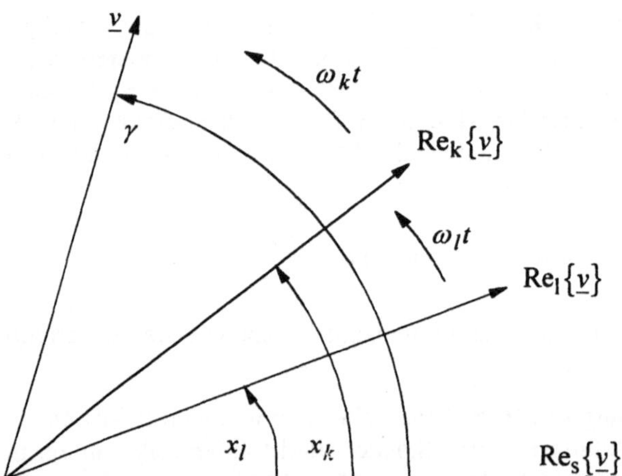

Bild 3.3 : Raumzeiger in drei Koordinatensystemen

Aus den Gleichungen (3.7) folgen die Beziehungen

$$\underline{v}_s = \underline{v}_l\,\mathrm{e}^{\mathrm{j}x_l} = \underline{v}_k\,\mathrm{e}^{\mathrm{j}x_k} \tag{3.8}$$

$$\underline{v}_l = \underline{v}_s\,\mathrm{e}^{-\mathrm{j}x_l} = \underline{v}_k\,\mathrm{e}^{\mathrm{j}(x_k - x_l)} \tag{3.9}$$

$$\underline{v}_k = \underline{v}_s \, e^{-jx_k} = \underline{v}_l \, e^{-j(x_k - x_l)} \tag{3.10}$$

Der Wechsel zwischen den Koordinatensystemen ist einfach. Die Möglichkeit, Raumzeiger in beliebigen Bezugskoordinatensystemen untersuchen zu können, bringt bei praktischen Anwendungen viele Vorteile.

3.1.3 Rücktransformation von Raumzeigern und Nullgrößen

Die originären Dreiphasengrößen setzen sich aus den Projektionen des Raumzeigers auf die durch die Drehoperatoren 1 (zugeordnet dem Strang R), $\underline{a}$ (zugeordnet dem Strang S) und $\underline{a}^2$ (zugeordnet dem Strang T) festgelegten Achsen in der komplexen Ebene nach Bild 3.1 und der Nullgröße zusammen. Die Projektionen des Raumzeigers auf die drei Achsen sind im Bild 3.4 dargestellt.

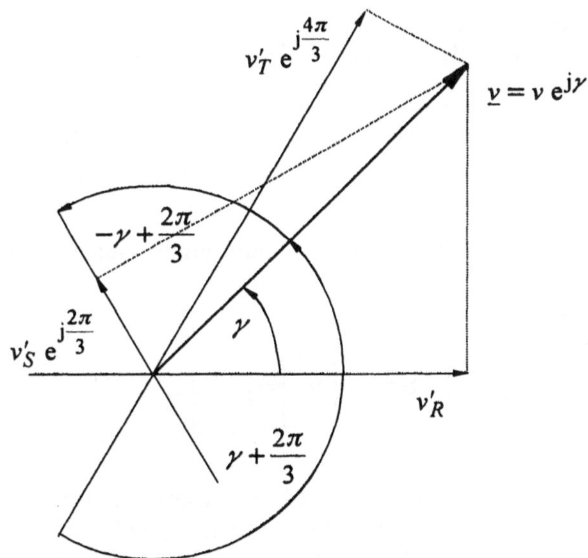

Bild 3.4 : Rücktransformation des Raumzeigers

Für die Größe v_R gilt

$$v_R = \mathrm{Re}\{\underline{v}\} + v_0 = \frac{1}{2}\left(\underline{v} + \underline{v}^*\right) + v_0 \tag{3.11}$$

Zur Berechnung der Größe v_S wird der Raumzeiger in ein um 120 Grad im mathematisch positiven Sinn gedrehtes Koordinatensystem überführt und der Realteil gebildet. Man erhält

$$v_S = \mathrm{Re}\left\{\underline{a}^* \underline{v}\right\} + v_0 = \frac{1}{2}\left(\underline{a}^2 \underline{v} + \underline{a}\, \underline{v}^*\right) + v_0 \tag{3.12}$$

Analog gilt für die Größe v_T

$$v_T = \mathrm{Re}\left\{\underline{a}^{2*} \underline{v}\right\} + v_0 = \frac{1}{2}\left(\underline{a}\, \underline{v} + \underline{a}^2 \underline{v}^*\right) + v_0 \tag{3.13}$$

Die originären Dreiphasengrößen sind durch Raumzeiger und Nullgröße eindeutig bestimmt.

Die Projektion eines Raumzeigers auf eine Achse, die mit ihm den beliebigen Winkel x einschließt, ist

$$v(x) = |\underline{v}| \cos x \tag{3.14}$$

Die Projektionen des Raumzeigers sind nach Gleichung (3.14) kosinusförmig am Kreisumfang verteilt. Das bedeutet, daß in der hier vorliegenden Form bei der Beschreibung rotierender elektrischer Maschinen nur die Grundwellenerscheinungen richtig erfaßt sind, eine Einschränkung, die für die Analyse von Drehstromsystemen im allgemeinen zulässig ist. Prinzipiell können auch Oberwellenerscheinungen in rotierenden Drehfeldmaschinen mit Hilfe von Raumzeigern beschrieben werden können. Darauf wird an dieser Stelle verzichtet.

Unter Verwendung des konjugiert komplexen Raumzeigers lauten die Transformationsgleichungen in Matrizenschreibweise

$$\begin{pmatrix} v_0 \\ \underline{v} \\ \underline{v}^* \end{pmatrix} = \frac{1}{3}\begin{pmatrix} 1 & 1 & 1 \\ 2 & 2\underline{a} & 2\underline{a}^2 \\ 2 & 2\underline{a}^2 & 2\underline{a} \end{pmatrix}\begin{pmatrix} v_R \\ v_S \\ v_T \end{pmatrix} \quad \text{bzw.} \quad \begin{pmatrix} v_R \\ v_S \\ v_T \end{pmatrix} = \begin{pmatrix} 1 & \frac{1}{2} & \frac{1}{2} \\ 1 & \frac{1}{2}\underline{a}^2 & \frac{1}{2}\underline{a} \\ 1 & \frac{1}{2}\underline{a} & \frac{1}{2}\underline{a}^2 \end{pmatrix}\begin{pmatrix} v_0 \\ \underline{v} \\ \underline{v}^* \end{pmatrix} \tag{3.15}$$

Der konjugiert komplexe Raumzeiger enthält keine zusätzliche Information. Er ist eindeutig bestimmt, wenn der Raumzeiger selbst gegeben ist, und wird in den Gleichungen (3.15) nur zur Vereinfachung der Schreibweise verwendet. Die in (3.15) angegebene Schreibweise ist bei Koordinatentransformationen für Dreiphasensysteme üblich. Sie wird deshalb an dieser Stelle angegeben, obwohl sie für die weiteren Überlegungen nicht erforderlich ist.

3.1.4 Raumzeiger, Diagonalkomponenten und Zwei-Achsen-Komponenten

Die Zerlegung eines Raumzeigers im ständerfesten Koordinatensystem nach Bild 3.5 in Real- und Imaginärteil ergibt

$$\mathrm{Re}\{\underline{v}\} = \frac{2}{3}\left(v_R - \frac{1}{2}v_S - \frac{1}{2}v_T\right) = v_R - v_0 = v_\alpha \tag{3.16}$$

$$\mathrm{Im}\{\underline{v}\} = \frac{1}{3}\sqrt{3}\,(v_S - v_T) \qquad = v_\beta \tag{3.17}$$

Real- und Imaginärteil eines Raumzeigers im ständerfesten Koordinatensystem sind die α- bzw. β-Komponenten der bekannten Diagonalkomponenten (Orthogonalkomponenten, Clarkesche Komponenten).

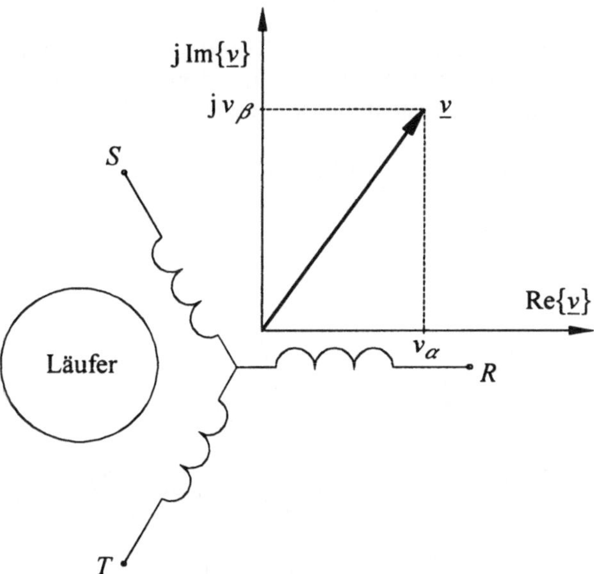

Bild 3.5 : Zerlegung des Raumzeigers in Diagonalkomponenten

Die gewählte Zerlegung des Raumzeigers in orthogonale Komponenten ist eine von vielen Möglichkeiten. Sie ist auf den Leiter bzw. Strang *R* bezogen. Wir führen nun den Raumzeiger in ein um 120 Grad in mathematisch positiver Richtung gedrehtes Koordinatensystem über und zerlegen dort in Real- und Imaginärteil.

$$\mathrm{Re}\left\{\underline{a}^{*}\,\underline{v}\right\} = \mathrm{Re}\left\{\underline{a}^{2}\,\underline{v}\right\} = \frac{2}{3}\left(-\frac{1}{2}v_R + v_S - \frac{1}{2}v_T\right) = v_S - v_0 \tag{3.18}$$

$$\mathrm{Im}\left\{\underline{a}^{*}\,\underline{v}\right\} = \mathrm{Im}\left\{\underline{a}^{2}\,\underline{v}\right\} = \frac{1}{3}\sqrt{3}\,(v_T - v_R) \tag{3.19}$$

Die Gleichungen (3.18) und (3.19) stellen auf den Leiter *S* bezogene Diagonal-Komponenten dar. Die Zerlegung des Raumzeigers in einem um 240 Grad mathematisch positiv gedrehten Koordinatensystem führt auf Diagonal-Komponenten bezüglich des Leiters *T*.

$$\mathrm{Re}\left\{\underline{a}^{2*}\,\underline{v}\right\} = \mathrm{Re}\left\{\underline{a}\,\underline{v}\right\} = \frac{2}{3}\left(-\frac{1}{2}\,v_R - \frac{1}{2}\,v_S + v_T\right) = v_T - v_0 \tag{3.20}$$

$$\mathrm{Im}\left\{\underline{a}^{2*}\,\underline{v}\right\} = \mathrm{Im}\left\{\underline{a}\,\underline{v}\right\} = \frac{1}{3}\sqrt{3}\,(v_R - v_S) \tag{3.21}$$

Die bekannten Diagonal-Komponenten sind spezielle orthogonale Zerlegungen des Raumzeigers. Die Gleichungen (3.18) bis (3.21) zeigen, daß er auch auf andere Art und Weise zerlegt werden kann. Bei der Anwendung von Raumzeigern können wir daher allein nach der Zweckmäßigkeit entscheiden.

Zwischen einem Raumzeiger im ständerfesten Koordinatensystem einer mit konstanter Drehzahl rotierenden elektrischen Maschine und dem zugehörigen Raumzeiger im läuferfesten Koordinatensystem besteht die Beziehung

$$\underline{v}_l = \underline{v}\,\mathrm{e}^{-\mathrm{j}x_l} = \left(v_\alpha + \mathrm{j}\,v_\beta\right)\mathrm{e}^{-\mathrm{j}x_l} = \left(v_\alpha + \mathrm{j}\,v_\beta\right)\mathrm{e}^{-\mathrm{j}(\omega_l t + x_{l0})} = v_d + \mathrm{j}\,v_q \tag{3.22}$$

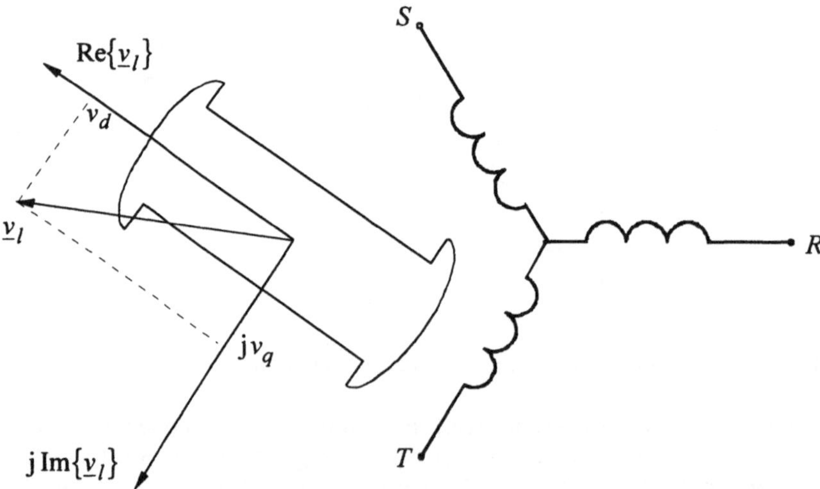

Bild 3.6 : Zerlegung des Raumzeigers im läuferfesten Koordinatensystem

Wir zerlegen den Raumzeiger im läuferfesten Koordinatensystem nach Bild 3.6. in Real- und Imaginärteil

$$\mathrm{Re}\{\underline{v}_l\} = \mathrm{Re}\{\underline{v}\,\mathrm{e}^{-\mathrm{j}x_l}\} = v_\alpha \cos x_l + v_\beta \sin x_l = v_d \tag{3.23}$$

$$\mathrm{Im}\{\underline{v}_l\} = \mathrm{Im}\{\underline{v}\,\mathrm{e}^{-\mathrm{j}x_l}\} = -v_\alpha \sin x_l + v_\beta \cos x_l = v_q \tag{3.24}$$

Real- und Imaginärteil eines Raumzeigers im läuferfesten Koordinatensystem sind die Längs- (*d*-) und die Quer- (*q*-) Komponente der bekannten Parkschen Komponenten (Zwei-Achsen-Komponenten), die für die Beschreibung von Synchronmaschinen mit magnetisch anisotropen Läufern eine herausragende Rolle spielen. Auch sie stellen eine spezielle orthogonale Zerlegung des Raumzeigers in einem läuferfesten Koordinatensystem dar. Die *d*-Komponente liegt in der Spulenachse des Läufers der Maschine und die *q*-Komponente steht senkrecht vorauseilend dazu. Durch die ausgeprägten Pole hat der Läufer, wie im Bild 3.6 angedeutet, in diesen beiden senkrecht aufeinanderstoßenden Richtungen unterschiedliche magnetische Eigenschaften.

Die Transformationsgleichungen der Diagonalkomponenten lauten in Matrizenschreibweise

$$\begin{pmatrix} v_0 \\ v_\alpha \\ v_\beta \end{pmatrix} = \frac{1}{3}\begin{pmatrix} 1 & 1 & 1 \\ 2 & -1 & -1 \\ 0 & \sqrt{3} & -\sqrt{3} \end{pmatrix}\begin{pmatrix} v_R \\ v_S \\ v_T \end{pmatrix} \tag{3.25}$$

Für die Zwei-Achsen-Komponenten lauten die Transformationsgleichungen in Matrizenform

$$\begin{pmatrix} v_R \\ v_S \\ v_T \end{pmatrix} = \frac{1}{2}\begin{pmatrix} 2 & 2 & 0 \\ 1 & -1 & \sqrt{3} \\ 1 & -1 & -\sqrt{3} \end{pmatrix}\begin{pmatrix} v_0 \\ v_\alpha \\ v_\beta \end{pmatrix} \tag{3.26}$$

$$\begin{pmatrix} v_0 \\ v_d \\ v_q \end{pmatrix} = \frac{1}{3}\begin{pmatrix} 1 & 1 & 1 \\ 2\cos x_l & 2\cos\left(x_l - \frac{2\pi}{3}\right) & 2\cos\left(x_l + \frac{2\pi}{3}\right) \\ -2\sin x_l & -2\sin\left(x_l - \frac{2\pi}{3}\right) & -2\sin\left(x_l + \frac{2\pi}{3}\right) \end{pmatrix}\begin{pmatrix} v_R \\ v_S \\ v_T \end{pmatrix} \tag{3.27}$$

$$\begin{pmatrix} v_R \\ v_S \\ v_T \end{pmatrix} = \begin{pmatrix} 1 & \cos x_l & -\sin x_l \\ 1 & \cos\left(x_l - \frac{2\pi}{3}\right) & -\sin\left(x_l - \frac{2\pi}{3}\right) \\ 1 & \cos\left(x_l + \frac{2\pi}{3}\right) & -\sin\left(x_l + \frac{2\pi}{3}\right) \end{pmatrix}\begin{pmatrix} v_0 \\ v_d \\ v_q \end{pmatrix} \tag{3.28}$$

3.1.5 Momentane Drehstromleistung und normierte Transformationen

Der Momentanwert der Leistung im Drehstromsystem ist gleich der Summe der drei Strangleistungen. Er wird nach Gleichung (2.91) berechnet. Wir setzen in Gleichung (2.91) die Gleichungen (3.11) bis (3.13) für die Rücktransformation von Raumzeigern und Nullgrößen in die natürlichen Größen ein und erhalten nach einigen Umformungen

$$p(\omega t)=\frac{3}{4}\left(\underline{u}\ \underline{i}^{*}+\underline{u}^{*}\ \underline{i}\right)+3\,u_0\,i_0=\frac{3}{2}\,\mathrm{Re}\left\{\underline{u}\,\underline{i}^{*}\right\}+3\,u_0\,i_0=\mathrm{Re}\left\{\underline{p}\right\}+3\,u_0\,i_0 \qquad (3.29)$$

Die Drehstromleistung setzt sich nach Gleichung (3.29) aus zwei Anteilen zusammen. Der erste Leistungsanteil wird nur durch die beiden Raumzeiger von Strom und Spannung bestimmt und der zweite nur durch ihre Nullgrößen. Für die momentane "Raumzeigerleistung" haben wir im zweiten Teil von Gleichung (3.29) die gleiche Konvention getroffen, wie bei der Berechnung der Wechselstromwirkleistung nach Gleichung (2.64). Hier handelt es sich jedoch um eine momentane Leistung, während mit Gleichung (2.64) die Wirkleistung als arithmetischer Mittelwert der momentanen Leistung über eine Wechselstromperiode berechnet wird.

Ausgehend von Gleichung (3.29) kann die Drehstromleistung in Diagonal- und Zwei-Achsen-Komponenten geschrieben werden.

$$p(\omega t)=\frac{3}{2}\left(u_\alpha\ i_\alpha+u_\beta\ i_\beta\right)+3\,u_0\,i_0 \qquad (3.30)$$

$$p(\omega t)=\frac{3}{2}\left(u_d\ i_d+u_q\ i_q\right)+3\,u_0\,i_0 \qquad (3.31)$$

Die Diagonal- und Zwei-Achsen-Komponenten tragen ebenfalls unabhängig voneinander zur Leistung des Raumzeigersystems bei, eine Eigenschaft von orthogonalen Komponenten.

Die Faktoren 1/3 bzw. 2/3 in den Definitionsgleichungen (3.2) und (3.3) für die Nullgröße und den Raumzeiger bewirken, daß die Rücktransformation direkt wieder auf die originalen Größen führt. Darüber hinaus werden in der Fachliteratur auch sogenannte normierte Komponentensysteme zur Anwendung empfohlen, deren Einordnung in den Gesamtkomplex an dieser Stelle vorgenommen werden soll.

Mit der Normierung wird das Ziel verfolgt, daß die Drehstromleistung als einfache Summe der Leistungen in den Komponentensystemen dargestellt werden kann. Für Raumzeiger und Nullgrößen wird diese Forderung verwirklicht, wenn sie wie folgt normiert werden

$$v_{0T}=\sqrt{3}\,v_0 \quad \text{und} \quad \underline{v}_T=\sqrt{\frac{3}{2}}\,\underline{v} \qquad (3.32)$$

Für den Momentanwert der Drehstromleistung gilt mit Gleichung (3.32)

$$p(\omega t) = \mathrm{Re}\left\{\underline{u}_T\, \underline{i}_T^*\right\} + u_{0T}\, i_{0T} \tag{3.33}$$

Für die normierten Diagonal-Komponenten folgen aus Gleichung (3.32) die Transformationsgleichungen

$$\begin{pmatrix} v_{0T} \\ v_{\alpha T} \\ v_{\beta T} \end{pmatrix} = \frac{1}{2\sqrt{3}} \begin{pmatrix} 2 & 2 & 2 \\ 2\sqrt{2} & -\sqrt{2} & -\sqrt{2} \\ 0 & \sqrt{6} & -\sqrt{6} \end{pmatrix} \begin{pmatrix} v_R \\ v_S \\ v_T \end{pmatrix} \tag{3.34}$$

$$\begin{pmatrix} v_R \\ v_S \\ v_T \end{pmatrix} = \frac{1}{2\sqrt{3}} \begin{pmatrix} 2 & 2\sqrt{2} & 0 \\ 1 & -\sqrt{2} & \sqrt{6} \\ 1 & -\sqrt{2} & -\sqrt{6} \end{pmatrix} \begin{pmatrix} v_{0T} \\ v_{\alpha T} \\ v_{\beta T} \end{pmatrix} \tag{3.35}$$

Die beiden Transformationsmatrizen in (3.34) und (3.35) sind zueinander orthogonal. Die inverse Matrix ist gleich der transponierten. Das gilt für alle normierten Komponentensysteme.

Normierte und nichtnormierte Transformationen unterscheiden sich lediglich durch einen Proportionalitätsfaktor voneinander. Sie sind daher in gleicher Weise und unter gleichen Voraussetzungen anwendbar. Der mit der Normierung erreichte Vorteil bei der Berechnung der Drehstromleistung führt zum Verlust der unmittelbaren Anschaulichkeit bei der Hin- und Rücktransformation der Dreiphasensysteme. Die Entscheidung für normierte oder nichtnormierte Transformationen sollte daher stets unter Berücksichtigung der Bedingungen des konkreten Anwendungsfalles getroffen werden. Wir werden bei den folgenden Ausführungen weiterhin nichtnormierte Transformationen anwenden und nehmen dafür die kleine Unbequemlichkeit bei der Berechnung der Drehstromleistungen in Kauf.

3.1.6 Raumzeiger verketteter Größen

In realen Drehstromsystemen sind die Strangspannungen oft unbekannt, die Leiter-Leiter-Spannungen aber gegeben oder es sind Betriebsmittel (Abnehmer, Transformatoren) mit Dreieckschaltungen vorhanden, bei denen sowohl die Ströme innerhalb des Dreiecks als auch in den angeschlossenen Leitern berechnet werden sollen. In solchen Fällen ist es zweckmäßig, mit den Raumzeigern der verketteten Leiter-Leiter-Größen zu arbeiten. Dazu dient das Bild 3.7 als Grundlage. Wir bilden zunächst den Raumzeiger der verketteten Spannungen. Mit

$$u_{RS} = u_R - u_S \qquad u_{ST} = u_S - u_T \qquad u_{TR} = u_T - u_R \tag{3.36}$$

und der Definitionsgleichung

$$\underline{u}_\Delta = \frac{2}{3}\left(u_{RS} + \underline{a}\, u_{ST} + \underline{a}^2\, u_{TR}\right) \tag{3.37}$$

erhalten wir

$$\underline{u}_\Delta = \left(1 - \underline{a}^2\right)\underline{u} = \sqrt{3}\, e^{j\frac{\pi}{6}}\, \underline{u} = -j\, \underline{a}\, \sqrt{3}\, \underline{u} \tag{3.38}$$

Statt von Gleichung (3.37) auszugehen, können wir beliebige andere Definitionen des Raumzeigers der verketteten Spannungen treffen. Die Raumzeiger der verketten Spannungen werden stets den $\sqrt{3}$ -fachen Betrag des Raumzeigers der Leiter-Erde-Spannungen besitzen und um ein ungeradzahliges Vielfache von 30 Grad gegenüber diesem gedreht sein. Aus Gleichung (3.38) erkennen wir, daß die Summe der drei verketteten Spannungen stets Null ist. Sie besitzen also keine Nullgröße, obwohl die drei Leiter-Erde-Spannungen sehr wohl eine Nullspannung enthalten können.

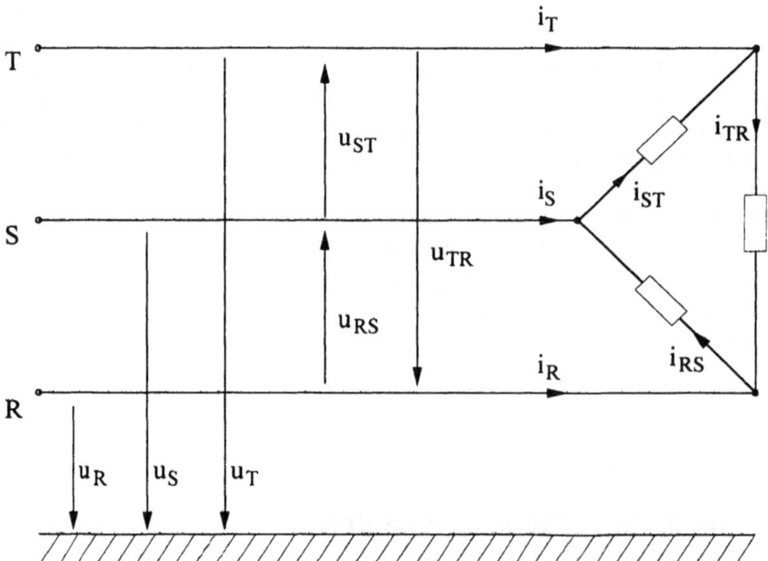

Bild 3.7 : Zur Definition des Raumzeigers verketteter Größen

Wir ermitteln nun den Raumzeiger der Leiterströme aus dem der verketteten Ströme. Dafür dienen die Knotenpunktgleichungen

$$i_R = i_{RS} - i_{TR} \qquad i_S = i_{ST} - i_{RS} \qquad i_T = i_{TR} - i_{ST} \tag{3.39}$$

als Grundlage. Mit der Definition des Raumzeigers der verketteten Spannungen sind wir auf die entsprechende Definition des Raumzeigers der Ströme im Dreieck festgelegt.

$$\underline{i}_\Delta = \frac{2}{3}\left(i_{RS} + \underline{a}\, i_{ST} + \underline{a}^2\, i_{TR}\right) \tag{3.40}$$

Mit den Gleichungen (3.39) und (3.40) sind die verketteten Leiterströme

$$\underline{i} = \left(1 - \underline{a}\right) \underline{i}_\Delta = \sqrt{3}\, \mathrm{e}^{-\mathrm{j}\frac{\pi}{6}}\, \underline{i}_\Delta = \mathrm{j}\, \underline{a}^2\, \sqrt{3}\, \underline{i}_\Delta \tag{3.41}$$

Die Summe der Leiterströme ist nach Gleichung (3.39) Null. Sie besitzen keinen Nullstrom. Das können wir unmittelbar auch aus dem Bild (3.7) ableiten. Das Dreiphasensystem der Dreieckströme kann dagegen einen Nullstrom besitzen, denn dieser kann im geschlossenen Dreieck als Ringstrom ungehindert fließen. Der Übergang von Leitergrößen zu verketteten Größen ist leistungsinvariant, d.h. es gilt

$$\underline{u}_\Delta \underline{i}_\Delta^* = \underline{u}\, \underline{i}^* \tag{3.42}$$

An der Leistungsübertragung sind nur die Raumzeiger beteiligt, da die Nullgrößen der verketten Spannungen und Ströme stets Null sind.

Bei der Leistungsberechnung können die Raumzeiger auch gemischt verwendet werden. In vielen Fällen sind die verketteten Spannungen und die Leiterströme bekannt. Dann folgt für den Momentanwert der Leistung aus den Gleichung (3.29) und (3.39)

$$p(\omega t) = -\frac{\sqrt{3}}{2}\, \mathrm{Im}\left\{\underline{a}^2\, \underline{u}_\Delta\, \underline{i}^*\right\} + 3\, u_0\, i_0 \tag{3.43}$$

Wenn der Nullstrom oder die Nullspannung Null sind, dann wird die Drehstromleistung nur durch die Raumzeiger bestimmt. Wir berechnen für diesen Fall den Imaginärteil in Gleichung (3.43) und erhalten

$$p(\omega t) = \left(u_{TR} - u_{RS}\right) i_R + u_{ST}\left(i_T - i_S\right) \tag{3.44}$$

Aus Gleichung (3.44) können wir Schaltungen zur Leistungsmessung in Drehstromsystemen mit zwei Wattmetern ableiten. Wir berücksichtigen dabei, daß die verketteten Spannungen keine Nullgröße besitzen und die Leiterströme ebenfalls nicht. Wenn wir die Strompfade der Leistungsmesser in die Leiter R und T legen, bekommen wir

$$p(\omega t) = u_{RS}\, i_R - u_{ST}\, i_T \tag{3.45}$$

Die weiteren zwei Möglichkeiten der sich aus Gleichung (3.44) ergebenden Leistungsermittlung sind

$$p(\omega t) = u_{ST}\, i_S - u_{TR}\, i_R \tag{3.46}$$

$$p(\omega t) = u_{TR}\, i_T - u_{RS}\, i_S \tag{3.47}$$

Die Leistungsmessung nach Gleichung (3.45) ist im Bild 3.8 dargestellt. Die Meßschaltung wird Aron-Schaltung oder Zwei-Wattmeter-Schaltung genannt.

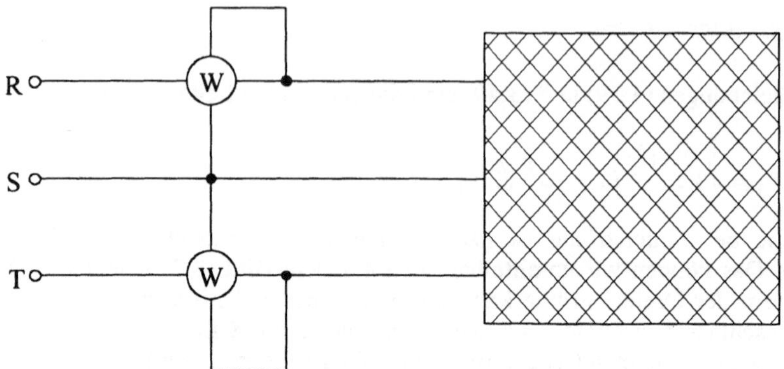

Bild 3.8 : Aron-Schaltung zur Leistungsmessung in Drehstromsystemen

3.1.7 Anwendungsbeispiel

Wir betrachten einen Elektroenergie-Abnehmer in Dreieckschaltung nach Bild 3.7. Zu einem bestimmten Zeitpunkt liegen an ihm die auf eine Bezugsspannung normierten Leiter-Erde-Spannungen

$u_R = 0{,}907 \qquad u_S = 0{,}459 \qquad u_T = -0{,}766$

an. In den drei Leitern fließen die auf einen Bezugstrom normierten Ströme

$i_R = 0{,}966 \qquad i_S = -0{,}259 \qquad i_T = -0{,}707$

Mit den Gleichungen (3.2) und (3.3) berechnen wir die Nullgrößen und die Raumzeiger der Ströme und Spannungen.

$$u_0 = 0{,}2 \qquad \underline{u} = 1 \cdot e^{j\frac{\pi}{4}} = 0{,}707 + j\,0{,}707 \qquad i_0 = 0 \qquad \underline{i} = 1 \cdot e^{j\frac{\pi}{12}} = 0{,}966 + j\,0{,}259$$

Der Nullstrom muß Null sein, da der Abnehmer nur an die drei Leiter des Drehstromsystems angeschlossen ist. Die Diagonalkomponenten der Spannungen und Ströme können als Realteile und Imaginärteile der Raumzeiger unmittelbar abgelesen werden. Zur Bestimmung der orthogonalen Komponenten bezogen auf die Leiter S bzw. T müssen wir die Raumzeiger in ein um 120 bzw. 240 Grad positiv gedrehtes Koordinatensystem transformieren und dort jeweils die Zerlegung in Real- und Imaginärteil vornehmen. Das erreichen wir durch die Anwendung der Gleichungen (3.18) bis (3.21).

Gl. (3.18) $\Rightarrow$ $u_{\alpha S} = 0{,}259$ und $i_{\alpha S} = -0{,}259$

Gl. (3.19) $\Rightarrow$ $u_{\beta S} = -0{,}966$ und $i_{\beta S} = -0{,}966$

Gl. (3.20) $\Rightarrow$ $u_{\alpha\,T} = -0{,}966$ und $i_{\alpha\,T} = -0{,}707$

Gl. (3.21) $\Rightarrow$ $u_{\beta\,T} = 0{,}259$ und $i_{\beta\,T} = 0{,}707$

Den Raumzeiger der verketteten Spannungen berechnen wir mit Gleichung (3.38). Er ist

$$\underline{u}_{\Delta} = \sqrt{3}\,\mathrm{e}^{\,\mathrm{j}\frac{5\pi}{12}} = 0{,}448 + \mathrm{j}\,1{,}673$$

Den Raumzeiger der Dreieckströme erhalten wir durch Umstellung aus Gleichung (3.41)

$$\underline{i}_{\Delta} = \frac{1}{3}\sqrt{3}\,\mathrm{e}^{\,\mathrm{j}\frac{\pi}{4}} = 0{,}408 + \mathrm{j}\,0{,}408$$

Die Raumzeiger der Leiter- und der Dreieckgrößen sind im Bild 3.9 graphisch dargestellt. Die Winkel zwischen dem Raumzeiger der verketteten Spannungen und dem Raumzeiger der Dreieckströme ist der gleiche wie der zwischen den Raumzeigern der Leitergrößen. Für die Beträge der Raumzeiger gilt die Beziehung

$$\frac{\left|\underline{u}_{\Delta}\right|}{\left|\underline{u}\right|} = \frac{\left|\underline{i}\right|}{\left|\underline{i}_{\Delta}\right|} = \sqrt{3} \tag{3.48}$$

Diese Eigenschaft der Dreieck-Schaltung wird beispielsweise bei der Konstruktion von Prüffeldtransformatoren ausgenutzt. Man benötigt in Prüffeldern möglichst große Leiterströme. Wenn die speisende Wicklung des Transformators in Dreieck geschaltet wird, dann betragen die in ihr fließenden Ströme nur etwa 58 % der Leiterströme. Das wirkt sich günstig auf die Dimensionierung dieser Wicklung im Hinblick auf ihre Stromtragfähigkeit aus.

Die verketteten Spannungen können aus dem zugehörigen Raumzeiger unmittelbar berechnet werden. Dazu verwenden wir die Gleichungen (3.11) bis (3.13) und beachten, daß die Nullgröße verketteter Spannungen stets Null ist.

$u_{RS} = 0{,}448 \qquad u_{ST} = 1{,}225 \qquad u_{TR} = -1{,}673$

Mit den gleichen Gleichungen können auch die Dreieckströme berechnet werden. Wir nehmen dazu an, daß ihre Nullgröße ebenfalls Null ist. Ein Nullstrom kann zwar innerhalb des geschlossenen Dreiecks prinzipiell auftreten, aber nur dann, wenn sich in ihm eine Leerlaufspannung befindet oder aber eine Spannung von Strömen außerhalb des Dreiecks induziert wird.

$i_{RS} = 0{,}408 \qquad i_{ST} = 0{,}149 \qquad u_{TR} = -0{,}558$

Auch die Raumzeiger der verketteten Spannungen und der Dreieckströme können in orthogonale Komponenten zerlegt werden. Dafür verwenden wir die Gleichungen (3.18) bis (3.21) sinngemäß. Eine mögliche Zerlegung ist in den Real- und Imaginärteilen der beiden Raumzeiger gegeben.

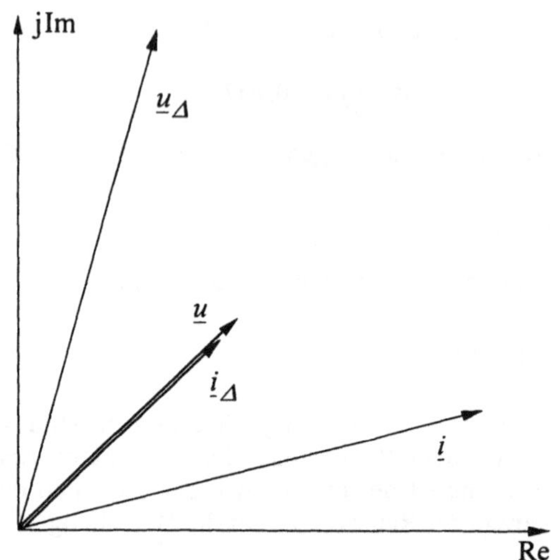

Bild 3.9 : Strom- und Spannungsraumzeiger des Abnehmers

An der momentanen Drehstromleistung sind keine Nullgrößen beteiligt. Sie kann mit Hilfe der Gleichung (2.92) sowohl aus den Leitergrößen als auch aus den verketteten Spannungen und Dreieckströmen berechnet werden. Weiterhin kann die Gleichung (3.29) auf die Raumzeiger der Leitergrößen oder auf die Raumzeiger der verketteten Spannungen und der Dreieckströme angewandt werden. Außerdem können wir auch die Gleichung (3.30) benutzen und sie auf alle möglichen orthogonalen Komponenten anwenden, die aus den Raumzeigern ableitbar sind. Schließlich bleiben uns noch die Gleichungen (3.43) bis (3.47), die von verketteten Spannungen und Leiterströmen ausgehen. Im Beispiel erhalten wir in jedem Fall erwartungsgemäß das gleiche Ergebnis

$$p = 1{,}299\,.$$

Bisher haben wir keine Einschränkungen bezüglich der Zeitfunktionen der Dreiphasengrößen getroffen. Die hier gezeigten Berechnungen sind daher ebenfalls uneingeschränkt anwendbar. Bemerkenswert ist die einfache Umrechnung von Raumzeigern zwischen verschiedenen Bezugskoordinatensystemen und zwischen Leiter- und Dreieckgrößen.

3.2 Kosinusförmige Dreiphasensysteme

3.2.1 Symmetrische Komponenten

Die Symmetrischen Komponenten sind die wohl bekannteste Transformation für kosinusförmige Dreiphasensysteme. Sie wurden von Fortescue 1917 in die Elektrotechnik eingeführt, wurden aber in der Mechanik bereits viel früher zur Berechnung von Tragwerken mit dreieckigen Fächern angewandt. Wir gehen bei ihrer Ableitung von komplexen Effektivwertzeigern der Dreiphasensysteme aus.

Die Nullkomponente erhalten wir analog zu den Gleichungen (3.1) und (3.2)

$$\left(\underline{V}_R-\underline{V}_{(0)}\right)+\left(\underline{V}_S-\underline{V}_{(0)}\right)+\left(\underline{V}_T-\underline{V}_{(0)}\right)=\underline{V}'_R+\underline{V}'_S+\underline{V}'_T=0 \tag{3.49}$$

$$\underline{V}_{(0)}=\frac{1}{3}\left(\underline{V}_R+\underline{V}_S+\underline{V}_T\right) \tag{3.50}$$

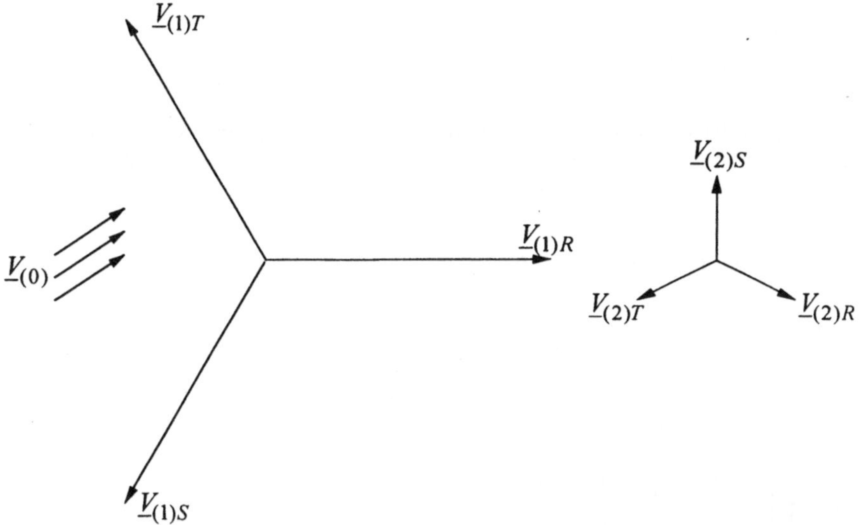

Bild 3.10 : Symmetrische Komponenten eines unsymmetrischen kosinusförmigen Dreiphasensystems

Im nächsten Schritt gehen wir von der Überlegung aus, daß in einem symmetrischen Dreiphasensystem nach Abschnitt 2.2.7.2 die drei Zeiger gleich werden, wenn wir zum Beispiel den Zeiger $\underline{V}'_S$ um $\underline{a}$ und den Zeiger $\underline{V}'_T$ um $\underline{a}^2$ drehen. Daher bilden wir den Zeiger

$$\underline{V}_{(1)R}=\frac{1}{3}\left(\underline{V}'_R+\underline{a}\,\underline{V}'_S+\underline{a}^2\,\underline{V}'_T\right)=\underline{V}_{(1)} \tag{3.51}$$

Er wird als Mitkomponente bezeichnet und bezieht sich auf die Phase R. Für die beiden

Phasen *S* und *T* können wir ebenso verfahren.

$$\underline{V}_{(1)S} = \frac{1}{3}\left(\underline{a}^2\,\underline{V'}_R + \underline{V'}_S + \underline{a}\,\underline{V'}_T\right) = \underline{a}^2\,\underline{V}_{(1)} \tag{3.52}$$

$$\underline{V}_{(1)T} = \frac{1}{3}\left(\underline{a}\,\underline{V'}_R + \underline{a}^2\underline{V'}_S + \underline{V'}_T\right) = \underline{a}\,\underline{V}_{(1)} \tag{3.53}$$

Die drei Zeiger haben den gleichen Betrag und sind um 120 Grad gegeneinander phasenverschoben. Sie bilden ein symmetrisches Dreiphasensystem gemäß Gleichung (2.91). Es reicht aus, nur einen der drei Zeiger zu berechnen. Wir verwenden im weiteren die Mitkomponente der Phase R und lassen den Phasenindex weg.

Wir ziehen nun vom ursprünglichen Zeiger $\underline{V}_R$ die Nullkomponente $\underline{V}_{(0)}$ und die entsprechende Mitkomponente $\underline{V}_{(1)R}$ ab. Der übrigbleibende Rest ist

$$\underline{V}_{(2)R} = \underline{V}_R - \frac{1}{3}\left(\underline{V}_R + \underline{V}_S + \underline{V}_T\right) - \frac{1}{3}\left(\underline{V'}_R + \underline{a}\,\underline{V'}_S + \underline{a}^2\underline{V'}_T\right) = \underline{V}_{(2)} \tag{3.54}$$

$$\underline{V}_{(2)R} = \frac{1}{3}\left(\underline{V'}_R + \underline{a}^2\,\underline{V'}_S + \underline{a}\,\underline{V'}_T\right) = \underline{V}_{(2)} \tag{3.55}$$

Die Größe $\underline{V}_{(2)R}$ ist die sogenannte Gegenkomponente bezogen auf den Leiter *R*. Die Rechnung wird für die Phasen *S* und *T* in der gleichen Weise durchgeführt. Die Ergebnisse sind

$$\underline{V}_{(2)S} = \frac{1}{3}\left(\underline{a}\,\underline{V'}_R + \underline{V'}_S + \underline{a}^2\,\underline{V'}_T\right) = \underline{a}\,\underline{V}_{(2)} \tag{3.56}$$

$$\underline{V}_{(2)T} = \frac{1}{3}\left(\underline{a}^2\underline{V'}_R + \underline{a}\,\underline{V'}_S + \underline{V'}_T\right) = \underline{a}^2\underline{V}_{(2)} \tag{3.57}$$

Die Symmetrischen Komponenten der Phase R lauten in Matrizenschreibweise

$$\begin{pmatrix}\underline{V}_{(0)}\\ \underline{V}_{(1)}\\ \underline{V}_{(2)}\end{pmatrix} = \frac{1}{3}\begin{pmatrix}1 & 1 & 1\\ 1 & \underline{a} & \underline{a}^2\\ 1 & \underline{a}^2 & \underline{a}\end{pmatrix}\begin{pmatrix}\underline{V}_R\\ \underline{V}_S\\ \underline{V}_T\end{pmatrix} = \mathbf{S}\begin{pmatrix}\underline{V}_R\\ \underline{V}_S\\ \underline{V}_T\end{pmatrix} \tag{3.58}$$

$$\begin{pmatrix}\underline{V}_R\\ \underline{V}_S\\ \underline{V}_T\end{pmatrix} = \begin{pmatrix}1 & 1 & 1\\ 1 & \underline{a}^2 & \underline{a}\\ 1 & \underline{a} & \underline{a}^2\end{pmatrix}\begin{pmatrix}\underline{V}_{(0)}\\ \underline{V}_{(1)}\\ \underline{V}_{(2)}\end{pmatrix} = \mathbf{S}^{-1}\begin{pmatrix}\underline{V}_{(0)}\\ \underline{V}_{(1)}\\ \underline{V}_{(2)}\end{pmatrix} = \mathbf{T}\begin{pmatrix}\underline{V}_{(0)}\\ \underline{V}_{(1)}\\ \underline{V}_{(2)}\end{pmatrix} \tag{3.59}$$

Die Transformationsmatrix in Gleichung (3.58) wird als Symmetrierungsmatrix **S** bezeichnet. Die Matrix in Gleichung (3.59) ist die Entsymmetrierungsmatrix $\mathbf{T}=\mathbf{S}^{-1}$.

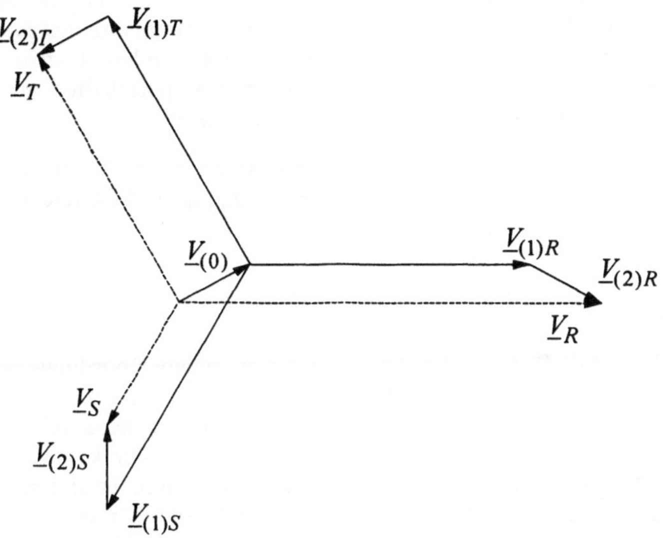

Bild 3.11 : Bildung eines unsymmetrischen Dreiphasensystems aus seinen Symmetrischen Komponenten

3.2.2 Raumzeiger und Symmetrische Komponenten

Um den Raumzeiger eines sinusförmigen symmetrischen Dreiphasensystemes (Mitsystem) zu bilden, gehen wir zu den Momentanwerten über

$$v_R = \hat{V}_{(1)} \cos\left(\omega t + \varphi_{(1)}\right) \qquad = \frac{1}{2}\left(\underline{\hat{V}}_{(1)}\, e^{j\omega t} + \underline{\hat{V}}^*_{(1)}\, e^{-j\omega t}\right) \tag{3.60}$$

$$v_S = \hat{V}_{(1)} \cos\left(\omega t + \varphi_{(1)} - \frac{2\pi}{3}\right) = \frac{1}{2}\left(\underline{a}^2 \underline{\hat{V}}_{(1)}\, e^{j\omega t} + \underline{a}\, \underline{\hat{V}}^*_{(1)}\, e^{-j\omega t}\right) \tag{3.61}$$

$$v_T = \hat{V}_{(1)} \cos\left(\omega t + \varphi_{(1)} - \frac{4\pi}{3}\right) = \frac{1}{2}\left(\underline{a}\, \underline{\hat{V}}_{(1)}\, e^{j\omega t} + \underline{a}^2\, \underline{\hat{V}}^*_{(1)}\, e^{-j\omega t}\right) \tag{3.62}$$

Wir wenden auf (3.60) bis (3.62) die Definitionsgleichung (3.3) für den Raumzeiger an und erhalten

$$\underline{v}_1 = \hat{V}_{(1)}\, e^{j\varphi_{(1)}}\, e^{j\omega t} = \sqrt{2}\,\underline{V}_{(1)}\, e^{j\omega t} \tag{3.63}$$

Der Raumzeiger eines Mitsystems beschreibt in der komplexen Ebene einen Kreis mit mathematisch positivem Umlaufsinn. Sein Betrag ist konstant und er rotiert mit konstanter Drehgeschwindigkeit, die durch die Betriebskreisfrequenz des Netzes vorgegeben ist. Ein derartiger Stromraumzeiger ruft in einer rotierenden elektrischen Maschine ein Magnetfeld hervor, das wegen der beschriebenen Eigenschaften als Drehfeld bezeichnet wird. Zu seiner Entstehung an späterer Stelle mehr.

Wir transformieren den Raumzeiger in ein mit Betriebskreisfrequenz mathematisch positiv umlaufendes Koordinatensystem und verwenden dazu die Gleichungen (3.4) und (3.6) mit $\omega_k = \omega$ und $x_{k0} = 0$.

$$\underline{v}_{k_1} = \underline{v}_1 \, \mathrm{e}^{-\mathrm{j}x} = \underline{v}_1 \, \mathrm{e}^{-\mathrm{j}\omega t} = \hat{V}_{(1)} \, \mathrm{e}^{\mathrm{j}\varphi_{(1)}} \, \mathrm{e}^{\mathrm{j}\omega t} \, \mathrm{e}^{-\mathrm{j}\omega t} = \underline{\hat{V}}_{(1)} \tag{3.64}$$

In einem synchron mit Betriebskreisfrequenz umlaufenden Koordinatensystem ist der Raumzeiger eines Mitsystems ruhend. Ein Mitsystem-Raumzeiger im Ständer einer Synchronmaschine mit drei Strängen gemäß Bild 3.1 würde demzufolge in ihrem synchron (mit gleicher Drehgeschwindigkeit) mitlaufenden Läufer keine Spannung induzieren, da er in Bezug auf den Läufer ruht, d.h. sich zeitlich nicht ändert. Das wesentliche Kennzeichen eines Mitsystems ist daher nicht einfach der in mathematisch positiver Richtung umlaufende Raumzeiger, sondern positiver Umlaufsinn bedeutet hier Umlauf in der gleichen Richtung wie der Läufer einer rotierenden elektrischen Maschine.

Wir wollen uns die Verhältnisse auch bei der Asynchronmaschine mit drei Strängen gemäß Bild 3.1 ansehen. Ihr Läufer läuft etwas langsamer als der Raumzeiger des Mitsystems bzw. das Drehfeld um. Er verhält sich asynchron. Wir nehmen jedoch hier an, daß die Drehrichtungen von Drehfeld und Läufer gleich sind. Die Drehzahlabweichung zwischen Drehfeld und Läufer wird als Schlupf s bezeichnet

$$s = \frac{\omega - \omega_l}{\omega} = 1 - \frac{\omega_l}{\omega} \tag{3.65}$$

Wir transformieren den Mitsystem-Raumzeiger in ein läuferfestes Koordinatensystem und verwenden dazu die Gleichungen (3.4) und (3.5) mit $x_{l0} = 0$.

$$\underline{v}_{l_1} = \underline{v}_1 \, \mathrm{e}^{-\mathrm{j}x_l} = \underline{v}_1 \, \mathrm{e}^{-\mathrm{j}\omega_l t} = \underline{v}_1 \, \mathrm{e}^{-\mathrm{j}(1-s)\omega t} = \underline{\hat{V}}_{(1)} \, \mathrm{e}^{\mathrm{j}s\omega t} \tag{3.66}$$

Der Mitsystem-Raumzeiger läuft gegenüber dem Läufer mit Schlupfdrehgeschwindigkeit um. Der Schlupf liegt bei kleinen Asynchronmaschinen unter 0,05 bei sehr großen sogar unter 0,01. Die zeitliche Änderung eines Stromraumzeigers in Bezug auf den Läufer einer Asynchronmaschine ist deshalb wesentlich geringer als in Bezug auf den Ständer. Das hat natürlich Einfluß auf die Spannungsinduktion im Läufer.

Durch Änderung der Phasenfolge (Vertauschen von v_S und v_T) erhält man aus den Gleichungen (3.60) bis (3.62) ein Gegensystem.

$$v_R = \hat{V}_{(2)} \cos\left(\omega t + \varphi_{(2)}\right) \quad = \frac{1}{2}\left(\underline{\hat{V}}_{(2)}\, \mathrm{e}^{\mathrm{j}\omega t} + \underline{\hat{V}}^*_{(2)}\, \mathrm{e}^{-\mathrm{j}\omega t}\right) \tag{3.67}$$

$$v_S = \hat{V}_{(2)} \cos\left(\omega t + \varphi_{(2)} - \frac{4\pi}{3}\right) = \frac{1}{2}\left(\underline{a}\,\underline{\hat{V}}_{(2)}\, \mathrm{e}^{\mathrm{j}\omega t} + \underline{a}^2\, \underline{\hat{V}}^*_{(2)}\, \mathrm{e}^{-\mathrm{j}\omega t}\right) \tag{3.68}$$

$$v_T = \hat{V}_{(2)} \cos\left(\omega t + \varphi_{(2)} - \frac{2\pi}{3}\right) = \frac{1}{2}\left(\underline{a}^2\underline{\hat{V}}_{(2)}\, \mathrm{e}^{\mathrm{j}\omega t} + \underline{a}\, \underline{\hat{V}}^*_{(2)}\, \mathrm{e}^{-\mathrm{j}\omega t}\right) \tag{3.69}$$

Für den dazugehörigen Raumzeiger gilt

$$\underline{v}_{-1} = \hat{V}_{(2)}\, \mathrm{e}^{-\mathrm{j}\varphi_{(2)}}\, \mathrm{e}^{-\mathrm{j}\omega t} = \sqrt{2}\underline{V}^*_{(2)}\, \mathrm{e}^{-\mathrm{j}\omega t} \tag{3.70}$$

Der Raumzeiger eines Gegensystems beschreibt in der komplexen Ebene einen Kreis, der mit konstanter Geschwindigkeit im mathematisch negativen Umlaufsinn durchlaufen wird. Negativer Umlaufsinn bedeutet Umlauf in entgegengesetzter Drehrichtung zum Läufer einer rotierenden elektrischen Maschine. Wir transformieren den Gegensystem-Raumzeiger wiederum in ein synchron umlaufendes Koordinatensystem und erhalten

$$\underline{v}_{k_{-1}} = \underline{v}_{-1}\, \mathrm{e}^{-\mathrm{j}x} = \underline{v}_{-1}\, \mathrm{e}^{-\mathrm{j}\omega t} = \hat{V}_{(2)}\, \mathrm{e}^{-\mathrm{j}\varphi_{(2)}}\, \mathrm{e}^{-\mathrm{j}\omega t}\, \mathrm{e}^{-\mathrm{j}\omega t} = \hat{V}^*_{(2)}\, \mathrm{e}^{-\mathrm{j}2\omega t} \tag{3.71}$$

Ein Gegensystem-Raumzeiger im läuferfesten Koordinatensystem einer Asynchronmaschine gehorcht der Zeitfunktion

$$\underline{v}_{l_{-1}} = \underline{v}_{-1}\, \mathrm{e}^{-\mathrm{j}x_l} = \underline{v}_{-1}\, \mathrm{e}^{-\mathrm{j}\omega_l t} = \underline{v}_{-1}\, \mathrm{e}^{-\mathrm{j}(1-s)\omega t} = \underline{\hat{V}}^*_{(2)}\, \mathrm{e}^{-\mathrm{j}(2-s)\omega t} \tag{3.72}$$

Die Gleichungen (3.71) und (3.72) zeigen, daß ein Gegenstrom-Raumzeiger im Läufer einer rotierenden elektrischen Maschine völlig andere Spannungen induziert als ein Mitsystem, da er sich zeitlich mit doppelter Betriebskreisfrequenz bei der Synchronmaschine bzw. mit nahezu doppelter Betriebskreisfrequenz bei der Asynchronmaschine relativ zum Läufer ändert.

Allgemein ist der Raumzeiger eines beliebig unsymmetrischen, zeitlich sinusförmigen Dreiphasensystems

$$\underline{v} = \underline{\hat{V}}_{(1)}\, \mathrm{e}^{\mathrm{j}\omega t} + \underline{\hat{V}}^*_{(2)}\, \mathrm{e}^{-\mathrm{j}\omega t} \tag{3.73}$$

Gleichung (3.73) beschreibt in der komplexen Ebene eine Ellipse, deren große Halbachse die Summe und deren kleine Halbachse die Differenz der Amplituden von Mit- und Gegenkomponente ist.

Bild 3.12 zeigt den Raumzeiger nach Gleichung (3.73) für das unsymmetrische Dreiphasensystem nach Bild 3.11. Er beschreibt eine Ellipse, deren große Halbachse die Summe der Beträge von Mit- und Gegenkomponente ist. Ihre kleine Halbachse ist gleich dem Betrag der Differenz der Beträge von Mit- und Gegenkomponente. Unsymmetrien der beschriebenen Art erzeugen in rotierenden elektrischen Maschinen elliptische Drehfelder.

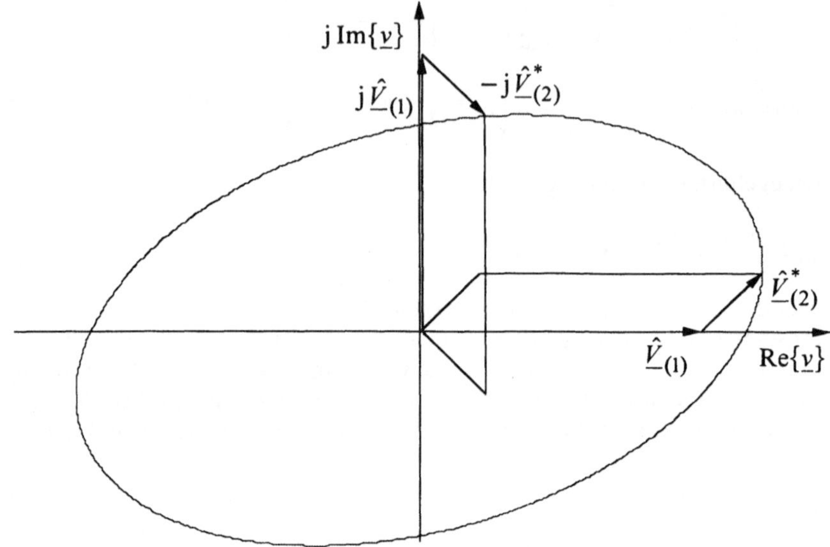

Bild 3.12 : Raumzeiger des unsymmetrischen sinusförmigen Dreiphasensystems im ruhenden Koordinatensystem

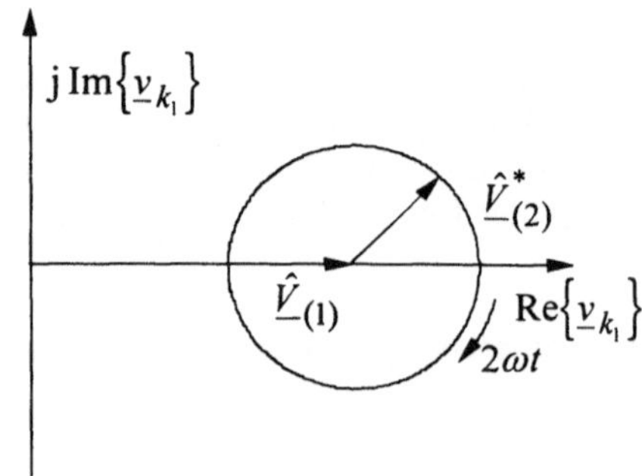

Bild 3.13 : Raumzeiger des unsymmetrischen Dreiphasensystems im synchron umlaufenden Koordinatensystem

Der Betrag der Raumzeiger nach den Gleichungen (3.63) und (3.70) ist zeitlich konstant, der nach Gleichung (3.72) ändert sich periodisch mit doppelter Betriebsfrequenz. Das ist leicht zu sehen, wenn wir Gleichung (3.73) in ein synchron mit Betriebskreisfrequenz mathematisch positiv umlaufendes Koordinatensystem umrechnen.

$$\underline{v}_{k_1} = \underline{\hat{V}}_{(1)} + \underline{\hat{V}}^*_{(2)}\, \mathrm{e}^{-\mathrm{j}2\omega t} \tag{3.74}$$

In diesem Koordinatensystem beschreibt der Raumzeiger einen Kreis um die Zeigerspitze der ruhenden Mitkomponente, dessen Radius gleich der Amplitude der Gegenkomponente ist. Dieser Kreis wird mit doppelter Betriebskreisfrequenz in mathematisch negativer Richtung durchlaufen. Er ist im Bild 3.13 graphisch dargestellt.

Wir erkennen aus den in diesem Abschnitt dargestellten Beziehungen, daß die Symmetrischen Komponenten ebenfalls ein Spezialfall der Transformation mit Raumzeigern und Nullgrößen für kosinusförmige Dreiphasensysteme sind.

3.2.3 Diagonal-Komponenten kosinusförmiger Dreiphasensysteme

Die Nullkomponente der Diagonalkomponenten ist mit der der Symmetrischen Komponenten nach Gleichung (3.50) identisch. Zur Bestimmung der α- und der β-Komponente gehen wir vom Raumzeiger nach Gleichung (3.73) aus. Wir bilden zunächst seinen Realteil.

$$\mathrm{Re}\{\underline{v}\} = v_\alpha = \hat{V}_{(1)} \cos\left(\omega t + \varphi_{(1)}\right) + \hat{V}_{(2)} \cos\left(\omega t + \varphi_{(2)}\right) \tag{3.75}$$

$$\mathrm{Re}\{\underline{v}\} = v_\alpha = \frac{1}{2}\left(\underline{\hat{V}}_{(1)} + \underline{\hat{V}}_{(2)}\right) \mathrm{e}^{\mathrm{j}\omega t} + \frac{1}{2}\left(\underline{\hat{V}}^*_{(1)} + \underline{\hat{V}}^*_{(2)}\right) \mathrm{e}^{-\mathrm{j}\omega t} \tag{3.76}$$

Gleichung (3.76) ermöglicht uns den Übergang zu komplexen Effektivwertzeigern.

$$\underline{V}_\alpha = \underline{V}_{(1)} + \underline{V}_{(2)} \tag{3.77}$$

Die komplexe β-Komponente bestimmen wir auf die gleiche Weise durch Bildung des Imaginärteils des Raumzeigers nach Gleichung (3.73).

$$\mathrm{Im}\{\underline{v}\} = v_\beta = \hat{V}_{(1)} \sin\left(\omega t + \varphi_{(1)}\right) - \hat{V}_{(2)} \sin\left(\omega t + \varphi_{(2)}\right) \tag{3.78}$$

$$\mathrm{Im}\{\underline{v}\} = v_\beta = \frac{-\mathrm{j}}{2}\left(\underline{\hat{V}}_{(1)} - \underline{\hat{V}}_{(2)}\right) \mathrm{e}^{\mathrm{j}\omega t} + \frac{\mathrm{j}}{2}\left(\underline{\hat{V}}^*_{(1)} - \underline{\hat{V}}^*_{(2)}\right) \mathrm{e}^{-\mathrm{j}\omega t} \tag{3.79}$$

Aus Gleichung (3.79) erhalten wir die komplexe β-Komponente

$$\underline{V}_\beta = -\mathrm{j}\,\underline{V}_{(1)} + \mathrm{j}\,\underline{V}_{(2)} \tag{3.80}$$

Der Zusammenhang zwischen den Symmetrischen und den komplexen Diagonalkomponenten lautet

$$\begin{pmatrix} \underline{V}_{(0)} \\ \underline{V}_{\alpha} \\ \underline{V}_{\beta} \end{pmatrix} = \begin{pmatrix} 1 & 0 & 0 \\ 0 & 1 & 1 \\ 0 & -\mathrm{j} & \mathrm{j} \end{pmatrix} \begin{pmatrix} \underline{V}_{(0)} \\ \underline{V}_{(1)} \\ \underline{V}_{(2)} \end{pmatrix} \tag{3.81}$$

$$\begin{pmatrix} \underline{V}_{(0)} \\ \underline{V}_{(1)} \\ \underline{V}_{(2)} \end{pmatrix} = \frac{1}{2} \begin{pmatrix} 2 & 0 & 0 \\ 0 & 1 & \mathrm{j} \\ 0 & 1 & -\mathrm{j} \end{pmatrix} \begin{pmatrix} \underline{V}_{(0)} \\ \underline{V}_{\alpha} \\ \underline{V}_{\beta} \end{pmatrix} \tag{3.82}$$

Wenn in die Gleichungen (3.77) und (3.78) die Bestimmungsgleichungen (3.51) und (3.54) für die Mit- und die Gegenkomponente eingesetzt werden, dann erhalten wir die Transformationsgleichungen zwischen den natürlichen Zeigern des Dreiphasensystems und den komplexen Diagonalkomponenten. Sie sind uns mit der Gleichung (3.25) bereits bekannt. Die dort benutzten Momentanwerte sind lediglich durch die komplexen Effektivwertzeiger zu ersetzen.

Bild 3.14 zeigt die Zerlegung des kosinusförmigen Dreiphasensystems nach Bild 3.11 in seine Diagonalkomponenten.

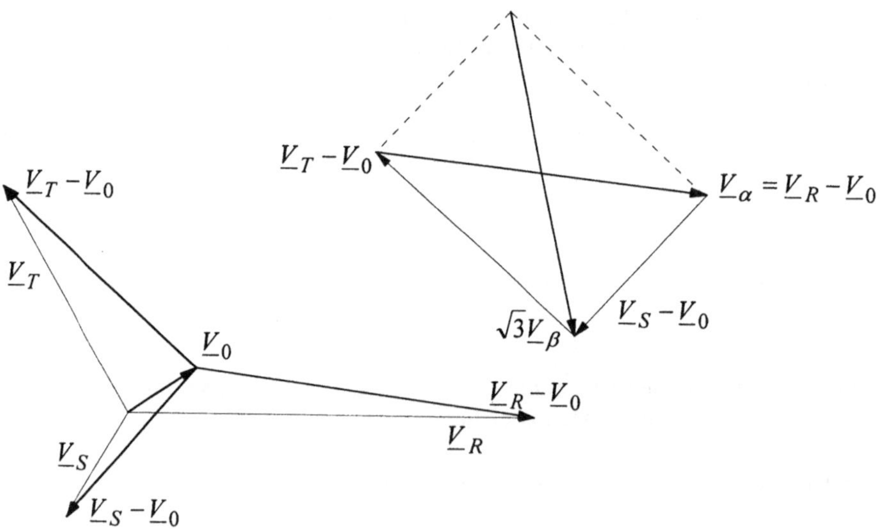

Bild 3.14 : Zerlegung eines kosinusförmigen Dreiphasensystems in Diagonalkomponenten

Der Name "Diagonalkomponenten" wird durch dieses Zeigerbild verständlich. Die Zeiger $\underline{V}_R$ - $\underline{V}_{(0)}$, $\underline{V}_S$ - $\underline{V}_{(0)}$ und $\underline{V}_T$ - $\underline{V}_{(0)}$ bilden ein geschlossenes Dreieck. Wenn man dieses am Zeiger $\underline{V}_R$ - $\underline{V}_{(0)}$ punktspiegelt, dann entsteht ein Parallelogramm, dessen beide Diagonalen die α- Komponente und die $\sqrt{3}$ -fache β-Komponente sind.

3.2.4 Zwei-Achsen-Komponenten kosinusförmiger Dreiphasensysteme

Wir gehen zur Bestimmung der Zwei-Achsen-Komponenten kosinusförmiger Dreiphasensysteme vom Raumzeiger im synchron umlaufenden Koordinatensystem nach Gleichung (3.74) aus. Der Realteil dieses Raumzeigers ist

$$\mathrm{Re}\left\{\underline{v}_{k_1}\right\} = v_d = \hat{V}_{(1)} \cos\varphi_{(1)} + \hat{V}_{(2)} \cos\left(2\omega t + \varphi_{(2)}\right) \tag{3.83}$$

Die Querkomponente erhalten wir durch Bildung des Imaginärteils des Raumzeigers nach Gleichung (3.74)

$$\mathrm{Im}\left\{\underline{v}_{k_1}\right\} = v_q = \hat{V}_{(1)} \sin\varphi_{(1)} - \hat{V}_{(2)} \sin\left(2\omega t + \varphi_{(2)}\right) \tag{3.84}$$

Die Zwei-Achsen-Komponenten eines unsymmetrischen kosinusförmigen Dreiphasensystems können nicht durch jeweils einen einzigen komplexen Zeiger dargestellt werden. Sie sind Fourierreihen mit zwei Gliedern. Bei symmetrischen kosinusförmigen Dreiphasensystemen, die durch ein Mitsystem dargestellt werden können, sind die Zwei-Achsen-Komponenten ruhende Zeiger in der Richtung der Polachse (d-Komponente) bzw. senkrecht dazu (q-Komponente).

3.2.5 Verkettete kosinusförmige Dreiphasensysteme

Die Gleichungen (3.38) und (3.41) versetzen uns in die Lage, auch Symmetrische Komponenten und Diagonalkomponenten von verketteten Dreiphasensystemen zu bilden. Für den Raumzeiger der verketteten Spannungen erhalten wir mit den Gleichungen (3.38) und (3.73)

$$\underline{u}_{\Delta} = -\mathrm{j}\,\underline{a}\,\sqrt{3}\left(\underline{\hat{U}}_{(1)}\,\mathrm{e}^{\mathrm{j}\omega t} + \underline{\hat{U}}^{*}_{(2)}\,\mathrm{e}^{-\mathrm{j}\omega t}\right) = \underline{\hat{U}}_{(1)\Delta}\,\mathrm{e}^{\mathrm{j}\omega t} + \underline{\hat{U}}^{*}_{(2)\Delta}\,\mathrm{e}^{-\mathrm{j}\omega t} \tag{3.85}$$

Aus Gleichung (3.85) können wir unmittelbar ablesen

$$\begin{aligned} \underline{U}_{(1)\Delta} &= \sqrt{3}\,\underline{U}_{(1)}\,\mathrm{e}^{\mathrm{j}\frac{\pi}{6}} = -\mathrm{j}\,\underline{a}\,\sqrt{3}\,\underline{U}_{(1)} \quad \text{und} \\ \underline{U}_{(2)\Delta} &= \sqrt{3}\,\underline{U}_{(2)}\,\mathrm{e}^{-\mathrm{j}\frac{\pi}{6}} = \mathrm{j}\,\underline{a}^2\sqrt{3}\underline{U}_{(2)} \end{aligned} \tag{3.86}$$

Mit den Gleichungen (3.77) und (3.80) können die verketteten Diagonalkomponenten ermittelt werden.

$$\underline{U}_{\alpha\Delta} = \underline{U}_{(1)\Delta} + \underline{U}_{(2)\Delta} = \mathrm{j}\sqrt{3}\left(-\underline{a}\,\underline{U}_{(1)} + \underline{a}^2\,\underline{U}_{(2)}\right) \tag{3.87}$$

$$\underline{U}_{\beta\Delta} = -\mathrm{j}\,\underline{U}_{(1)\Delta} + \mathrm{j}\,\underline{U}_{(2)\Delta} = \sqrt{3}\left(-\underline{a}\,\underline{U}_{(1)} - \underline{a}^2\,\underline{U}_{(2)}\right) \tag{3.88}$$

Für den Raumzeiger der Dreieckströme bekommen wir aus den Gleichungen (3.40) und (3.73)

$$\underline{i}_{\Delta} = -\mathrm{j}\,\underline{a}\,\frac{\sqrt{3}}{3}\left(\underline{\hat{I}}_{(1)}\,\mathrm{e}^{\mathrm{j}\omega t} + \underline{\hat{I}}^*_{(2)}\,\mathrm{e}^{-\mathrm{j}\omega t}\right) = \underline{\hat{I}}_{(1)\Delta}\,\mathrm{e}^{\mathrm{j}\omega t} + \underline{\hat{I}}^*_{(2)\Delta}\,\mathrm{e}^{-\mathrm{j}\omega t} \tag{3.89}$$

Die Symmetrischen Komponenten der Dreieckströme sind mit Gleichung (3.89)

$$\underline{I}_{(1)\Delta} = \frac{\sqrt{3}}{3}\,\underline{I}_{(1)}\,\mathrm{e}^{\mathrm{j}\frac{\pi}{6}} = -\mathrm{j}\,\underline{a}\,\frac{\sqrt{3}}{3}\,\underline{I}_{(1)} \quad \text{und} \quad \underline{I}_{(2)\Delta} = \frac{\sqrt{3}}{3}\,\underline{I}_{(2)}\,\mathrm{e}^{-\mathrm{j}\frac{\pi}{6}} = \mathrm{j}\,\underline{a}^2\,\frac{\sqrt{3}}{3}\,\underline{I}_{(2)} \tag{3.90}$$

Die Diagonalkomponenten der Dreieckströme sind analog zu den Gleichungen (3.87) und (3.88)

$$\underline{I}_{\alpha\Delta} = \underline{I}_{(1)\Delta} + \underline{I}_{(2)\Delta} = \mathrm{j}\frac{\sqrt{3}}{3}\left(-\underline{a}\,\underline{I}_{(1)} + \underline{a}^2\,\underline{I}_{(2)}\right) \tag{3.91}$$

$$\underline{I}_{\beta\Delta} = -\mathrm{j}\,\underline{I}_{(1)\Delta} + \mathrm{j}\,\underline{I}_{(2)\Delta} = \frac{\sqrt{3}}{3}\left(-\underline{a}\,\underline{I}_{(1)} - \underline{a}^2\,\underline{I}_{(2)}\right) \tag{3.92}$$

Alle hier angegebenen Komponenten können auch aus den originalen Zeigern der Dreiphasensysteme der Ströme und Spannungen abgeleitet werden.

Alle bekannten Transformationen für Dreiphasensysteme sind Spezialfälle der Transformation in Nullgrößen und Raumzeiger. Über einfache Beziehungen können wir bei Raumzeigern das Bezugskoordinatensystem wechseln bzw. von einer auf die andere Transformation übergehen. Dadurch werden wir in die Lage versetzt, problemangepaßt die übersichtlichste und einfachste Darstellungsform zu wählen.

3.3 Nichtkosinusförmige periodische Dreiphasensysteme

Periodische Wechselgrößen haben wir im Abschnitt 2.4 durch Fourierreihen dargestellt. Die dafür notwendigen Bedingungen treffen auch auf die Dreiphasensysteme der Starkstromtechnik zu, d.h., sowohl die ursprünglichen Größen als auch die Nullgröße, der Raumzeiger, die Diagonalkomponenten der Momentanwerte sowie die Zweiachsen-Komponenten sind durch Fourierreihen darstellbar. Wir beschränken uns hier auf Raumzeiger und Nullgrößen. Die Diagonal- und Zweiachsen-Komponenten können daraus über die bekannten Beziehungen abgeleitet werden.

Eine nichtkosinusförmige periodische Nullgröße ist eine Wechselgröße nach Abschnitt 2.4. Die Fourierreihe der Nullgröße ist reell. Für ihre komplexe Darstellung nach Gleichung (2.262) gilt daher analog zu Gleichung (2.265)

$$\underline{\hat{V}}_{0(-n)} = \underline{\hat{V}}^{*}_{0(+n)} \tag{3.93}$$

Die Nullkomponente der Symmetrischen Komponenten ist die Grundschwingung einer nichtkosinusförmigen periodischen Nullgröße.

$$\underline{V}_{(0)} = \underline{V}_{01} = V_{01}\,\mathrm{e}^{\mathrm{j}\varphi_{01}} \tag{3.94}$$

Nichtkosinusförmige periodische Raumzeiger werden mit komplexen Fouriereihen beschrieben.

$$\underline{v}(\omega t) = \sum_{n=-\infty}^{n=+\infty} \underline{\hat{V}}_n\,\mathrm{e}^{\mathrm{j}n\omega t} \tag{3.95}$$

Ihre Fourierkoeffizienten sind durch das Integral

$$\underline{\hat{V}}_n = \frac{1}{2\pi}\int_0^{2\pi} \underline{v}(\omega t)\,\mathrm{e}^{-\mathrm{j}n\omega t}\,\mathrm{d}\,\omega t \tag{3.96}$$

gegeben. Für Raumzeiger gilt jedoch die Gleichung (2.265) nicht. Ihre Harmonischen mit gleichem Betrag der Ordnungszahlen ergeben zusammen im allgemeinen keine reelle Kosinusfunktion. Periodische Raumzeiger werden durch eine Summe von Zeigern konstanten Betrages beschrieben, die mit ihren Ordnungszahlen entsprechenden konstanten Drehgeschwindigkeiten in mathematisch positiver und negativer Richtung rotieren. Aus dem Abschnitt 3.2.2 wissen wir, daß mathematisch positive Drehrichtung eine Drehung in der gleichen Richtung wie der Läufer einer rotierenden elektrischen Maschine bedeutet. Entsprechend heißt eine Drehung mathematisch negativ, wenn sie entgegen der Drehrichtung des Läufers einer rotierenden elektrischen Maschine verläuft.

Auf der Grundlage dieser Erkenntnis können wir die Begriffe Mit- und Gegensystem verallgemeinern. Alle Harmonischen eines Raumzeigers mit positiver Ordnungszahl stellen Mitsysteme dar und solche mit negativer Ordnungszahl sind Gegensysteme. Die Mit- und Gegenkomponente der Symmetrischen Komponenten entsprechen so den beiden Grundschwingungen des Raumzeigers mit positiver und negativer Drehrichtung. Ausgehend vom Raumzeiger nach Gleichung (3.73) erhalten wir

$$\underline{V}_{(1)} = \underline{V}_{+1} \quad \text{und} \quad \underline{V}_{(2)} = \underline{V}^*_{-1} \tag{3.97}$$

Die Mitkomponente ist die erste Harmonische des Raumzeigers mit mathematisch positiver Drehrichtung. Die Gegenkomponente ist dagegen die konjugiert komplexe erste Harmonische des Raumzeigers mit mathematisch negativer Drehrichtung. Um Verwechslungen mit der Ordnungszahl zu vermeiden, setzen wir daher die gebräuchlichen Indizes der Symmetrischen Komponenten in Klammern. Mit- und Gegenkomponente sind demnach nur zwei spezielle Bestandteile eines umfassenderen Raumzeigers und deshalb nur unter Einschränkungen anwendbar.

3.3.1 Periodische Raumzeiger mit symmetrischen Zeitfunktionen

3.3.1.1 Symmetrie zur Abszisse. Aufbauend auf dem vorhergehenden Abschnitt wollen wir nun den Einfluß von Symmetriebedingungen auf den zeitlichen Verlauf des Raumzeigers und das Spektrum seiner Harmonischen untersuchen. Im einfachsten Fall nehmen wir an, daß für jede Größe des ursprünglichen Dreiphasensystems die Bedingung

$$v_{R,S,T}(\omega t + (2h+1)\pi) = -v_{R,S,T}(\omega t + 2h\pi) \quad \text{mit} \quad h = 0,1,2,3,\cdots \tag{3.98}$$

erfüllt ist. Aus der Definitionsgleichung des Raumzeigers (3.3) erhalten wir mit (3.98)

$$\underline{v}_2(\omega t + h\pi) = (-1)^h \, \underline{v}_2(\omega t) \tag{3.99}$$

$$|\underline{v}_2(\omega t + h\pi)| = |\underline{v}_2(\omega t)| \quad \text{und} \quad \arg(\underline{v}_2(\omega t + h\pi)) = \arg(\underline{v}_2(\omega t)) + h\pi \tag{3.100}$$

Wir spalten die Bestimmungsgleichung (3.96) für die Fourier-Koeffizienten in zwei Teilintegrale auf und führen durch Variablensubstitution das Integrationsintervall des zweiten Teilintegrals auf das des ersten zurück.

$$2\pi\,\hat{\underline{V}}_n = \int_0^{\pi} \underline{v}(\omega t)\,\mathrm{e}^{-\mathrm{j}n\omega t}\,\mathrm{d}\omega t + \int_{\pi}^{2\pi} \underline{v}(\omega t)\,\mathrm{e}^{-\mathrm{j}n\omega t}\,\mathrm{d}\omega t \tag{3.101}$$

$$2\pi\,\underline{\hat{V}}_n = \int_0^{\pi} \underline{v}(\omega t)\,\mathrm{e}^{-\mathrm{j}n\omega t}\,\mathrm{d}\omega t + \int_0^{\pi} \underline{v}(\omega t+\pi)\,\mathrm{e}^{-\mathrm{j}n(\omega t+\pi)}\,\mathrm{d}\omega t \tag{3.102}$$

Durch Einführung der Gleichung (3.99) in Gleichung (3.102) erhalten wir

$$2\pi\,\underline{\hat{V}}_n = \left(1+\mathrm{e}^{\mathrm{j}(1-n)\pi}\right)\int_0^{\pi} \underline{v}(\omega t)\,\mathrm{e}^{-\mathrm{j}n\omega t}\,\mathrm{d}\omega t = c_2 \int_0^{\pi} \underline{v}(\omega t)\,\mathrm{e}^{-\mathrm{j}n\omega t}\,\mathrm{d}\omega t \tag{3.103}$$

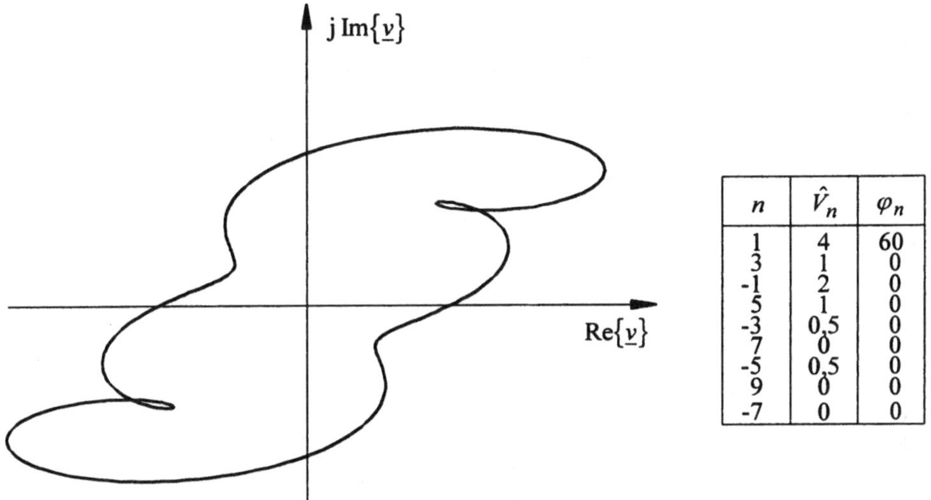

n	$\hat{V}_n$	φ_n
1	4	60
3	1	0
-1	2	0
5	1	0
-3	0,5	0
7	0	0
-5	0,5	0
9	0	0
-7	0	0

Bild 3.15 : Zweipulsiger Raumzeiger

Durch die Symmetriebedingung (3.99) wird das notwendige Integrationsintervall zur Bestimmung der Fourier-Koeffizienten gemäß Gleichung (3.103) auf die halbe Periode verkürzt. Gleichzeitig erfährt das Frequenzspektrum der Harmonischen eine Einschränkung, denn der Faktor c_2 ist

$$c_2 = \begin{cases} 2 & \text{für } n = \pm 2k+1 \\ 0 & \text{sonst} \end{cases} \qquad k = 0,1,2,3,\cdots \tag{3.104}$$

Der Raumzeiger besteht nach Gleichung (3.104) nur aus ungeradzahligen Harmonischen beiderlei Vorzeichens. Wegen der Symmetriebedingung (3.99) bezeichnen wir ihn in Anlehnung an die Stromrichtertheorie als zweipulsigen Raumzeiger (Index 2). Ein zweipulsiger Raumzeiger wird im einfachsten Fall nach (3.73) beschrieben. Er besteht dann nur aus den Grundschwingungen beiderlei Vorzeichens und ist im Bild 3.12 dargestellt. Bild 3.15 zeigt einen zweipulsigen Raumzeiger mit mehr als zwei Harmonischen.

Zweipulsige Raumzeiger deuten auf Unsymmetrien im Drehstromsystem (Unsymmetrie der Leerlaufspannungen, Impedanz- bzw. Belastungsunsymmetrie) hin.

3.3.1.2 Phasenverschiebung von 120 Grad. Wir nehmen nun ein Dreiphasensystem an, dessen drei Größen den gleichen zeitlichen Verlauf haben, die jedoch um 120 Grad phasenverschoben sind.

$$v_R(\omega t) = v_S\left(\omega t + \frac{2\pi}{3}\right) = v_T\left(\omega t + \frac{4\pi}{3}\right) \tag{3.105}$$

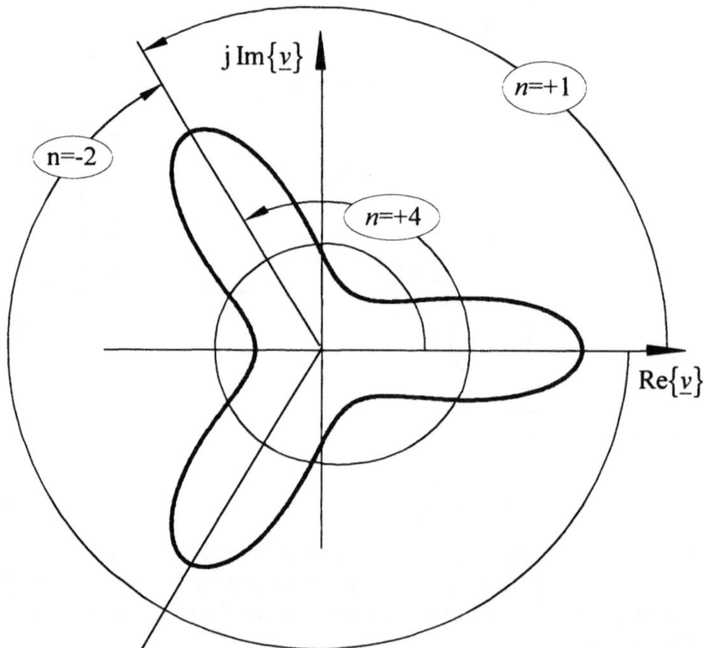

Bild 3.16 : Dreipulsiger Raumzeiger mit drei Harmonischen

Mit Hilfe der Bestimmungsgleichung des Raumzeigers erhalten wir für dieses Dreiphasensystem

$$\underline{v}_3\left(\omega t + h\frac{2\pi}{3}\right) = \underline{a}^h\ \underline{v}_3(\omega t) \tag{3.106}$$

$$\left|\underline{v}_3\left(\omega t + h\frac{2\pi}{3}\right)\right| = \left|\underline{v}_3(\omega t)\right| \quad \text{und} \quad \arg\left(\underline{v}_3\left(\omega t + h\frac{2\pi}{3}\right)\right) = \arg(\underline{v}_3(\omega t)) + h\frac{2\pi}{3} \tag{3.107}$$

Zur Ermittlung der Fourier-Koeffizienten zerlegen wir das Integral in Gleichung (3.96) in drei Teilintegrale über jeweils eine Drittelperiode und führen sie wie beim zweipulsigen Raumzeiger unter Verwendung der Gleichungen (3.106) und (3.107) auf die erste Drittelperiode zurück. Wir gelangen so zu

$$2\pi \, \underline{\hat{V}}_n = \left(1 + \underline{a}^{2n+1} + \underline{a}^{n+2}\right) \int_0^{\frac{2\pi}{3}} \underline{v}(\omega t) \, \mathrm{e}^{-\mathrm{j}n\omega t} \, \mathrm{d}\omega t = c_3 \int_0^{\frac{2\pi}{3}} \underline{v}(\omega t) \, \mathrm{e}^{-\mathrm{j}n\omega t} \, \mathrm{d}\omega t \tag{3.108}$$

Für den Faktor c_3 in Gleichung (3.108) erhalten wir

$$c_3 = \begin{cases} 3 & \text{für } n = \pm 3k + 1 \\ 0 & \text{sonst} \end{cases} \qquad k = 0,1,2,3,\cdots \tag{3.109}$$

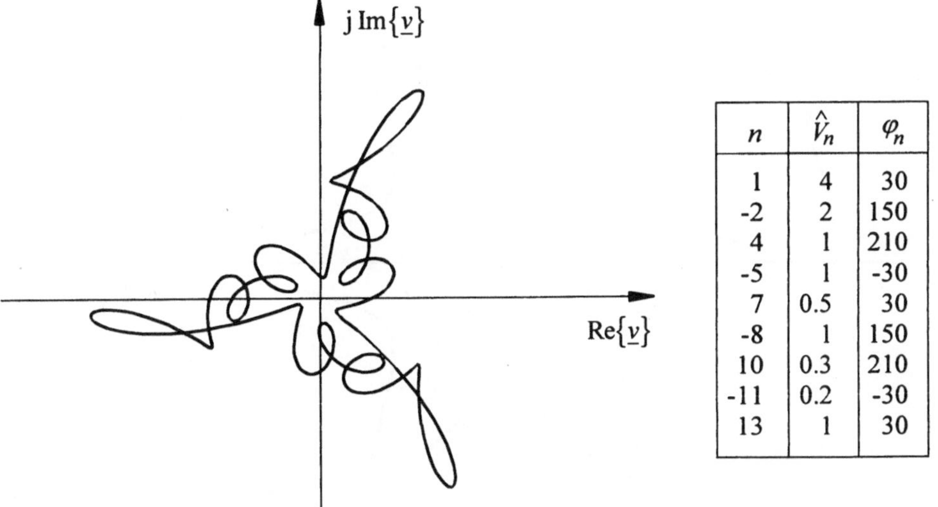

n	$\hat{V}_n$	φ_n
1	4	30
-2	2	150
4	1	210
-5	1	-30
7	0.5	30
-8	1	150
10	0.3	210
-11	0.2	-30
13	1	30

Bild 3.17 : Dreipulsiger Raumzeiger

Wegen der Symmetriebedingung (3.105) bezeichnen wir den Raumzeiger als dreipulsig. Er enthält nur Harmonische, deren Ordnungszahlen benachbart zu ganzzahligen Vielfachen beiderlei Vorzeichens von 3 sind. Bild 3.16 zeigt ein einfaches Beispiel für einen dreipulsigen Raumzeiger. Die für ihn gültige Symmetriebedingung gilt auch für jede einzelne seiner Harmonischen, da sie zueinander orthogonal sind. Aus dem Bild 3.16 wird daher in anschaulicher Weise deutlich, welche Harmonischen in einem dreipulsigen Raumzeiger überhaupt auftreten können und ob sie Mit- oder Gegensysteme darstellen.

Bild 3.17 zeigt einen dreipulsigen Raumzeiger mit mehr als drei Harmonischen. Dreipulsige Raumzeiger treten in dreipulsigen Stromrichtersystemen auf. Wie wir später sehen werden, sind sie der Grundbaustein aller höherpulsigen Stromrichter, die am Drehstromnetz betrieben werden.

3.3.1.3 Symmetrie zur Abszisse und Phasenverschiebung von 120 Grad. Wir nehmen nun an, daß ein Dreiphasensystem gegeben sei, bei dem die Symmetriebedingungen (3.99) und (3.106) gleichzeitig erfüllt sind. Der dazugehörige Raumzeiger ist sechspulsig. Er erfüllt die Bedingung

$$\underline{v}_6\left(\omega t + h\frac{\pi}{3}\right) = \mathrm{e}^{\mathrm{j}h\frac{\pi}{3}}\ \underline{v}_6(\omega t) = (-1)^h\ \underline{a}^{2h}\ \underline{v}_6(\omega t) \tag{3.110}$$

$$\left|\underline{v}_6\left(\omega t + h\frac{\pi}{3}\right)\right| = \left|\underline{v}_6(\omega t)\right| \quad \text{und} \quad \arg\left(\underline{v}_6\left(\omega t + h\frac{\pi}{3}\right)\right) = \arg(\underline{v}_6(\omega t)) + h\frac{\pi}{3} \tag{3.111}$$

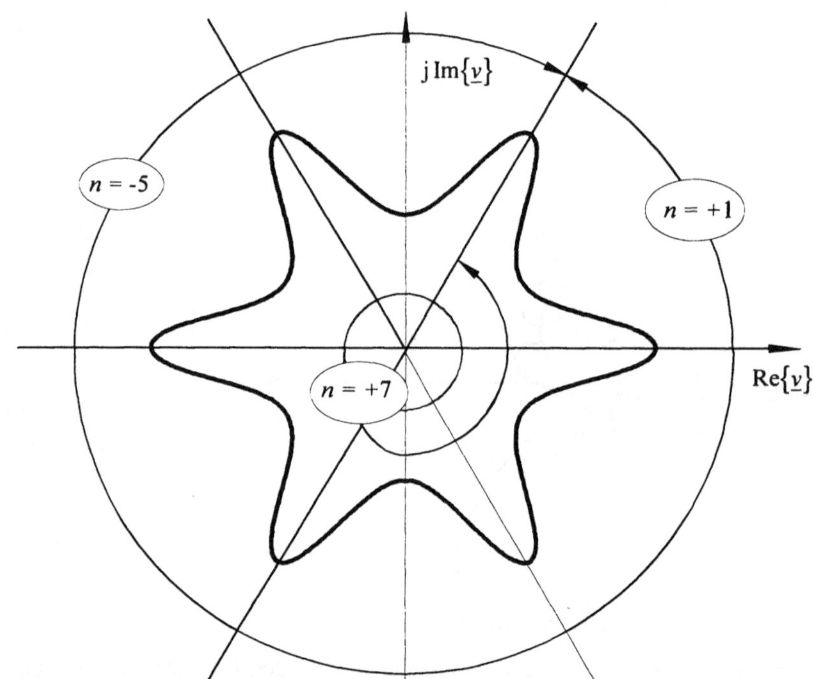

Bild 3.18 : Sechspulsiger Raumzeiger

Entsprechend zu den Gleichungen (3.103) und (3.109) sind die Fourierkoeffizienten des sechspulsigen Raumzeigers

$$2\pi\,\underline{\hat{V}}_n = c_6 \int_0^{\frac{\pi}{3}} \underline{v}(\omega t)\,\mathrm{e}^{-\mathrm{j}n\omega t}\,\mathrm{d}\omega t \tag{3.112}$$

Durch die Symmetriebedingungen wird das notwendige Integrationsintervall auf eine

Sechstelperiode der Grundschwingung verkürzt. Gleichzeitig wird wiederum das Frequenzspektrum eingeschränkt. Der Faktor c_6 ist

$$c_6 = c_2\, c_3 \tag{3.113}$$

Er nimmt die Werte

$$c_6 = \begin{cases} 6 & \text{für } n = \pm 6k + 1 \\ 0 & \text{sonst} \end{cases} \tag{3.114}$$

an. Bild 3.18 zeigt einen einfachen sechspulsigen Raumzeiger. Auch an ihm ist das mögliche Frequenzspektrum anschaulich ableitbar.

Sechspulsige Raumzeiger haben in symmetrischen Drehstromsystemen eine außerordentlich hohe praktische Bedeutung. Sie sind Kennzeichen aller dort vorkommenden Nichtlinearitäten, insbesondere natürlich auch Charakteristikum sechspulsiger Stromrichterlasten.

3.3.2 Charakteristische Harmonische in Drehstromsystemen

Unter charakteristischen Harmonischen eines Drehstromsystems versteht man solche, die im normalen Betriebszustand auftreten. Man strebt symmetrische Drehstromsysteme an und geht daher im Normalbetrieb von einer Phasenverschiebung von 120 Grad zwischen den Größen eines Dreiphasensystems aus. Anhand von zwei Beispielen wird gezeigt, welche Harmonischen im Raumzeiger und in der Nullgröße auftreten können.

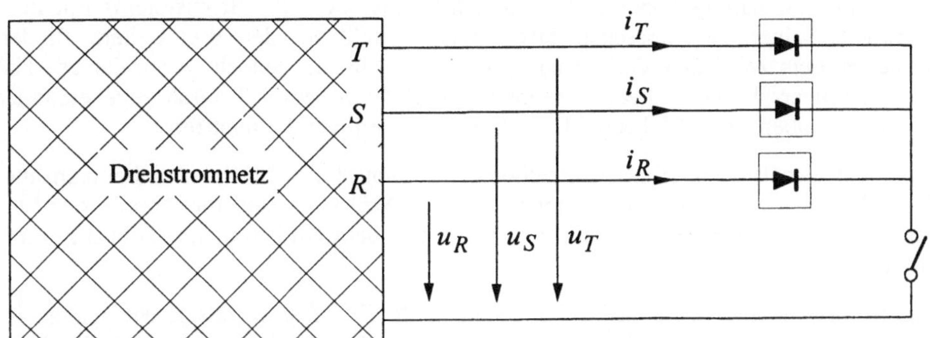

Bild 3.19 : Drei Zweipulsbrücken als symmetrischer Abnehmer im Drehstromsystem

3.3.2.1 Zweipulsbrücken als Abnehmer im Drehstromsystem. Zunächst betrachten wir den Betrieb der Zweipulsbrückenschaltung nach Abschnitt 2.4.4 im symmetrischen Drehstromsystem und nehmen dazu gemäß Bild 3.19 an, daß drei solcher Brücken in Sternschaltung an die drei Leiter des Drehstromsystems angeschlossen sind. Die Parameter der drei Brücken und ihrer Gleichstromlasten seien völlig gleich, so daß sie eine symmetrische Drehstromlast darstellen. Der Sternpunkt der drei Brücken kann über einen Schalter *S* mit einem Neutralleiter verbunden werden, der einen Stromrückfluß zur speisenden Quelle ermöglicht.

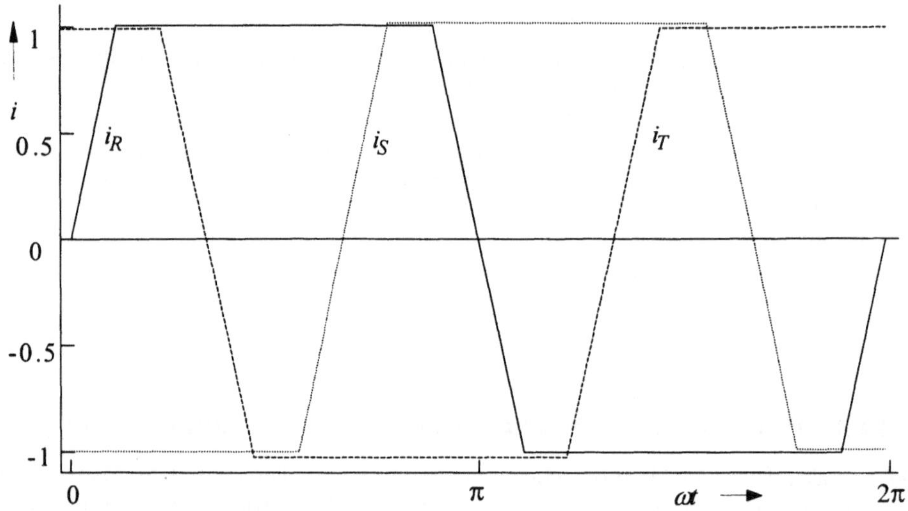

Bild 3.20 : Leiterströme der drei Zweipulsbrücken

Wir nehmen zunächst an, daß der Schalter *S* geschlossen ist. Die drei Brücken arbeiten dann völlig unabhängig voneinander, da jeder Leiter des Drehstromsystems mit dem Neutralleiter einen geschlossenen Stromkreis darstellt. In den drei Leitern fließen Ströme mit dem zeitlichen Verlauf nach Bild 2.53. Sie sind jedoch wegen der um 120 Grad phasenverschobenen Leerlaufspannungen ebenfalls um 120 Grad gegeneinander phasenverschoben. Bild 3.20 zeigt diese drei trapezförmigen Leiterströme.

Wir bilden gemäß der Definitionsgleichung (3.2) den Nullstrom der drei Leiterströme. Die Differenzen aus den Leiterströmen und dem Nullstrom sind die Anteile der Leiterströme am Raumzeiger. Sie sind zusammen mit dem Nullstrom im Bild 3.21 graphisch dargestellt.

Der Stromraumzeiger ist im Bild 3.22 dargestellt. Er ist sechspulsig, wie wir es im vorhergehenden Abschnitt für die vorgegebenen Symmetriebedingungen abgeleitet haben.

Die drei Leiterströme besitzen nach Abschnitt 2.4.4 Harmonische mit ungeraden Ordnungszahlen. Im Raumzeiger können nach Abschnitt 3.3.1.3 davon nur diejenigen auftreten, die die Bedingungen des sechspulsigen Raumzeigers erfüllen. Ihre Ordnungszahlen sind mit Gleichung (3.114) festgelegt. Daneben treten in den Leiterströmen aber noch Harmonische mit ungerader durch drei teilbarer Ordnungszahl auf. Sie sind in den drei Leitern jeweils um ganzzahlige Vielfache ihrer Periode phasenverschoben, d.h. gleichphasig. Trotz der Symmetrie der angenommenen Belastung fließt daher im Neutralleiter ein Nullstrom, der aus der Summe der Harmonischen der drei Leiterströme mit ungeradzahliger durch drei teilbarer Ordnungszahl besteht. Wir erkennen aus Bild 3.21, daß die Grundfrequenz dieses Nullstromes gleich der dreifachen Betriebsfrequenz des Drehstromsystems ist. Seine Grundschwingung ist die Summe der dritten Harmonischen der drei Leiterströme. Die Harmonischen mit ungerader durch drei teilbarer Ordnungszahl sind die charakteristischen Harmonischen des Nullstromes, weil sie aus einer symmetrischen Belastung resultieren.

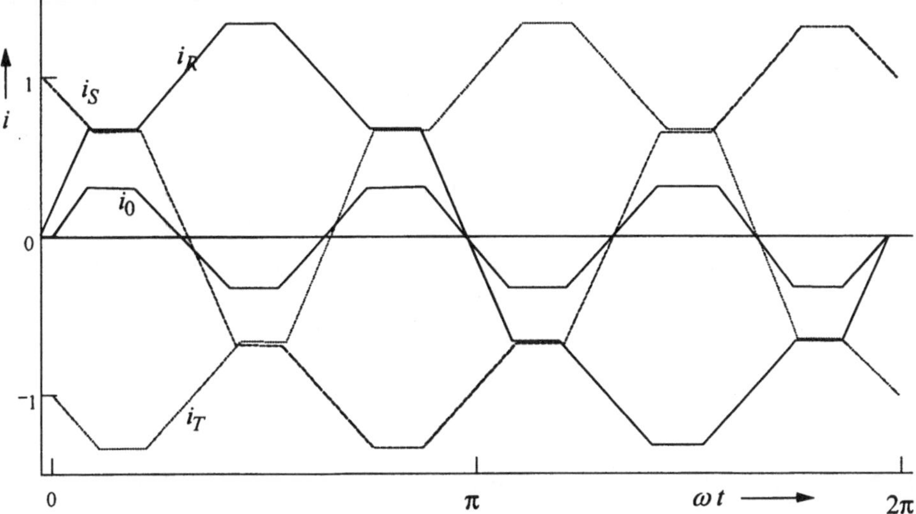

Bild 3.21 : Stromanteile der drei Leiterströme

Wenn wir nun den Schalter S im Neutralleiter öffnen, dann kann der oben beschriebene Nullstrom nicht mehr fließen. Damit können in den drei Leiterströmen nur noch die Harmonischen sechspulsiger Raumzeiger auftreten. Sie resultieren ebenfalls aus der Symmetrie der Belastung, d.h. der Phasenverschiebung der drei Leiterströme um 120 Grad. Wir erkennen, daß die drei Zweipulsbrücken unter dieser Bedingung nicht mehr unabhängig voneinander arbeiten können. Sie bilden zusammen einen sechspulsigen Stromrichter. Die Stromflußdauern der Ventile werden pro Halbwelle von 180 auf 120 Grad verkürzt. Das soll hier jedoch nicht beschrieben werden. Die Harmonischen des sechspulsigen Raumzeigers nennt man charakteristisch für symmetrische Drehstromsysteme, wenn kein Nullstrom fließen kann.

Das Potential des Sternpunktes der drei Brücken ist in dem beschrieben Betriebsfall nicht Null. Der fehlende Nullstrom wird durch eine Nullspannung über der Schaltstrecke

S ersetzt, die aus Harmonischen mit ungeraden durch drei teilbaren Ordnungszahlen besteht.

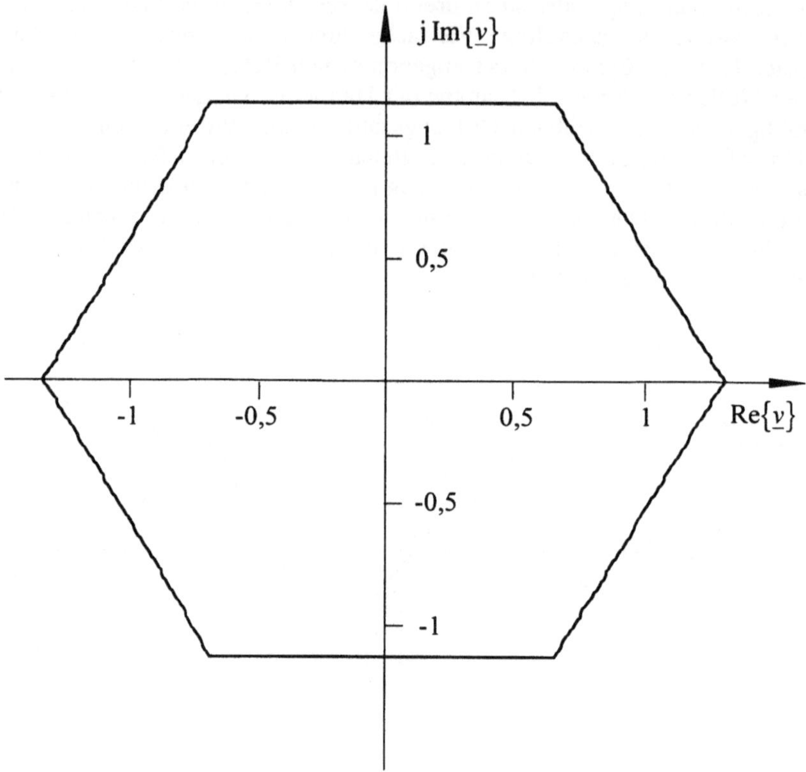

Bild 3.22 : Raumzeiger der Leiterströme

3.3.2.2 Magnetisierungströme von Drehstromtransformatoren. Die Magnetisierungströme von Transformatoren weichen von der Sinusform ab, weil der Eisenkreis der Transformatoren nichtlinear ist und bis in den Bereich der beginnenden Sättigung ausgesteuert wird. Wenn wir annehmen, daß die magnetisierenden Transformatorwicklungen in Stern geschaltet sind und der Sternpunkt mit einem Neutralleiter verbunden ist, dann erhalten wir die gleichen Verhältnisse, wie im vorhergehenden Abschnitt für die drei Zweipulsbrücken beschrieben. Wir können diesen Betriebsfall auch so auffassen, als ob drei völlig gleiche Wechselstromtransformatoren zwischen jeweils einen Leiter des Drehstromsystems und seinen Neutralleiter geschaltet sind.

Da keinerlei Einschränkungen in Bezug auf die Ordnungszahlen der Harmonischen der Magnetisierungsströme vorliegen, spricht man von freier Magnetisierung. Die drei

Magnetisierungsströme haben den zeitlichen Verlauf nach dem oberen Teil des Bildes 3.23. Sie besitzen sämtliche Harmonischen mit ungerader Ordnungszahl. Der daraus resultierende Nullstrom mit dreifacher Betriebsfrequenz ist im mittleren Bildteil von 3.23 dargestellt. Im unteren Teil sind schließlich die Stromanteile angegeben, die den Raumzeiger bilden.

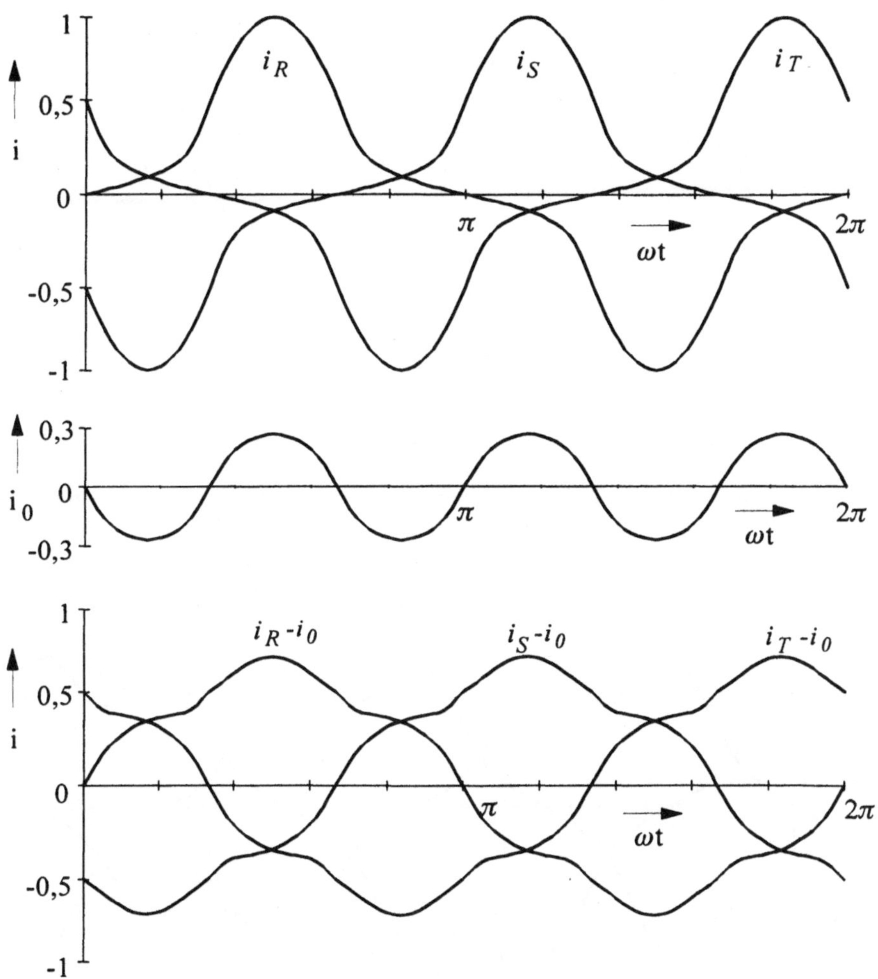

Bild 3.23 : Magnetisierungsströme eines Drehstromtransformators bei freier Magnetisierung

Bild 3.24 zeigt den Raumzeiger der Magnetisierungsströme bei freier Magnetisierung. Er muß unter den angegebenen Bedingungen ebenfalls sechspulsig sein.

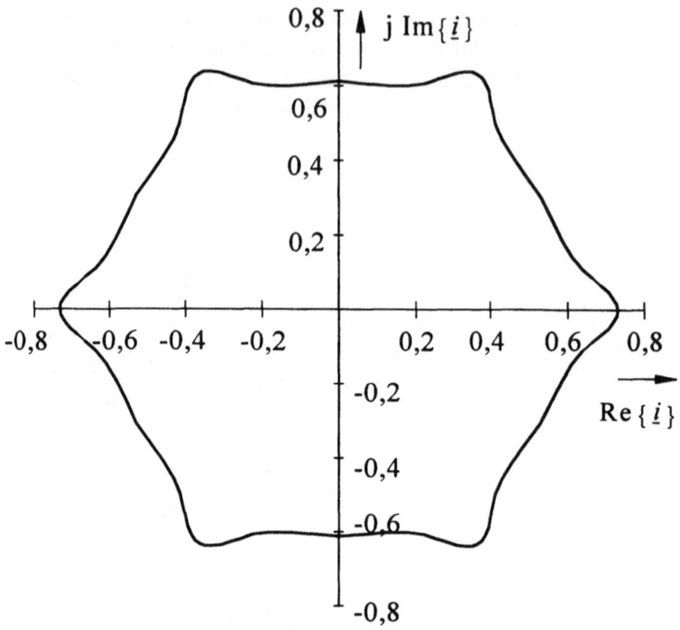

Bild 3.24 : Raumzeiger der Magnetisierungsströme eines Drehstromtransformators bei freier Magnetisierung

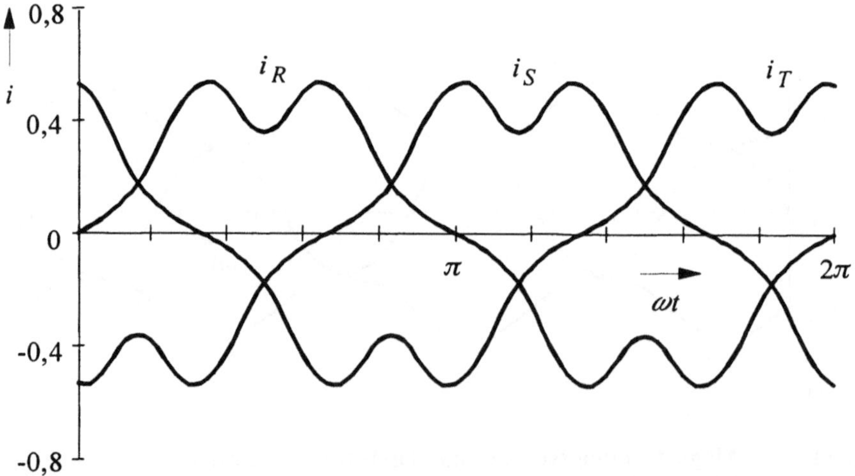

Bild 3.25 : Magnetisierungsströme eines Drehstromtransformators bei erzwungener Magnetisierung.

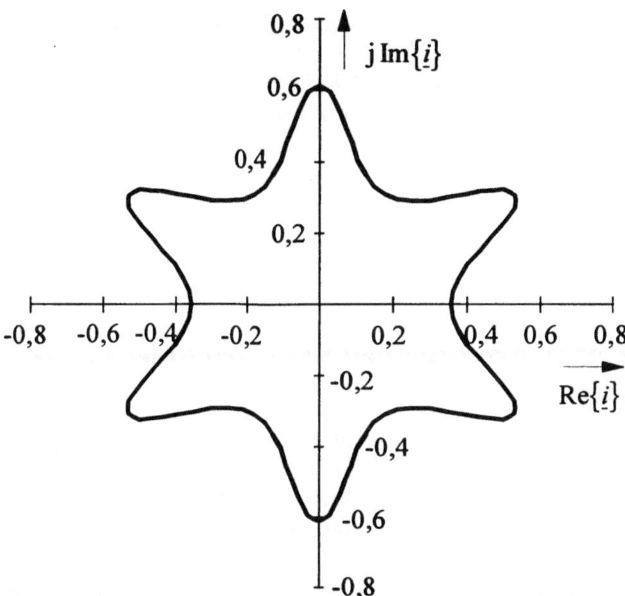

Bild 3.26 : Raumzeiger der Magnetisierungsströme eines Drehstromtransformators bei erzwungener Magnetisierung

Wenn nun der Sternpunkt des Transformators keine Verbindung mehr mit dem Neutralleiter hat, dann müssen sich die drei Leiterströme zu Null ergänzen. Der zeitliche Verlauf der Leiterströme ändert sich, weil der Nullstrom nun fehlt, aber die Magnetisierungs-Kennlinie des Transformators natürlich unverändert geblieben ist. Diese Art der Magnetisierung eines Drehstromtransformators wird als erzwungen bezeichnet, da ihr durch die Art der Schaltung Zwangsbedingungen auferlegt sind, die eine freie Ausbildung der Magnetisierungsströme nicht mehr gestatten. Die drei Leiterströme bei erzwungener Magnetisierung sind im Bild 3.25 dargestellt. Bild 3.26 zeigt den dazugehörigen Raumzeiger. Er ist trotz verändertem Erscheinungsbild wiederum sechspulsig. Bei der erzwungenen Magnetisierung entsteht als Ausgleich zum fehlenden Nullstrom eine Nullspannung, deren Grundfrequenz gleich der dreifachen Betriebsfrequenz ist.

Wir werden später sehen, daß in einer in Dreieck geschalteten Wicklung eines Drehstromtransformators ein Nullstrom fließen kann, der einen Ausgleich zum fehlenden Nullstrom in den Leiterströmen darstellt und die aus der erzwungenen Magnetisierung resultierende Nullspannung weitgehend unterdrückt. Falls diese Dreieckwicklung nur zum Ausgleich von Nullströmen dient, nennt man sie Ausgleichswicklung. Darauf wollen wir jedoch hier nicht vertiefend eingehen.

Wichtig ist an dieser Stelle die Erkenntnis, daß in einem symmetrischen Drehstromsystem mit nichtlinearen Abnehmern beliebiger Art Nullgrößen und Raumzeiger nur ganz bestimmte Harmonische besitzen können, die deshalb als charakteristisch bezeichnet werden. Die Nullgrößen bestehen neben einer gegebenenfalls vorhandenen Grundschwingung aus Harmonischen mit ungeradzahliger durch drei teilbarer Ordnungszahl. Die Raumzeiger sind sechspulsig und besitzen daher die Harmonischen nach Gleichung (3.114). Abweichungen hiervon deuten in realen Drehstromsystemen auf Unsymmetrien hin.

3.3.3 Ströme eines dreipulsigen Stromrichters in Mittelpunktschaltung

3.3.3.1 Schaltung und Ventilströme. Wir betrachten als weiteres Beispiel einen ungesteuerten dreipulsigen Stromrichter in Mittelpunktschaltung. Diese Stromrichterschaltung ist heute zwar ohne praktische Bedeutung. Wir werden jedoch feststellen, daß dreipulsige Stromrichter Bausteine für höherpulsige Stromrichterschaltungen, die aus Drehstromsystemen gespeist werden, sind. Wie im Abschnitt 2.4.4 werden die Dioden als Synchronschalter aufgefaßt, die einschalten, wenn die Diodenspannung positiv wird, und ausschalten, wenn der Diodenstrom von positiven Werten aus durch Null geht.

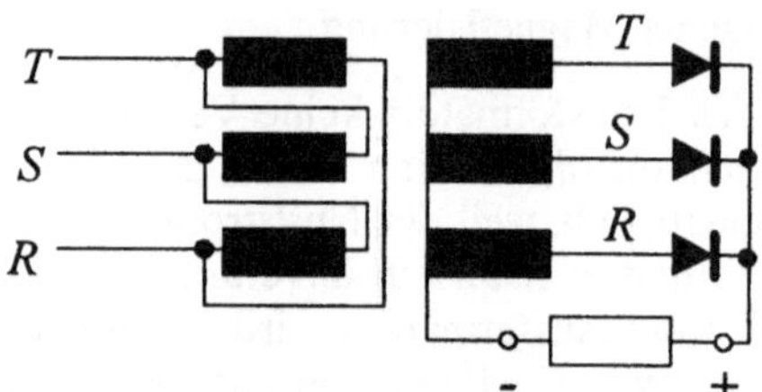

Bild 3.27 : Dreipulsiger Stromrichter in Mittelpunktschaltung

Die im Bild 3.27 eingetragenenen Dioden bezeichnen wir im folgenden als Ventile. Ein Ventil besteht in seltenen Fällen nur aus einer Diode. Zur Gewährleistung der Stromtragfähigkeit kann es notwendig sein, mehrere Dioden pro Ventil parallel zu schalten. Ebenso kann es die Spannungsbeanspruchung erforderlich machen, mehrere Dioden pro Ventil in Reihe zu schalten.

Bild 3.28 zeigt die drei Ventilströme des Stromrichters. Der Gleichstrom sei zeitlich konstant. Um die Zündzeitpunkte der Dioden (die Einschaltzeitpunkte) bestimmen zu können, sind in Bild 3.28 auch die positiven Halbwellen der Leerlaufspannungen eingetragen. Das dem Leiter R zugeordnete Ventil zündet im Schnittpunkt der Spannungen u_T und u_R. Das Ventil R übernimmt den konstanten Gleichstrom nun nicht sprunghaft. Wir haben bereits im Abschnitt 2.4.4 festgestellt, daß der Stromanstieg durch die Induktivitäten des Netzes begrenzt ist. Daher gibt das Ventil *T* nach Überschreiten des Zündzeitpunktes des Ventils *R* seinen Strom allmählich an das Ventil *R* ab. Die Dauer dieses Vorganges wird durch die Höhe des Gleichstromes und die Induktivitäten des Drehstromnetzes bestimmt. Er wird Kommutierung genannt. Im Bild 3.28 ist ein Kommutierungswinkel (Überlappungswinkel) von μ=24 Grad angenommen. Der zeitliche Verlauf der Ströme während der Kommutierung wurde als linear vorausgesetzt, da hier nur das Prinzip gezeigt werden soll. Nach Abschluß der Kommutierung führt das Ventil *R* den konstanten Gleichstrom allein. Im Schnittpunkt der Spannungen u_R und u_S zündet das Ventil *S* und übernimmt den Strom vom Ventil *R* usw.

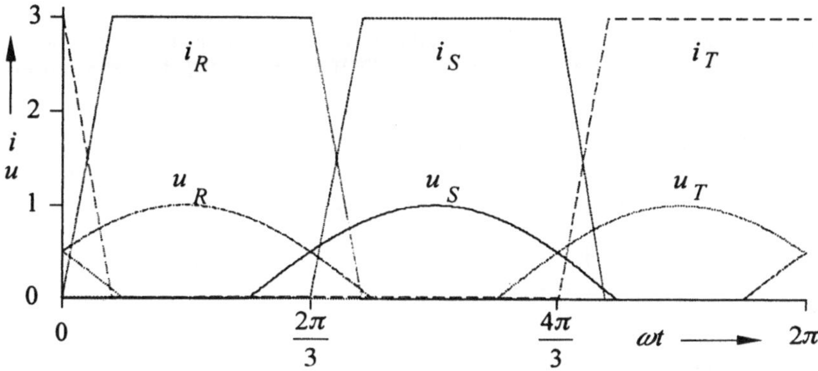

Bild 3.28 : Ventilströme des dreipulsigen Stromrichters in Mittelpunktschaltung

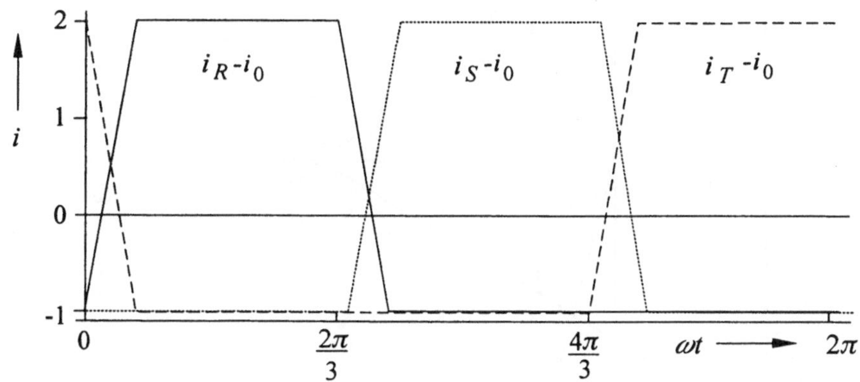

Bild 3.29 : Raumzeigeranteile der Ventilströme

Wir bilden die Nullgröße der Ventilströme nach der Definitionsgleichung (3.2) und stellen fest, daß sie zeitlich konstant ist und ein Drittel des fließenden Gleichstromes beträgt.

$$i_{0v} = \frac{1}{3}\left(i_{Rv} + i_{Sv} + i_{Tv}\right) = \frac{1}{3}\, i_d \tag{3.115}$$

Die Stromnormierung im Bild 3.28 führt dazu, daß die Nullgröße in unserem Fall gleich 1 ist. Die Differenzen aus den Ventilströmen und dem Nullstrom sind wiederum die Ventilstromanteile am Raumzeiger. Sie sind im Bild 3.29 dargestellt. Infolge der zeitlich konstanten Nullgröße sind sie im Vergleich zu den Ventilströmen lediglich um ein Drittel ihres Maximalwertes in negative Ordinatenrichtung verschoben worden.

3.3.3.2 Raumzeiger der Ventilströme. Bild 3.30 zeigt den Raumzeiger der Ventilströme des Stromrichters im ruhenden Koordinatensystem. Er hat die Form eines gleichseitigen Dreiecks, das in unstetiger Bewegung durchlaufen wird.

Während der Kommutierung bewegt sich der Raumzeiger entlang einer Dreieckseite um 120 Grad weiter. Solange nur ein Ventil den Gleichstrom führt, zeigt er in die Richtung der diesem Ventil zugeordneten Achse in der komplexen Ebene.

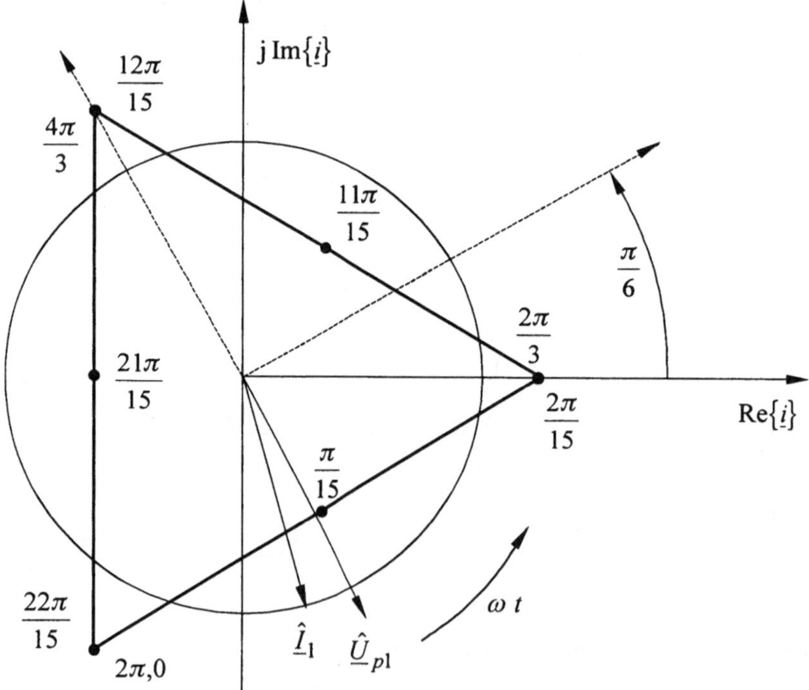

Bild 3.30 : Raumzeiger der Ventilströme

Der im Bild 3.30 eingetragene Kreis gibt die Bahn der Grundschwingung des Raumzeigers der Ventilströme an. Der dort weiterhin eingetragene Grundschwingungszeiger $\underline{\hat{I}}_1$ gibt den Anfangszustand für $\omega t = 0$ an. Für diesen Zeitpunkt ist auch die Lage des Zeigers der kosinusförmigen symmetrischen Leerlaufspannungen $\underline{\hat{U}}_{p1}$ eingetragen. Er eilt der Grundschwingung etwa um einen Winkel von 12 Grad voraus.

3.3.3.3 Leiterströme im Drehstromnetz. Den Stromrichtertransformator setzen wir an dieser Stelle als ideal voraus. Seine Schaltung nach Bild 3.27 gestattet keine Übertragung des Nullstromes in das Drehstromnetz. Er kann nur in den ventilseitigen Wicklungen fließen und ruft im geschlossenen Ring der netzseitigen Dreieckwicklung einen Ausgleichstrom hervor, der entsprechend Gleichung (2.216) ein Durchflutungsgleichgewicht im Nullsystem herstellt. Auch die Stromraumzeiger beider Wicklungen befinden sich bei einem idealen Stromrichtertransformator im Durchflutungsgleichgewicht.

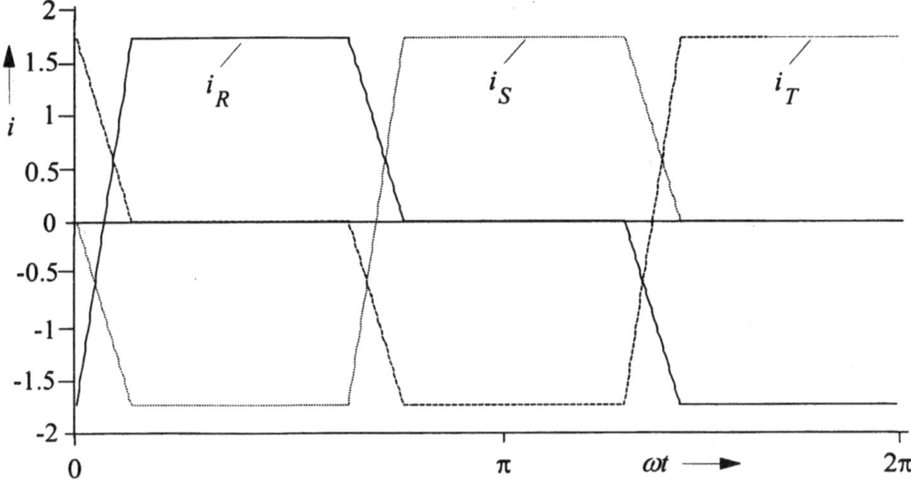

Bild 3.31 : Netzseitige Leiterströme im Drehstromsystem

Wenn wir hier annehmen, daß die Windungszahlen beider Wicklungen gleich sind, dann ist der Stromraumzeiger in den netzseitigen dem in den ventilseitigen Transformatorwicklungen entgegengesetzt gleich groß. Infolge der Dreieckschaltung eilt der Raumzeiger der Leiterströme im Drehstromnetz dem Stromraumzeiger der netzseitigen Transformatorwicklungen gemäß Gleichung (3.41) um 30 Grad nach. Sein Betrag ist um den Faktor $\sqrt{3}$ größer. Den qualitativen zeitlichen Verlauf der Leiterströme erhält man daher ohne Berücksichtigung des Faktors $\sqrt{3}$ durch Rücktransformation des Stromraumzeigers in einem um 30 Grad in positiver Richtung gedrehten Koordinatensystem. Dieses Koordinatensystem ist im Bild 3.30 gestrichelt eingetragen. Die Ströme sind im Bild 3.31 graphisch dargestellt. Sie erwecken einen qualitativ anderen Eindruck als die

Ströme nach Bild 3.29. Da beiden Bildern jedoch der gleiche Raumzeiger zugrunde liegt, wissen wir, daß ihre Frequenzspektren völlig übereinstimmen.

3.3.4 Überlagerung von p-pulsigen Raumzeigern

3.3.4.1 Periodische Raumzeiger im synchron umlaufenden Koordinatensystem. Wir transformieren einen zweipulsige Raumzeiger in ein synchron mit Betriebskreisfrequenz umlaufendes Koordinatensystem (Index r) und erhalten dort als Symmetrie- bzw. Periodizitätsbedingung

$$\underline{v}_2(\omega t+h\pi)\,\mathrm{e}^{-\mathrm{j}\omega t}=\underline{v}_2(\omega t+h\pi)\,\mathrm{e}^{-\mathrm{j}(\omega t+h\pi)}\mathrm{e}^{\mathrm{j}h\pi}=(-1)^h\,\underline{v}_2(\omega t)\,\mathrm{e}^{-\mathrm{j}\omega t} \tag{3.116}$$

$$\underline{v}_{2r}(\omega t+h\pi)=\underline{v}_{2r}(\omega t) \tag{3.117}$$

Entsprechende Transformationen drei- und sechspulsiger Raumzeiger ergeben

$$\underline{v}_{3r}\left(\omega t+h\frac{2\pi}{3}\right)=\underline{v}_{3r}(\omega t) \tag{3.118}$$

$$\underline{v}_{6r}\left(\omega t+h\frac{\pi}{3}\right)=\underline{v}_{6r}(\omega t) \tag{3.119}$$

Im synchron mit Betriebskreisfrequenz umlaufenden Koordinatensystem sind p-pulsige Raumzeiger periodisch mit p-facher Betriebsfrequenz, d.h., es gilt allgemein

$$\underline{v}_{pr}\left(\omega t+h\frac{2\pi}{p}\right)=\underline{v}_{pr}(\omega t) \tag{3.120}$$

Im rotierenden Koordinatensystem hat der Raumzeiger ein anderes Frequenzspektrum als im ruhenden. Für einen p-pulsigen Raumzeiger gilt

$$c_{pr}=\begin{cases}p & \text{für } n=\pm p\,k\\ 0 & \text{sonst}\end{cases}\qquad \text{mit}\quad k=0,1,2,3,\cdots \tag{3.121}$$

Die Grundschwingung im ruhenden Koordinatensystem wird im synchron mit Betriebskreisfrequenz rotierenden zum ruhenden Zeiger, um dessen Spitze der p-pulsige Raumzeiger mit p-facher Betriebsfrequenz pulsiert.

Die komplexe Amplitude der Grundschwingung wird im rotierenden Koordinatensystem einfach durch Bildung des arithmetischen Mittelwertes über die Periode des Raumzeigers bestimmt. Die Berechnung der harmonischen Amplituden eines Raumzeigers nach Gleichung (3.96) bedeutet so gesehen nichts anderes, als seine Überführung in ein synchron mit n-facher Betriebskreisfrequenz umlaufendes Koordinatensystem und anschließende Bildung des arithmetischen Mittelwertes.

Mit dem Frequenzspektrum ändert sich beim Übergang zwischen den Koordinatensystemen natürlich auch die Zeitfunktion des Raumzeigers. Der dreipulsige Raumzeiger nach Bild 3.27 beschreibt im synchron umlaufenden Koordinatensystem eine Ellipse um die Spitze des in Richtung der reellen Achse liegenden Grundschwingungszeigers. Die große Halbachse dieser Ellipse ist die Summe der Beträge der Amplituden der (-2)-ten und der (+4)-ten Harmonischen (im rotierenden Koordinatensystem der (-3)-ten und (+3)-ten) und die kleine Halbachse der Betrag der Differenz ihrer Amplituden. Die völlig andere Zeitfunktion vermittelt neue Einblicke in die Eigenschaften des Raumzeigers. Der Übergang zwischen mit unterschiedlichen Geschwindigkeiten rotierenden Koordinatensystemen ist damit ein wichtiges Hilfsmittel bei der Analyse von Raumzeigern.

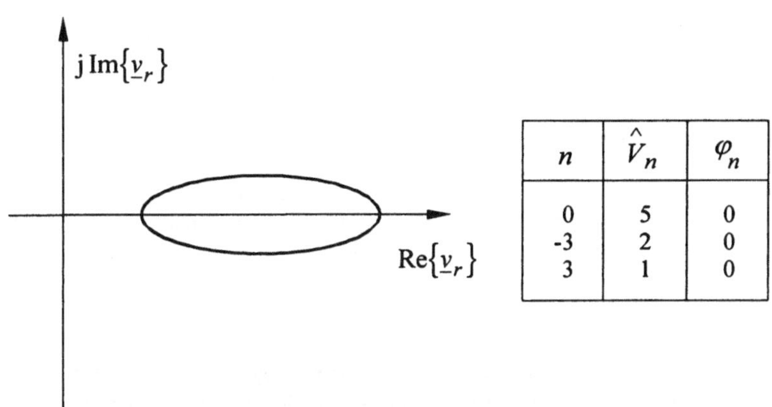

n	$\hat{V}_n$	φ_n
0	5	0
-3	2	0
3	1	0

Bild 3.32 : Dreipulsiger Raumzeiger mit drei Harmonischen im synchron umlaufenden Koordinatensystem

Die Transformation des Raumzeigers der Stromrichterströme nach Bild 3.30 ergibt Bild 3.33. Der Raumzeiger beschreibt eine linsenförmige Figur, die pro Netzperiode dreimal durchlaufen wird. Während der Kommutierung bewegt er sich beginnend bei einem Winkel von -120 Grad auf einer konkav gekrümmten Bahn bis zum negativen Überlappungswinkel (in unserem Beispiel $-\mu$=-24 Grad). Während der Phase, in der nur ein Ventil den Gleichstrom führt, kehrt er auf einer Kreisbahn zum Ausgangspunkt bei -120 Grad zurück. Die Zeiger der Stromgrundschwingung und der kosinusförmigen symmetrischen Leerlaufspannungen sind ebenfalls im Bild 3.33 eingetragen.

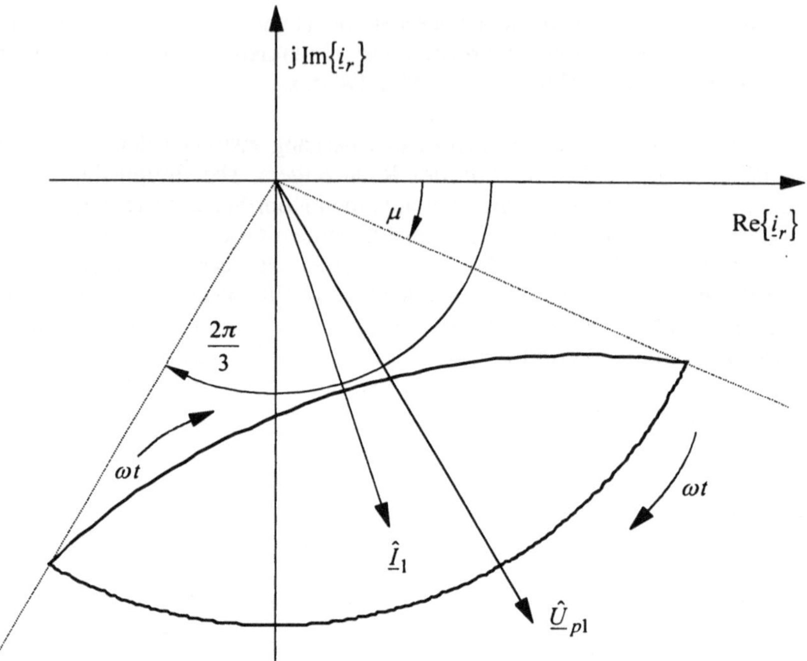

Bild 3.33 : Raumzeiger der Ströme des dreipulsigen Stromrichters im synchron umlaufenden Koordinatensystem

3.3.4.2 Überlagerung von zwei dreipulsigen Raumzeigern. Wir addieren im synchron umlaufenden Koordinatensystem zwei dreipulsige Raumzeiger, die um eine halbe Pulsationsperiode gegeneinander phasenverschoben, ansonsten aber völlig gleich sind. Alle Harmonischen mit ungerader Ordnungszahl beider Raumzeiger sind dann jeweils um ein ungeradzahliges Vielfaches ihrer halben Periodendauer gegeneinander phasenverschoben und ergänzen sich demzufolge in der Summe zu Null. Alle Harmonischen mit gerader Ordnungszahl sind jeweils um ein geradzahliges Vielfaches ihrer halben Periodendauer gegeneinander phasenverschoben, d.h. , sie haben die gleiche Phasenlage und verdoppeln dadurch in der Summe ihre Beträge. Die Summe der beiden Raumzeiger hat somit nur Harmonische mit den Ordnungszahlen

$$n_r = \pm 2 \;\; k\, 3 = \pm 6\, k \tag{3.122}$$

Der resultierende Raumzeiger ist sechspulsig.

$$\underline{v}_{3r}(\omega t) + \underline{v}_{3r}\left(\omega t - \frac{\pi}{3}\right) = \underline{v}_{6r}(\omega t) \tag{3.123}$$

Aus der Gleichung (3.122) wird wegen

$$e^{j\omega t} = e^{j\left(\omega t - \frac{\pi}{3}\right)} e^{j\frac{\pi}{3}} = -\underline{a}^2 e^{j\left(\omega t - \frac{\pi}{3}\right)} \tag{3.124}$$

im ruhenden Koordinatensystem

$$\underline{v}_3(\omega t) + e^{j\frac{\pi}{3}} \underline{v}_3\left(\omega t - \frac{\pi}{3}\right) = \underline{v}_3(\omega t) - \underline{a}^2 \underline{v}_3\left(\omega t - \frac{\pi}{3}\right) = \underline{v}_6(\omega t) \tag{3.125}$$

Bild 3.34 zeigt die Überlagerung zweier Stromraumzeiger von dreipulsigen Mittelpunktschaltungen nach Bild 3.30 gemäß Gleichung (3.125).

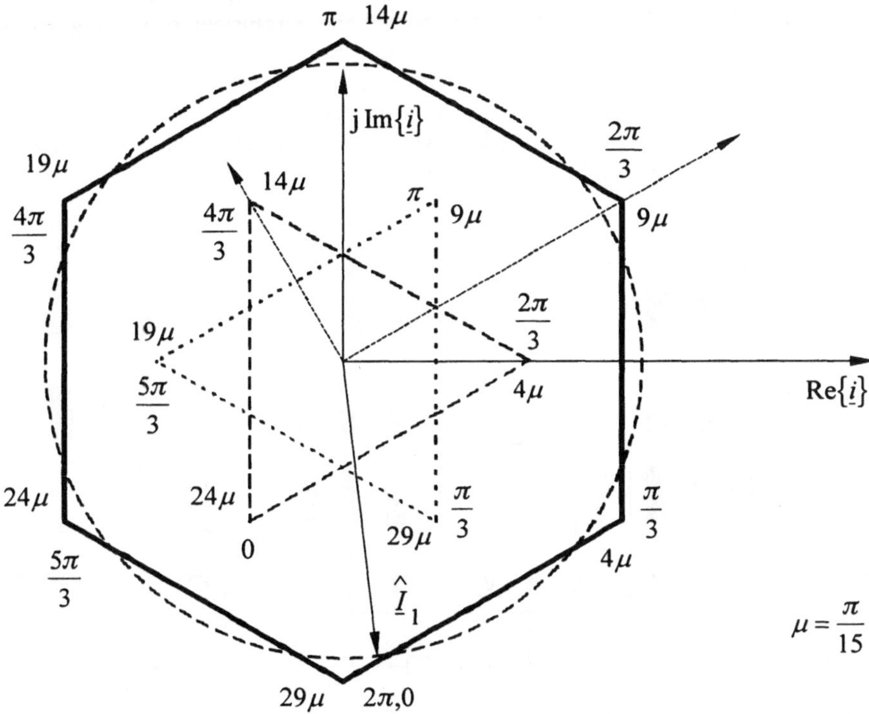

Bild 3.34 : Überlagerung zweier dreipulsiger Raumzeiger zu einem sechspulsigen

Wir wollen die schaltungstechnische Realisierung von Gleichung (3.125) bzw. Bild 3.34 überlegen und betrachten dazu die Stromrichterschaltungen nach Bild 3.35. Im linken Bildteil ist ein Stromrichtertransformator mit zwei ventilseitigen Wicklungen, an denen Dreipuls-Mittelpunktschaltungen betrieben werden. Die beiden Dreipulsstromrichter sind in Reihe geschaltet. Die beiden ventilseitigen Transformatorwicklungen liefern durch ihre Schaltung zwei um 180 Grad phasenverschobene Dreiphasensysteme von Leerlaufspannungen. Wenn ihre Windungszahlen gleich sind, entsteht so ein Sechsphasensystem. Die beiden Dreipulsstromrichter arbeiten deshalb in der Reihenschaltung sechspulsig.

Im mittleren Bildteil sind die beiden ventilseitigen Transformatorwicklungen so geschaltet, daß sie gleiche Dreiphasensysteme bereitstellen. Das sechspulsige Verhalten der Schaltung wird dadurch erreicht, daß die Durchlaßrichtung eines der dreipulsigen Teilstromrichter geändert wird. Damit wird wiederum eine Phasenverschiebung von 180 Grad erreicht.

Da die beiden Ventilwicklungen des Stromrichtertransformators im mittleren Bildteil von 3.35 völlig gleich sind, kann man sie im nächsten Schritt nun zu einer einzigen Wicklung vereinigen, an die die beiden dreipulsigen Stromrichter in Form einer Brücke angeschlossen sind. Auf diese Weise ist die Drehstrombrückenschaltung entstanden, die heute die wichtigste in Drehstromsystemen betriebene Stromrichterschaltung ist. Die Entwicklung der Schaltung in den drei dargestellten Schritten hat gezeigt, daß wir die dreipulsigen Stromrichter als Elementarstromrichter betrachten können, aus denen ein sechspulsiger Stromrichter besteht. Die ventilseitigen Leiterströme der Drehstrombrückenschaltung erhalten wir durch Rücktransformation aus dem Raumzeiger nach Bild 3.34. Sie sind im Bild 3.36 graphisch dargestellt.

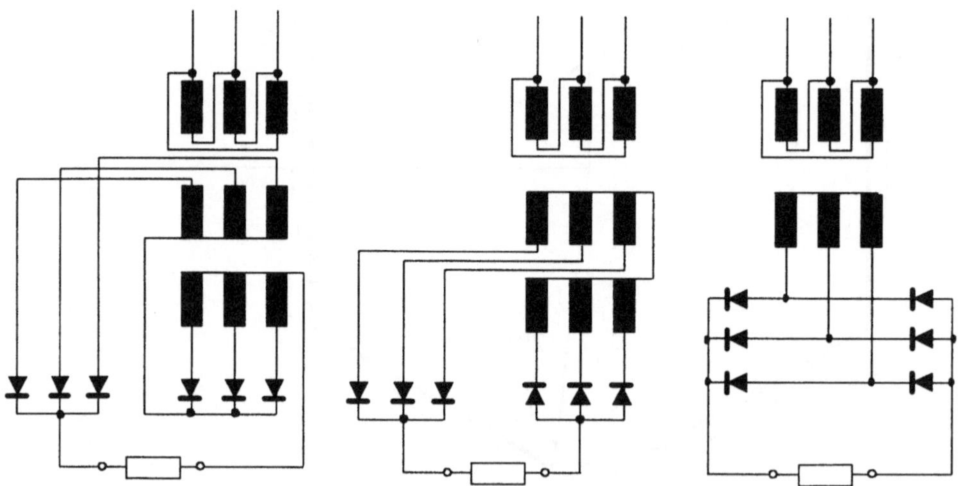

Bild 3.35 : Entwicklung der Drehstrombrückenschaltung aus zwei dreipulsigen Mittelpunktschaltungen

Im Bild 3.35 wurde wiederum ein Stromrichtertransformator mit netzseitiger Dreieckwicklung gewählt. Der Raumzeiger der Leiterströme im Drehstromnetz eilt darum dem der ventilseitigen Leiterströme um 30 Grad nach. Wir gewinnen diese Ströme durch Rücktransformation des sechspulsigen Raumzeigers in einem um 30 Grad mathematisch positiv gedrehten Koordinatensystem. Sie sind im Bild 3.37 ohne Berücksichtigung von Umrechnungsfaktoren durch die Transformatorübersetzung graphisch dargestellt.

Ein sechspulsiger Raumzeiger kann in gleicher Weise auch aus drei zweipulsigen erzeugt werden. Im synchron umlaufenden Koordinatensystem gilt dann die Überlagerungsgleichung

$$\underline{v}_{2r}(\omega t)+\underline{v}_{2r}\left(\omega t-\frac{\pi}{3}\right)+\underline{v}_{2r}\left(\omega t-\frac{2\pi}{3}\right)=\underline{v}_{6r}(\omega t) \tag{3.126}$$

Im ruhenden Koordinatensystem bekommen wir aus der Gleichung (3.126) die Beziehung

$$\underline{v}_{2}(\omega t)+e^{j\frac{\pi}{3}}\,\underline{v}_{2}\left(\omega t-\frac{\pi}{3}\right)+e^{j\frac{2\pi}{3}}\,\underline{v}_{2}\left(\omega t-\frac{2\pi}{3}\right)=\underline{v}_{6}(\omega t) \tag{3.127}$$

$$\underline{v}_{2}(\omega t)-\underline{a}^2\,\underline{v}_{2r}\left(\omega t-\frac{\pi}{3}\right)+\underline{a}\,\underline{v}_{2}\left(\omega t-\frac{2\pi}{3}\right)=\underline{v}_{6}(\omega t) \tag{3.128}$$

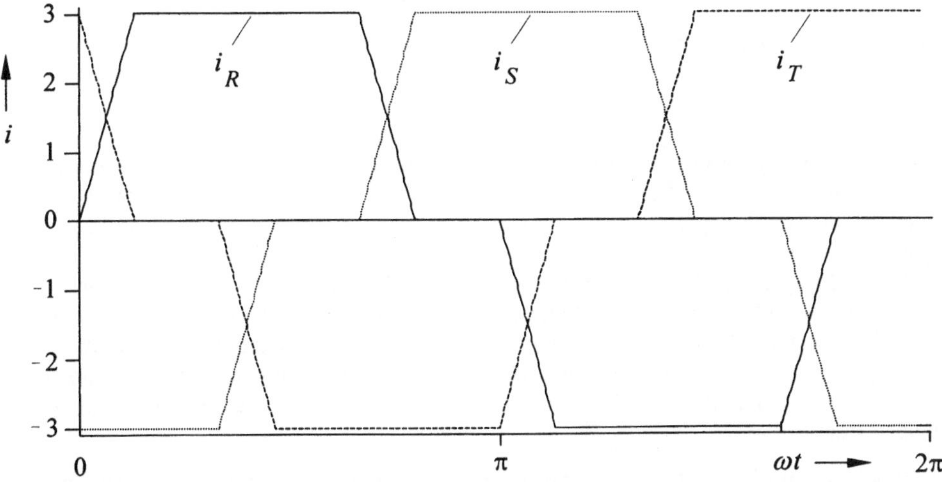

Bild 3.36 : Ventilseitige Leiterströme der Drehstrombrückenschaltung

Alle Harmonischen der drei zweipulsigen Raumzeiger, bei denen der Parameter k nach Gleichung (3.104) durch drei teilbare Werte annimmt, haben jeweils die gleiche Phasenlage und ergeben dadurch in der Summe den dreifachen Wert. Alle anderen Harmonischen bilden symmetrische Dreiphasensysteme, d.h. sie sind jeweils um 120 Grad gegeneinander phasenverschoben und ergänzen sich in der Summe deshalb zu Null. Die praktische Umsetzung von Gleichung (3.128) ist beispielsweise die Belastung der drei Leiter des Drehstromsystems mit je einer Zweipuls-Brückenschaltung mit gleicher Gleichstromlast, die wir im Abschnitt 3.3.2.1 bereits besprochen haben.

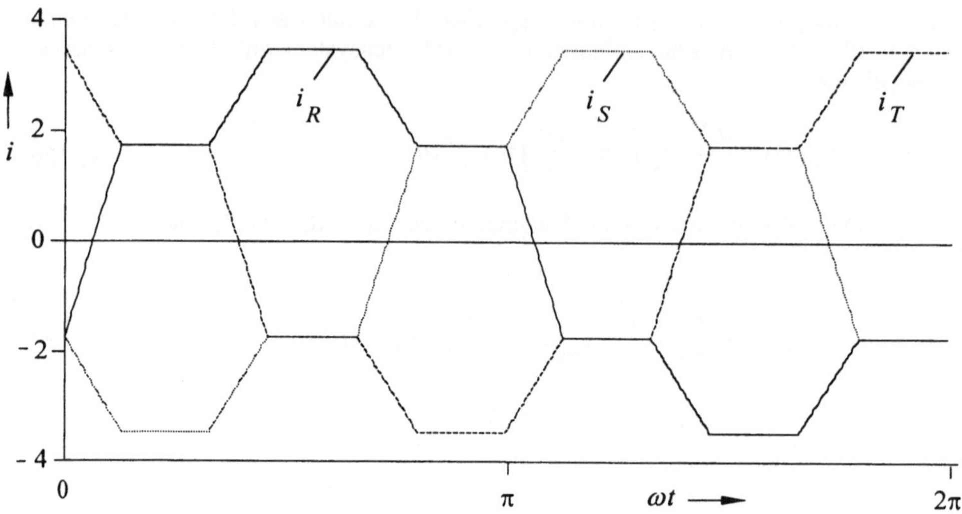

Bild 3.37 : Netzseitige Leiterströme der Drehstrombrückenschaltung

3.3.4.3 Erzeugung höherer Pulszahlen. Die Überlagerung mehrpulsiger Raumzeiger kann natürlich auch zur Erzeugung von Raumzeigern mit höheren Pulszahlen als 6 führen. So können beispielsweise zwei sechspulsige zu einem 12-pulsigen und zwei 12-pulsige wiederum zu einem 24-pulsigen Raumzeiger usw. überlagert werden. Dadurch wird das Frequenzspektrum immer schwächer besetzt und die Verzerrung der Raumzeiger nimmt ab. Für unendliche Pulszahl besteht der Raumzeiger nur noch aus einer Harmonischen, der Grundschwingung und wir sind wiederum an dem Punkt angelangt, an dem wir begonnen haben. Zur Bestimmung dieser Harmonischen benötigen wir den zeitlichen Verlauf in einem Intervall der Länge Null, d.h. einen einzigen Punkt.

Im synchron umlaufenden Koordinatensystem kann die Überlagerungsbedingung allgemein formuliert werden.

$$\underline{v}_{k\cdot p\,r}(\omega t) = \sum_{h=0}^{h=k-1} \underline{v}_{p\,r}\left(\omega t - h\frac{2\pi}{kp}\right) \tag{3.129}$$

Im ruhenden Koordinatensystem wird aus Gleichung (3.129) die Beziehung

$$\underline{v}_{k\cdot p}(\omega t) = \sum_{h=0}^{h=k-1} \mathrm{e}^{\,\mathrm{j}\,h\frac{2\pi}{kp}}\, \underline{v}_{p}\left(\omega\, t - h\frac{2\,\pi}{kp}\right) \tag{3.130}$$

Die Gleichungen (3.129) und (3.130) stellen die Grundlage der Theorie höherpulsiger

Stromrichterschaltungen dar. Nach ihnen ist durch die Überlagerung zwei- oder dreipulsiger Raumzeiger theoretisch jede beliebig hohe Pulszahl erreichbar. Wie oben besprochen, könnte dadurch die Verzerrung der resultierenden Raumzeiger völlig beseitigt werden. Die praktischen Grenzen sind aus den beiden Gleichungen jedoch ebenfalls ableitbar. Die Überlagerung erfüllt nur dann ihren Zweck, wenn die gegebenen Symmetriebedingungen exakt eingehalten werden können. Das wird immer schwieriger, je höher die angestrebte Pulszahl des resultierenden Raumzeigers ist. Stromrichter mit Pulszahlen bis zu 108 sind in der Praxis realisiert worden. Heute geht man bei großen Elektrolyse-Gleichrichtern im allgemeinen nicht über p=24 hinaus. Für die überwiegende Zahl der Anwendungsfälle ist man bestrebt mit p=6 oder p=12 auszukommen.

Wir betrachten als weiteres Beispiel die Gewinnung eines zwölfpulsigen Raumzeigers aus zwei sechspulsigen nach Bild 3.34. Die schaltungstechnische Realisierung ist im Bild 3.38 dargestellt. Über zwei Stromrichtertransformatoren werden zwei gleiche Drehstrombrücken parallel an das Drehstromnetz angeschlossen. Die netzseitige

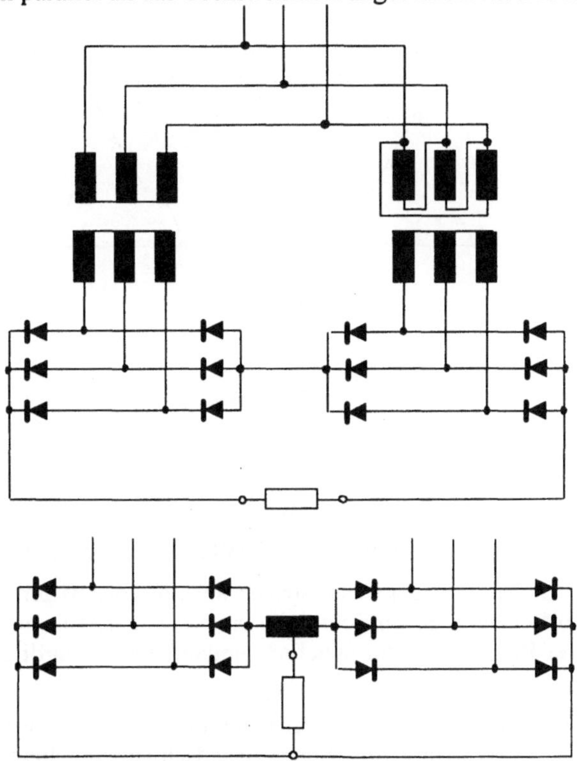

Bild 3.38 : Zwölfpuls-Stromrichter in Brückenschaltung

Wicklung eines der Transformatoren ist in Stern und die des anderen in Dreieck geschaltet. Dadurch sind die Raumzeiger ihrer netzseitigen Leiterströme um 30 Grad gegeneinander gedreht. Bei sonst gleichen Raumzeigern ist die Summe beider zwölfpulsig. Die beiden Drehstrombrücken können gleichstromseitig auf zweierlei Art verschaltet werden. Die Reihenschaltung wird man bevorzugen, wenn man hohe Gleichspannungen benötigt. Das ist beispielsweise bei Stromrichtern für die Hochspannungsgleichstromübertragung der Fall.

Die beiden Drehstrombrücken können aber auch gleichstromseitig parallel geschaltet werden. Das ist zur Erzielung hoher Gleichströme zweckmäßig. Ein typischer Anwendungsfall ist die Speisung von Elektrolyseanlagen. Die Parallelschaltung kann wie im Bild 3.38 unten angegeben über eine Saugdrossel realisiert werden. Beide Drehstrombrücken arbeiten dadurch wie zwei um 30 Grad gegeneinander phasenverschobene Sechspulsgleichrichter und tragen so stets jeweils den halben Gleichstrom, da die Saugdrossel durch Wirkung der Lenzschen Regel einen alternierenden Wechsel der Last zwischen beiden Brücken verhindert. Ein Zwölfpulsstromrichter kann in gleicher Weise auch mit einem Stromrichtertransformator mit zwei ventilseitigen Wicklungen realisiert werden, von denen eine in Stern und die andere in Dreieck geschaltet ist.

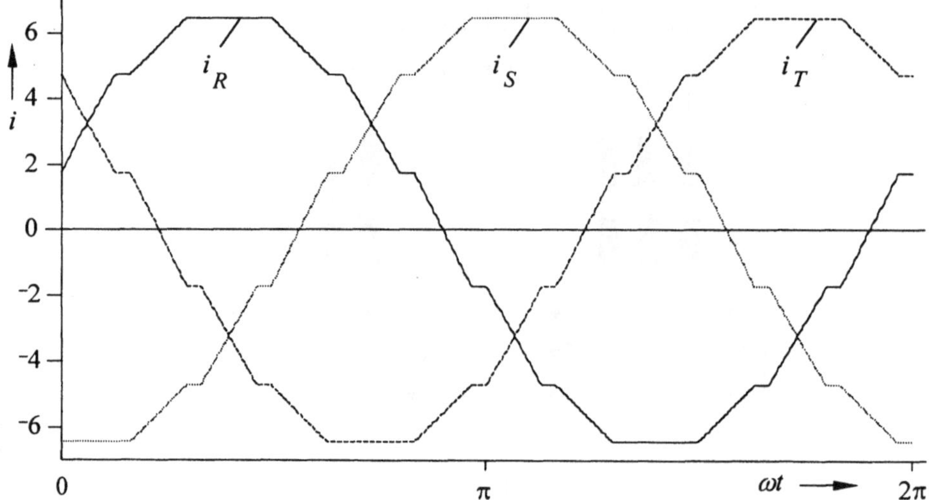

Bild 3.39 : Netzseitige Leiterströme eines Zwölfpuls-Stromrichters

Die fortschreitende Annäherung der Leiterströme an die Kosinusform vom drei- über den sechs- zum zwölfpulsigen Stromrichter ist unverkennbar. Ein anschauliches Bild davon liefern die drei Raumzeiger im synchron umlaufenden Koordinatensystem nach Bild 3.40.

Der dreipulsige Raumzeiger umschreibt in der komplexen Ebene die größte Fläche. Das deutet auf die höchste Verzerrung hin. Seine Grundschwingung liegt im Mittelpunkt dieser Fläche und eilt dem Zeiger der Leerlaufspannungen nach. Die Überlagerung zum sechsplusigen Raumzeiger führt zu einer Verkleinerung der umschriebenen Fläche und damit der Verzerrung der Ströme. Die Grundschwingung des sechspulsigen Raumzeigers ist doppelt so groß wie die des dreipulsigen. Ihre Phasenlagen sind gleich. Die Überlagerung der zwei sechspulsigen Raumzeiger zum zwölfpulsigen führt wiederum zu einer Verkleinerung der Verzerrung und zu einer nochmaligen Verdopplung der Grundschwingung bei unveränderter Phasenlage.

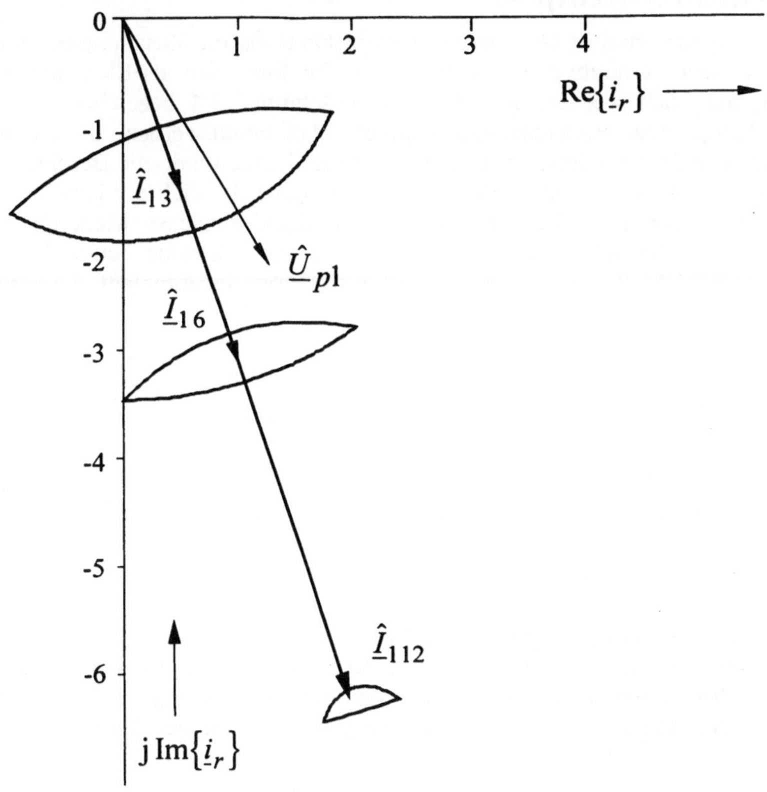

Bild 3.40 : Raumzeiger des drei-, sechs- und zwölfpulsigen Stromrichters im synchron umlaufenden Koordinatensystem

3.4 Transformation symmetrischer Drehstromnetze

3.4.1 Elementar-Achtpole

Ein passives symmetrisches Drehstromnetzwerk kann als die Zusammenschaltung von zwei verschiedenen Grundtypen von Achtpolen, im folgenden als Elementar-Achtpole bezeichnet, aufgefaßt werden. Analog zum Abschnitt 2.3.4 bezeichnen wir sie als Elementar-Längs- bzw. Elementar-Querachtpol. Auf beide werden die Koordinatentransformationen für Dreiphasensysteme mit dem Ziel angewandt, die Beschreibung und Berechnung von Drehstromnetzwerken auch im modalen Bereich der jeweiligen Transformation durchführen zu können. Wir treffen dazu zunächst wiederum keinerlei Voraussetzungen bezüglich der Zeitfunktionen der Ströme und Spannungen. Impedanzen und Admittanzen werden deshalb als Operatoren aufgefaßt, die in folgender Weise zu interpretieren sind:

$$Z\,i=\left(R+X_L\,\frac{\mathrm{d}}{\mathrm{d}\omega t}\right)i=R\,i+\omega L\,\frac{\mathrm{d}i}{\mathrm{d}\omega t} \tag{3.131}$$

$$Y\,u=\left(G+B_C\,\frac{\mathrm{d}}{\mathrm{d}\omega t}\right)u=G\,u+\omega C\,\frac{\mathrm{d}u}{\mathrm{d}\omega t} \tag{3.132}$$

3.4.1.1 Elementar-Längsachtpol . Bild 3.41 zeigt einen Elementar-Längsachtpol als dreipoliges Verbindungsglied zwischen zwei Knotenpunkten i und k eines Drehstromnetzwerkes. Wir setzen in den folgenden Ausführungen Symmetrie voraus, d.h., die Impedanzen der drei Leiter und die Kopplungen zwischen den Leitern sind jeweils gleich.

Die Spannungsgleichung des Elementar-Längsachtpols ist

$$\begin{pmatrix}\Delta u_R\\ \Delta u_S\\ \Delta u_T\end{pmatrix}=\begin{pmatrix}u_{Ri}-u_{Rk}\\ u_{Si}-u_{Sk}\\ u_{Ti}-u_{Tk}\end{pmatrix}=\begin{pmatrix}Z+Z_n & Z_{LL}+Z_n & Z_{LL}+Z_n\\ Z_{LL}+Z_n & Z+Z_n & Z_{LL}+Z_n\\ Z_{LL}+Z_n & Z_{LL}+Z_n & Z+Z_n\end{pmatrix}\begin{pmatrix}i_{Ri}\\ i_{Si}\\ i_{Ti}\end{pmatrix} \tag{3.133}$$

Die Gleichung (3.133) wird in den modalen Bereich der Raumzeiger und Nullgrößen transformiert. Die Spannungsgleichung im Nullsystem erhalten wir nach der Definitionsgleichung (3.2) durch Bildung der Summe der drei Gleichungen von (1.133) und anschließender Division durch 3. Zur Gewinnung der Raumzeiger-Spannungsgleichung verfahren wir analog. Die erste Gleichung von (3.133) wird mit dem Faktor 2/3 multipliziert, die zweite mit dem Faktor 2/3 $\underline{a}$ und die dritte mit dem Faktor 2/3 $\underline{a}^2$. Anschließend werden die so gewonnenen neuen Gleichungen addiert.
Diese Transformation führt zu der Spannungsgleichung für die Nullgrößen und die Raumzeiger.

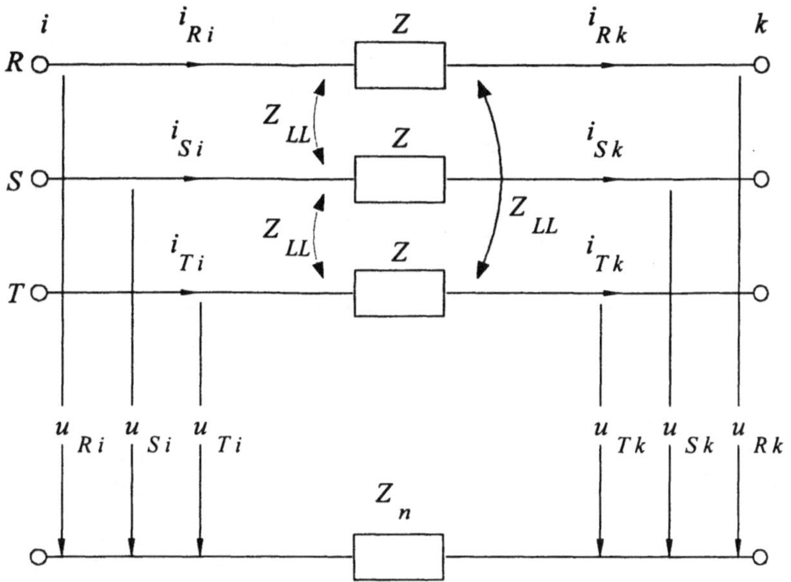

Bild 3.41 : Elementar-Längsachtpol eines passiven symmetrischen Drehstromnetzwerkes

$$\begin{pmatrix} \Delta u_0 \\ \underline{\Delta u} \end{pmatrix} = \begin{pmatrix} Z+2Z_{LL}+3Z_n & 0 \\ 0 & Z-Z_{LL} \end{pmatrix} \begin{pmatrix} i_{0i} \\ \underline{i}_i \end{pmatrix} \tag{3.134}$$

Die beiden Spannungsgleichungen für die Nullgrößen und die Raumzeiger sind unabhängig voneinander, da die Nebendiagonalelemente in (3.134) Null sind. Die Transformation des Elementar-Längsachtpols in den modalen Bereich der Nullgrößen und Raumzeiger führt zu seiner Zerlegung in zwei voneinander unabhängige Elementar-Längsvierpole nach Bild 3.42. Ihre Vierpolgleichungen lauten in Kettenform

$$\begin{pmatrix} u_{0i} \\ i_{0i} \end{pmatrix} = \begin{pmatrix} 1 & Z+2Z_{LL}+3Z_n \\ 0 & 1 \end{pmatrix} \begin{pmatrix} u_{0k} \\ i_{0k} \end{pmatrix} = \begin{pmatrix} 1 & Z_0 \\ 0 & 1 \end{pmatrix} \begin{pmatrix} u_{0k} \\ i_{0k} \end{pmatrix} = \mathbf{A}_{l0} \begin{pmatrix} u_{0k} \\ i_{0k} \end{pmatrix} \tag{3.135}$$

$$\begin{pmatrix} \underline{u}_i \\ \underline{i}_i \end{pmatrix} = \begin{pmatrix} 1 & Z-Z_{LL} \\ 0 & 1 \end{pmatrix} \begin{pmatrix} \underline{u}_k \\ \underline{i}_k \end{pmatrix} = \begin{pmatrix} 1 & Z_{RZ} \\ 0 & 1 \end{pmatrix} \begin{pmatrix} \underline{u}_k \\ \underline{i}_k \end{pmatrix} = \mathbf{A}_{l\,RZ} \begin{pmatrix} \underline{u}_k \\ \underline{i}_k \end{pmatrix} \tag{3.136}$$

Die Impedanzen der beiden Vierpole für die Nullgrößen und die Raumzeiger sind unterschiedlich.

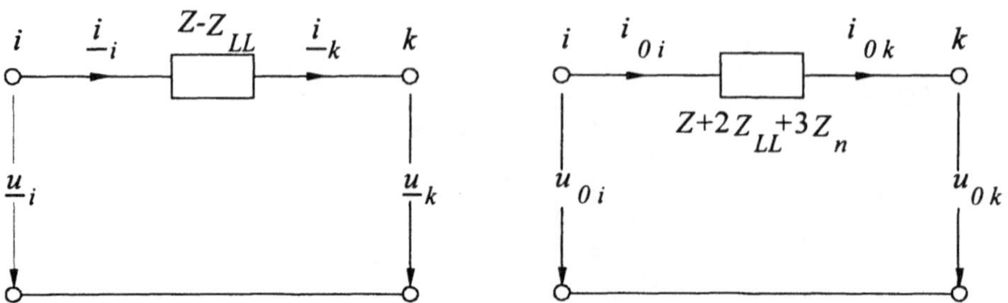

Bild 3.42 : Elementar-Längsvierpole für Nullgrößen und Raumzeiger

3.4.1.2 Elementar-Querachtpol . Bild 3.43 zeigt einen Elementar-Querachtpol. Auch er wird als symmetrisch angenommen, d.h., die Admittanzen von den Leitern zur Erde bzw. zwischen den Leitern sind jeweils gleich groß. Der Querachtpol wird durch die Gleichung

$$\begin{pmatrix} \Delta i_R \\ \Delta i_S \\ \Delta i_T \end{pmatrix} = \begin{pmatrix} i_{Ri} - i_{Rk} \\ i_{Si} - i_{Sk} \\ i_{Ti} - i_{Tk} \end{pmatrix} = \begin{pmatrix} Y+2Y_{LL} & -Y_{LL} & -Y_{LL} \\ -Y_{LL} & Y+2Y_{LL} & -Y_{LL} \\ -Y_{LL} & -Y_{LL} & Y+2Y_{LL} \end{pmatrix} \begin{pmatrix} u_{Ri} \\ u_{Si} \\ u_{Ti} \end{pmatrix} \tag{3.137}$$

beschrieben. Auf Gleichung (3.137) wird die gleiche Transformation angewandt, wie oben für den Längs-Achtpol beschrieben. Diese Rechnung führt zu dem Ergebnis

$$\begin{pmatrix} \Delta i_0 \\ \underline{\Delta i} \end{pmatrix} = \begin{pmatrix} Y & 0 \\ 0 & Y+3Y_{LL} \end{pmatrix} \begin{pmatrix} u_{0i} \\ \underline{u}_i \end{pmatrix} \tag{3.138}$$

Auch beim Elementar-Quer-Achtpol führt die Transformation zu einem Gleichungssystem, in dem Nullgrößen und Raumzeiger voneinander unabhängig sind. Der Quer-Achtpol zerfällt in zwei voneinander unabhängige Quer-Vierpole nach Bild 3.43. Ihre Vierpol-Gleichungen lauten in Kettendarstellung

$$\begin{pmatrix} u_{0i} \\ i_{0i} \end{pmatrix} = \begin{pmatrix} 1 & 0 \\ Y & 1 \end{pmatrix} \begin{pmatrix} u_{0k} \\ i_{0k} \end{pmatrix} = \begin{pmatrix} 1 & 0 \\ Y_0 & 1 \end{pmatrix} \begin{pmatrix} u_{0k} \\ i_{0k} \end{pmatrix} = \mathbf{A}_{q0} \begin{pmatrix} u_{0k} \\ i_{0k} \end{pmatrix} \tag{3.139}$$

$$\begin{pmatrix} \underline{u}_i \\ \underline{i}_i \end{pmatrix} = \begin{pmatrix} 1 & 0 \\ Y+3Y_{LL} & 1 \end{pmatrix} \begin{pmatrix} \underline{u}_k \\ \underline{i}_k \end{pmatrix} = \begin{pmatrix} 1 & 0 \\ Y_{RZ} & 1 \end{pmatrix} \begin{pmatrix} \underline{u}_k \\ \underline{i}_k \end{pmatrix} = \mathbf{A}_{qRZ} \begin{pmatrix} \underline{u}_k \\ \underline{i}_k \end{pmatrix} \tag{3.140}$$

Die Admittanzen der beiden Quervierpole für die Raumzeiger und Nullgrößen sind ebenfalls voneinander verschieden.

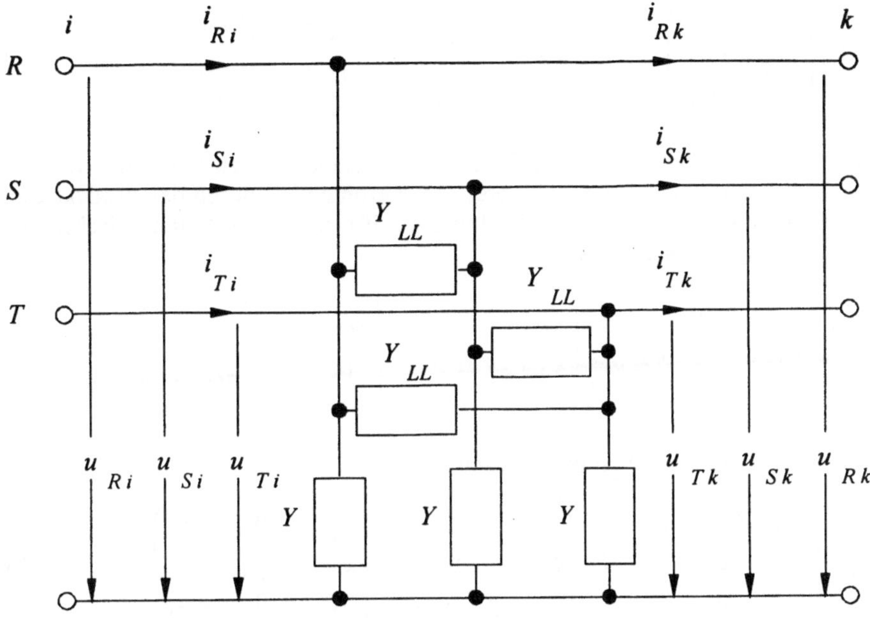

Bild 3.43 : Elementar-Querachtpol eines passiven symmetrischen Drehstromnetzwerkes

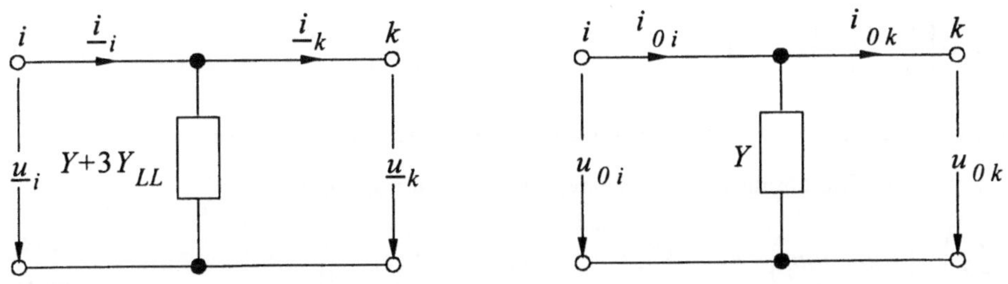

Bild 3.44 : Elementar-Quervierpole für Raumzeiger und Nullgrößen

3.4.1.3 Elementar-Achtpole in Symmetrischen Komponenten. Symmetrische Komponenten sind nach Abschnitt 3.2 nur auf kosinusförmige Dreiphasensysteme anwendbar. Wir führen die Transformation der Elementar-Achtpole in den Bildbereich der Symmetrischen Komponenten daher für komplexe Strom- und Spannungszeiger durch. Die Gleichung des Elementar-Längsachtpols lautet deshalb

$$\begin{pmatrix} \Delta\underline{U}_R \\ \Delta\underline{U}_S \\ \Delta\underline{U}_T \end{pmatrix} = \begin{pmatrix} \underline{U}_{Ri} - \underline{U}_{Rk} \\ \underline{U}_{Si} - \underline{U}_{Sk} \\ \underline{U}_{Ti} - \underline{U}_{Tk} \end{pmatrix} = \begin{pmatrix} \underline{Z} + \underline{Z}_n & \underline{Z}_{LL} + \underline{Z}_n & \underline{Z}_{LL} + \underline{Z}_n \\ \underline{Z}_{LL} + \underline{Z}_n & \underline{Z} + \underline{Z}_n & \underline{Z}_{LL} + \underline{Z}_n \\ \underline{Z}_{LL} + \underline{Z}_n & \underline{Z}_{LL} + \underline{Z}_n & \underline{Z} + \underline{Z}_n \end{pmatrix} \begin{pmatrix} \underline{I}_{Ri} \\ \underline{I}_{Si} \\ \underline{I}_{Ti} \end{pmatrix} \tag{3.141}$$

Die Gleichung (3.141) wird mit der Symmetrierungsmatrix nach Gleichung (3.58) von links multipliziert und der Vektor der drei Leiterströme wird durch das Produkt aus der Entsymmetrierungsmatrix nach Gleichung (3.59) und den Symmetrischen Komponenten der Leiterströme ersetzt.

$$\begin{pmatrix} \Delta\underline{U}_{(0)} \\ \Delta\underline{U}_{(1)} \\ \Delta\underline{U}_{(2)} \end{pmatrix} = \mathbf{S} \begin{pmatrix} \Delta\underline{U}_R \\ \Delta\underline{U}_S \\ \Delta\underline{U}_T \end{pmatrix} = \mathbf{S}\,\underline{\mathbf{Z}}_{RST} \begin{pmatrix} \underline{I}_R \\ \underline{I}_S \\ \underline{I}_T \end{pmatrix} = \mathbf{S}\,\underline{\mathbf{Z}}_{RST}\,\mathbf{T} \begin{pmatrix} \underline{I}_{(0)} \\ \underline{I}_{(1)} \\ \underline{I}_{(2)} \end{pmatrix} = \underline{\mathbf{Z}}_{(012)} \begin{pmatrix} \underline{I}_{(0)} \\ \underline{I}_{(1)} \\ \underline{I}_{(2)} \end{pmatrix} \tag{3.142}$$

Die Matrix der Symmetrischen Impedanzen in Gleichung (3.142) ist

$$\underline{\mathbf{Z}}_{(0,1,2)} = \begin{pmatrix} \underline{Z} + 2\underline{Z}_{LL} + 3\underline{Z}_n & 0 & 0 \\ 0 & \underline{Z} - \underline{Z}_{LL} & 0 \\ 0 & 0 & \underline{Z} - \underline{Z}_{LL} \end{pmatrix} = \begin{pmatrix} \underline{Z}_{(0)} & 0 & 0 \\ 0 & \underline{Z}_{(1)} & 0 \\ 0 & 0 & \underline{Z}_{(2)} \end{pmatrix} \tag{3.143}$$

Der Elementar-Längsachtpol wird auch bei der Transformation in den modalen Bereich der Symmetrischen Komponenten entkoppelt. Es entstehen drei voneinander unabhängige Längsvierpole für die drei Symmetrischen Komponenten mit den Kettenmatrizen

$$\underline{\mathbf{A}}_{l(0)} = \begin{pmatrix} 1 & \underline{Z}_{(0)} \\ 0 & 1 \end{pmatrix} \qquad \underline{\mathbf{A}}_{l(1)} = \begin{pmatrix} 1 & \underline{Z}_{(1)} \\ 0 & 1 \end{pmatrix} \qquad \underline{\mathbf{A}}_{l(2)} = \begin{pmatrix} 1 & \underline{Z}_{(2)} \\ 0 & 1 \end{pmatrix} \tag{3.144}$$

Die Mit- und die Gegenimpedanz des Elementar-Längsachtpols sind gleich.

Die komplexe Gleichung für den Elementar-Querachtpol lautet

$$\begin{pmatrix} \Delta\underline{I}_R \\ \Delta\underline{I}_S \\ \Delta\underline{I}_T \end{pmatrix} = \begin{pmatrix} \underline{I}_{Ri} - \underline{I}_{Rk} \\ \underline{I}_{Si} - \underline{I}_{Sk} \\ \underline{I}_{Ti} - \underline{I}_{Tk} \end{pmatrix} = \begin{pmatrix} \underline{Y} + 2\underline{Y}_{LL} & -\underline{Y}_{LL} & -\underline{Y}_{LL} \\ -\underline{Y}_{LL} & \underline{Y} + 2\underline{Y}_{LL} & -\underline{Y}_{LL} \\ -\underline{Y}_{LL} & -\underline{Y}_{LL} & \underline{Y} + 2\underline{Y}_{LL} \end{pmatrix} \begin{pmatrix} \underline{U}_{Ri} \\ \underline{U}_{Si} \\ \underline{U}_{Ti} \end{pmatrix} \tag{3.145}$$

Wir führen die Transformation in der gleichen Weise wie für den Elementar-Längsachtpol durch und erhalten

$$\begin{pmatrix} \Delta\underline{I}_{(0)} \\ \Delta\underline{I}_{(1)} \\ \Delta\underline{I}_{(2)} \end{pmatrix} = \mathbf{S} \begin{pmatrix} \Delta\underline{I}_R \\ \Delta\underline{I}_S \\ \Delta\underline{I}_T \end{pmatrix} = \mathbf{S}\,\underline{\mathbf{Y}}_{RST} \begin{pmatrix} \underline{U}_R \\ \underline{U}_S \\ \underline{U}_T \end{pmatrix} = \mathbf{S}\,\underline{\mathbf{Y}}_{RST}\,\mathbf{T} \begin{pmatrix} \underline{U}_{(0)} \\ \underline{U}_{(1)} \\ \underline{U}_{(2)} \end{pmatrix} = \underline{\mathbf{Y}}_{(012)} \begin{pmatrix} \underline{U}_{(0)} \\ \underline{U}_{(1)} \\ \underline{U}_{(2)} \end{pmatrix} \tag{3.146}$$

Auch die Gleichung (3.146) wird durch die Transformation in den modalen Bereich der Symmetrischen Komponenten erwartungsgemäß in drei voneinander unabhängige Gleichungen entkoppelt. Aus dem Achtpol entstehen so drei voneinander unabhängige Quervierpole für die drei Symmetrischen Komponenten. Die Symmetrische Admittanzmatrix lautet

$$\underline{\mathbf{Y}}_{(012)} = \begin{pmatrix} \underline{Y} & 0 & 0 \\ 0 & \underline{Y}+3\underline{Y}_{LL} & 0 \\ 0 & 0 & \underline{Y}+3\underline{Y}_{LL} \end{pmatrix} = \begin{pmatrix} \underline{Y}_{(0)} & 0 & 0 \\ 0 & \underline{Y}_{(1)} & 0 \\ 0 & 0 & \underline{Y}_{(2)} \end{pmatrix} \qquad (3.147)$$

Die Kettenmatrizen der drei Symmetrischen Quer-Vierpole sind

$$\underline{\mathbf{A}}_{q(0)} = \begin{pmatrix} 1 & 0 \\ \underline{Y}_{(0)} & 1 \end{pmatrix} \qquad \underline{\mathbf{A}}_{q(1)} = \begin{pmatrix} 1 & 0 \\ \underline{Y}_{(1)} & 1 \end{pmatrix} \qquad \underline{\mathbf{A}}_{q(2)} = \begin{pmatrix} 1 & 0 \\ \underline{Y}_{(2)} & 1 \end{pmatrix} \qquad (3.148)$$

Die Mit- und die Gegenadmittanz in Gleichung (3.148) sind gleich.

3.4.2 Satz von der Ersatzspannungsquelle für Drehstromnetze

Analog zu Abschnitt 2.2.5.3 betrachten wir einen Knotenpunkt eines Drehstromnetzes mit unbekannter innerer Schaltung, an den eine passive Drehstromlast angeschlossen werden soll. Die Prinzipschaltung ist im Bild 3.45 dargestellt. Wenn die Schalterpole in allen drei Leitern geöffnet sind, dann stellt sich über ihnen das Dreiphasensystem der Leerlaufspannungen ein. Die Leerlaufspannungen können über den Schalterpolen gemessen werden. Bei geschlossenen Schalterpolen in allen drei Leitern stellt sich ein Dreiphasensystem von Lastströmen ein, das ebenfalls gemessen werden kann.

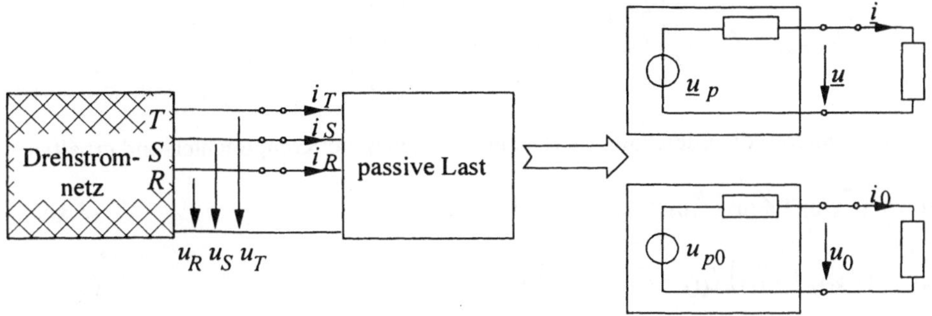

Bild 3.45 : Satz von der Ersatzspannungsquelle für Drehstromnetze

Zwischen den Lastströmen und den Leerlaufspannungen besteht die Beziehung

$$\begin{pmatrix} u_{pR} \\ u_{pS} \\ u_{pT} \end{pmatrix} = \left(\mathbf{Z}_{k\,RST} + \mathbf{Z}_{RST}\right) \begin{pmatrix} i_R \\ i_S \\ i_T \end{pmatrix} = \mathbf{Z}_{k\,RST} \begin{pmatrix} i_R \\ i_S \\ i_T \end{pmatrix} + \begin{pmatrix} u_R \\ u_S \\ u_T \end{pmatrix} \tag{3.149}$$

Wir nehmen an, daß das Drehstromnetzwerk und die Last symmetrisch sind. Die Kurzschlußimpedanzmatrix des Netzes und die Impedanzmatrix der Last besitzen dann die Struktur der Impedanzmatrix des Elementar-Längsachtpols nach Gleichung (3.133). Wir transformieren die Gleichung (3.149) in der im vorhergehenden Abschnitt beschriebenen Art in den Bildbereich von Nullgrößen und Raumzeiger. Dort erhalten wir

$$u_{p0} = \left(Z_{k0} + Z_0\right) i_0 = Z_{k0}\, i_0 + u_0 \tag{3.150}$$

$$\underline{u}_p = \left(Z_{k\,RZ} + Z_{RZ}\right) \underline{i} = Z_{k\,RZ}\, \underline{i} + \underline{u} \tag{3.151}$$

Durch die Transformation in Raumzeiger und Nullgrößen ist das betrachtete Drehstromnetzwerk wiederum entkoppelt worden. Der Satz von der Ersatzspannungsquelle für das Drehstromnetz zerfällt in zwei voneinander unabhängige Sätze für Nullgrößen und Raumzeiger. Für die Impedanzen in den Gleichungen (3.150) und (3.151) erhält man mit den Gleichungen (3.134) bis (3.136)

$$\begin{aligned} Z_{k0} &= Z_k + 2\, Z_{k\,LL} + 3\, Z_{k\,n} \\ Z_0 &= Z + 2\, Z_{LL} + 3\, Z_n \end{aligned} \tag{3.152}$$

$$\begin{aligned} Z_{k\,RZ} &= Z_k - Z_{k\,LL} \\ Z_{RZ} &= Z - Z_{LL} \end{aligned} \tag{3.153}$$

Für kosinusförmige Dreiphasensysteme lautet der komplexe Satz von der Ersatzspannungsquelle für Drehstromnetze entsprechend zu Gleichung (3.149)

$$\begin{pmatrix} \underline{U}_{pR} \\ \underline{U}_{pS} \\ \underline{U}_{pT} \end{pmatrix} = \left(\underline{\mathbf{Z}}_{k\,RST} + \underline{\mathbf{Z}}_{RST}\right) \begin{pmatrix} \underline{I}_R \\ \underline{I}_S \\ \underline{I}_T \end{pmatrix} = \begin{pmatrix} \underline{U}_R \\ \underline{U}_S \\ \underline{U}_T \end{pmatrix} + \underline{\mathbf{Z}}_{k\,RST} \begin{pmatrix} \underline{I}_R \\ \underline{I}_S \\ \underline{I}_T \end{pmatrix} \tag{3.154}$$

Wir transformieren die Gleichung (3.154) in Symmetrische Komponenten und erhalten

$$\underline{U}_{p(0)} = \left(\underline{Z}_{k(0)} + \underline{Z}_{(0)}\right) \underline{I}_{(0)} = \underline{Z}_{k(0)}\, \underline{I}_{(0)} + \underline{U}_{(0)} \tag{3.155}$$

$$\underline{U}_{p(1)} = \left(\underline{Z}_{k(1)} + \underline{Z}_{(1)}\right) \underline{I}_{(1)} = \underline{Z}_{k(1)}\, \underline{I}_{(1)} + \underline{U}_{(1)} \tag{3.156}$$

$$\underline{U}_{p(2)} = \left(\underline{Z}_{k(2)} + \underline{Z}_{(2)}\right) \underline{I}_{(2)} = \underline{Z}_{k(2)}\, \underline{I}_{(2)} + \underline{U}_{(2)} \tag{3.157}$$

Der Satz von der Ersatzspannungsquelle für Drehstromnetze zerfällt bei der Transformation in Symmetrische Komponenten in drei voneinander unabhängige Sätze von der Ersatzspannungsquelle für die drei Wechselstrom-Komponentennetzwerke. Die Symmetrischen Impedanzen in den Gleichungen (3.155) bis (3.157) haben für passive Längszweige die Struktur nach Gleichung (3.143). Mit- und Gegenimpedanzen sind gleich. An späterer Stelle werden wir jedoch feststellen, daß Mit- und Gegenimpedanzen in Netzen mit rotierenden elektrischen Maschinen unterschiedlich groß sind. Auch dann gelten die Sätze von der Ersatzspannungsquelle in Symmetrischen Komponenten nach den Gleichungen (3.155) bis (3.157).

In der Praxis können wir häufig davon ausgehen, daß die Leerlaufspannungen von Drehstromnetzen kosinusförmig sind und ein Mitsystem bilden. Im Nullsystem nach Gleichung (3.155) und im Gegensystem nach Gleichung (3.157) treten dann keine Leerlaufspannungen auf. Das gilt natürlich ebenso für Gleichung (3.150).

3.4.3 Ersatzschaltungen für Drehstromtransformatoren

3.4.3.1 Drehstromtransformator mit unverschalteten Wicklungen. Wir nehmen einen symmetrischen Drehstromtransformator an, dessen zwei dreiphasige Wicklungen nicht verschaltet sind. Sämtliche Wicklungsenden seien zu Klemmen geführt. Die Vorzeichen der Ströme und Spannungen werden nach Bild 2.46 für die Wicklungen jedes der drei wicklungstragenden Schenkel des Transformatorkerns festgelegt. Alle Wicklungen sind magnetisch miteinander gekoppelt. Das wird durch das Schema nach Bild 3.46 angedeutet.

Die Vierpolgleichung des Wechselstromtransformators (2.229) haben wir in Impedanzform angegeben. Analog können wir auch für den Drehstromtransformator mit unverschalteten Wicklungen verfahren. Die Ströme und Spannungen in Gleichung (2.229) sind dabei jeweils durch dreidimensionale Vektoren zu ersetzen und die dort angegebenen Impedanzen werden zu quadratischen Matrizen mit jeweils drei Zeilen und Spalten. Im Unterschied zu Gleichung (2.229) gehen wir hier jedoch zunächst von Momentanwerten der Ströme und Spannungen aus.

$$\begin{pmatrix} \mathbf{u}_1 \\ \mathbf{u}_2 \end{pmatrix} = \begin{pmatrix} \mathbf{Z}_{11} & \mathbf{Z}_{12} \\ \mathbf{Z}_{21} & \mathbf{Z}_{22} \end{pmatrix} \begin{pmatrix} \mathbf{i}_1 \\ \mathbf{i}_2 \end{pmatrix} \tag{3.158}$$

Mit den Abkürzungen nach Bild 3.46 geht Gleichung (3.158) in (3.159) über. Die Impedanzen $Z_{\mu\nu}$ sind Selbstimpedanzen der Primär- bzw. Sekundärwicklung bzw. beschreiben die Kopplung zwischen Wicklungen auf dem gleichen Schenkel des Kerns. Die Impedanzen $W_{\mu\nu}$ sind Koppelimpedanzen zwischen Wicklungen auf verschiedenen Schenkeln des Kerns. Der Index 11 kennzeichnet die Koppelimpedanzen zwischen den drei Strängen der Primärwicklung, der Index 12 bzw. 21 die zwischen der Primär- und der Sekundärwicklung und der Index 22 die zwischen den drei Strängen der Sekundärwicklung.

$$\begin{pmatrix} \begin{pmatrix} u_{R1} \\ u_{S1} \\ u_{T1} \end{pmatrix} \\ \begin{pmatrix} u_{R2} \\ u_{S2} \\ u_{T2} \end{pmatrix} \end{pmatrix} = \begin{pmatrix} \begin{pmatrix} Z_{11} & W_{11} & W_{11} \\ W_{11} & Z_{11} & W_{11} \\ W_{11} & W_{11} & Z_{11} \end{pmatrix} & \begin{pmatrix} Z_{12} & W_{12} & W_{12} \\ W_{12} & Z_{12} & W_{12} \\ W_{12} & W_{12} & Z_{12} \end{pmatrix} \\ \begin{pmatrix} Z_{21} & W_{21} & W_{21} \\ W_{21} & Z_{21} & W_{21} \\ W_{21} & W_{21} & Z_{21} \end{pmatrix} & \begin{pmatrix} Z_{22} & W_{22} & W_{22} \\ W_{22} & Z_{22} & W_{22} \\ W_{22} & W_{22} & Z_{22} \end{pmatrix} \end{pmatrix} \begin{pmatrix} \begin{pmatrix} i_{R1} \\ i_{S1} \\ i_{T1} \end{pmatrix} \\ \begin{pmatrix} i_{R2} \\ i_{S2} \\ i_{T2} \end{pmatrix} \end{pmatrix} \tag{3.159}$$

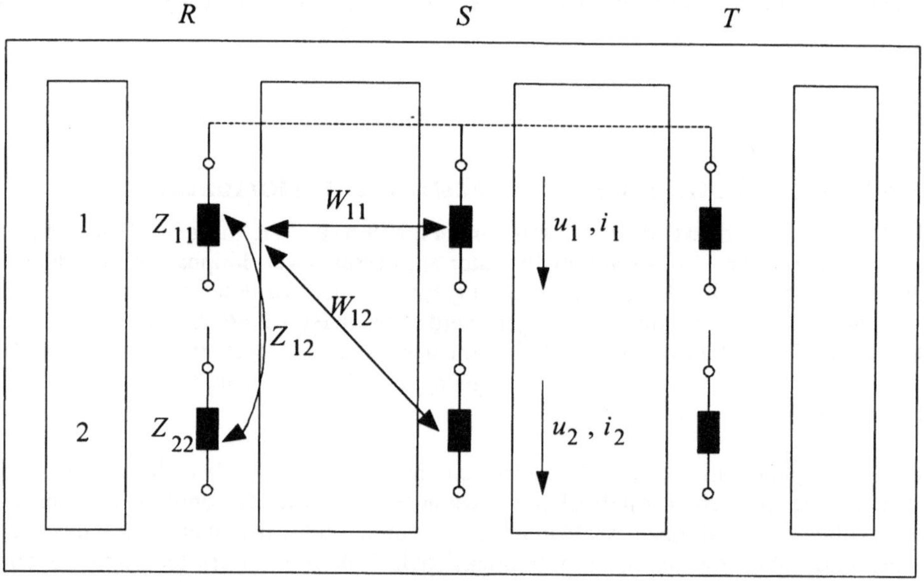

Bild 3.46 : Drehstromtransformator mit unverschalteten Wicklungen

Aus Symmetriegründen muß auch beim Drehstromtransformator gelten

$$Z_{\mu\nu} = Z_{\nu\mu} \quad \text{und} \quad W_{\mu\nu} = W_{\nu\mu} \tag{3.160}$$

Wir führen die Gleichung (3.159) in den modalen Bereich von Raumzeiger und Nullgrößen bzw. der Symmetrischen Komponenten über. Dazu können wir die im Abschnitt 3.4.1 beschriebene Verfahrensweise anwenden. Wir wollen hier alternativ einen anderen Weg beschreiten. Dazu stellen wir uns zunächst vor, daß in beiden Transformatorwicklungen Dreiphasensysteme von Strömen fließen, die durch einen Raumzeiger allein vollständig beschrieben werden können.

Nach Gleichung (3.1) erfüllen diese Ströme die Bedingung

$$i_{R1} + i_{S1} + i_{T1} = 0 \quad \text{und} \quad i_{R2} + i_{S2} + i_{T2} = 0 \tag{3.161}$$

Diese Art der Belastung des Transformators nennt man bisymmetrisch, weil die Dreiphasensysteme bei kosinusförmigen Zeitfunktionen aus zwei Symmetrischen Komponenten, der Mit- und die Gegenkomponente, bestehen. Für den Strang R der Wicklung 1 erhalten wir aus (3.159) mit (3.161) die Spannungsgleichung

$$\begin{aligned} u_{R1} &= Z_{11}\, i_{R1} + W_{11}\left(i_{S1} + i_{T1}\right) + Z_{12}\, i_{R2} + W_{12}\left(i_{S2} + i_{T2}\right) \\ u_{R1} &= \left(Z_{11} - W_{11}\right) i_{R1} + \left(Z_{12} - W_{12}\right) i_{R2} \end{aligned} \tag{3.162}$$

Die Spannung des Stranges R der Wicklung 1 wird nach (3.162) nur von den Strömen der Stränge R beider Wicklungen bestimmt. Das trifft für alle anderen Wicklungsstränge in entsprechender Weise zu. Wir können daher leicht die Raumzeiger der Ströme und Spannungen bilden und gelangen so zu

$$\begin{pmatrix} \underline{u}_1 \\ \underline{u}_2 \end{pmatrix} = \begin{pmatrix} Z_{11} - W_{11} & Z_{12} - W_{12} \\ Z_{21} - W_{21} & Z_{22} - W_{22} \end{pmatrix} \begin{pmatrix} \underline{i}_1 \\ \underline{i}_2 \end{pmatrix} = \begin{pmatrix} Z_{11_{RZ}} & Z_{12_{RZ}} \\ Z_{21_{RZ}} & Z_{22_{RZ}} \end{pmatrix} \begin{pmatrix} \underline{i}_1 \\ \underline{i}_2 \end{pmatrix} \tag{3.163}$$

Der Drehstromtransformator wird in dem angenommenen Belastungsfall durch einen "Raumzeiger"-Wechselstromtransformator beschrieben.

Wir nehmen nun für einen zweiten charakteristischen Belastungsfall an, daß die Ströme in drei Strängen der Wicklung 1 und die Ströme in den drei Strängen der Wicklung 2 jeweils gleich sind.

$$i_{R1} = i_{S1} = i_{T1} = i_{01} \quad \text{und} \quad i_{R2} = i_{S2} = i_{T2} = i_{02} \tag{3.164}$$

Dieser Belastungsfall des Drehstromtransformators wird als gleichphasige Belastung bezeichnet, weil die kosinusförmigen Nullgrößen in allen drei Strängen gleichphasig sind. Für die Spannung des Stranges R der Wicklung 1 erhalten wir analog zu Gleichung (3.162)

$$u_{R1} = \left(Z_{11} + 2\,W_{11}\right) i_{01} + \left(Z_{12} + 2\,W_{12}\right) i_{02} \tag{3.165}$$

Für alle anderen Wicklungsstränge bekommen wir entsprechende Gleichungen. Wir können daher die Nullgrößen der Ströme und Spannungen einfach einführen und gelangen so zur Beschreibung eines Wechselstromtransformators für die Nullgrößen.

$$\begin{pmatrix} u_{01} \\ u_{02} \end{pmatrix} = \begin{pmatrix} Z_{11} + 2\,W_{11} & Z_{12} + 2\,W_{12} \\ Z_{21} + 2\,W_{21} & Z_{22} + 2\,W_{22} \end{pmatrix} \begin{pmatrix} i_{01} \\ i_{02} \end{pmatrix} = \begin{pmatrix} Z_{11_0} & Z_{12_0} \\ Z_{21_0} & Z_{22_0} \end{pmatrix} \begin{pmatrix} i_{01} \\ i_{02} \end{pmatrix} \tag{3.166}$$

Die Gleichungen (3.163) und (3.166) zeigen, daß wir den Drehstromtransformator in zwei voneinander unabhängige Wechselstromtransformatoren für die Raumzeiger und die Nullgrößen zerlegt haben. Die bisymmetrische Belastung, die durch Raumzeiger vollständig beschrieben ist, kann bei kosinusförmigen Dreiphasensystemen Mit- und Gegenkomponenten enthalten. Die Transformation des Drehstromtransformators in Symmetrische Komponenten führt daher zu drei voneinander unabhängigen Wechselstromtransformatoren für das Null-, das Mit- und das Gegensystem. Die Transformatoren für das Mit- und das Gegensystem haben gleiche Parameter. Da uns die Verfahrensweise der Transformation in Symmetrische Komponenten bereits bekannt ist, soll an dieser Stelle auf eine ausführliche Ableitung verzichtet werden.

3.4.3.2 Verschaltung der Wicklungen eines Drehstromtransformators. Bei einem Wechselstromtransformator kann man durch Vertauschen der Enden einer der beiden Wicklungen nach Bild 2.46 zwei um 180 Grad phasenverschobene Spannungen gewinnen. Bei einem idealen Transformator werden wegen der Leistungsinvarianz die Ströme in der gleichen Weise gegeneinander phasenverschoben. Die gleiche Möglichkeit besitzen wir auch bei Drehstromtransformatoren. Wir können so eine Phasenverschiebung zwischen den Dreiphasensystemen der Primär- und der Sekundärseite von 180 Grad erreichen. Auch hier besteht kein Einfluß auf die Leistungsübertragung von der Wicklung 1 zur Wicklung 2.

Neben dieser Schaltungsmöglichkeit haben wir jedoch bei Drehstromtransformatoren weitere. Sie sind dadurch gegeben, daß dreiphasige Wicklungen in Stern oder in Dreieck geschaltet werden können. Dafür gibt es ebenfalls wieder mehrere Möglichkeiten. Wir betrachten dazu zwei Wicklungen nach Bild 3.47, die wir der Seite 1 eines Drehstromtransformators zuordnen.

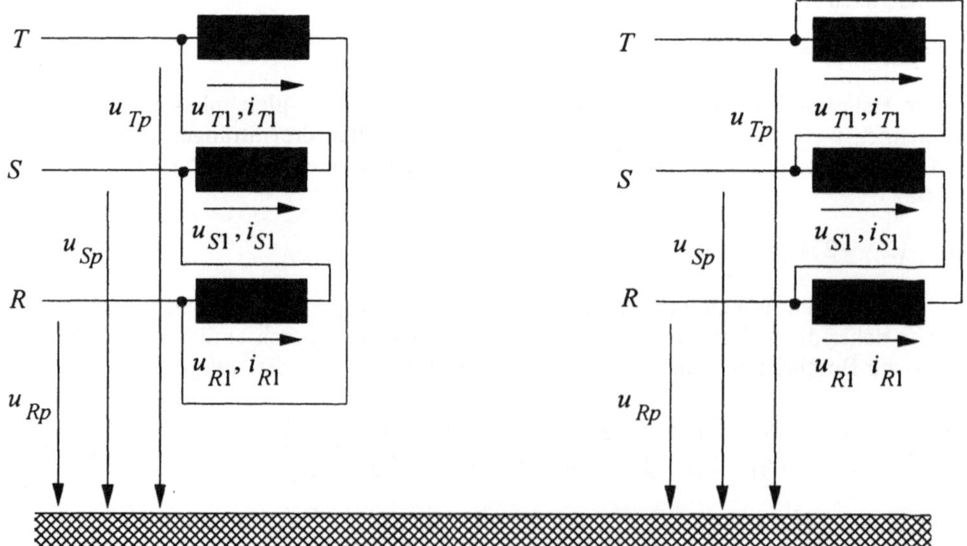

Bild 3.47 : Transformatorwicklungen in Dreieckschaltung

Für die linke Wicklung gelten die Spannungsgleichungen

$$\begin{aligned} u_{Rp} - u_{Sp} &= u_{R1} \\ u_{Sp} - u_{Tp} &= u_{S1} \\ u_{Tp} - u_{Rp} &= u_{T1} \end{aligned} \quad \Rightarrow \quad \begin{aligned} \underline{u}_1 &= \left(1-\underline{a}^2\right)\underline{u}_p \\ u_{01} &= 0 \end{aligned} \tag{3.167}$$

Der Raumzeiger der Wicklungsspannungen 1 eilt dem der Primärspannungen um 30 Grad voraus. Wenn wir die linken Wicklungsenden anstelle der rechten nach außen führen würden, dann erhielten wir eine zusätzliche Phasenverschiebung von 180 Grad. Der Winkel der Wicklungsspannungen würde in diesem Fall dem der Primärspannungen um 210 Grad vorauseilen.

Für die rechte Wicklung erhalten wir entsprechend

$$\begin{aligned} u_{Rp} - u_{Sp} &= -u_{S1} \\ u_{Sp} - u_{Tp} &= -u_{T1} \\ u_{Tp} - u_{Rp} &= -u_{R1} \end{aligned} \quad \Rightarrow \quad \begin{aligned} \underline{u}_1 &= \left(1-\underline{a}\right)\underline{u}_p \\ u_{01} &= 0 \end{aligned} \tag{3.168}$$

Der Raumzeiger der Wicklungsspannungen eilt dem der Primärspannungen um 30 Grad nach. Auch hier würden wir durch Vertauschen der nach außen geführten Wicklungsenden eine zusätzliche Phasenverschiebung um 180 Grad erhalten.

Die Beziehung zwischen den Raumzeigern der Primär- und dem der Wicklungsströme ist nach Abschnitt 3.1.6 durch die Leistungsinvarianz zwischen der Primärseite und der Wicklung 1 vorgegeben. Für beide Wicklungen bekommen wir somit, entsprechend dem linken und rechten Teilbild,

$$\underline{i}_p = \left(1-\underline{a}\right)\underline{i}_1 \quad \text{bzw.} \quad \underline{i}_p = \left(1-\underline{a}^2\right)\underline{i}_1 \tag{3.169}$$

In beiden Fällen kann auf der Primärseite kein Nullstrom fließen, da an den Transformator nur die drei Leiter des Drehstromsystems angeschlossen sind.

$$i_{0p} = 0 \tag{3.170}$$

Ehe wir die Auswirkungen der Wicklungsschaltungen auf die Vierpolgleichungen des Drehstromtransformators untersuchen, betrachten wir eine Wicklungsschaltung nach Bild 3.48. Sie wird Zickzack-Schaltung genannt und hat vor allem als Unterspannungswicklung von Niederspannungstransformatoren Bedeutung.

Die Wicklung besteht aus zwei gleichen Teilwicklungen 1 und 2, die auf verschiedenen Schenkeln des Kerns angeordnet sind. Zwischen den Sekundärspannungen und den Teilwicklungsspannungen der Zickzack-Schaltung bestehen nach Bild 3.48 die Beziehungen

$$\begin{aligned} u_{Rs} - u_{0N} &= u_{T1} - u_{R2} \\ u_{Ss} - u_{0N} &= u_{R1} - u_{S2} \\ u_{Ts} - u_{0N} &= u_{S1} - u_{T2} \end{aligned} \quad \Rightarrow \quad \begin{aligned} \underline{u}_s &= \underline{a}\,\underline{u}_1 - \underline{u}_2 = (\underline{a}-1)\,\underline{u}_1 = (\underline{a}-1)\,\underline{u}_2 \\ u_{0s} - u_{0N} &= u_{01} - u_{02} \end{aligned} \tag{3.171}$$

Für die Ströme der beiden Teilwicklungen können wir aus Bild 3.48 ableiten

$$\begin{aligned} i_{R2} &= -i_{T1} \\ i_{S2} &= -i_{R1} \\ i_{T2} &= -i_{S1} \end{aligned} \quad \Rightarrow \quad \begin{aligned} \underline{i}_2 &= -\underline{a}\,\underline{i}_1 \\ i_{02} &= -i_{01} = i_{0s} \end{aligned} \tag{3.172}$$

Der Raumzeiger der Sekundärspannungen eilt in unserem Beispiel dem Raumzeiger der Teilwicklungsspannungen um 150 Grad voraus und besitzt ihren $\sqrt{3}$ fachen Betrag. Die Nullspannungen der Teilwicklungen haben entgegengesetztes Vorzeichen. Ihre Summe ist daher im Leerlauf Null.

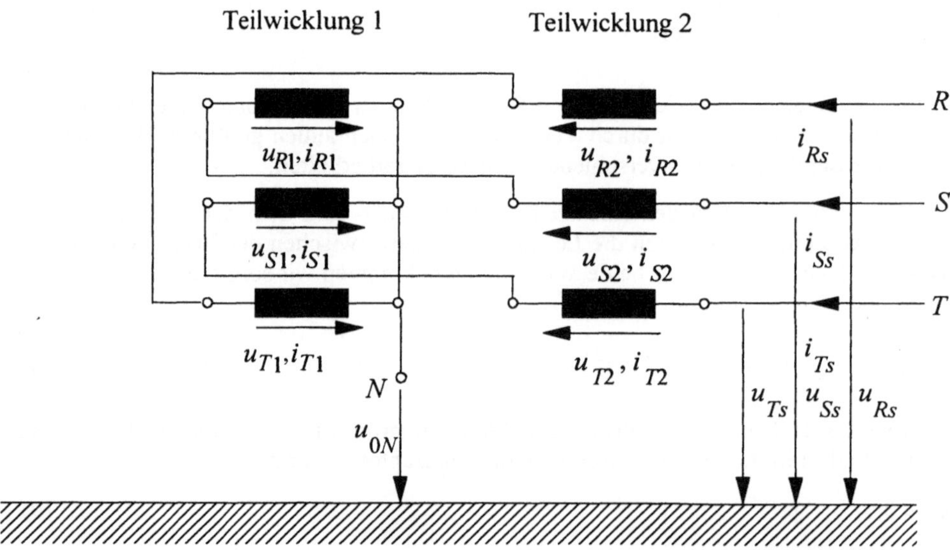

Bild 3.48 : Zickzack-Schaltung einer sekundären Transformatorwicklung

Bei Wicklungen in Sternschaltung stimmen die Leiterspannungen entweder mit den Wicklungsspannungen überein oder sind ihnen gegenüber bei vertauschten Wicklungsanschlüssen um 180 Grad phasenverschoben. Für die Raumzeiger und Nullspannungen folgen daraus die gleichen Bedingungen.

3.4.3.3 Idealer Raumzeigertransformator. Wir wollen nun die Auswirkungen der Wicklungsschaltungen auf die Transformator-Vierpolgleichungen untersuchen und betrachten dazu zunächst einen idealen Raumzeiger-Transformator. Offensichtlich setzt sich sein Übersetzungsverhältnis aus drei Teilen zusammen:

1. Übersetzung von der Primärseite zur Wicklung 1
2. Übersetzung zwischen den Wicklungen 1 und 2
3. Übersetzung von der Wicklung 2 zur Sekundärseite.

Vom Wechselstromtransformator ist uns das mittlere Teilübersetzungsverhältnis bereits bekannt. Es entspricht dem Verhältnis der Windungszahlen der beiden Wicklungen 1 und 2. Das Produkt dieser drei Teilübersetzungsverhältnisse ergibt das gesamte Übersetzungsverhältnis des Drehstromtransformators.

$$\frac{\underline{u}_p}{\underline{u}_s} = \frac{\underline{u}_p}{\underline{u}_1}\frac{\underline{u}_1}{\underline{u}_2}\frac{\underline{u}_2}{\underline{u}_s} = \underline{\ddot{u}}_p \, \ddot{u}_w \, \frac{1}{\underline{\ddot{u}}_s} = \underline{\ddot{u}} \tag{3.173}$$

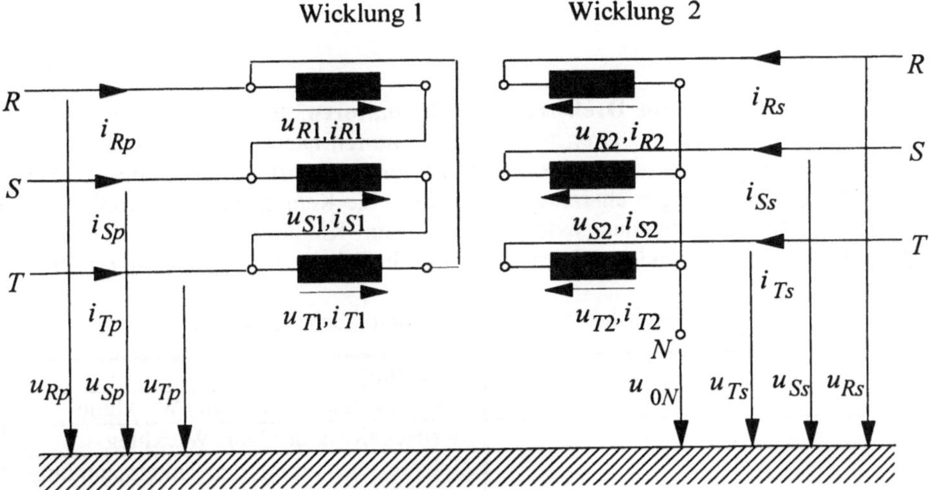

Bild 3.49 : Transformator der Schaltgruppe Dy5

Das Übersetzungsverhältnis eines Raumzeigertransformators ist wegen der unterschiedlichen Schaltungsmöglichkeiten der Wicklungen komplex. Wir betrachten als Beispiel einen Transformator nach Bild 3.49.

Seine Raumzeiger-Übersetzung von der Primärseite zur Wicklung 1 ist durch Gleichung (3.167) bereits gegeben. Die Übersetzung von der Wicklung 1 zur Wicklung 2 wird wie beim Wechselstromtransformator durch die Windungszahlen beider Wicklungen bestimmt. Die Übersetzung von der in Stern geschalteten Wicklung 2 zur Sekundärseite ist bedingt durch die Wahl der mit den äußeren Leitern verbundenen Wicklungsenden gleich -1. Für das gesamte Übersetzungsverhältnis gilt somit

$$\frac{\underline{u}_p}{\underline{u}_s} = \frac{1}{1-\underline{a}^2} \; \frac{w_1}{w_2} \; \frac{1}{-1} = \frac{1}{3}\sqrt{3}\,\frac{w_1}{w_2}\,e^{j\frac{5\pi}{6}} \tag{3.174}$$

Der Raumzeiger der Sekundärspannungen eilt dem der Primärspannungen um 5×30 Grad = 150 Grad nach.

Die Stromübersetzung erhalten wir aus der Leistungsinvarianz des idealen Transformators.

$$\underline{u}_p\,\underline{i}_p^* + \underline{u}_s\,\underline{i}_s^* = 0 \;\Rightarrow\; -\frac{\underline{i}_s^*}{\underline{i}_p^*} = \frac{\underline{u}_p}{\underline{u}_s} = \underline{\ddot{u}} \;\Rightarrow\; \frac{\underline{i}_p}{\underline{i}_s} = -\frac{1}{\underline{\ddot{u}}^*} \tag{3.175}$$

Die Kettenmatrix des idealen Raumzeiger-Transformators ist mit Gleichung (2.217) gegeben.

3.4.3.4 Schaltgruppen von Drehstromtransformatoren. Entsprechend ihren Wicklungsschaltungen werden die Drehstromtransformatoren nach Schaltgruppen geordnet. Die Kennzeichnung der Schaltgruppe geschieht durch zwei Buchstaben, die die Schaltung der beiden Wicklungen charakterisieren und eine Kennziffer. Ein Großbuchstabe kennzeichnet die Oberspannungswicklung und ein Kleinbuchstabe die Unterspannungswicklung. Die verwendeten Buchstaben sind in Tabelle 3.1 zusammengestellt.

Tabelle 3.1: Kennbuchstaben für Transformator-Schaltgruppen

Buchstabe	Bedeutung
D, d	Dreieckschaltung der betr. Wicklung
Y, y	Sternschaltung der betr. Wicklung
z	Zickzack-Schaltung der Unterspannungswicklung (Niederspannungswicklung)
III, iii	Wicklungen unverschaltet

Durch die Kennziffer der Schaltgruppe wird die Phasendrehung zwischen der Ober- und der Unterspannungsseite angegeben. Sie ist der Quotient aus dem Winkel des komplexen Transformator-Übersetzungsverhältnisses und 30 Grad. Im vorhergehenden Abschnitt haben wir einen Transformator der Schaltgruppe Dy5 kennengelernt. Seine Oberspannungswicklung ist in Dreieck und seine Unterspannungswicklung ist in Stern geschaltet. Der Winkel zwischen den Raumzeigern der Primär- und der Sekundärseite beträgt 150 Grad. Übliche Schaltgruppen sind:

Dd0 **Yy0** **Dz0** **Dy5** **Yd5** **Yz5** Dd6 Yy6 Dz6 Dy11 Yd11 Yz11

Die bevorzugten Schaltgruppen sind fett gedruckt.

Für die Leistungsübertragung hat die Schaltgruppe keine Bedeutung. Bei der Parallelschaltung zweier Drehstromtransformatoren ist es unter anderem wichtig, daß die Kennziffern ihrer Schaltgruppen übereinstimmen. Im Abschnitt 3.3.3.4 haben wir jedoch festgestellt, daß zur Erzeugung von Zwölfphasensystemen zwei Transformatoren mit unterschiedlicher Schaltgruppe benötigt werden. Die Bedeutung der Schaltgruppe für einfache Drehstromsysteme werden wir im Zusammenhang mit dem Nullsystem-Transformator kennenlernen.

3.4.3.5 Linearer Raumzeigertransformator. Wir gehen bei der Betrachtung des linearen Raumzeigertransformators analog zu 2.3.7.3 vor, rechnen die Spannungen und Ströme der Sekundärseite zunächst auf die Primärseite um und bekommen so die Vierpolgleichungen eines Transformators mit dem Übersetzungsverhältnis $\underline{ü}=1$. Für die Raumzeiger der Spannungen gilt

$$\begin{pmatrix}\underline{u}_p\\ \underline{u}'_s\end{pmatrix}=\begin{pmatrix}\underline{ü}_p & 0\\ 0 & \underline{ü}_s\end{pmatrix}\begin{pmatrix}\underline{u}_1\\ \underline{u}'_2\end{pmatrix}=\begin{pmatrix}\underline{ü}_p & 0\\ 0 & \underline{ü}_s\end{pmatrix}\begin{pmatrix}1 & 0\\ 0 & ü_w\end{pmatrix}\begin{pmatrix}\underline{u}_1\\ \underline{u}_2\end{pmatrix}=\begin{pmatrix}\underline{ü}_p & 0\\ 0 & ü_w\underline{ü}_s\end{pmatrix}\begin{pmatrix}\underline{u}_1\\ \underline{u}_2\end{pmatrix} \tag{3.176}$$

Für die Raumzeiger der Ströme gilt entsprechend

$$\begin{pmatrix}\underline{i}_1\\ \underline{i}_2\end{pmatrix}=\begin{pmatrix}\overset{*}{\underline{ü}}_p & 0\\ 0 & \overset{*}{\underline{ü}}_s\end{pmatrix}\begin{pmatrix}\underline{i}_p\\ \underline{i}_s\end{pmatrix}=\begin{pmatrix}\overset{*}{\underline{ü}}_p & 0\\ 0 & \overset{*}{\underline{ü}}_s\end{pmatrix}\begin{pmatrix}1 & 0\\ 0 & ü_w\end{pmatrix}\begin{pmatrix}\underline{i}_p\\ \underline{i}'_s\end{pmatrix}=\begin{pmatrix}\overset{*}{\underline{ü}}_p & 0\\ 0 & ü_w\overset{*}{\underline{ü}}_s\end{pmatrix}\begin{pmatrix}\underline{i}_p\\ \underline{i}'_s\end{pmatrix} \tag{3.177}$$

Die auf die Oberspannungsseite bezogene Spannungsgleichung des linearen Raumzeiger-Transformators lautet mit den Gleichungen (3.163), (3.175) und (3.176)

$$\begin{pmatrix}\underline{u}_p\\ \underline{u}'_s\end{pmatrix}=\begin{pmatrix}\underline{ü}_p & 0\\ 0 & ü_w\underline{ü}_s\end{pmatrix}\begin{pmatrix}\underline{Z}_{11_{RZ}} & \underline{Z}_{12_{RZ}}\\ \underline{Z}_{21_{RZ}} & \underline{Z}_{22_{RZ}}\end{pmatrix}\begin{pmatrix}\overset{*}{\underline{ü}}_p & 0\\ 0 & ü_w\overset{*}{\underline{ü}}_s\end{pmatrix}\begin{pmatrix}\underline{i}_p\\ \underline{i}'_s\end{pmatrix} \tag{3.178}$$

$$\begin{pmatrix}\underline{u}_p\\ \underline{u}'_s\end{pmatrix}=\begin{pmatrix}\underline{ü}_p\overset{*}{\underline{ü}}_p\underline{Z}_{11_{RZ}} & \underline{ü}_p ü_w\overset{*}{\underline{ü}}_s\underline{Z}_{12_{RZ}}\\ \overset{*}{\underline{ü}}_p ü_w\underline{ü}_s\underline{Z}_{21_{RZ}} & \underline{ü}_s ü_w^2\overset{*}{\underline{ü}}_s\underline{Z}_{22_{RZ}}\end{pmatrix}\begin{pmatrix}\underline{i}_p\\ \underline{i}'_s\end{pmatrix} \tag{3.179}$$

Die Gleichung (3.178) ist als T-Ersatzschaltung gemäß Bild 2.48 darstellbar.

Wenn der Magnetisierungsstrom im Vergleich zum Belastungsstrom vernachlässigbar ist, kommen wir zum stromidealen Transformator, der für $\underline{ü}$ = 1 durch einen Elementar-Längsvierpol mit der Kurzschlußimpedanz $\underline{Z}_k$ beschrieben werden kann. Für den stromidealen Transformator ist die Impedanzform nicht definiert. Die Kettenform lautet

$$\begin{pmatrix} \underline{u}_p \\ \underline{i}_p \end{pmatrix} = \begin{pmatrix} 1 & \underline{Z}_k \\ 0 & 1 \end{pmatrix} \begin{pmatrix} \underline{u}'_s \\ -\underline{i}'_s \end{pmatrix} = \begin{pmatrix} 1 & \underline{Z}_k \\ 0 & 1 \end{pmatrix} \begin{pmatrix} \underline{\ddot{u}} & 0 \\ 0 & \dfrac{1}{\underline{\ddot{u}}^*} \end{pmatrix} \begin{pmatrix} \underline{u}_s \\ -\underline{i}_s \end{pmatrix} \qquad (3.180)$$

In Gleichung (3.180) wurden die sekundären Stromraumzeiger mit negativem Vorzeichen eingesetzt, um so auf Kettenzählpfeile überzugehen. Der stromideale Raumzeigertransformator kann ebenso wie der Wechselstromtransformator als Kettenschaltung aus einem Elementar-Längsvierpol und einem idealen Transformator mit komplexem Übersetzungsverhältnis aufgefaßt werden.

3.4.3.6 Nullgrößen-Transformator. Eine Leistungsübertragung zwischen beiden Seiten des Transformators kann im Nullsystem nur stattfinden, wenn beide Wicklungen in Stern geschaltet und beide Sternpunkte geerdet bzw. mit einem Rückleiter verbunden sind. In diesem Fall entspricht der Nullgrößen-Transformator einem vollständigen Wechselstromtransformator mit den Vierpolgleichungen (3.166). Die Übertragung von Nullgrößen von der einen auf die andere Transformatorseite ist im allgemeinen unerwünscht, weil so die Auswirkungen von Fehlern mit Erdberührung zwischen den beiden Netzen, die der Transformator verbindet, verschleppt werden. Gewöhnlich wird man daher nur einen Sternpunkt des Transformators erden. Im Nullsystem wirkt der Transformator dann wie eine Impedanz zwischen den Leiter-Anschlußklemmen und seinem geerdeten Sternpunkt. Bild 3.50 zeigt die Ersatzschaltung eines Yy-Transformators, bei dem nur der sekundärseitige Sternpunkt geerdet ist.

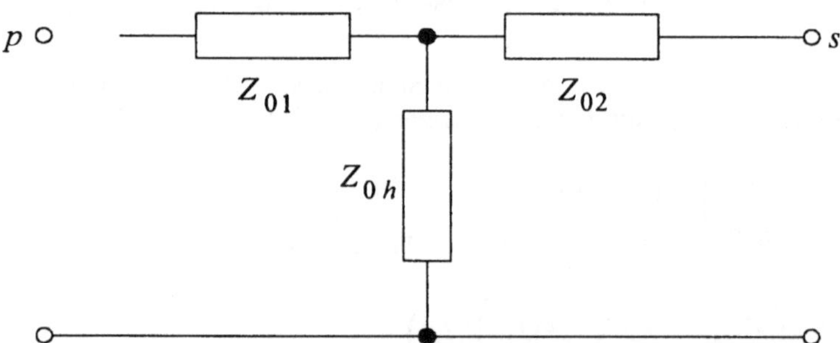

Bild 3.50 : Ersatzschaltung eines Yy-Transformators im Nullsystem

Der Nullstrom der Wicklung 1 muß bei diesem Transformator stets null sein. Der Nullstrom der Wicklung 2 fließt als Magnetisierungsstrom vollständig durch die Nullhauptimpedanz. Wir wissen vom Wechselstromtransformator, daß die Hauptimpedanz wesentlich größer als die Streuimpedanzen ist. Die Nullimpedanz eines Yy-Transformators ist daher wesentlich größer als seine Raumzeiger-Kurzschlußimpedanz. Solche Transformatoren sind aus diesem Grunde nicht für hohe Nullströme geeignet, da diese hohe Spannungsabfälle im Nullsystem hervorrufen würden.

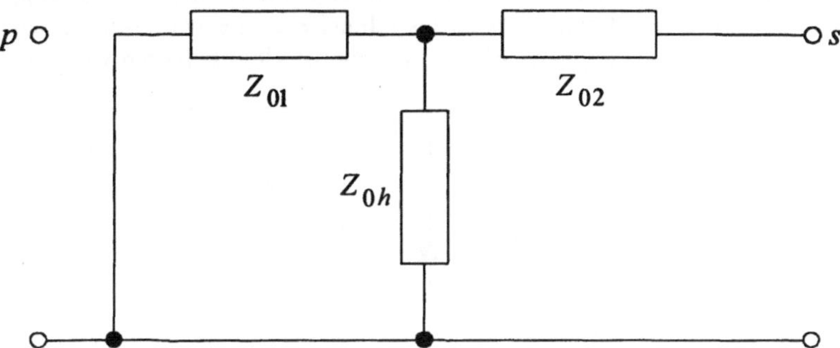

Bild 3.51 : Ersatzschaltung eines Dy-Transformators im Nullsystem

Betrachten wir nun im Gegensatz zum Yy-Transformator einen Drehstromtransformator der Schaltgruppe Dy, dessen sekundärseitiger Sternpunkt ebenfalls geerdet ist. Zur Primärseite kann ebenfalls kein Nullstrom fließen, weil dies die Dreieckschaltung der Wicklung 1 nicht zuläßt. Der entscheidende Unterschied zum Yy-Transformator resultiert daraus, daß nach den Gleichungen (3.167) und (3.168) die Nullspannung der Dreieck-Wicklung 1 null sein muß. Die Wicklung 1 ist im Nullsystem kurzgeschlossen. In der Ersatzschaltung nach Bild 3.51 wirkt sich das so aus, daß die Null-Streuimpedanz der Wicklung 1 zur Null-Hauptimpedanz parallel geschaltet ist. Die gesamte Nullimpedanz des Transformators muß daher deutlich kleiner sein als die des Yy-Trafos nach Bild 3.51. Der Dy-Transformator ist für den Betrieb mit hohen Nullströmen geeignet und wird daher z.B. häufig als Transformator zur Speisung von Niederspannungsnetzen, in denen einphasige Lasten zwischen den Leitern und einem Neutralleiter betrieben werden, eingesetzt.

Hochspannungswicklungen in Dreieck-Schaltung werden vermieden, da ihre Isolation teurer als die einer Stern-Wicklung ist. Netzkuppeltransformatoren für die Verbindung zweier Hochspannungsnetze baut man deshalb bevorzugt mit zwei in Stern geschalteten Wicklungen. Man kann jedoch meist auf die Vorteile einer in Dreieck geschalteten Wicklung nicht verzichten, weil die vorgesehene Art der Sternpunktbehandlung entsprechend kleine Nullimpedanzen verlangt.

Deshalb rüstet man den Transformator mit einer dritten in Dreieck geschalteten Wicklung (Tertiärwicklung) aus. Diese ist für eine kleinere Spannung (meist Mittelspannung) ausgelegt, so daß der Isolationsaufwand im Vergleich zu einer Hochspannungswicklung entsprechend niedrig ist. Eine Energieabnahme von dieser sogenannten Ausgleichswicklung nach außen erfolgt nicht immer. Man kann jedoch zum Beispiel den Eigenbedarf eines Umspannwerkes über die Ausgleichswicklung versorgen. Die Nullsystem-Ersatzschaltung eines Transformators mit Ausgleichswicklung zeigt Bild 3.52.

Transformatoren mit Ausgleichswicklung haben den Vorteil, daß beide Sternpunkte der Hauptwicklungen wahlweise geerdet werden können. Bei entsprechender Dimensionierung der Ausgleichswicklung ist es nun auch möglich, beide Sternpunkte gleichzeitig zu erden, ohne daß bei Fehlern mit Erdberührung eine unzulässige Verschleppung des Nullsystems vom fehlerbehafteten Netz in das fehlerfreie zu erwarten ist. Dazu muß die Nullstreuimpedanz der Ausgleichswicklung 3 möglichst klein gehalten werden.

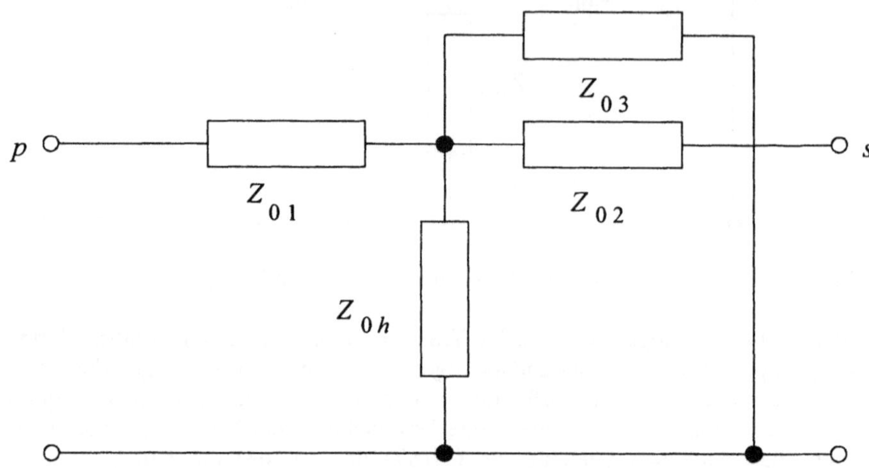

Bild 3.52 : Nullsystem-Ersatzschaltung eines Transformators mit Ausgleichswicklung

Die Bedeutung eines Durchflutungsausgleichs im Nullsystem für die Transformatormagnetisierung haben wir bereits im Abschnitt 3.3.2.2 angesprochen. Auch diese Aufgabe fällt einer Ausgleichswicklung zu, wenn die Hauptwicklungen des Transformators in Stern geschaltet sind. Wenn eine der Hauptwicklungen in Dreieck geschaltet ist, dann übernimmt diese die Harmonischen des Magnetisierungsstromes mit ungerader durch drei teilbarer Ordnungszahl, die nicht über das speisende Netz bereitgestellt werden können.

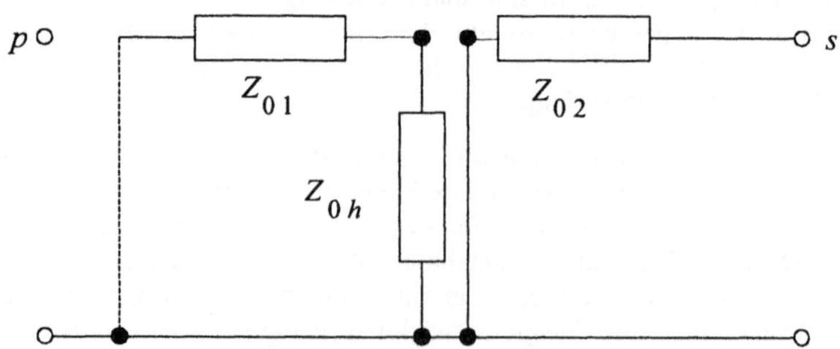

Bild 3.53 : Nullsystem-Ersatzschaltung eines Y(D)z-Transformators

Die Nullspannung einer Zickzack-Wicklung ergibt sich aus den Gleichungen (3.166), (3.171) und (3.172) zu

$$u_{0s} - u_{0N} = u_{01} - u_{02} = -\left(Z_{11_0} - Z_{12_0} - Z_{21_0} + Z_{22_0}\right) i_{0s} = -Z_{\sigma s_0}\, i_{0s} \tag{3.181}$$

Gleichung (3.181) zeigt, daß die Nullimpedanz der Zickzack-Wicklung nur durch die Null-Streuimpedanzen ihrer beiden Teilwicklungen bestimmt ist. Sie ist praktisch unabhängig von der Schaltung der Oberspannungswicklung des Transformators. Daraus resultiert die Ersatzschaltung nach Bild 3.53. Die Nullimpedanz eines solchen Transformators ist deutlich kleiner als die von Transformatoren aller anderen Schaltgruppen. Er ist daher hervorragend für den Betrieb mit einphasigen Lasten zwischen Leiter und Neutralleiter geeignet. Die Zickzack-Wicklung benötigt mehr Leitermaterial als eine vergleichbare Sternwicklung, weil die Sekundärspannung nach Gleichung (3.171) aus zwei um 120 Grad gegeneinander phasenverschobenen Teilspannungen zusammengesetzt ist. Sie ist dadurch teurer.

Wenn in Energieversorgungsnetzen die Erdung von Transformatorsternpunkten nicht möglich ist oder lange Netzausläufer von Nullströmen entlastet werden sollen, dann werden Sternpunktbildner eingesetzt. Dafür sind Drosselspulen in Zickzack-Schaltung hervorragend geeignet, da einerseits ihre Nullimpedanz sehr klein ist und sie andererseits das Drehstromnetz bisymmetrisch nur wie ein leerlaufender Transformator mit einem sehr kleinen Magnetisierungsstrom belasten. Bild 3.54 zeigt dazu eine entsprechende Schaltung. Der in das Netz einspeisende Transformator besitzt eine Dreieckwicklung und kann daher nicht geerdet werden. Dafür ist der Sternpunkt seiner anderen Wicklung zugänglich. Die Sternpunkterdung erfordert so ein zusätzliches Betriebsmittel. Dieses ist eine Drosselspule in Zickzack-Schaltung.

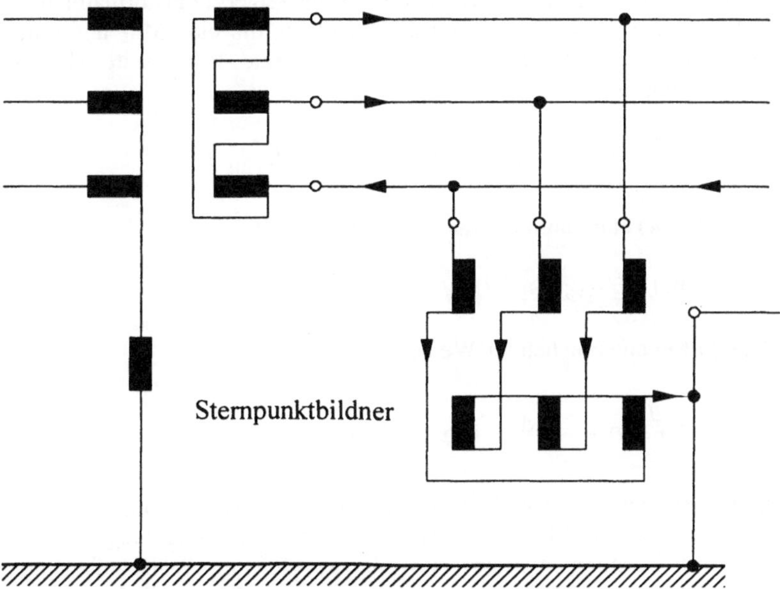

Bild 3.54 : Sternpunktbildner in Zickzack-Schaltung

Zwischen dem einspeisenden Transformator und dem Sternpunktbildner kann kein Nullstrom fließen. Der Sternpunktbildner entlastet diese Verbindung vom Nullstrom und erhöht so die Übertragungsfähigkeit. Das kann besonders bei großen Entfernungen zwischen dem Transformator und dem Sternpunktbildner von Bedeutung sein. Wir können am Bild 3.54 den Stromfluß für einphasige Belastung nach dem Sternpunktbildner verfolgen. Für Raumzeiger und Nullgröße gilt dort

$$i_0 = \frac{1}{3}\, i_R \quad \text{und} \quad \underline{i} = \frac{2}{3}\, i_R = 2\, i_0 \tag{3.182}$$

Der Nullstrom fließt durch die Zickzackdrossel. Zwischen Transformator und Sternpunktbildner kann er nicht fließen, weil dort für ihn keine Rückflußmöglichkeit besteht. Zum Transformator fließen daher nur Stromanteile des Leiterstromes *R*, die den Raumzeiger bilden. Die Ströme an den Eingangsklemmen des Transformators sind daher

$$i_{RT} = \mathrm{Re}\{\underline{i}\} = \frac{2}{3}\, i_R \qquad i_{ST} = \mathrm{Re}\left\{\underline{a}^2\, \underline{i}\right\} = -\frac{1}{3}\, i_R \qquad i_{TT} = \mathrm{Re}\{\underline{a}\, \underline{i}\} = -\frac{1}{3}\, i_R \tag{3.183}$$

Die einphasige Belastung im Leiter *R* wird durch den Sternpunktbildner umverteilt.

3.4.3.7 Drehstrom-Transformator in Symmetrischen Komponenten. Der Übergang zu Symmetrischen Komponenten ist ausgehend von unseren bisherigen Untersuchungen einfach. Wir betrachten zunächst einen idealen Raumzeiger-Transformator und überlegen, wie er Raumzeiger von Spannungen und Strömen, die eine Mit- und eine Gegenkomponente enthalten, von seiner Sekundär- auf seine Primärseite überträgt. Die Spannungsübertragung ist

$$\underline{u}_p = \underline{\hat{U}}_{(1)p}\, \mathrm{e}^{\mathrm{j}\omega t} + \underline{\hat{U}}^*_{(2)p}\, \mathrm{e}^{-\mathrm{j}\omega t} = \underline{\ddot{u}}\, \underline{u}_s = \underline{\ddot{u}}\left(\underline{\hat{U}}_{(1)s}\, \mathrm{e}^{\mathrm{j}\omega t} + \underline{\hat{U}}^*_{(2)s}\, \mathrm{e}^{-\mathrm{j}\omega t}\right) \tag{3.184}$$

Aus Gleichung (3.184) kann unmittelbar abgelesen werden

$$\underline{U}_{(1)p} = \underline{\ddot{u}}\, \underline{U}_{(1)s} \quad \text{und} \quad \underline{U}_{(2)p} = \underline{\ddot{u}}^*\, \underline{U}_{(2)s} \tag{3.185}$$

Für die Ströme gilt in entsprechender Weise

$$\underline{I}_{(1)p} = \frac{-1}{\underline{\ddot{u}}^*}\, \underline{I}_{(1)s} = \frac{-\underline{\ddot{u}}}{\underline{\ddot{u}}^*\, \underline{\ddot{u}}}\, \underline{I}_{(1)s} \quad \text{und} \quad \underline{I}_{(2)p} = \frac{-1}{\underline{\ddot{u}}}\, \underline{I}_{(2)s} = \frac{-\underline{\ddot{u}}^*}{\underline{\ddot{u}}\underline{\ddot{u}}^*}\, \underline{I}_{(2)s} \tag{3.186}$$

Das Produkt des komplexen Übersetzungsverhältnisses mit seiner konjugiert Komplexen ist reell. Mitspannung und Mitstrom bzw. Gegenspannung und Gegenstrom werden daher wegen der Leistungsinvarianz jeweils in gleicher Weise übertragen. Die Gleichungen (3.185) und (3.186) zeigen weiterhin, daß Mit- und Gegenkomponente durch den Transformator gegenläufig gedreht werden. Die beiden Transformator-Ersatzschaltungen im Mit- und Gegensystem haben daher zueinander konjugiert komplexe Übersetzungsverhältnisse. Das Übersetzungsverhältnis im Mitsystem stimmt mit dem des Raumzeiger-Transformators überein. Zur Beschreibung des linearen Raumzeiger-Transformators in Symmetrischen Komponenten gehen wir von Gleichung (3.179) aus und wechseln von den Impedanzoperatoren nach Gleichung (3.131) zu komplexen Impedanzen. Die komplexen Impedanzen sind im Mit- und Gegensystem gleich.

Bei vielen Berechnungen von Drehstromnetzen ist es nicht erforderlich, die Phasendrehung zwischen der Primär- und der Sekundärseite der Transformatoren zu berücksichtigen. In solchen Fällen setzt man bei bisymmetrischer Belastung der Transformatoren eine Stern-Stern-Ersatzschaltung voraus und arbeitet mit dem Betrag des Übersetzungsverhältnisses. Die Ersatzschaltungen der Drehstromtransformatoren sind unter dieser Voraussetzung im Mit- und Gegensystem völlig gleich.

Die Übertragung weiterer Harmonischer von periodischen Raumzeigern kann in der gleichen Weise untersucht werden, wie für die Mit- und die Gegenkomponente beschrieben.

Tabelle 3.2: Anhaltswerte für die Nullimpedanz einseitig geerdeter Drehstromtransformatoren

	$\lvert\underline{Z}_{(0)}\rvert / \lvert\underline{Z}_{(1)}\rvert \approx X_{(0)}/X_{(1)}$ für die geerdete Seite				
Schaltung					
Kerntyp					
Dreischenkelkern	0,8 0,95 (NS) 0,6…1,0	2,4 1,8…3,0	5,0…10,0	0,25 0,1…0,55	∞
Vier-/Fünfschenkelkern Transformatorbank	1,0	2,0…5,0	10…100		∞

Für die Beschreibung des Nullkomponenten-Transformators gehen wir ausgehend von Abschnitt 3.4.3.6 einfach von Momentanwerten der Ströme und Spannungen zu komplexen Effektivwerten und von Impedanzoperatoren zu komplexen Impedanzen über. Wenn nur der Sternpunkt einer Transformatorwicklung geerdet ist, dann wirkt der Transformator im Nullsystem wie eine Impedanz zwischen den Anschlußklemmen der geerdeten Wicklung und dem geerdeten Sternpunkt. Diese wird häufig als Vielfache seiner Mitimpedanz angegeben. Tabelle 3.2 enthält dazu einige Anhaltswerte.

3.4.4 Rotierende elektrische Maschinen

3.4.4.1 Besonderheiten im Vergleich zu anderen Betriebsmitteln. Rotierende elektrische Maschinen besitzen eine herausragende Bedeutung in Energieversorgungsnetzen. Bis auf einen verschwindend geringen Anteil wird die elektrische Energie in rotierenden elektrischen Maschinen aus mechanischer Energie erzeugt. Mehr als die Hälfte der erzeugten elektrischen Energie wird schließlich in Motoren wieder in mechanische Energie zurückgewandelt. Die Typenvielfalt der dafür verwendeten rotierenden elektrischen Maschinen ist sehr groß. Wir wollen uns hier mit den typischen beiden Drehfeldmaschinen beschäftigen: der Synchron- und der Asynchronmaschine.

Der Läufer einer Synchronmaschine dreht sich synchron mit dem von ihren symmetrischen Strangströmen hervorgerufenen Drehfeld. Im Unterschied dazu dreht sich der Läufer einer Asynchronmaschine etwas langsamer als das von seinen symmetrischen Strangströmen hervorgerufene Drehfeld. Drehfeld- und Läuferbewegung sind bei ihm nicht synchron, asynchron. Aus Abschnitt 3.2.2 wissen wir, daß die Strangströme im Koordinatensystem des Läufers mit Schlupffrequenz rotieren.

Im Koordinatensystem des Läufers einer Synchronmaschine stellen sie daher ruhende Zeiger dar, da der Schlupf null ist. Sie können im Läufer keine Spannungen induzieren. Der Läuferstrom mit Schlupffrequenz ist bei der Synchronmaschine daher ein Gleichstrom, der durch Zusatzeinrichtungen (Erregereinrichtungen) erzeugt werden muß. Da der Läufer einer Asynchronmaschine langsamer umläuft als ihr Drehfeld, induzieren die Strangströme des Ständers in ihm Ströme mit Schlupffrequenz. Zusatzeinrichtungen zur Erzeugung der Läuferströme sind daher bei ihr nicht erforderlich.

Synchron- und Asynchronmaschine sind auf Grund ihres Wirkprinzips zumindest im Läufer völlig verschieden aufgebaut. Darauf soll es uns an dieser Stelle aber nicht ankommen. Uns geht es vielmehr um die Gewinnung von grundsätzlichen Vorstellungen über die Ersatzschaltung rotierender elektrischer Maschinen. Dabei werden wir feststellen, daß die Unterschiede zwischen beiden so unterschiedlich aufgebauten Maschinentypen klein sind. Wir beschränken uns auf den Betrieb der Maschinen mit konstanter Drehzahl. Das bedeutet, daß die mechanische Seite im eingeschwungenen Zustand ist und deshalb das mechanische Bewegungs-Differentialgleichungssystem nicht betrachtet zu werden braucht. Die elektrische und die mechanische Leistung befinden sich im Gleichgewicht.

Wie jedes andere elektrische Betriebsmittel auch werden rotierende elektrische Drehstrommaschinen möglichst symmetrisch aufgebaut. Wir dürfen daher annehmen, daß die mathematischen Modelle zu ihrer Beschreibung durch die Anwendung einer Koordinatentransformation für Dreiphasensysteme ebenfalls in voneinander unabhängige einfacherere Modelle zerlegt werden. Die Strangspulen des Ständers einer rotierenden elektrischen Maschine sind gleichmäßig über einen Kreisumfang verteilt. Im einfachsten Fall besteht jeder Strang aus einer Spule und die Spulenachsen stehen in einem Winkel von 120 Grad zueinander. Wir sprechen dann von einer zweipoligen Maschine bzw. einer Maschine mit einem Polpaar. Auf diese Anordnung lassen sich alle höherpoligen Maschinen, bei denen die drei Stränge entsprechend ihrer Polpaarzahl am Kreisumfang mehrmals angeordnet sind, zurückführen. Für den Läufer nehmen wir hier die gleiche Anordnung von Spulen an. Diese Annahme weicht zwar von der Realität ab. Jedoch lassen sich beliebige andere Läuferformen ebenfalls auf sie umrechnen.

Eine weitere Besonderheit der rotierenden elektrischen Maschinen im Vergleich zu passiven elektrischen Betriebsmitteln (Leitungen, Transformatoren, Drosselspulen, Kondensatoren) besteht darin, daß der Läufer einer rotierenden elektrischen Maschine sich gegenüber dem Ständer bewegt. Das hat wesentliche Auswirkungen auf die Spannungsinduktion und damit auf die Beschreibung der Maschine im modalen Bereich einer Koordinatentransformation.

3.4.4.2 Induktivitäten und Flüsse von Dreiphasenwicklungen. Wir lassen bei den folgenden Betrachtungen die Wirkung der Eisensättigung außer acht. Die Flüsse sind unter dieser Voraussetzung den Strömen proportional. Weiterhin nehmen wir an, daß Ständer und Läufer je eine dreiphasige symmetrische Wicklung besitzen und der Luftspalt längs des gesamten Umfanges gleich ist. Eine solche Maschine ist magnetisch isotrop. Schematisch können die Wicklungen im Ständer und Läufer nach Bild 3.55 dargestellt werden.

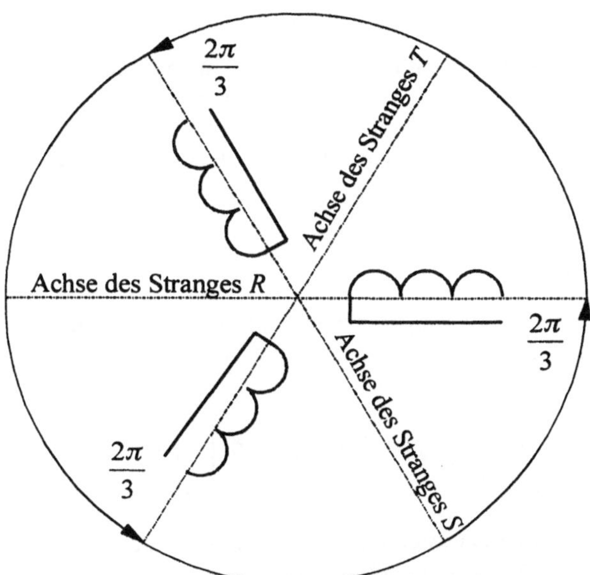

Bild 3.55 : Ständerwicklungen einer Dreiphasenmaschine

Zunächst sollen die Ständerwicklungen allein betrachtet werden. Die Induktivitäten der drei Stränge sind aus Symmetriegründen gleich. Sie setzen sich wie beim Transformator aus einer Streu- und einer Hauptfeldinduktivität zusammen.

$$l_{sR} = l_{sS} = l_{sT} = l_{s\sigma} + l_{sh} = l_s \tag{3.187}$$

Die Gegeninduktivitätswerte zwischen den einzelnen Strängen sind ebenfalls untereinander gleich.

$$l_{RS} = l_{ST} = l_{TR} = l_{RT} = l_{TS} = l_{SR} = l_h \tag{3.188}$$

Für die Strangflüsse erhalten wir so

$$\begin{pmatrix} \psi_{sR} \\ \psi_{sS} \\ \psi_{sT} \end{pmatrix} = \begin{pmatrix} l_s & l_h & l_h \\ l_h & l_s & l_h \\ l_h & l_h & l_s \end{pmatrix} \begin{pmatrix} i_{sR} \\ i_{sS} \\ i_{sT} \end{pmatrix} \tag{3.189}$$

Wenn die Ständerströme in der Summe Null sind, erhalten wir die auch von anderen Betriebsmitteln bekannte Tatsache, daß die drei Stränge als unabhängig voneinander betrachtet werden können.

$$\begin{pmatrix} \psi_{sR} \\ \psi_{sS} \\ \psi_{sT} \end{pmatrix} = (l_s - l_h) \begin{pmatrix} i_{sR} \\ i_{sS} \\ i_{sT} \end{pmatrix} = (l_{s\sigma} + l_{sh} - l_h) \begin{pmatrix} i_{sR} \\ i_{sS} \\ i_{sT} \end{pmatrix} \tag{3.190}$$

Wicklungen, die in gleicher Richtung zueinander angeordnet und mit dem gleichen Hauptfeld verkettet sind, besitzen, wie wir beispielsweise von den Transformatoren wissen, den gleichen Gegeninduktivitätswert. Im hier betrachteten Fall sind die Spulenachsen jedoch um einen Winkel von 120 Grad gegeneinander gedreht. Wir erhalten daher

$$l_h = l_{sh} \cos\frac{2\pi}{3} = -\frac{1}{2} l_{sh} \tag{3.191}$$

Zwei Wicklungen, deren Achsen senkrecht aufeinanderstehen, sind induktiv nicht miteinander gekoppelt. Mit Gleichung (3.191) wird aus (3.190)

$$\begin{pmatrix} \psi_{sR} \\ \psi_{sS} \\ \psi_{sT} \end{pmatrix} = \left(l_{s\sigma} + \frac{3}{2} l_{sh} \right) \begin{pmatrix} i_{sR} \\ i_{sS} \\ i_{sT} \end{pmatrix} = (L_{s\sigma} + L_h) \begin{pmatrix} i_{sR} \\ i_{sS} \\ i_{sT} \end{pmatrix} = L_s \begin{pmatrix} i_{sR} \\ i_{sS} \\ i_{sT} \end{pmatrix} \tag{3.192}$$

Wir können Gleichung (3.192) wegen der Unabhängigkeit der drei Stränge mit Hilfe der Raumzeiger der Ständerflüsse und -ströme ausdrücken.

$$\underline{\psi}_s = L_s \, \underline{i}_s \tag{3.193}$$

Wir wollen nun den Fall betrachten, daß die drei Strangströme untereinander gleich sind, d.h. ein Nullsystem bilden.

$$i_{sR} = i_{sS} = i_{sT} = i_0 \tag{3.194}$$

Aus (3.194) erhalten wir analog zu (3.192)

$$\begin{pmatrix} \psi_{sR} \\ \psi_{sS} \\ \psi_{sT} \end{pmatrix} = (\mathrm{l}_s + 2\mathrm{l}_h) \begin{pmatrix} i_{sR} \\ i_{sS} \\ i_{sT} \end{pmatrix} = (\mathrm{l}_{s\sigma} + \mathrm{l}_{sh} + 2\mathrm{l}_h) \begin{pmatrix} i_{sR} \\ i_{sS} \\ i_{sT} \end{pmatrix} \tag{3.195}$$

Wir berücksichtigen auch hier Gleichung (3.191) und erhalten

$$\psi_{s0} = \psi_{sR} = \psi_{sS} = \psi_{sT} = (\mathrm{l}_{s\sigma} + \mathrm{l}_{sh} - \mathrm{l}_{sh})\, i_0 = L_{s\sigma}\, i_0 \tag{3.196}$$

Die Nullinduktivität ist gleich der Ständerstreuinduktivität. Ein Nullstrom erzeugt ein wesentlich kleineres Feld in der Maschine, als ein gleichgroßer Strangstrom, der sich mit den Strangströmen der beiden anderen Stränge zu Null ergänzt. Die Nullimpedanz einer rotierenden elektrischen Maschine ist daher sehr klein.

Für eine dreiphasige Läuferwicklung allein gelten die gleichen Verhältnisse wie wir sie bei der Ständerwicklung ermittelt haben.

$$\underline{\psi}_l = L_l\, \underline{i}_l \tag{3.197}$$

Ein Nullsystem berücksichtigen wir für den Läufer an dieser Stelle nicht.

Wir untersuchen nun den durch Ständer- und Läuferwicklung gemeinsam erregten Fluß. Dabei nehmen wir zunächst an, daß die Achsen gleicher Ständer- und Läuferstrangspulen zusammenfallen. Für die Gegeninduktivität zwischen gegenüberliegenden Ständer- und Läuferwicklungen gilt

$$\mathrm{l}_{sl} = \mathrm{l}_{sh} = \mathrm{l}_{lh} \tag{3.198}$$

Für die drei Ständerflüsse erhalten wir in diesem Fall

$$\begin{pmatrix} \psi_{sR} \\ \psi_{sS} \\ \psi_{sT} \end{pmatrix} = L_s \begin{pmatrix} i_{sR} \\ i_{sS} \\ i_{sT} \end{pmatrix} + \mathrm{l}_{sl} \begin{pmatrix} 1 & \cos\frac{2\pi}{3} & \cos\frac{4\pi}{3} \\ \cos\frac{4\pi}{3} & 1 & \cos\frac{2\pi}{3} \\ \cos\frac{2\pi}{3} & \cos\frac{4\pi}{3} & 1 \end{pmatrix} \begin{pmatrix} i_{lR} \\ i_{lS} \\ i_{lT} \end{pmatrix} \tag{3.199}$$

$$\begin{pmatrix} \psi_{sR} \\ \psi_{sS} \\ \psi_{sT} \end{pmatrix} = L_s \begin{pmatrix} i_{sR} \\ i_{sS} \\ i_{sT} \end{pmatrix} + \mathrm{l}_{sl} \begin{pmatrix} 1 & -\frac{1}{2} & -\frac{1}{2} \\ -\frac{1}{2} & 1 & -\frac{1}{2} \\ -\frac{1}{2} & -\frac{1}{2} & 1 \end{pmatrix} \begin{pmatrix} i_{lR} \\ i_{lS} \\ i_{lT} \end{pmatrix} = L_s \begin{pmatrix} i_{sR} \\ i_{sS} \\ i_{sT} \end{pmatrix} + \frac{3}{2}\mathrm{l}_{sl} \begin{pmatrix} i_{lR} \\ i_{lS} \\ i_{lT} \end{pmatrix} \tag{3.200}$$

Wir können Gleichung (3.200) wiederum mit Hilfe von Raumzeigern ausdrücken. Für den mit den Läuferwicklungen verketteten Fluß erhalten wir eine zum Ständer analoge

Gleichung.

$$\underline{\psi}_s = L_s\, \underline{i}_s + L_h\, \underline{i}_l \tag{3.201}$$

$$\underline{\psi}_l = L_h\, \underline{i}_s + L_l\, \underline{i}_l \tag{3.202}$$

Wir nehmen nun an, daß gleiche Ständer- und Läuferstrangwicklungen nach Bild 3.56 gegeneinander um den Winkel x gedreht sind und erhalten für diesen allgemeinen Fall analog zu Gleichung (3.199)

$$\begin{pmatrix} \psi_{sR} \\ \psi_{sS} \\ \psi_{sT} \end{pmatrix} = L_s \begin{pmatrix} i_{sR} \\ i_{sS} \\ i_{sT} \end{pmatrix} + l_{sl} \begin{pmatrix} \cos x & \cos\left(x+\frac{2\pi}{3}\right) & \cos\left(x+\frac{4\pi}{3}\right) \\ \cos\left(x+\frac{4\pi}{3}\right) & \cos x & \cos\left(x+\frac{2\pi}{3}\right) \\ \cos\left(x+\frac{2\pi}{3}\right) & \cos\left(x+\frac{4\pi}{3}\right) & \cos x \end{pmatrix} \begin{pmatrix} i_{lR} \\ i_{lS} \\ i_{lT} \end{pmatrix} \tag{3.203}$$

Wir bilden von Gleichung (3.203) Raumzeiger, indem wir die Definitionsgleichung anwenden.

$$\underline{\psi}_s = L_s\, \underline{i}_s + L_h\, \underline{i}_l\, e^{jx} \tag{3.204}$$

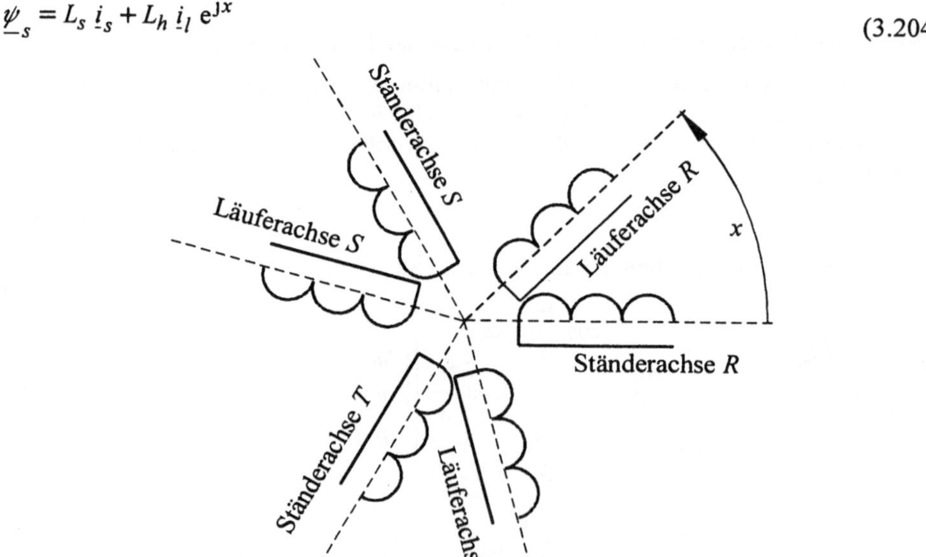

Bild 3.56 : Wicklungen der Dreiphasenmaschine um den Winkel x gedreht

Für den Läuferfluß erhalten wir analog zu (3.204)

$$\underline{\psi}_l = L_h\, \underline{i}_s\, e^{-jx} + L_l\, \underline{i}_l \tag{3.205}$$

Zur Ermittlung des Ständerflusses verwenden wir nach Gleichung (3.204) den in das Ständerkoordinatensystem transformierten Läuferstrom. Ebenso benötigen wir zur Berechnung des Läuferflusses nach Gleichung (3.205) den in das Läuferkoordinatensystem transformierten Ständerstrom.

3.4.4.3 Spannungsgleichungen der rotierenden elektrischen Maschine. Unter der Voraussetzung, daß die ohmschen Widerstände der Strangwicklungen in Ständer und Läufer jeweils gleich sind, können nun die Spannungsgleichungen der Maschine einfach aufgeschrieben werden.

$$u_{0s} = R_{0s}\, i_{0s} + \frac{\mathrm{d}\psi_{0s}}{\mathrm{d}t} \tag{3.206}$$

$$\underline{u}_s = R_s\, \underline{i}_s + \frac{\mathrm{d}\underline{\psi}_s}{\mathrm{d}t} \tag{3.207}$$

$$\underline{u}_l = R_l\, \underline{i}_l + \frac{\mathrm{d}\underline{\psi}_l}{\mathrm{d}t} \tag{3.208}$$

Die beiden Raumzeiger-Gleichungen (3.207) und (3.208) gelten in verschiedenen Koordinatensystemen, (3.207) bezieht sich auf den Ständer, (3.208) auf den Läufer. Für weitere Untersuchungen ist es erforderlich, beide Gleichungen auf ein gemeinsames Bezugs-Koordinatensystem k umzurechnen. Diese Umrechnung führen wir nach Abschnitt 3.1.2, Gleichungen (3.8) bis (3.10), durch.

$$\underline{v}_{sk} = \underline{v}_s\, \mathrm{e}^{-\mathrm{j}x_k} \quad \text{und} \quad \underline{v}_{lk} = \underline{v}_l\, \mathrm{e}^{-\mathrm{j}(x_k - x_l)} \tag{3.209}$$

$$\underline{u}_{sk} = R_s \underline{i}_{sk} + \frac{\mathrm{d}}{\mathrm{d}t}\left(\underline{\psi}_{sk}\, \mathrm{e}^{\mathrm{j}x_k}\right)\mathrm{e}^{-\mathrm{j}x_k} = R_s \underline{i}_{sk} + \frac{\mathrm{d}\underline{\psi}_{sk}}{\mathrm{d}t} + \mathrm{j}\frac{\mathrm{d}x_k}{\mathrm{d}t}\underline{\psi}_{sk} \tag{3.210}$$

$$\underline{u}_{lk} = R_l \underline{i}_{lk} + \frac{\mathrm{d}}{\mathrm{d}t}\left(\underline{\psi}_{lk}\, \mathrm{e}^{\mathrm{j}(x_k - x_l)}\right)\mathrm{e}^{-\mathrm{j}(x_k - x_l)} = R_l \underline{i}_{lk} + \frac{\mathrm{d}\underline{\psi}_{lk}}{\mathrm{d}t} + \mathrm{j}\left(\frac{\mathrm{d}x_k}{\mathrm{d}t} - \frac{\mathrm{d}x_l}{\mathrm{d}t}\right)\underline{\psi}_{lk} \tag{3.211}$$

Wir führen für die Flüsse die Gleichungen (3.204) und (3.205) ein und erhalten

$$\underline{u}_{sk} = R_s \underline{i}_{sk} + \frac{\mathrm{d}}{\mathrm{d}t}\left(L_s\, \underline{i}_{sk} + L_h\, \underline{i}_{lk}\right) + \mathrm{j}\frac{\mathrm{d}x_k}{\mathrm{d}t}\left(L_s\, \underline{i}_{sk} + L_h\, \underline{i}_{lk}\right) \tag{3.212}$$

$$\underline{u}_{lk} = R_l \underline{i}_{lk} + \frac{\mathrm{d}}{\mathrm{d}t}\left(L_h\, \underline{i}_{sk} + L_l\, \underline{i}_{lk}\right) + \mathrm{j}\left(\frac{\mathrm{d}x_k}{\mathrm{d}t} - \frac{\mathrm{d}x_l}{\mathrm{d}t}\right)\left(L_h\, \underline{i}_{sk} + L_l\, \underline{i}_{lk}\right) \tag{3.213}$$

Mit der Wahl des Bezugs-Koordinatensystems können wir die Gleichungen so anpassen, daß wir je nach Zielstellung der Untersuchung die einfachste Form erhalten. Die Gleichungen (3.212) und (3.213) können als Ersatzschaltung nach Bild 3.57 dargestellt werden, wenn wir die Aufteilung der Ständer- und der Läuferinduktivität in Streu- und Hauptinduktivität berücksichtigen, wie wir es vom Transformator ebenfalls kennen. Das ist in Gleichung (3.192) am Beispiel der Ständerinduktivität beschrieben.

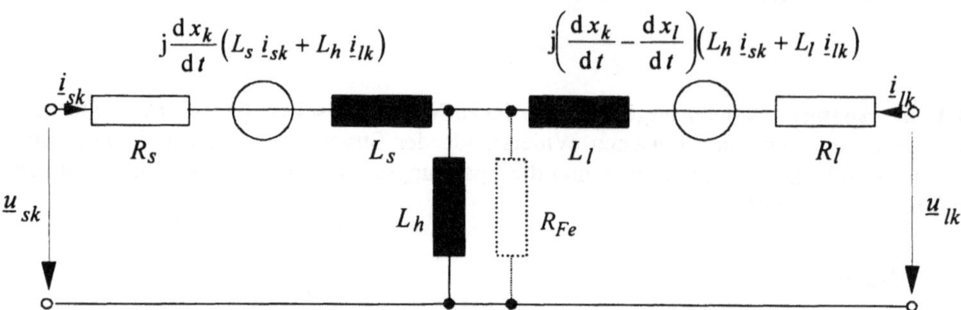

Bild 3.57 : Raumzeiger-Ersatzschaltung einer rotierenden elektrischen Maschine

Die Ersatzschaltung erinnert an die T-Ersatzschaltung eines Transformators nach Bild 2.47. Sie kann ebenso wie diese im Hauptzweig durch einen ohmschen Widerstand ergänzt werden, der die Verluste im Eisenkreis beschreibt. Der Unterschied zur Transformator-Ersatzschaltung sind die beiden Spannungsquellen, die die Spannungsinduktion durch die Drehbewegung des gewählten Koordinatensystems und des Läufers beschreiben.

Synchronmaschinen mit mehr als einem Polpaar werden meist mit ausgeprägten Polen ausgeführt. Sie sind magnetisch anisotrop, weil der Luftspalt zwischen Ständer und Läufer in der Pollücke größer als in der Polachse ist. Solche sogenannten Schenkelpolmaschinen kann man ausgehend von den Gleichungen (3.212) und (3.213) beschreiben, indem man in ein läuferfestes Koordinatensystem übergeht und sie dort in Real- und Imaginärteil zerlegt. Der Realteil entspricht dann der d-Komponente und der Imaginärteil der q-Komponente nach Abschnitt 3.1.4. Wir wollen hier auf die Untersuchung von Schenkelpolmaschinen verzichten.

Außer der Erregerwicklung erhalten Synchronmaschinen noch eine zweite Läuferwicklung, die kurzgeschlossen ist. Sie soll das Betriebsverhalten der Maschine bei transienten Vorgängen und unsymmetrischen Belastungen verbessern und wird daher Dämpferwicklung genannt. Sie kann durch eine zusätzliche Läuferspannungsgleichung, deren Ausgangsspannung null ist, beschrieben werden. Die Flußraumzeiger einer Maschine mit Dämpferwicklung werden von den Stromraumzeigern der Ständer-, Läufer- und Dämpferwicklung bestimmt. Wir wollen hier auf die Beschreibung von Maschinen mit Dämpferwicklung ebenfalls verzichten.

3.4.4.4 Ersatzschaltungen rotierender elektrischer Maschinen im Mitsystem. Zunächst nehmen wir an, daß die Maschine symmetrisch so eingespeist wird, daß Drehfeld- und Läuferdrehrichtung übereinstimmen (Mitsystem) und daß die Drehzahl konstant ist. Die Raumzeiger der Ständergrößen werden in diesem Fall durch die Gleichung (3.63) beschrieben. Anstelle der dort verwendeten Amplitudenzeiger gehen wir hier zu Effektivwertzeigern über. Wir wählen ein synchron mit Betriebskreisfrequenz in mathematisch positiver Richtung umlaufendes Koordinatensystem, weil wir dort nach Gleichung (3.64) ruhende Zeiger erhalten. Die zeitlichen Ableitungen der Ströme in den Gleichungen (3.212) und (3.213) werden damit null. Mit den Bezeichnungen

$$\frac{\mathrm{d}x_k}{\mathrm{d}t} = \omega \quad \text{und} \quad \frac{\mathrm{d}x_l}{\mathrm{d}t} = \omega_l \tag{3.214}$$

lauten die Spannungsgleichungen der Maschine

$$\underline{U}_{(1)s} = \left(R_s + \mathrm{j}\omega L_s\right)\underline{I}_{(1)s} + \mathrm{j}\omega L_h\,\underline{I}_{(1)l} = \left(R_s + \mathrm{j}X_s\right)\underline{I}_{(1)s} + \mathrm{j}X_h\,\underline{I}_{(1)l} \tag{3.215}$$

$$\underline{U}_{(1)l} = \left(R_l + \mathrm{j}s\omega L_l\right)\underline{I}_{(1)l} + \mathrm{j}s\omega L_h\,\underline{I}_{(1)s} = \left(R_l + \mathrm{j}sX_l\right)\underline{I}_{(1)l} + \mathrm{j}sX_h\,\underline{I}_{(1)s} \tag{3.216}$$

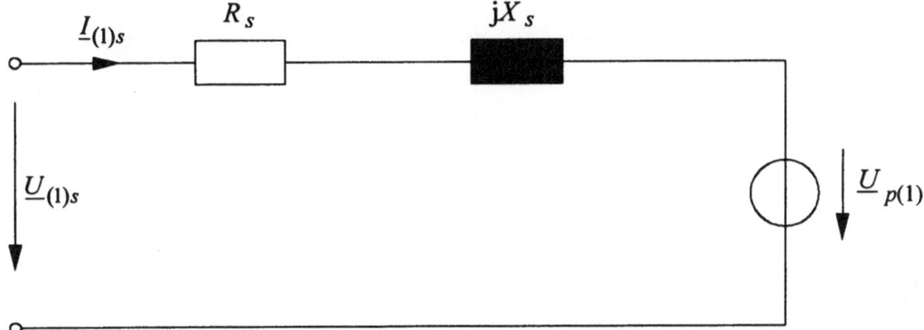

Bild 3.58 : Ersatzschaltung der Synchronmaschine im Mitsystem

Für s=0 (Drehfeld und Läufer drehen sich in der gleichen Richtung gleich schnell) kommen wir von (3.215) und (3.216) zu den Gleichungen der Synchronmaschine im Mitsystem

$$\underline{U}_{(1)s} = \left(R_s + \mathrm{j}X_s\right)\underline{I}_{(1)s} + \mathrm{j}X_h\,\underline{I}_{(1)l} = \underline{Z}_{(1)s}\,\underline{I}_{(1)s} + \underline{U}_{p(1)} \tag{3.217}$$

$$\underline{U}_{(1)l} = R_l\,\underline{I}_{(1)l} \tag{3.218}$$

Die Läuferspannung der Synchronmaschine ist erwartungsgemäß unabhängig von den Ständergrößen. Umgekehrt besteht aber eine Wirkung des Läufers auf den Ständer, die in Form einer inneren Spannung beschrieben werden kann. Sie wird üblicherweise als Polradspannung bezeichnet. Damit erhält man eine einfache Ersatzschaltung für die Synchronmaschine im Mitsystem nach Bild 2.2.1 Die Energie, die dem Läufer der Synchronmaschine z.B. über Schleifringe zugeführt werden muß, dient nur zur Deckung der Läuferverluste. Wegen s=0 muß die Speisung des Läufers mit Gleichstrom geschehen.

Die Asynchronmaschine arbeitet im Motorbetrieb mit Schlupfwerten von $s>0$. Dieser Bereich kennzeichnet ihr Hauptanwendungsgebiet. Wegen ihres einfachen Aufbaus kommen aber auch Asynchrongeneratoren mit Schlupfwerten von $s<0$ zum Einsatz. Beiden ist gemeinsam, daß der Läufer im Betrieb kurzgeschlossen ist, d.h., die Läuferspannung der Asynchronmaschine ist Null. Wir erhalten damit aus (3.215) und (3.216) ihre Spannungsgleichungen

$$\underline{U}_{(1)s} = (R_s + \mathrm{j}X_s)\,\underline{I}_{(1)s} + \mathrm{j}X_h\,\underline{I}_{(1)l} \tag{3.219}$$

$$0 = \mathrm{j}X_h\,\underline{I}_{(1)s} + \left(\frac{R_l}{s} + \mathrm{j}X_l\right)\underline{I}_{(1)l} \tag{3.220}$$

Die Gleichungen (3.219) und (3.220) können wiederum in einer T-Ersatzschaltung nach Bild 3.59 dargestellt werden.

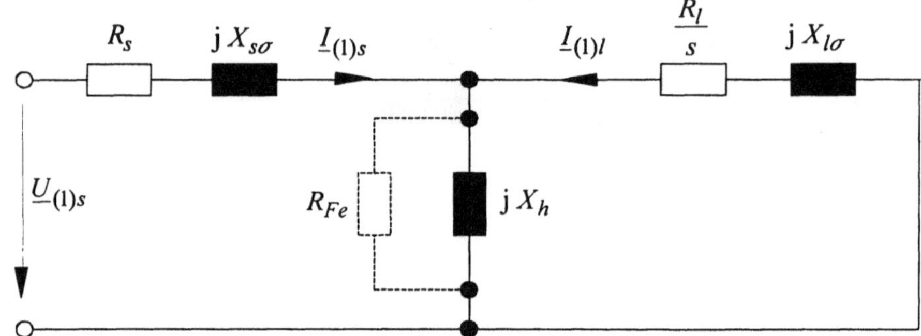

Bild 3.59 : Ersatzschaltung der Asynchronmaschine im Mitsystem

Wir können den kurzgeschlossenen T-Vierpol zu einer einzigen Impedanz, der Mitimpedanz der Asynchronmaschine, zusammenfassen. Diese ist wegen Gleichung (3.220) drehzahlabhängig. Sie besitzt im Motorbetrieb bei Stillstand des Läufers ($s=1$) ihren kleinsten Wert und nimmt mit steigender Drehzahl zu. Im Leerlauf des Motors erreicht sie ihren größten Wert. Je nach Bauart und Leistung beträgt daher der Anlaufstrom eines Motors den 3,5- bis 8-fachen Wert seines Nennstromes, wobei der kleinere Wert Maschinen großer Leistung und der größere Maschinen kleiner Leistung zugeordnet werden kann.

3.4.4.5 Ersatzschaltung rotierender elektrischer Maschinen im Gegensystem. Im zweiten idealisierten Belastungsfall nehmen wir an, daß die Maschine bei konstanter Drehzahl symmetrisch so eingespeist wird, daß Drehfeld- und Läuferdrehrichtung einander entgegengesetzt sind (Speisung mit einem Gegensystem). Die Ständerraumzeiger werden dann durch die Gleichung (3.70) beschrieben. Wir wählen zur Aufstellung der Gleichungen ein synchron entgegegen der Läuferdrehrichtung umlaufendes Bezugs-koordinatensystem, in dem die zeitliche Änderung der Raumzeiger gleich Null ist.

$$\frac{\mathrm{d}x_k}{\mathrm{d}t} = -\omega \tag{3.221}$$

Aus den Gleichungen (3.212) und (3.213) erhalten wir mit (3.221)

$$\underline{U}^*_{(2)s} = \left(R_s - \mathrm{j}\omega L_s\right) \underline{I}^*_{(2)s} - \mathrm{j}\omega L_h \, \underline{I}^*_{(2)l} \tag{3.222}$$

$$\underline{U}^*_{(2)l} = \left(R_l - \mathrm{j}(2-s)\omega L_l\right) \underline{I}^*_{(2)l} - \mathrm{j}(2-s)\omega L_h \, \underline{I}^*_{(2)s} \tag{3.223}$$

Die Gleichungen (3.222) und (3.223) werden in die konjugiert komplexe Form umgewandelt.

$$\underline{U}_{(2)s} = \left(R_s + \mathrm{j}\omega L_s\right) \underline{I}_{(2)s} + \mathrm{j}\omega L_h \, \underline{I}_{(2)l} \tag{3.224}$$

$$\underline{U}_{(2)l} = \left(R_l + \mathrm{j}(2-s)\omega L_l\right) \underline{I}_{(2)l} + \mathrm{j}(2-s)\omega L_h \, \underline{I}_{(2)s} \tag{3.225}$$

Der Läufer ist im Gegensystem kurzgeschlossen, d.h. es ist keine Speisung mit einer Gegenspannung vorhanden. Wir können daher die Gleichungen (3.224) und (3.225) in eine T-Ersatzschaltung umformen.

$$\underline{U}_{(2)s} = \left(R_s + \mathrm{j}X_{s\sigma}\right) \underline{I}_{(2)s} + \mathrm{j}X_h \left(\underline{I}_{(2)s} + \underline{I}_{(2)l}\right) \tag{3.226}$$

$$0 = +\left(\frac{R_l}{2-s} + jX_{l\sigma}\right) \underline{I}_{(2)l} + \mathrm{j}X_h \left(\underline{I}_{(2)s} + \underline{I}_{(2)l}\right) \tag{3.227}$$

Aus den Gleichungen (3.226) und (3.227) kann die Ersatzschaltung der Maschine bei Speisung durch ein Gegensystem nach Bild 3.60 abgeleitet werden. Sie entspricht der der Asynchronmaschine, wenn man den Schlupf s durch 2-s ersetzt. Für s=0 erhalten wir die Ersatzschaltung der Synchronmaschine bei Speisung durch ein Gegensystem. Während im Mitsystem keine Rückwirkung des Ständers auf den Läufer zu verzeichnen ist, bewirkt eine Gegenkomponente im Ständerstrom eine Spannungsinduktion im Läufer und verursacht dadurch kurzschlußartige Ströme im Gleichstrom-Erregerkreis. Das ist im Betrieb der Maschine natürlich unerwünscht, da dadurch der Erregerkreis ohne Nutzen beansprucht wird. Darum haben Synchronmaschinen im Läufer eine zweite kurzgeschlossene Wicklung, die sogenannte Dämpferwicklung, die zur Entlastung der Erregerwicklung bei Belastung mit einem Gegensystem und bei Übergangsvorgängen beitragen soll. Dessen ungeachtet muß eine zu große Gegenkomponente im Ständerstrom vermieden werden, da auch die Dämpferwicklung überlastet werden kann. Synchronmaschinen haben daher einen Schieflastschutz, der das Verhältnis von Gegen- und Mitstrom überwacht und bei Überschreiten eines Grenzwertes die Ausschaltung veranlaßt. Bei der Asynchronmaschine ist die Gegenimpedanz wiederum drehzahlabhängig.

Für s=1 hat sie den gleichen Wert wie die Mitimpedanz. Während die Mitimpedanz mit steigender Drehzahl von diesem Punkt (dem Anlaufpunkt) an zunimmt, nimmt die Gegenimpedanz, wenn auch geringfügig, mit steigender Drehzahl ab. Es gilt immer

$$\left|\underline{Z}_{(2)}(s)\right| \leq \left|\underline{Z}_{(1)}(s=1)\right| \tag{3.228}$$

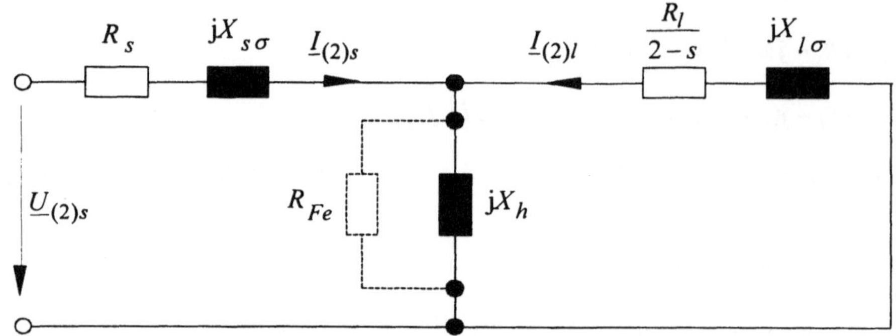

Bild 3.60 : Ersatzschaltung einer Drehstrommaschine im Gegensystem

Eine geringe Spannungsunsymmetrie an den Anschlußklemmen der Asynchronmaschine ruft daher bereits einen relativ hohen Gegenstrom hervor. Dieser belastet die Maschine stark, ohne daß er zum Nutzen (der Erzeugung von mechanischer Energie) beiträgt. Er vermindert im Gegenteil noch das Drehmoment der Maschine. Darum ist auch für die Asynchronmaschine Symmetrie des Drehstromsystems sehr wichtig.

3.4.4.6 Ersatzschaltung rotierender elektrischer Maschinen im Nullsystem. Im Nullsystem stellt die rotierende elektrische Maschine bei kosinusförmigen Strömen und Spannungen in unserer Betrachtung eine konstante Impedanz dar. Die Nullspannungsgleichung können wir aus den Gleichungen (3.196) und (3.206) ableiten.

$$\underline{U}_{(0)s} = R_{(0)s}\,\underline{I}_{(0)s} + \mathrm{j}\omega\,\underline{\Psi}_{(0)s} = R_{(0)s}\,\underline{I}_{(0)s} + \mathrm{j}\,X_{(0)s}\,\underline{I}_{(0)s} = \underline{Z}_{(0)s}\,\underline{I}_{(0)s} \tag{3.229}$$

Auf weitere Einzelheiten zum Nullsystem gehen wir an dieser Stelle nicht ein. Der Sternpunkt rotierender elektrischer Maschinen wird wegen ihrer kleinen Nullimpedanz meist nicht oder zu Schutzzwecken nur hochohmig geerdet. Dann ist ihre Nullimpedanz unendlich bzw. sehr groß.

Für uns ist zusammenfassend die Feststellung bedeutsam, daß die Symmetrischen Impedanzen von rotierenden elektrischen Maschinen im Gegensatz zu denen passiver elektrischer Betriebsmittel im Mit- und Gegensystem voneinander abweichen. Wenn auch die hier angenommene Linearität im allgemeinen nicht angenommen werden darf, so vermitteln die Beispiele doch die wesentlichen Beziehungen . Reale Belastungsfälle bei sinusförmigen Strömen und Spannungen denken wir uns als die unabhängige Überlagerung der drei hier angeführten idealisierten (Null-, Mit- und Gegensystem).

3.4.4.7 Rücktransformation der Symmetrischen Impedanzen rotierender elektrischer Maschinen. Die Rücktransformation der Symmetrischen Impedanzen einer rotierenden elektrischen Maschine in den Bereich der natürlichen komplexen Größen führt zu einer zyklisch symmetrischen Impedanzmatrix als wichtiges Kennzeichen für reale Drehstromsysteme, das jedoch, wie hier gezeigt, nur für kosinusförmige Ströme und Spannungen Bedeutung hat. Ausgehend von den Gleichungen (3.141) und (3.142) erhält man

$$\underline{\mathbf{Z}}_{RST} = \underline{\mathbf{S}}^{-1}\,\underline{\mathbf{Z}}_{(012)}\,\underline{\mathbf{S}} = \underline{\mathbf{S}}^{-1}\begin{pmatrix} \underline{Z}_{(0)} & 0 & 0 \\ 0 & \underline{Z}_{(1)} & 0 \\ 0 & 0 & \underline{Z}_{(2)} \end{pmatrix}\underline{\mathbf{S}} = \begin{pmatrix} \underline{Z} & \underline{Z}_A & \underline{Z}_B \\ \underline{Z}_B & \underline{Z} & \underline{Z}_A \\ \underline{Z}_A & \underline{Z}_B & \underline{Z} \end{pmatrix} \tag{3.230}$$

Die Elemente der zyklisch symmetrischen Impedanzmatrix nach Gleichung (2.230) sind

$$\begin{aligned} \underline{Z} &= \underline{Z}_{(0)} + \underline{Z}_{(1)} + \underline{Z}_{(2)} \\ \underline{Z}_A &= \underline{Z}_{(0)} + \underline{a}\underline{Z}_{(1)} + \underline{a}^2\underline{Z}_{(2)} \\ \underline{Z}_B &= \underline{Z}_{(0)} + \underline{a}^2\underline{Z}_{(1)} + \underline{a}\underline{Z}_{(2)} \end{aligned} \tag{3.231}$$

Symmetrische Komponenten führen zur Entkopplung zyklisch symmetrischer Matrizen. Sie sind daher auch aus den Eigenwerten dieser Matrizen ableitbar. Jede der hier vorgestellten Koordinatentransformationen kann aus den Eigenwerten der zugehörigen Admittanz- bzw. Impedanzmatrizen der Elemente des Drehstromsystems abgeleitet werden. Auf diese Vorgehensweise wurde wegen ihrer Abstraktheit bewußt verzichtet. Wir haben den Weg der "Entdeckung" der Koordinatentransformationen nachvollzogen. Der Hinweis auf den Zusammenhang zwischen den Transformationen und den Eigenwerten ist jedoch wichtig, weil Betriebsmittel mit speziellen Impedanz- oder Admittanzmatrizen durch Bestimmung der Eigenwerte entkoppelt werden können. Man kann so spezielle Transformationen ableiten, die nur für den betrachteten Fall gelten.

3.4.5 Ersatzschaltungen eines Drehstromnetzwerkes

Durch Zusammenschaltung der Vierpole der Betriebsmittel eines Drehstromsystems entstehen bei Verwendung von Raumzeigern und Nullgrößen zwei und bei Verwendung von Symmetrischen Komponenten drei voneinander unabhängige Vierpolnetzwerke. Das führt zu einer erheblichen Vereinfachung der Beschreibung von Drehstromsystemen. Wir betrachten dazu ein Beispiel nach Bild 3.61

Ein leistungsfähiges Drehstromnetz speist über eine Kettenschaltung, bestehend aus einer Freileitung, einem Transformator und einer Leiterschienen-Anordnung eine Schaltanlage (einen Knotenpunkt), an die über Kabelstrecken jeweils eine passive Impedanzlast und eine Asynchronmaschine angeschlossen sind. Alle Betriebsmittel seien symmetrisch. Der Transformator ist an seinem lastseitigem Sternpunkt über einen ohmschen Widerstand R_{sp} geerdet. Netzseitig steht kein Sternpunkt zur Erdung zur Verfügung. Der Transformator kann für bisymmetrische Belastung durch eine Stern-Stern-Ersatzschaltung beschrieben werden. Die Sternpunkte der passiven Last und des Asynchronmotors seien sofern vorhanden isoliert (nicht geerdet). Für das speisende leistungsfähige Drehstromnetz werden im folgenden unterschiedliche Arten der Sternpunkterdung betrachtet.

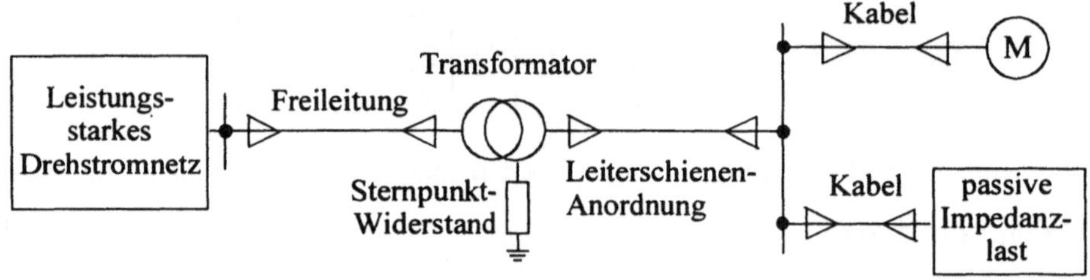

Bild 3.61 : Beispiel eines Drehstromnetzwerkes

Die Gewinnung der Ersatzschaltung im Raumzeigersystem ist ausgehend von Bild 3.61 einfach. Jedes dort angegebene Betriebsmittel stellen wir durch einen Vierpol dar, das Netz wird mit Hilfe des Satzes von der Ersatzspannungsquelle beschrieben. Die Ersatzschaltungen der einzelnen Vierpole können wir nach unseren Berechnungszielen wählen. Die Freileitung kann so beispielsweise als Π-Vierpol nach Bild 2.43 dargestellt werden. Wenn die Ströme in den Querzweigen für unser Berechnungsziel unerheblich sind, dann können wir sie nach Abschnitt 2.3.4.5 auch weglassen. Ausgehend von 3.3.6 kann die Freileitung aber auch mit homogen verteilten Parametern dargestellt werden. Für die beiden Kabelstrecken haben wir die gleichen Möglichkeiten.

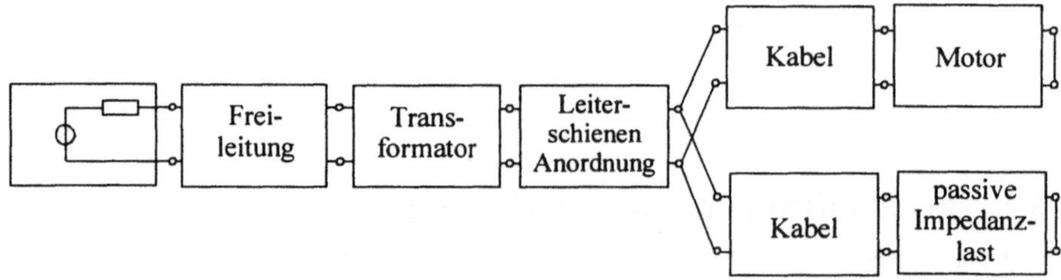

Bild 3.62 : Raumzeiger-Ersatzschaltung des Beispielnetzes

Der Transformator wird entsprechend unseren Vorgaben wie ein linearer Wechselstromtransformator mit reellem Übersetzungsverhältnis nachgebildet. Auch hier kann bei Bedarf der Querzweig vernachlässigt werden und so der Transformator als stromideal betrachtet werden. Die Leiterschienen-Anordnung beschreiben wir wegen ihrer geringen Länge als einfachen Elementar-Längsvierpol, da ihre Queradmittanzen auf jeden Fall wesentlich kleiner als die Queradmittanzen der anderen Betriebsmittel sind. Die passive Impedanzlast beschreiben wir als Elementar-Längsvierpol, der an seinem Ausgang kurzgeschlossen ist. Dabei ist es unerheblich, ob die Last in Stern oder in Dreieck geschaltet ist, da wir nach Abschnitt 3.1.6 beliebig zwischen Raumzeigern von Leiter- und Dreieckgrößen wechseln können. Den Motor beschreiben wir schließlich mit Hilfe von Bild 3.57. Auf diese Weise kommen wir zu der Darstellung nach Bild 3.62.

Im Nullsystem hat das Netz zunächst einmal die gleiche Struktur wie das Raumzeiger-Netzwerk. Wir müssen jedoch einige wesentliche Besonderheiten der inneren Ersatzschaltung der Betriebsmittel im Nullsystem beachten. Wir dürfen voraussetzen, daß das Netz im Nullsystem keine Leerlaufspannung besitzt. Die Netzersatzschaltung entartet dadurch zu einen einfachen passiven Zweipol. Weiterhin haben wir vorausgesetzt, daß die Sternpunkte der passiven Impedanzlast und des Motors nicht geerdet sind. Ihre Nullimpedanz ist dadurch unendlich und beide Betriebsmittel gehen so nicht in die Nullsystem-Ersatzschaltung ein. Für die Freileitung, die Kabel und die Leiterschienen-Anordnung gelten die Aussagen, die wir bereits für das Raumzeiger-Netzwerk getroffen haben, wobei sie jedoch im Nullsystem nach Abschnitt 3.4.1 andere Parameter besitzen. Wir erhalten nach diesen ersten Überlegungen die Ersatzschaltung nach Bild 3.63.

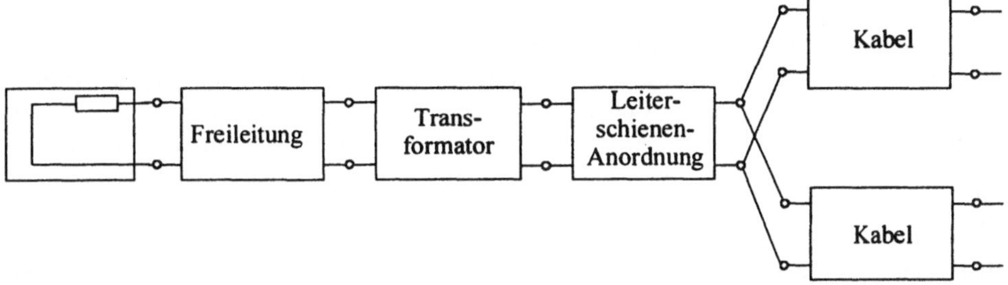

Bild 3.63 : Nullsystem-Ersatzschaltung des Beispielnetzes

Unser Hauptaugenmerk müssen wir nun auf die Transformator-Ersatzschaltung richten. Nach den Vorgaben ist nur sein lastseitiger Sternpunkt über einen Sternpunktwiderstand geerdet. Eine Verbindung der beiden Spannungsebenen, zwischen denen der Transformator liegt, besteht also im Nullsystem nicht. Der Sternpunktwiderstand R_{sp} liegt in der gleichen Weise im Stromkreis wie die Impedanz Z_n im Elementar-Längsachtpol nach Bild 3.41. Er wird vom dreifachen Nullstrom (dem gesamten Rückleiterstrom im Nullsystem) durchflossen und geht daher mit seinem dreifachen Wert in die Ersatzschaltung ein. Wir erhalten deshalb für den Transformator und die an ihn angrenzenden Betriebsmittel die Ersatzschaltung nach Bild 3.64.

Die Größe der Nullimpedanz des Transformators ohne Sternpunktwiderstand hängt wie wir wissen von seiner Schaltgruppe ab. Durch die Transformator-Ersatzschaltung zerfällt das gesamte Nullsystem-Netzwerk in zwei voneinander unabhängige Teile. Wenn wir nur die Lastseite im Nullsystem untersuchen wollen, dann braucht die gesamte Netzseite deshalb nicht nachgebildet zu werden. Das gleiche gilt natürlich auch umgekehrt.

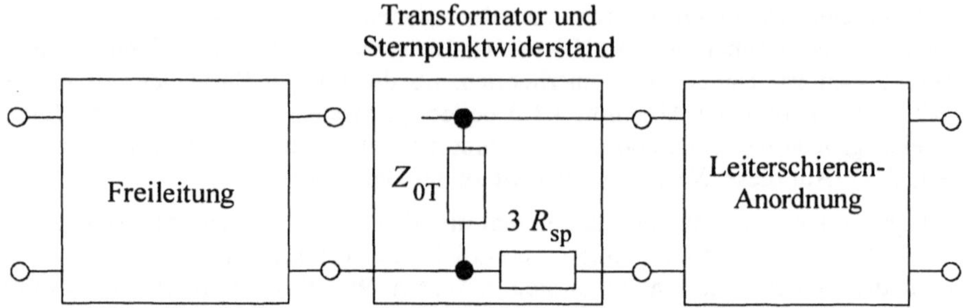

Bild 3.64 : Transformator in der Nullsystem-Ersatzschaltung

Die Darstellung des Beispielnetzes in Symmetrischen Komponenten ist aufbauend auf unseren bisherigen Überlegungen einfach. Wir gehen dazu zu komplexen Effektivwertzeigern kosinusförmiger Ströme und Spannungen über und ersetzen die Impedanz- und Admittanzoperatoren durch komplexe Impedanzen und Admittanzen. Für die Nullsystem-Ersatzschaltung müssen wir darüber hinaus keine weiteren Überlegungen anstellen.

Mitsystem- und Gegensystem-Netzwerk haben vollständig die gleiche Struktur wie das Raumzeiger-Netzwerk nach Bild 3.62, da beide Komponenten Bestandteile des Raumzeigers sind. Sie unterscheiden sich nach Abschnitt 3.4.4 lediglich in der Ersatzschaltung des Asynchronmotors. Im Mitsystem gehen wir von Bild 3.59 aus und im Gegensystem von Bild 3.60. Weiterhin können wir unter praktisch realen Verhältnissen meist davon ausgehen, daß die Leerlaufspannung des speisenden Netzes im Gegensystem ebenso wie im Nullsystem null ist. Die Netzersatzschaltung entartet dadurch im Gegensystem auch zu einem passiven Zweipol, dessen Impedanz jedoch im allgemeinen genauso groß ist wie die Kurzschlußimpedanz im Mitsystem. Das würde sich ändern, wenn anstelle des leistungsstarken Netzes ein einzelner Synchrongenerator einspeisen würde. Für ihn müßten wir im Mitsystem die Ersatzschaltung nach Bild 3.58 wählen und ihm Gegensystem die nach Bild 3.60 für den Schlupf s=0. Die Impedanzen im Mitsystem und im Gegensystem würden sich dann auch in der Einspeisung deutlich unterscheiden.

Wir haben im Abschnitt 3.4 die wichtige Erkenntnis gewonnen, daß symmetrische Drehstromnetzwerke durch Anwendung der Transformationen für Dreiphasensysteme in voneinander unabhängige Wechselstromnetzwerke zerlegt werden. Das ist für die Vereinfachung ihrer Berechnung von sehr großer Bedeutung, weil wir nun alle die Verfahren auch für Drehstromnetzwerke anwenden können, die wir aus der Wechselstromtechnik kennen. Wichtiger ist es jedoch, daß die Zerlegung tiefere Einblicke in Betriebsvorgänge in Drehstromnetzen gestattet und so sehr zu ihrem Verständnis beiträgt.

3.5 Unsymmetrische Betriebszustände in Drehstromnetzen

3.5.1 Symmetrischer Betrieb eines Drehstromsystems

Wir nehmen nun ein bezüglich seiner Impedanzen und Admittanzen völlig symmetrisches Drehstromnetzwerk an, dessen Leerlaufspannungen jedoch beliebig unsymmetrisch sein können. An einer Stelle dieses Netzwerkes ziehen wir die drei Leiter und das Erdpotential heraus und legen sie an drei frei zugängliche Klemmen. Für eine erste Untersuchung werden die drei Leiter nach Bild 3.65 a kurzgeschlossen und an Erdpotential gelegt. Dann gelten an dieser Stelle die drei Bedingungen

$$\left.\begin{array}{l} u_R = 0 \\ u_S = 0 \\ u_T = 0 \end{array}\right\} \begin{array}{l} \xrightarrow{\text{Raumz., Nullgr.}} \quad \underline{u} = 0, \quad u_0 = 0 \\ \xrightarrow{\text{kosinusf. Zeitfkt.}} \xrightarrow{\text{Symm. Komp.}} \quad \underline{U}_{(0)} = 0, \quad \underline{U}_{(1)} = 0, \quad \underline{U}_{(2)} = 0 \end{array} \tag{3.232}$$

Die Transformation der drei Ausgangsbedingungen in Raumzeiger und Nullgrößen bzw. in Symmetrische Komponenten zeigt, daß Raumzeiger- und Nullgrößen-Netzwerk bzw. bei sinusförmigen Zeitfunktionen die Netzwerke der drei Symmetrischen Komponenten völlig unabhängig voneinander sind. Sie können daher getrennt untersucht werden.

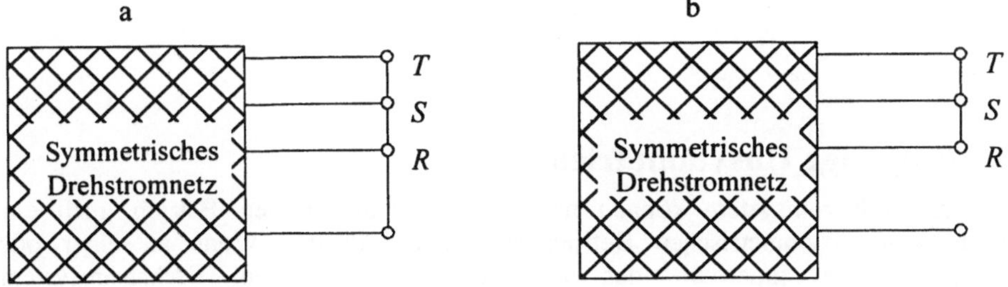

Bild 3.65 : Symmetrisches Drehstromnetzwerk mit dreipoligem Kurzschluß an einer Stelle

Wir nehmen im zweiten Fall an, daß die drei Leiter weiterhin kurzgeschlossen sind, aber keine Verbindung mit der Erde mehr haben. Dann gelten die Bedingungen (3.233).

$$u_R = u_S = u_T \qquad i_R + i_S + i_T = 0 \quad \begin{cases} \xrightarrow{\text{Raumz., Nullgr.}} & \underline{u} = 0, \quad i_0 = 0 \\ \xrightarrow{\text{kosinusf. Zeitfkt.}} \xrightarrow{\text{Symm. Komp.}} & \underline{I}_{(0)} = 0, \quad \underline{U}_{(1)} = 0, \quad \underline{U}_{(2)} = 0 \end{cases} \tag{3.233}$$

Die Vierpolnetzwerke bleiben auch in diesem Fall unabhängig voneinander. Im Gegensatz zum ersten Fall befindet sich das Nullsystem jedoch nicht im Kurzschluß, sondern im Leerlauf.

Die beiden betrachteten Fälle können einen dreipoligen Kurzschluß mit oder ohne Erdberührung an einer Stelle des Drehstromsystems darstellen. Wir können uns aber auch vorstellen, daß der untersuchte Netzpunkt zum Beispiel der Sternpunkt eines Abnehmers ist. Dann treffen die gezogenen Schlußfolgerungen auch auf den Normalbetrieb zu.

Wenn die Polradspannungen aller Generatoren des Drehstromsystems sinusförmig symmetrisch sind und Mitsysteme bilden, dann sind die Leerlaufspannungen im Nullsystem und im Gegensystem Null. Das bedeutet, daß wir nur noch das Raumzeiger-Netzwerk oder das Vierpolnetzwerk des Mitsystems der Symmetrischen Komponenten zu untersuchen brauchen, da in den anderen Netzwerken keine Spannungen auftreten und keine Ströme fließen. Die Berechnung des Drehstromsystems im symmetrischen Betrieb ist damit auf die Berechnung eines einfachen Wechselstromnetzwerkes zurückgeführt. Die beiden Fälle nach Bild 3.65 sind unter diesen Bedingungen völlig gleichwertig.

3.5.2 Einpolige Unsymmetrien

In einem Drehstromsystem können neben dem symmetrischen Betrieb auch eine Vielzahl von unsymmetrischen Betriebszuständen auftreten. Wenn an einer oder mehreren Stellen innerhalb des ansonsten symmetrischen Drehstromsystems Unsymmetrien auftreten, dann bleiben die Vierpol-Netzwerke im modalen Bereich nicht mehr unabhängig voneinander, sondern sie sind an der bzw. den Unsymmetriestelle(n) im Drehstromsystem in einer von der Unsymmetrie abhängigen Art und Weise miteinander gekoppelt. Die Art der Kopplung wird aus den natürlichen Unsymmetriebedingungen in gleicher Weise abgeleitet, wie in (3.232) und (3.233) für den symmetrischen Fall geschehen. Das soll an zwei Beispielen verdeutlicht werden. Wir nehmen an, daß an der Verbindungsstelle zwischen zwei Drehstromteilnetzen ein Erdschluß des Leiters R eingetreten ist. Um eindeutige Verhältnisse zu erhalten, schaffen wir uns an der Fehlerstelle zunächst nach Bild 3.66 einen künstlichen Abgang mit der Impedanz ΔZ in jedem Leiter. Die Spannungen zählen wir von den Klemmen des Abganges zum Erdpotential positiv. Die Ströme nehmen wir als positiv an, wenn sie aus dem Netz zu den Abgangsklemmen hinfließen. Diese Vorzeichenfestlegungen entsprechen dem Erzeugerzählpfeilsystem.

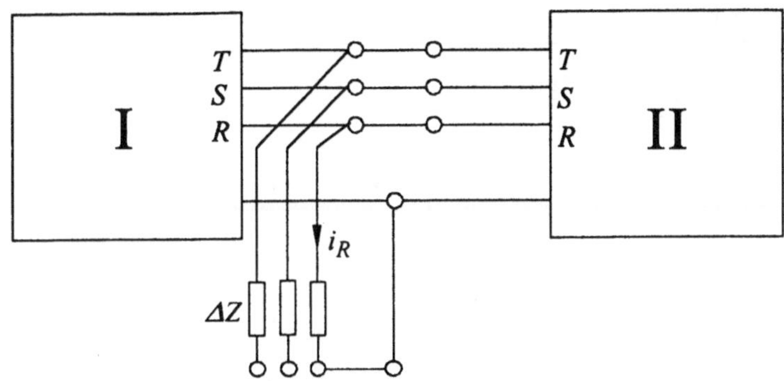

Bild 3.66 : Einpolige Unsymmetrie zwischen zwei Drehstromteilnetzen

Die drei Unsymmetriebedingungen in diesem Abgang lauten:

$$u_R = 0 \qquad i_S = i_T = 0 \tag{3.234}$$

Die Transformation der Bedingungen (2.334) in Raumzeiger und Nullgrößen führt zu

$$\mathrm{Re}\{\underline{u}\} + u_0 = u_\alpha + u_0 = u_R = 0 \tag{3.235}$$

$$\underline{i} = \frac{2}{3} i_R = \mathrm{Re}\{\underline{i}\} = i_\alpha = 2 i_0 \qquad \mathrm{Im}\{\underline{i}\} = i_\beta = 0 \tag{3.236}$$

Da die Raumzeiger komplexe Größen sind, müssen wir sie in zwei zueinander orthogonalen Richtungen untersuchen. Diese ergeben sich unmittelbar aus den Unsymmetriebedingungen. Gleichung (3.235) zeigt uns, daß die Summe aus dem Realteil des Spannungsraumzeigers und der Nullspannung null ergibt. Über den Imaginärteil des Spannungsraumzeigers gewinnen wir aus (3.235) keine Aussage. Gleichung (3.236) sagt jedoch aus, daß der Raumzeiger des Unsymmetriestromes reell und gleich dem doppelten Nullstrom ist. Der Imaginärteil des Stromraumzeigers ist demzufolge null. Das bedeutet, daß das Raumzeigernetzwerk in Richtung der imaginären Achse leerläuft.

Schwierigkeiten bei der Gewinnung der Ersatzschaltung in Richtung der reellen Achse bereitet zunächst die Tatsache, daß in der Spannungsbedingung (3.235) die Nullspannung nur einfach auftritt, in der Strombedingung (3.236) der Nullstrom jedoch zweifach. Das Nullsystem muß daher in der Ersatzschaltung mit sich selbst parallel und dann mit dem Raumzeigernetzwerk in Richtung der reellen Achse in Reihe geschaltet werden. Aus den Bedingungen (2.235) und (2.236) resultiert so die Zusammenschaltung des Raumzeigernetzwerkes mit dem Nullgrößennetzwerk nach Bild 3.67.

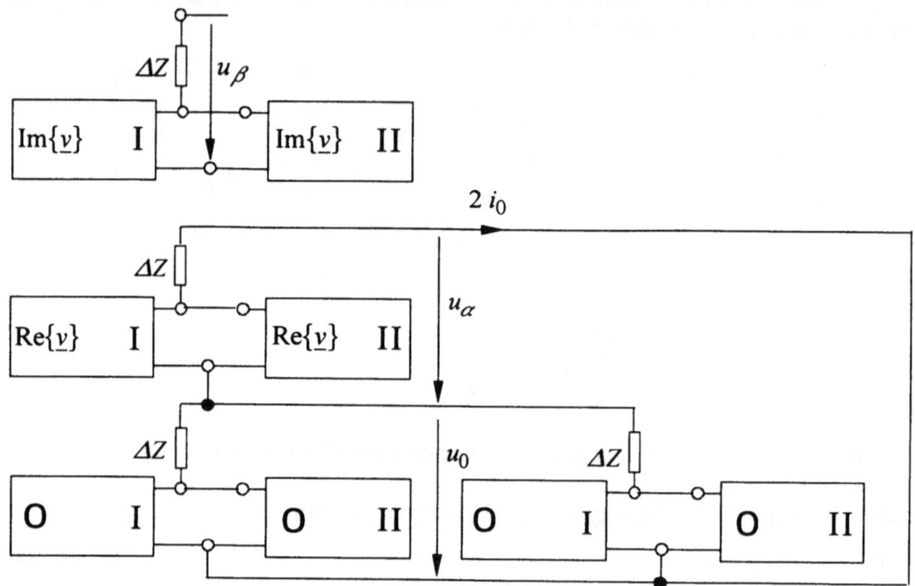

Bild 3.67 : Ersatzschaltung für eine einpolige Unsymmetrie für Raumzeiger- und Nullgrößen-Netzwerk

Die beiden Raumzeiger-Netzwerke in Richtung der rellen und der imaginären Achse sind in ihren Impedanzen und Admittanzen völlig gleich. Sie unterscheiden sich lediglich in ihren Leerlaufspannungen. Sie sind orthogonal zueinander. Im allgemeinen Fall bilden wir daher einfach Realteil und Imaginärteil des Raumzeigers der Leerlaufspannungen und verwenden beide in den entsprechenden Netzwerken für die weitere Rechnung.

Die Parallelschaltung des Nullsystems kann unter Verwendung der Gleichung

$$u_0 = -Z_0\, i_0 = -\frac{1}{2}\, Z_0\, 2\, i_0 \quad \text{bzw.} \quad 2 i_0 = -2\, Y_0\, u_0 \tag{3.237}$$

vereinfacht werden. Wir halbieren dazu jede Impedanz bzw. verdoppeln jede Admittanz im Nullsystem-Netzwerk und bringen das so veränderte Netzwerk in die Reihenschaltung nach Bild 3.67 ein.

Die vollständige Untersuchung der einpoligen Unsymmetrie erfordert die Berechnung der beiden voneinander unabhängigen Teilnetzwerke nach Bild 3.67. Wenn uns jedoch nur der Nullstrom interessiert, dann braucht das Imaginärteil-Netzwerk nicht betrachtet zu werden.

Die Transformation der Bedingungen (3.234) in Symmetrische Komponenten führt zu

$$\underline{U}_{(0)} + \underline{U}_{(1)} + \underline{U}_{(2)} = \underline{U}_R = 0 \tag{3.238}$$

$$\underline{I}_{(0)} = \underline{I}_{(1)} = \underline{I}_{(2)} = \frac{1}{3}\underline{I}_R \tag{3.239}$$

Nach den Gleichungen (3.238) und (3.239) ist die Summe der drei Symmetrischen Komponentenspannungen null und die drei Symmetrischen Komponenten des Unsymmetriestromes sind gleich. Diese Bedingungen beschreiben die Reihenschaltung der drei Komponenten-Netzwerke nach Bild 3.68.

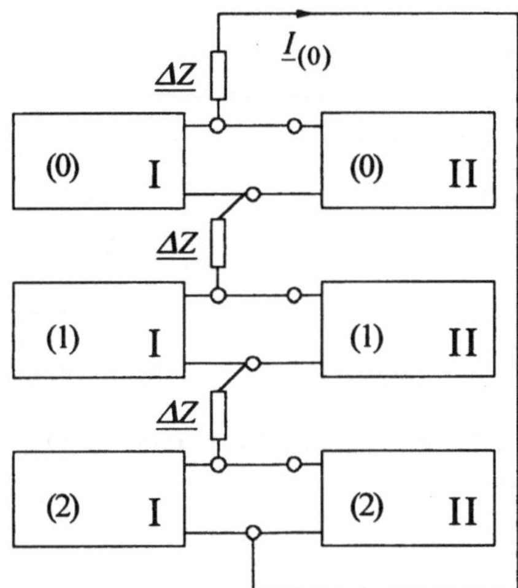

Bild 3.68 : Ersatzschaltung für eine einpolige Unsymmetrie für die Netzwerke der Symmetrischen Komponenten

Die bisherige Ableitung bezieht sich auf den geschaffenen künstlichen Abgang an der Fehlerstelle. Wir haben diesen Weg gewählt, um eindeutige Fehlerbedingungen zu erhalten, denn die Leiterströme *S* und *T* in der Verbindungsleitung der beiden Drehstrom-Teilnetze müssen keinesfalls null sein, sondern sie werden durch den Schaltzustand des Systems, durch die angeschlossenen Lasten usw. bestimmt. Unser Ergebnis erfährt jedoch keine Änderung, wenn wir den Grenzübergang $\Delta Z \rightarrow 0$ ausführen. Praktisch bedeutet das, daß wir bei der Formulierung der Unsymmetriebedingungen nur auf die Unsymmetrie selbst zu achten haben. In unserem Fall trägt nur der Leiter R zum Strom am Fehlerort bei, die Ströme in den Leitern S und T interessieren für die Unsymmetriebedingung daher nicht.

Die Impedanz ΔZ kann jedoch auch eine Last zwischen einem Leiter und dem Neutralleiter des Drehstromnetzes oder bei einem einpoligen Fehler einen Übergangswiderstand zwischen dem betroffenen Leiter und der Erde repräsentieren. Aus der Ersatzschaltung für die Symmetrischen Komponenten erkennen wir unmittelbar, daß die Impedanz ΔZ mit ihrem dreifachen Wert in die Rechnung eingeht. Sie wird vom gesamten Unsymmetriestrom, d.h. dem dreifachen Nullstrom, durchflossen. In der Raumzeiger-Ersatzschaltung geht sie mit ihrem 1,5fachen Wert ein. In diesem Netzwerk fließt jedoch der doppelte Nullstrom.

Im Beispiel der einpoligen Leiterunterbrechung zwischen zwei Drehstromteilnetzwerken nach Bild 3.69 gelten die drei Bedingungen

$$i_R = 0 \tag{3.240}$$

$$\Delta u_S = \Delta u_T = 0 \tag{3.241}$$

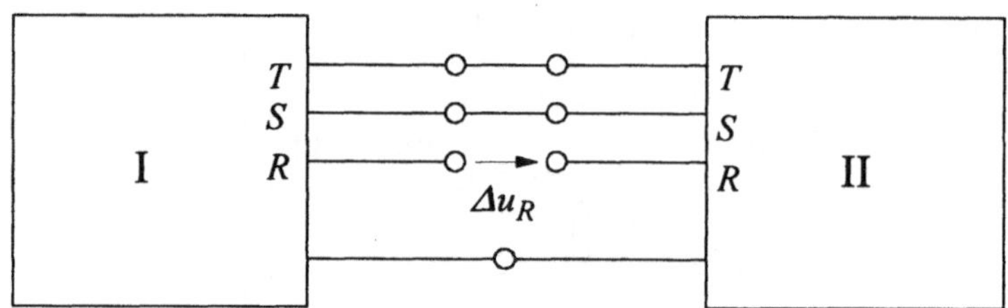

Bild 3.69 : Einpolige Leiterunterbrechung zwischen zwei Drehstromteilnetzen

Die Transformation der Gleichungen (3.240) und (3.241) in den Bereich der Raumzeiger und Nullgrößen führt zu

$$\mathrm{Re}\{\underline{i}\} + i_0 = i_\alpha + i_0 = i_R = 0 \tag{3.242}$$

$$\underline{\Delta u} = \frac{2}{3}\Delta u_R = 2\Delta u_0 = \Delta u_\alpha \tag{3.243}$$

$$\mathrm{Im}\{\underline{\Delta u}\} = \Delta u_\beta = 0 \tag{3.244}$$

Aus den Gleichungen (3.242) bis (3.244) folgt die Zusammenschaltung von Raumzeiger- und Nullgrößen-Netzwerken nach Bild 3.70. Zur Vereinfachung der Nullsystem-Ersatzschaltung haben wir die Bedingung

$$2\,\Delta u_0 = -2\,Z_0\,i_0 \quad \text{bzw.} \quad i_0 = -\frac{1}{2}\,Y_0\,2\,\Delta u_0 \tag{3.245}$$

herangezogen, da der Nullstrom in der Strombedingung (3.242) nur einfach, die Nullspannung in der Spannungsbedingung (3.243) jedoch mit ihrem doppelten Wert auftritt. Das Nullsystem-Netzwerk müßte demzufolge mit sich selbst in Reihe geschaltet werden. Wir erreichen das gleiche Ziel, indem wir in ihm alle Impedanzen verdoppeln bzw. alle Admittanzen halbieren. Das ist im Bild 3.70 symbolisch angedeutet.

Zur Bestimmung aller Ströme und Spannungen müssen zwei voneinander unabhängige Wechselstromnetzwerke berechnet werden. Wenn jedoch nur die Spannungsdifferenz an der Unterbrechungsstelle interessiert, dann braucht nur das untere Teilnetzwerk von Bild 3.70 betrachtet zu werden.

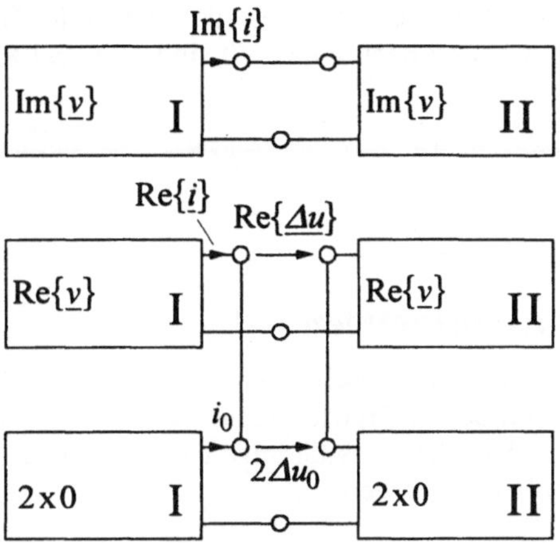

Bild 3.70 : Ersatzschaltung für eine einpolige Leiterunterbrechung für Raumzeiger- und Nullgrößennetzwerke

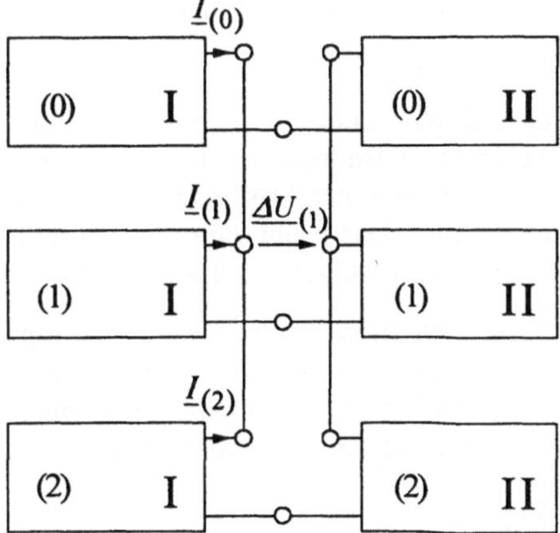

Bild 3.71 : Ersatzschaltung für eine einpolige Leiterunterbrechung für die Netzwerke der Symmetrischen Komponenten

Im Bereich der Symmetrischen Komponenten gilt

$$\underline{I}_{(0)} + \underline{I}_{(1)} + \underline{I}_{(2)} = \underline{I}_R = 0 \tag{3.246}$$

$$\underline{\Delta U}_{(0)} = \underline{\Delta U}_{(1)} = \underline{\Delta U}_{(2)} = \frac{1}{3} \underline{\Delta U}_R = \underline{\Delta U} \tag{3.247}$$

Die Gleichungen (3.246) und (3.247) beschreiben eine Parallelschaltung der drei Komponenten-Netzwerke an der Unsymmetriestelle, wie sie im Bild 3.71 angegeben ist. Im Gegensatz zur Ersatzschaltung nach Bild 3.70 sind alle drei Komponentennetzwerke miteinander verknüpft.

3.5.3 Zweipolige Unsymmetrien

Die im vorhergehenden Abschnitt beschriebenen Unsymmetrien treten nur an einer Stelle des ansonsten symmetrischen Drehstromnetzwerkes auf. Wir bezeichnen sie daher als Einfachunsymmetrien. Aus den Ausführungen ist die prinzipielle Vorgehensweise bei ihrer Berechnung deutlich geworden.

Zunächst werden die drei Unsymmetriebedingungen für die natürlichen Dreiphasensysteme der Ströme und Spannungen an der Unsymmetriestelle formuliert. Diese werden in die Transformation für Dreiphasensysteme überführt, die bei der Berechnung angewandt werden soll. Aus den transformierten Bedingungen wird schließlich eine Ersatzschaltung für die Komponenten-Netzwerke abgeleitet.

Damit die Gewinnung der Ersatzschaltung einfach oder überhaupt möglich wird, ist jedoch noch ein weiterer Grundsatz zu beachten, der bei der Anwendung der Symmetrischen Komponenten von besonderer Bedeutung ist: Es ist zweckmäßig, die Unsymmetrie symmetrisch zum Leiter *R* anzunehmen, weil dann die transformierten Bedingungen in der Regel am einfachsten werden. Das hängt damit zusammen, daß wir Symmetrische Komponenten verwenden, die nach Abschnitt 3.2.1 auf den Leiter *R* bezogen sind.

Von den drei möglichen einpoligen Unsymmetrien zwischen einem Leiter und der Erde haben wir daher nach Bild 3.66 die zwischen *R* und der Erde ausgewählt. Hätten wir statt dessen zum Beispiel den Leiter *S* genommen, dann lauteten die transformierten Unsymmetriebedingungen anstelle von (3.238) und (3.239)

$$\underline{U}_{(0)} + \underline{a}\, \underline{U}_{(1)} + \underline{a}^2\, \underline{U}_{(2)} = \underline{U}_S = 0 \tag{3.248}$$

$$\underline{I}_{(0)} = \underline{a}^2\, \underline{I}_{(1)} = \underline{a}\, \underline{I}_{(2)} = \frac{1}{3} \underline{I}_S \tag{3.249}$$

Eine einfache Reihenschaltung der drei Komponenten-Netzwerke ist durch die Drehoperatoren in den Gleichungen (3.248) und (3.249) nicht möglich. Für den Leiter *T* würden wir ähnliche Verhältnisse bekommen. Nun sagt uns jedoch die Anschauung, daß in einem symmetrischen Drehstromnetzwerk die Ströme und Spannungen bei den drei einpoligen Unsymmetrien zwischen einem Leiter und der Erde bis auf eine Phasenverschiebung gleich sein müssen, wenn die Leerlaufspannungen kosinusförmig symmetrisch sind. Wenn wir eine der drei möglichen Unsymmetrien berechnet haben, kennen wir daher auch die beiden anderen.

Wenn die Leerlaufspannungen des Drehstromnetzwerkes aber unsymmetrisch sind, dann werden sich die Ströme und Spannungen bei den drei einpoligen Unsymmetrien auch voneinander unterscheiden. In diesem Fall müßten wir jede der drei Unsymmetrien einzeln berechnen und dabei Unbequemlichkeiten in Kauf nehmen, die durch die Drehoperatoren in den Gleichungen (3.248) zum Ausdruck kommen. Zweckmäßig wäre dann, immer Symmetrische Komponenten bezogen auf den zur Unsymmetrie symmetrischen Leiter zu verwenden. Die Ausführungen in Abschnitt 3.2.1 versetzen uns dazu in die Lage. Da die praktische Bedeutung eines solchen Falles sehr gering ist, wollen wir an dieser Stelle auf seine weitere Behandlung verzichten. Für die einpolige Leiterunterbrechung nach Bild 3.69 gelten sinngemäß die gleichen Aussagen. Sie wurde ebenfalls im Leiter *R* angenommen, weil so die Unsymmetriebedingungen am einfachsten formuliert werden können.

Einen zweipoligen Kurzschluß oder eine Last nur zwischen zwei Leitern eines Drehstromsystems würden wir sinngemäß zwischen den Leitern *S* und *T* annehmen. Wir gehen dazu von Bild 3.72 aus und behalten die bei der Behandlung der einpoligen Unsymmetrie getroffenen Vorzeichenfestlegungen bei. Gestrichelt ist im Bild 3.72 eine mögliche Erdverbindung der Unsymmetriestelle über eine Impedanz ΔZ_E eingetragen.

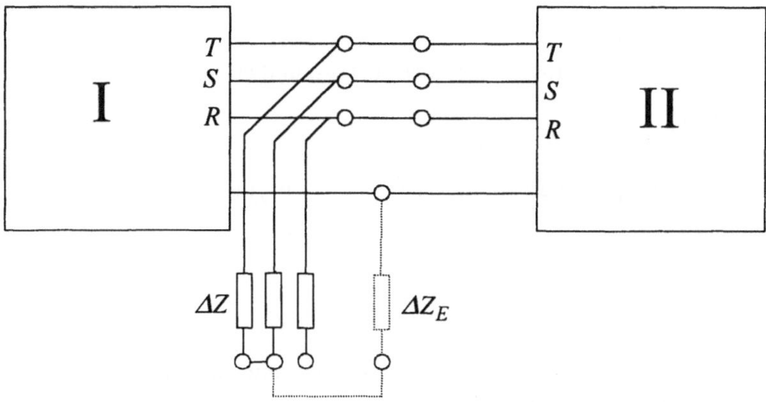

Bild 3.72 : Zweipolige Unsymmetrie zwischen den Leitern *S* und *T*

Wir betrachten zunächst die zweipolige Unsymmetrie ohne Erdverbindung. Die Unsymmetriebedingungen lauten

$$i_R = 0 \tag{3.250}$$

$$i_S + i_T = 0 \tag{3.251}$$

$$u_S - u_T = 0 \tag{3.252}$$

In Symmetrischen Komponenten erhalten wir aus (3.250) bis (3.251)

$$\left.\begin{array}{l}\underline{I}_{(0)} + \underline{I}_{(1)} + \underline{I}_{(2)} = \underline{I}_R = 0 \\ \underline{I}_{(0)} = 0\end{array}\right\} \Rightarrow \underline{I}_{(1)} + \underline{I}_{(2)} = 0 \tag{3.253}$$

$$\left(\underline{a}^2 - \underline{a}\right)\left(\underline{U}_{(1)} - \underline{U}_{(2)}\right) = 0 \Rightarrow \underline{U}_{(1)} - \underline{U}_{(2)} = 0 \tag{3.254}$$

Das Nullsystem ist an der Unsymmetrie nicht beteiligt. Die beiden Bedingungen (3.253) und (3.254) beschreiben eine Parallelschaltung des Mit- und des Gegensystemnetzwerkes an der Unsymmetriestelle. Wir können wiederum den Grenzübergang $\underline{\Delta Z} \to 0$ ausführen und kommen so zu einem zweipoligen Kurzschluß zwischen den Leitern *S* und *T* an der Verbindungsstelle der beiden Drehstrom-Teilnetze. Wir können $\underline{\Delta Z}$ aber auch als die halbe Impedanz einer Last zwischen den Leitern *S* und *T* des Drehstromsystems auffassen.

Wenn die Unsymmetrie eine Erdverbindung aufweist, dann ist der Nullstrom nicht mehr Null. Aus Gleichung (3.251) wird

$$i_S + i_T = 3\, i_0 \tag{3.255}$$

Die Bedingung (3.252) formulieren wir ebenfalls um und erhalten so

$$u_S = u_T = 3\, \Delta Z_E\, i_0 \tag{3.256}$$

In Symmetrischen Komponenten erhalten wir so die Unsymmetriebedingungen

$$\underline{I}_{(0)} + \underline{I}_{(1)} + \underline{I}_{(2)} = \underline{I}_R = 0 \tag{3.257}$$

$$\underline{U}_{(1)} - \underline{U}_{(2)} = 0 \tag{3.258}$$

Die dritte Unsymmetriebedingung läßt sich aus den Definitionsgleichungen der Symmetrischen Komponenten ableiten.

$$\begin{aligned}
\underline{U}_{(0)} &= \frac{1}{3}\left(\underline{U}_R + \underline{U}_S + \underline{U}_T\right) = \frac{1}{3}\left(\underline{U}_R + 2\,\underline{U}_S\right) = \frac{1}{3}\left(\underline{U}_R + 6\,\underline{\underline{\Delta Z}}_E\,\underline{I}_{(0)}\right) \\
\underline{U}_{(1)} &= \frac{1}{3}\left(\underline{U}_R + \underline{a}\,\underline{U}_S + \underline{a}^2\,\underline{U}_T\right) = \frac{1}{3}\left(\underline{U}_R - \underline{U}_S\right) = \frac{1}{3}\left(\underline{U}_R - 3\,\underline{\underline{\Delta Z}}_E\,\underline{I}_{(0)}\right) \\
\underline{U}_{(2)} &= \frac{1}{3}\left(\underline{U}_R + \underline{a}^2\,\underline{U}_S + \underline{a}\,\underline{U}_T\right) = \frac{1}{3}\left(\underline{U}_R - \underline{U}_S\right) = \frac{1}{3}\left(\underline{U}_R - 3\,\underline{\underline{\Delta Z}}_E\,\underline{I}_{(0)}\right)
\end{aligned} \qquad (3.259)$$

Aus Gleichung (3.259) folgt

$$\underline{U}_{(1)} = \underline{U}_{(2)} = \underline{U}_{(0)} - 3\,\underline{\underline{\Delta Z}}_E\,\underline{I}_{(0)} \qquad (3.260)$$

Die Gleichungen (3.257) bis (3.259) beschreiben die Ersatzschaltung nach Bild 3.73. Mit- und Gegensystem-Netzwerk sind wiederum parallel geschaltet. Dazu ebenfalls parallel geschaltet ist die Reihenschaltung von $3\,\underline{\underline{\Delta Z}}_E$ und dem Nullsystem-Netzwerk.

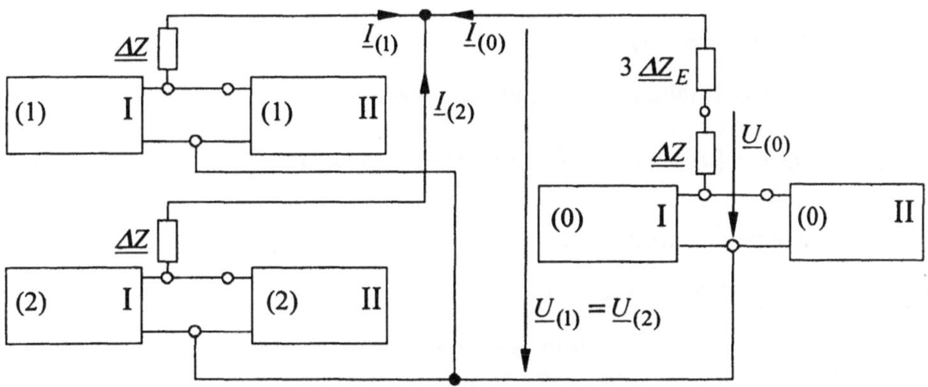

Bild 3.73 : Zweipolige Unsymmetrie mit Erdberührung

Für $\underline{\underline{\Delta Z}}_E \rightarrow \infty$ gewinnen wir die Ersatzschaltung für die zweipolige Unsymmetrie. Die Grenzübergänge $\underline{\underline{\Delta Z}} \rightarrow 0$ und $\underline{\underline{\Delta Z}}_E \rightarrow 0$ führen uns zur Ersatzschaltung für den zweipoligen Erdkurzschluß zwischen den Leitern S und T direkt an der Verbindung zwischen den beiden Drehstrom-Teilnetzen.

Weitere Unsymmetrien können nach dem gleichen Prinzip untersucht werden. Eine zweipolige Leiterunterbrechung würden wir ebenfalls in den Leitern *S* und *T* annehmen und so die Symmetrie zum Leiter *R* wahren.

Wenn in Zweifelsfällen die zweckmäßige Wahl einer zu untersuchenden Unsymmetrie nicht getroffen werden kann, dann empfiehlt es sich, die Transformation in Raumzeiger und Nullgrößen zu wählen. Das soll am Beispiel einer zweipoligen Unsymmetrie nach Bild 3.74 dargestellt werden.

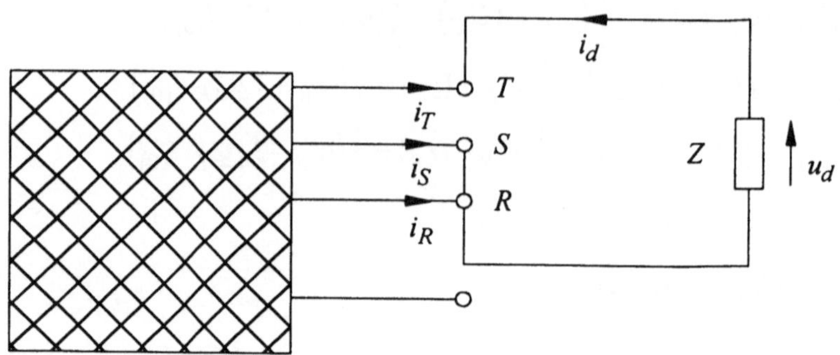

Bild 3.74 : Zweipoliger Kurzschluß mit Impedanz zum dritten Leiter

Für diese Unsymmetrie gelten folgende Spannungsbedingungen

$$u_R = u_S \quad \text{und} \quad u_R - u_T = u_d \tag{3.261}$$

Aus Gleichung (3.261) folgt für den Spannungs-Raumzeiger

$$\underline{u} = \frac{2}{3}\left(u_R + \underline{a}u_R + \underline{a}^2(u_R - u_d)\right) = \frac{2}{3}\left(1 + \underline{a} + \underline{a}^2\right)u_R - \frac{2}{3}\underline{a}^2 u_d = -\frac{2}{3}\underline{a}^2 u_d \tag{3.262}$$

Für die drei Leiterströme wird angenommen

$$i_R + i_S = -i_T = i_d \quad \text{und} \quad i_R - i_S = 2i_k \tag{3.263}$$

Der Strom i_k ist ein Kurzschlußstrom, der in der durch die Leiter R und S gebildeten Masche fließt. Mit dieser Definition ist der Strom-Raumzeiger

$$\underline{i} = \frac{2}{3}\left(\frac{1}{2}i_d + i_k + \underline{a}\left(\frac{1}{2}i_d - i_k\right) - \underline{a}^2 i_d\right) = \frac{2}{3}(1 - \underline{a})i_k - \underline{a}^2 i_d \tag{3.264}$$

Der Vergleich von Spannungs- und Stromraumzeiger ergibt, daß die Stromkomponente i_d in Richtung des Spannungsraumzeigers weist. Die zweite Stromkomponente i_k ist dazu orthogonal. In dieser Richtung ist die Komponente des Spannungs-Raumzeigers null. Wir multiplizieren daher beide Raumzeiger mit (-$\underline{a}$) und zerlegen dann in Real- und Imaginärteil

$$-\underline{a}\underline{u} = \frac{2}{3}u_d \quad \Rightarrow \quad \mathrm{Re}\{-\underline{a}\underline{u}\} = \frac{2}{3}u_d \quad \text{und} \quad \mathrm{Im}\{-\underline{a}\underline{u}\} = 0 \tag{3.265}$$

$$-\underline{a}\,\underline{i} = \frac{2}{3}\left(\underline{a}^2 - \underline{a}\right)i_k + i_d \quad \Rightarrow \quad \mathrm{Re}\{-\underline{a}\,\underline{i}\} = i_d \quad \text{und} \quad \mathrm{Im}(-\underline{a}\,\underline{i}) = -\frac{2}{3}\sqrt{3}\,i_k \tag{3.266}$$

Aus den Gleichungen (2.265) und (2.266) erhalten wir unmittelbar die Ersatzschaltungen zur Berechnung der beiden unabhängigen Ströme nach Bild 3.75.

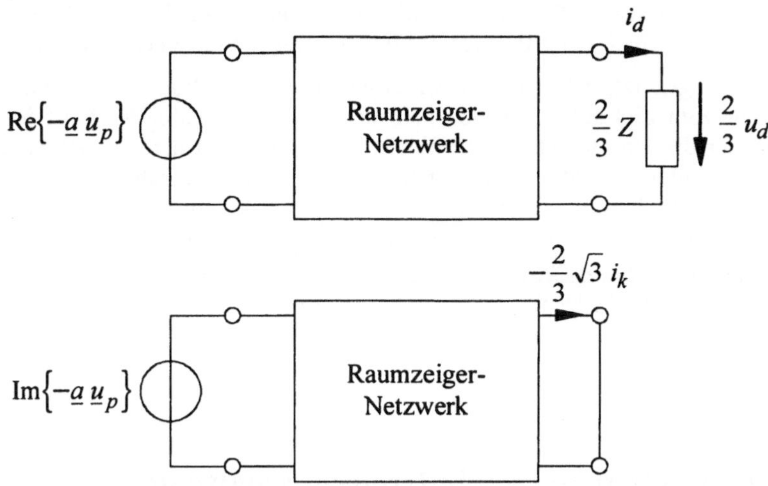

Bild 3.75 : Raumzeiger-Ersatzschaltungen für die Unsymmetrie nach Bild 3.74

Die beiden Netzwerke sind unabhängig voneinander und unterscheiden sich bezüglich ihrer Parameter nur in den Leerlaufspannungen ihrer Spannungsquellen. Sie wurden deshalb zur Verdeutlichung im Bild 3.75 hervorgehoben. Wir nehmen an, daß die Leerlaufspannungen des Drehstromnetzes kosinusförmig symmetrisch sind und ein Mitsystem bilden. Dann erhalten wir für ihren Raumzeiger

$$\underline{u}_p = \underline{\hat{U}}_{p(1)}\,\mathrm{e}^{\mathrm{j}\omega t} = \hat{U}_{p(1)}\,\mathrm{e}^{\mathrm{j}(\omega t+\gamma)} \qquad (3.267)$$

In den beiden Raumzeiger-Netzwerken wirken dann die Spannungsquellen

$$\mathrm{Re}\{-\underline{a}\underline{u}_p\} = \hat{U}_{p(1)}\cos\left(\omega t+\gamma-\frac{\pi}{3}\right) \quad \text{und} \quad \mathrm{Im}\{-\underline{a}\underline{u}_p\} = \hat{U}_{p(1)}\sin\left(\omega t+\gamma-\frac{\pi}{3}\right) \qquad (3.268)$$

Die beiden Spannungen nach (3.268) sind zueinander orthogonal. Sie sind Diagonalkomponenten in einem um 60 Grad mathematisch positiv gedrehten Koordinatensystem. Für die Berechnung der betriebsfrequenten Ströme und Spannungen kann man nun in gewohnter Weise zur komplexen Wechselstromrechnung übergehen und die beiden voneinander unabhängigen Vierpolnetzwerke mit den üblichen Methoden untersuchen.

Die dargestellte Unsymmetrie könnte ein Fehler im Drehstromnetz sein. Als solche wäre sie sehr selten. Sie stellt im Vergleich zu anderen Fehlern auch keine herausragende Beanspruchung dar. Praktische Bedeutung besitzt dieser Schaltzustand aber im Zusammenhang mit Stromrichtern, z.B. Drehstrombrücken-Schaltungen. Er beschreibt die Kommutierung des Gleichstromes vom Leiter R zum Leiter S. In dieser Phase sind R und S kurzgeschlossen und in der dadurch entstandenen Masche fließt ein kurzschlußartiger Kommutierungsstrom. Dieser Zustand tritt mit unterschiedlichen Leiterkombinationen sechsmal innerhalb einer Periode des betriebsfrequenten Wechselstromes auf.

Das Beispiel hat gezeigt, daß man mit der Transformation in Raumzeiger und Nullgrößen auch dann zum Ziel gelangt, wenn man nicht die zweckmäßigste Wahl der Leiterkombination für die Unsymmetrie getroffen hat. Das resultiert daraus, daß Raumzeiger in beliebig gedrehten Koordinatensystemen in Real- und Imaginärteil zerlegt werden können, also unendlich viele orthogonale Zerlegungen zulassen. Aus unseren bisherigen Erfahrungen wissen wir, daß die optimale Leiterkombination die betrachtete Unsymmetrie ein zweipoliger Kurzschluß zwischen den Leitern S und T mit einer Impedanz zum Leiter R gewesen wäre, weil diese symmetrisch zu R ist.

3.5.4 Unsymmetrische Last in Dreieck-Schaltung

Wir setzen im folgenden kosinusförmige Ströme und Spannungen voraus und betrachten eine Last in Dreieck-Schaltung nach Bild 2.4.1 mit beliebigen komplexen Leitwerten zwischen den Leitern.

Die komplexen Dreieck-Ströme sind

$$\underline{I}_{RS} = \underline{Y}_{RS}\left(\underline{U}_R - \underline{U}_S\right) = \underline{Y}_{RS}\left(\left(1-\underline{a}^2\right)\underline{U}_{(1)} - \left(1-\underline{a}\right)\underline{U}_{(2)}\right) \tag{3.269}$$

$$\underline{I}_{ST} = \underline{Y}_{ST}\left(\underline{U}_S - \underline{U}_T\right) = \underline{Y}_{ST}\left(\left(\underline{a}^2-\underline{a}\right)\underline{U}_{(1)} - \left(\underline{a}-\underline{a}^2\right)\underline{U}_{(2)}\right) \tag{3.270}$$

$$\underline{I}_{TR} = \underline{Y}_{TR}\left(\underline{U}_T - \underline{U}_R\right) = \underline{Y}_{TR}\left(\left(\underline{a}-1\right)\underline{U}_{(1)} - \left(\underline{a}^2-1\right)\underline{U}_{(2)}\right) \tag{3.271}$$

Von den komplexen Strömen gehen wir auf ihre Momentanwerte über.

$$i_{\mu\nu} = \frac{1}{2}\left(\hat{\underline{I}}_{\mu\nu}\,\mathrm{e}^{\mathrm{j}\omega t} + \hat{\underline{I}}^*_{\mu\nu}\,\mathrm{e}^{-\mathrm{j}\omega t}\right) \tag{3.272}$$

Mit Hilfe von Gleichung (3.40) kann nun der Raumzeiger der Ströme im Dreieck gebildet werden.

$$\underline{i}_{\Delta} = \frac{1}{3}\left(\hat{\underline{I}}_{RS} + \underline{a}\,\hat{\underline{I}}_{ST} + \underline{a}^2\,\hat{\underline{I}}_{TR}\right)\mathrm{e}^{\mathrm{j}\omega t} + \frac{1}{3}\left(\hat{\underline{I}}^*_{RS} + \underline{a}\,\hat{\underline{I}}^*_{ST} + \underline{a}^2\,\hat{\underline{I}}^*_{TR}\right)\mathrm{e}^{-\mathrm{j}\omega t} \tag{3.273}$$

$$\underline{i}_{\Delta} = \hat{\underline{I}}_{(1)\Delta}\, e^{j\omega t} + \hat{\underline{I}}^{*}_{(2)\Delta}\, e^{-j\omega t} \tag{3.274}$$

Wir drücken die Symmetrischen Komponenten der Dreieckströme durch die komplexen Ströme nach (3.269) bis (3.271) aus.

$$\hat{\underline{I}}_{(1)\Delta} = \frac{1}{3}\left(1-\underline{a}^2\right) \underline{Y}_{\Sigma}\, \hat{\underline{U}}_{(1)} - \frac{1}{3}\left(1-\underline{a}\right) \underline{Y}_{A}\, \hat{\underline{U}}_{(2)} \tag{3.275}$$

$$\hat{\underline{I}}_{(2)\Delta} = \frac{1}{3}\left(1-\underline{a}^2\right) \underline{Y}_{B}\, \hat{\underline{U}}_{(1)} - \frac{1}{3}\left(1-\underline{a}\right) \underline{Y}_{\Sigma}\, \hat{\underline{U}}_{(2)} \tag{3.276}$$

In den Gleichungen (3.275) und (3.276) bedeuten die Abkürzungen

$$\begin{pmatrix} \underline{Y}_{\Sigma} \\ \underline{Y}_{A} \\ \underline{Y}_{B} \end{pmatrix} = \begin{pmatrix} 1 & 1 & 1 \\ 1 & \underline{a}^2 & \underline{a} \\ 1 & \underline{a} & \underline{a}^2 \end{pmatrix} \begin{pmatrix} \underline{Y}_{RS} \\ \underline{Y}_{ST} \\ \underline{Y}_{TR} \end{pmatrix} \tag{3.277}$$

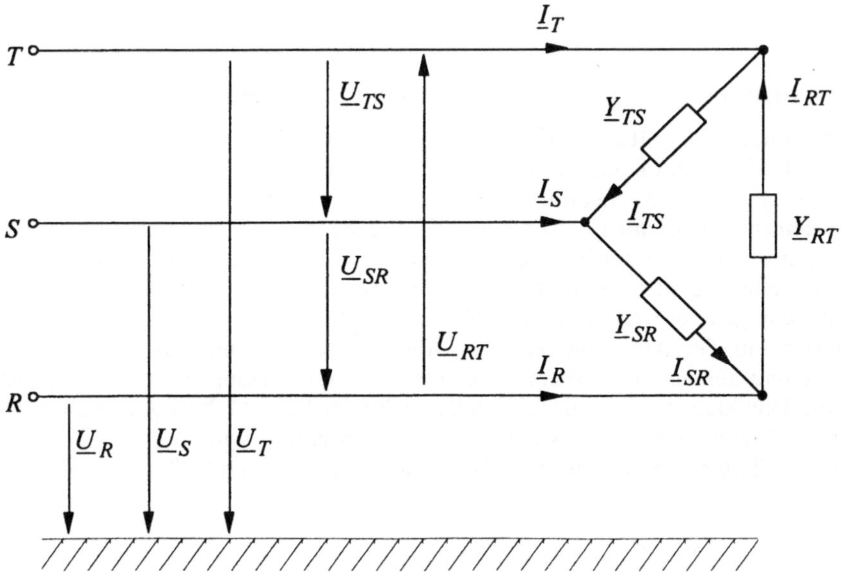

Bild 3.76 : Unsymmetrische Last in Dreieck-Schaltung

Mit Gleichung (3.41) bestimmen wir nun den Raumzeiger der Leiterströme.

$$\underline{i} = \left(1-\underline{a}\right) \underline{i}_{\Delta} = \left(\underline{Y}_{\Sigma}\, \hat{\underline{U}}_{(1)} + \underline{a}\, \underline{Y}_{A}\, \hat{\underline{U}}_{(2)}\right) e^{j\omega t} + \left(-\underline{a}\, \underline{Y}^{*}_{B}\, \hat{\underline{U}}^{*}_{(1)} - \underline{Y}^{*}_{\Sigma}\, \hat{\underline{U}}^{*}_{(2)}\right) e^{-j\omega t} \tag{3.278}$$

Aus Gleichung (3.278) können die Symmetrischen Komponenten der Leiterströme unmittelbar abgelesen werden.

$$\begin{pmatrix} \underline{I}_{(1)} \\ \underline{I}_{(2)} \end{pmatrix} = \begin{pmatrix} \underline{Y}_{\Sigma} & \underline{a}\,\underline{Y}_{A} \\ -\underline{a}^2\,\underline{Y}_{B} & -\underline{Y}_{\Sigma} \end{pmatrix} \begin{pmatrix} \underline{U}_{(1)} \\ \underline{U}_{(2)} \end{pmatrix} = \underline{\mathbf{Y}}_{\Delta} \begin{pmatrix} \underline{U}_{(1)} \\ \underline{U}_{(2)} \end{pmatrix} \tag{3.279}$$

An der Anschlußstelle der Last gilt andererseits der Satz von der Ersatzspannungsquelle in Symmetrischen Komponenten

$$\begin{pmatrix} \underline{U}_{(1)} \\ \underline{U}_{(2)} \end{pmatrix} = \begin{pmatrix} \underline{U}_{p(1)} \\ \underline{U}_{p(2)} \end{pmatrix} - \begin{pmatrix} \underline{Z}_{(1)} & 0 \\ 0 & \underline{Z}_{(2)} \end{pmatrix} \begin{pmatrix} \underline{I}_{(1)} \\ \underline{I}_{(2)} \end{pmatrix} \tag{3.280}$$

Mit Hilfe der Gleichungen (3.279) und (3.280) können die symmetrischen Ströme und Spannungen des unsymmetrischen Abnehmers in Dreieck-Schaltung berechnet werden. Wegen der Dreieck-Schaltung ist die Nullkomponente der Leiterströme Null.

3.5.5 Symmetrierung unsymmetrischer Lasten

3.5.5.1 Symmetrierschaltung nach Steinmetz. Aus Gründen des Wirkprinzips können nicht alle Abnehmer mit Drehstrom versorgt werden. Beispiele dafür sind Netzfrequenz-Induktionsöfen für die metallurgische Industrie oder elektrisch beheizte Glasschmelzwannen. Da derartige Abnehmer für Leistungen bis zu mehreren Megawatt gebaut werden, ist man natürlich bestrebt, sie als symmetrische Lasten am Drehstromnetz zu betreiben. Dafür benötigt man Symmetrierschaltungen, deren Grundlagen an dieser Stelle abgeleitet werden sollen. Wir setzen voraus, daß die Leerlaufspannung im Gegensystem an der Anschlußstelle des Abnehmers Null sein soll, sonst hätte die Symmetrierung keinen Sinn. Wenn unter dieser Voraussetzung auch der Gegenstrom Null wird, dann kann an der Anschlußstelle nach Gleichung (3.280) auch keine Gegenspannung auftreten. Bei verschwindender Gegenspannung wird der Gegenstrom des Abnehmers in Dreieck-Schaltung nach Gleichung (2.278) gleich Null, wenn die Symmetrierbedingung

$$\underline{Y}_B^* = 0 \quad \Rightarrow \quad \underline{Y}_B = 0 = \underline{Y}_{RS} + \underline{a}\underline{Y}_{ST} + \underline{a}^2\,\underline{Y}_{TR} \tag{3.281}$$

erfüllt ist. Erwartungsgemäß enthält Gleichung (3.281) die triviale Lösung, daß die Last symmetrisch ist, wenn alle drei Leitwerte gleich sind. Praktisch bedeutet das zum Beispiel den Anschluß dreier gleicher Induktionsöfen im Dreieck. Darüber hinaus gibt es aber noch weitere Lösungen von (3.281). Um sie zu finden, spalten wir die Gleichung in Real- und Imaginärteil auf.

$$(G_{RS}+\mathrm{j}B_{RS})+\left(-\frac{1}{2}+\mathrm{j}\frac{\sqrt{3}}{2}\right)(G_{ST}+\mathrm{j}B_{ST})+\left(-\frac{1}{2}-\mathrm{j}\frac{\sqrt{3}}{2}\right)(G_{TR}+\mathrm{j}B_{TR})=0 \qquad (3.282)$$

$$G_{RS}-\frac{1}{2}G_{ST}-\frac{\sqrt{3}}{2}B_{ST}-\frac{1}{2}G_{TR}+\frac{\sqrt{3}}{2}B_{TR}=0 \qquad (3.283)$$

$$B_{RS}+\frac{\sqrt{3}}{2}G_{ST}-\frac{1}{2}B_{ST}-\frac{\sqrt{3}}{2}G_{TR}-\frac{1}{2}B_{TR}=0 \qquad (3.284)$$

Der einphasige Abnehmer soll zwischen den Leitern S und R betrieben werden. Seinen Leitwert kann man aus der Scheinleistung berechnen.

$$\underline{S}_{RS}=\underline{U}_{RS}\underline{I}^*_{RS}=\underline{U}_{RS}\underline{Y}^*_{RS}\underline{U}^*_{RS} \quad\Rightarrow\quad \underline{Y}_{RS}=\frac{\underline{S}^*_{RS}}{\underline{U}_{RS}\underline{U}^*_{RS}}=\frac{\underline{S}^*_{RS}}{U^2_{RS}} \qquad (3.285)$$

Wir fordern, daß der Abnehmerleitwert rein ohmsch ist. Die beiden anderen Leitwerte der Dreieck-Schaltung sind Symmetrierelemente. In ihnen sollen möglichst keine zusätzlichen Verluste auftreten, d.h., sie sollen reine Blindelemente sein. Mit diesen Forderungen werden die Freiheitsgrade der beiden Gleichungen (3.283) und (3.284) eingeschränkt.

$$G_{RS}=\frac{P_{RS}}{U^2_{RS}} \qquad B_{RS}=0 \qquad G_{ST}=G_{TR}=0 \qquad (3.286)$$

Mit (3.286) wird aus den Gleichungen (3.283) und (3.284)

$$G_{RS}-\frac{\sqrt{3}}{2}B_{ST}+\frac{\sqrt{3}}{2}B_{TR}=0 \qquad (3.287)$$

$$-\frac{1}{2}B_{ST}-\frac{1}{2}B_{TR}=0 \qquad (3.288)$$

Aus Gleichung (3.288) ist zu ersehen, daß die Blindleitwerte der beiden Symmetrierelemente gleich groß sind und unterschiedliches Vorzeichen haben. Die Symmetrierelemente sind also eine Induktivität und eine Kapazität. Aus der Gleichung (3.287) folgt

$$B_{ST}=\frac{1}{\sqrt{3}}G_{RS}=-B_{TR} \qquad (3.289)$$

Nach Gleichung (3.289) ist das Symmetrierelement zwischen den Leitern T und S ein Kondensator, da der zugehörige Blindleitwert positiv ist. Das Symmetrierelement zwischen den Leitern R und T ist wegen des negativen Blindleitwertes eine Drosselspule. Die so gewonnene Symmetrierschaltung nach Bild 3.77 wurde von Steinmetz bereits Ende des 19. Jahrhunderts angegeben und ist nach ihm benannt.

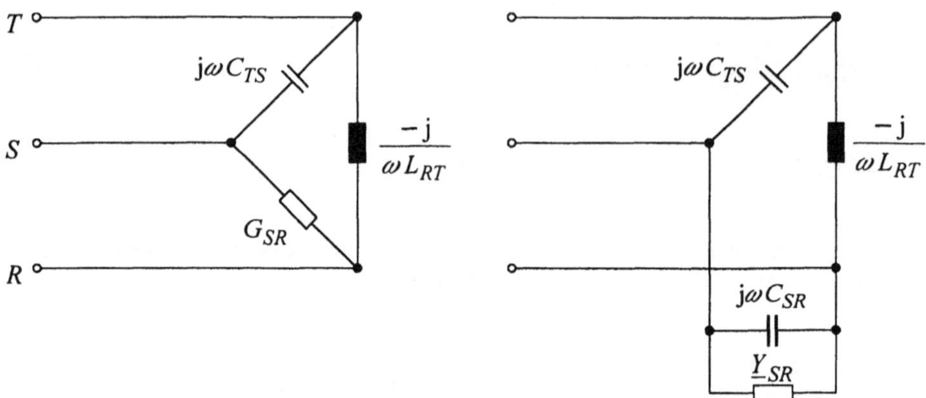

Bild 3.77 : Symmetrierschaltung nach Steinmetz

Bei Unterbrechung des Leiters *T* bilden Symmetrierungskondensator und -drosselspule einen auf 50 Hz abgestimmten Reihenschwingkreis. Über dem Kondensator kann dann eine unzulässig hohe Spannung auftreten. Die Leiter S und T sind dann praktisch kurzgeschlossen. Das ist ein Nachteil der Symmetrierschaltung nach Steinmetz.

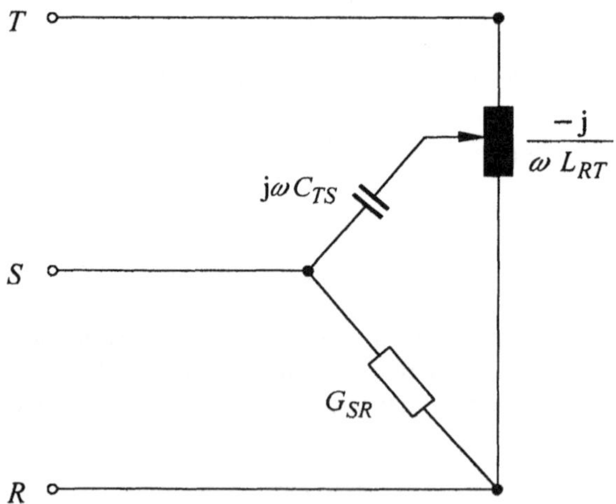

Bild 3.78 : Symmetrierschaltung nach Bader

In der Praxis ist die Forderung, daß der einphasige Abnehmer nur durch einen ohmschen Leitwert beschrieben werden kann, in den seltensten Fällen erfüllt. Der Betrag der induktiven Komponente des Leitwertes von Netzfrequenz-Induktionsöfen ist beispielsweise wesentlich größer als ihr ohmscher Leitwert. Die Anwendung der Symmetrierschaltung erfordert dann wie im zweiten Teil des Bildes 3.77 gezeigt die Kompensation des induktiven Blindleitwertes durch einen entsprechenden Kondensator nach der Bedingung

$$-\frac{\mathrm{j}}{\omega L_{RS}}+\mathrm{j}\omega C_{RS}=\mathrm{j}\,B_{RS}=0 \tag{3.290}$$

Bild 3.78 zeigt eine Symmetrierschaltung nach Bader, bei der anstelle der Symmetrierdrossel ein Spartransformator zur Anwendung kommt. Dieser bietet die Möglichkeit der Nachstellung bzw. Regelung, arbeitet aber ansonsten nach dem gleichen Prinzip.

Die Symmetrierschaltungen nach Steinmetz und Bader sind auch zur Versorgung eines symmetrischen Drehstromabnehmers (z.B. eines Drehstrommotors) aus einem Einphasen-Wechselstromnetz anwendbar. Ihre Funktion ist also umkehrbar.

3.5.5.2 Symmetrierschaltung nach Scott. Die Schaltung von Scott nach Bild 3.79 leitet aus dem symmetrischen Drehstromsystem zwei um 90 Grad gegeneinander phasenverschobene Einphasensysteme, die zusammen ein balanciertes Zweiphasensystem bilden, ab. Sie wird beispielsweise zur Speisung von Schmelzwannen in der Glasindustrie eingesetzt.

Bei der Untersuchung der Schaltung nach Scott gehen wir von idealen Transformatoren aus. Für den Transformator 2 erhalten wir das Durchflutungsgleichgewicht

$$w_2\underline{I}_2+\frac{\sqrt{3}}{2}w_1\underline{I}_R=0 \tag{3.291}$$

Für den Transformator 1 gilt

$$w_2\underline{I}_1+\frac{w_1}{2}\underline{I}_S-\frac{w_1}{2}\underline{I}_T=0 \tag{3.292}$$

An der Verknüpfungsstelle d der beiden Transformatoren gilt der Knotenpunktsatz

$$\underline{I}_R+\underline{I}_S+\underline{I}_T=0 \tag{3.293}$$

Die Auflösung der Gleichungen (3.291) bis (3.293) nach den drei Leiterströmen auf der Drehstromseite führt zu

$$\underline{I}_R=-\frac{w_2}{w_1}\frac{2}{\sqrt{3}}\underline{I}_2 \tag{3.294}$$

$$\underline{I}_S = -\frac{w_2}{w_1}\frac{2}{\sqrt{3}}\left(-\frac{1}{2}\underline{I}_2 + \frac{\sqrt{3}}{2}\underline{I}_1\right) \tag{3.295}$$

$$\underline{I}_T = -\frac{w_2}{w_1}\frac{2}{\sqrt{3}}\left(-\frac{1}{2}\underline{I}_2 - \frac{\sqrt{3}}{2}\underline{I}_1\right) \tag{3.296}$$

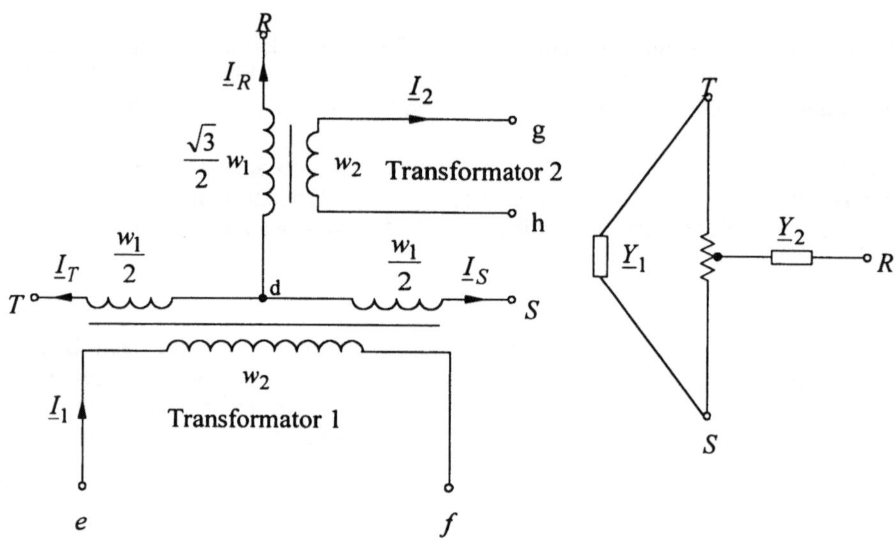

Bild 3.79 : Symmetrierschaltung nach Scott

Die Mitkomponente der drei Leiterströme ist

$$\underline{I}_{(1)} = -\frac{1}{3}\frac{w_2}{w_1}\frac{2}{\sqrt{3}}\left(\left(1-\frac{1}{2}\underline{a}-\frac{1}{2}\underline{a}^2\right)\underline{I}_2 + \frac{\sqrt{3}}{2}\left(\underline{a}-\underline{a}^2\right)\underline{I}_1\right) \tag{3.297}$$

$$\underline{I}_{(1)} = -\frac{1}{3}\sqrt{3}\,\frac{w_2}{w_1}\left(\underline{I}_2 + \mathrm{j}\underline{I}_1\right) \tag{3.298}$$

Für die Gegenkomponente der drei Leiterströme erhält man

$$\underline{I}_{(2)} = -\frac{1}{3}\sqrt{3}\,\frac{w_2}{w_1}\left(\underline{I}_2 - \mathrm{j}\underline{I}_1\right) \tag{3.299}$$

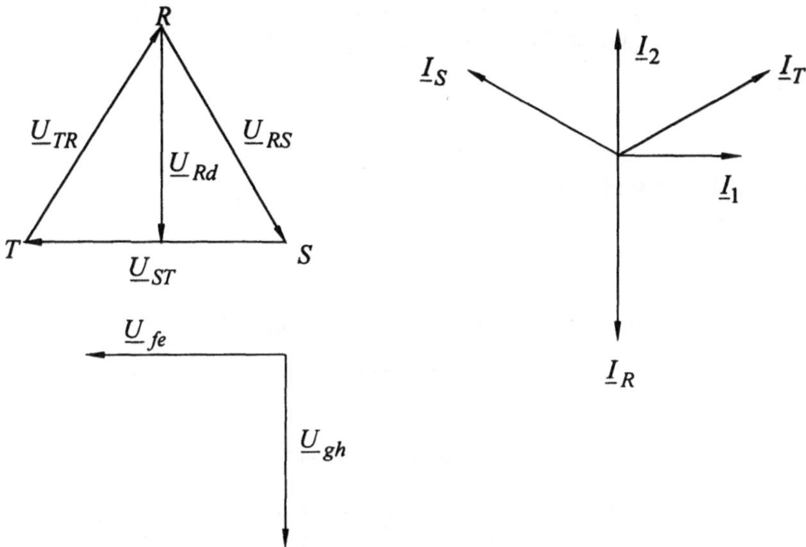

Bild 3.80 : Zeigerdiagramme der Schaltung nach Scott bei Symmetrie

Mit der Symmetrierschaltung soll erreicht werden, daß im Drehstromsystem kein Gegenstrom auftritt. Nach Gleichung (3.299) ist die Gegenkomponente Null, wenn die Bedingung

$$\underline{I}_2 - \mathrm{j}\,\underline{I}_1 = 0 \quad \Rightarrow \quad \underline{I}_1 = -\mathrm{j}\,\underline{I}_2 \tag{3.300}$$

erfüllt ist. Die Leerlaufspannungen der beiden Transformatoren T1 und T2 stehen nach dem Zeigerdiagramm 3.80 aufeinander senkrecht und sind durch die Wahl der Übersetzungsverhältnisse der beiden Transformatoren gleich. Daher liegt auf der Drehstromseite dann Symmetrie vor, wenn die sekundärseitigen Lasten beider Transformatoren durch gleiche komplexe Leitwerte beschrieben werden können. Für die beiden Leitwerte der Prinzipschaltung im Bild 3.79 gilt dann

$$\underline{Y}_2 = \frac{4}{3}\underline{Y}_1 \tag{3.301}$$

Wir wollen nun zulassen, daß die Prinzipschaltung (rechter Teil von Bild 3.79) "verstimmt" sein kann. Abweichungen von der idealen Symmetrie sind praktisch existent. Es ist dann interessant, wie sich unterschiedliche Belastungen der beiden orthogonalen Einphasensysteme drehstromseitig auswirken. Der Strom im Leiter R ist

$$\underline{I}_R = \left(\underline{U}_R - \underline{U}_S + \frac{1}{2}\left(\underline{U}_S - \underline{U}_T\right)\right)\underline{Y}_2 = \frac{3}{2}\left(\underline{U}_{(1)} + \underline{U}_{(2)}\right)\underline{Y}_2 = -\underline{I}_{RS} - \underline{I}_{RT} \tag{3.302}$$

Für den als Spannungsteiler wirkenden Spartransformator zwischen den Leitern S und T gilt unter idealen Bedingungen das Durchflutungsgleichgewicht

$$\frac{w}{2}\underline{I}_{RT}-\frac{w}{2}\underline{I}_{RS}=0 \tag{3.303}$$

Die beiden Teilströme sind damit

$$\underline{I}_{RS}=\underline{I}_{RT}=-\frac{3}{4}\left(\underline{U}_{(1)}+\underline{U}_{(2)}\right)\underline{Y}_2 \tag{3.304}$$

Der Strom durch den Leitwert 1 zwischen den Leitern S und T ist

$$\underline{I}_{ST}=\left(\underline{U}_S-\underline{U}_T\right)\underline{Y}_1=\left(\underline{a}^2-\underline{a}\right)\underline{U}_{(1)}\underline{Y}_1+\left(\underline{a}-\underline{a}^2\right)\underline{U}_{(2)}\underline{Y}_1 \tag{3.305}$$

Die Ströme in den Leitern S und T können damit nun einfach berechnet werden.

$$\underline{I}_S=\underline{I}_{RS}+\underline{I}_{ST}=\underline{U}_{(1)}\left(-\frac{3}{4}\underline{Y}_2+\left(\underline{a}^2-\underline{a}\right)\underline{Y}_1\right)+\underline{U}_{(2)}\left(-\frac{3}{4}\underline{Y}_2+\left(\underline{a}-\underline{a}^2\right)\underline{Y}_1\right) \tag{3.306}$$

$$\underline{I}_T=\underline{I}_{RT}-\underline{I}_{ST}=\underline{U}_{(1)}\left(-\frac{3}{4}\underline{Y}_2+\left(\underline{a}-\underline{a}^2\right)\underline{Y}_1\right)+\underline{U}_{(2)}\left(-\frac{3}{4}\underline{Y}_2+\left(\underline{a}^2-\underline{a}\right)\underline{Y}_1\right) \tag{3.307}$$

Aus den Leiterströmen werden die Mit- und die Gegenkomponente berechnet

$$\underline{I}_{(1)}=\underline{U}_{(1)}\left(\frac{3}{4}\underline{Y}_2+\underline{Y}_1\right)+\underline{U}_{(2)}\left(\frac{3}{4}\underline{Y}_2-\underline{Y}_1\right) \tag{3.308}$$

$$\underline{I}_{(2)}=\underline{U}_{(1)}\left(\frac{3}{4}\underline{Y}_2-\underline{Y}_1\right)+\underline{U}_{(2)}\left(\frac{3}{4}\underline{Y}_2+\underline{Y}_1\right) \tag{3.309}$$

Wenn die Leerlaufspannungen der Drehstromseite ein Mitsystem bilden, dann wird nach Gleichung (3.309) der Gegenstrom Null, wenn die Bedingung (3.301) erfüllt ist. Wir können nun die Symmetrischen Komponenten nach den Gleichungen (3.308) und (3.309) unmittelbar mit dem Raumzeiger nach Gleichung (3.278) vergleichen und erhalten so

$$\underline{Y}_\Sigma=\underline{Y}_1+\frac{3}{4}\underline{Y}_2 \qquad \underline{Y}_A=\underline{a}^2\left(-\underline{Y}_1+\frac{3}{4}\underline{Y}_2\right) \qquad \underline{Y}_B=\underline{a}\left(-\underline{Y}_1+\frac{3}{4}\underline{Y}_2\right) \tag{3.310}$$

Aus den Gleichungen (3.310) können die Leitwerte der Dreieck-Schaltung nach Bild (3.76) berechnet werden.

$$\underline{Y}_{RS}=\frac{2}{3}\underline{Y}_1 \qquad \underline{Y}_{ST}=-\frac{1}{3}\underline{Y}_1+\frac{3}{4}\underline{Y}_2 \qquad \underline{Y}_{TR}=\frac{2}{3}\underline{Y}_1 \tag{3.311}$$

Damit ist die Schaltung nach Scott auf einen unsymmetrischen Abnehmer in Dreieck-Schaltung zurückgeführt. Die Berechnung der Ströme und Spannungen im Drehstromsystem kann bei beliebiger Verstimmung nach Abschnitt 3.5.1 durchgeführt werden. Wenn die Symmetrierbedingung (3.301) erfüllt ist, dann sind die drei Leitwerte in (3.311) gleich.

4 Leistungen in Elektroenergiesystemen

Leistungsgrößen in elektrischen Stromkreisen haben wir im Kapitel 2 für kosinusförmige Ströme und Spannungen und im Kapitel 3 für Momentanwerte von Dreiphasensystemen bereits berechnet, ohne jedoch auf ihre Bedeutung für die Auslegung und den Betrieb von elektrischen Betriebsmitteln und vollständigen elektrischen Energieversorgungsnetzen einzugehen. Diese Problematik hat einen so weitreichenden Einfluß auf die elektrische Energieversorgung, daß ihr ein eigenes Kapitel gewidmet werden soll.

4.1 Grundbegriffe

4.1.1 Wirkungsgrad energetischer Prozesse

Wir haben die Aufgabe eines Elektroenergiesystems im einleitenden Abschnitt in ihren Grundzügen besprochen. Um die in ihm ablaufenden Prozesse verstehen und bewerten zu können, müssen wir uns nun tiefgründiger mit ihnen auseinandersetzen.

Die Primärenergieformen werden über eine oder mehrere Zwischenstufen in den Kraftwerken in Elektroenergie umgewandelt. Die prinzipiellen Möglichkeiten dazu zeigt Bild 4.1. Der mit der Ziffer 1 bezeichnete Weg von der Primärenergie über die Zwischenstufen thermische und mechanische Energie ist unter unseren Bedingungen der wichtigste. Die Erzeugung elektrischer Energie in Wärmekraftwerken mit allen dafür zur Verfügung stehenden Primärenergieträgern und in Kernkraftwerken verläuft auf diesem Weg. Der Weg 2 läßt die Zwischenstufe thermische Energie aus. Er beschreibt die Erzeugung elektrischer Energie aus Wasser- und Windkraft. Der Weg 3 führt über die Zwischenstufe der thermischen direkt zur elektrischen Energie. Er kann mit Hilfe von magnetohydrodynamischen Generatoren (MHD-Generatoren) realisiert werden. Sie sind bisher jedoch nicht über das Entwicklungsstadium von Versuchs- und Pilotanlagen hinausgekommen. Der Weg 4 beschreibt die direkte Umwandlung von Sonnenenergie in elektrische. Aber auch die direkte Umformung von chemischer Energie in elektrische durch "kalte Verbrennung" in Brennstoffzellen, eine Umwandlungsform mit guten Zukunftsaussichten, verläuft auf diesem Weg.

Die Umwandlung ist stets mit Verlusten verbunden. Diese werden unterteilt in technisch bedingte Verluste, die selbst bei höchstem technischen Niveau des Umwandlungsverfahrens nicht zu vermeiden sind, und vermeidbare sogenannte "echte" Verluste. Die Verluste werden üblicherweise durch den Wirkungsgrad ausgedrückt.

$$\eta_U = \frac{W_{ab}}{W_{zu}} = \frac{W_{zu} - W_v}{W_{zu}} < 1{,}0 \tag{4.1}$$

Der Wirkungsgrad eines Prozesses ist eine seiner wichtigsten technisch-wirtschaftlichen Kennziffern. Der Vollständigkeit halber muß jedoch betont werden, daß er zwar wirtschaftliche Auswirkungen hat, aber eben nur die technische Seite eines Prozesses kennzeichnet. Man kann daher mit dem Wirkungsgrad allein nicht die Wirtschaftlichkeit der Energieversorgung zum Ausdruck bringen. Sie wird außerdem durch eine Vielzahl anderer Faktoren beeinflußt, wobei auch Bedingungen zum Tragen kommen, die in verschiedenen Volkswirtschaften unterschiedlich sind.

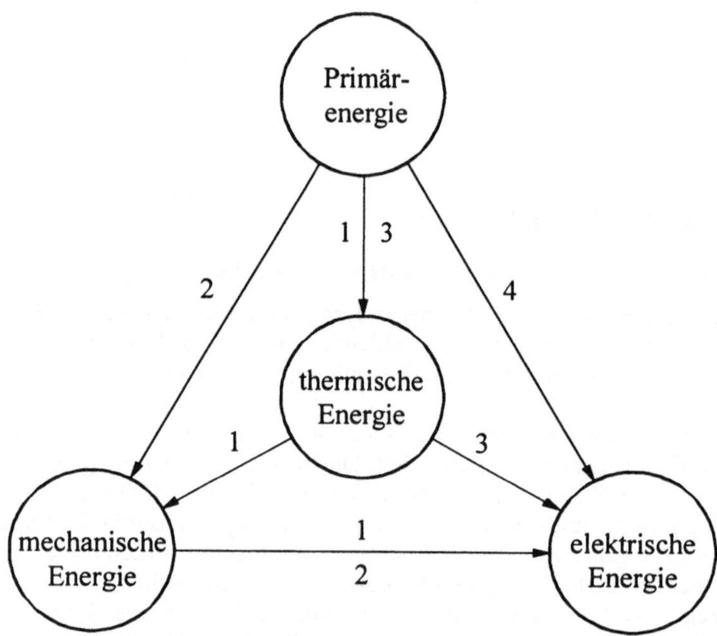

Bild 4.1 : Erzeugungswege elektrischer Energie

Besondere Beachtung muß dem Wirkungsgrad bei Umwandlungsprozessen mit der thermischen Energieform als Zwischenstufe geschenkt werden, weil hier ein nicht unerheblicher Teil der zugeführten Energie nach dem zweiten Hauptsatz der Thermodynamik nicht nutzbar an ein Reservoir mit niedrigem Temperaturniveau abgegeben werden muß. Der maximal erreichbare Wirkungsgrad einer Wärmekraftmaschine ist bei Anwendung des Carnotschen Kreisprozesses erreichbar. Wir wollen uns bei den weiteren Betrachtungen an ihm orientieren, obwohl die Wirkungsgrade realer technischer Umwandlungsprozesse stets kleiner sind.

Der theoretische thermische Wirkungsgrad eines idealen Carnotschen Kreisprozesses hängt von seiner oberen (1) und unteren (2) Temperaturgrenze ab.

$$\eta_{th} = 1 - \frac{T_2}{T_1} \quad (4.2)$$

Er spiegelt verfahrenstechnische Verluste wieder, die unvermeidbar sind. Die untere Temperaturgrenze wird in Kondensationskraftwerken durch die Umgebungstemperatur bestimmt (z. B. 20 °C = 293 K). Da die Umgebungstemperatur jahreszeitlichen Schwankungen unterliegt, verändert sich auch der Wirkungsgrad der Umwandlung. Er ist im Winter höher als im Sommer.

Die obere Temperaturgrenze wird dagegen durch die Temperaturfestigkeit und -beständigkeit der eingesetzten Materialien bestimmt. Die mittlere Frischdampftemperatur in Wärmekraftwerken beträgt z. B. seit etwa 1960 800 K (527 °C). Der theoretische thermische Wirkungsgrad ist damit etwa 63 %. Moderne Werkstoffe lassen dagegen heute Frischdampftemperaturen von 925 K (652 °C) zu. Durch die Weiterentwicklung der Werkstoffe kann damit der theoretische thermische Wirkungsgrad auf 68% verbessert werden. Reale Kreisprozesse haben deutlich niedrigere Wirkungsgrade. Bild 4.2 zeigt ein Energieflußdiagramm eines Kondensationskraftwerkes. Der Wasserdampf wird bei ihm in der Turbine bis auf den sehr niedrigen Kondensatordruck (z.B. 0,005 MPa) entspannt. Er wird wieder zu Wasser. Die Verdampfungs- bzw. Kondensationswärme des Wassers (2,257 MJ/kg) geht dabei verloren. Sie wird über den Kühlturm an die Umgebung abgegeben. Der Kondensator ist daher die entscheidende Verlustsenke in einem Kondensationskraftwerk. Im Bild 4.2 sind die Kondensatorverluste in die Turbinenverluste einbezogen.

Das Wasser gelangt in den Speisewasserbehälter und wird über die Kesselspeisepumpe unter Druckerhöhung dem Kessel zur erneuten Erhitzung zugeführt. Der Verlust der Verdampfungswärme des Wassers im Kondensator legt den Gedanken nahe, nicht das Wasser, sondern nicht kondensierten Dampf in den Kessel zurückzuführen. Diese Verfahrensweise würde anstelle einer Kesselspeisepumpe einen Verdichter erfordern. Der Aufwand ist dafür so groß, daß eher eine Verschlechterung des Wirkungsgrades zu erwarten wäre. Eine Verbesserung des Wirkungsgrades ist jedoch erreichbar, wenn der Turbine der bereits teilweise entspannte Dampf entnommen, in einem Zwischenüberhitzer wieder auf Ausgangstemperatur gebracht und danach einem Teil der Turbine mit niedrigerem Eingangsdruck erneut zugeleitet wird. Diese Zwischenüberhitzung ist in mehreren Stufen möglich. Man kann so Wirkungsgradverbesserungen von maximal 5 % erreichen. Weiterhin kann die Wärme der Abgase zur Vorwärmung der für die Verbrennung benötigten Luft genutzt werden und ein Teil von der Turbine abgezapften Dampfes zur Vorwärmung des Speisewassers. Moderne Dampfkraftwerke erreichen so einen Wirkungsgrad von 40 bis maximal 45 %.

Industriebetriebe mit einem kontinuierlichen Dampfbedarf für ihren technologischen Prozeß (Chemiebetriebe, Zuckerfabriken, Kaliwerke) können elektrische Energie in sogenannten Gegendruckkraftwerken mit hohem Wirkungsgrad erzeugen. Der Dampf wird hierbei in der Turbine nur teilweise entspannt und von ihrem Ausgang dem zusätzlich zu versorgenden technologischen Prozeß zugeleitet. Sein verbliebener Energieinhalt kann so sinnvoll genutzt werden.

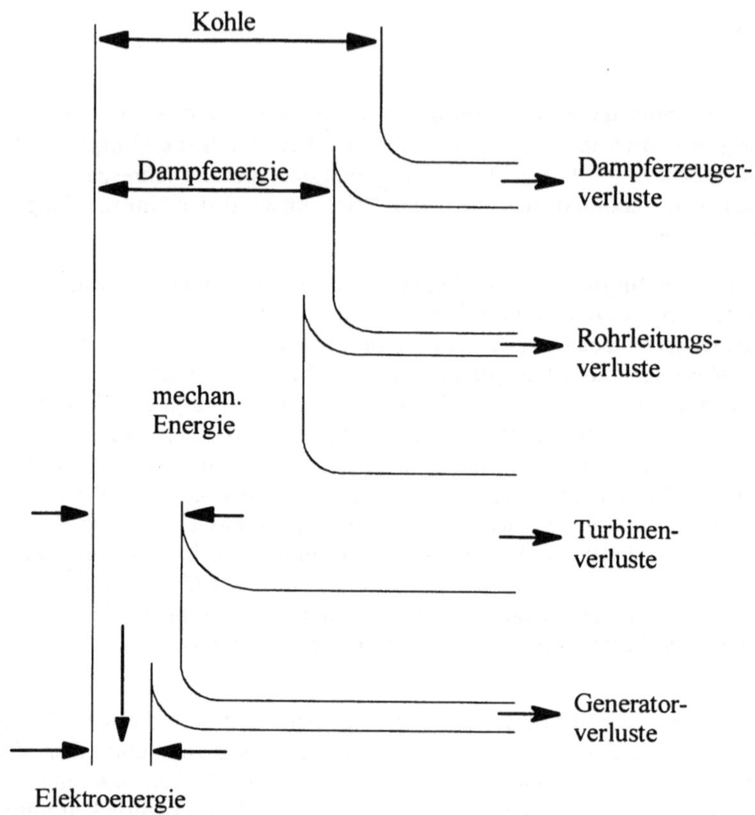

Bild 4.2 : Energieflußdiagramm eines Kondensationskraftwerkes

Den gleichen Sinn hat die sogenannte Kraft-Wärme-Kopplung von konventionellen Heizkraftwerken und modernen Blockheizkraftwerken. Voraussetzung für die Erzielung eines hohen Wirkungsgrades ist bei ihnen ein abgestimmtes Verhältnis zwischen Wärme- und Elektroenergiebedarf. Wenn die bei der Energieumwandlung zwangsläufig entstehende Wärme nicht sinnvoll genutzt werden kann, dann wird der Wirkungsgrad entsprechend niedrig.

Die bei einem Kondensationskraftwerk im Kondensator anfallende Verlustenergie besitzt nur einen niedrigen Nutzwert, da sie auf einem niedrigen Temperaturniveau anfällt. Sehr zeitig hat man daher erkannt, daß deutliche Prozeßverbesserungen durch Erhöhung seiner Eingangstemperatur zu erreichen sind. Bei konventionellen Dampfprozessen werden die hohen Feuerungstemperaturen nur ungenügend ausgenutzt, da dem die Festigkeit der Stahlwerkstoffe für Kessel, Rohrleitungen und Turbinen entgegenstehen. (Bei Temperaturen von mehr als 600 °C ist Stahl bereits braun glühend.) Bereits aus den zwanziger Jahren stammt der Vorschlag des Amerikaners Emmet, dem Wasserdampfprozeß einen Quecksilberdampfprozeß vorzuschalten und so die obere Temperaturgrenze des Gesamtprozesses um 200 K zu erhöhen. Derartige Anlagen sind in den USA gebaut worden. Ein weiterer Vorschlag aus der Raumfahrt und der Entwicklung von schnellen Brutreaktoren ist ein dreistufiger Prozeß mit Kalium, Diphenyl und Wasser, der die Ausnutzung eines Temperaturbereiches von 900 °C bis 30 °C gestattete.

Die Realisierung dieser Gedanken hat in modernen Gas- und Dampfturbinen-Kraftwerken (GuD-Kraftwerken) einen hohen technischen Stand erreicht. Bei ihnen werden ein Gasturbinen- und ein Dampfturbinenprozeß in Reihe geschaltet. Damit ist ein Temperaturbereich von etwa 1000 °C bis Umgebungstemperatur nutzbar. Der heute maximal erreichte Wirkungsgrad liegt bei 58 %. Die Erreichung von 60 % in kurzer Zeit wird als realistisch angesehen.

Tabelle 4.1 enthält die Wirkungsgrade von energiewandelnden Maschinen und Kraftwerken.

Tabelle 4.1: Wirkungsgrade der Primärenergieumwandlung

	Wirkungsgrad in %
Dampflokomotive	8
Diesellokomotive	22
Elektrolokomotive	27
Auto	16
Konventionelles Dampfkraftwerk	42
Gegendruck-Kraftwerk	>90
Abhitzeverwertung bei Gasturbinen	ca. 65
Blockheizkraftwerk	abhängig vom Betriebsregime
GUD-Kraftwerk	≥58
Kernkraftwerk	35
Gasturbinenkraftwerk	33
Wasserkraftwerk	80...95

Die elektrische Energie wird vom Kraftwerk zum Abnehmer übertragen. Auch dieser Prozeß, mit dem wir uns im folgenden näher befassen wollen, ist mit Verlusten verbunden. Sein Wirkungsgrad, der Wirkungsgrad der Übertragung, ist kleiner als 1. Schließlich wird die Elektroenergie im Abnehmer in eine andere Energieform umgewandelt. Auch dieser Umwandlungsprozeß ist mit Verlusten verbunden.

Die Umwandlung der elektrischen Energie in Nutzenergieformen besitzt ebenfalls unterschiedliche Effektivität. Mechanische Energie kann aus elektrischer mit einem hohen Wirkungsgrad erzeugt werden. Ein Elektromotor hat einen Wirkungsgrad von 95% und mehr. Bei Industrieöfen zum Schmelzen, Glühen, Brennen und Trocknen können wir Wirkungsgrade oberhalb von 70 % erwarten. Sehr niedrig ist der Wirkungsgrad bei der Umwandlung von elektrischer Energie in Licht. Eine konventionelle Glühlampe hat einen Wirkungsgrad von etwa 2%. Eine Leuchtstofflampe erreicht dagegen etwa 6,4 %. Mit modernen Energiesparlampen wird ein Wirkungsgrad von etwa 9 % möglich.

Tabelle 4.2: Gesamtwirkungsgrade energetischer Prozesse

Energieanwendung	Umwandlungsprozeß	Gesamtwirkungsgrad in %
Raumheizung	Kohle-Ofenheizung	< 64
	moderne Zentralheizung	> 90
	Elektroheizung 1	20
	Elektroheizung 2	71
Kochen und Brauchwasser	Kohleherd	10
	Gasherd	38
	Elektroherd 1	12
	Elektroherd 2	42,6
Industriewärme hohe Temperatur	Kokereigas	24
	Generatorgas	29
	Erdgas	35
	Elektroenergie 1	17
industrielle Dampferzeugung	Dampferzeuger	80
	Elektro-Dampferzeuger 1	17
	Elektro-Dampferzeuger 2	70
Mechanische Energie ortsfest	Elektr. Antrieb 1	20
	Elektr. Antrieb 2	60
Beleuchtung	Petroleumlampe	0,16
	Gasglühlicht	0,18
	Glühlampe 100 W	0,45
	Leuchtstofflampe	1,3
	Energiesparlampe	3,0

Der Wirkungsgrad des Gesamtprozesses ist das Produkt der Wirkungsgrade aller seiner Teilprozesse.

$$\eta_{ges} = \prod_{i=1}^{n} \eta_i \tag{4.3}$$

Bild 4.3 zeigt z.B. das Energieflußdiagramm der Umwandlung des Primärenergieträgers Braunkohle in Licht. Die Bedeutung der richtigen Nutzung von elektrischer Energie wird an diesem Beispiel besonders deutlich. Es sei an dieser Stelle nochmals betont, daß der Wirkungsgrad eines Prozesses allein keine Aussage darüber liefern kann, ob er wirtschaftlich und ökologisch optimal verläuft. Die Beurteilung dessen erfordert eine komplexere Betrachtung unter Einbeziehung aller Vorzüge, die die elektrische Energie bietet und natürlich auch der Kosten, die beim Anstreben eines gewünschten Nutzens auf unterschiedlichen Wegen entstehen.

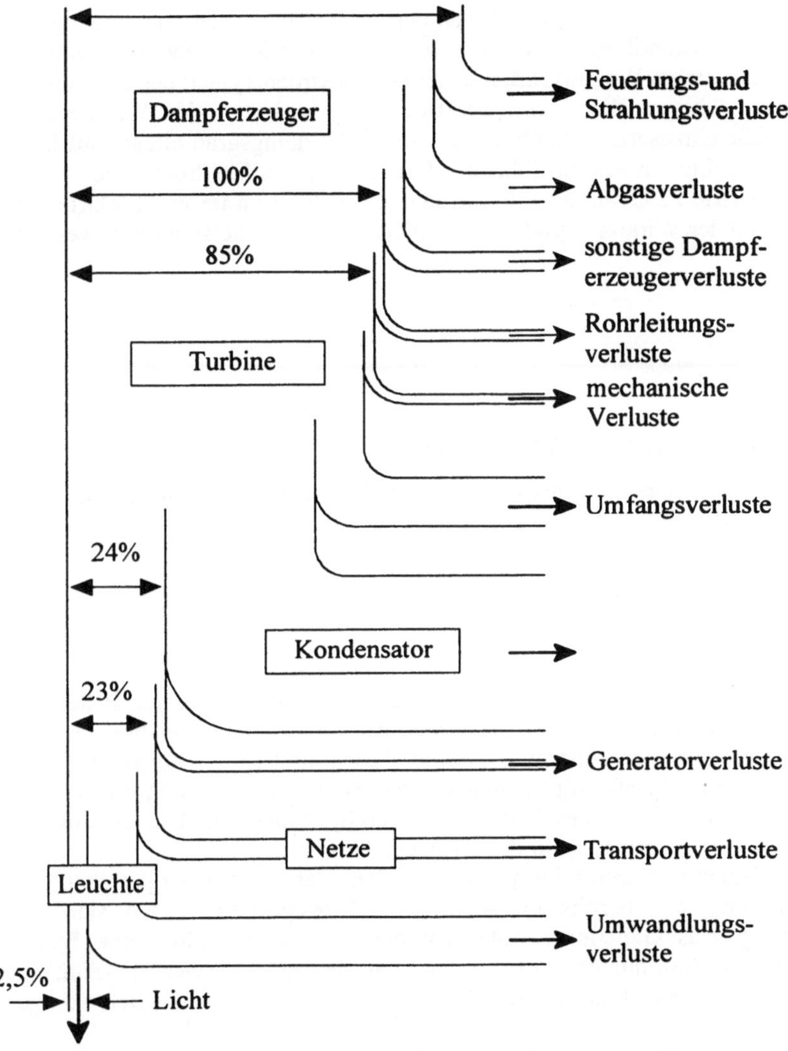

Bild 4.3 : Energieflußdiagramm der Umwandlung von Kohle in Licht

Der Wirkungsgrad von energetischen Gesamtprozessen ist in Tabelle 4.2 dargestellt. Bei der Elektroenergieanwendung wurde dabei danach unterschieden, ob sie aus Wärmeenergie (Index 1) oder Wasserkraft (Index 2) gewonnen wurde. Tabelle 4.2 zeigt uns z. B., daß Wärmegewinnung aus elektrischer Energie, die überwiegend aus Wärme gewonnen wurde, wegen des sehr kleinen Wirkungsgrades Energieverschwendung darstellt. Bei der direkten Nutzung des Primärenergieträgers in den zu heizenden Räumen kann man heute mit modernen Heizungen praktisch 100 % erreichen. In Deutschland ist der Wasserkraftanteil (1994 ca. 4 %) an der elektrischen Energieerzeugung sehr gering, so daß ihre Umwandlung in Wärme vermieden werden sollte. Dagegen kann es in Norwegen mit einem Wasserkraftanteil an der Elektroenergieerzeugung von mehr als 99 % durchaus wirtschaftlich sein, Elektroenergie auch bei der Wärmegewinnung in breitem Maße einzusetzen. Auch hier reicht der Wirkungsgrad allein natürlich nicht zur Entscheidungsfindung aus. So führt die Anwendung von Elektroenergie in der metallurgischen Industrie zu Qualitätsverbesserungen, die den Einsatz von Elektroöfen rechtfertigen, obwohl der Wirkungsgrad von beispielsweise gasbeheizten Öfen wesentlich höher sein kann.

4.1.2 Bildung der Elektroenergie

Wir wenden uns nun der Elektroenergie im besonderen zu. Sie ist als physikalische Meßgröße eindeutig und wird ermittelt nach

$$W = \int_{t=T_1}^{t=T_2} P(t)\,\mathrm{d}\,t \xrightarrow{P(t)=const.} W = P(T_2 - T_1) \tag{4.4}$$

Bei zeitlich periodischen Strömen und Spannungen führen wir für P den Begriff der Wirkleistung als arithmetischen Mittelwert der momentanen Leistung über eine Periodendauer ein. Für Wechselstrom ist das im Abschnitt 2.2.6.2, Gleichung (2.59), und für Drehstrom mit kosinusförmig symmetrischen Spannungen und Strömen im Abschnitt 2.2.7.2, Gleichung (2.94), geschehen. Eine Verallgemeinerung über die dort getroffenen Einschränkungen hinaus folgt in den nächsten Abschnitten.
Die Wirkleistung beschreibt die quantitative Seite des Elektroenergietransportprozesses, seine Wirkung. Wie bereits im Abschnitt 2.2 festgestellt, erklärt sich daraus ihre Bezeichnung. Aus Gleichung (4.4) geht hervor, daß einunddieselbe Energie durch unendlich viele Zuordnungen von Leistung und Zeit gebildet werden kann. Für zeitlich konstante Leistungen ist das im Bild 4.4 an drei verschiedenen Beispielen dargestellt.

Wir haben einleitend festgestellt, daß elektrische Energie in technisch interessanten Größenordnungen nicht direkt speicherbar ist. Ein Energiespeicher dient der Entkopplung von Erzeugung und Abnahme. Beide können bei einem ausreichend großen Speicher völlig unabhängig voneinander nach ihren eigenen Erfordernissen gestaltet werden. Erzeugung, Transport und Verbrauch von elektrischer Energie werden dagegen durch das Bedürfnis des Abnehmers bestimmt und müssen praktisch zeitgleich erfolgen. Das bedeutet, daß die vom Abnehmer geforderte Leistung in dem Augenblick bereitgestellt werden muß, in dem sie benötigt wird. Ein elektrisches Energieversorgungssystem muß daher für die maximal von den Abnehmern geforderte Leistung bemessen werden. Diese Leistung legt den erforderlichen Aufwand fest. So wird zum Beispiel die Größe eines

Kraftwerkes und damit der für seine Errichtung notwendige Materialaufwand und seine Investitionskosten durch seine Leistung bestimmt. Das gleiche gilt in ähnlicher Weise für alle Elemente der Übertragungs- und Verteilungsnetze. Wir erkennen am Bild 4.4, daß unter diesem Gesichtspunkt das Beispiel 1 offensichtlich der ungünstigste Fall ist. Die geforderte Leistung ist sehr hoch, sie wird aber nur kurze Zeit benötigt. Der hohe Aufwand wird schlecht genutzt. Das Beispiel 3 ist das günstigste, weil eine kleine Leistung über eine lange Zeit gefordert wird. Das für diese Leistung bemessene Elektroenergiesystem hat eine hohe Benutzungsdauer.

Wir stellen verallgemeinernd fest, daß der günstigste Betrieb eines Elektroenergiesystems ein kontinuierlicher bei konstanter Leistung ist. Praktisch ist dieser Betrieb nicht realisierbar. Unterschiede zwischen Tag und Nacht bzw. den Jahreszeiten oder den Tageszeiten und Forderungen des zu versorgenden technologischen Prozesses verursachen Belastungsschwankungen. Die Wirtschaftlichkeit der Elektroenergieversorgung hängt von der zeitlichen Veränderung der Belastung des Systems entscheidend ab. Der Idealfall ist Maßstab für die Bewertung realer Elektroenergiesysteme.

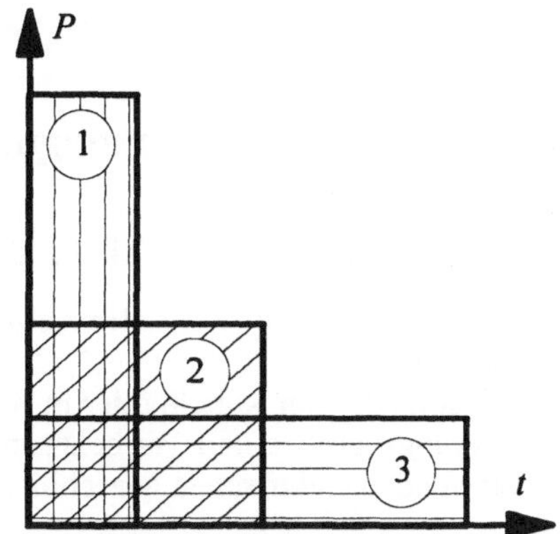

Bild 4.4 : Bildung der Elektroenergie aus Leistung und Zeit

Den Wirkungsgrad der Elektroenergieübertragung können wir analog zu Gleichung (4.1) aus der eingespeisten und abgenommenen elektrischen Energie bzw. den Verlusten berechnen.

Unter Einführung der Spannung und des Stromes wird aus Gleichung (4.4)

$$W = \int_{t=T_1}^{t=T_2} U(t)\, I(t)\, \mathrm{d}t \xrightarrow{U(t),\, I(t)=const.} W = U\, I\left(T_2 - T_1\right) \tag{4.5}$$

Bild 4.4 könnte dreidimensional erweitert werden, um die Elektroenergie bei konstanter Spannung und konstantem Strom als Volumen eines Quaders mit den Seiten U, I und t darzustellen. Wir können jedoch auch zweidimensional bleiben und die Leistung als das

Produkt einer konstanten Spannung mit einem konstanten Strom analog zu Bild 4.4 darstellen. Der günstigste Fall für die Bildung einer Leistung aus einem konstanten Strom und einer konstanten Spannung kann nicht wie oben aus einfacher Anschauung abgeleitet werden, weil der Aufwand für die Realisierung einer bestimmten Spannung und eines bestimmten Stromes hier nicht bekannt ist. Dazu brauchen wir noch weitere Informationen.

$$\eta_{el} = \frac{W_{ab}}{W_{zu}} = \frac{W_{zu} - W_v}{W_{zu}} < 1{,}0 \xrightarrow{\text{P(t) (abschnittsweise)=const.}} \eta_{el} = \frac{P_{ab}}{P_{zu}} = \frac{P_{zu} - P_v}{P_{zu}} \qquad (4.6)$$

Auf der Grundlage von Gleichung (4.6) kann der Wirkungsgrad für jedes einzelne elektrische Betriebsmittel (Generator, Transformator, Freileitung, Kabel usw.) berechnet werden. Da wir im folgenden nur das Elektroenergiesystem betrachten, wird auf eine Indizierung "elektrisch" des Wirkungsgrades verzichtet.

4.1.3 Verluste in elektrischen Energieversorgungsnetzen

Verluste treten in elektrischen Energieversorgungsnetzen sowohl spannungsabhängig als auch stromabhängig auf. Spannungsabhängige Verluste sind z. B.:

- Ableitverluste durch/über die Isolation elektrischer Betriebsmittel und Anlagen
- Koronaverluste von Freileitungen
- dielektrische Verluste in der Isolation von Kabeln oder in Kondensatoren
- Eisenverluste (Ummagnetisierungsverluste und Wirbelstromverluste im Eisenkreis) in Transformatoren oder rotierenden elektrischen Maschinen.

Sie treten immer dann auf, wenn das entsprechende Betriebsmittel eingeschaltet ist, unabhängig davon, ob Nutzenergie übertragen wird oder nicht. Daher werden sie auch als lastunabhängige Verluste bezeichnet.

Stromabhängige Verluste sind dagegen lastabhängig, d. h., sie treten dann auf, wenn über ein Betriebsmittel (z.B. eine Freileitung oder einen Transformator) Nutzenergie übertragen wird. Stromabhängie Verluste entstehen in den ohmschen Widerständen der Leiter im Elektroenergiesystem. Sie beinhalten aber auch Verluste, die in metallischen Kapselungen elektrischer Betriebsmittel und Anlagen durch Wirbelströme verursacht werden.

In den Ersatzschaltungen elektrischer Betriebsmittel werden die spannungsabhängigen Verluste durch die ohmschen Komponenten der Querzweige (Quervier- oder -achtpole) und die stromabhängigen Verluste durch die ohmschen Komponenten der Längszweige (Längsvier- oder -achtpole) beschrieben. Sie werden für periodische Ströme und Spannungen berechnet nach

$$P_{vu} = \frac{1}{2\pi}\int_0^{2\pi} u(\omega t)\, i_w(\omega t)\, \mathrm{d}\,\omega t = \frac{G}{2\pi}\int_0^{2\pi} u(\omega t)\, u(\omega t)\, \mathrm{d}\,\omega t = G\, U_e^2 \tag{4.7}$$

$$P_{vi} = \frac{1}{2\pi}\int_0^{2\pi} u_w(\omega t)\, i(\omega t)\, \mathrm{d}\,\omega t = \frac{R}{2\pi}\int_0^{2\pi} i(\omega t)\, i(\omega t)\, \mathrm{d}\,\omega t = R\, I_e^2 \tag{4.8}$$

Wir haben in den Gleichungen (4.7) und (4.8) angenommen, daß wir den Verlusten einen zeitlich konstanten ohmschen Leitwert bzw. Widerstand zuordnen können, und kommen auf diese Weise wie im Abschnitt 2.2.6.2 zum Begriff des Effektivwertes der Spannung bzw. des Stromes, als die konstante Spannung bzw. den konstanten Strom, die in der Integrationsdauer die gleichen Verluste hervorrufen wie die tatsächliche Spannung bzw. der tatsächliche Strom.

Der Strom i_W ist der Anteil des Stromes durch einen Querzweig, der durch den ohmschen Leitwert fließt. Dementsprechend ist die Spannung u_W der Anteil der Spannung über einen Längszweig, der über dem ohmschen Widerstand dieses Zweiges abfällt. Für den Effektivwert wird an dieser Stelle der Index e eingeführt, um zum Ausdruck zu bringen, daß er im folgenden allgemeiner aufgefaßt werden soll, als der Effektivwert einer kosinusförmigen Zeitfunktion. Im Besonderen kann er jedoch auch mit diesem identisch sein.

In realen Elektroenergiesystemen schwankt die Belastung wie oben bereits besprochen zeitlich. In den Effektivwerten können wir diesen Effekt erfassen, indem wir einfach die Integrationsgrenzen in den Gleichungen (4.7) und (4.8) über die Periodendauer hinaus auf den Betrachtungszeitraum erweitern. Das ist in der Praxis nicht realisierbar, weil dazu die tatsächlichen zeitlichen Verläufe der Ströme und Spannungen aufgezeichnet werden müßten. Meßgeräte zeigen Effektivwerte oder arithmetische Mittelwerte (z.B. Leistungen) an, schreibende Meßgeräte zeichnen zeitlich veränderliche Effektivwerte oder arithmetische Mittelwerte auf. Wir bilden daher in der Praxis sogenannte Mittelwerte zweiter Ordnung (Mittelwerte von Mittelwerten).

Der Effektivwert zweiter Ordnung ist

$$V_e'^2 = \frac{1}{T_2 - T_1}\int_{t=T_1}^{t=T_2} V_e^2(t)\, \mathrm{d}\, t \xleftarrow{\text{Bedingung}} \omega(T_2 - T_1) >> 2\pi \tag{4.9}$$

Analog zu Gleichung (4.9) können auch arithmetische Mittelwerte zweiter Ordnung gebildet werden. Sie sind arithmetische Mittelwerte von arithmetischen Perioden-Mittelwerten über wesentlich größere Zeiträume als eine Periode der Wechselgröße. In Gleichung (4.10) ist als wichtiges Beispiel dafür die Leistung angegeben.

$$P' = \frac{1}{T_2 - T_1} \int_{t=T_1}^{t=T_2} P'(t)\,\mathrm{d}t \xleftarrow{\textit{Bedingung}} \omega(T_2 - T_1) >> 2\pi \tag{4.10}$$

Der Effektivwert zweiter Ordnung beschreibt eine über dem Betrachtungszeitraum konstante Ersatzbelastung, die an einem konstanten ohmschen Element die gleiche Wärmewirkung hervorruft, wie die tatsächliche Belastung. Analog dazu ist die Wirkleistung zweiter Ordnung eine über dem Betrachtungszeitraum zeitlich konstante Leistung, die die Übertragung derselben Energiemenge bewirkt, wie die tatsächliche zeitlich veränderliche Leistung. Auf die besondere Kennzeichnung des Effektivwertes und der Wirkleistung zweiter Ordnung kann in den folgenden Ausführungen verzichtet werden, wenn über die Vorgehensweise Klarheit besteht.

Verluste im Elektroenergiesystem haben zwei Wirkungen. Sie bestimmen erstens den Wirkungsgrad der Elektroenergieübertragung. Verlustleistungen sind Wirkleistungen, denn sie repräsentieren eine Energiemenge, die in Form von Wärme im Betrachtungszeitraum aus dem Elektroenergiesystem (ungewollt) hinaustransportiert wird. Zweitens haben Verluste einen dominierenden Einfluß auf die Konstruktion elektrischer Betriebsmittel. Er läßt sich durch die folgende Wirkungskette beschreiben:

$$\text{Belastung} \begin{Bmatrix} U_e \\ I_e \end{Bmatrix} \xrightarrow[R]{G} \begin{Bmatrix} P_{vu} \\ P_{vi} \end{Bmatrix} \xrightarrow{\text{Wärme}} \begin{matrix} \text{Betriebs-} \\ \text{temperatur} \end{matrix} \Rightarrow \begin{matrix} \text{Beanspruchung} \\ \text{des Materials} \end{matrix}$$

Elektrische Betriebsmittel müssen für den Normalbetrieb so bemessen werden, daß sie nicht unzulässig hoch beansprucht werden und dadurch ihre Funktion während der Nutzungsdauer möglichst uneingeschränkt erfüllen können. In der Praxis werden meist zulässige Betriebstemperaturen vorgegeben, die unter den gegebenen Einsatzbedingungen nicht überschritten werden dürfen. Die Alterungsgeschwindigkeit von Isolierstoffen nimmt mit zunehmender Betriebstemperatur zu. Leitermaterialien verlieren bei hohen Betriebstemperaturen schneller ihre mechanischen Festigkeitseigenschaften.

Der Zusammenhang zwischen Verlusten und Materialeinsatz soll mit einer einfachen Überlegung am Beispiel von Leitermaterial verdeutlicht werden. Die stromabhängigen Verluste in einem Leiter sind

$$P_{vi} = \rho \frac{l}{A} I_e^2 = \rho V J_e^2 \tag{4.11}$$

Die stromabhängigen Verluste sind dem Leitermaterialvolumen und dem Quadrat der effektiven Stromdichte proportional. Die Verluste werden im wesentlichen über die Leiteroberfläche an die Umgebung abgeführt. Die abgegebene Wärmeleistung ("Kühlleistung") ist in guter Näherung der Größe der Leiteroberfläche O und der Temperaturdifferenz $\Delta\vartheta$ zwischen Leiteroberfläche und Umgebung proportional.

$$P_k = \alpha\, O\left(\vartheta_L - \vartheta_u\right) = \alpha\, O\, \Delta\vartheta \tag{4.12}$$

Im stationären Betrieb ist die Leitertemperatur zeitlich konstant. Verlust- und Kühlleistung des Leiters müssen dann gleich sein. Wir erhalten daraus die Beziehung

$$K_L = \frac{V}{O} J_e^2 = \frac{\alpha}{\rho} \Delta\vartheta = \frac{A}{U} J_e^2 \tag{4.13}$$

Bei fest vorgegebenen Temperaturen ist das Produkt aus dem Verhältnis von Leitervolumen V zur Leiteroberfläche O und dem Quadrat der effektiven Stromdichte J_e^2 eine Konstante. Das Verhältnis von Volumen zu Oberfläche ist praktisch gleich dem Verhältnis von Querschnitt A zu Umfang U des Leiters, da die Querschnittsflächen des Leiters nur einen vernachlässigbar kleinen Anteil an der Leiteroberfläche darstellen. Bei einem Leiter mit kreisförmigem Querschnitt erhalten wir aus Gleichung (4.13)

$$J_e^2 = \frac{U}{A} K_L = \frac{2\pi r}{\pi r^2} K_L = \frac{\sqrt{4\pi}}{\sqrt{A}} K_L = \frac{K_L'}{\sqrt{A}} \tag{4.14}$$

Die zulässige Stromdichte nimmt mit steigendem Leiterquerschnitt ab. Das bedeutet, daß mit steigendem Strom der Leitermaterialaufwand überproportional wächst. Das Beispiel setzt eine gleichmäßige Stromdichteverteilung über dem Leiterquerschnitt voraus. Bei Wechsel- und Drehstrom trifft das infolge von Stromverdrängungserscheinungen nicht zu. Dadurch wird der oben besprochene Zusammenhang verschärft.

Die Gleichungen (4.11) bis (4.14) vermitteln darüber hinausgehend aber auch die Einsicht, daß die Leitermaterialmenge nicht zwingend von den stromabhängigen Verlusten bestimmt wird. Der Konstrukteur eines elektrischen Betriebsmittels hat weitere Möglichkeiten:

- Wahl eines anderen Leitermaterials (Kupfer statt Aluminium)
- Änderung der Kühlung (z.B. Flüssigkeits- statt Luftkühlung)
- Änderung der Querschnittsform
- Einsatz von Werkstoffen mit höherer Temperaturbeständigkeit usw.

Mit Ausnahme des ersten Teilaspektes, der eine Verringerung der Verluste beinhaltet, dienen alle anderen Maßnahmen dem Ziel, die entstehenden Verluste unter zulässigen Bedingungen abführen zu können. Erst wenn Stromverdrängungserscheinungen die Verluste entscheidend bestimmen, entstehen auch Möglichkeiten, allein durch zweckmäßige Gestaltung der Leitergeometrie bedeutende Verlustreduzierungen zu erreichen.

Wir erkennen an dieser Stelle die zentrale Bedeutung der Verluste für die elektrische Energietechnik.

$$\text{Verluste} \xleftrightarrow{\text{Wechselwirkung}} \begin{matrix}\text{Material}\\ \text{Konstruktion}\end{matrix}$$

Die oben dargestellte Wechselwirkung besteht für jedes einzelne elektrische Betriebsmittel. Wir werden später feststellen, daß damit der Problemkreis noch nicht umfassend beschrieben ist. Der Übergang von der Betrachtung einzelner Betriebsmittel zu der kompletter Elektroenergiesysteme wird uns zeigen, daß die bisher angestellten Überlegungen erweitert werden müssen.

4.1.4 Maximaler Wirkungsgrad

Wir nehmen ein elektrisches Betriebsmittel mit konstanter Belastung an und untersuchen die Frage, wie es bemessen sein oder betrieben werden soll, damit sein Wirkungsgrad maximal wird. Die Verluste des Betriebsmittels sind

$$P_v = P_{vu} + P_{vi} = G\,U_e^2 + R\,I_e^2 \tag{4.15}$$

Gleichung (4.15) wird auf das Produkt der Effektivwerte von Strom und Spannung bezogen.

$$p_v = \frac{P_v}{U_e I_e} = p_{vu} + p_{vi} = G\frac{U_e}{I_e} + R\frac{I_e}{U_e} = Gz + R\frac{1}{z} \tag{4.16}$$

Die erste Ableitung der Gleichung (4.16) wird null gesetzt, um das Verlustminimum zu bestimmen.

$$\frac{\mathrm{d}\,p_v}{\mathrm{d}\,z} = G - \frac{R}{z^2} \overset{!}{=} 0 \quad\Rightarrow\quad z_{\min} = +\sqrt{\frac{R}{G}} \qquad \left.\frac{\mathrm{d}^2\,p_v}{\mathrm{d}\,z}\right|_{\min} = \left.\frac{2R}{z^3}\right|_{\min} > 0 \tag{4.17}$$

Die bezogene minimale Verlustleistung ist

$$p_{v\,\min} = p_v(z_{\min}) = 2\sqrt{RG} \quad\Rightarrow\quad p_{vu} = p_{vi} = \sqrt{RG} \tag{4.18}$$

Das Verlustminimum tritt dann ein, wenn spannungs- und stromabhängige Verluste gleich groß sind. Wenn die Verluste minimal sind, dann ist der Wirkungsgrad zwangsläufig maximal. Dieses in der Literatur so bezeichnete "Gesetz des maximalen Wirkungsgrades" findet zum Beispiel bei der Auslegung von Transformatoren seit vielen Jahren Berücksichtigung. Bei zeitlich schwankender Belastung gehen wir von den Leistungen zu Energien über. Der Wirkungsgrad ist dann maximal, wenn die spannungsabhängige Verlustenergie im Betrachtungszeitraum gleich der stromabhängigen ist.

$$W_{v\,\min} = 2W_{vu} = 2W_{vi} \quad\Rightarrow\quad \eta = \eta_{\max} \tag{4.19}$$

Die Betriebsmittel elektrischer Energieversorgungsnetze sind meist ständig in Betrieb. Ihre spannungsabhängigen Verluste fallen daher ebenfalls ständig an (24 Stunden am Tag bzw. 8760 Stunden im Jahr). Ihre Belastungszeit T_B, in der Energie übertragen wird, ist im allgemeinen kleiner als die Gesamteinschaltzeit T. Wenn wir über der Belastungszeit eine konstante Belastung annehmen, dann erhalten wir aus Gleichung (4.19) den maximalen Wirkungsgrad dann, wenn das Verhältnis von Belastungszeit zur Gesamteinschaltzeit dem von den spannungsabhängigen zu den stromabhängigen Verlusten entspricht.

$$\frac{P_{vu}}{P_{vi}} = \frac{T_B}{T} \xrightarrow[\text{über } T_B \text{ konstant}]{\text{Belastung}} \eta = \eta_{\max} \qquad (4.20)$$

Wir wollen den Wirkungsgrad am Beispiel einer Reihe von Niederspannungs-Transformatoren mit dem Übersetzungsverhältnis ü=10 kV/0,4 kV nach Tabelle 4.1 betrachten.

Tabelle 4.1: Verluste und Wirkungsgrade von Niederspannungs-Transformatoren

S_{rT}/kVA	P_{vur}/kW	P_{vir}/kW	$\eta_{r\max}$	$\eta_{\max}$	S_{aT}/S_{rT}	T_B/T	T_{B70}/T	T_{B50}/T
100	0,450	2,200	0,9742	0,9911	0,4523	0,2045	0,4174	0,8182
160	0,640	2,900	0,9784	0,9921	0,4698	0,2207	0,4504	0,8828
250	0,820	4,400	0,9795	0,9935	0,4317	0,1864	0,3803	0,7455
400	1,200	5,900	0,9826	0,9940	0,4510	0,2034	0,4151	0,8136
630	1,700	7,800	0,9851	0,9946	0,4668	0,2179	0,4448	0,8718
1000	1,550	9,450	0,9891	0,9969	0,4050	0,1640	0,3347	0,6561
1600	2,250	14,960	0,9894	0,9972	0,3878	0,1504	0,3069	0,6016

Die Formelzeichen in Tabelle 4.1 bedeuten:

S_{rT} Nennscheinleistung (Index r → rated), für die der Transformator bemessen ist

P_{vur} spannungsabhängige Verluste des Transformators bei Nennspannung

P_{vir} stromabhängige Verluste des Transformators bei Nennstrom

$\eta_{r\max}$ maximaler Wirkungsgrad des voll ausgelasteten Transformators (Betrieb mit Nennspannung und Nennstrom)

$\eta_{\max}$ maximaler Wirkungsgrad des Transformators

S_{aT} Leistung des Transformators, bei der der maximale Wirkungsgrad unter Dauerlastbedingungen auftritt

T_B Belastungsdauer bei voller Auslastung mit maximalem Wirkungsgrad

$T_{B50/70}$ Belastungsdauer mit maximalem Wirkungsgrad bei 50 bzw. 70 %iger Auslastung

Für die Berechnungen an dieser Stelle nehmen wir zunächst an, daß die Transformatoren ausschließlich Wirkleistung übertragen. Alle in der Tabelle 4.1 angegebenen Scheinleistungen werden daher hier als Wirkleistungen angenommen. Für den Wirkungsgrad $\eta_{r\,\max}$ erhalten wir so

$$\eta_{r\,\max} = \frac{P_{rT}}{P_{rT} + P_{vur} + P_{vir}} \tag{4.21}$$

Er ist kleiner als der maximale Wirkungsgrad, da die stromabhängigen Verluste bei Nennstrom größer als die spannungsabhängigen Verluste bei Nennspannung sind. Bei maximalem Wirkungsgrad sind beide Verluste nach den obigen Betrachtungen gleich. Da elektrische Energieversorgungsnetze praktisch mit nahezu konstanter Spannung betrieben werden, sind die spannungsabhängigen Verluste der Transformatoren ebenfalls konstant. Der maximale Wirkungsgrad eines Transformators kann daher nur erreicht werden, wenn man ihn mit einem kleineren Strom als den Nennstrom betreibt und so die stromabhängigen Verluste den spannungsabhängigen angleicht. Für den maximalen Wirkungsgrad gilt dann

$$\eta_{\max} = \frac{P_{rT}}{P_{rT} + 2\,P_{vur}} \tag{4.22}$$

Da die stromabhängigen Verluste nach Gleichung (4.8) vom Quadrat des Stromeffektivwertes abhängig sind, wird der maximale Wirkungsgrad erreicht bei

$$P_{vi(\eta_{\max})} = P_{vur} = P_{vir}\left(\frac{I_{e(\eta_{\max})}}{I_{er}}\right)^2 = P_{vir}\left(\frac{S_{aT}}{S_{rT}}\right)^2 \tag{4.23}$$

Die Auslastung des Transformators bei Dauerlast und maximalem Wirkungsgrad ist in Tabelle 4.1 angegeben. Nach Gleichung (4.20) kann man weiterhin das Verhältnis von Belastungszeit zur Einschaltzeit bei Vollast, bei dem der maximale Wirkungsgrad auftritt, ausrechnen. Es ist ebenfalls in Tabelle 4.1 angegeben. Gleichung (4.20) kann so abgewandelt werden, daß auch die Belastungszeit mit maximalem Wirkungsgrad bei Teillast des Transformators bestimmbar ist. Wir erhalten für diesen Fall

$$\frac{P_{vur}}{P_{vir}}\left(\frac{S_{rT}}{S_{xT}}\right)^2 = \frac{T_{Bx}}{T} \xrightarrow[\text{über } T_{Bx} \text{ konstant}]{\text{Belastung}} \eta = \eta_{\max} \tag{4.24}$$

In Tabelle 4.1 sind die Verhältnisse der Belastungszeit zur Einschaltzeit für 50 und 70 %ige Auslastung der Transformatoren angegeben.

Wir erkennen aus Tabelle 4.1, daß die Wirkungsgrade von Transformatoren im Vergleich zu den eingangs betrachteten Energieumwandlungsprozessen sehr hoch sind. Gleichzeitig wird aber deutlich, daß sie nicht nur durch die Konstruktion bestimmt, sondern durch den Betrieb maßgeblich beeinflußt werden. Ein Transformator kann wie jedes andere elektrische Betriebsmittel auch nur dann für seinen Einsatzort optimal bemessen werden, wenn die dort herrschenden Belastungsverhältnisse genau bekannt sind. Transformatorenbauer gehen bei der Konstruktion von statistischen Belastungsdaten aus, die aus der langjährigen Aufzeichnung und Auswertung von Betriebsdaten elektrischer Energieversorgungsnetze gewonnen worden sind.

Die 50%ige Auslastung eines Transformators ist ein praktisch wichtiger Fall, wenn man davon ausgeht, daß elektrische Energieversorgungsnetze so aufgebaut werden, daß der Ausfall eines Betriebsmittels nicht zum Ausfall der Energieversorgung an sich führen darf. Wenn man eine Abnehmergruppe über zwei parallel betriebene Transformatoren versorgt, die jeweils zu 50 % ausgelastet sind, dann kann die Versorgung bei Ausfall eines der beiden Transformatoren uneingeschränkt aufrecht erhalten werden. Tabelle 4.1 zeigt, daß die Transformatoren bei dieser Auslastung eine hohe Belastungsdauer mit maximalem Wirkungsgrad besitzen.

Große Transformatoren werden im Gegensatz zu den hier angegebenen Niederspannungs-Transformatoren nicht in Serie gebaut, sondern sie sind Einzelanfertigungen. Die hier vorgestellten Rechnungen zeigen, daß man sehr großen Einfluß auf die Wirtschaftlichkeit des Betriebes nehmen kann, wenn man ihre zu erwartenden Belastungen sehr sorgfältig ermittelt.

Aus Tabelle 4.1 wird weiterhin deutlich, daß der Wirkungsgrad der Transformatoren mit ihrer Nennleistung steigt. Das ist ein Trend, der für elektrische Betriebsmittel allgemein gilt, aber auch in anderen Gebieten der Technik beobachtet werden kann.

Mit dem Gesetz des maximalen Wirkungsgrades steht ein rein technisches Kriterium für die Wahl eines optimalen Betriebszustandes zur Verfügung.

4.1.5 Wirk- und Scheinleistung

Wir haben die Wirkleistung bereits als eine Größe kennengelernt, die die quantitative Seite des Elektroenergietransportprozesses beschreibt. Sie repräsentiert die mittlere zeitliche Änderung der übertragenen elektrischen Energie. Wie bei jedem anderen Transportsystem reicht auch in der elektrischen Energieversorgung die quantitative Seite allein nicht aus, um den Prozeß ausreichend zu charakterisieren. Man muß vielmehr zusätzlich die Frage stellen, mit welchem technischen Aufwand die Übertragung der elektrischen Energie durchgeführt wird.

Aus den bisherigen Überlegungen geht hervor, daß der Aufwand durch die Verluste, die durch sie hervorgerufenen Beanspruchungen der elektrischen Betriebsmittel und den damit verbundenen Materialaufwand beschrieben werden kann. Mit dem Wirkungsgrad kann die Frage des Aufwandes nicht beantwortet werden. Er sagt lediglich aus, wie hoch die anteiligen Verluste sind, nicht aber, ob die Verluste und die damit verbundenen Beanspruchungen der Menge der übertragenen Elektroenergie angemessen sind.

Zur Beurteilung des Aufwandes müssen wir zusätzlich die Wirkleistung ermitteln, die bei gegebenen Verlusten und gegebener Beanspruchung der Betriebsmittel eines elektrischen Energieversorgungsnetzes maximal übertragen werden kann. Nach den bisherigen Ausführungen ist die Antwort auf diese Frage klar: Die maximal übertragbare Wirkleistung bei gleichen Verlusten und gleicher Beanspruchung der Systemelemente ist das Produkt der Effektivwerte von Strom und Spannung.

$$P_{max} = S = U_e I_e \geq P \tag{4.25}$$

Wir bezeichnen diese Leistung als Scheinleistung, weil die Verluste und die Beanspruchung der Elemente des Elektroenergiesystems so groß sind, als würde scheinbar eine Wirkleistung dieser Größe übertragen werden. Die Scheinleistung ist keine Leistung im physikalischen Sinne, sondern lediglich ein Produkt aus Strom und Spannung. Sie wird daher mit der Maßeinheit Voltampere (VA) angegeben.

Maßeinheit der Scheinleistung: VA (Voltampere)

Im Zusammenhang mit kosinusförmigen Strömen und Spannungen haben wir diesen Begriff schon kennengelernt. Oft wird er in der Praxis allein auf diesen Fall reduziert, d.h., unter Scheinleistung versteht man allein die Scheinleistung, die bei kosinusförmigen Strömen und Spannungen auftritt. Für die Verallgemeinerung des Scheinleistungsbegriffes werden daher auch Begriffe wie "Rechtleistung" (gerecht) ("fair power") oder "physikalisch richtige Scheinleistung" gebraucht. Wir wollen diese Unterscheidungen nicht treffen, weil kosinusförmige Ströme und Spannungen letztendlich nur einen Spezialfall in der elektrischen Energieübertragung darstellen. Durch den zunehmenden Einsatz leistungselektronischer Anlagen in Elektroenergiesystemen werden Abweichungen der Ströme und Spannungen von der Sinusform immer häufiger. Es ist daher notwendig, solchen Fällen eine größere Beachtung zu schenken als bisher.

Der Zusammenhang zwischen der Wirk- und der Scheinleistung ist auch aus der Systemtheorie als sogenannte Schwarz'sche Ungleichung bekannt. Die Kreuzkorrellierte zweier Zeitfunktionen ist stets kleiner oder höchstens gleich dem Produkt ihrer Autokorrellierten.

$$\int_{t=T_1}^{t=T_2} u(t)\, i(t)\, dt \;\leq\; \sqrt{\int_{t=T_1}^{t=T_2} u^2(t)\, dt} \cdot \sqrt{\int_{t=T_1}^{t=T_2} i^2(t)\, dt} \tag{4.26}$$

Das Gleichheitszeichen in (4.26) gilt für den Fall, daß der Quotient von Spannung und Strom zeitlich konstant ist.

$$\left.\begin{array}{r}\dfrac{u(t)}{i(t)}=R=const\\ \text{bzw.}\\ \dfrac{i(t)}{u(t)}=G=const\end{array}\right\}\Rightarrow P=P_{max}=S \qquad (4.27)$$

Alle Abweichungen von Gleichung (4.27) führen dazu, daß die Wirkleistung kleiner als die Scheinleistung ist.

Elektrische Betriebsmittel, die eine vorgegebene Wirkleistung übertragen sollen, müssen für die dabei auftretende Scheinleistung bemessen werden, damit sie den durch die Verluste gegebenen Beanspruchungen gewachsen sind. Je größer der Unterschied zwischen beiden Leistungsgrößen wird, desto ungünstiger wird das Verhältnis zwischen Aufwand und Nutzen des Energietransportprozesses.

4.1.6 Leistungsfaktor und Blindleistung

Das Verhältnis zwischen Wirk- und Scheinleistung ist der Leistungsfaktor. Er ist nach dem bisher Gesagten eine Kennziffer, die die qualitative Seite des Elektroenergietransportprozesses beschreibt.

$$\lambda=\frac{P}{S} \qquad 0\leq\lambda\leq 1{,}0 \qquad (4.28)$$

Der Leistungsfaktor liegt zwischen Null und 1,0. Im Gegensatz zum Wirkungsgrad ist beim Leistungsfaktor der Wert 1,0 eingeschlossen.

Der Zusammenhang zwischen Leistungsfaktor und Wirkungsgrad ist

$$\eta=\frac{P}{P+P_v}=\frac{\frac{P}{S}}{\frac{P}{S}+\frac{P_v}{S}}=\frac{\lambda}{\lambda+p_v} \qquad (4.29)$$

Aus dem Bild 4.5 wird der große Einfluß des Leistungsfaktors auf den Wirkungsgrad deutlich. Bei einem Leistungsfaktor von Null wird das Elektroenergiesystem zwar durch Strom und Spannung beansprucht, es entstehen Verluste, aber es findet keine Elektroenergieübertragung statt. Der Wirkungsgrad muß demzufolge ebenfalls Null sein. Der höchste Wirkungsgrad wird bei einem Leistungsfaktor von eins erreicht.

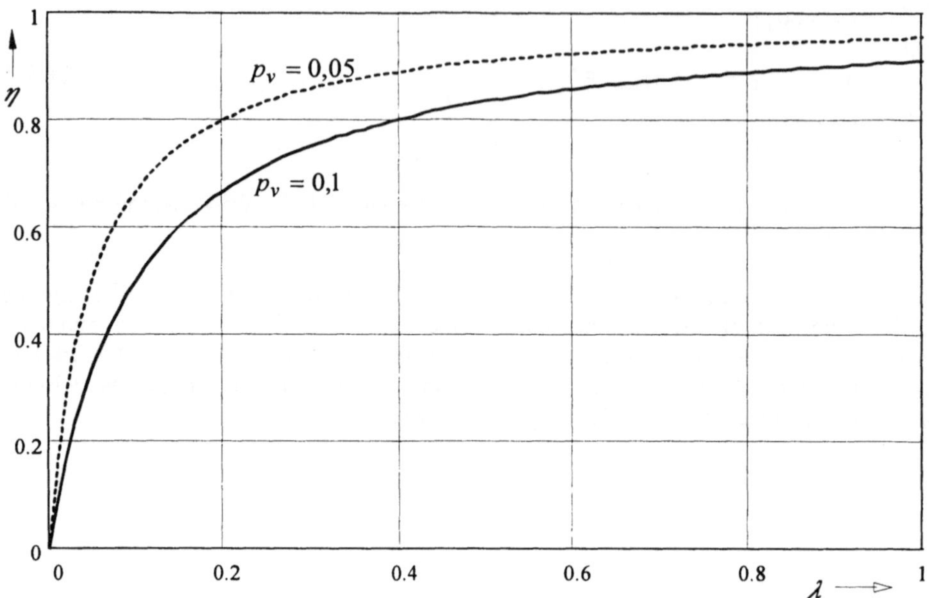

Bild 4.5 : Zusammenhang zwischen Wirkungsgrad und Leistungsfaktor

Die Wirkungsgrade der Niederspannungstransformatoren nach Tabelle 4.1 haben wir unter der dort getroffenen Voraussetzung für einen Leistungsfaktor von λ=1 berechnet. Die hier angestellte Betrachtung macht deutlich, daß Energieübertragung mit einem von eins verschiedenen Leistungsfaktor nochmals zu einer Verkleinerung des Wirkungsgrades führt. Tabelle 4.1 enthält maximale Wirkungsgrade. Ihre Verkleinerung mit abnehmendem Leistungsfaktor kann mit Gleichung 4.29 berechnet werden.

Die physikalische Deutung des Leistungsfaktors soll nun noch einmal aus der Sicht der Verluste versucht werden. Die Effektivwerte von Spannung und Strom werden dazu durch die ihnen entsprechenden Verluste ausgedrückt und die Wirkleistung als die für die Übertragungsaufgabe minimal notwendige Scheinleistung aufgefaßt.

$$\lambda = \frac{P}{S} = \frac{S_{min}}{S} = \frac{U_{e\,min}\, I_{e\,min}}{U_e\, I_e} = \frac{\sqrt{\frac{P_{vu\,min}}{G}}\sqrt{\frac{P_{vi\,min}}{R}}}{\sqrt{\frac{P_{vu}}{G}}\sqrt{\frac{P_{vi}}{R}}} = \sqrt{\frac{P_{vu\,min}}{P_{vu}}}\sqrt{\frac{P_{vi\,min}}{P_{vi}}} \tag{4.30}$$

Da in Elektroenergiesystemen die Spannung praktisch konstant ist, sind die minimalen und tatsächlichen spannungsabhängigen Verluste nahezu gleich. Wir können daher für den Leistungsfaktor vereinfachend schreiben

$$\lambda = \frac{P}{S} = \sqrt{\frac{P_{vi\,min}}{P_{vi}}} \quad \Rightarrow \quad \frac{P_{vi}}{P_{vi\,min}} = \frac{1}{\lambda^2} \tag{4.31}$$

Der Leistungsfaktor kann nach Gleichung (4.31) als die Wurzel aus dem Verhältnis der minimal notwendigen Verluste zu den tatsächlich entstehenden ausgedrückt werden. Ein Leistungsfaktor von λ=0,8 bedeutet, daß die Übertragung der elektrischen Energie mit 156 % der minimal notwendigen Verluste geschieht.

Das Begriffssystem Wirkleistung — Scheinleistung — Leistungsfaktor ist an sich vollständig. Aus praktischen Erwägungen führen wir jedoch noch eine zur Wirkleistung orthogonale Größe ein. Sie ist

$$Q = \sqrt{S^2 - P^2} = S\sqrt{1-\lambda^2} = P\frac{\sqrt{1-\lambda^2}}{\lambda} \tag{4.32}$$

und wird Blindleistung genannt, da sie nicht zur Elektroenergieübertragung, wohl aber zur Beanspruchung der Systemelemente beiträgt. Auch die Blindleistung ist keine Leistung im physikalischen Sinne. Sie wird daher mit der Maßeinheit Voltampere reaktiv (Var) angegeben. Dabei hat sich die Schreibweise mit dem Kleinbuchstaben a für Ampere gegenüber dem älteren VAr durchgesetzt. Die Bezeichnung Var wird wie ein Wort gebraucht.

Maßeinheit der Blindleistung: Var (Voltampere reaktiv)

Die Darstellung der Leistungen als Zeigerdiagramm nach Bild 4.6 ist ohne Einschränkung der Zeitfunktionen von Spannung und Strom möglich. Die Blindleistung ist für kosinusförmige Vorgänge bereits bekannt. Der Winkel im Leistungsdreieck zwischen Wirk- und Scheinleistung entspricht in diesem speziellen Fall dem Phasenverschiebungswinkel zwischen Spannung und Strom. Es gilt

$$Q_\varphi = \sqrt{S^2 - P^2} = S\sqrt{1-\cos\varphi^2} = S\sin\varphi = P\tan\varphi \tag{4.33}$$

Gleichung (4.33) stellt eine Form der Blindleistung dar, die als Verschiebungsblindleistung bezeichnet wird. Der Leistungsfaktor wird dann entsprechend Verschiebungsfaktor genannt. Im praktischen Sprachgebrauch wird Verschiebungsblindleistung oft mit Blindleistung schlechthin gleichgesetzt. Das wir auch an der Bezeichnung der Maßeinheit der Blindleistung deutlich. Der Anhang "reaktiv" der Maßeinheit der Blindleistung wurde aus der Verschiebungsblindleistung abgeleitet, da sie bei kosinusförmigen Strömen und Spannungen durch Reaktanzen verursacht wird.

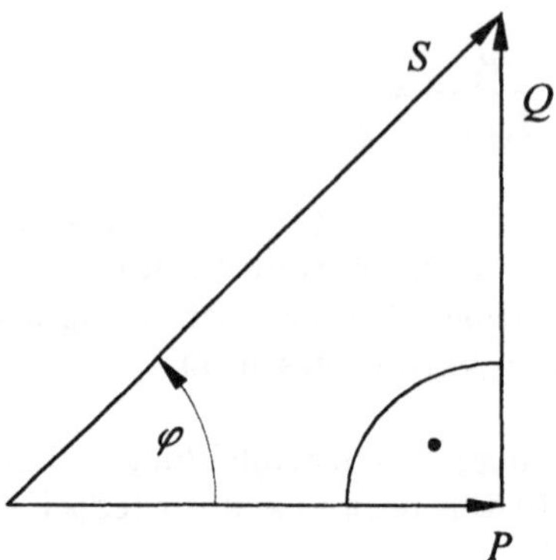

Bild 4.6 : Darstellung der Leistungen als Zeigerdiagramm

Wir sind über die hier angestellten Betrachtungen zu einer allgemeineren Darstellung gelangt, die von den Zeitfunktionen von Strom und Spannung unabhängig ist.

Die Wirkleistung und die Effektivwerte von Spannung und Strom können durch Messung ermittelt werden. Alle interessierenden Leistungskenngrößen können damit nicht nur berechnet, sondern auch gemessen werden. Die verschiedenen Ursachen der Unterschiede zwischen Wirk- und Scheinleistung bzw. des Auftretens von Blindleistung werden in den folgenden Abschnitten besprochen.

4.2 Leistungen in Drehstromsystemen

4.2.1 Wirkleistung

Der Momentanwert der Drehstromleistung wurde im Abschnitt 3.1.5 berechnet. Die Wirkleistung ist der arithmetische Mittelwert der momentanen Leistung über eine Periode. Wir erhalten so für die ursprünglichen Dreiphasensysteme der Ströme und Spannungen

$$P = \frac{1}{2\pi}\int_0^{2\pi}(u_R i_R + u_S i_S + u_T i_T)\,\mathrm{d}\omega t = P_R + P_S + P_T \tag{4.34}$$

Die Wirkleistungen der drei Stränge gehen unabhängig voneinander in die gesamte Wirkleistung des Drehstromsystems ein. Analog zu Gleichung (4.34) erhalten wir im modalen Bereich von Raumzeigern und Nullgrößen, Diagonalkomponenten und Zweiachsen-Komponenten

$$P = \frac{3}{2}P_{RZ} + 3P_0 = \frac{3}{2}(P_\alpha + P_\beta) + 3P_0 = \frac{3}{2}(P_d + P_q) + 3P_0 \tag{4.35}$$

Bei kosinusförmigen Zeitfunktionen der Ströme und Spannungen wird ausgehend von der Wechselstromwirkleistung nach Abschnitt 2.2.6.2 aus Gleichung (4.35)

$$P = \frac{3}{2}(U_\alpha I_\alpha \cos\varphi_\alpha + U_\beta I_\beta \cos\varphi_\beta) + 3U_0 I_0 \cos\varphi_0 \tag{4.36}$$

Bei der Leistungsberechnung aus den Symmetrischen Komponenten gehen wir hier zunächst davon aus, daß keine Nullkomponenten der Ströme und Spannungen existieren. Wir berechnen die momentane Drehstromleistung ausgehend von Strom- und Spannungsraumzeigern nach Gleichung (3.73).

$$p(\omega t) = \frac{3}{2}\,\mathrm{Re}\left\{\left(\underline{\hat{U}}_{(1)}\,\mathrm{e}^{\mathrm{j}\omega t} + \underline{\hat{U}}^*_{(2)}\,\mathrm{e}^{-\mathrm{j}\omega t}\right)\left(\underline{\hat{I}}^*_{(1)}\,\mathrm{e}^{-\mathrm{j}\omega t} + \underline{\hat{I}}_{(2)}\,\mathrm{e}^{\mathrm{j}\omega t}\right)\right\} \tag{4.37}$$

Die Klammern in (4.37) werden ausmultipliziert, gleichzeitig erfolgt der Übergang von Amplituden zu Effektivwerten der Symmetrischen Komponenten.

$$p(\omega t) = 3\,\mathrm{Re}\left\{\underline{U}_{(1)}\,\underline{I}^*_{(1)} + \underline{U}_{(1)}\,\underline{I}_{(2)}\,\mathrm{e}^{\mathrm{j}2\omega t} + \underline{U}^*_{(2)}\,\underline{I}^*_{(1)}\,\mathrm{e}^{-\mathrm{j}2\omega t} + \underline{U}^*_{(2)}\,\underline{I}_{(2)}\right\} \tag{4.38}$$

Gleichung (4.38) zeigt, daß die Mit- und Gegenkomponenten nicht unabhängig voneinander in die momentane Drehstromleistung eingehen. Es treten Mischprodukte auf, die sich mit doppelter Betriebskreisfrequenz periodisch ändern. Die momentane Leistung eines unsymmetrisch belasteten Drehstromsystems ist zeitlich nicht konstant.

Die Mischprodukte aus Mit- und Gegenkomponenten ergeben jedoch bei der Integration über eine Periodendauer den arithmetischen Mittelwert Null. Sie haben daher keinen Anteil an der Wirkleistung. Die Wirkleistung im modalen Bereich der Symmetrischen Komponenten ist deshalb unter Berücksichtigung des Nullsystems

$$P = 3\,\mathrm{Re}\left\{\underline{U}_{(1)}\underline{I}^*_{(1)} + \underline{U}_{(2)}\underline{I}^*_{(2)} + \underline{U}_{(0)}\underline{I}^*_{(0)}\right\} \tag{4.39}$$

$$P = 3\left(U_{(1)}I_{(1)}\cos\varphi_{(1)} + U_{(2)}I_{(2)}\cos\varphi_{(2)} + U_{(0)}I_{(0)}\cos\varphi_{(0)}\right) \tag{4.40}$$

Die drei Symmetrischen Komponenten gehen unabhängig voneinander in die Wirkleistung des Drehstromsystems ein.
Periodische Raumzeiger und Nullgrößen haben wir nach Abschnitt 3.3 durch Fourier-Reihen dargestellt. Die Wirkleistung im Drehstromsystem mit beliebigen periodischen Dreiphasensystemen von Spannungen und Strömen ist auf dieser Grundlage

$$P = 3\left(\sum_{n=-\infty}^{n=+\infty} U_n I_n \cos\varphi_n + \sum_{n=0}^{n=+\infty} U_{0n} I_{0n} \cos\varphi_{0n}\right) \tag{4.41}$$

Die Harmonischen der Fourier-Reihen sind zueinander orthogonal. Mischprodukte aus Harmonischen unterschiedlicher Ordnungszahlen liefern daher wegen

$$\left.\begin{aligned} &\int_0^{2\pi} \mathrm{e}^{\mathrm{j}n\omega t}\,\mathrm{e}^{\mathrm{j}m\omega t}\,\mathrm{d}\,\omega t = 0 \\ &\int_0^{2\pi} \cos n\omega t \cos m\omega t\,\mathrm{d}\,\omega t = 0 \end{aligned}\right\} \quad \text{für} \quad m \neq n \tag{4.42}$$

keinen Anteil zur Wirkleistung.

Raumzeiger und Nullgrößen tragen stets unabhängig voneinander zur momentanen Drehstromleistung und zur Wirkleistung bei. Nur Harmonische der Raumzeiger und der Nullgrößen der Ströme und Spannungen mit jeweils gleicher Ordnungszahl tragen zur Wirkleistung bei.

4.2.2 Effektivwerte von Dreiphasensystemen und Scheinleistung

Wir gehen nun von Dreiphasensystemen aus, die in jedem Zeitaugenblick zueinander proportional sind.

$$\begin{pmatrix} u_R \\ u_S \\ u_T \end{pmatrix} = R \begin{pmatrix} i_R \\ i_S \\ i_T \end{pmatrix} \quad \text{bzw.} \quad \begin{pmatrix} i_R \\ i_S \\ i_T \end{pmatrix} = G \begin{pmatrix} u_R \\ u_S \\ u_T \end{pmatrix} \tag{4.43}$$

Für die Wirkleistung gilt in diesem Fall

$$P = \frac{R}{2\pi} \int_0^{2\pi} \left(i_R^2 + i_S^2 + i_T^2 \right) \mathrm{d}\,\omega t = \frac{G}{2\pi} \int_0^{2\pi} \left(u_R^2 + u_S^2 + u_T^2 \right) \mathrm{d}\,\omega t \tag{4.44}$$

Ausgehend von Raumzeigern und Nullgrößen erhalten wir außerdem

$$P = \frac{R}{2\pi} \int_0^{2\pi} \left(\frac{3}{2} \operatorname{Re}\{\underline{i}\,\underline{i}^*\} + 3\, i_0^2 \right) \mathrm{d}\,\omega t = \frac{G}{2\pi} \int_0^{2\pi} \left(\frac{3}{2} \operatorname{Re}\{\underline{u}\,\underline{u}^*\} + 3\, u_0^2 \right) \mathrm{d}\,\omega t \tag{4.45}$$

$$P = \frac{R}{2\pi} \int_0^{2\pi} \left(\frac{3}{2} \underline{i}\,\underline{i}^* + 3\, i_0^2 \right) \mathrm{d}\,\omega t = \frac{G}{2\pi} \int_0^{2\pi} \left(\frac{3}{2} \underline{u}\,\underline{u}^* + 3\, u_0^2 \right) \mathrm{d}\,\omega t \tag{4.46}$$

Wie bei Wechselspannungen und -strömen mit kosinusförmiger Zeitfunktion gelangen wir über die Wirkleistungsberechnung der Dreiphasensysteme nach Gleichung (4.43) zu ihren Effektivwerten.

$$V_e^2 = \frac{1}{2\pi} \int_0^{2\pi} \left(v_R^2 + v_S^2 + v_T^2 \right) \mathrm{d}\,\omega t = \frac{3}{2} \frac{1}{2\pi} \int_0^{2\pi} \underline{v}\,\underline{v}^* \,\mathrm{d}\,\omega t + 3 \frac{1}{2\pi} \int_0^{2\pi} v_0^2 \,\mathrm{d}\,\omega t \tag{4.47}$$

Für den Effektivwert eines Dreiphasensystems erhalten wir mit Gleichung (4.47) aus den verschiedenen Ausgangsgrößen

$$V_e^2 = \begin{cases} \xrightarrow{\text{Original-Größen}} & V_R^2 + V_S^2 + V_T^2 \\ \xrightarrow{\text{Raumzeiger, Nullgrößen}} & \frac{3}{2} V^2 + 3 V_0^2 \\ \xrightarrow{\text{Diagonal-Komponenten}} & \frac{3}{2} \left(V_\alpha^2 + V_\beta^2 \right) + 3 V_0^2 \\ \xrightarrow{\text{Zweiachsen-Komponenten}} & \frac{3}{2} \left(V_d^2 + V_q^2 \right) + 3 V_0^2 \\ \xrightarrow{\text{Symmetrische Komponenten}} & 3 \left(V_{(1)}^2 + V_{(2)}^2 + V_{(0)}^2 \right) \end{cases} \tag{4.48}$$

Der Effektivwert eines Raumzeigers wurde in Gleichung (4.48) mit V bezeichnet. Für beliebige periodische Dreiphasensysteme wird der Effektivwert berechnet nach

$$V_e^2 = 3\left(\sum_{n=-\infty}^{n=+\infty} V_n^2 + \sum_{n=0}^{n=+\infty} V_{0n}^2\right) \tag{4.49}$$

Wie bei der Wirkleistung gehen Mischprodukte verschiedener Harmonischer auch in den Effektivwert nicht ein.

Mit Abschnitt 3.1.6 können die Effektivwerte von Leitergrößen unabhängig von ihrer Zeitfunktion in Effektivwerte von Dreieckgrößen umgerechnet werden. Ausgehend von den Gleichungen (3.37) bzw. (3.40) erhalten wir für die Effektivwerte der Raumzeiger

$$\begin{matrix} U_\Delta^2 = 3\,U^2 \\ I^2 = 3\,I_\Delta^2 \end{matrix} \quad \Rightarrow \quad U_\Delta\, I_\Delta = U\, I \tag{4.50}$$

Die verketteten Spannungen besitzen wie die Leiterströme keine Nullgröße. Die Leiter-Erde-Spannungen und die Dreieckströme können aber sehr wohl Nullgrößen haben. Für die Effektivwerte der vollständigen Dreiphasensysteme von Dreieck- und Leitergrößen gilt daher Gleichung (4.50) im allgemeinen nicht.

$$U_{e\Delta}^2 = \frac{3}{2} U_\Delta^2 = \frac{9}{2} U^2 \quad \text{aber} \quad U_e^2 = \frac{3}{2} U^2 + 3\,U_0^2 = \frac{1}{2} U_\Delta^2 + 3\,U_0^2 \tag{4.51}$$

$$I_e^2 = \frac{3}{2} I^2 = \frac{9}{2} I_\Delta^2 \quad \text{aber} \quad I_{e\Delta}^2 = \frac{3}{2} I_\Delta^2 + 3\,I_{0\Delta}^2 = \frac{1}{2} I^2 + 3\,I_{0\Delta}^2 \tag{4.52}$$

Mit den angegebenen Gleichungen zur Berechnung der Effektivwerte von Dreiphasensystemen sind wir nun in der Lage, die Scheinleistung in Drehstromsystemen mit Hilfe von Gleichung (4.25) zu bestimmen. Die Wirkleistung ist uns nach dem vorhergehenden Abschnitt ebenfalls bekannt. Somit können wir auch den Leistungsfaktor und die Blindleistung für beliebige periodische Dreiphasensysteme von Strömen und Spannungen ermitteln. Wir sind auf der Grundlage der Abschnitte 4.2.1 und 4.2.2 in der Lage, den Prozeß des Elektroenergietransportes in Drehstromsystemen nach Quantität und Qualität zu bewerten.

Nach dieser allgemeinen Darstellung wenden wir uns nun praktisch wichtigen Spezialfällen zu.

4.2.3 Leistungsverhältnisse bei kosinusförmig symmetrischen Spannungen

In realen Drehstromsystemen können wir oft davon ausgehen, daß die Spannungen kosinusförmig und symmetrisch sind, d.h. Mitsysteme bilden. Das trifft mindestens für die Leerlaufspannungen der Generatoren mit sehr hoher Genauigkeit zu. Dieser Fall führt gegenüber der allgemeinen Leistungsdarstellung zu erheblichen Vereinfachungen. Da die Spannung unter den getroffenen Ausnahmen nur aus einer einzigen Harmonischen, der Grundschwingung, besteht, ist die Wirkleistung

$$P = 3\,U_{(1)}\,I_{(1)}\cos\varphi_{(1)} = 3\,U_1\,I_1\cos\varphi_1 \tag{4.53}$$

Gleichung (4.53) sagt aus, daß der gesamte Elektroenergietransport nur über die Grundschwingungen der Ströme und Spannungen (das Mitsystem) geschieht. Weitere Harmonische des Stromes tragen nur zur Beanspruchung des Systems bei, ohne daß sie einen Nutzen haben. Die Scheinleistung ist

$$S = 3\,U_{(1)}\,I_{(1)}\sqrt{\sum_{n=-\infty}^{n=+\infty}\left(\frac{I_n}{I_1}\right)^2 + \sum_{n=0}^{n=+\infty}\left(\frac{I_{0n}}{I_1}\right)^2} \tag{4.54}$$

Aus Wirk- und Scheinleistung kann der Leistungsfaktor berechnet werden.

$$\lambda = \frac{\cos\varphi_{(1)}}{\sqrt{\sum_{n=-\infty}^{n=+\infty}\left(\frac{I_n}{I_1}\right)^2 + \sum_{n=0}^{n=+\infty}\left(\frac{I_{0n}}{I_1}\right)^2}} \tag{4.55}$$

Die Blindleistung kann mit Hilfe von Gleichung (4.32) berechnet werden. Sie ist

$$Q = 3\,U_{(1)}\,I_{(1)}\sqrt{\sin^2\varphi_{(1)} + \sum_{n=-\infty}^{n=+\infty}\left(\frac{I_n}{I_1}\right)^2 + \sum_{n=0}^{n=+\infty}\left(\frac{I_{0n}}{I_1}\right)^2 - 1} \tag{4.56}$$

Die Blindleistung nach Gleichung (4.56) kann weiter in zueinander orthogonale Anteile zerlegt werden.

$$Q_\varphi = 3\,U_{(1)}\,I_{(1)}\sin\varphi_{(1)} \tag{4.57}$$

$$Q_v = \sqrt{\sum_{n=-\infty}^{n=+\infty}\left(\frac{I_n}{I_1}\right)^2 + \sum_{n=0}^{n=+\infty}\left(\frac{I_{0n}}{I_1}\right)^2 - 1} \tag{4.58}$$

$$Q^2 = Q_\varphi^2 + Q_v^2 \tag{4.59}$$

Der Blindleistungsanteil nach Gleichung (4.57) ist die bereits mit Gleichung (4.33) beschriebene Verschiebungsblindleistung. Die mit Gleichung (4.58) dargestellte Blindleistung entsteht durch Unsymmetrie und Verzerrung. Beide Anteile setzen sich nach Gleichung (4.59) orthogonal zusammen. Das ist im Bild 4.7 qualitativ dargestellt.

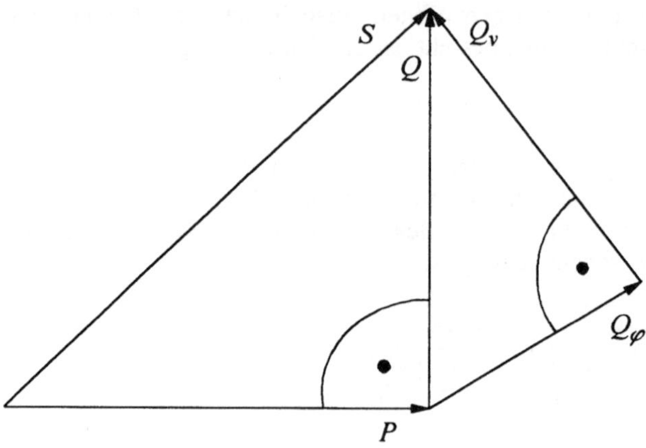

Bild 4.7 : Leistungskenngrößen bei kosinusförmig symmetrischen Spannungen

Der Blindleistungsanteil nach Gleichung (4.58) kann in beliebig viele weitere Anteile zerlegt werden. Auf diese Weise könnte ermittelt werden, welche Harmonische des Stromes welchen Anteil an der Blindleistung hat. Dieser ist natürlich identisch mit ihrem Anteil am Effektivwert des Stromes, so daß auf eine weitere Zerlegung verzichtet werden kann.

4.2.4 Leistungen bei kosinusförmigen symmetrischen Spannungen und Strömen

Diesen Fall haben wir bereits im Abschnitt 2.2.7.2 besprochen. Um die Einordnung in den Gesamtzusammenhang vornehmen zu können, sollen die wichtigsten Beziehungen an dieser Stelle noch einmal zusammengestellt werden. Sowohl die Raumzeiger der Spannungen als auch der Ströme besitzen nur eine einzige Harmonische, die Grundschwingung (das Mitsystem). Die Leistungsgrößen sind daher

$$P = 3\,U_{(1)}\,I_{(1)}\cos\varphi_{(1)} = 3\,\mathrm{Re}\{\underline{U}_{(1)}\underline{I}^{*}_{(1)}\} \tag{4.60}$$

$$S = 3\,U_{(1)}\,I_{(1)} = 3\left|\underline{U}_{(1)}\underline{I}^{*}_{(1)}\right| \tag{4.61}$$

$$Q = 3\,U_{(1)}\,I_{(1)}\sin\varphi_{(1)} = 3\,\mathrm{Im}\{\underline{U}_{(1)}\underline{I}^{*}_{(1)}\} \tag{4.62}$$

$$\lambda = \cos\varphi_{(1)} \tag{4.63}$$

Zur weiteren Kennzeichnung des Prozesses verwenden wir den komplexen Leistungszeiger nach Abschnitt 3.1.5, Gleichung (3.29). Er ist

$$\underline{p}(\omega t) = \frac{3}{2}\left(\underline{u}\,\underline{i}^{*}\right) = \frac{3}{2}\hat{\underline{U}}_{(1)}\,\mathrm{e}^{\mathrm{j}\omega t}\,\hat{\underline{I}}^{*}_{(1)}\,\mathrm{e}^{-\mathrm{j}\omega t} = 3\,\underline{U}_{(1)}\,\underline{I}^{*}_{(1)} = \underline{S} = P + jQ = \text{const.} \tag{4.64}$$

Wir erhalten das bereits im Abschnitt 2.2.7.2 abgeleitete Ergebnis, daß die Leistung im Drehstromsystem mit sinusförmig symmetrischen Strömen und Spannungen zeitlich konstant ist. Wirk- und Blindleistung sind direkt Ergebnis der komplexen Wechselstromrechnung und entsprechen dem Real- bzw. Imaginärteil einer komplexen Scheinleistung, die aus dem Produkt des Spannungs-Raumzeigers mit dem konjugiert komplexen Strom-Raumzeiger gewonnen wird.

Tabelle 4.2: Daten eines Drehstrom-Asynchronmotors

Nennspannung	U_r / kV	6	I′ bei 75 % P_{mr}	0,760
Nennleistung	P_{mr} / kW	5900	λ bei 75 % P_{mr}	0,900
Nennwirkungsgrad	η_r	0,975	I′ bei 50 % P_{mr}	0,520
Nennleistungsfaktor	$\lambda_r = \cos\varphi_r$	0,910	λ bei 50 % P_{mr}	0,880
Anlaufstrom/Nennstrom	I'_a	5,25		
Anlaufleistungsfaktor	$\lambda_a = \cos\varphi_a$	0,140		

Als Beispiel für diesen Belastungsfall eines Drehstromnetzes betrachten wir einen großen Asynchronmotor mit den Daten nach Tabelle 4.2. Die Größen I′ in Tabelle 4.2 bezeichnen das Verhältnis des Stromes in einem angegebenen Betriebspunkt zum Nennstrom des Motors. Die angegebene Nennleistung des Motors ist die Leistung, die er unter Nennbedingungen an seiner Welle mechanisch abgeben kann. Die von ihm aufgenommene Wirkleistung ist um seine Verluste größer als die Nennleistung.

$$P_r = \frac{P_{mr}}{\eta_r} \tag{4.65}$$

Der Nennstrom des Motors ist mit den angegebenen Daten

$$I_r = \frac{P_{mr}}{\sqrt{3}\, U_r\, \eta_r \cos\varphi_r} \tag{4.66}$$

Wir beachten bei der Berechnung des Nennstromes, daß die Nennspannung des Motors eine Leiter-Leiter-Spannung ist. Mit der Kenntnis des Nennstromes können wir die Motor-Scheinleistungen in den drei weiteren Betriebspunkten des Motors angeben.

$$S_x = \sqrt{3}\, U_r\, I_r\, I'_x \tag{4.67}$$

Da die Leistungsfaktoren in den Betriebspunkten gegeben sind, können aus der Scheinleistung Wirk- und Blindleistung bestimmt werden. Da in den Betriebspunkten außerdem die mechanische Motorleistung bekannt ist, können wir auch den Motorwirkungsgrad ermitteln.

$$\eta_x = \frac{P_{mx}}{P_x} = \frac{P_{mx}}{S_x \cos\varphi_x} \tag{4.68}$$

Die Ergebnisse der Rechnung sind in der Tabelle 4.3 zusammengestellt.

Tabelle 4.3: Leistungsgrößen eines Drehstrom-Asynchronmotors

Betriebspunkt	P/kW	Q/kVar	S/kVA	λ=cos φ	η
Nennbetrieb	6051	2757	6650	0,910	0,975
Dreiviertellast	4548	2203	5054	0,900	0,973
Halblast	3043	1642	3458	0,880	0,969
Anlauf (s=1)	4888	34567	34911	0,140	0,000

Im Anlauf bei dem Schlupf von s=1 (Stillstand des Motors) ist sein Wirkungsgrad Null, da keine mechanische Leistung abgegeben wird. Die aufgenommene Wirkleistung entspricht den Motorverlusten. Verluste im Läufer des Motors sind bei Stillstand allerdings notwendig, damit er überhaupt ein Anlaufmoment entwickeln kann. Der Anlaufpunkt ist für uns an dieser Stelle deshalb so interessant, weil dort eine die Nennleistungen weit übersteigende Blind- und Scheinleistungsaufnahme erfolgt und so das Energieversorgungsnetz stark belastet wird.

Die anderen drei Betriebspunkte zeigen, daß auch bei Motoren sowohl Wirkungsgrad als auch Leistungsfaktor belastungsabhängig sind. Sie erreichen ihre höchsten Werte im Nennbetrieb. Es kommt daher bei der Auswahl von Motoren sehr darauf an, daß sie angepaßt an ihre Aufgabe ausgewählt und nicht überdimensioniert werden.

4.2.5 Leistungsfluß über einen Netzzweig

Wir betrachten den Leistungsfluß über einen Zweig eines Drehstromnetzes bei kosinusförmigen symmetrischen Strömen und Spannungen. Nach Abschnitt 3.5.1 genügt es dazu, das Mitsystem zu untersuchen. Auf eine besondere Kennzeichnung der Mitkomponenten durch den Index (1) kann daher verzichtet werden. Der Netzzweig wird im Mitsystem durch einen Vierpol beschrieben. Wir nehmen hier an, daß wir ihn als Π-Ersatzschaltung nach Bild 4.8 darstellen können.

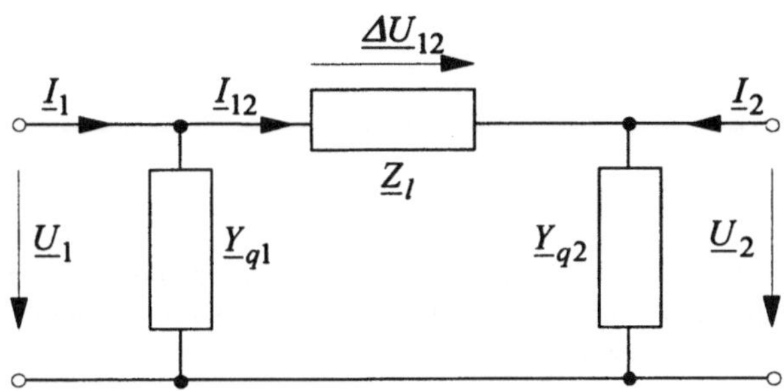

Bild 4.8 : Π-Vierpol eines Netzzweiges

Mit den in Bild 4.8 eingetragenen Vorzeichenfestlegungen lautet die Vierpolgleichung in Admittanzform

$$\begin{pmatrix} \underline{I}_1 \\ \underline{I}_2 \end{pmatrix} = \underline{\mathbf{Y}} \begin{pmatrix} \underline{U}_1 \\ \underline{U}_2 \end{pmatrix} = \begin{pmatrix} \underline{Y}_{q1} + \dfrac{1}{\underline{Z}_l} & -\dfrac{1}{\underline{Z}_l} \\ -\dfrac{1}{\underline{Z}_l} & \underline{Y}_{q2} + \dfrac{1}{\underline{Z}_l} \end{pmatrix} \begin{pmatrix} \underline{U}_1 \\ \underline{U}_2 \end{pmatrix} \tag{4.69}$$

Mit Gleichung (4.69) können die komplexen Scheinleistungen an den Toren des Zweiges berechnet werden.

$$\begin{pmatrix} \underline{S}_1 \\ \underline{S}_2 \end{pmatrix} = 3 \begin{pmatrix} \underline{U}_1 & 0 \\ 0 & \underline{U}_2 \end{pmatrix} \begin{pmatrix} \underline{I}_1^* \\ \underline{I}_2^* \end{pmatrix} \tag{4.70}$$

Für den Zweig nach Bild 4.8 erhält man aus Gleichung (4.70)

$$\begin{aligned} \underline{S}_1 &= 3\left(\underline{U}_1\,\underline{U}_1^*\,\underline{Y}_{q1}^* + \underline{U}_1\left(\underline{U}_1^* - \underline{U}_2^*\right)\frac{1}{\underline{Z}_l^*}\right) = 3\left(\underline{U}_1\,\underline{U}_1^*\,\underline{Y}_{q1}^* + \underline{U}_1\,\Delta\underline{U}_{12}^*\,\frac{1}{\underline{Z}_l^*}\right) \\ \underline{S}_2 &= 3\left(\underline{U}_2\,\underline{U}_2^*\,\underline{Y}_{q2}^* - \underline{U}_2\left(\underline{U}_1^* - \underline{U}_2^*\right)\frac{1}{\underline{Z}_l^*}\right) = 3\left(\underline{U}_2\,\underline{U}_2^*\,\underline{Y}_{q2}^* - \underline{U}_2\,\Delta\underline{U}_{12}^*\,\frac{1}{\underline{Z}_l^*}\right) \end{aligned} \tag{4.71}$$

Der komplexe Scheinleistungsbedarf des Netzzweiges ist bei den getroffenen Vorzeichenfestlegungen die Summe der beiden Scheinleistungen an seinen Toren.

$$\underline{S}_{zw} = \underline{S}_1 + \underline{S}_2 = 3\left(\underline{U}_1\, \underline{U}_1^*\, \underline{Y}_{q1}^* + \underline{U}_2\, \underline{U}_2^*\, \underline{Y}_{q2}^* + \frac{\Delta\underline{U}_{12}\, \Delta\underline{U}_{12}^*}{\underline{Z}_l^*}\right) \tag{4.72}$$

$$\underline{S}_{zw} = 3\left(U_1^2\, \underline{Y}_{q1}^* + U_2^2\, \underline{Y}_{q2}^* + \frac{\Delta U_{12}^2}{\underline{Z}_l^*}\right) = 3\left(U_1^2\, \underline{Y}_{q1}^* + U_2^2\, \underline{Y}_{q2}^* + I_{12}^2\, \underline{Z}_l\right) \tag{4.73}$$

mit

$$\underline{I}_{12} = \frac{\Delta\underline{U}_{12}}{\underline{Z}_l}, \quad |\underline{I}_{12}| \gg |\underline{U}_\nu\, \underline{Y}_{q\nu}| \tag{4.74}$$

Die ersten beiden Terme in Gleichung (4.73) stellen den spannungsabhängigen und der dritte Term den stromabhängigen Scheinleistungsbedarf des Netzzweiges dar. Die Zerlegung der Zweigscheinleistung in die Zweigverluste (Wirkleistung) und die Blindleistung geschieht analog den Gleichungen (2.66) und (2.67).

$$P_{vzw} = \mathrm{Re}\{\underline{S}_{zw}\} = 3\, U_1^2\, G_{q1} + 3\, U_2^2\, G_{q2} + 3\, I_{12}^2\, R_l \tag{4.75}$$

$$Q_{zw} = \mathrm{Im}\{\underline{S}_{zw}\} = -3\, U_1^2\, B_{q1} - 3\, U_2^2\, B_{q2} + 3\, I_{12}^2\, X_l \tag{4.76}$$

Die Scheinleistung, die über den Zweig übertragen wird und an seinem Ende ankommt, ist der zweite Term der Scheinleistung am Zweigausgang (Seite 2) nach Gleichung (4.71). Wir wollen sie im folgenden näher betrachten.

$$\underline{S}_{12} = -\underline{U}_2\left(\underline{U}_1^* - \underline{U}_2^*\right)\frac{1}{\underline{Z}_l^*} = -\frac{U_2^2}{\underline{Z}_l^*}\left(k\,\mathrm{e}^{-\mathrm{j}\vartheta} - 1\right) \quad \text{mit} \quad \underline{U}_1 = \underline{U}_2\, k\, \mathrm{e}^{\mathrm{j}\,\vartheta} \tag{4.77}$$

Sie hat ein negatives Vorzeichen, da wir das Verbraucherzählpfeilsystem an beiden Toren des Zweiges verwenden. Wir formen Gleichung (4.77) um. Dabei verwenden wir die Beziehung

$$\underline{Z}_l = Z_l\, \mathrm{e}^{\mathrm{j}\varphi_l} = Z_l\, \mathrm{e}^{\mathrm{j}\left(\frac{\pi}{2} - \beta\right)} = \mathrm{j}\, Z_l\, \mathrm{e}^{-\mathrm{j}\beta} \tag{4.78}$$

Mit Gleichung (4.78) erhalten wir

$$\underline{S}_{12} = -\frac{U_2^2}{Z_l}\left(\mathrm{j}\, k\, \mathrm{e}^{-\mathrm{j}(\vartheta+\beta)} - \mathrm{j}\,\mathrm{e}^{-\mathrm{j}\,\beta}\right) \tag{4.79}$$

Gleichung (4.79) wird in Real- und Imaginärteil zerlegt.

$$P_{12} = \mathrm{Re}\{\underline{S}_{12}\} = -\frac{U_2^2}{Z_l}\,(k\sin(\theta+\beta)-\sin\beta) \qquad (4.80)$$

$$Q_{12} = \mathrm{Im}\{\underline{S}_{12}\} = -\frac{U_2^2}{Z_l}\,(k\cos(\theta+\beta)-\cos\beta) \qquad (4.81)$$

In realen elektrischen Energieversorgungsnetzen ist die Längsresistanz gegenüber der Längsreaktanz meist vernachlässigbar klein. Der Impedanzwinkel ist nur geringfügig kleiner als 90 Grad. Der Winkel β wird daher annähernd Null. Unter Berücksichtigung dieser Näherung wird aus den Gleichungen (4.80) und (4.81)

$$\varphi_l \rightarrow \frac{\pi}{2} \;\Rightarrow\; \beta \rightarrow 0 \;\Rightarrow\; P_{12} \approx -\frac{U_2^2}{X_l}\,k\sin\theta \qquad (4.82)$$

$$\varphi_l \rightarrow \frac{\pi}{2} \;\Rightarrow\; \beta \rightarrow 0 \;\Rightarrow\; Q_{12} \approx -\frac{U_2^2}{X_l}\,(k\cos\theta-1) \qquad (4.83)$$

Gleichung (4.82) gibt die vom Zweig abgegebene Wirkleistung zuzüglich der spannungsabhängigen Verluste am Zweigende an. Wir erkennen, daß diese maßgeblich vom Winkel zwischen den Spannungen am Zweiganfang und am Zweigende bestimmt wird. Die übertragene Wirkleistung wird maximal, wenn dieser Winkel 90 Grad beträgt. Bei Überschreiten von 90 Grad sinkt die übertragene Wirkleistung wieder. Die Übertragung ist nicht mehr stabil. Für einen Zweig allein kann man aus Stabilitätsgründen jedoch einen Winkel von 90 Grad nicht zulassen, da schließlich der Winkel zwischen der Leerlaufspannung des Drehstromsystems und dem Anschlußknoten der Last die Stabilitätsgrenze nicht überschreiten darf. Für Freileitungen läßt man daher Winkel nur in einem Bereich von

$$\theta_{\mathrm{Freileitung}} \leq 25^\circ \ldots 30^\circ \qquad (4.84)$$

zu. Der Winkel nach (4.84) wird Leitungswinkel genannt. Bei Generatoren bezeichnet man einen Winkel von 70 Grad zwischen der Polrad- und der Klemmenspannung (siehe Ersatzschaltung nach Bild 3.58) als die sogenannte praktische statische Stabilitätsgrenze.

$$\theta_{\mathrm{Generator}} = \delta \leq 70^\circ \qquad (4.85)$$

Der Winkel δ des Generators wird Last- oder Polradwinkel genannt.

Wegen Gleichung (4.84) ist die Blindleistungsübertragung über Freileitungen bzw. Netzzweige nahezu unabhängig vom Leitungswinkel, da die Kosinusfunktion in dem angegebenen Winkelbereich nur wenig von 1,0 abweicht. Wir erkennen aus Gleichung

(4.83) jedoch, daß dafür der Betrag des Spannungsverhältnisses k umso stärker eingeht. Blindleistungsübertragung hat also einen großen Einfluß auf die Spannungen im Netz. Hohe Anforderungen an die Spannungshaltung bedingen daher eine Minimierung der Blindleistungsübertragung. Wir werden auf diese Frage nochmals zurückkommen.

Mit den bisher berechneten Leistungsgrößen des Zweiges kann nun auch der Zweigwirkungsgrad angegeben werden.

$$\eta_{zw} = \frac{-P_{12} - 3\,U_2^2\,G_{q2}}{-P_{12} - 3\,U_2^2\,G_{q2} + P_{vzw}} \approx \frac{P_{12}}{P_{12} + P_{vzw}} \tag{4.86}$$

Mit den angegebenen Größen können wir die Leistungsübertragung über den betrachteten Netzzweig, der eine Leitung, einen Transformator, eine komplexere Zusammenschaltung von mehreren elektrischen Betriebsmitteln oder aber auch den Elementar-Längsvierpol der inneren Generatorimpedanz darstellen kann, bei symmetrischen Betriebsverhältnissen analysieren.

4.2.6 Leistungen unsymmetrischer Drehstromabnehmer

4.2.6.1 Leistungsgrößen. Im folgenden soll der praktisch wichtige Betrieb unsymmetrischer Abnehmer am Drehstromsystem bei kosinusförmigen Strömen und Spannungen näher betrachtet werden. Die Dreiphasensysteme der Ströme und Spannungen sind in diesem Fall durch ihre Symmetrischen Komponenten vollständig beschrieben. Die Wirkleistung erhalten wir aus Gleichung (4.39) oder (4.40). Die Effektivwerte der Dreiphasensysteme sind mit Gleichung (4.48) gegeben. Damit sind wir auch in der Lage, die Scheinleistung zu berechnen und daraus schließlich Blindleistung und Leistungsfaktor abzuleiten.

Zur Erhöhung der Übersichtlichkeit klammern wir in Gleichung (4.40) das Produkt der Grundschwingungen (Mitkomponenten) von Spannung und Strom aus.

$$P = 3\,U_{(1)} I_{(1)} \left(\cos\varphi_{(1)} + \frac{U_{(2)}}{U_{(1)}} \frac{I_{(2)}}{I_{(1)}} \cos\varphi_{(2)} + \frac{U_{(0)}}{U_{(1)}} \frac{I_{(0)}}{I_{(1)}} \cos\varphi_{(0)} \right) \tag{4.87}$$

Die Scheinleistung stellen wir auf die gleiche Weise dar.

$$S = 3\,U_{(1)}\,I_{(1)} \sqrt{1 + \left(\frac{U_{(2)}}{U_{(1)}}\right)^2 + \left(\frac{U_{(0)}}{U_{(1)}}\right)^2} \sqrt{1 + \left(\frac{I_{(2)}}{I_{(1)}}\right)^2 + \left(\frac{I_{(0)}}{I_{(1)}}\right)^2} \tag{4.88}$$

Für den Leistungsfaktor erhält man mit den Gleichungen (4.87) und (4.88)

$$\lambda = \frac{P}{S} = \frac{\cos\varphi_{(1)} + \frac{U_{(2)}}{U_{(1)}}\frac{I_{(2)}}{I_{(1)}}\cos\varphi_{(2)} + \frac{U_{(0)}}{U_{(1)}}\frac{I_{(0)}}{I_{(1)}}\cos\varphi_{(0)}}{\sqrt{1+\left(\frac{U_{(2)}}{U_{(1)}}\right)^2+\left(\frac{U_{(0)}}{U_{(1)}}\right)^2}\sqrt{1+\left(\frac{I_{(2)}}{I_{(1)}}\right)^2+\left(\frac{I_{(0)}}{I_{(1)}}\right)^2}} \tag{4.89}$$

Damit kann auch die Blindleistung berechnet werden. Die Gleichungen (4.87) bis (4.89) zeigen, daß sie sowohl durch Phasenverschiebung zwischen den Komponentenspannungen und -strömen als auch durch die Unsymmetrie verursacht wird. Eine Trennung in die diesen Ursachen entsprechenden Anteile ist nach Gleichung (4.89) nicht ohne weiteres möglich, da die Phasenverschiebung in allen drei Komponentensystemen auftritt.

Zur weiteren Charakterisierung der unsymmetrischen Belastung soll der Leistungszeiger betrachtet werden. Dabei ist jedoch zu beachten, daß er die Nullkomponenten der Spannungen und Ströme nicht enthält und somit nur eine unvollständige Beschreibung darstellt. Ausgehend von Gleichung (4.38) gilt für den Leistungszeiger

$$\underline{p}(\omega t) = 3\,U_{(1)}\,I_{(1)}\left(e^{j\varphi_{(1)}} + \underline{i}_{(2)}\,e^{j2\omega t} + \underline{u}_{(2)}\,e^{-j2\omega t} + \frac{U_{(2)}}{U_{(1)}}\frac{I_{(2)}}{I_{(1)}}\,e^{-j\varphi_{(2)}}\right) \tag{4.90}$$

mit

$$\underline{i}_{(2)} = \frac{I_{(2)}}{I_{(1)}}\,e^{j\left(\varphi_{U(1)}+\varphi_{I(2)}\right)} \quad \text{und} \quad \underline{u}_{(2)} = \frac{U_{(2)}}{U_{(1)}}\,e^{-j\left(\varphi_{U(2)}+\varphi_{I(1)}\right)} \tag{4.91}$$

Der Leistungszeiger beschreibt in der komplexen Ebene eine Ellipse um den ruhenden Zeiger

$$\underline{s}_{\varphi} = 3\,U_{(1)}\,I_{(1)}\left(e^{j\varphi_{(1)}} + \frac{U_{(2)}}{U_{(1)}}\frac{I_{(2)}}{I_{(1)}}\,e^{-j\varphi_{(2)}}\right) \tag{4.92}$$

Sie wird in einer Wechselstromperiode zweimal durchlaufen, da die Raumzeiger der Ströme und Spannungen bei Unsymmetrie nach Abschnitt 3.3.1.1 zweipulsig sind. Die Halbachsen dieser Ellipse werden durch die Unsymmetrie der Spannungen und Ströme bestimmt. Die Fläche der Ellipse ist daher ein qualitatives Maß der Unsymmetrie.

Der Realteil des ruhenden Zeigers nach Gleichung (4.92) entspricht nach unseren bisherigen Überlegungen der Summe der Wirkleistungsanteile des Mit- und des Gegensystems. Sein Imaginärteil ist

$$\operatorname{Im}\{\underline{s}_{\varphi}\} = 3\,U_{(1)}\,I_{(1)}\left(\sin\varphi_{(1)} - \frac{U_{(2)}}{U_{(1)}}\frac{I_{(2)}}{I_{(1)}}\sin\varphi_{(2)}\right) \tag{4.93}$$

Die Lage der Zeigerspitze (der Mittelpunkt der Ellipse) in der komplexen Ebene gibt daher eine "mittlere" Verschiebung im Mit- und Gegensystem an. Wir sind somit zumindest qualitativ in der Lage, aus der Lage der Leistungsellipse in der komplexen Ebene Schlußfolgerungen über einen unsymmetrischen Belastungsfall abzuleiten, vergessen jedoch nicht, daß wir bei dieser Betrachtung das Nullsystem nicht erfaßt haben.

4.2.6.2 Berechnung der unsymmetrischen Spannungen und Ströme. Die Berechnung der Ströme und Spannungen eines unsymmetrischen Abnehmers in Dreieckschaltung haben wir bereits im Abschnitt 3.5.4 kennengelernt. Bei ihm ist das Nullsystem nicht an der Leistungsübertragung beteiligt. Es brauchen daher nur die Mit- und Gegenkomponenten der Ströme und Spannungen mit Hilfe der Gleichungen (3.279) und (3.280) berechnet zu werden.

Wir wollen an dieser Stelle eine allgemeine unsymmetrische Drehstromimpedanzlast nach Bild 4.9 betrachten. Alle wichtigen Belastungsfälle können aus ihm abgeleitet werden.

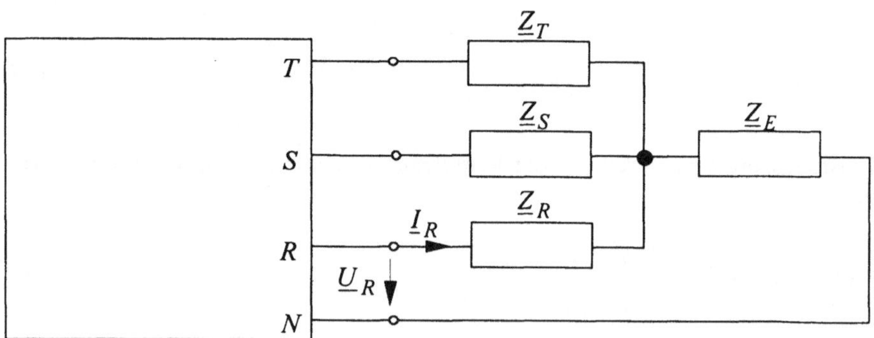

Bild 4.9 : Allgemeine unsymmetrische Drehstromimpedanzlast

Aus Gründen der Übersichtlichkeit wurden in Bild 4.9 nur die Zählpfeile für die Spannung und den Strom des Leiters *R* eingetragen. Für die Leiter *S* und *T* gelten diese Vorzeichenfestlegungen entsprechend. Die Spannungsgleichung der unsymmetrischen Last ist

$$\begin{pmatrix} \underline{U}_R \\ \underline{U}_S \\ \underline{U}_T \end{pmatrix} = \underline{\mathbf{U}}_{RST} = \begin{pmatrix} \underline{Z}_R + \underline{Z}_E & \underline{Z}_E & \underline{Z}_E \\ \underline{Z}_E & \underline{Z}_S + \underline{Z}_E & \underline{Z}_E \\ \underline{Z}_E & \underline{Z}_E & \underline{Z}_T + \underline{Z}_E \end{pmatrix} \begin{pmatrix} \underline{I}_R \\ \underline{I}_S \\ \underline{I}_T \end{pmatrix} = \underline{\mathbf{Z}}_{RST}\, \underline{\mathbf{I}}_{RST} \tag{4.94}$$

Wir transformieren Gleichung (4.94) analog zu Gleichung (3.142) in Symmetrische Komponenten und bekommen dort die Symmetrische Impedanzmatrix der unsymmetrischen Last.

$$\underline{\mathbf{Z}}_{(012)} = \frac{1}{3} \begin{pmatrix} \underline{Z}_\Sigma + 9\,\underline{Z}_E & \underline{Z}_A & \underline{Z}_B \\ \underline{Z}_B & \underline{Z}_\Sigma & \underline{Z}_A \\ \underline{Z}_A & \underline{Z}_B & \underline{Z}_\Sigma \end{pmatrix} \tag{4.95}$$

mit den Abkürzungen

$$\begin{aligned} \underline{Z}_\Sigma &= \underline{Z}_R + \underline{Z}_S + \underline{Z}_T \\ \underline{Z}_A &= \underline{Z}_R + \underline{a}^2\, \underline{Z}_S + \underline{a}\, \underline{Z}_T \\ \underline{Z}_B &= \underline{Z}_R + \underline{a}\, \underline{Z}_S + \underline{a}^2\, \underline{Z}_T \end{aligned} \tag{4.96}$$

Die Impedanzmatrix ist zyklisch symmetrisch. Für gleiche Leiterimpedanzen bei symmetrischer Last entartet sie zu einer Diagonalmatrix. Die Spannungsgleichung der unsymmetrischen Last lautet mit Gleichung (4.96) in Symmetrischen Komponenten.

$$\underline{\mathbf{U}}_{(012)} = \underline{\mathbf{Z}}_{(012)}\, \underline{\mathbf{I}}_{(012)} \tag{4.97}$$

Das symmetrische Drehstromnetz beschreiben wir gemäß Abschnitt 3.4.2 mit Hilfe des Satzes von der Ersatzspannungsquelle in Symmetrischen Komponenten.

$$\underline{\mathbf{U}}_{(012)} = \underline{\mathbf{U}}_{p\,(012)} - \underline{\mathbf{Z}}_{k\,(012)}\, \underline{\mathbf{I}}_{(012)} = \begin{pmatrix} 0 \\ \underline{U}_{p\,(1)} \\ 0 \end{pmatrix} - \begin{pmatrix} \underline{Z}_{k\,(0)} & 0 & 0 \\ 0 & \underline{Z}_{k\,(1)} & 0 \\ 0 & 0 & \underline{Z}_{k\,(2)} \end{pmatrix} \begin{pmatrix} \underline{I}_{(0)} \\ \underline{I}_{(1)} \\ \underline{I}_{(2)} \end{pmatrix} \tag{4.98}$$

In Gleichung (4.98) haben wir vorausgesetzt, daß die Leerlaufspannungen des Drehstromnetzes kosinusförmig symmetrisch sind und ein Mitsystem bilden.

Wir setzen (4.97) in (4.98) ein und können die Symmetrischen Komponenten der Ströme ermitteln.

$$\underline{\mathbf{I}}_{(012)} = \left(\underline{\mathbf{Z}}_{(012)} + \underline{\mathbf{Z}}_{k\,(012)} \right)^{-1} \underline{\mathbf{U}}_{p\,(012)} \tag{4.99}$$

Die Symmetrischen Komponenten der Spannungen sind

$$\underline{\mathbf{U}}_{(012)} = \underline{\mathbf{Z}}_{(012)} \left(\underline{\mathbf{Z}}_{(012)} + \underline{\mathbf{Z}}_{k\,(012)}\right)^{-1} \underline{\mathbf{U}}_{p\,(012)} \tag{4.100}$$

Damit können nun auch die Leistungsgrößen vollständig ermittelt werden.

4.2.6.3 Niederspannungstransformator mit unsymmetrischer Belastung. Um eine Vorstellung über praktische Größenordnungen gewinnen zu können, untersuchen wir einen Niederspannungstransformator mit einer Nennscheinleistung von 1000 kVA, der aus einem Drehstrom-Mittelspannungsnetz gespeist wird, bei verschiedenen unsymmetrischen Belastungen. Er hat die Schaltgruppe Dy 5 und ist daher nach Abschnitt 3.4.6.6 auch geeignet, Lasten zwischen den Leitern und dem Neutralleiter zu versorgen. Die Übersichtsschaltung ist im Bild 4.10 angegeben.

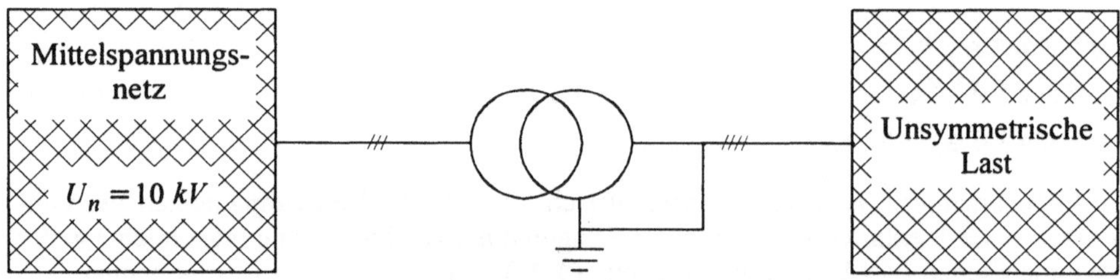

Bild 4.10 : Unsymmetrisch belasteter Drehstrom-Niederspannungstransformator

Der Transformator wird gemäß Abschnitt 3.4.3 vereinfachend als stromideal angenommen. Seine Symmetrischen Impedanzen sind

$$\underline{Z}_{(0)T} = (1{,}5 + \mathrm{j}\,9{,}0)\ m\Omega$$

$$\underline{Z}_{(1)T} = \underline{Z}_{(1)T} = (1{,}5 + \mathrm{j}\,9{,}5)\ m\Omega$$

Mit- und Gegenimpedanz des vorgeschalteten Mittelspannungsnetzes sind gegenüber den entsprechenden Transformatorimpedanzen vernachlässigbar klein. Im Nullsystem besteht infolge der Transformator-Schaltgruppe keine Verbindung zwischen dem Mittelspannungsnetz und der Transformator-Unterspannungsseite. Die Symmetrischen Transformatorimpedanzen sind unter diesen Voraussetzungen gleich den Kurzschlußimpedanzen des der Last vorgeschalteten Drehstromnetzes. Wir nehmen an, daß an der Unterspannungsseite des Transformators eine Impedanzlast mit einer Wirkleistung von P=300 kW in verschiedenen Schaltungsvarianten betrieben werden soll. Die Lastimpedanzen werden alle mit dem gleichen Impedanzwinkel angenommen. Für sie gilt allgemein

$$\underline{Z}_\nu = Z_\nu\, \mathrm{e}^{\mathrm{j}\varphi} \quad \text{mit} \quad \cos\varphi = 0{,}9$$

Wir untersuchen die Belastungsfälle nach Tabelle 4.4. Die Leistungsgrößen für die in Tabelle 4.4 angegebenen Belastungsfälle sind in der Tabelle 4.5 angegeben.

Tabelle 4.4: Fälle der unsymmetrischen Impedanzlast

Fall	Art der Unsymmetrie	Parameter
1	Symmetrie	$\underline{Z}_R = \underline{Z}_S = \underline{Z}_T = \underline{Z}_1 \quad \underline{Z}_E$ beliebig
2	dreipolige Unsymmetrie ohne Nullstrom	$(\underline{Z}_R \;\; \underline{Z}_S \;\; \underline{Z}_T \;\; \underline{Z}_E) = \left(1 \;\; \frac{1}{2} \;\; 2 \;\; \to\infty\right)\underline{Z}_2$
3	dreipolige Unsymmetrie mit Nullstrom	$(\underline{Z}_R \;\; \underline{Z}_S \;\; \underline{Z}_T \;\; \underline{Z}_E) = \left(1 \;\; \frac{1}{2} \;\; 2 \;\; \frac{1}{4}\right)\underline{Z}_3$
4	zweipolige Unsymmetrie ohne Nullstrom	$(\underline{Z}_R \;\; \underline{Z}_S \;\; \underline{Z}_T \;\; \underline{Z}_E) = \left(1 \;\; \frac{1}{2} \;\; 2 \;\; 0\right)\underline{Z}_4$
5	dreipolige Unsymmetrie mit Nullstrom	$(\underline{Z}_R \;\; \underline{Z}_S \;\; \underline{Z}_T \;\; \underline{Z}_E) = \left(\to\infty \;\; \frac{1}{2} \;\; 2 \;\; \frac{1}{4}\right)\underline{Z}_5$
6	zweipolige Unsymmetrie mit Nullstrom	$(\underline{Z}_R \;\; \underline{Z}_S \;\; \underline{Z}_T \;\; \underline{Z}_E) = (\to\infty \;\; 1 \;\; 0 \;\; \to\infty)\,\underline{Z}_6$
7	zweipolige Unsymmetrie mit Nullstrom	$(\underline{Z}_R \;\; \underline{Z}_S \;\; \underline{Z}_T \;\; \underline{Z}_E) = \left(\to\infty \;\; \frac{1}{2} \;\; 2 \;\; 0\right)\underline{Z}_7$
8	einpolige Unsymmetrie	$(\underline{Z}_R \;\; \underline{Z}_S \;\; \underline{Z}_T \;\; \underline{Z}_E) = (1 \;\; \to\infty \;\; \to\infty \;\; 0)\,\underline{Z}_8$

Tabelle 4.5: Leistungen der unsymmetrischen Impedanzlast bei P_ν=300 kW

Fall	$\lvert\underline{Z}_\nu\rvert / m\Omega$	S_ν / kVA	$Q_\nu / kVar$	λ
1	468,8	333,3	145,3	0,9000
2	467,2	356,5	192,6	0,8415
3	508,2	363,0	204,5	0,8263
4	543,2	378,3	230,5	0,7930
5	306,2	456,6	344,2	0,6570
6	457,3	477,2	371,1	0,6287
7	380,9	480,6	375,5	0,6242
8	148,6	591,8	510,1	0,5070

Die Tabelle 4.5 zeigt den starken Einfluß der Unsymmetrie auf die Leistungsverhältnisse. Der günstigste Belastungsfall ist erwartungsgemäß die symmetrische Belastung 1. Die ungünstigsten Verhältnisse treten bei einphasiger Belastung des Transformators zwischen einem Leiter und dem Neutralleiter (Fall 8) auf. Alle anderen Unsymmetrien liegen zwischen diesen beiden Extremfällen. Zur eingehenderen Beurteilung ist es zweckmäßig, auch die Strom- und Spannungsverhältnisse bei den untersuchten Belastungsfällen zu betrachten. Sie sind in der Tabelle 4.6 zusammengestellt.

Tabelle 4.6: Ströme und Spannungen der unsymmetrischen Belastungen

Fall	$\lvert \underline{U}_{(1)} \rvert / V$	$\lvert \underline{I}_{(1)} \rvert / A$	$\left\lvert \frac{\underline{U}_{(0)}}{\underline{U}_{(1)}} \right\rvert$	$\left\lvert \frac{\underline{U}_{(2)}}{\underline{U}_{(1)}} \right\rvert$	$\left\lvert \frac{\underline{I}_{(0)}}{\underline{I}_{(1)}} \right\rvert$	$\left\lvert \frac{\underline{I}_{(2)}}{\underline{I}_{(1)}} \right\rvert$
1	228,2	486,8	0	0	0	0
2	228,2	487,7	0	0,008	0	0,374
3	228,2	487,9	0,004	0,008	0,213	0,368
4	228,2	488,5	0,007	0,008	0,372	0,376
5	228,2	491,9	0,011	0,015	0,588	0,726
6	228,1	493,0	0	0,021	0	1
7	228,1	493,0	0,014	0,015	0,723	0,711
8	228,2	499,3	0,020	0,021	1	1

Nach Tabelle 4.6 hängt der Mitstrom nur sehr wenig vom Belastungsfall ab. Die Mitspannung ist deshalb ebenfalls nahezu unabhängig von der Unsymmetrie. Null- und Gegenspannung bleiben unter den gegebenen Verhältnissen relativ gering. Da sie nach Gleichung (4.48) quadratisch in den Effektivwert des Spannungs-Dreiphasensystems eingehen, ist ihr Einfluß auf die Höhe der Scheinleistung in praktischen Fällen oft vernachlässigbar. Die Höhe der Scheinleistung wird daher überwiegend von der Stromunsymmetrie bestimmt. Mit diesem Wissen kann die Leistungsberechnung nach den Gleichungen (4.87) bis (4.89) vereinfacht werden, indem wir nur die Stromunsymmetrie berücksichtigen und die Spannungen am Abnehmer als kosinusförmig symmetrisch voraussetzen.

$$P \approx 3\, U_{(1)} I_{(1)} \cos \varphi_{(1)} \tag{4.101}$$

$$S \approx 3\, U_{(1)}\, I_{(1)} \sqrt{1 + \left(\frac{I_{(2)}}{I_{(1)}}\right)^2 + \left(\frac{I_{(0)}}{I_{(1)}}\right)^2} \tag{4.102}$$

$$\lambda = \frac{P}{S} \approx \frac{\cos \varphi_{(1)}}{\sqrt{1 + \left(\frac{I_{(2)}}{I_{(1)}}\right)^2 + \left(\frac{I_{(0)}}{I_{(1)}}\right)^2}} \tag{4.103}$$

Wirkleistung wird unter diesen Bedingungen ausschließlich über das Mitsystem übertragen und die Unsymmetrieblindleistung rührt nur von der Stromunsymmetrie her. Ausgewählte Belastungsfälle können wir auf der Basis der Gleichungen (4.101) bis (4.102) ohne Berechnung der Ströme und Spannungen unmittelbar vergleichen, da die Beziehungen zwischen den Symmetrischen Strömen unmittelbar aus den Unsymmetriebedingungen hervorgehen. Für eine einphasige Last zwischen einem Leiter des Drehstromsystems und dem Neutralleiter erhalten wir so

$$\begin{array}{l}\text{einphasige Last}\\ \text{Leiter} - \text{Neutralleiter}\end{array} \Rightarrow \; I_{(0)} = I_{(1)} = I_{(2)} \;\Rightarrow\; \lambda \approx \frac{\cos\varphi_{(1)}}{\sqrt{3}} \tag{4.104}$$

Entsprechend gilt für eine einphasige Last zwischen zwei Leitern des Drehstromsystems

$$\begin{array}{l}\text{einphasige Last}\\ \text{Leiter} - \text{Leiter}\end{array} \Rightarrow \; I_{(1)} = I_{(2)} \;\Rightarrow\; \lambda \approx \frac{\cos\varphi_{(1)}}{\sqrt{2}} \tag{4.105}$$

Die Gleichungen (4.104) und (4.105) machen die Bedeutung einer symmetrischen Belastung des Drehstromsystems besonders deutlich. Sie zeigen uns auch die Bedeutung einer in den vorhergehenden Abschnitten besprochenen Symmetrierung. Ein Drehstromtransformator der Schaltgruppe Dy5 wie im Beispiel hält einen sekundärseitigen Nullstrom vom oberspannungsseitigen Netz fern. Bei einphasiger Last auf der Sekundärseite verbessert er dadurch den Leistungsfaktor im Verhältnis der Gleichungen (4.104) zu (4.105). Ein Sternpunktbildner nach Bild 3.48 hat die gleiche Wirkung, indem er das ihm vorgeschaltete Netz vom Nullstrom entlastet. Die im Abschnitt 3.5.5 besprochenen Symmetrierschaltungen nach Steinmetz, Bader und Scott entlasten das ihnen vorgeordnete Netz vom Gegenstrom und tragen so zur Erhöhung des Leistungsfaktors ausgehend von einem Minimalwert nach Gleichung (4.105) bei. Drehstromtransformatoren, Sternpunktbildner und Symmetriereinrichtungen sind aus dieser Sicht Betriebsmittel zur Kompensation von Unsymmetrieblindleistung.

Mit unserem feineren Modell sind wir auch in der Lage, die Verluste und die Wirkungsgrade für die angenommenen Belastungsfälle zu ermitteln.

Die Untersuchung der Wirkleistungsübertragung im Null- und im Gegensystem zeigt uns, daß dort lediglich Verluste anfallen, da ihre Leerlaufspannungen voraussetzungsgemäß Null sind. Am Abnehmer müssen daher neben der von ihm aufgenommenen Wirkleistung zusätzlich die stromabhängigen Verluste des Null- und des Gegensystems bereitgestellt werden. Jede Beteiligung dieser beiden Komponentensysteme an der Leistungsübertragung hat daher zwangsläufig höhere Verluste und einen niedrigeren Wirkungsgrad zur Folge.

Die Wirkleistung an der Spannungsquelle im Mitsystem ist

$$P_{p(1)} = 3\,\mathrm{Re}\left\{\underline{U}_{p(1)}\,\underline{I}^*_{(1)}\right\} \tag{4.106}$$

Sie umfaßt die Wirkleistung des Abnehmers und die Summe der stromabhängigen Verluste im Drehstromnetz. Die Wirkleistung an den Abnehmerklemmen im Mitsystem ist sinngemäß

$$P_{(1)} = 3\,\mathrm{Re}\left\{\underline{U}_{(1)}\,\underline{I}^{*}_{(1)}\right\} \tag{4.107}$$

In ihr sind neben der Abnehmerwirkleistung zusätzlich die stromabhängigen Verluste im Null- und Gegensystem enthalten. Die Differenz der Wirkleistungen nach Gleichung (4.106) und (4.107) ergibt die stromabhängigen Verluste im Mitsystem. Die Wirkleistungen im Null- und Gegensystem werden analog zu Gleichung (4.107) berechnet. In dem gewählten Erzeugerzählpfeilsystem sind sie negativ, da sie lediglich die stromabhängigen Verluste im Null- bzw. Gegensystem umfassen. Die gesamten stromabhängigen Verluste sind

$$P_{vi} = P_{p(1)} - P_{(1)} - P_{(0)} - P_{(2)} = P_{p(1)} - P \tag{4.108}$$

Wir können die spannungsabhängigen Verluste des Transformators zusätzlich zu den stromabhängigen berücksichtigen, obwohl wir sie bei der Berechnung der Ströme und Spannungen nicht erfaßt haben. Für den angenommenen Transformator betragen sie nach Tabelle 4.1 P_{vur}=1,550 kW. Der Wirkungsgrad der Übertragung ist dann analog zu Gleichung (4.21)

$$\eta = \frac{P}{P + P_{vi} + P_{vu}} \tag{4.109}$$

Die Wirkleistungen und Wirkungsgrade sind in der Tabelle 4.7 zusammengestellt.

Tabelle 4.7: Wirkleistungen und Wirkungsgrade bei unsymmetrischer Belastung

Fall	$P_{p(1)}/kW$	$\left(P_{p(1)} - P_{(1)}\right)/kW$	$-P_{(0)}/kW$	$-P_{(2)}/kW$	P_{vi}/kW	η
1	301,1	1,075	0	0	1,075	0,9913
2	301,2	1,079	0	0,151	1,230	0,9908
3	301,3	1,080	0,049	0,146	1,275	0,9907
4	301,4	1,082	0,150	0,153	1,385	0,9903
5	302,0	1,097	0,342	0,579	2,018	0,9882
6	302,2	1,102	0	1,102	2,204	0,9876
7	302,2	1,103	0,576	0,558	2,236	0,9875
8	302,3	1,131	1,130	1,130	3,391	0,9838

Tabelle 4.7 zeigt den Zusammenhang zwischen einer Unsymmetrie sowie der mit ihr einhergehenden Blindleistung und dem Wirkungsgrad der Übertragung. Wir haben ihn bereits im Abschnitt 3.1.6 als Zusammenhang zwischen dem Leistungsfaktor und dem Wirkungsgrad (Gleichung (4.29)) bzw. zwischen dem Leistungsfaktor und den stromabhängigen Verlusten (Gleichung (4.31)) kennengelernt. Zwischen den Leistungsfaktoren und den stromabhängigen Verlusten zweier Belastungsfälle mit gleicher Wirkleistung besteht ausgehend von (4.31) die Beziehung

$$\frac{\lambda_\nu}{\lambda_\mu} = \sqrt{\frac{P_{vi\,\mu}}{P_{vi\,\nu}}} \tag{4.110}$$

4.2.6.4 Besonderheit unsymmetrischer Belastungen. Bei unseren bisherigen Betrachtungen sind wir davon ausgegangen, daß die Scheinleistung ein Maß für die Beanspruchung der elektrischen Betriebsmittel bei einer gegebenen Leistungsübertragung ist. Bei unsymmetrischen Belastungen müssen wir jedoch die Besonderheit beachten, daß die Beanspruchung eines elektrischen Betriebsmittels bei Unsymmetrie ungleichmäßig verteilt ist. So wird zum Beispiel bei einphasiger Last zwischen Leiter und Neutralleiter nur ein Strang der Sekundärwicklung des Transformators belastet, während in den anderen beiden Strängen kein Strom fließt. Die Beanspruchung der Sekundärwicklung findet demzufolge nur in dem einen Strang statt.

Die Scheinleistung gibt zwar auch für diesen Fall die Verluste im Drehstromsystem richtig wieder, erlaubt aber keine Aussage darüber, wo sie anfallen. Wenn wir im ungünstigsten Fall davon ausgehen, daß die Beanspruchung der drei Wicklungsstränge als völlig unabhängig voneinander betrachtet werden kann, dann darf der Transformator nur soweit belastet werden, daß in keinem seiner Stränge der Nennstrom überschritten wird. Unsere Voraussetzung beruht auf der Annahme, daß die drei Wicklungsstränge sich thermisch in keiner Weise beeinflussen. In der Praxis wird sie nicht in vollem Umfang zutreffen, so daß sich im allgemeinen günstigere Bedingungen ergeben.

Wir untersuchen die unsymmetrische Transformatorbelastung unter diesem Aspekt. Für die acht Belastungsfälle erhalten wir die Ergebnisse nach Tabelle 4.8. Die Tabelle 4.8 zeigt, daß eine Unsymmetrie zu einer erheblichen Verminderung der Belastbarkeit elektrischer Betriebsmittel führen kann. Im Fall 8 ist der Transformator bei einer Wirkleistung von 300 kW unter den getroffenen Voraussetzungen sogar schon geringfügig überlastet, obwohl die Scheinleistung bei etwa nur 57 % seiner Nennscheinleistung liegt. Im Fall 1 bleibt die zulässige Scheinleistung unter der Transformator-Nennleistung, da die Spannung an den Transformatorklemmen belastungsbedingt absinkt.

Unsymmetrische Belastungen können bei Drehstromtransformatoren auch zu unterschiedlichen Belastungen ihrer unter- und oberspannungsseitigen Wicklungen führen. Ein Beispiel dafür sind Transformatoren mit einer Zickzackwicklung. Ein Nullstrom belastet nur die Zickzackwicklung. Da seine Durchflutung in ihr ausgeglichen wird, tritt er nicht in der zweiten Transformatorwicklung auf.

In Tabelle 4.8 wurden die Verhältnisse der Symmetrischen Spannungen mit angegeben, um zu zeigen, daß die vereinfachte Leistungsbetrachtung nach den Gleichungen (4.101) bis (4.103) in praktischen Fällen oft auch unter den ungünstigsten Bedingungen möglich ist.

Tabelle 4.8: Maximale Transformatorbelastung bei Unsymmetrie

Fall	P/kW	$Q/kVar$	S/kVA	λ	η	$\frac{U_{(0)}}{U_{(1)}}$	$\frac{U_{(2)}}{U_{(1)}}$
1	868,0	420,4	964,5	0,9000	0,9875	0	0
2	673,2	433,0	800,4	0,8410	0,9883	0	0,018
3	575,9	393,4	697,4	0,8258	0,9891	0,008	0,015
4	515,8	397,0	650,9	0,7925	0,9890	0,013	0,013
5	398,1	459,2	607,7	0,6551	0,9872	0,015	0,020
6	498,2	625,7	799,8	0,6229	0,9845	0	0,035
7	365,7	459,5	587,3	0,6228	0,9868	0,018	0,018
8	289,5	491,7	570,6	0,5075	0,9840	0,019	0,020

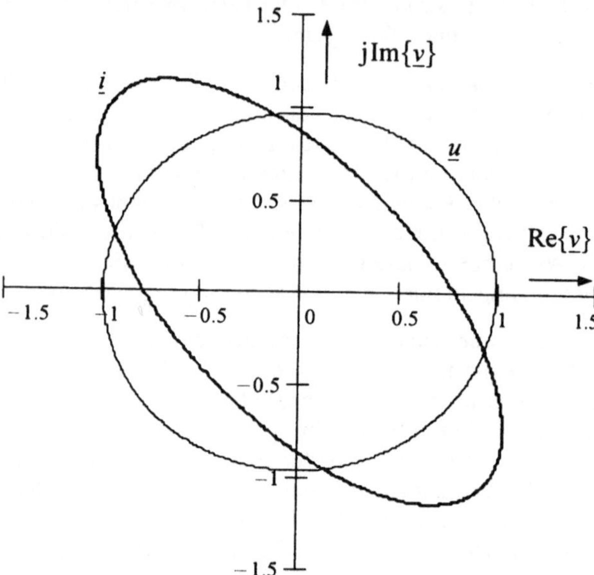

Bild 4.11 : Raumzeiger der Spannungen und Ströme an den Klemmen der Last für Belastungsfall 4 nach Tabelle 4.8

Die zeitlichen Verläufe der Raumzeiger und des Leistungszeigers sollen stellvertretend für alle Belastungsfälle am Fall 4 nach Tabelle 4.8 betrachtet werden. Bild 4.11 zeigt die Raumzeiger der Spannungen und Ströme an den Klemmen der Last im ruhenden Koordinatensystem.

Der Spannungsraumzeiger wurde auf die Amplitude der Leerlaufspannung im Mitsystem normiert, der Stromraumzeiger auf den Nennstrom des Transformators. Der Spannungsraumzeiger weicht infolge der geringen Unsymmetrie nur sehr wenig von der Kreisbahn ab. Wesentlich deutlicher ist die Stromunsymmetrie an der elliptischen Bahn des Stromraumzeigers zu erkennen.

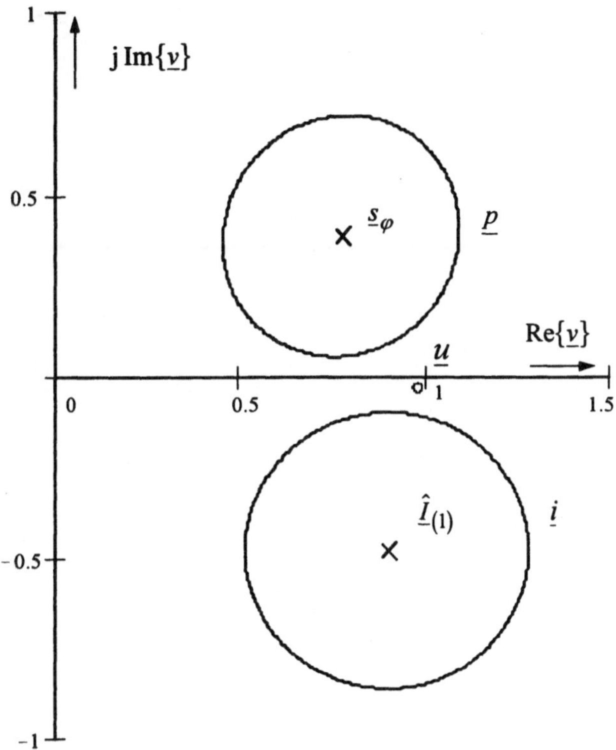

Bild 4.12 : Raumzeiger der Spannungen und Ströme nach Bild 4.11 im synchron umlaufenden Koordinatensystem

Bild 4.12 zeigt die beiden Raumzeiger im synchron umlaufenden Koordinatensystem. Der Stromraumzeiger beschreibt hier eine Kreisbahn um den ruhenden Grundschwingungszeiger $\hat{\underline{I}}_{(1)}$ (Amplitudenzeiger des Mitstromes), der als × eingetragen ist. Zusätzlich wurde in Bild 4.12 der komplexe Leistungszeiger, bezogen auf die Transformator-Nennleistung, eingetragen. Er beschreibt eine durch die Spannungsunsymmetrie nur geringfügig exzentrische Bahn um den ruhenden Anteil der Leistung $\underline{s}_{\varphi}$ nach Gleichung (4.92), der ebenfalls als × eingetragen wurde. Sein Realteil kennzeichnet die Wirkleistung und aus seinem Imaginärteil kann man eine mittlere Verschiebung ableiten. Die Spannung erscheint im Bild 4.12 praktisch nur als Punkt. Deshalb ist im Bild 4.13 ein Ausschnitt aus Bild 4.12 dargestellt, der zeigt, daß der Spannungsraumzeiger ebenfalls eine Kreisbahn um den ruhenden Grundschwingungszeiger beschreibt.

Die Bahnen der Raumzeiger und des Leistungszeigers in Bild 4.12 bzw. Bild 4.13 werden mit doppelter Betriebsfrequenz durchlaufen.

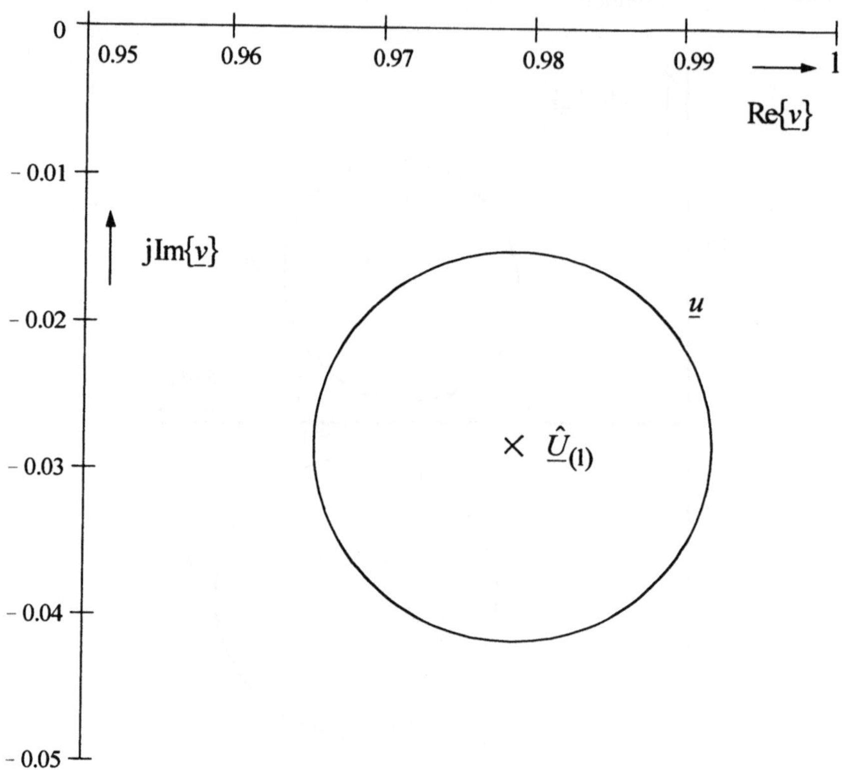

Bild 4.13 : Raumzeiger der Spannung nach Bild 4.11 im synchron umlaufenden Koordinatensystem

4.2.7 Leistungen von Stromrichtern im Drehstromsystem

4.2.7.1 Leistungen bei kosinusförmig symmetrischen Spannungen. Als weiteres wichtiges Beispiel für Leistungsverhältnisse im Drehstromsystem soll der Betrieb von Stromrichtern betrachtet werden. Dabei gehen wir zunächst von kosinusförmigen symmetrischen Spannungen aus, d.h., wir betrachten die Leistungen an den Spannungsquellen des Drehstromnetzes. Mit den Gleichungen (4.53) bis (4.59) in Abschnitt 4.2.3 können Wirk-, Schein- und Blindleistung sowie der Leistungsfaktor berechnet werden. Die Blindleistung kann in die Verschiebungs- und die Verzerrungsblindleistung aufgespalten werden. Nullströme treten bei Stromrichterlasten im Drehstromsystem im allgemeinen nicht auf. Die Summierung über die Harmonischen der Nullströme in den Gleichungen (4.54), (4.55), (4.56) und (4.58) entfällt daher.

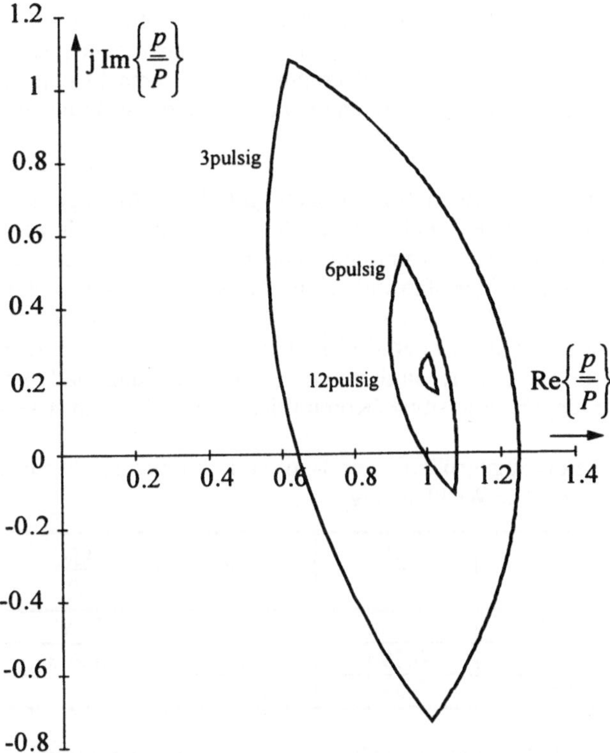

Bild 4.14 : Leistungszeiger eines 3-, 6- und 12-pulsigen Stromrichters bei gleicher Wirkleistung

Wir wollen die Leistungsverhältnisse beim Betrieb eines 3-, 6- und 12-pulsigen Stromrichters vergleichen und gehen dazu von den zeitlichen Verläufen der Stromraumzeiger nach Abschnitt 3.3.3.2 für den 3-pulsigen, nach Abschnitt 3.3.3.3 für den 6-pulsigen und nach Abschnitt 3.3.3.4 für den 12-pulsigen Stromrichter aus. Die Wirkleistung an den Spannungsquellen im Drehstromnetz sei in allen drei Fällen gleich. Sämtliche Leistungsgrößen werden daher auf sie bezogen.

Die Spuren der Leistungszeiger in der komplexen Ebene werden mit p-facher Betriebsfrequenz durchlaufen. Ihre Realteile haben voraussetzungsgemäß den gleichen arithmetischen Mittelwert, die gleiche Wirkleistung. Da die Spannungen kosinusförmig symmetrisch sind, haben die Leistungszeiger die gleiche Form wie die Stromraumzeiger nach Bild 3.40. Sie liegen jedoch im ersten Quadranten der komplexen Ebene, da die Grundschwingungen der Ströme nach Bild 3.40 den Spannungen nacheilen. Diese Phasenverschiebung kommt im vorliegenden Fall durch die Kommutierung zustande. Im natürlichen Zündzeitpunkt beginnt nach Bild 3.28 der Strom des übernehmenden Ventils des 3-pulsigen Stromrichters von Null an anzusteigen, während der Strom des abgebenden von der Höhe des maximalen Ventilstromes an abnimmt. Der Ventilstromblock ist dadurch gegenüber der zugehörigen Ventilspannungshalbwelle umso mehr phasenverschoben, je länger die Kommutierung dauert. Die Kommutierung verursacht eine Kommutierungsblindleistung, die infolge der den Spannungen nacheilenden Ströme dem Charakter nach induktiv ist.

Für den 6- und den 12-pulsigen Stromrichter gilt diese Aussage entsprechend. Die Kommutierungsblindleistungen sind in allen drei Fällen gleich, da die Kommutierung beim 6- und beim 12-pulsigen Stromrichter ebenfalls wieder jeweils in einem ihrer 3-pulsigen Elementarstromrichter stattfindet. Die Wirkleistung wird unter den angenommenen Bedingungen nach Gleichung (4.53) allein über die Grundschwingungen der Stromraumzeiger übertragen. In allen drei Fällen sind daher die ruhenden Leistungszeigeranteile gleich. Ihre Realteile sind durch die Wirkleistung und ihre Imaginärteile durch die Verschiebungsblindleistung (Kommutierungsblindleistung) gegeben.

Tabelle 4.9: Leistungsgrößen eines 3-, 6- und 12-pulsigen Stromrichters bei gleicher Wirkleistung

p	$\frac{S}{P}$	$\frac{Q}{P}$	$\frac{Q_\varphi}{P}$	$\frac{Q_v}{P}$	λ
3	1,182	0,630	0,214	0,593	0,846
6	1,042	0,295	0,214	0,203	0,959
12	1,023	0,218	0,214	0,043	0,977

Deutliche Unterschiede bestehen jedoch in den von den Leistungszeigern umschriebenen Flächen, die wir als Maß für die Verzerrung ansehen können. Aus Abschnitt 3.3 wissen wir, daß in einem p-pulsigen Raumzeiger Harmonische mit den Ordnungszahlen

$$n_p = \pm p\,k + 1 \quad \text{mit} \quad k = 0,1,2,3,\cdots \tag{4.111}$$

auftreten. Der dreipulsige Stromraumzeiger ist daher nach Gleichung (4.111) am stärksten verzerrt. In den Abschnitten 3.3.3 und 3.3.4 wird die Abnahme der Verzerrung der Stromraumzeiger mit steigender Pulszahl gezeigt. Dies drückt sich auch in der Größe der von den Leistungszeigern umschriebenen Flächen nach Bild 4.14 aus.

Die Kenngrößen zur Beurteilung der Leistungsverhältnisse sind in der Tabelle 4.9 angegeben. Schein- und Blindleistung nehmen nach Tabelle 4.9 wie erwartet mit steigender Pulszahl ab. Der größte Sprung wird dabei beim Übergang vom 3-pulsigen zu einem 6-pulsigen Stromrichter erreicht. 3-pulsige Stromrichter werden heute kaum mehr eingesetzt, da der Aufwand für einen 6-pulsigen Stromrichter in Brückenschaltung praktisch nicht größer ist. Beim Übergang von einem 6-pulsigen zu einem 12-pulsigen Stromrichter ist der Qualitätssprung nicht mehr allzu groß, wenn wir die Änderung des Leistungsfaktors als Maß ansehen. Zwölfpulsige Stromrichter setzt man daher erst ab einer größeren Leistung, die den höheren Aufwand für den Stromrichter einschließlich der Transformatoren nach Bild 3.38 rechtfertigt, ein.

In unserem Beispiel gilt für die stromabhängigen Netzverluste

$$P_{vi3} : P_{vi6} : P_{vi12} = 1 : \frac{\lambda_3^2}{\lambda_6^2} : \frac{\lambda_3^2}{\lambda_{12}^2} = 1 : 0{,}78 : 0{,}75 \tag{4.112}$$

Die stromabhängigen Verluste betragen beim 12-pulsigen Stromrichter nur noch 75 % der Verluste eines dreipulsigen gleicher Leistung. Dementsprechend vergrößert sich der Wirkungsgrad.

Wir erkennen, daß die Erhöhung der Pulszahl eines Stromrichters dazu beiträgt, seinen Blindleistungsbedarf herabzusetzen und so die Leistungsübertragung qualitativ zu verbessern.

4.2.7.2 Stromrichterleistungen bei verzerrten Spannungen. Um den Einfluß von Spannungsverzerrungen auf die Leistungsübertragung beurteilen zu können, betrachten wir die Speisung eines 6-pulsigen Stromrichters in Brückenschaltung aus einem Drehstromnetz mit der Übersichtsschaltung nach Bild 4.15 für zwei verschiedene Betriebspunkte. Der Stromrichter ist über einen Stromrichtertransformator mit dem vorgeordneten Drehstromnetz verbunden. An seiner Anschlußstelle ist zusätzlich ein sogenannter Saugkreis angeschlossen. Darunter versteht man einen Reihenschwingkreis, der auf eine Resonanzfrequenz in der Nähe der Frequenz der ersten Oberschwingung abgestimmt ist. Er soll die Verzerrung der Ströme und Spannungen im System vermindern und gleichzeitig zur Verringerung der Verschiebungsblindleistung beitragen. Das Drehstromnetz wird durch seine Leerlaufspannungen und seine Raumzeiger-Kurzschlußimpedanz dargestellt. Die Gleichstromseite des Stromrichters wird ebenfalls durch ihre Kurzschlußimpedanz für Betriebsfrequenz und eine Leerlaufspannung beschrieben. Auf diese Weise kann die Speisung eines Gleichstrommotors mit veränderbarer Drehzahl aus dem Drehstromnetz nachgebildet werden.

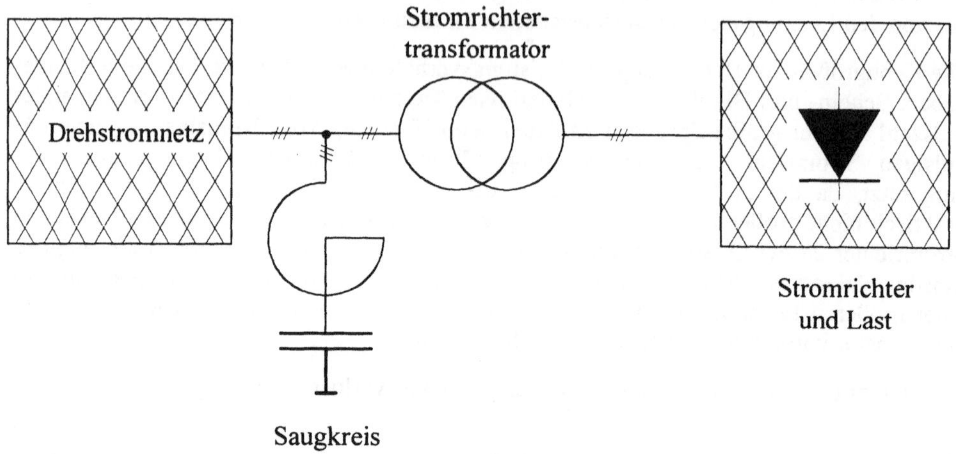

Bild 4.15 : Speisung eines Stromrichters aus dem Drehstromnetz

Die wesentlichen Daten des Stromrichtersystems sind

Netznennspannung	$U_{nN} = 10\ kV$
Kurzschlußimpedanz des Netzes	$\underline{Z}_N = 44\ m\Omega + \mathrm{j}\,438\ m\Omega$
Leistung des Stromrichtertransformators	$S_{rT} = 7{,}5\ MVA$
Kurzschlußimpedanz des Stromrichter-transformators bezogen auf 10 kV	$\underline{Z}_T = 107\ m\Omega + \mathrm{j}\,1329\ m\Omega$
Impedanz der Saugkreisdrossel	$\underline{Z}_{SK\ Dr} = 62\ m\Omega + \mathrm{j}\,889\ m\Omega$
Resonanzfrequenz des Saugkreises	$f_{R\,SK} = 242{,}5\ Hz$
Impedanz der Gleichstromseite des Stromrichters bezogen auf 10 kV	$\underline{Z}_d = 199\ m\Omega + \mathrm{j}\,3987\ m\Omega$
Leerlaufspannung der Gleichstromseite bezogen auf 10 kV im Betriebspunkt 1	$U_{pd1} = 15{,}270\ kV$
Gleichstromleistung im Betriebspunkt 1	$P_{d1} = 7{,}0\ MW$
Leerlaufspannung der Gleichstromseite bezogen auf 10 kV im Betriebspunkt 2	$U_{pd1} = 7{,}635\ kV$
Gleichstromleistung im Betriebspunkt 2	$P_{d1} = 3{,}5\ MW$

Im folgenden werden alle Spannungen auf die Amplitude der Leerlaufspannung des Drehstromsystems bezogen dargestellt. Alle Ströme sind auf den Maximalwert des Gleichstromes und alle Leistungen auf den arithmetischen Mittelwert der gleichstromseitigen Leistung im Betriebspunkt 1 normiert. Bild 4.16 zeigt den Stromrichterstrom und die Spannung des Leiters R an den drehstromseitigen Stromrichterklemmen für den ersten Betriebspunkt. Die Ventile des Stromrichters zünden in ihren natürlichen Zündzeitpunkten, in denen die Spannungen der an der anschließenden Kommutierung des Stromes beteiligten Ventile gleich sind. Für diesen Betriebspunkt könnten die Ventile Dioden sein, die synchron schalten wie im Abschnitt 2.4.4 beschrieben. Auf die Berechnung der Ströme und Spannungen soll an dieser Stelle nicht eingegangen werden. Die dargestellte Stromrichterspannung weicht vor allem während der Kommutierungsphasen im Leiter R (während der Anstiegs- und Abstiegsflanken des Stromrichterstromes) stark von der Kosinusform ab, da in diesem Betriebszustand die beiden an der Kommutierung beteiligten Leiter kurzgeschlossen sind. In den Phasen mit nur zwei stromführenden Ventilen unmittelbar im Anschluß an eine Kommutierung folgt sie praktisch der punktiert eingezeichneten Leerlaufspannung. Während der Kommutierungsphasen, an denen der Leiter R nicht beteiligt ist, ist die Abweichung von der Leerlaufspannung geringer als bei Beteiligung des Leiters R. Der Stromrichterstrom hat näherungsweise trapezförmigen Verlauf. Er verläuft jedoch nach dem Kommutierungsanstieg nicht ideal glatt, wie wir in den vorhergehenden Beispielen angenommen haben, da der Gleichstrom mit sechsfacher Betriebsfrequenz pulsiert. Die Ströme und Spannungen in den Leitern S und T sind jeweils um 240 bzw. 120 Grad zu R phasenverschoben.

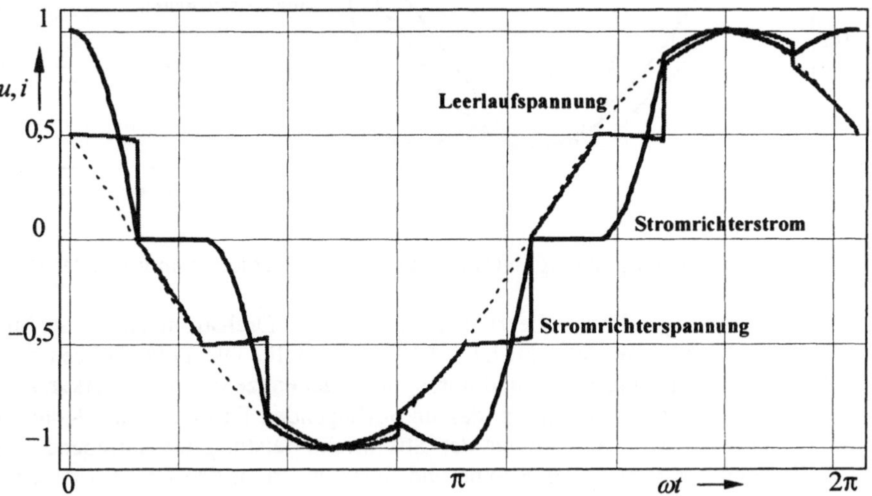

Bild 4.16 : Stromrichterstrom und -spannung im Leiter R im Betriebspunkt 1

Bild 4.17 zeigt für den gleichen Betriebsfall die Spannung im Leiter R am Anschlußpunkt des Saugkreises, den Leiterstrom R des Drehstromnetzes, nochmals den Stromrichterstrom im Leiter R und punktiert die Leerlaufspannung. Wir erkennen, daß die Saugkreisspannung weniger verzerrt als die Stromrichterspannung ist. Ursache dafür ist einerseits die Kurzschlußimpedanz des Stromrichtertransformators, die sich zwischen dem Stromrichter und dem Anschlußpunkt des Saugkreises befindet. Andererseits trägt der Saugkreis selbst zur Spannungsstützung bei.

Der Netzstrom ist weniger verzerrt als der Stromrichterstrom. Er eilt dem Stromrichterstrom zeitlich voraus, da der Saugkreis bei Betriebsfrequenz kapazitiv wirkt. Beides ist auf die Wirkung des Saugkreises zurückzuführen, der eigens zu diesem Zweck eingesetzt wird. Seine Resonanzfrequenz ist für das Beispiel so gewählt, daß er die Verzerrung des Netzstromes optimal vermindert. Die Nulldurchgänge des Netzstromes liegen geringfügig vor den gleichartigen Nulldurchgängen der Saugkreisspannung. Daraus können wir ableiten, daß die Gesamtanordnung geringfügig kapazitiv wirkt.

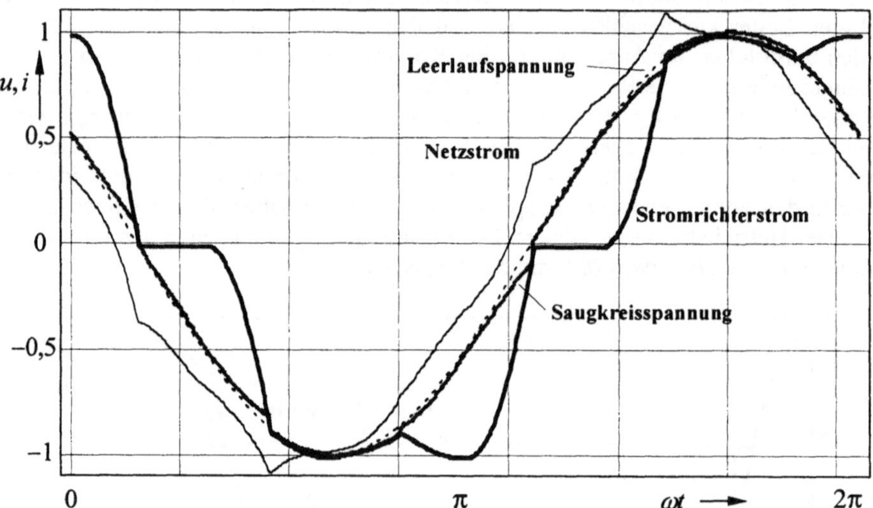

Bild 4.17 : Saugkreisspannung, Netzstrom und Stromrichterstrom im Leiter *R*

Die Zeiger der Leistungen an den Leerlaufspannungen des Drehstromnetzes, des Stromrichters und des Saugkreises sind im Bild 4.18 dargestellt. Die Zeigerspitzen der ruhenden Anteile der Leistungszeiger sind durch ein × gekennzeichnet. Wir erkennen das induktive Verhalten des Stromrichters, das im vorliegenden Fall durch die Kommutierung verursacht wird. Die vom Zeiger der Stromrichterleistung umschriebene Fläche weist auf die hohe Verzerrung der Ströme und Spannungen an den Drehstromklemmen des Stromrichters hin.

Die Saugkreisleistung zeigt nahezu rein kapazitives Verhalten. Der sehr kleine Realteil ihres ruhenden Zeigers wird durch die ohmschen Verluste in der Saugkreisdrossel und den Saugkreiskondensatoren bestimmt. Der Saugkreis wird durch den Stromrichter zu starken höherfrequenten Schwingungen angeregt. Die Größe der vom Leistungszeiger umschriebenen Fläche ist wiederum ein Hinweis dafür. Die Wirkung des Saugkreises führt einerseits dazu, daß die Verschiebung des Stromrichterstromes soweit kompensiert wird, daß die Gesamtanordnung an der Spannungsquelle des Drehstromnetzes kapazitiv wirkt. Der Imaginärteil des ruhenden Anteiles des Leistungszeigers an der Spannungsquelle des Drehstromnetzes ist nahezu entgegengesetzt gleich dem des ruhenden Anteiles der Stromrichterleistung. Die Verschiebungsblindleistung des Stromrichters wird durch den Saugkreis in ihr Gegenteil verkehrt. Diesbezüglich ist der Saugkreis demzufolge für den Betriebspunkt 1 zu groß bemessen.

Andererseits beweist die vom Leistungszeiger an der Drehstromspannungsquelle umschriebene Fläche, daß der Saugkreis sehr stark zur Verminderung der Verzerrung beiträgt.

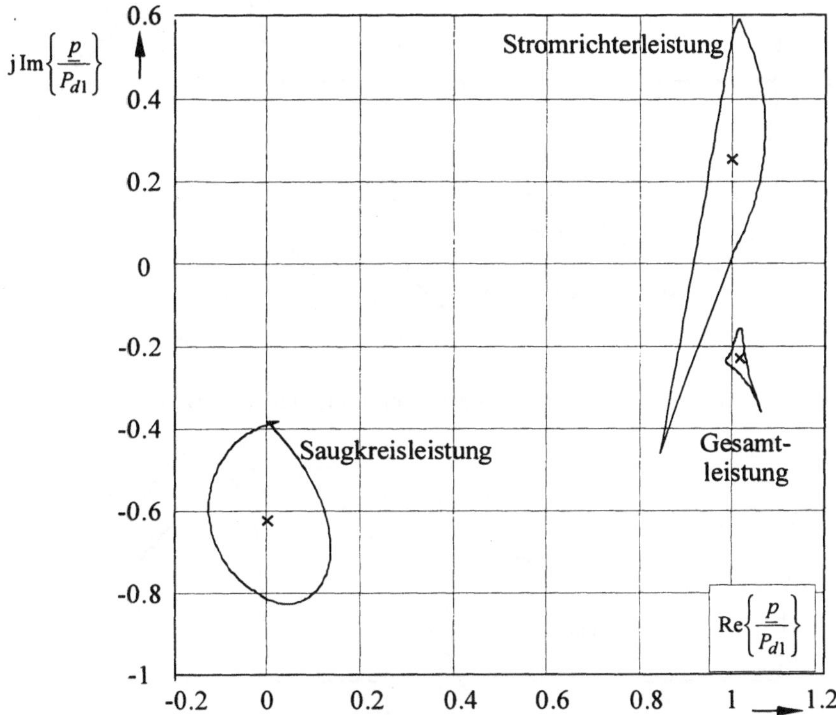

Bild 4.18 : Leistungszeiger für den Betriebspunkt 1 des Stromrichters

Der Betriebspunkt 2 des Stromrichters wurde so gewählt, daß bei der halben Leerlaufspannung auf der Gleichstromseite die halbe Gleichstromleistung im Vergleich zum Betriebspunkt 1 aufgenommen wird. Praktisch bedeutet das, daß der angenommene Gleichstrommotor etwa mit halber Drehzahl und gleichem Drehmoment wie im Betriebspunkt 1 betrieben wird. Dieser Betriebsfall kann mit steuerbaren Ventilen eingestellt werden. Dazu nehmen wir an, daß der Zündzeitpunkt eines Ventils gegenüber seinem natürlichen um einen vorgebbaren Winkel verschoben wird. Das wird praktisch mit Thyristoren anstelle von Dioden realisiert.

Bild 4.19 zeigt den Stromrichterstrom und die -spannung im Leiter R für den Betriebspunkt 2. Im Bild 4.20 sind die Saugkreisspannung, der Netzstrom und nochmals der Stromrichterstrom ebenfalls des Leiters R dargestellt.

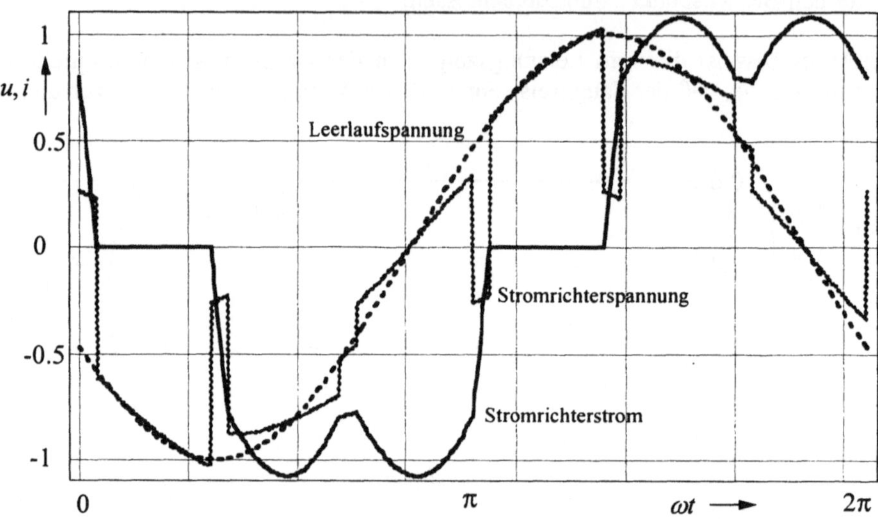

Bild 4.19 : Stromrichterstrom und -spannung im Leiter R im Betriebspunkt 2

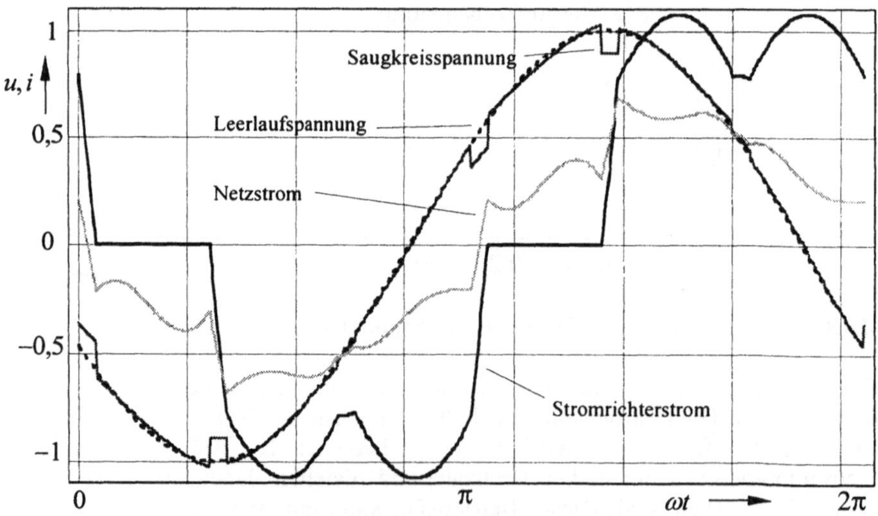

Bild 4.20 : Saugkreisspannung, Netzstrom und Stromrichterstrom im Leiter R

Die Stromrichterspannung ist jetzt während der kürzeren Kommutierungsphasen stark eingebrochen. Der Stromrichterstrom hat einen geringfügig höheren Maximalwert als im Betriebspunkt 1. Er besitzt steilere Kommutierungsflanken und pulsiert nach der Kommutierung stärker. Die Verzerrung der Saugkreisspannung ist deutlich geringer als die der Stromrichterspannung. Der Netzstrom ist ebenfalls weniger verzerrt als der Stromrichterstrom. Er eilt der Saugkreisspannung nach. Die Gesamtanordnung von Saugkreis und Stromrichter wirkt also in diesem Betriebspunkt induktiv.

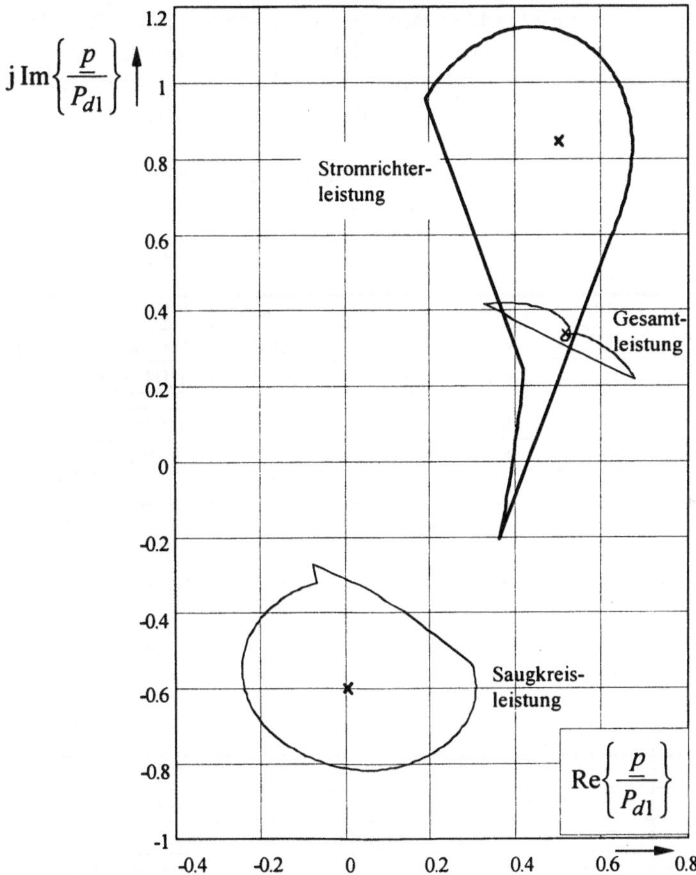

Bild 4.21 : Leistungszeiger für den Betriebspunkt 1 des Stromrichters

Die Leistungszeiger nach Bild 4.21 gestatten eine bessere Beurteilung des Betriebsfalles als die Zeitfunktionen der Ströme und Spannungen. Wir erkennen die größere Verzerrung im Vergleich zum Betriebspunkt 1 an den größeren umschriebenen Flächen der Leistungszeiger. Auch die Veränderung der Verschiebungsblindleistungen wird deutlich. Während im Betriebsfall 1 eine Überkompensation des Stromrichters durch den Saugkreis vorliegt, verhält sich jetzt die Gesamtanordnung induktiv.

Die Verschiebungsblindleistung des Stromrichters wird im Betriebspunkt 2 durch die Kommutierung und durch die Verzögerung der Ventilzündung gegenüber dem natürlichen Zündzeitpunkt hervorgerufen. Wir lernen so eine weitere Art der Verschiebungsblindleistung von Stromrichtern kennen, die als Steuerblindleistung bezeichnet wird.

Wir wollen die beiden Betriebspunkte des Stromrichters anhand von einigen Zahlen nach Tabelle 4.10 vergleichen. Dazu betrachten wir die Leistungsverhältnisse an den drehstromseitigen Stromrichterklemmen (gekennzeichnet mit SR), des Saugkreises (gekennzeichnet mit SK) und an der Spannungsquelle im Drehstromnetz (gekennzeichnet mit P) für die beiden Betriebspunkte des Stromrichters. Der Mittelwert des komplexen Leistungszeigers ist in Tabelle 4.10 mit $\underline{\bar{p}}$ bezeichnet.

Tabelle 4.10: Leistungsverhältnisse im Stromrichtersystem

Ort/Betriebs-punkt	$\frac{P}{P_{d1}}$	$\frac{S}{P_{d1}}$	$\frac{Q}{P_{d1}}$	λ	$\frac{\underline{\bar{p}}}{P_{d1}}$	λ_φ
SR/1	1,000	1,064	0,364	0,940	1,000+j 0,252	0,970
SK/1	0,002	0,652	0,652	0,003	0,002-j 0,627	0,003
P/1	1,016	1,043	0,238	0.974	1,016-j 0,231	0,975
SR/2	0,500	1,035	0,906	0,483	0,500+j 0,846	0,509
SK/2	0,004	0,654	0,654	0,007	0,004-j 0,603	0,007
P/2	0,516	0,622	0,347	0,830	0,516+j 0,336	0,838

Tabelle 4.11 enthält die Grundschwingungsleistungen des Stromrichtersystems für die angegebenen Orte im Drehstromsystem und beide Betriebspunkte.

Tabelle 4.11: Grundschwingungsleistungen im Stromrichtersystem

Ort/Betriebs-punkt	$\frac{P_1}{P_{d1}}$	$\frac{S_1}{P_{d1}}$	$\frac{Q_1}{P_{d1}}$	λ_1
SR/1	1,001	1,029	0,237	0,973
SK/1	0,002	0.627	0,627	0,003
P/1	1,016	1,042	0,231	0,975
SR/2	0,502	0,939	0,794	0,534
SK/2	0,004	0,601	0,601	0,006
P/2	0,516	0,616	0,336	0,838

Die Scheinleistung an den drehstromseitigen Stromrichterklemmen unterscheidet sich für beide Betriebspunkte trotz des Faktors 2 zwischen beiden Wirkleistungen nur wenig. Aus der Tabelle 4.10 ist zu erkennen, daß die Ursache dafür im wesentlichen in der größeren Verschiebung der Ströme zu den zugehörigen Spannungen zu suchen ist. Diese resultiert aus der Art der Steuerung des Stromrichters durch Verzögerung der

Ventilzündungen gegenüber den natürlichen Zündzeitpunkten. Die Verzerrung der Ströme und Spannungen ist im Betriebspunkt 2 zwar größer als im Betriebspunkt 1. Sie trägt aber nicht so stark zur Veränderung der Leistungsverhältnisse bei wie die Verschiebung. Der Saugkreis verhält sich in beiden Fällen als kapazitiver Blindleistungsverbraucher. Die angegebene Wirkleistung stellt seine Verluste dar. Im Betriebspunkt 2 sind diese höher als im Betriebspunkt 1. Das ist auf die größere Verzerrung der Saugkreisströme zurückzuführen.

Die Wirkleistung an den drehstromseitigen Spannungsquellen ist um die Verluste im Drehstromsystem größer als die Gleichstromleistung. Der Wirkungsgrad der Energieübertragung beträgt ohne Berücksichtigung der Leerlaufverluste des Stromrichtertransformators im Betriebspunkt 1 $\eta = 0{,}984$ und im Betriebspunkt 2 $\eta = 0{,}969$.

Der Vergleich der Tabellen 4.10 und 4.11 zeigt, daß die Grundschwingungswirkleistungen nur unwesentlich von den Gesamtwirkleistungen abweichen. Die geringen Abweichungen ergeben sich aus der Pulsation der Gleichspannung und des Gleichstromes. Auch bei verzerrten Strömen und Spannungen dürfen wir die Wirkleistungsübertragung mit sehr guter Näherung ausschließlich über die Grundschwingungen der Ströme und Spannungen annehmen. Für die Verschiebungsblindleistungen gilt das nicht im gleichen Maße. Der Vergleich der Verschiebungsfaktoren in Tabelle 4.10 mit den entsprechenden Grundschwingungsleistungsfaktoren in Tabelle 4.11 zeigt jedoch, daß bei geringeren Genauigkeitsanforderungen auch die Verschiebungen ausschließlich als Grundschwingungsverschiebungen aufgefaßt werden können. Diese Tatsache ermöglicht es, ein Grundschwingungsmodell des Stromrichters zu formulieren, das Eingang in Lastflußberechnungen bei kosinusförmigen symmetrischen Strömen und Spannungen mit Hilfe der komplexen Wechselstromrechnung finden kann.

4.2.7.3 Grundschwingungsmodell eines Stromrichters. Wir nehmen den Stromrichter als einen Drehstromabnehmer an, der bei kosinusförmigen symmetrischen Spannungen an seinen Klemmen kosinusförmige symmetrische Ströme aufnimmt. Für die Gleichstromleistung muß aus energetischen Gründen dann gelten

$$P_d = P_1 = 3\,U_1\,I_1\,\cos\varphi_1 \tag{4.113}$$

Sie ist gleich der Grundschwingungswirkleistung. Zur Bestimmung der Blind- und der Scheinleistung benötigen wir weiterhin die Größe des Verschiebungswinkels. Wir haben im vorangehenden Abschnitt festgestellt, daß die Verschiebung durch die Kommutierung und die Zündverzögerung verursacht werden. Zunächst soll die durch die Kommutierung verursachte Verschiebung betrachtet werden. Bild 3.28 dient dazu als Orientierung. Die Aufkommutierung eines Ventilstromes beginnt dort im natürlichen Zündzeitpunkt des zugehörigen Ventils. Der Strom steigt während der Kommutierung bis zum als konstant angenommenen Gleichstrom an und verbleibt in dieser Höhe bis zum folgenden natürlichen Zündzeitpunkt. Danach fällt er während der Kommutierungsdauer wieder auf Null ab. Die Stromflußdauer während einer Stromhalbwelle setzt sich daher aus dem Abstand zwischen zwei natürlichen Zündzeitpunkten und einer Kommutierungsdauer zusammen. Wir erhalten für sie

$$\omega t_i = \frac{2\pi}{3} + u \tag{4.114}$$

In Gleichung (4.114) stellt u den sogenannten Überlappungswinkel dar, der der Kommutierungsdauer entspricht. Die Mitte der Stromhalbwelle ist deshalb zum Maximum der zugehörigen Spannung um den halben Überlappungswinkel verschoben. Wenn die Stromhalbwelle symmetrisch zu ihrer Mitte ist, gilt das auch für ihre Grundschwingung. Wir erhalten unter dieser Annahme

$$\varphi_{1K} \approx \frac{u}{2} \tag{4.115}$$

Tabelle 4.12: Überlappungs- und Steuerwinkel des Stromrichters

Betriebspunkt	$u/°$	$\alpha/°$	$\lambda_1 = \cos\varphi_1$
1	30,8	0,0	0,964
2	7,5	55,6	0,510

Wenn die Zündung des betrachteten Ventils um einen Zündwinkel α verzögert wird, dann wird die Stromhalbwelle lediglich zusätzlich um diesen Winkel zur zugehörigen Spannung verschoben. Es gilt dann

$$\varphi_1 = \varphi_{1K} + \varphi_{1ST} \approx \frac{u}{2} + \alpha \tag{4.116}$$

Der Verschiebungswinkel zwischen den Grundschwingungen der Spannung und des Stromes setzt sich aus den durch die Kommutierung (Index $1K$) und die Steuerung (Index $1ST$) verursachten Anteilen additiv zusammen. Damit können die Grundschwingungsleistungen vollständig berechnet werden.

Bei Stromrichtern mit abschaltbaren Ventilen (Pulsstromrichtern) kann die Steuerblindleistung vermieden oder drastisch vermindert werden. Darauf soll an dieser Stelle jedoch nicht eingegangen werden.

Die Verzerrungsblindleistung kann zusätzlich näherungsweise dadurch erfaßt werden, daß man bei kosinusförmigen Spannungen eine Stromform (z.B. trapezförmiger Zeitverlauf) annimmt und die Stromharmonischen bei der Effektivwertberechnung berücksichtigt.

Für unser Beispiel gelten die Winkel nach Tabelle 4.12. Wir erhalten damit die ebenfalls dort angegebenen Grundschwingungsleistungsfaktoren an den drehstromseitigen Stromrichterklemmen.

Die Grundschwingungsleistungsfaktoren nach Tabelle 4.12 weichen von den Verschiebungsfaktoren in Tabelle 4.10 geringfügig ab. Der Vergleich zeigt jedoch, daß das Grundschwingungsmodell des Stromrichters trotzdem brauchbare Ergebnisse liefert.

4.2.8 Leistungen bei Strommodulation

Wir betrachten im folgenden einen Abnehmer, dessen Leistungsaufnahme zyklisch verläuft. Im einfachsten Fall wird er innerhalb eines solchen Zyklus regel- oder unregelmäßig ein- und ausgeschaltet. Beispiele dafür sind Elektrowärmegeräte mit Zweipunktregler. Ebenso ist es jedoch denkbar, daß der Abnehmer innerhalb eines Zyklus zwei oder mehrere Betriebszustände annimmt. Beispiele dafür sind Werkzeugmaschinen, die zwischen der Bearbeitung von zwei Werkstücken leerlaufen. Sie nehmen ständig eine Grundleistung auf, der Zeitabschnitte mit höherer Belastung überlagert sind. Der Einfachheit halber nehmen wir hier an, daß die Ströme und Spannungen in den einzelnen Belastungsabschnitten jeweils kosinusförmig und symmetrisch sind. Unabhängig davon gelten die Betrachtungen auch für unsymmetrische Drehstromabnehmer und solche mit von der Kosinusform abweichenden Strömen und Spannungen.

Der Spannungsraumzeiger am Abnehmer sei der eines Mitsystems mit konstanter Amplitude während der Zyklusdauer T_z.

$$\underline{u}(\omega t) = \underline{\hat{U}}_{(1)}\, \mathrm{e}^{\mathrm{j}\omega t} \quad \text{für} \quad 0 \le t \le T_z \tag{4.117}$$

Der Betrag des Stromraumzeigers des Abnehmers sei innerhalb eines Abschnittes ν mit der Dauer T_ν zeitlich konstant.

$$\underline{i}(\omega t, T_\nu) = \underline{i}_\nu(\omega t) = \underline{\hat{I}}_{(1)}(T_\nu)\, \mathrm{e}^{\mathrm{j}\omega t} = \underline{\hat{I}}_{(1)\nu}\, \mathrm{e}^{\mathrm{j}\omega t} \tag{4.118}$$

Die Summe der Dauern der Zeitabschnitte T_ν ergibt die Dauer des gesamten Zyklus.

$$T_z = \sum_{\nu=1}^{n} T_\nu \tag{4.119}$$

Wirkleistung, Scheinleistung und Leistungsfaktor eines strommodulierten Drehstromabnehmers sind

$$P = 3\, \underline{U}_{(1)}\, \frac{1}{T_z} \sum_{\nu=1}^{n} T_\nu\, \underline{I}_{(1)\nu} \cos\varphi_\nu = \frac{1}{T_z} \sum_{\nu=1}^{n} T_\nu\, P_\nu \tag{4.120}$$

$$S = 3\underline{U}_{(1)}\sqrt{\frac{1}{T_z}\sum_{\nu=1}^{n} T_\nu\, I_{(1)\nu}^2} = \sqrt{\frac{1}{T_z}\sum_{\nu=1}^{n} T_\nu\, S_\nu^2} \tag{4.121}$$

$$\lambda = \frac{\frac{1}{T_z}\sum_{\nu=1}^{n} T_\nu\, \underline{I}_{(1)\nu}\cos\varphi_\nu}{\sqrt{\frac{1}{T_z}\sum_{\nu=1}^{n} T_\nu\, I_{(1)\nu}^2}} = \frac{\sum_{\nu=1}^{n} T_\nu\, \underline{I}_{(1)\nu}\cos\varphi_\nu}{\sqrt{T_z\sum_{\nu=1}^{n} T_\nu\, I_{(1)\nu}^2}} = \frac{\sum_{\nu=1}^{n} T_\nu\, P_\nu}{\sqrt{T_z\sum_{\nu=1}^{n} T_\nu\, S_\nu^2}} \tag{4.122}$$

Wir erkennen, daß die Strommodulation zu einer Verringerung des Leistungsfaktors führt. Sie ist die Ursache einer weiteren Blindleistungsart, der Modulationsblindleistung. Diese Erkenntnis deckt sich mit der bereits früher gewonnenen, daß die elektrische Energieversorgung mit zeitlich konstanter Leistung die optimale Betriebsart eines Elektroenergiesystems darstellt. Bei der Planung der Versorgung eines technologischen Prozesses mit elektrischer Energie ist daher stets auch zu überlegen, ob man unter Berücksichtigung aller Beurteilungskriterien ohne Strommodulation auskommt oder wie weit man sie sinnvoller Weise einschränken kann.

In den rechten Teilen der Gleichungen (4.120) bis (4.122) sind wir von der Mittelung der Ströme auf die Mittelung der Wirkleistung bzw. der Scheinleistung übergegangen und haben so die Problemstellung auf beliebige Abnehmer mit sprunghafter Leistungsänderung verallgemeinert. Ausgehend davon können wir nun auch stetige Leistungsänderungen betrachten, indem wir die Schein- und die Wirkleistung als Mittelwerte zweiter Ordnung über der Zyklusdauer nach den Gleichungen (4.9) und (4.10) auffassen.

$$P = \frac{1}{T_z}\int_{t=0}^{t=T_z} P'(t)\, dt \tag{4.123}$$

$$S = \sqrt{\frac{1}{T_z}\int_{t=0}^{t=T_z} S'^2(1)\, dt} \tag{4.124}$$

Aus der Wirk- und der Scheinleistung können alle weiteren Kenngrößen berechnet werden.

Als Beispiel soll der Drehstrom-Antriebsmotor einer Werkzeugmaschine betrachtet werden. Seine mechanische Belastung wechselt durch die diskontinuierliche Zufuhr von Werkstücken zyklisch. Die Bearbeitung eines Werkstückes während des Zeitabschnittes 1 dauert 10 Minuten. Danach läuft der Motor während des Zeitabschnittes 2 bis zur Bereitstellung eines neuen Werkstückes 5 Minuten lang leer. Die am Motor anliegende Spannung sei konstant. Die Spannungs- und Stromraumzeiger sind

$$\underline{u}(\omega t) = \sqrt{\frac{2}{3}}\, 660V\, e^{j\omega t} \qquad \underline{i}_1(\omega t) = 141{,}4A\, e^{j(\omega t - 0{,}6458)} \qquad \underline{i}_2(\omega t) = 70{,}7A\, e^{j(\omega t - 1{,}0472)} \quad (4.125)$$

Die Leistungsgrößen der beiden Zeitabschnitte und des gesamten Zyklus sind in der Tabelle 4.13 zusammengestellt. Durch Umorganisation des Fertigungsprozesses gelingt es, die Leerlaufzeit des Motors auf 2 Minuten zu verkürzen. Die sich daraus ergebenden Leistungsverhältnisse sind ebenfalls in Tabelle 4.13 angegeben.

Tabelle 4.13: Leistungen des Antriebsmotors einer Werkzeugmaschine

	P	S	λ	Q
Belastung	91,3	114,3	0,80	68,8
Leerlauf	28,6	57,2	0,50	49,5
Zyklus mit $T_z = 15$ min	70,4	99,0	0,71	69,6
Zyklus mit $T_z = 12$ min	80,8	106,9	0,76	70,0

Die Verkürzung der Leerlaufzeit des Motors führt zu einer über der nun ebenfalls kürzeren Zyklusdauer ausgeglicheneren Belastung und damit zu einer Verbesserung des Leistungsfaktors. Das bedeutet im vorliegenden Fall, daß mit insgesamt weniger Verlusten im Drehstromnetz mehr Werkstücke bearbeitet werden können.

4.3 Stochastisch veränderliche Leistungen

4.3.1 Bestimmung elektrischer Belastungen

Die vorhergehenden Betrachtungen haben gezeigt, daß die Leistungsverhältnisse einen entscheidenden Einfluß auf den Betrieb eines elektrischen Energieversorgungsnetzes ausüben und auch die Gestaltung, Konstruktion und Bemessung jedes einzelnen elektrischen Betriebsmittels bestimmen. Die Kenntnis des Abnehmerverhaltens ist daher von grundlegender Bedeutung für die wirtschaftliche Gestaltung der elektrischen Energieversorgung. Hochentwickelte Verfahren der Netzberechnung und der Lastflußoptimierung bleiben wirkungslos, wenn die Belastungen des Netzes mit unzureichenden Methoden nur grob geschätzt wurden. Deshalb hat man den Belastungen der Netze von Beginn der Entwicklung der elektrischen Energieversorgung an die ihnen gebührende Aufmerksamkeit geschenkt.

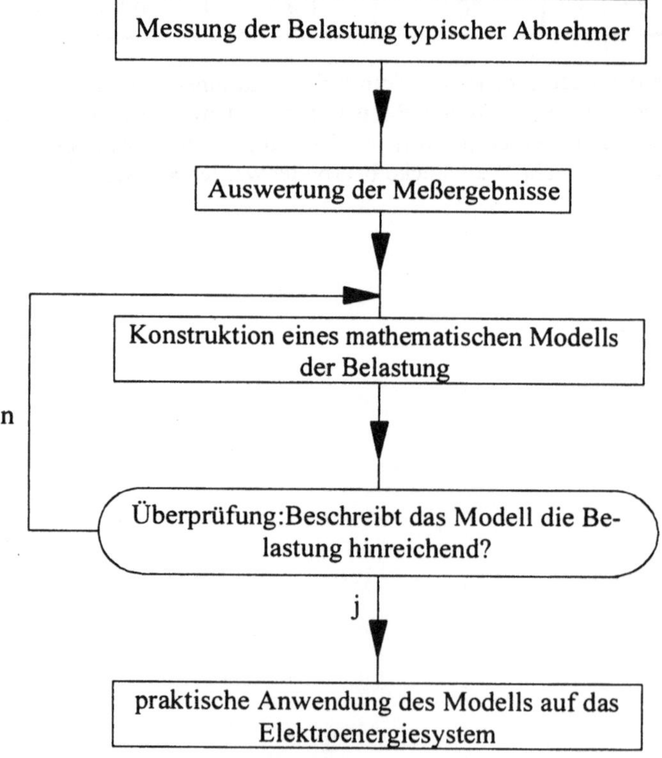

Bild 4.22 : Analyse elektrischer Belastungen

Auf der Grundlage einer Vielzahl von Meßdaten sind vorwiegend empirische Verfahren nach dem im Bild 4.22 dargestellten Ablauf entstanden. Sie müssen von Zeit zu Zeit an geänderte Bedingungen angepaßt werden. Die Analyse von Belastungsverhältnissen ist daher eine Daueraufgabe der elektrischen Energieversorgung. Neben der Unterstützung des operativen Betriebes haben Belastungsermittlungen auch extrapolativen Charakter. Aus dem Verhalten von in Betrieb befindlichen Abnehmern wird auf das Verhalten künftiger Abnehmer ähnlicher oder gleicher Prozesse geschlossen. Belastungsermittlungen sind also auch ein wichtiges Instrument der Netzplanung. Voraussetzung für ihre Anwendbarkeit auf diesem Gebiet ist eine vergleichsweise langsame Änderung des Abnehmerverhaltens.

4.3.2 Gang- und Dauerlinie

Die Belastungen eines elektrischen Energieversorgungsnetzes entsprechen praktisch nie dem anzustrebenden Idealfall der kontinuierlichen Energieübertragung mit zeitlich konstanter Leistung. In der öffentlichen Energieversorgung treten tageszeitliche Belastungsschwankungen auf, die durch den Lebensrhythmus der zu versorgenden menschlichen Gesellschaft begründet sind. Den tageszeitlichen Schwankungen sind jahreszeitliche überlagert, die durch die jahreszeitlichen Änderungen des Klimas und der Länge von Tag und Nacht bedingt sind. Die industrielle elektrische Energieversorgung ist ausgeglichener bzw. kann ausgeglichener gestaltet werden. Aber auch hier sind Belastungsschwankungen durch den zu versorgenden technologischen Prozeß zu verzeichnen. Ebenso üben Schichtwechselzeiten, Arbeitspausen und Arbeitszeiten einen großen Einfluß auf die Belastungsverhältnisse aus.

Bild 4.23 zeigt die Entstehung einer Tages-Belastungskurve, einer Ganglinie, durch Überlagerung der Leistungsaufnahme einzelner Abnehmer. Im oberen linken Diagramm ist die Leistungsaufnahme des Elektroherdes in einem Einfamilienhaus dargestellt. Sie ist sehr unausgeglichen, da der Herd nur vor den drei täglichen Hauptmahlzeiten in Anspruch genommen wird. Die Überlagerung des Herdes mit den anderen Abnehmern des Haushaltes führt zur Ganglinie rechts oben. Sie ist ausgeglichener als die des Herdes allein, zeigt aber, daß drei der vier Leistungsspitzen noch vom Elektroherd bestimmt werden. Die Überlagerung der Ganglinien von 500 Einfamilienhäusern führt zum unteren linken Diagramm von Bild 4.23. Die Ganglinie ist deutlich ausgeglichener als die des einzelnen Haushaltes. Wir erkennen jedoch, daß die beiden Leistungsspitzen gegen 12 und gegen 18 Uhr ebenfalls noch vom Betrieb der Kochherde bestimmt werden. Das rechte untere Bild zeigt schließlich die Ganglinie einer größeren Region, die durch unterschiedliche Verbrauchsgewohnheiten der einzelnen Haushalte und durch andere Abnehmergruppen (Industrie, Gewerbe usw.) einen weiteren Ausgleich erfahren hat. Die Leistungsspitzen zur Mittagszeit und gegen Abend sind erhalten geblieben.

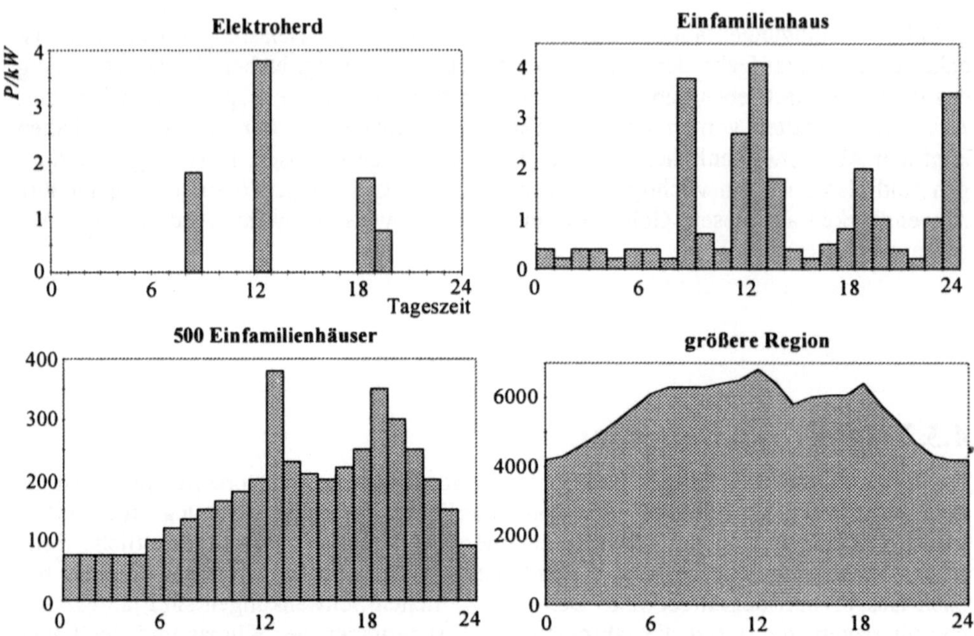

Bild 4.23 : Entwicklung einer Tages-Belastungskurve in einer Region

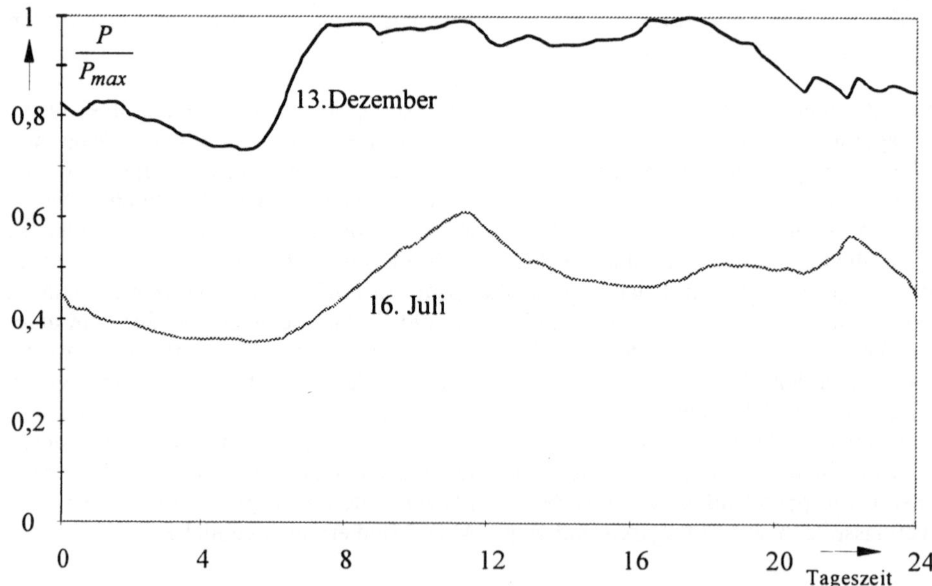

Bild 4.24 : Ganglinien eines öffentlichen Energieversorgungsunternehmens

Bild 4.24 zeigt die Ganglinien eines großen öffentlichen Energieversorgungsunternehmens am heißesten Sommer- und am kältesten Wintertag. Die Leistungen wurden auf die maximale Leistung am Wintertag bezogen. Der Einfluß der Jahreszeit auf die Ganglinien wird in dieser Darstellung deutlich.

Zur weiteren Bearbeitung wird aus der Tagesbelastungskurve ein geordnetes Belastungsdiagramm, die sogenannte Tages-Dauerlinie, hergestellt. Das ist im Bild 4.25 schematisch dargestellt.

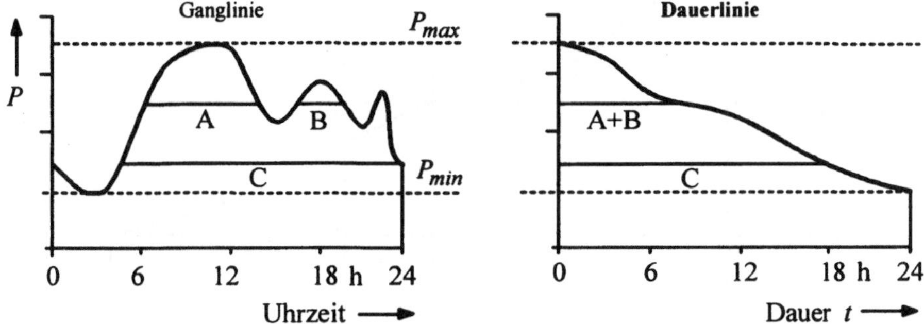

Bild 4.25 : Konstruktion der Tages-Dauerlinie

Die maximalen und minimalen Leistungen der Ganglinie und der Dauerlinie sind ebenso wie die durch die Flächen unter den Linien beschriebenen elektrischen Energiemengen gleich.

In der gleichen Weise können Dauerlinien für ganz unterschiedliche Zeitabschnitte (z.B. ein Monat oder ein Jahr) konstruiert werden. In der Praxis hat die Tages-Dauerlinie eine untergeordnete Bedeutung, da die tageszeitlichen Schwankungen der Leistung aus ihr nicht hervorgehen. Von größerem Interesse sind die Jahres-Dauerlinie und die Monats-Dauerlinie. Es kann nachgewiesen werden, daß die Dauerlinien unabhängig vom Zeitabschnitt, für den sie gelten, gleichen Gesetzen gehorchen und durch die gleichen Kenngrößen beschrieben werden können. Wir können daher in den folgenden Ausführungen für den Betrachtungszeitraum allgemeiner eine Nennbetriebsdauer einführen. Sie ist

$$T_n = \begin{cases} 24\,h \\ 30\,(31)\cdot 24\,h = 720\,(744)\,h \\ 365\cdot 24\,h = 8760\,h \end{cases} \quad \text{für} \quad \begin{cases} 1\ \text{Tag} \\ 1\ \text{Monat} \\ 1\ \text{Jahr} \end{cases} \tag{4.126}$$

Aus der Dauerlinie können nach Bild 4.26 wichtige Kenngrößen des Prozesses ermittelt werden. Die übertragene elektrische Arbeit ist

$$W = \int_0^{T_n} P(t)\, dt = P_n\, T_a = P_{max}\, T_m = P_{mittel}\, T_n \tag{4.127}$$

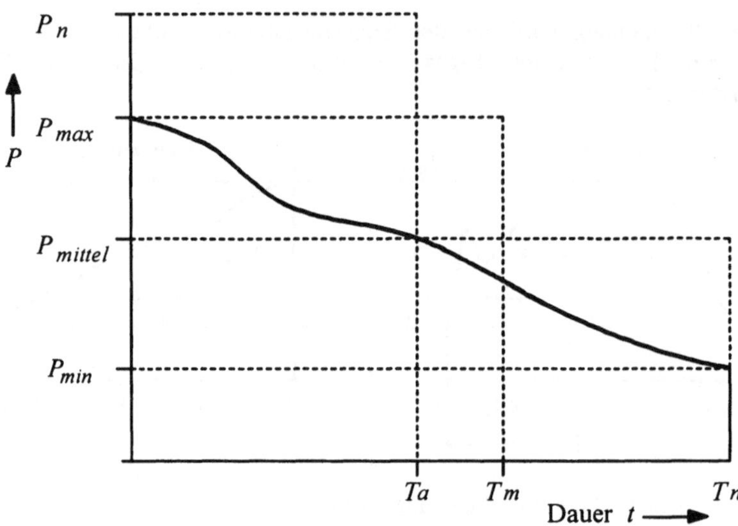

Bild 4.26 : Kenngrößen der Dauerlinie

Die **Benutzungsdauer** T_m (utilization period of maximum demand) ist die Zeit, in der mit gleichbleibender Belastung in Höhe der **Höchstlast** $P_{\max}$ die gleiche Energiemenge übertragen wird, wie im tatsächlichen Betrachtungszeitraum mit schwankender Belastung. Die Benutzungsdauer ist eine wichtige Bewertungsgröße. Die Energieversorgung ist umso wirtschaftlicher, je höher die Benutzungsdauer ist. Die in einem Elektroenergiesystem verfügbare **Nennleistung** P_n (die Summe der Nennleistungen der einspeisenden Generatoren) ist höher als die maximale Belastung. Die **Ausnutzungsdauer** T_a dieser Nennleistung (utilization period of nominal capacity) ist ebenfalls eine Bewertungs-Kenngröße des Systems. Eine weitere sehr wichtige Kenngröße der Dauerlinie ist der **Belastungsgrad** m (Belastungsfaktor, Wirkbelastungsfaktor, Benutzungsgrad, (load factor)). Er wird bestimmt nach

$$m = \frac{W}{P_{max}\, T_n} = \frac{T_m}{T_n} = \frac{P_{mittel}}{P_{max}} \tag{4.128}$$

Das **Lastverhältnis** m_0 (Leistungsverhältnis, Ungleichförmigkeitsgrad, (load ratio)) ist das Verhältnis von Minimal- zu Maximallast.

$$m_0 = \frac{P_{min}}{P_{max}} \tag{4.129}$$

Auf der Grundlage dieser Kenngrößen ist die Dauerlinie in der Vergangenheit mit zahlreichen Ansätzen mathematisch beschrieben worden, um elektrizitätswirtschaftliche Fragestellungen rechnerisch untersuchen zu können. An dieser Stelle seien aufgeführt

$$p\left(\frac{t}{T_n}\right) = p(t') = \frac{P(t')}{P_{max}} = m_0 + (1-m_0)(1-t')^{\frac{1-m}{m-m_0}} \quad \text{nach Wolf} \tag{4.130}$$

$$p\left(\frac{t}{T_n}\right) = p(t') = \frac{P(t')}{P_{max}} = 1 - (1-m_0)t'^{\frac{m-m_0}{1-m}} \quad \text{nach Sochinsky} \tag{4.131}$$

Bild 4.27 zeigt die Tages-Dauerlinien für Bild 4.24. Außerdem ist die Jahres-Dauerlinie für das Energieversorgungsunternehmen angegeben. Sie ist weniger ausgeglichen als die beiden Tages-Dauerlinien, da ihr Maximalwert durch die höchste Leistung am kältesten Wintertag und ihr Minimalwert durch die minimale Leistung am heißesten Sommertag bestimmt werden.

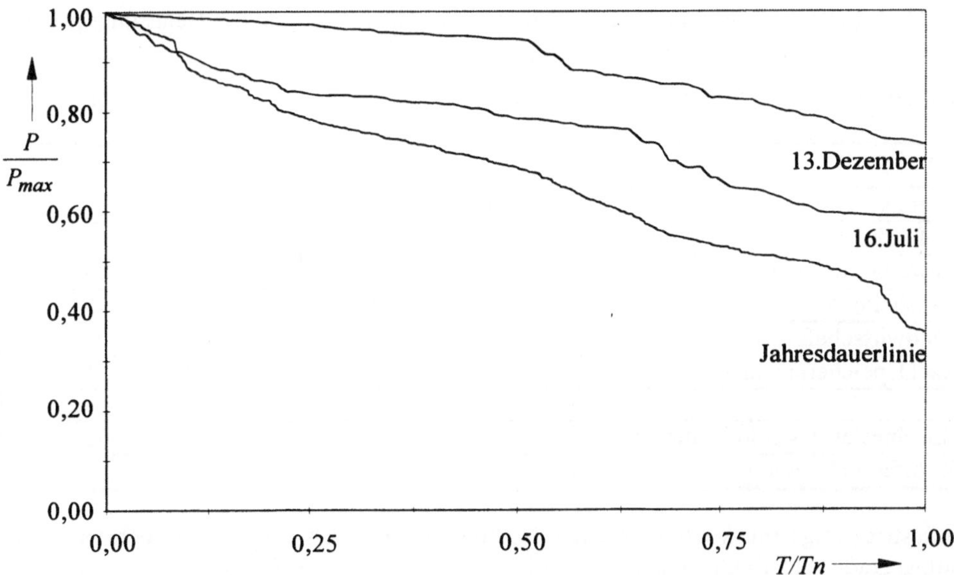

Bild 4.27 : Tages-Dauerlinien eines öffentlichen Energieversorgungsunternehmens

Die Kenngrößen der in den Bildern 4.23, 4.24 und 4.27 dargestellten Gang- und Dauerlinien sind in Tabelle 4.14 angegeben.

Tabelle 4.14: Kenngrößen der Gang- und Dauerlinien der Bilder 4.23, 4.24,4.27

	m	T_m/h	m_0
Elektroherd	0,088	2,11	0,000
Einfamilienhaus	0,265	6,36	0,049
500 Einfamilienhäuser	0,467	11,21	0,197
gesamte Region	0,825	19,80	0,618
Gang- und Dauerlinie am16. Juli	0,768	18,43	0,581
Gang- und Dauerlinie am 13. Dezember	0,899	21,58	0,734
Jahres-Dauerlinie	0,673	5895	0,355

Die Belastungsgrade und Leistungsverhältnisse in Tabelle 4.14 zeigen den zunehmenden Ausgleich der Ganglinien mit steigender Anzahl der Abnehmer. Wir erkennen auch hier, daß Tages-Gang- und -Dauerlinien ausgeglichener sind als Jahres-Dauerlinien, weil diese zusätzlich zu den tageszeitlichen auch die klimatisch bedingten Belastungsschwankungen enthalten.

In der Tabelle 4.15 sind die Benutzungsdauer der Höchstlast und der Belastungsgrad für typische Abnehmergruppen zusammengestellt.

Tabelle 4.15: Benutzungsdauern und Belastungsgrade von Abnehmergruppen

Abnehmer	T_m/h	m
Chemische Industrie	6000 ... 8000	0,68 ... 0,91
großindustrieller Maschinenbau	4000...5500	0,46 ... 0,63
Gewerbe, Kleinindustrie	2000 ... 4000	0,23 ... 0,46
Haushalte	500 ... 1300	0,06 ... 0,15
Landwirtschaft	150 ... 250	0,02 ... 0,03
Nachtspeicherheizung	700 ... 1000	0,08 ... 0,11
einzelnes dt. EVU im Mittel	4500 ... 6000	0,51 ... 0,68
dt. öffentliche Energieversorgung	≈ 6200	≈ 0,71

Industriezweige mit kontinuierlichen Produktionsprozessen weisen die höchsten Belastungsgrade und Benutzungsdauern auf. Landwirtschaftliche Betriebe bilden nach den privaten Haushalten das Schlußlicht.

Die Leistungswerte in Gang- und Dauerlinien sind im allgemeinen Mittelwerte zweiter Ordnung der Wirkleistung über eine Integrationsdauer von 15 Minuten.

Die Belastungsgrade nach Tabelle 4.15 werden zur Bearbeitung von Planungsaufgaben herangezogen. Sie beschreiben eine elektrische Belastung jedoch noch nicht vollständig. Dazu bedarf es weiterer Kenngrößen, von denen einige im folgenden besprochen werden sollen.

4.3.3 Weitere Kenngrößen zur Beschreibung von Belastungen

Der **Anschlußwert** eines Abnehmers ist die an seinen Klemmen aufgenommene Wirkleistung. Die Nennleistung eines Motors ist zum Beispiel die an der Welle unter Nennbedingungen zur Verfügung gestellte mechanische Leistung. Der Anschlußwert des Motors ist infolge seines Wirkungsgrades höher als seine Nennleistung.

$$P_a = \frac{P_r}{\eta_r} \tag{4.132}$$

Der Index n in Gleichung (4.132) bezeichnet die Nennbedingungen (rated). Die **installierte Leistung** eines Abnehmers ist gleich seinem Anschlußwert, die einer Abnehmergruppe ist die Summe der Anschlußwerte aller Abnehmer der Gruppe.

$$P_{inst} = \sum_i P_{a\,i} \tag{4.133}$$

Die installierte Leistung ist mit der Leistung der eingeschalteten Abnehmer nicht gleichzusetzen. Ein Elektroenergiesystem wäre normalerweise völlig überlastet, wenn alle angeschlossenen Abnehmer tatsächlich eingeschaltet wären. Der **Bedarfskoeffizient** k_c ist das Verhältnis der maximalen zur installierten Leistung.

$$k_c = \frac{P_{max}}{P_{inst}} \le 1{,}0 \tag{4.134}$$

Tabelle 4.16 gibt die aus statistischen Untersuchungen gewonnenen Bedarfskoeffizienten für einige typische Abnehmer an.

Der Zusammenhang zwischen der Summe der Einzelhöchstleistungen der Abnehmer und der tatsächlichen maximalen Belastung wird durch den **Gleichzeitigkeitsgrad** k_g (Gleichzeitigkeitsfaktor, (coincidence factor)) beschrieben.

$$k_g = \frac{P_{max}}{\sum_i P_{max\,i}} < 1{,}0 \tag{4.135}$$

Für den Gleichzeitigkeitsgrad liegen empirische Werte vor. Wie bei allen solchen Daten ist aber zu beachten, daß sie sich ändern können, wenn sich die Verbrauchsgewohnheiten ändern. Das ist möglich z.B. durch andere oder kürzere Arbeitszeiten, Änderung des Ausstattungsgrades mit Elektrogeräten, Änderung der Nutzungsgewohnheiten, oder neue Technologien in der Industrie. Das führt zu Unsicherheiten in der Planung, die nur durch ständige Aktualisierung der Daten klein gehalten werden können. Trotzdem gilt die generelle Aussage, daß der Gleichzeitigkeitsgrad mit zunehmender Anzahl gleichartiger Abnehmer zunächst abnimmt und ab einer bestimmten Anzahl (Sättigungswert) praktisch gleich bleibt.

Wenn der Gleichzeitigkeitsgrad g_∞ für eine genügend große Zahl gleichartiger Abnehmer bekannt ist, dann gilt für eine endliche Zahl n dieser Abnehmer die empirisch gefundene Näherung

$$g \approx g_\infty + \frac{1-g_\infty}{\sqrt{n}} \tag{4.136}$$

Tabelle 4.16: Bedarfskoeffizienten von Abnehmern

Abnehmer	k_c
Einfamilienhäuser	0,4
elektrische Heizungen und Klimaanlagen	0,8 ... 1,0
Hotels, Pensionen, Appartmenthäuser	0,6 ... 0,8
kleine Büros, Ladengeschäfte	0,5 ... 0,7
große Büros (z.B. Versicherungen)	0,7 ... 0,8
Kaufhäuser	0,7 ... 0,9
Maschinenbaubetriebe	0,25
Papier- und Zellstoffabriken	0,5 ... 0,7
Textilindustrie	0,6 ... 0,75
chemische Industrie, Erdölindustrie	0,5 ... 0,7
Zementwerke	0,8 ... 0,9
Nahrungsmittelindustrie	0,7 ... 0,9
Steinkohlenbergbau - Untertage	1,0
Steinkohlenbergbau - Aufbereitung	0,8 ... 1,0
Braunkohlenbergbau	0,7 ... 0,8
Hütten- und Stahlindustrie	0,8 ... 0,9
Walzwerke	0,5 ... 0,8
Kräne	0,7
Aufzüge	0,5

Für die Ermittlung der durch Abnehmergruppen in der Industrie verursachten maximalen Belastung macht man sich die Sättigung des Gleichzeitigkeitsgrades durch Anwendung der sogenannten **Zweigliederformel** zunutze. Die Höchstlast einer Gruppe von n Abnehmern wird danach durch die x größten Abnehmer dieser Gruppe dominierend beeinflußt, während alle weiteren praktisch nicht mehr zu ihrer Vergrößerung beitragen.

$$P_{max} = a \sum_{i=1}^{x<n} P_{a\,i} + b \sum_{i=1}^{n} P_{a\,i} \tag{4.137}$$

Die erste Summe in der Zweigliederformel (4.137) ist die Summe der Anschlußwerte der x größten Abnehmer, die zweite der Anschlußwert der gesamten Gruppe. Tabelle

4.17 enthält einige Werte für die Koeffizienten *a* und *b* sowie die Anzahl der größten Abnehmer x.

In einigen Industriezweigen ist es auch üblich, von einer **spezifischen Flächenbelastung** auszugehen und daraus Belastungen zu ermitteln. Tabelle 4.18 enthält dazu einige Beispiele.

Tabelle 4.17: Parameter der Zweigliederformel

Abnehmer	*a*	*b*	*x*
Elektroantriebe für Werkzeugmaschinen	0,50	0,26	5
Metallbearbeitung mit Serienfertigung	0,50	0,14	5
Ventilatoren, Pumpen, Motorgeneratoren	0,25	0,65	5
Gießereien, gekoppelte Antriebe	0,60	0,20	5
Gießereien, Einzelantriebe	0,40	0,40	5
Kranantriebe in Kesselhäusern	0,20	0,06	5
Kranantriebe in Gießereien	0,30	0,11	3
Kranantriebe in Walzwerken	0,30	0,18	3
Elektroöfen, kontinuierlicher Betrieb	0,30	0,70	2
Elektroöfen, zyklischer Betrieb	0,50	0,50	1
Elektrowärme-, Trocken-, Anheizgeräte	0	0,70	0
Verdichter, Zentrifugen, Mischer	0,50	0,50	3
Elektroschweißgeräte	0	0,35...0,50	0
Beleuchtung	0	1,00	0

Tabelle 4.18: Spezifische elektrische Flächenbelastung in verschiedenen Industriezweigen

Abnehmer	spez. Flächenbelastung in W/m^2
Werkzeug- und Vorrichtungsbau	50...100
Kunstharzpresserei	100...200
Stanzerei, Preßwerk, Fräserei	150...300
Mechanische Werkstätten	200...400
Elektro-Schweißerei, Härterei	300...1000
Galvanotechnik	600...800

Bei der Belastungsermittlung in der Grundstoffindustrie geht man vom **spezifischen Energiebedarf** zur Herstellung einer Mengeneinheit (z.B. einer Tonne) des Grundstoffes aus. Tabelle 4.19 zeigt dazu einige Beispiele.

Tabelle 4.19: Spezifischer elektrischer Energiebedarf in einigen Industriezweigen

Produkt	spez. Energiebedarf in kWh/t
Aluminium, synthetischer Kautschuk	13.500 ... 17.000
Ferro-Silicium	14.000
Acethylen	9.500
Elektrostahl	2.250
Flüssigstahl aus Schrott	471
Zement	110
Schwefelsäure	82

Der spezifische Energiebedarf unterliegt einem ständigen Wandel. Die Energieintensität der Industrie ist in den vergangenen zehn Jahren deutlich gestiegen. Daher müssen solche Daten in der Planung ständig aktualisiert werden.

4.3.4 Verlustfaktor

Bisher haben wir die quantitative Seite des Transportprozesses für Elektroenergie bei zeitlich schwankender Belastung untersucht. Wir wissen, daß zur vollständigen Beschreibung auch der qualitative Aspekt gehört und kommen daher nun zur Beschreibung der Verluste.

Da Energieversorgungsnetze mit näherungsweise konstanter Spannung betrieben werden, sind die spannungsabhängigen Verluste ebenfalls nahezu konstant. Unser Interesse muß sich deshalb wiederum auf die stromabhängigen Verluste konzentrieren. Von Rossander und Tröger ist dazu ein dem Belastungsgrad m entsprechender **Arbeitsverlustfaktor** ϑ (Arbeitsverlustgrad, (energy loss factor)) definiert worden. Er ist das Verhältnis der tatsächlichen Stromwärmeverluste zu den von der Höchstlast verursachten Stromwärmeverlusten.

$$\vartheta = \frac{W_{vi}}{W_{vi\,max}} = \frac{R\int_0^{T_n} I^2(t)\,dt}{R\,I_{max}^2\,T_n} = \frac{\int_0^{T_n} I^2(t)\,dt}{I_{max}^2\,T_n} \qquad (4.138)$$

Aus dem Arbeitsverlustfaktor kann wiederum analog zur Benutzungsdauer T_m eine **Verlustdauer** T_v (Verluststundenzahl) definiert werden, die angibt, wie lange die maximalen Verluste anfallen müssen, um den tatsächlichen über dem gesamten Betrachtungszeitraum zu entsprechen.

$$T_v = \vartheta\, T_n \tag{4.139}$$

Die Arbeit mit dem Verlustfaktor wäre einfach, wenn eine Dauerlinie des Stromquadrates oder des Stromes zur Verfügung stehen würde oder aus Meßdaten gewonnen werden könnte. Das ist in der Praxis jedoch nicht der Fall. Die Aufgabe besteht deshalb darin, den Arbeitsverlustfaktor in Beziehung zum Belastungsgrad zu bringen. Wir gehen dabei zunächst davon aus, daß nur Wirkleistung übertragen wird. Dann ist das Stromquadrat dem Leistungsquadrat proportional.

$$W_{vi} = K \int_0^{T_n} P^2(t)\, dt = K\, P_{max}^2\, T_v \tag{4.140}$$

Wir überlegen nun die Grenzwerte des Arbeitsverlustfaktors ϑ auf der Grundlage von Bild 4.26. Die tatsächliche Energiemenge können wir, wie dort dargestellt, durch zwei verschiedene Rechtecke gleicher Fläche darstellen.

$$\begin{aligned} W &= P_{mittel}\, T_n = (P_{max}\, m)\, T_n \\ W &= P_{max}\, T_m = P_{max}\, (m\, T_n) \end{aligned} \tag{4.141}$$

Aus Gleichung (4.141) folgt für den Arbeitsverlustfaktor

$$\vartheta_{w\,min} = \frac{K (P_{max}\, m)^2\, T_n}{K\, P_{max}^2\, T_n} = m^2 \le \vartheta_w \le \frac{K\, P_{max}^2\, T_n\, m}{K\, P_{max}^2\, T_n} = m = \vartheta_{w\,max} \tag{4.142}$$

Der Arbeitsverlustfaktor wird in (4.142) mit dem Index w bezeichnet, um zum Ausdruck zu bringen, daß er unter der Annahme reiner Wirkleistungsübertragung ermittelt wird. Aus Gleichung (4.142) ist wiederum zu ersehen, daß die Energiebildung über das hochstehende Rechteck den ungünstigsten Fall darstellt. Für reine Wirkleistungsübertragung wird aus Gleichung (4.138)

$$\vartheta = \frac{\int_0^{T_n} I^2(t)\, dt}{I_{max}^2\, T_n} \xrightarrow{\lambda=1} \vartheta_w = \frac{\int_0^{T_n} P^2(t)\, dt}{P_{max}^2\, T_n} \tag{4.143}$$

In Gleichung (4.143) kann man nun beispielsweise eine mathematische Darstellung der Leistungsdauerlinie nach (4.130) oder (4.131) einsetzen und den Arbeitsverlustfaktor berechnen. Mit dem Ansatz von Sochinsky erhält man auf diese Weise

$$\vartheta_w = \frac{2m(m - m_0) + m_0^2(1-m)}{1 + m - 2m_0} \xrightarrow[\text{(Junge)}]{m_0 = m^2} \vartheta_w = \frac{m^2(1-m)(2+m^2)}{1 + m - 2m^2} \tag{4.144}$$

Die grundlegenden Arbeiten zum Arbeitsverlustfaktor fanden in einer Zeit statt, in der Rechnungen im wesentlichen manuell durchgeführt wurden. Deshalb darf es nicht wundern, daß man bestrebt war, möglichst einfache Bestimmungsgleichungen für den Verlustfaktor zu erhalten. Neben dem oben beschriebenen Ansatz gab es auch empirische Verfahren, die auf der Auswertung einer Vielzahl von Dauerlinien beruhten. An dieser Stelle seien einige Beispiele dafür aufgeführt, um voneinander abweichende Angaben in der Fachliteratur zu erklären.

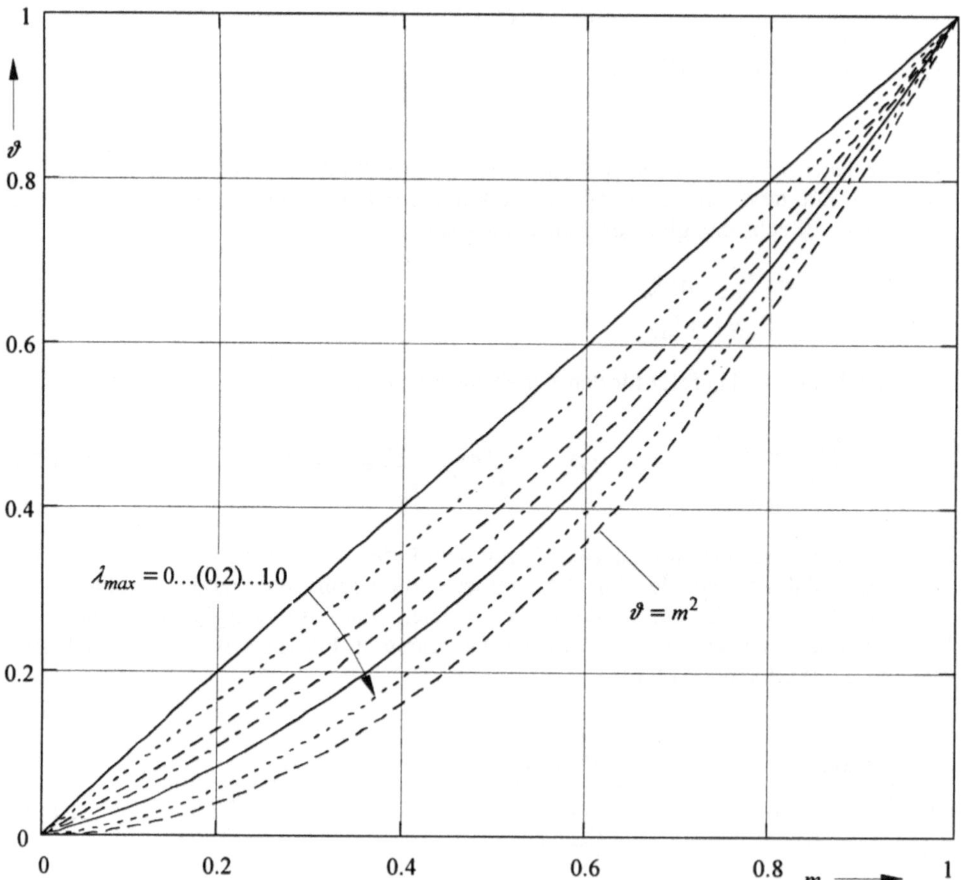

Bild 4.28 : Arbeitsverlustfaktor nach Holmgreen-Rung (Parameter λ_{max})

Tabelle 4.20: Näherungsgleichungen zur Bestimmung des Arbeitsverlustfaktors

Arbeitsverlustfaktor ϑ_w	Urheber
$\vartheta_w = 0{,}3\,m + 0{,}7\,m^2$	Buller, Wondrow
$\vartheta_w = 0{,}17\,m + 0{,}83\,m^2$	VDEW-Richtlinie Netzverluste 1968
$\vartheta_w = 0{,}083\,m + 1{,}036\,m^2 - 0{,}119\,m^3$	Wolf
$\vartheta_w = 0{,}12 - 0{,}24\,m + 1{,}12\,m^2$	Tröger für m >0,2
$\vartheta_w = 0{,}078 - 0{,}022\,m + 0{,}943\,m^2$	Wichmann

Im nächsten Schritt ist nun die Blindleistung im Arbeitsverlustfaktor zu berücksichtigen. Auch dafür hat es in der Literatur verschiedene Ansätze gegeben. Am häufigsten wird der Arbeitsverlustfaktor nach Holmgreen-Rung angewandt. Er geht davon aus, daß die Blindleistung nichtlinear von der Wirkleistung abhängt und macht den Ansatz

$$\frac{Q^2(t)}{Q_{max}^2} = \frac{P(t)}{P_{max}} \tag{4.145}$$

Unter der Voraussetzung konstanter Spannung kann der Verlustfaktor nach Gleichung (4.138) auch über die Scheinleistung ausgedrückt werden.

$$\vartheta = \frac{\int_0^{T_n} S^2(t)\,dt}{S_{max}^2\,T_n} = \frac{\int_0^{T_n} P^2(t)\,dt}{S_{max}^2\,T_n} + \frac{\int_0^{T_n} Q^2(t)\,dt}{S_{max}^2\,T_n} \tag{4.146}$$

$$\vartheta = \frac{\int_0^{T_n} P^2(t)\,dt}{P_{max}^2\,T_n}\,\lambda_{max}^2 + \frac{\int_0^{T_n} Q^2(t)\,dt}{Q_{max}^2\,T_n}\,(1-\lambda_{max}^2) \tag{4.147}$$

Mit (4.145) erhält man den Arbeitsverlustfaktor auf der Grundlage der Scheinleistung

$$\vartheta = \vartheta_w\,\lambda_{max}^2 + m\,(1-\lambda_{max}^2) \quad \text{mit} \quad \lambda_{max} = \frac{P_{max}}{Q_{max}} \tag{4.148}$$

Der Verlustfaktor nach Gleichung (4.148) wird in der Literatur als Scheinarbeitsverlustfaktor nach Holmgreen-Rung bezeichnet. Er ist im Bild 4.28 graphisch dargestellt. Der Verlustfaktor der Wirkleistung wurde dafür nach Wolf berechnet. Zum Vergleich wurde in Bild 4.28 der minimale Verlustfaktor nach Gleichung (4.142) eingezeichnet. Holmgreen-Rung hat bei seiner Ableitung nur die Verschiebungsblindleistung berücksichtigt und dementsprechend den Verschiebungsfaktor anstelle des Leistungsfaktors verwendet.

In der Praxis hat es sich auch eingebürgert, den Wirkarbeits-Verlustfaktor z. B. nach Wolf zu berechnen und dann für die Bestimmung der stromabhängigen Verluste die maximale Scheinleistung heranzuziehen.

$$W_{vi} \sim \vartheta_w \, S_{max}^2 \, T_n \tag{4.149}$$

Wir knüpfen an den Abschnitt 4.2.8 an und erhalten

$$\begin{aligned} P &= P_{mittel} = m \, P_{max} \\ S &= S_{mittel} = \sqrt{\vartheta} \, S_{max} \end{aligned} \quad \Rightarrow \quad \lambda = \frac{m}{\sqrt{\vartheta}} \frac{P_{max}}{S_{max}} = \frac{m}{\sqrt{\vartheta}} \lambda_{max} \tag{4.150}$$

Gleichung (4.150) stellt eine Beziehung zwischen den Leistungsverhältnissen bei (determinierter) Strommodulation und bei stochastisch schwankenden Belastungen her. Wir erhalten so für die innerhalb einer vorgegebenen Zeit (Jahr, Monat, Tag) schwankenden Belastungen einen Ersatzabnehmer mit zeitlich konstanter mittlerer Wirk- und Scheinleistung, der die tatsächliche Belastungssituation sowohl bezüglich ihrer quantitativen als auch ihrer qualitativen Seite richtig beschreibt.

4.4 Blindleistungskompensation

4.4.1 Grundprinzip

In den vorhergehenden Abschnitten sind wir auf Beispiele gestoßen, die zeigen, daß die Blindleistungsaufnahme eines Abnehmers durch eine entsprechende Gestaltung, Auswahl oder Dimensionierung zielgerichtet beeinflußt werden kann.

- So haben Drehstrom-Asynchronmotoren nach Tabelle 4.3 den höchsten Leistungsfaktor, wenn sie mit Nennlast betrieben werden. Überdimensionierte Motoren besitzen einen höheren Blindleistunsgbedarf. Die richtige Motorauswahl entscheidet also auch über die Blindleistung.
- Der Einfluß der Symmetrie aller Betriebsmittel eines Drehstromsystems auf die Blindleistung ist im Abschnitt 4.2.6 deutlich geworden. Man wird sie daher bei der Planung von Drehstromnetzen nicht ohne zwingenden Grund verletzen.
- Die Pulszahl von Stromrichtern hat nach Abschnitt 4.2.7.1 einen großen Einfluß auf die Verzerrungsblindleistung. Mit ihrer Festlegung werden daher bereits im Stadium der Planung wichtige Entscheidungen zur Blindleistungsaufnahme im Betrieb getroffen.
- Die Steuerblindleistung von Stromrichtern kann durch moderne Stromrichter mit abschaltbaren Leistungshalbleitern, auf die wir nicht eingegangen sind, vermindert werden.
- Technologische Prozesse in der Industrie können oft so gestaltet werden, daß Modulationsblindleistungen vermieden bzw. weitgehend eingeschränkt werden.

Mit diesen Maßnahmen allein kann die Blindleistung jedoch nicht immer im ausreichenden Maße vermindert werden. Dann müssen zusätzliche elektrische Betriebsmittel im Netz eingesetzt werden, die allein die Aufgabe haben, Blindleistungen zu vermindern. Die Gesamtheit der dafür in Frage kommenden Möglichkeiten soll hier als Blindleistungskompensation bezeichnet werden. Damit weichen wir vom üblichen Sprachgebrauch, der mit diesem Begriff häufig nur die Kompensation der Verschiebungsblindleistung meint, etwas ab.

Nach Bild 4.29 bestehen zwei grundsätzliche Möglichkeiten der Anordnung von Blindleistungskompensationseinrichtungen im Elektroenergiesystem. Die serielle Anordnung zu einem Teilnetz oder Abnehmer bezeichnet man als Serienkompensation, die parallele Anordung dementsprechend als Parallelkompensation. Schließlich können beide Kompensationsarten auch miteinander kombiniert werden.

Die Serienkompensation beeinflußt die Spannung am zu kompensierenden Abnehmer bzw. Teilnetz. Man kann daher in diesem Fall auch von Blindspannungskompensation sprechen. Die Parallelkompensation wirkt dagegen auf den Strom (Blindstromkompensation).

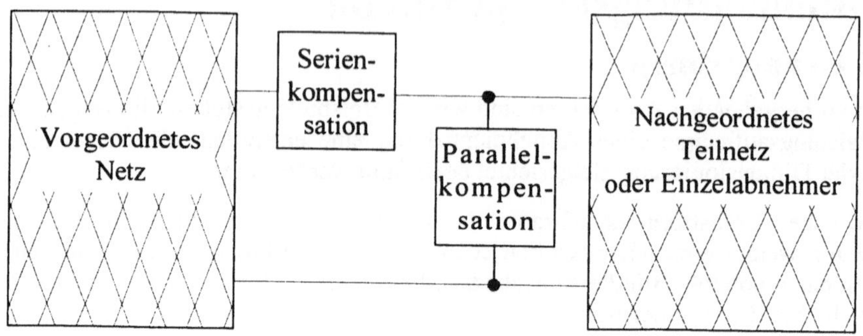

Bild 4.29 : Anordnung von Einrichtungen zur Blindleistungskompensation in Elektroenergiesystemen

Bei der Einzelkompensation ist die Kompensationseinrichtung ausschließlich einem einzelnen Abnehmer zugeordnet. Sie hat den Vorteil, daß das gesamte vorgeordnete Netz von der Blindleistung entlastet ist. Demgegenüber steht jedoch der Nachteil, daß in einem Netz viele Kompensationseinrichtungen benötigt werden. Die Anwendung ist daher meist nur für Abnehmer mit hoher Betriebsstundenzahl vorteilhaft.

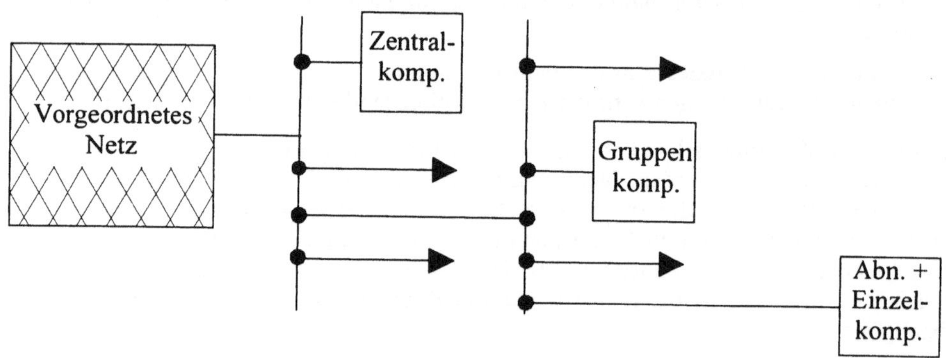

Bild 4.30 : Einzel-, Gruppen- und Zentralkompensation

Die Gruppenkompensation wird für Gruppen von mehreren Abnehmern angewandt, die gemeinsam geschaltet werden. Der Aufwand für die Kompensationseinrichtung ist dadurch niedriger als bei der Einzelkompensation. Nachteilig ist jedoch, daß nicht das gesamte den Einzelabnehmern vorgeordnete Netz von der Blindleistung entlastet ist. Die Zuleitungen zu den Einzelabnehmern müssen für deren Scheinleistung bemessen sein.

Die Zentralkompensation wird für vollständige Teilnetze angewandt. Die Kompensationseinrichtung befindet sich an zentraler Stelle im Netz. Der Blindleistungsbedarf kann bei geringerem Aufwand als bei der Einzel- und Gruppenkompensation so geregelt

werden, daß der Leistungsfaktor nahezu konstant ist. Nachteilig ist, daß der Kompensationseinrichtung nachgeordnete Teilnetze nicht von der Blindleistung entlastet werden und dementsprechend ausgelegt sein müssen. Bild 4.30 zeigt die drei Arten der Blindleistungskompensation schematisch.

Aus Abschnitt 3.4.3.6 wissen wir, daß Drehstromtransformatoren und Sternpunktbildner mit entsprechender Schaltgruppe die Entkopplung der ihnen vor- und nachgeordneten Teilnetze im Nullsystem bewirken. Sie entlasten damit das ihnen vorgeordnete Netz vom Nullstrom, wenn im nachgeordneten Netz Abnehmer zwischen einem Leiter und dem Neutralleiter des Drehstromsystems betrieben werden. In diesem Sinne sind sie Kompensatoren für die vom Nullstrom hervorgerufene Unsymmetrieblindleistung.

Im Abschnitt 3.5.5 wurde die Symmetrierung von Abnehmern besprochen, die zwischen zwei Leitern des Drehstromsystems betrieben werden. Die dort angegebenen Symmetriereinrichtungen sind demgemäß Blindleistunsgkompensationseinrichtungen, die die vom Gegenstrom verursachte Unsymmetrieblindleistung kompensieren.

4.4.2 Kompensation der Verschiebungsblindleistung

4.4.2.1 Serienkompensation. Das Prinzip der Serienkompensation eines ohmisch-induktiven Abnehmers mit einem Reihenkondensator ist im Bild 4.31 dargestellt.

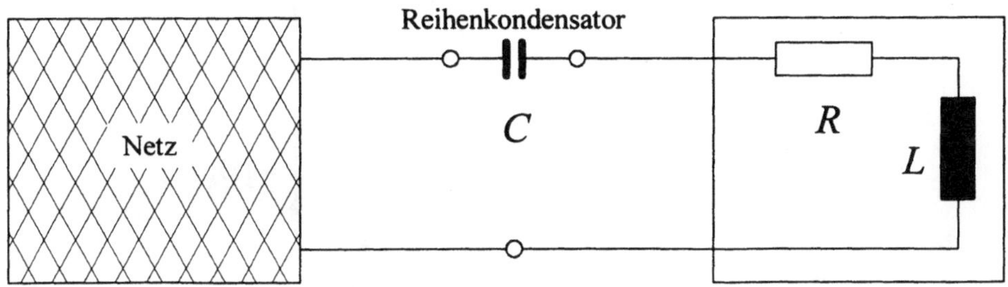

Bild 4.31 : Serienkompensation mit einem Reihenkondensator

Die Kompensationseinrichtung ist ideal abgestimmt, wenn die Summe der Reaktanzen des Abnehmers und des Reihenkondensators Null ist.

$$\mathrm{j}\omega L + \frac{1}{\mathrm{j}\omega C} = \mathrm{j}(X_L - X_C) = \mathrm{j}X_L\left(1 - \frac{X_C}{X_L}\right) = \mathrm{j}X_L(1 - k_S) = 0 \qquad (4.151)$$

In der Praxis wird selten vollständig kompensiert. Der Kompensationsgrad k_s liegt daher zwischen 0,3 und 1,0.

Die Serienkompensation wird für einzelne Abnehmer oder Abnehmergruppen selten angewandt. Reihenkondensatoren eignen sich jedoch gut zur Spannungshaltung in Mittelspannungsnetzen. Hier wendet man Kompensationsgrade von 1 bis maximal 4 an.

4.4.2.2 Parallelkompensation. Das Prinzip der Parallelkompensation eines ohmisch-induktiven Abnehmers mit einem Parallelkondensator ist im Bild 4.32 dargestellt.

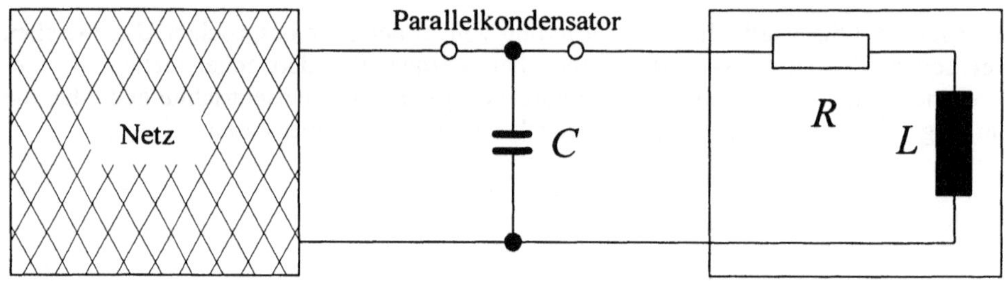

Bild 4.32 : Parallelkompensation mit einem Parallelkondensator

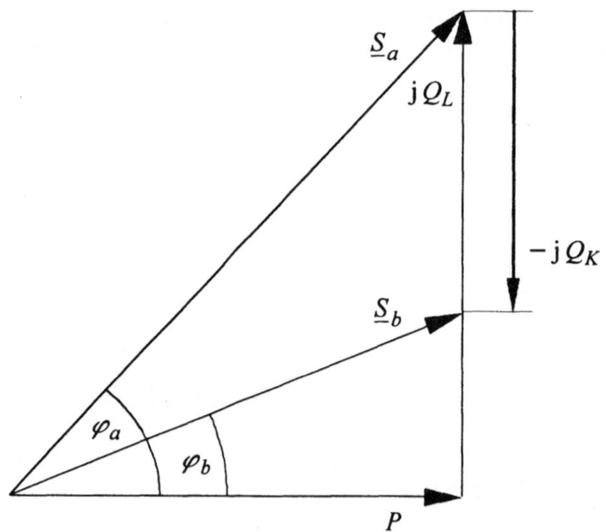

Bild 4.33 : Zur Berechnung der Kompensationsblindleistung eines Parallelkondensators

Die Parallelkompensationseinrichtung ist ideal abgestimmt, wenn die Summe der Suszeptanzen des Abnehmers und des Parallelkondensators Null ist.

$$\mathrm{j}\omega C+\frac{1}{\mathrm{j}\omega L}=\mathrm{j}(B_C-B_L)=\mathrm{j}B_L\left(\frac{B_C}{B_L}-1\right)=\mathrm{j}X_L(k_P-1)=0 \tag{4.152}$$

Auch der Kompensationsgrad der Parallelkompensation k_p wird in der Regel kleiner als 1,0 gewählt. Häufig ist ein Verschiebungsfaktor vorgegeben, der durch die Kompensation des Abnehmers erreicht werden soll. Der Betrag der dafür erforderlichen Kompensationsleistung ist

$$Q_K = P(\tan\varphi_a - \tan\varphi_b) \tag{4.153}$$

Der Index a in (4.153) bezeichnet den unkompensierten Abnehmer und der Index b den Leistungsfaktor der Gesamtanordnung nach der Kompensation. Da die Verluste des Parallelkondensators gegenüber der Abnehmerwirkleistung vernachlässigbar klein sind, wird die Wirkleistung durch die Kompensation nicht verändert. Gleichung (4.153) ist im Zeigerdiagramm 4.33 dargestellt.

Für die Kompensation des Asynchronmotors nach Tabelle 4.2 bzw. 4.3 auf einen Leistungsfaktor von $\lambda_b = \cos\varphi_b = 0{,}95$ im Nennbetrieb benötigt man beispielsweise eine Kompensationsblindleistung von Q_K = 768 kVar. Bei Dreiviertel- und Halblast des Motors bleibt das Verhalten von Abnehmer und Kompensationseinrichtung mit der oben angegebenen Blindleistung induktiv. Der Leistungsfaktor im Anlaufpunkt wird durch die Kompensationseinrichtung praktisch nicht verändert.

4.4.2.3 Parallelkompensation mit Synchronmaschinen. Die Ersatzschaltung der magnetisch isotropen Synchronmaschine im Mitsystem haben wir im Abschnitt 3.4.4.4 kennengelernt. Um die Erkenntnisse des Abschnittes 4.2.5 für unsere weiteren Betrachtungen nutzen zu können, fassen wir sie als die Kettenschaltung einer idealen kosinusförmigen Spannungsquelle mit einem Elementar-Längsvierpol auf und kommen zur Ersatzschaltung mit den Spannungen und dem Strom nach Bild 4.34.

Unter der Annahme, daß die Synchronmaschine weder Wirkleistung aufnimmt noch abgibt, und unter Vernachlässigung des ohmschen Widerstandes der Ständerwicklung erhalten wir für die Blindleistung ausgehend von Gleichung (4.83)

$$P=0 \quad\Rightarrow\quad \theta=0 \quad\Rightarrow\quad Q=-\frac{U_k^2}{X_s}(k-1) \quad \text{mit} \quad k=\frac{U_p}{U_k} \tag{4.154}$$

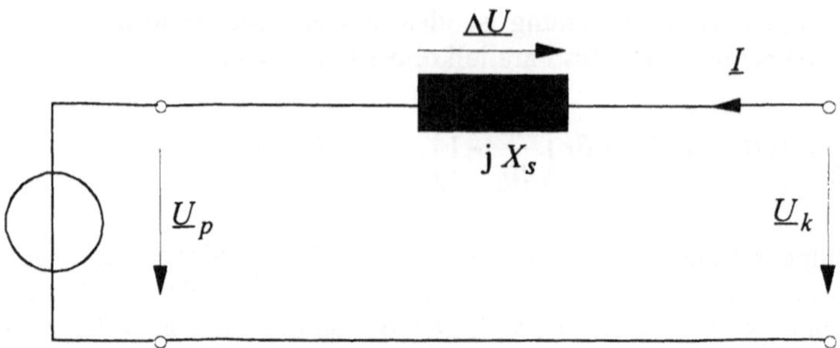

Bild 4.34 : Mitsystem-Ersatzschaltung einer Synchronmaschine

Für den Strom der Synchronmaschine gilt mit den Vorzeichenfestlegungen von Bild 4.34

$$\underline{I} = -\frac{\Delta \underline{U}}{\mathrm{j}\,X_s} = \mathrm{j}\frac{\Delta \underline{U}}{X_s} \tag{4.155}$$

Er eilt dem Spannungsabfall nach Gleichung (4.155) stets um 90 Grad voraus. Das Vorzeichen der Verschiebungsblindleistung der Synchronmaschine wird durch den Parameter k, d.h. bei gegebener Klemmenspannung durch den Betrag der Polradspannung, bestimmt. Er wird wiederum durch die Höhe des Erregerstromes festgelegt.

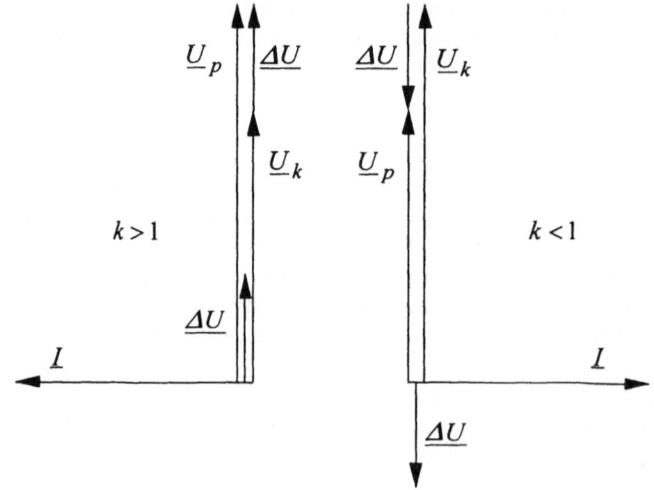

Bild 4.35 : Zeigerdiagramme der Synchronmaschine zur Blindleistungskompensation

Für k>1 (Übererregung) ist $\Delta \underline{U}$ positiv. Der Strom $\underline{I}$ steht senkrecht vorauseilend auf der Klemmenspannung $\underline{U}_k$ der Synchronmaschine. Sie verhält sich kapazitiv. Die Blindleistung nach Gleichung (4.154) ist dementsprechend negativ. Für k<1 (Untererregung) ist $\underline{\Delta U}$ negativ. Der Strom $\underline{I}$ steht senkrecht nacheilend auf der Klemmenspannung $\underline{U}_k$ der Synchronmaschine. Sie verhält sich induktiv. Die Blindleistung nach Gleichung (4.154) ist dementsprechend positiv. Die Zeigerdiagramme nach Bild 4.34 veranschaulichen diese beiden Betriebszustände.

Die Gleichungen (4.82) und (4.83) zeigen, daß die Synchronmaschine auch im Generatorbetrieb (P<0) und im Motorbetrieb (P>0) in der Lage ist, sowohl induktive als auch kapazitive Blindleistung zu kompensieren. Bei konstanter Wirkleistung muß dabei gelten

$$P = const \quad \Rightarrow \quad k \sin\theta = const \tag{4.156}$$

Eine Verkleinerung von k führt zu einer Vergrößerung des Lastwinkels θ und umgekehrt. Die Stabilitätsgrenze der Maschine nach Gleichung (4.85) darf auch hier nicht überschritten werden.

Eine Synchronmaschine, die ausschließlich zur Blindleistungskompensation dient, wird als Synchronphasenschieber bezeichnet. Der Betrieb eines Generators oder Motors ausschließlich zur Blindleistungskompensation heißt Phasenschieberbetrieb. Im Laufe der Entwicklung hat der Einsatz von Phasenschiebern zugunsten von Blindleistungskompensationseinrichtungen mit Parallelkondensatoren an Bedeutung verloren.

4.4.2.4 Kompensation von Leitungen. Im Abschnitt 2.3.6.4 konnte gezeigt werden, daß der Betrieb von Leitungen dann am günstigsten ist, wenn sie an ihrem Ende mit dem Wellenwiderstand belastet sind. Sie werden in diesem Fall mit der natürlichen Leistung nach Gleichung (2.183) betrieben. Infolge von Belastungsschwankungen ist diese Betriebsart jedoch nicht immer gegeben. Vorwiegend bei Fernleitungen werden daher Maßnahmen zur Blindleistungskompensation vorgesehen, wenn die übertragene Leistung von der natürlichen abweicht.

Die von der Leitungslängsreaktanz bestimmte stromabhängige induktive Blindleistung wird durch Reihenkondensatoren kompensiert. Diese können in zwei Baueinheiten aufgeteilt am Anfang und am Ende der Leitung oder aber als eine Baueinheit in deren Mitte eingesetzt werden. Die von der Leitungsquersuszeptanz hervorgerufene spannungsabhängige kapazitive Blindleistung (Ladeleistung) wird mit Paralleldrosselspulen (Ladestromdrosseln) kompensiert. Deren Einsatzorte entsprechen denen der Reihenkondensatoren. Häufig werden Ladestromdrosselspulen an die Tertiärwicklungen von Transformatoren an den Leitungsenden angeschlossen, da sie dort mit einer niedrigeren Spannung als die Leitungsspannung betrieben werden können. Die entsprechende Übersichtsschaltung ist im Bild 4.36 angegeben. Bild 2.42 zeigt eine die Ersatzschaltung einer an ihren Enden kompensierten Leitung.

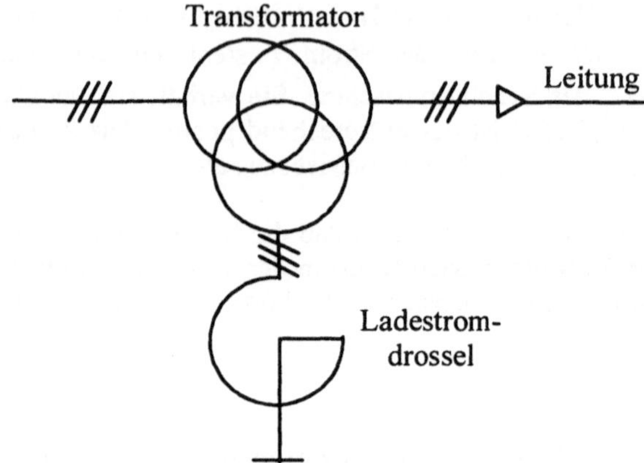

Bild 4.36 : Anschluß einer Ladestromdrossel an die Tertiärwicklung eines Drehstromtransformators

Die Wirkung der Leitungskompensation soll am Beispiel des Wellenwiderstandes der Gesamtanordnung diskutiert werden. Wir nehmen dazu eine Leitung der Länge l mit der bezogene Längsreaktanz X'_L und der bezogenen Quersuszeptanz B'_C sowie dem Wellenwiderstand Z_{wl} an. Der gesamte Betrag der Reaktanz der Reihenkondensatoren sei X_C und der gesamte Betrag der Suszeptanz der Ladestromdrosseln B_L . Für den Wellenwiderstand der kompensierten Leitung gilt mit diesen Bezeichnungen

$$Z_w \approx \sqrt{\frac{X'_L\, l - X_C}{B'_C\, l - B_L}} = \sqrt{\frac{X'_L\, l\,(1-k_S)}{B'_C\, l\,(1-k_P)}} = Z_{wl}\sqrt{\frac{1-k_S}{1-k_P}} \tag{4.157}$$

Wir erkennen, daß die Reihenkompensation zu einer Verkleinerung des Wellenwiderstandes führt. Die natürliche Leistung und damit die Übertragungsfähigkeit der Leitung wird somit vergrößert. Der Kompensationsgrad k_S der Serienkompensation liegt in der Praxis zwischen 0,3 und 1,0. Er muß auch mit Rücksicht auf die Höhe der Kurzschlußströme gewählt werden.

Die Parallelkompensation bewirkt dagegen eine Vergrößerung des Wellenwiderstandes und damit eine Verringerrung der natürlichen Leistung, der Übertragungsfähigkeit, der Leitung. Sie ist vor allem in Schwachlastzeiten von Bedeutung.

4.4.3 Kompensation der Verzerrungsblindleistung

Die Kompensation der Verzerrungsblindleistung soll an dieser Stelle nur erwähnt werden. Konventionell geschieht sie durch den Einsatz von Saugkreisen im Drehstromnetz nach Bild 4.15. Die optimale Abstimmung der Saugkreise, die auch komplizierter aufgebaut sein können als in Bild 4.15 angegeben, erfordert umfangreiche Systemuntersuchungen, deren Darstellung den hier vorgegebenen Rahmen sprengen würde. Im Beispiel nach Abschnitt 4.2.7.2 liegt die Abstimmfrequenz bei 242,5 Hz, also geringfügig unter der Frequenz der fünften Harmonischen. Damit wird die fünfte Harmonische im Netzstrom unter den gegebenen Systemparametern stark vermindert. Auch die siebende Harmonische des Netzstromes wird durch den Saugkreis verkleinert.

Unterhalb der Abstimmfrequenz wirken Saugkreise kapazitiv. Sie kompensieren daher gleichzeitig induktive Verschiebungsblindleistungen für die Grundschwingung. Die Oberschwingungen im Kondensatorstrom führen zu zusätzlichen Belastungen der Kondensatoren, die bei deren Auswahl berücksichtigt werden müssen. Wenn die Kompensation der Verschiebungsblindleistung der Grundschwingung im Vordergrund steht, kann die Reihenschaltung von Drosselspulen mit Kondensatoren auch dazu dienen, die Kondensatoren vor unzulässigen Belastungen durch höhere Stromharmonische zu schützen. In diesem Fall spricht man von verdrosselten Kondensatoranlagen. Sie werden auf niedrige Frequenzen z. B. in der Nähe von 150 Hz abgestimmt. Wir wissen aus Abschnitt 3.3.2, daß Oberschwingungen mit einer derartigen Frequenz in einem symmetrisch belasteten Drehstromsystem nicht auftreten.

4.4.4 Kompensation der Modulationsblindleistung

4.4.4.1 Grundprinzip. Die Kompensation der Modulationsblindleistung kann mit Energiespeichern geschehen, die innerhalb des von der Abnahme vorgegebenen Belastungszyklus arbeiten können. Bei niedriger Last nehmen die Speicher Energie aus dem Netz auf und geben sie bei hoher Last wieder ab. Sie entkoppeln dadurch Erzeugung von Abnahme und eröffnen so die Möglichkeit, beide für sich nach ihren jeweiligen Erfordernissen gestalten zu können. Die Schwankungen in der Elektroenergieerzeugung können so verringert oder im Idealfall vollständig vermieden werden. Gleichung (4.150) zeigt, daß wir den Belastungsgrad vergrößern müssen, um die Modulationsblindleistung zu verringern. Nach Bild 4.28 steigt dabei auch der Arbeitsverlustfaktor. Beide errreichen im Idealfall den Wert 1,0.

Als Beispiel betrachten wir einen Prozeß, der durch seine maximale Wirkleistung P_{max}, den Belastungsgrad m und den Scheinarbeitsverlustfaktor ϑ beschrieben wird. Wir setzen den ungünstigsten Fall des Prozesses voraus. Er ist nach Bild 4.26 dadurch gekennzeichnet, daß die Energieabnahme während der Benutzungsdauer T_m mit maximaler Leistung P_{max} erfolgt. Danach wird bis zum Ende der Zyklusdauer T_n keine Leistung abgenommen. Wenn wir diesen Prozeß durch Einsatz eines Energiespeichers mit dem Wirkungsgrad η_{Sp} vollständig ausgleichen wollen, dann muß die Beziehung gelten

$$(P_{max} - P_k)\, T_m = (P_{max} - P_k)\, m\, T_n = \eta_{Sp}\, P_k\, (T_n - T_m) = \eta_{Sp}\, P_k\, (1 - m)\, T_n \tag{4.158}$$

Für die Leistungsaufnahme P_k des ausgeglichenen Prozesses erhalten wir aus Gleichung (4.158)

$$P_k = \frac{m}{\eta_{Sp}\,(1-m)+m}\, P_{max} \tag{4.159}$$

Für technisch reale Prozesse gilt

$$\eta_{Sp} < 1{,}0 \quad \Rightarrow \quad \frac{m}{\eta_{Sp}\,(1-m)+m} > m \tag{4.160}$$

Die Leistung P_k ist nach Gleichung (4.160) bedingt durch die Speicherverluste immer größer als die mittlere Leistung P_{mittel} des Ausgangsprozesses ohne Speicher. Der Sinn und die Wirksamkeit der Kompensation der Modulationsblindleistung wird daher auch durch den Wirkungsgrad des Speichers bestimmt.

4.4.4.2 Praktische Realisierung. Im ersten Kapitel haben wir festgestellt, daß ein wesentlicher Nachteil der elektrischen Energie darin besteht, daß sich ihre Erzeugung streng nach dem Verbrauch richten muß, weil Speicher für sie mit einer technisch interessanten Kapazität nicht zur Verfügung stehen. In großen elektrischen Energieversorgungsnetzen kann die Modulationsblindleistung daher niemals vollständig kompensiert werden. Ein ausgeglichener Belastungsgang ist jedoch von so hoher technischer und wirtschaftlicher Bedeutung, daß auch kleine Schritte in diese Richtung wichtig sind.

- Tageszeitliche Belastungsschwankungen können zum Teil durch Speicherkraftwerke ausgeglichen werden. Pumpspeicherkraftwerke speichern Energie in Form von potentieller mechanischer Energie gespeicherten Wassers. In Schwachlastzeiten wird dazu Wasser aus einem Unterbecken in ein höher gelegenes Oberbecken gepumpt. In Zeiten hoher Netzlast kann dieses Wasser zur Elektroenergieerzeugung genutzt werden. Die mehrmalige Umwandlung von elektrischer in mechanische Energie und zurück führt zwangsläufig zu einem Wirkungsgrad, der deutlich kleiner ist als 1,0. Praktisch beträgt er heute etwa 75...77 %. Die Anlage von Pumpspeicherwerken ist an geographische Bedingungen geknüpft, die die Ausnutzung eines Höhenunterschiedes zulassen.
- Früher wurden Elektromotoren häufig mit Schwungrädern kombiniert, die bei schwacher Last mechanische Rotationsenergie aufnehmen und sie bei höherer Belastung wieder abgeben. Im Sekundenbereich war so ein Belastungsausgleich

möglich. Der Einsatz von Schwungradspeichern ist wegen seiner Nachteile (z.B. Lagerreibung und -verschleiß) zwischenzeitlich in Vergessenheit geraten, gewinnt aber durch neue Techologien (z.B. reibungsfreie magnetische Lagerung) wieder an Bedeutung.

- **Eine weitere Möglichkeit besteht im Einsatz von Akkumulatorenbatterien, die über Umrichter an elektrische Energieversorgungsnetze gekuppelt werden. Sie werden heute für Leistungen bis in den Megawattbereich bei Belastungsschwankungen im Minuten- bis Stundenbereich konzipiert.** In Anlagen zur Solarenergienutzung dienen Batteriespeicher zum Ausgleich tageszeitlicher Belastungsschwankungen. Sie dienen so zur Entkopplung der Schwankungen in der Energieerzeugung von denen der Energieabnahme.
- In supraleitenden Spulen, die ebenfalls über Umrichter mit dem elektrischen Energieversorgungsnetz gekoppelt sind, kann magnetische Energie sehr verlustarm gespeichert und bei Bedarf abgegeben werden. Sie befinden sich im Stadium der Forschung und gestatten heute den Energieausgleich bis in den Sekundenbereich.

4.4.5 Moderne Entwicklungen

Die Leistungselektronik hat in den letzten Jahren einen Entwicklungsstand erreicht, der in Verbindung mit mikroelektronischen Regelungen die Schaffung völlig neuer Betriebsmittel für elektrische Energieversorgungsnetze unabhängig von der Spannungsebene erlaubt, die in der Lage sind, die unterschiedlichen Formen der Blindleistung mit sehr hoher Dynamik zu kompensieren. Darüberhinaus dienen sie zur Lastflußsteuerung, zur Dämpfung von die Stabilität des Netzbetriebes gefährdenden Leistungsschwingungen und ähnlichen dynamischen Netzvorgängen. Sie werden allgemein als FACTS-Anlagen (**F**lexible **A**lternating **C**urrent **T**ransmission **S**ystems) bezeichnet. Bild 4.37 gibt dazu einen kleinen Überblick über leistungselektronische Anlagen zur Serien- und Parallelkompensation.

Die Einschaltdauer der mit Leistungshalbleitern gesteuerten Drosselspulen bzw. Kondensatoren innerhalb einer betriebsfrequenten Wechselstromperiode kann stufenlos verändert werden. Damit wird eine hochdynamische stufenlose Anpassung der Suszeptanz bzw. Reaktanz der Gesamtanordnung an sich ändernde Betriebsverhältnisse möglich. Verschiebungsblindleistung kann dynamisch kompensiert werden. Die beiden rechten Schaltungen sind kapazitiv belastete steuerbare Drehstrombrückenschaltungen. Der Kondensator des Gleichstromkreises wird bei ihnen periodisch wechselnd jeweils zwischen zwei Leitern des Drehstromsystems betrieben. Die Leistungshalbleiter sind zum Teil ausschaltbar (**G**ate-**T**urn-**O**ff-Thyristoren) um eine hohe Flexibilität der Steuerung zu erreichen.

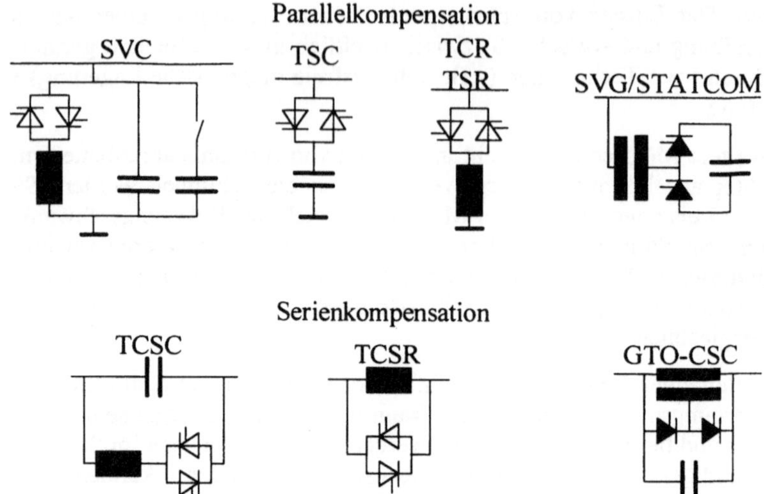

Bild 4.37 : Einfache FACTS-Anlagen zur Parallel- und Serienkompensation

Für FACTS-Einrichtungen haben sich noch keine einheitlichen Bezeichnungen durchgesetzt. Die im Bild 4.37 angegebenen Bezeichnungen bedeuten:

SVC	**S**tatic **V**ar **C**ompensator
TSC	**T**hyristor **S**witched **C**apacitor
TSR	**T**hyristor **S**witched **R**eactor
TCR	**T**hyristor **C**ontrolled **R**eactor
SVG	**S**tatic **V**ar **G**enerator
STATCOM	**Stat**ic **Com**pensator
TCSC	**T**hyristor **C**ontrolled **S**eries **C**apacitor
TCSR	**T**hyristor **C**ontrolled **S**eries **R**eactor
CSC	**C**ontrolled **S**eries **C**ompensation.

Auch zur Kompensation von Unsymmetrien und Verzerrungen finden leistungselektronische Anlagen Anwendung. In Zukunft sind weitere vielfältige Entwicklungen auf diesem Gebiet zu erwarten. Sie werden den Betrieb von elektrischen Energieversorgungsnetzen nachhaltig prägen.

5 Wirtschaftliche Energieversorgung

5.1 Kosten in der Energieversorgung

5.1.1 Kostenbegriffe

Wir haben uns bisher vorzugsweise mit rein technischen Kriterien zur Beurteilung des Prozesses der Elektroenergieversorgung beschäftigt und wollen uns nun einigen wirtschaftlichen Aspekten zuwenden. Ökonomie und Technik wirken wechselseitig aufeinander ein. Die Besonderheiten des Prozesses bedingen einerseits darauf zugeschnittene wirtschaftliche Betrachtungsweisen und andererseits muß seine technische Gestaltung an wirtschaftlichen Maßstäben ausgerichtet werden. Die Elektrizitätswirtschaft hat das Ziel einer möglichst preiswerten Versorgung unter Einhaltung der politischen und ökologischen Randbedingungen. Das Prinzip der **Kostenminimierung** wird damit für alle Entscheidungen bestimmend. Unter **Kosten** versteht man den in Geld bewerteten Verzehr an **Produktionsfaktoren**, der für die Erstellung und Verwertung betrieblicher Leistungen erforderlich ist. Man kann fünf große Gruppen von Kosten unterscheiden.

5.1.1.1 Lohnkosten als Wertverzehr für den Faktor Arbeit. Sie sind die Kosten für Löhne und Gehälter sowie gesetzliche soziale Abgaben und freiwillige innerbetriebliche Aufwendungen für den Faktor Arbeit (z.B. betriebliche Altersversorgung, Zuschuß zum Kantinenessen, usw.)

5.1.1.2 Materialkosten als Wertverzehr für den Faktor Werkstoffe. Sie sind Kosten für Roh-, Hilfs- und Betriebsstoffe. (Brennstoffe, Strombezug, Fremdleistungen, Reparaturen).

5.1.1.3 Anlagenkosten als Wertverzehr für den Faktor Betriebsmittel und Anlagen (Abschreibungen). Abschreibungen werden vorgenommen, um die durch die Nutzung oder den Zeitablauf entstehende Wertminderung rechnerisch als Kosten zu erfassen und auf diese Weise die Mittelbereitstellung für Reinvestitionen zu sichern. Sie dienen somit der Erhaltung des Kapitals für die Betriebsmittel und Anlagen. Abschreibungsfähig sind alle materiellen und immateriellen Gebrauchsgüter, die eine längere Lebensdauer als eine Abschreibungsperiode (z.B. ein Jahr) haben. Die Höhe der Abschreibung wird durch die Nutzungsdauer der Betriebsmittel und Anlagen bestimmt. Um eine Willkür bei der Festlegung der Abschreibungen zu vermeiden, sind die Höchstsätze dafür in den AfA-Tabellen (**A**bsetzung **f**ür **A**bnutzung) des Bundesministeriums für Finanzen vom Januar 1989 festgesetzt. Danach sind die Abnutzungsdauern für die wichtigsten Anlagen der Elektrizitätswirtschaft nach Tabelle 5.1 zu verwenden.

Die Abschreibung kann in jährlich gleichen Beträgen vorgenommen werden. Dann spricht man von **linearer Abschreibung**. Man kann auch jährlich den gleichen Prozentwert vom Restbuchwert abschreiben. Dann redet man von **degressiver Abschreibung**. Bei ihr sind die Absolutbeträge der Abschreibung in den ersten Jahren am höchsten und nehmen im Laufe der Nutzungsdauer ab. In den AfA-Tabellen ist festgelegt, daß maximal der dreifache AfA-Satz für lineare Abschreibung angewandt werden darf. Da bei der degressiven Abschreibung der Restbuchwert asymptotisch gegen Null geht, wechselt man nach einigen Jahren zur linearen Abschreibung über, um zu erreichen, daß der Restbuchwert am Ende der Nutzungsdauer tatsächlich Null ist.

Tabelle 5.1: Auszug aus der AfA-Tabelle für die Elektrizitätswirtschaft

Anlage	Nutzungsdauer in Jahren	Annuitätsfaktor bei einem Zinssatz von		
		7,0 %	7,5 %	8,0 %
Betriebsgebäude	50	0,072	0,077	0,082
Maschinelle Dampfkraftwerksanlagen	15	0,110	0,113	0,117
Rauchgasreinigungsanlagen	13	0,120	0,123	0,127
Maschinelle Wasserkraftwerksanlagen	25	0,086	0,090	0,094
Transformatoren, Schaltanlagen	20	0,094	0,098	0,102
Freileitungen, Hochspannung > 50 kV	35	0,077	0,081	0,086
Freileitungen, Mittelspannung > 20 kV	30	0,081	0,085	0,089
Freileitungen, bis 20 kV	25	0,086	0,090	0,094
Kabel, Hochspannung	35	0,077	0,081	0,086
Kabel, Niederspannung	25	0,086	0,090	0,094
Nachrichtenanlagen	10	0,142	0,146	0,149

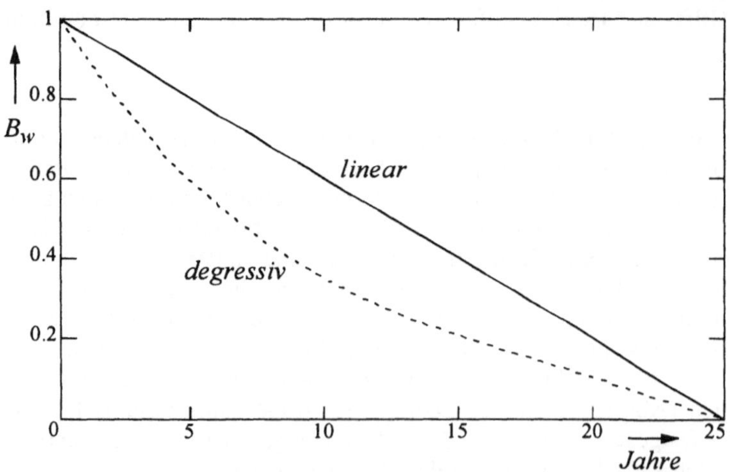

Bild 5.1 : Lineare und degressive Abschreibung

Bild 5.1 gibt einen prinzipiellen Überblick zu den beiden Arten der Abschreibung. Das Beispiel geht von einer Nutzungsdauer von 25 Jahren aus. Der lineare Abschreibungssatz beträgt dann 4%. Die degressive Abschreibung hat einen Anfangssatz von 10 %. Der Übergang zur linearen Abschreibung erfolgt nach 15 Jahren so, daß am Ende der Nutzungsdauer der Restbuchwert ebenfalls Null ist.

Die Bemessung der Abschreibungen ist ein betriebswirtschaftliches Mittel zur Beeinflussung des Gewinns. Bei Investitionsrechnungen wird die degressive Abschreibung zur Vereinfachung immer in ein lineares Äquivalent umgerechnet.

5.1.1.4 Kapitalkosten als Wertverzehr für das Kapital (Zinsen). Zinsen sind die Kosten für das Kapital. Im Interesse der Vergleichbarkeit verschiedener Varianten wird mit Zinsen für das gesamte betriebsnotwendige Kapital gerechnet, ohne Rücksicht darauf, ob es aus Eigen- oder Fremdmitteln stammt. Als Zinssatz wird üblicherweise der für langfristiges Kapital benutzt. Er beträgt gegenwärtig etwa 7...8 %.

5.1.1.5 Sonstige Kosten, Gemeinkosten. In den Gemeinkosten werden alle die Kosten zusammengefaßt, die nicht unter die oben aufgeführten vier Arten fallen. Das sind z.B. Kosten für Dienstleistungen (Transporte usw.), Information, Versicherungsprämien, Zölle usw. Sie werden bei der sogenannten Vollkostenrechnung über einen Verteilungsschlüssel auf die verschiedenen Kostenstellen und Kostenträger verteilt.

Je nach dem Überwiegen der einen oder der anderen Kostengruppe spricht man von lohnintensiven, materialintensiven und anlagenintensiven Betrieben. Die elektrische Energieversorgung ist extrem anlagenintensiv. Die Anlagen- und Kapitalkosten verdienen deshalb eine besondere Beachtung.

5.1.2 Feste und veränderliche Kosten

Festkosten (Fixkosten) sind alle die Kosten, die auch bei vollständigem Stillstand des Betriebes entstehen. Sie sind die **Kosten der Betriebsbereitschaft**. Zu ihnen gehören die Kapitalkosten, die Kosten für Löhne und Gehälter einer Mindestbelegschaft, Mindestkosten für die Verwaltung, Instandhaltung usw..

In der elektrischen Energieversorgung gehören die Kosten für die spannungsabhängigen (lastunabhängigen) Verluste zu den Festkosten, da sie auch dann anfallen, wenn kein Abnehmer Energie abnimmt.

Variable Kosten (veränderliche Kosten) sind die Kosten der Brennstoffe unter Berücksichtigung des Eigenenergieverbrauches sowie zusätzliche Bedienung und Materialien für den Betrieb von Rauchgasreinigungsanlagen. Auch die Kosten für die lastabhängigen Verluste in elektrischen Energieversorgungsnetzen gehören zu den variablen Kosten.

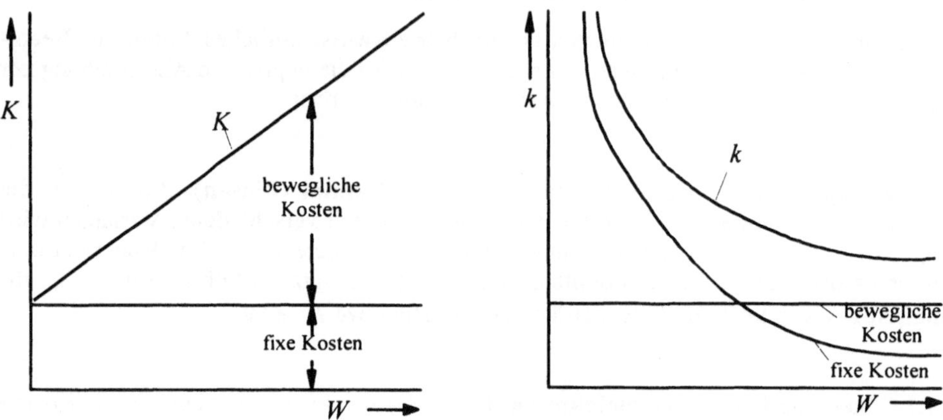

Bild 5.2 : Feste und variable Kosten

Die Höhe der variablen Kosten ist unmittelbar abhängig von der elektrischen Energie. Bild 5.2 zeigt rechts die prinzipielle Zusammensetzung der Gesamtkosten aus festen und variablen Kosten, wobei für letztere vereinfachend ein linearer Verlauf angenommen wurde. Die jährlichen Gesamtkosten steigen von der Höhe der festen Kosten beginnend mit zunehmender Energiemenge an.

Wenn man die Kosten auf die Elektroenergiemenge bezieht, dann ergibt sich der Verlauf nach dem rechten Bildteil. Der spezifische Festkostenanteil wird umso niedriger, je höher die Auslastung des Systems ist. Die Anlagen der elektrischen Energieversorgung werden umso besser genutzt, je höher die erzeugte und übertragene Energiemenge ist. Der anlagen- und kapitalintensive Charakter der elektrischen Energieversorgung erfordert im Sinne der Kostenminimierung eine hohe Benutzungsdauer T_m bzw. einen hohen Belastungsgrad m.

5.1.3 Externe Effekte

Jede menschliche Aktivität ist mit dem Verbrauch an materiellen und immateriellen Gütern sowie der Inanspruchnahme von Natur und Umwelt in nach Art und Umfang unterschiedlicher Weise verbunden. Neben dem beabsichtigten Nutzen entstehen dabei auch sogenannte externe Effekte. Darunter werden Zusatzkosten und Zusatznutzen verstanden, die unbeteiligte Personen betreffen und die nicht in den jeweiligen Güterpreisen berücksichtigt sind.

Die gegenwärtige Bereitstellung und Versorgung mit Energie ist eine wesentliche Quelle der Belastung oder Gefährdung von Umwelt und Natur. Beispiele dafür sind Auswirkungen von Tankerunfällen, Gasexplosionen, Reaktorunfällen, des Treibhauseffektes sowie Umwelt- und Gesundheitsbeeinträchtigungen durch Luftschadstoffemissionen. Wenn solche Nebeneffekte nicht im betrieblichen Rechnungswesen und in den Energiepreisen in Erscheinung treten, dann kann es zu Fehlallokationen von Ressourcen kommen. Dann werden Entscheidungen getroffen, die für den Anlagenbetreiber zwar kostengünstig, für die Gesellschaft insgesamt aber nachteilig sind.

Eine optimale Situation im Sinne der ökonomischen Wohlfahrtstheorie nach Pareto liegt dann vor, wenn es nicht möglich ist, daß auch nur ein Teilnehmer am Wirtschaftsgeschehen seinen Nutzen erhöhen könnte, ohne daß mindestens ein anderer dadurch eine Nutzeinbuße erleiden würde. Einen solchen Zustand bezeichnet man als Pareto-Optimum. Es muß durch eine geeignete Wirtschaftspolitik angestrebt werden. Abweichungen von diesem Optimum führen zu Wohlfahrtsverlusten, denn die Marktsituation könnte so geändert werden, daß zumindest einige Gesellschaftsmitglieder besser gestellt werden könnten, ohne daß es anderen schlechter geht.

Wenn man externe Kosten internalisiert, dann können sie in das Entscheidungskalkül aufgenommen werden. Die Auswirkungen werden somit dem Verursacher angelastet und Wohlfahrtsverluste vermieden. Schwierigkeiten in der elektrischen Energieversorgung resultieren hierbei daraus, daß ein Konsens über die Höhe der externen Kosten der verschiedenen Systeme der Energieversorgung nicht vorliegt. Damit existiert keine allgemein akzeptierte Grundlage für Entscheidungen. Ursachen dafür sind zum Beispiel:

- Die Auswirkungen von Schadstoffkonzentrationen und -depositionen sind nicht genau bekannt. Quantitative Dosis-Wirkungs-Beziehungen fehlen oder sind umstritten.
- Die Wirkung von Schadstoffen ist kontextbezogen. Zwischen unterschiedlichen Schadensursachen bestehen Synergismen. Das Vorhandensein eines Stoffes kann z.B. die schädliche Wirkung eines anderen potenzieren.
- Zwischen Schadstoffeinwirkung und dem Sichtbarwerden eines Schadens liegen oft lange Zeiträume. Der Schaden ist das Endstadium eines langen, kumulativen Prozesses.

- Die Dosis-Wirkungs-Beziehungen zwischen Aktivitäten der Stromerzeugung und Schäden können gegebenenfalls nichtlinear sein. In den meisten Fällen wird dann ein konvexer Schadensverlauf, bei dem die Schäden überproportional mit steigender Schadstoffmenge steigen, angenommen. Die zusätzlichen Schäden beim Bau eines neuen Kraftwerkes sind dann höher als der Durchschnitt der Schäden aller bereits bestehenden.

Angesichts dieser Situation kann jeder Versuch der Quantifizierung bzw. Monetariesierung externer Kosten nur eine orientierende Abschätzung sein. In der Vergangenheit sind externe Kosten zum Beispiel durch Erhöhung der Sicherheitsstandards von Kernkraftwerken, der Rauchgasreinigung bei fossilen Kraftwerken und der gefährdungsminimierenden Entsorgung von Abfällen internalisiert worden. Unabhängig davon, ob das in ausreichendem Maß geschehen ist oder nicht, ist die Energieversorgung dadurch teurer geworden. Die Auswirkungen sind dem Verursacher angelastet worden.

Neben den negativen hat die elektrische Energieversorgung auch unübersehbare positive externe Effekte bewirkt. Beispiele dafür sind bereits im Abschnitt 1.2.2 genannt worden.

5.2 Investitionsrechnung

5.2.1 Finanzmathematische Grundlagen

Die mit einer Investition zusammenhängenden Zahlungen (Ausgaben und Einnahmen) sind in der Regel ungleichmäßig über die Zeit verteilt. Ein Vergleich der Zahlungen ist nur möglich, wenn sie auf den gleichen Zeitpunkt, z.B. die Gegenwart, bezogen werden. Das geschieht durch das Verfahren der **Auf- und Abzinsung**. Mit Hilfe der Aufzinsung wird ein Zahlungsbetrag auf einen späteren Zeitpunkt hochgerechnet. Ein Zahlungsbetrag hat nach n Jahren einen Äquivalentwert von

$$K_n = K_0\, q_k^n = K_0(1+p_k)^n \tag{5.1}$$

wenn p_k der kalkulatorische Zinssatz ist. Eine Abzinsung ist dagegen die Umrechnung eines Zahlungsbetrages auf einen früheren Zeitpunkt. Ein Zahlungsbetrag hatte vor n Jahren einen Äquivalentwert von

$$K_0 = K_n\, q_k^{-n} = K_n(1+p_k)^{-n} = K_n \frac{1}{(1+p_k)^n} \tag{5.2}$$

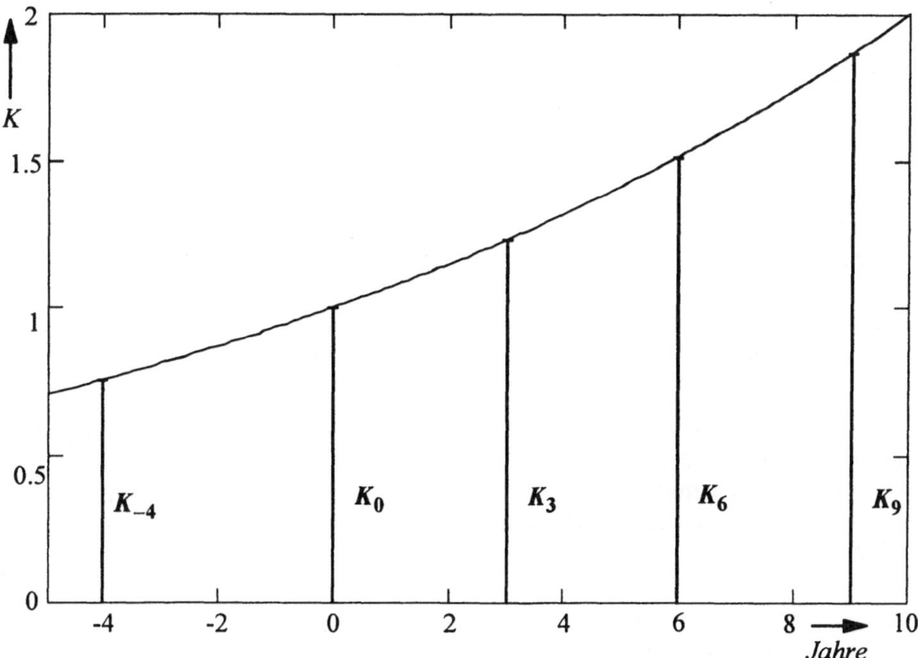

Bild 5.3 : Auf- und Abzinsung

Mit Hilfe der Gleichungen (5.1) und (5.2) können alle einmaligen Zahlungen auf einen Bezugszeitpunkt umgerechnet werden. Dieser Bezugszeitpunkt wird als **Stichtag** bezeichnet. Der Stichtag wird üblicherweise an den Anfang des Jahres gelegt, in dem die Folge der Zahlungen bzw. Kosten beginnt (**Bezugsjahr**). Die auf den Stichtag bezogenen Zahlungsbeträge sind die **Barwerte**. Die Auf- und Abzinsung ist im Bild 5.3 für einen kalkulatorischen Zinssatz von 7,2 % dargestellt. Bei diesem Zinssatz tritt eine Verdopplung nach etwa zehn Jahren ein.

Ebenso wie Zahlungsbeträge kann auch der jeweilige Preisstand auf das Investitionsjahr umgerechnet werden. Dazu wird entsprechend dem Aufzinsungsfaktor die sogenannte Teuerung benutzt. Ein Erzeugnis mit dem Preis A_0 kostet nach n Jahren

$$A_n = A_0\, q_T^n = A_0 (1 + p_T)^n \tag{5.3}$$

Die Konstante p_T in Gleichung (5.3) ist der sogenannte kalkulatorische Teuerungssatz. Es ist natürlich auch möglich, ein Preisniveau mit der Abzinsung auf einen zurückliegenden Zeitpunkt umzurechnen.

Der Barwert einer Reihe von Ausgaben innerhalb eines Planungshorizontes von n Jahren wird berechnet nach

$$B_A = \sum_{i=0}^{i=n} \frac{A_i}{q_k^i} \tag{5.4}$$

Ebenso kann der Barwert für eine Reihe von Einnahmen im selben Planungshorizont berechnet werden.

$$B_E = \sum_{i=0}^{i=n} \frac{E_i}{q_k^i} \tag{5.5}$$

Die Differenz der Barwerte von Einnahmen und Ausgaben ist der sogenannte **Kapitalwert**. Er kann zur Bewertung unterschiedlicher Investitionsvarianten herangezogen werden.

Der Barwert einer Reihe von jährlich gleichen Zahlungen (Einnahmen, Ausgaben, Renten) ist die Summe der Barwerte B_i der jährlichen Zahlungen g. Er wird **Gesamtbarwert** (**Kapitalisierungsbetrag** oder **Rentenbarwert**) genannt und hat das gleiche wirtschaftliche Gewicht wie die jährlichen Zahlungsbeträge über den Gesamtzeitraum von n Jahren.

$$B = \sum_{i=1}^{i=n} B_i = g \sum_{i=1}^{i=n} q_k^{-i} = g \frac{q_k^n - 1}{q_k^n (q_k - 1)} = g\, r \tag{5.6}$$

Die Größe r wird Rentenbarwertfaktor genannt.

Wir wollen die Fragestellung noch einmal aus einer anderen Sicht behandeln und nehmen dazu an, daß wir eine einmalige Investition zu Beginn eines Planungsabschnittes von n Jahren tätigen und dann jährlich konstante Betriebskosten tragen müssen. Die Gesamtkosten für diesen Fall sind

$$K_\Sigma = K_0 q_k^n + b \sum_{i=0}^{i=n-1} q_k^i = K_0 q_k^n + b \frac{q_k^n - 1}{q_k - 1} \tag{5.7}$$

Wenn wir uns nun vorstellen, daß diese Gesamtkosten aus einer Reihe von jährlich gleichen Zahlungen über den gesamten Planungszeitraum entstehen, dann ist

$$g \sum_{i=0}^{i=n-1} q_k^i = g \frac{q_k^n - 1}{q_k - 1} = K_0 q_k^n + b \frac{q_k^n - 1}{q_k - 1} \tag{5.8}$$

$$g = K_0\, q_k^n \frac{q_k - 1}{q_k^n - 1} + b = \frac{K_0}{r} + b = K_0\, a + b \tag{5.9}$$

Die Größe a ist der **Annuitätsfaktor**. Er ist der Kehrwert des Rentenbarwertfaktors r. Die jährlichen Kosten g werden als **Annuität** bezeichnet.
Das Rechnen mit Barwerten und Annuitäten ist völlig gleichwertig. Sie beschreiben das gleiche Problem nur aus einer jeweils anderen Sicht. Die Entscheidung für das eine oder andere geschieht daher allein nach der Zweckmäßigkeit.

Ein Teil der Betriebskosten b, die **jährlichen allgemeinen Betriebskosten** (Unterhaltungskosten), ist fest vom Anschaffungspreis K_0 abhängig. Sie sind in der Tabelle 5.2 als Prozentwert von K_0 aufgeführt.

Tabelle 5.2: Jährliche allgemeine Betriebskosten

Kosten für		% von K_0
Instandsetzung und Instandhaltung	ca.	2,5
Bedienung	ca.	1,0
allgemeine Verwaltung	ca.	0,5
nicht erfolgsabhängige Steuern, Versicherungen	ca.	0,5
jährliche allgemeine Betriebskosten u	ca.	4,5

Unter Berücksichtigung der allgemeinen jährlichen Betriebskosten kann die Gleichung (5.9) umformuliert werden in

$$g = K_0\,(a + u) + b_s = K_0\, f + b_s \tag{5.10}$$

Die Größe f in Gleichung (5.10) ist der Faktor für feste Dienste, b_s sind die speziellen Betriebskosten.

5.2.2 Gestehungskosten für die elektrische Energie

Der jährliche Leistungskostenanteil eines Betriebsmittels errechnet sich aus seinem Anschaffungspreis, seiner höchstzulässigen Dauerleistung und dem Faktor für feste Dienste.

$$k_p = f \frac{K_0}{P_{max}} = f \, K'_p \tag{5.11}$$

Diese Leistungskosten können auch für komplexe Systeme von Betriebsmitteln, wie zum Beispiel komplette Kraftwerke, Energieversorgungsnetze, Umspannwerke usw. angegeben werden. Unter Verwendung der Benutzungsdauer einer Anlage kann aus den jährlichen Leistungskosten der Anteil der Leistungskosten an den Energiekosten berechnet werden.

$$k'_p = f \frac{K_0}{P_{max} T_m} = f \frac{K'_p}{T_m} = \frac{k_p}{T_m} \tag{5.12}$$

Die Arbeitskosten bestehen in erster Linie aus den Brennstoffkosten und berücksichtigen die Übertragungsverluste durch einen pauschalen Wirkungsgrad der Elektroenergieübertragung.

$$k_w = \frac{k_{BSt}}{\eta_i \, \eta_ü} \tag{5.13}$$

Die spezifischen Kosten verschiedener Kraftwerkstypen enthält Tabelle 5.3. Wir erkennen, daß man keine einheitlichen Gestehungskosten für elektrische Energie angeben kann. Sie hängen stark vom jeweiligen Kraftwerkstyp und von den Brennstoffkosten ab. Auch der Kraftwerksstandort kann ein bedeutender Kostenfaktor sein. Das ist in der Tabelle allerdings nicht berücksichtigt.

Neben den Erzeugungskosten für die Elektroenergie sind auch die der Übertragung zu berücksichtigen. Die Leistungskosten bei Energieabnahme im Niederspannungsnetz sind höher als die bei Energieabnahme aus dem Mittelspannungs- oder Hochspannungsnetz, weil das Energieversorgungsunternehmen für den Netzausbau bis an die Übergabestelle zum Abnehmer zuständig ist. Tabelle 5.4 enthält dazu Richtwerte, die die Errichtungskosten der Kraftwerke als Mittelwert berücksichtigen.

Die gesamten Gestehungskosten der Elektroenergie setzen sich aus den Leistungskosten und den Arbeitskosten zusammen.

$$K = k_p \, P_{max} \, T_n + k_w \int_0^{T_n} P \, dt \tag{5.14}$$

Die gesamten Gestehungskosten je Energieeinheit erhält man durch Division von Gleichung (5.14) durch die Energiemenge

$$k = k_p \frac{P_{max} T_n}{\int_0^{T_n} P\, dt} + k_w = \frac{k_p}{m} + k_w \tag{5.15}$$

Die Gestehungskosten für die Energieeinheit werden umso niedriger, je höher der Belastungsgrad *m* ist.

Tabelle 5.3: Spezifische Kosten verschiedener Kraftwerkstypen

Kraftwerk	η_i	$\frac{T_B}{h/a}$	f	$\frac{K'_p}{DM/kW}$	$\frac{k_p}{DM/kW \cdot a}$	$\frac{k_w}{Dpf/kWh}$
Pumpspeicher WT	0,75	1500	0,10	2100	210	4,3
Speicherwasser		<2000	0,10	2500	250	0
Heizöl GT	0,32	<1000	0,17	750	128	8,9
Erdgas GT	0,33	<1000	0,17	700	120	9,2
Erdgas GUD	0,52	<5000	0,17	1100	187	5,8
einh. Steinkohle	0,40	<3000	0,17	2500...2750	270...420	10,0
Imp.-Steinkohle	0,40	<5000	0,17	2500...2750	270...420	3,1
Heizöl DT	0,40	<1000	0,17	1600	272	5,9
Braunkohle DT	0,38	7000	0,17	2800...3000	470...510	2,7
Kernkraft DT	0,33	7500	0,17	4000...4500	680...760	2,4
Laufwasser		>5000	0,10	3600	360	0
Windkraft		<3000	0,13	7500...8500	980...1100	0
Photovoltaik		<1200	0,12	12500	1500	0
Batteriespeicher	0,68	<90...180	0,15	920...1350	140...200	5,2
Dieselmotor	0,40	<500	0,17	1000	170	7,1

$\eta_ü = 0,95$	Abkürzungen:	WT	Wasserturbine
		GT	Gasturbine
		GUD	Gas- und Dampfturbine

Für das in Tabelle 5.3 angegebene Pumpspeicherwerk erhalten wir mit Gleichung (5.15) die Kosten für eine Kilowattstunde abgegebener elektrischer Energie

$$k_{PSW} = \left(\frac{210\ DM/kWa \cdot 100\ Dpf/DM}{1500\ h/a} + 4{,}3\ Dpf/kWh \right) = 18{,}3\ Dpf/kWh \tag{5.16}$$

Wenn die Benutzungsstundenzahl des Pumpspeicherwerkes auf 2000 *h/a* gesteigert werden könnte, würde es die Kilowattstunde elektrische Energie für

$$k_{PSW} = \left(\frac{210\ DM/kWa \cdot 100\ Dpf/DM}{2000\ h/a} + 4{,}3\ Dpf/kWh \right) = 14{,}8\ Dpf/kWh \tag{5.17}$$

abgeben.

Tabelle 5.4: Spezifische Leistungskosten von Energieversorgungsnetzen

Übergabestelle	Leistungskosten k_p in DM/(kW · a)
Hochspannungsnetz	490
Mittelspannungsnetz	635
Niederspannungsnetz	810

Bei einer zweiten Betrachtungsweise bezieht man die Gestehungskosten auf die Energiemenge, die sich aus der Höchstleistung und der Nenn-Betriebsdauer (1 Jahr) ergibt.

$$k' = \frac{K}{P_{max} T_n} = k_p + k_w \frac{\int_0^{T_n} P\, dt}{P_{max} T_n} = k_p + m k_w \tag{5.18}$$

Diese spezifischen Kosten steigen von den Leistungskosten ausgehend mit dem Belastungsgrad *m* proportional an. Beide Betrachtungsweisen haben wir bereits im Abschnitt 5.1.2 kennengelernt.

Die Leistungskosten sind feste Kosten. Sie repräsentieren die Kosten der Betriebsbereitschaft, die auch dann anfallen, wenn keine Energie abgenommen wird. Die Arbeitskosten sind dagegen veränderliche Kosten.

5.2.3 Energiekosten und Energiepreise

Die Selbstkostenstruktur für elektrische Energie ist heute im allgemeinen durch hohe Kosten für die in Anspruch genommene Leistung und niedrige Kosten für die abgenommene elektrische Arbeit geprägt. Sie ist im Bild 5.4 links über alle Spannungsebenen gemittelt schematisch dargestellt. Die festen Kosten haben in dieser Struktur einen Anteil von mehr als 60 %.

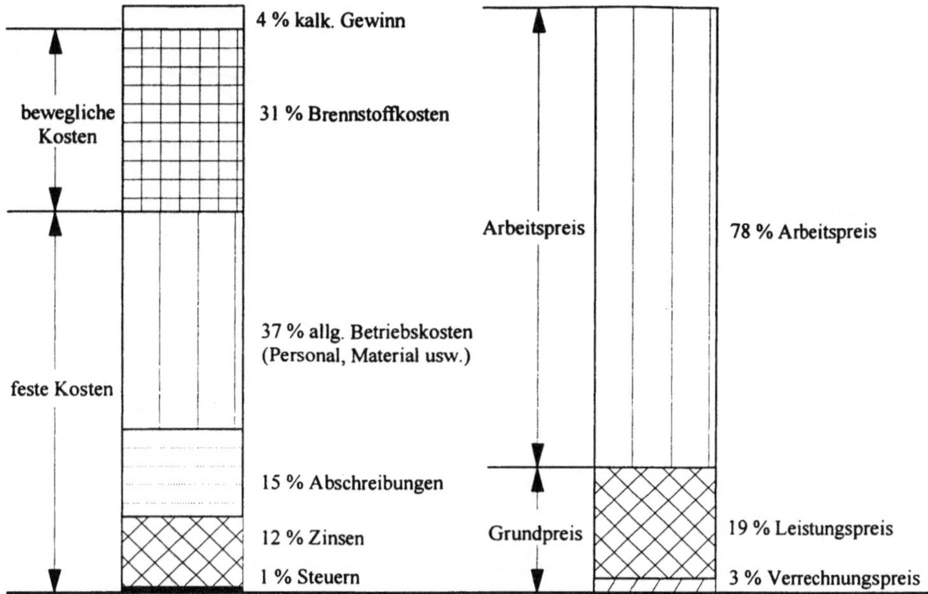

Bild 5.4 : Kosten- und Preisstruktur der elektrischen Energie

Auch die Preisstruktur muß prinzipiell von einem festen und einem variablen Preisanteil ausgehen. Eine direkte Umsetzung der Kostenstruktur in das Preisgefüge würde dementsprechend zu hohen Grundpreisen und niedrigen Arbeitspreisen führen. Das ist aus preispolitischen Gründen praktisch nicht durchsetzbar. Ein Kleinabnehmer würde sehr hohe Energiepreise zu tragen haben. Das ist nicht zuletzt aus sozialer Sicht nicht tragbar. Außerdem wäre der Anreiz zum Energiesparen bei niedrigen Arbeitspreisen entsprechend gering. Die Preisstruktur weicht daher in Richtung niedriger Grundpreise und höherer Arbeitspreise von der Kostenstruktur ab. Sie ist im Bild 5.4. rechts schematisch dargestellt. Ausgleichsabgaben und Mehrwertsteuer sind in dieser Darstellung nicht berücksichtigt.

Die Preise für elektrische Energie müssen sich jedoch unabhängig von preispolitischen Erwägungen letztendlich an den Kosten orientieren. Der prinzipielle Zusammenhang zwischen Preisen und Kosten ist im Bild 5.5 schematisch dargestellt. Die Energiepreise werden so gestaltet, daß die Kosten bei einer vorgegebenen jährlichen Energieabgabe gedeckt werden und zusätzlich dazu ein kalkulatorischer Gewinn erwirtschaftet wird.

Die Energiepreise werden schließlich in verschiedenen Tarifen angeboten, die Besonderheiten der Abnehmer berücksichtigen. Darauf soll an dieser Stelle nicht eingegangen werden.

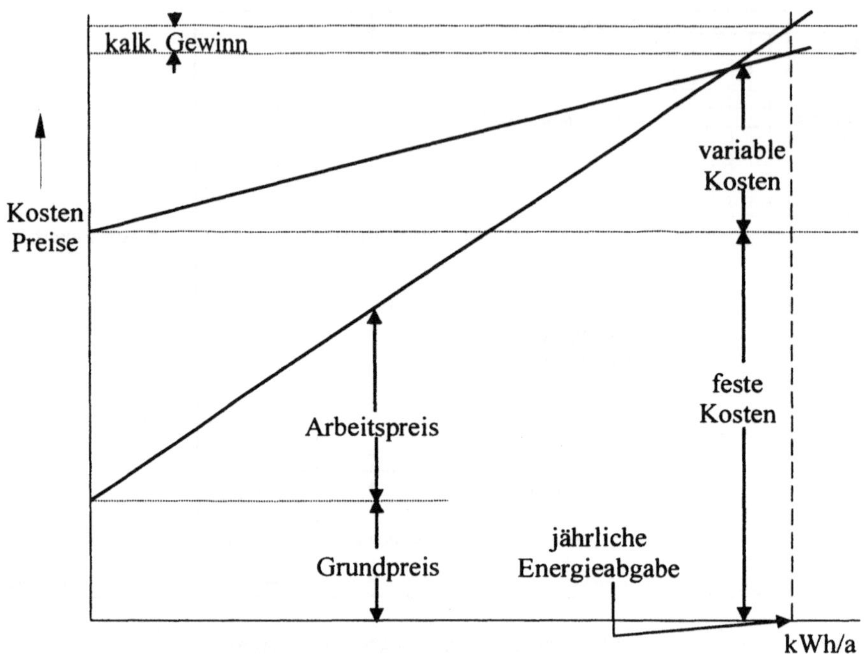

Bild 5.5 : Zusammenhang zwischen den Kosten und Preisen für elektrische Energie

Wir untersuchen ein Beispiel: Eine Firma bezieht ihre jährliche Energiemenge von W=500.000 kWh bei einer maximalen Leistung von P_{max} = 85 kW aus dem Mittelspannungsnetz. Der Stromvertrag mit dem zuständigen EVU sieht einen Leistungspreis von $k_p = 600\,DM/kWa$ und einen Arbeitspreis von $k_w = 15\,Dpf/kWh$ vor.

Der Belastungsgrad der Firma ist:

$$m = \frac{W}{P_{max}\,T_n} = \frac{500\,000\,kWh}{85\,kW\,8760\,h} = 0{,}6715 \qquad (5.19)$$

Die Firma hat damit einen Energiepreis von

$$k = \frac{600\,DM/kWa \cdot 100\,Dpf/DM}{0{,}6715 \cdot 8760\,h/a} + 15\,Dpf/kWh = 25{,}2\,Dpf/kWh \qquad (5.20)$$

zu zahlen. Ihre gesamten Kosten für die elektrische Energie betragen

$$K = k\,W = 0{,}252\,DM/kWh \cdot 500\,000 kWh = 126\,000 DM \qquad (5.21)$$

Durch die Einführung eines Energie-Managementsystems gelingt es der Firma, die maximale Leistung bei gleicher aufgenommener Energiemenge auf 65 kW zu senken. Ihr Belastungsgrad , der Energiepreis und die gesamten Energiekosten werden auf diese Weise

$$m = \frac{W}{P_{max}\, T_n} = \frac{500\,000\; kWh}{65\; kW\; 8760\; h} = 0{,}878 \qquad (5.22)$$

$$k = \frac{600\; DM/kWa \cdot 100\; Dpf/DM}{0{,}878 \cdot 8760\; h/a} + 15\; Dpf/kWh = 22{,}8\; Dpf/kWh \qquad (5.23)$$

$$K = k\, W = 0{,}228\; DM/kWh \cdot 500\,000 kWh = 114\,000 DM \qquad (5.24)$$

Die Firma spart mit dem Energie-Managementsystem jährlich 12.000 DM an Energiekosten ein.

5.2.4 Bewertung von Verlusten in Energieversorgungsnetzen

Im Abschnitt 4.1. haben wir die spannungs- und stromabhängigen Verluste kennengelernt. Die jährlichen Kosten für die spannungsabhängigen Verluste sind

$$K_{vu} = P_{vu}\left(k_p + Tk_w\right) \qquad (5.25)$$

Die Leistung für die spannungsabhängigen Verluste muß ständig bereitstehen, Energieverluste treten jedoch nur während der Betriebszeit T auf. Spannungsabhängige Verluste sind in erster Linie die Leerlaufverluste der Transformatoren. Sie werden dann als Eisenverluste bezeichnet, weil sie im Eisenkern des Transformators entstehen. Aber auch die dielektrischen Verluste von Hochspannungskabeln können eine solche Höhe erreichen, daß sie in der Kostenrechnung Berücksichtigung finden müssen. Schließlich kann man auch die Koronaverluste von Hochspannungs-Freileitungen erfassen. Bei Nieder- und Mittelspannungskabeln und Freileitungen bis 110 kV werden spannungsabhängige Verluste nicht berücksichtigt.

Die jährlichen Kosten für stromabhängige Verluste sind

$$K_{vi} = P_{vi\,max}\left(k_p + \vartheta\, T_n\, k_w\right) \qquad (5.26)$$

Die maximalen stromabhängigen Verluste in Gleichung (5.18) sind

$$P_{vi\,max} = \begin{cases} P_{vi\,n}\left(\dfrac{S_{max}}{S_{nT}}\right)^2 & \text{bei Transformatoren} \\ 3\,R_{(1)}\,I_{max}^2 & \text{bei Kabeln, Freileitungen, Stromschienen} \end{cases} \tag{5.27}$$

In Drehstromnetzen geht man bei der Verlustberechnung im Normalfall vom symmetrischen Betrieb aus. Abweichungen hiervon können wir auf der Grundlage des Kapitels 4 berechnen. Bei der Bestimmung der stromabhängigen Verluste (Kupferverluste) von Transformatoren wird die Auslastung berücksichtigt. Bei Kabeln, Freileitungen, Schienen hängt die zulässige Dauerbelastung von den Einsatzbedingungen ab. Es ist daher nicht üblich einen Nennwert für die zulässige Belastung anzugeben.

Für die Ermittlung der Kosten der Elektroenergieverteilung werden die maximalen stromabhängigen Transformatorverluste und die Leitungsverluste zu einer maximalen stromabhängigen Verlustleistung P_{vmax} zusammengefaßt. Die jährlichen Kosten sind dann

$$g_{EV} = f\,K_0 + P_{vu}\left(k_p + Tk_w\right) + P_{v\,max}\left(k_p + \vartheta\,T_n\,k_w\right) \tag{5.28}$$

Wir unterteilen die jährlichen Kosten in feste und variable Kosten

$$g_{EV} = \underbrace{fK_0 + P_{vu}\left(k_p + Tk_w\right) + P_{v\,max}k_p}_{\text{feste Kosten}} + \underbrace{P_{v\,max}\;\vartheta\,T_n\,k_w}_{\text{variable Kosten}} \tag{5.29}$$

Die festen Kosten setzen sich aus den jährlichen Aufwendungen für die Investition, den jährlichen allgemeinen Betriebskosten, den Kosten für die spannungsabhängigen Verluste und den Leistungskosten für die stromabhängigen Verluste zusammen. Die variablen Kosten entsprechen den Arbeitskosten der stromabhängigen Verluste.

Mit Hilfe von Gleichung (5.21) können wir die jährlichen Aufwendungen für einzelne elektrische Betriebsmittel und vollständige Anlagen oder Teilnetze bestimmen.

5.3 Wirtschaftlicher Betrieb von elektrischen Energieversorgungsnetzen

5.3.1 Allgemeines Optimierungsproblem

Aus der Forderung nach wirtschaftlicher elektrischer Energieversorgung folgen zwei grundsätzliche Aufgabenstellungen:

- die optimale Gestaltung des Energieversorgungsnetzes mit seinen Kraftwerken (optimale Ausbauplanung)
- die Gestaltung eines optimalen Verbundbetriebes.

Bei der ersten Aufgabe handelt es sich um die langfristige Planung von Investitionen auf der Grundlage von Prognosen, den Kosten der Betriebsmittel des Systems und den geographischen und wirtschaftlichen Gegebenheiten des Landes. Je größer der betrachtete Zeitraum ist, umso mehr muß man sich auf die Verläßlichkeit von Prognosen stützen. Es liegt im Charakter der Aufgabe, daß die gewonnenen Aussagen eine entsprechende Unschärfe besitzen. Es läßt sich niemals deterministisch beweisen, daß man für den Betrachtungszeitraum wirklich optimale Lösungen erzielt hat.

Der optimale Verbundbetrieb über kurze Zeiträume, insbesondere die sogenannte Momentanoptimierung kennt diese Probleme nicht. In diesem Bereich gibt es unter den jeweils getroffenen Voraussetzungen wirklich optimale Lösungen, wenn man den Einsatz von Wasserkraftwerken mit Speichern, die optimale Maschinenauswahl bei thermischen Kraftwerken und die Übernahme von Leistungen aus fremden Energieversorgungsunternehmen bereits vorher festgelegt hat.

5.3.2 Klassische Form der Lastverteilung

Die klassische Form der Lastverteilung hat das Ziel, die Wirkleistungseinspeisung in ein Verbundsystem auf die vorhandenen thermischen Kraftwerke unter wirtschaftlichen Gesichtspunkten aufzuteilen. Für jedes Kraftwerk muß dazu die Abhängigkeit der Stromerzeugungskosten von der erzeugten Wirkleistung bekannt sein. Sie wird im allgemeinen als Funktion der Kosten für die stündlich benötigte Wärmemenge in Abhängigkeit von der abgegebenen Wirkleistung angegeben. Diese Kostenfunktion verläuft im allgemeinen konvex, d.h. die Kosten steigen überproportional mit der abgegebenen Kraftwerksleistung. Die gesamten Erzeugungskosten ergeben sich durch Summierung über alle n Kraftwerke.

$$K_{ges} = \sum_{i=1}^{n} f_i(P_i) \tag{5.30}$$

Wir nehmen zunächst an, daß die Netzverluste nur von den Wirkleistungseinspeisungen abhängen. Das Ziel der wirtschaftlichen Lastverteilung besteht dann darin, die Gesamtkosten zu minimieren, wobei als Nebenbedingung die Leistungsbilanz des Netzes zu berücksichtigen ist. Die Summe der Einspeiseleistungen muß der gesamten Wirkleistung der Netzlast P_L zuzüglich der Netzverluste P_v entsprechen. Unter Einführung des Multiplikators von Lagrange μ erhält man die Ersatzfunktion

$$E = \sum_{i=1}^{n} f_i(P_i) + \mu\left(P_L + P_v - \sum_{i=1}^{n} P_i\right) \tag{5.31}$$

Aus Gleichung (5.31) folgen die Bedingungen für das Kostenminimum

$$\frac{\partial f_i(P_i)}{\partial P_i} - \mu\left(1 - \frac{\partial P_L}{\partial P_i} - \frac{\partial P_v}{\partial P_i}\right) = 0 \tag{5.32}$$

$$P_L + P_v - \sum_{i=1}^{n} P_i = 0 \tag{5.33}$$

Die Abhängigkeit der Netzlast von einer Einspeiseleistung ist gegeben durch die Beziehung

$$\frac{\partial P_L}{\partial P_i} = \frac{\partial P_L}{\partial U_L}\frac{\partial U_L}{\partial P_i} \tag{5.34}$$

Der erste Differentialquotient in Gleichung (5.34) beschreibt die Abhängigkeit der Netzlast von der Lastspannung. Er ist abnehmerspezifisch. Der zweite Differentialquotient stellt den Einfluß der Einspeiseleistung auf die Lastspannung dar. Wir nehmen hier vereinfachend an, daß die Lastspannungen konstant sind. Dann ist die Netzlast von den Einspeiseleistungen unabhängig und Gleichung (5.32) wird zu

$$\frac{\partial f_i(P_i)}{\partial P_i} - \mu\left(1 - \frac{\partial P_v}{\partial P_i}\right) = 0 \tag{5.35}$$

Für den Faktor μ folgt aus Gleichung (5.35)

$$\mu = \frac{\dfrac{\partial f_i(P_i)}{\partial P_i}}{1 - \dfrac{\partial P_v}{\partial P_i}} = \frac{\varepsilon_i}{1 - p_i} \tag{5.36}$$

Für das verlustfreie Verbundnetz erhält man aus Gleichung (5.35)

$$\mu = \frac{\partial f_i(P_i)}{\partial P_i} = \varepsilon_i \tag{5.37}$$

Die optimale Lastverteilung auf die thermischen Kraftwerke ist unter Vernachlässigung der Verluste dann erreicht, wenn die Leistungs-Zuwachskosten, d.h. die Anstiege der Kostenfunktionen in den Arbeitspunkten, gleich sind. Das wird im Bild 5.6 am Beispiel der Kostenfunktionen zweier Kraftwerke gezeigt.

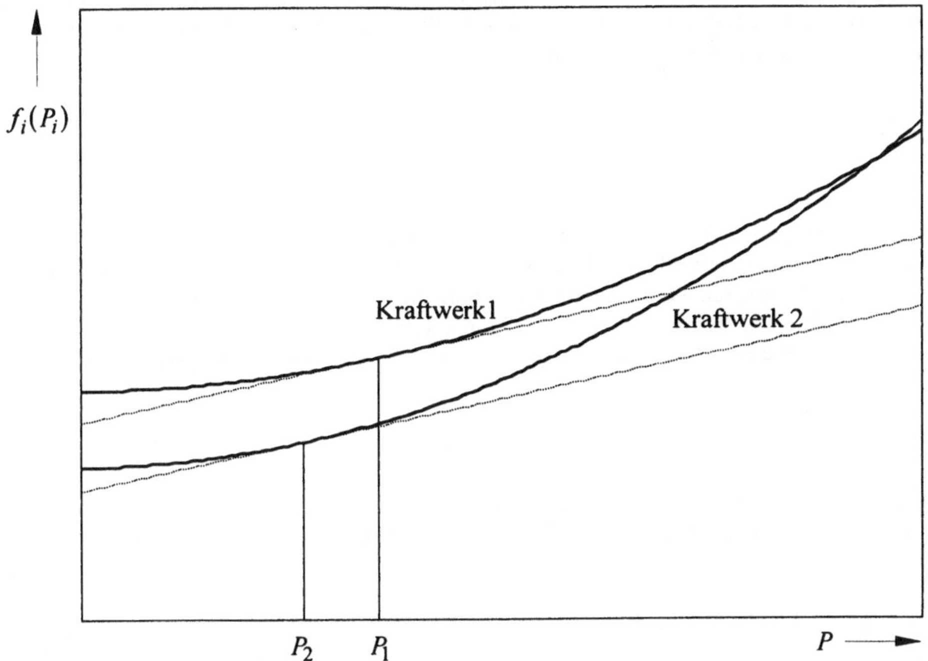

Bild 5.6 : Wirtschaftliche Lastaufteilung zwischen thermischen Kraftwerken im verlustfreien Verbundnetz

Verluste im Verbundnetz verschieben die Arbeitspunkte gegenüber Gleichung (5.37). Für zwei Kraftwerke erhalten wir aus Gleichung (5.36)

$$\frac{\varepsilon_1}{\varepsilon_2} = \frac{1 - p_1}{1 - p_2} \tag{5.38}$$

Ein Kraftwerk mit großem Einfluß seiner Wirkleistung auf die Netzverluste muß nach Gleichung (5.36) mit einem flacheren Anstieg der Kostenkurve betrieben werden als ein Kraftwerk mit kleinerem Einfluß. Kraftwerke, die weit vom Lastschwerpunkt des Netzes entfernt sind werden durch den Einfluß der Verluste unwirtschaftlicher. In der Praxis wird man daher Energieversorgungsnetze in angemessener Weise dezentral aufbauen, um eine zu große räumliche Trennung von Abnehmer- und Erzeugerschwerpunkten zu vermeiden.

In Drehstromnetzen sind die Verluste nicht allein von der Wirkleistung, sondern von der Scheinleistung abhängig. Zusätzlich zur Wirkleistungs- muß daher die Blindleistungsbilanz als Nebenbedingung für die Optimierung berücksichtigt werden. Im allgemeinen ist die Zahl der Einspeisepunkte für Blindleistung größer als die für Wirkleistung, da zusätzlich zu den Kraftwerken, die auch Blindleistung bereitstellen, im Netz Kompensationseinrichtungen betrieben werden können. Wir nehmen an, daß ihre Zahl k sei. Die Ersatzfunktion zur Optimierung der Verlustkosten lautet dann

$$E = \sum_{i=1}^{n} f_i(P_i) + \mu_1 \left(P_L + P_v - \sum_{i=1}^{n} P_i \right) + \mu_2 \left(Q_L + Q_v - \sum_{i=1}^{n+k} Q_i \right) \tag{5.39}$$

Die Abhängigkeit der Scheinleistung der Last von den Einspeisewirk- und -blindleistungen wird durch zu Gleichung (5.34) analoge Beziehungen beschrieben. Wir nehmen hier wiederum vereinfachend an, daß die Scheinleistung der Last unabhängig von den Einspeisescheinleistungen ist. Für die Kraftwerke gilt im einfachsten Fall, daß die Einspeisescheinleistung stets kleiner oder gleich ihrer Bemessungsscheinleistung S_r sein muß.

$$P_i^2 + Q_i^2 \le S_{ri}^2 \quad \text{für} \quad i \le n \tag{5.40}$$

Die Bedingung (5.40) sei im Rahmen unserer Überlegungen stets so erfüllt, daß wir Einspeisewirk- und Einspeiseblindleistung als unabhängig voneinander annehmen dürfen.

$$\frac{\partial P_i}{\partial Q_i} = 0 \tag{5.41}$$

Zusätzlich zu den in den Gleichungen (5.36) bis (5.38) verwendeten Abkürzungen führen wir noch die folgenden ein

$$\frac{\partial Q_v}{\partial P_i} = q_i \qquad \frac{\partial P_v}{\partial Q_i} = v_i \qquad \frac{\partial Q_v}{\partial Q_i} = w_i \tag{5.42}$$

Unter den getroffenen Voraussetzungen erhalten wir aus den ersten n Gleichungen der Ersatzfunktion die Bedingungen für das Kostenminimum

$$\varepsilon_i - \mu_1 (1 - p_i) + \mu_2 \, q_i = 0 \tag{5.43}$$

Die Blindleistungsbereitstellung in den Kraftwerken verursacht keine zusätzlichen

Brennstoffkosten. Aus den Gleichungen $n+1$ bis $n+k$ der Ersatzfunktion erhalten wir daher die weiteren Bedingungen

$$\mu_1 v_i - \mu_2 (1 - w_i) = 0 \tag{5.44}$$

Aus den Gleichungen (5.44) folgt für das Verhältnis der beiden Langrange-Multiplikatoren

$$\frac{\mu_1}{\mu_2} = \frac{1 - w_i}{v_i} \tag{5.45}$$

Wir setzen Gleichung (5.45) in Gleichung (5.43) ein und erhalten schließlich nach Umstellung das allgemeine Lastverteilungsgesetz für Verbundnetze mit thermischen Kraftwerken

$$\mu_1 = \frac{\varepsilon_i}{1 - p_i - \dfrac{(1 - w_i)\, q_i}{v_i}} \tag{5.46}$$

Die oben angestellten Überlegungen gehen davon aus, daß die Lastaufteilung auf in Betrieb befindliche thermische Kraftwerke vorgenommen werden soll. Anfahrkosten sind nicht berücksichtigt. Sie können gegebenenfalls dazu führen, daß der Betrieb der laufenden Kraftwerke mit höherer Leistung wirtschaftlicher sein kann als das Anfahren eines zusätzlichen Werkes, mit dem man danach eine günstigere Lastaufteilung erreichen würde.

Für Laufwasserkraftwerke mit uneingeschränktem Wasserangebot läßt sich eine Kostenfunktion für den "Brennstoff" nicht angeben. Ihre Wirkleistung kann bis zum Nennwert kostenneutral verändert werden. Die Leistungs-Zuwachskosten sind Null. Man wird sie daher mit konstanter möglichst großer Leistung betreiben und in der Leistungsbilanz des Netzes als negative Last berücksichtigen. Bei Speicherkraftwerken mit und ohne Zulauf (Pumpspeicherwerk) treffen wir im Gegensatz dazu andere Verhältnisse an. Bei ihnen ist die verfügbare Wassermenge für einen Tag, einen Monat oder ein Jahr beschränkt. Momentanoptimierung im bisher besprochenen Sinne ist daher nicht mehr möglich. Man muß Zeiträume untersuchen, deren Länge durch das jeweilige Wasserangebot bestimmt werden (ein Tag, ein Monat, ein Jahr). Wir nehmen an, daß zusätzlich zu den n thermischen Kraftwerken s Speicherkraftwerke zum Verbundnetz gehören. Für die Abgabe einer bestimmten Leistung P_i benötigen sie die Wassermenge L_i pro Zeiteinheit. Im betrachteten Zeitraum $t_1 \le t \le t_2$ steht die Gesamtwassermenge m_i zur Verfügung. Genaugenommen geht außer der Wassermenge auch die Fallhöhe in die Betrachtungen ein. Wir setzen hier voraus, daß sie unabhängig von der verbrauchten Wassermenge konstant bleibt. Der so inkauf genommene Fehler wird umso größer, je kleiner die Fallhöhe ist. Damit gilt die Beziehung

$$\int_{t_1}^{t_2} L_i\left(P_i(t)\right)\, dt - m_i = 0 \tag{5.47}$$

In Gleichung (5.47) können auch Pumpspeicherkraftwerke Berücksichtigung finden. Während des Pumpbetriebes braucht dafür die Leistung unter Berücksichtigung des Betriebsregimes (der möglichen Leistungen beim Pumpen) nur negativ eingesetzt zu werden.

Gleichung (5.47) erfordert es, die Kostenminimierung über den Betrachtungszeitraum vorzunehmen. Für die Wirkleistungsbilanz gilt daher die Nebenbedingung

$$-\sum_{i=1}^{n+s} P_i(t) + P_v(t) + P_L(t) = 0 \tag{5.48}$$

Nun ist es auch erforderlich, die zeitlichen Verläufe der Leistungen im Betrachtungszeitraum zu kennen. Für die Blindleistungen kann eine entsprechende Bilanz aufgestellt werden. Dabei sind wiederum zusätzliche Kompensationseinrichtungen zu berücksichtigen. Mit den so formulierten Nebenbedingungen kann das Optimum ermittelt werden. Wir wollen an dieser Stelle darauf verzichten und halten die Erkenntnis fest, daß die Bestimmung des optimalen Betriebes eines Verbundnetzes eine sehr komplexe Aufgabe ist.

5.3.3 Verlustminimaler Verbundbetrieb bei konstanter Last

Wenn wir aus unseren Überlegungen die Kraftwerke ausklammern und nur den elektrischen Teil des Verbundnetzes betrachten, dann ist das Optimum des Betriebes bei minimalen Verlusten gegeben. Diese Betrachtungsweise erscheint unter dem Aspekt sinnvoll, daß die Verluste im Verbundnetz nicht nur durch die Kraftwerkseinspeisungen, sondern auch durch Blindleistungskompensationseinrichtungen und Betriebsmittel zur Lastflußsteuerung beeinflußt werden können. Unabhängig davon wollen wir sie auch dafür nutzen, um einen Einblick in den Aufbau der im vorhergehenden Abschnitt angegebenen Differentialquotienten zu erhalten. Wir beschränken uns auf den einfachsten denkbaren Fall nach Bild 5.7 und nehmen an, daß eine Last aus zwei Kraftwerken über zwei unabhängige Netzzweige versorgt werden soll.

Die minimalen Verluste sollen zunächst für Gleichstrom bestimmt werden. Alle Größen in Bild 5.7 sind dann reell. Die Impedanzen entsprechen den ohmschen Widerständen. Für die Verluste gilt

$$P_v = R_1\, I_1^2 + R_2\, I_2^2 = \frac{R_1}{U_1^2}\, P_1^2 + \frac{R_2}{U_2^2}\, P_2^2 \qquad (5.49)$$

Die Leistungsbilanz für das Netz ist

$$-P_1 - P_2 + P_L + P_v = 0 \qquad (5.50)$$

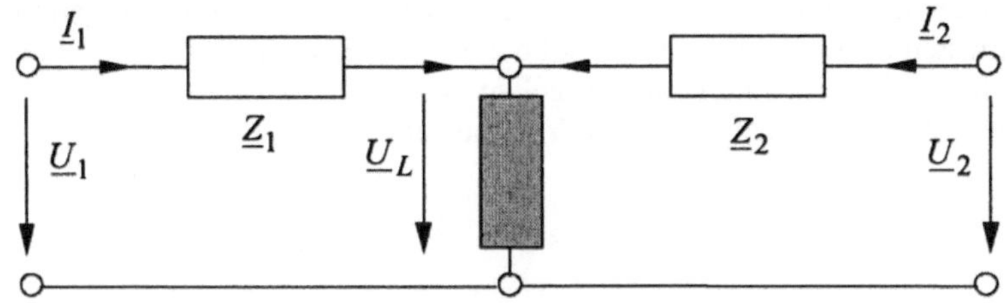

Bild 5.7 : Versorgung einer Last aus zwei unabhängigen Einspeisungen

Für die Ersatzfunktion erhalten wir mit Gleichung (5.50)

$$E = P_v + \mu(-P_1 - P_2 + P_L + P_v) \qquad (5.51)$$

Wie im vorangegangenen Abschnitt nehmen wir auch hier an, daß die Last unabhängig von der Spannung und damit auch von den Einspeiseleistungen ist. Die Minimalbedingungen von (5.51) lauten mit den Abkürzungen für die Ableitungen der Verluste nach den Einspeiseleistungen nach Gleichung (5.36)

$$\begin{aligned} p_1 + \mu(-1 + p_1) &= 0 \\ p_2 + \mu(-1 + p_2) &= 0 \end{aligned} \quad \Rightarrow \quad p_1 = p_2 \qquad (5.52)$$

Aus Gleichung (5.49) können die Differentialquotienten bestimmt werden. Sie lauten

$$p_v = 2\,\frac{R_v}{U_v^2}\, P_v = 2\,\frac{R_v}{U_v}\, I_v \qquad (5.53)$$

Bei konstanter von der Spannung unabhänggiger Last folgt aus (5.53) die Minimalbedingung

$$R_1\, I_1 = R_2\, I_2 \qquad (5.54)$$

Die Verluste sind dann minimal, wenn die Spannungsabfälle über den beiden Netzzweigen gleich sind. Für die zweiten Ableitungen der Verluste nach den Einspeiseleistungen erhalten wir

$$\frac{\partial p_v}{\partial P_v} = 2\,\frac{R_v}{U_v^2} > 0 \tag{5.55}$$

Sie sind größer als Null. Der gefundene Extremwert stellt demzufolge tatsächlich ein Minimum dar.

Für Wechsel- und Drehstromnetze sind die Verhältnisse bedeutend komplizierter, da wir den Einfluß der Blindleistungen auf die Verluste zusätzlich berücksichtigen müssen. Bei Drehstromnetzen beschränken wir uns auf den symmetrischen Betrieb mit kosinusförmigen Spannungen. Unsere Überlegungen gelten daher für das Mitsystem, ohne daß wir es in besonderer Weise kennzeichnen. Die Verluste sind

$$P_v = R_1\, I_1^2 + R_2\, I_2^2 = \frac{R_1}{U_1^2}\left(P_1^2 + Q_1^2\right) + \frac{R_2}{U_2^2}\left(P_2^2 + Q_2^2\right) \tag{5.56}$$

Der Blindleistungsbedarf des Netzes ist

$$Q_v = X_1\, I_1^2 + X_2\, I_2^2 = \frac{X_1}{U_1^2}\left(P_1^2 + Q_1^2\right) + \frac{X_2}{U_2^2}\left(P_2^2 + Q_2^2\right) \tag{5.57}$$

Aus den Gleichungen (5.56) und (5.57) können alle Differentialquotienten abgeleitet werden, die man für die Anwendung des Lastverteilergesetzes (5.46) benötigt.

$$\left.\begin{aligned} p_v &= 2\,\frac{R_v}{U_v^2}\,P_v \\ q_v &= 2\,\frac{X_v}{U_v^2}\,P_v \end{aligned}\right\} \quad\Rightarrow\quad \frac{p_v}{q_v} = \frac{R_v}{X_v} \tag{5.58}$$

$$\left.\begin{aligned} v_v &= 2\,\frac{R_v}{U_v^2}\,Q_v \\ w_v &= 2\,\frac{X_v}{U_v^2}\,Q_v \end{aligned}\right\} \quad\Rightarrow\quad \frac{v_v}{w_v} = \frac{R_v}{X_v} \tag{5.59}$$

Aus den Gleichungen (5.58) und (5.59) folgt weiterhin

$$\frac{p_v}{v_v} = \frac{q_v}{w_v} = \frac{P_v}{Q_v} \tag{5.60}$$

Auch für umfangreichere Netze können die Differentialquotienten für das Lastverteilergesetz aus den Netzwerkgleichungen abgeleitet werden.

Zur Bestimmung des Verlustminimums gehen wir von der Berechnung der Verluste aus den Einspeiseströmen aus und verwenden als Nebenbedingung den Knotenpunktsatz im Lastknoten.

$$E = R_1\, I_1^2 + R_2\, I_2^2 + \mu\left(-I_1\, e^{j\varphi_{i1}} - I_2\, e^{j\varphi_{i2}} + I_L\, e^{j\varphi_L}\right) \tag{5.61}$$

Aus ihr folgen die Minimalbedingungen

$$\begin{aligned} 2\, R_1\, I_1 - \mu\, e^{j\varphi_{i1}} &= 0 \\ 2\, R_2\, I_2 - \mu\, e^{j\varphi_{i2}} &= 0 \end{aligned} \tag{5.62}$$

Im Verlustminimum gilt nach Gleichung (5.62)

$$\left.\frac{2\, R_1\, I_1}{e^{j\varphi_{i1}}} = \frac{2\, R_2\, I_2}{e^{j\varphi_{i2}}}\right\} \Rightarrow \begin{array}{l} 2\, R_1\, I_1 = 2\, R_2\, I_2 \\ \varphi_{i1} = \varphi_{i2} = \varphi_L \end{array} \tag{5.63}$$

Die erste Bedingung von (5.63) entspricht der Minimalbedingung für Gleichstrom nach Gleichung (5.54). Die zweite Bedingung schreibt Phasengleichheit der beiden Einspeiseströme vor. Zwangsläufig hat dann der Laststrom die gleiche Phase. Die beiden Einspeiseströme summieren sich bei Phasengleichheit mit minimalen Beträgen zum Laststrom. Die Reaktanzen der Netzzweige führen bei Wechsel- und Drehstrom dazu, daß die Spannungen an den Einspeiseknotenpunkten bei verlustminimalem Betrieb nur noch dann gleich sind, wenn die R/X-Verhältnisse der Netzzweige übereinstimmen.

Wir betrachten dazu ein Beispiel. Eine symmetrische lineare Drehstromlast soll über zwei voneinander unabhängige Netzzweige verlustminimal versorgt werden. Die Daten der Last sind

$$U_r = 110\ kV \qquad \underline{S} = 100\ MW + j\,50\ MVar \qquad \lambda = 0{,}8944 \tag{5.64}$$

Die beiden Netzzweige haben die Daten

$$\underline{Z}_1 = (2{,}194 + j\,14{,}625)\,\Omega \qquad \underline{Z}_2 = (1{,}104 + j\,11{,}037)\,\Omega \tag{5.65}$$

Für das Verlustminimum gilt

$$\underline{I}_1 = \frac{1}{1+\dfrac{R_1}{R_2}}\,\underline{I}_L = 0{,}3347\,\underline{I}_L \qquad \underline{I}_2 = \frac{1}{1+\dfrac{R_2}{R_1}}\,\underline{I}_L = 0{,}6653\,\underline{I}_L \tag{5.66}$$

Die Spannungen an den beiden Einspeiseknotenpunkten sind

$$\underline{U}_1 = \frac{U_r}{\sqrt{3}} + \underline{Z}_1\,\underline{I}_1 = (65{,}179 + j\,2{,}377)kV \qquad \underline{U}_2 = \frac{U_r}{\sqrt{3}} + \underline{Z}_2\,\underline{I}_2 = (65{,}821 + j\,3{,}661)kV \tag{5.67}$$

Die Beträge der beiden Leiter-Leiter-Spannungen sind

$$U_{LL1} = \sqrt{3}\,|\underline{U}_1| = 112{,}968\ kV \qquad U_{LL2} = \sqrt{3}\,|\underline{U}_2| = 114{,}181\ kV \tag{5.68}$$

Sie unterscheiden sich voneinander infolge der verschiedenen RX-Verhältnisse der beiden Netzzweige. Die Scheinleistungen der beiden Netzzweige ergeben sich zu

$$\begin{aligned} \underline{S}_1 &= 3\,\underline{U}_1\,\underline{I}_1^* = 33{,}724\ MW + \mathrm{j}\,18{,}428\ MVar \\ \underline{S}_2 &= 3\,\underline{U}_2\,\underline{I}_2^* = 67{,}035\ MW + \mathrm{j}\,38{,}312\ MVar \end{aligned} \tag{5.69}$$

Der Scheinleistungsbedarf der beiden Netzzweige ist

$$\underline{S}_v = P_v + \mathrm{j}\,Q_v = \underline{S}_1 + \underline{S}_2 - \underline{S}_L = 0{,}759\ MW + \mathrm{j}\,6{,}739\ MVar \tag{5.70}$$

5.3.4 Ausgleich der Belastungskurve und wirtschaftlicher Kraftwerkseinsatz

In den vorhergehenden Kapiteln ist wiederholt zum Ausdruck gekommen, daß ein Ausgleich des Belastungsganges sowohl aus technischer als auch aus wirtschaftlicher Sicht vorteilhaft ist. Er kann mit verschiedenen betrieblichen Maßnahmen erreicht werden. Eine bekannte Möglichkeit liegt in der Tarifgestaltung. Für Schwachlastzeiten werden Niedertarife angeboten, während in Zeiten der Starklast höhere Energiepreise zu zahlen sind. Innovationen sind auf diesem Gebiet durch Entwicklungen in der Leittechnik zu erwarten. Es wird den Energieversorgungsunternehmen möglich sein, bestimmte Abnehmergruppen zentral zu steuern und damit einen Ausgleich der Belastungen zu erreichen. Mit dem Einsatz von Energie-Management-Systemen kann dieses Ziel neben der Energieeinsparung ebenfalls verfolgt werden.

Auf dem Gebiet des Kraftwerkseinsatzes dienen Pumpspeicherkraftwerke dem Belastungsausgleich. Sie speichern elektrische Energie mittelbar in Form potentieller mechanischer Energie von Wasser. In Schwachlastzeiten arbeiten sie im Pumpbetrieb und füllen so die Belastungstäler auf. In Spitzenzeiten liefern sie Energie und bewirken, daß die übrigen Kraftwerke des Netzes für eine kleinere Höchstlast ausgelegt werden können. Bild 5.8 zeigt ihre Funktion schematisch.

Die übrigen Kraftwerke des Netzes werden so eingesetzt, daß der Betrieb möglichst kostenminimal wird. Wir haben im Abschnitt 5.2.2 festgestellt, daß die Elektroenergiegestehungskosten sehr stark vom Kraftwerkstyp abhängen. Die Benutzungsdauer von Kraftwerken muß daher umso höher sein, je niedriger ihre Gestehungskosten sind. Die Kraftwerke mit den niedrigsten Gestehungskosten übernehmen die Grundlast des Netzes. Das sind unter unseren Bedingungen die Laufwasser-, Kern-, und Braunkohlenkraftwerke, aber auch Steinkohlenkraftwerke mit festen Kohleabnahmeverträgen.

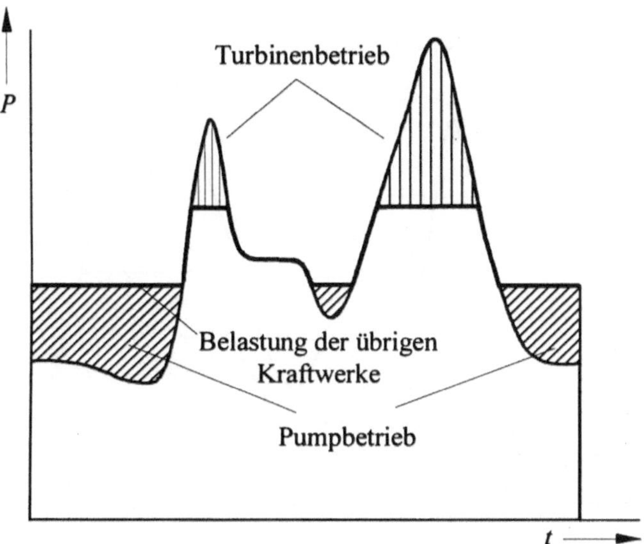

Bild 5.8 : Ausgleich der Belastungskurve durch Pumpspeicherwerke

Der tägliche Belastungsverlauf ist aus umfangreichen statistischen Aufzeichnungen der Energieversorgungsunternehmen näherungsweise bekannt. Im europäischen Verbund UCPTE werden regelmäßig Leistungsbilanzen aller Mitgliedsländer für jeweils den dritten Mittwoch eines jeden Monats um 11 Uhr erstellt. Diese Daten erlauben eine Vorschau von 15 Monaten. Seit 1995 wird eine 3-Jahres-Vorschau für die zwei charakteristischen Monate Januar und Juli erstellt.

Auf dieser Grundlage können ein Teil der verfügbaren Kraftwerke im sogenannten Fahrplanbetrieb (auch Mittellastbetrieb) arbeiten. Er geht davon aus, daß die täglichen Belastungskurven ähnlich verlaufen, so daß ein bestimmter Anteil der Kraftwerksleistung nach einem festen Fahrplan verändert werden kann. Dazu werden vorwiegend Steinkohlenkraftwerke genutzt.

Die verbleibende Differenz zwischen dem Fahrplan und dem tatsächlichen Belastungsverlauf wird durch die Spitzenkraftwerke abgefangen. Sie zeichnen sich dadurch aus, daß sie in kürzester Zeit in Betrieb gehen können. Ihre Gestehungskosten der elektrischen Energie sind jedoch hoch. Die bereits erwähnten Pumpspeicherwerke und Gasturbinenkraftwerke auf Öl- oder Erdgasbasis werden als Spitzenkraftwerke eingesetzt. Bild 5.9 zeigt dieses Arbeitsregime schematisch.

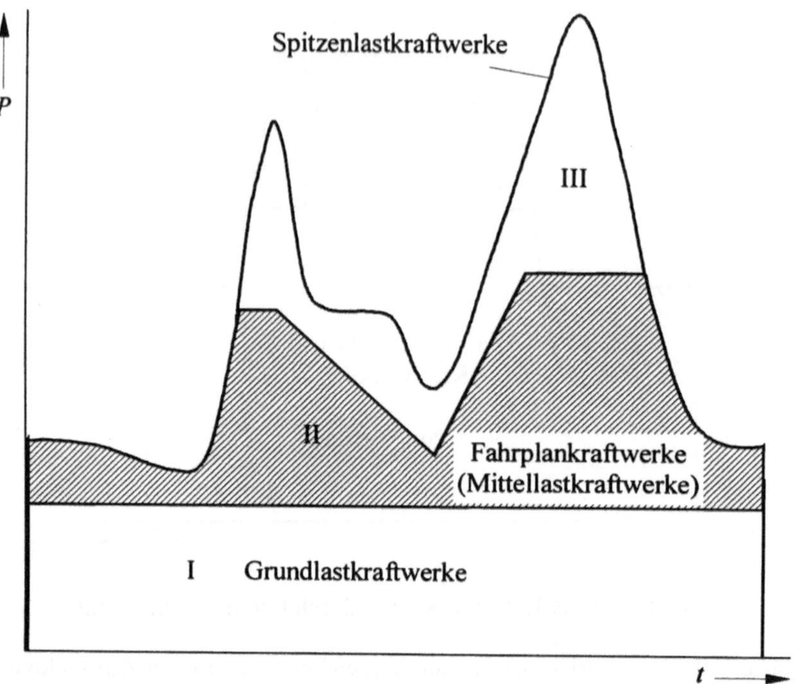

Bild 5.9 : Aufteilung der Tagesbelastung auf verschiedene Kraftwerkstypen

Die elektrische Energieversorgung eines Landes muß aus Gründen der Sicherheit über mehrere Standbeine verfügen. Sie muß in ausreichendem Maße diversifiziert sein. Plötzliche Änderungen der politischen und wirtschaftlichen Lage könnten sich sonst verheerend auswirken. Wirtschaftlichkeitsbetrachtungen allein führen daher noch nicht zu einer guten, allen denkbaren Situationen gewachsenen elektrischen Energieversorgung.

Auch Zukunftssicherung hat in diesem Zusammenhang eine große Bedeutung. Tabelle 5.3 zeigt , daß regenerative Energiequellen wie Windenergie und Photovoltaik zum Beispiel aus der Sicht eines Energieversorgungsunternehmens völlig unwirtschaftlich sind. Wenn hier keine politischen Entscheidungen getroffen werden, dann wäre auch keine Weiterentwicklung möglich und man würde unter Umständen bedeutende Chancen verpassen.

Bild 5.10 zeigt den Einsatz verschiedener Kraftwerkstypen mit unterschiedlichen Energieträgern.

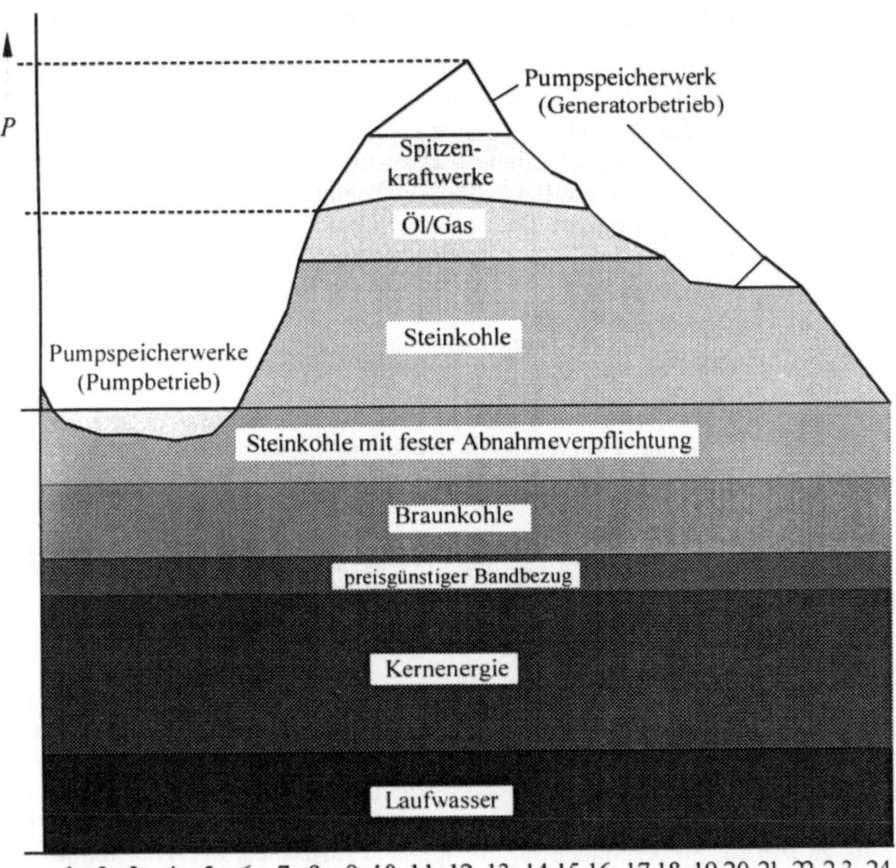

Bild 5.10 : Einsatz verschiedener Kraftwerkstypen

5.3.5 Wirtschaftliche Auslastung elektrischer Betriebsmittel

5.3.5.1 Wirtschaftliche Auslastung von Transformatoren. Bereits im Stadium der Planung von elektrischen Netzen und Anlagen spielt die Wirtschaftlichkeit eine entscheidende Rolle. Auf der Grundlage der in diesem Abschnitt vorgestellten Investitionsrechnung ist der Vergleich verschiedener Varianten für eine Versorgungsaufgabe möglich. Aber auch jedes einzelne elektrische Betriebsmittel kann so ausgewählt werden, daß sein Einsatz kostengünstig ist. Das soll am Beispiel von Transformatoren und Kabeln gezeigt werden. Wir gehen dazu von Gleichung (5.28) aus und fügen die maximale Verlustleistung nach Gleichung (5.27) ein. Für Transformatoren erhalten wir so

$$g_{EV} = fK_0 + P_{vu}\left(k_p + Tk_w\right) + P_{vi\,r}\left(\frac{S_{max}}{S_{rT}}\right)^2 \left(k_p + \vartheta T_n k_w\right) \tag{5.71}$$

Gleichung (5.71) wird durch die maximale Scheinleistung des Transformators dividiert. Wir erhalten so

$$g'_{EV} = \frac{g_{EV}}{S_{max}} = \frac{fK_0 + P_{vu}\left(k_p + Tk_w\right)}{S_{max}} + \frac{P_{vi\,r}}{S_{rT}}\left(k_p + \vartheta T_n k_w\right)\frac{S_{max}}{S_{rT}} = \frac{A}{S_{max}} + BS_{max} \tag{5.72}$$

Wir können jetzt die optimale Scheinleistung eines Transformators berechnen.

Ein 630-kVA-Niederspannungstransformator mit einer Oberspannung von 10 kV kostet 20000 DM. Seine Leerlauf- und Kurzschlußverluste entnehmen wir der Tabelle 4.1. Er ist ständig eingeschaltet. Der Belastungsgrad des Transformators ist m=0,7. Der Leistungsfaktor bei Maximallast beträgt λ_{max}=0,9. Der Scheinarbeitsverlustfaktor ergibt sich damit aus Gleichung (4.148) unter Verwendung der Beziehung nach Wolf, Tabelle 4.20, zu ϑ=0,56. Zu bestimmen sei die optimale Auslastung des Transformators bei einem Leistungspreis von k_p=600 *DM/kVA ·a* und einem Arbeitspreis von k_w=0,16 *DM/kWh*. Bei einem kalkulatorischen Zinssatz von 7,5 % bestimmen wir aus den Tabellen 5.1 und 5.2 den Faktor für feste Dienste f = 0,098+0,045=0,143. Die Konstanten der Kostenfunktion des Transformators sind

$$A = 0{,}143 \cdot 20000\,DM + 1{,}700\,kW\left(\frac{600\,DM/kVA\,a}{8760\,h/a} + 8760\,h\,0{,}16\,DM/kWh\right) = 5243\,DM \tag{5.73}$$

$$B = \frac{7{,}800\,kW\left(\dfrac{600\,DM/kVA\,a}{8760\,h/a} + \vartheta\,8760\,h\,0{,}16\,DM/kWh\right)}{630^2\,(kVA)^2} = 0{,}015\,DM/(kVA)^2 \tag{5.74}$$

Mit diesen Konstanten ist die optimale Auslastung des Transformators

$$S_{max\ opt} = \sqrt{\frac{A}{B}} = 584\ kVA \qquad \frac{S_{max\ opt}}{S_{rT}} = 0{,}93 \tag{5.75}$$

Optimal ist der Transformator unter den gegebenen Bedingungen zu 81 % ausgelastet. Der jährliche Aufwand für den Transformator beträgt im Optimum

$$g'_{EV\ opt} = 17{,}96\ DM/kVA \tag{5.76}$$

Bild 5.11 zeigt den Verlauf der Kostenfunktion des Transformators über der Scheinleistung.

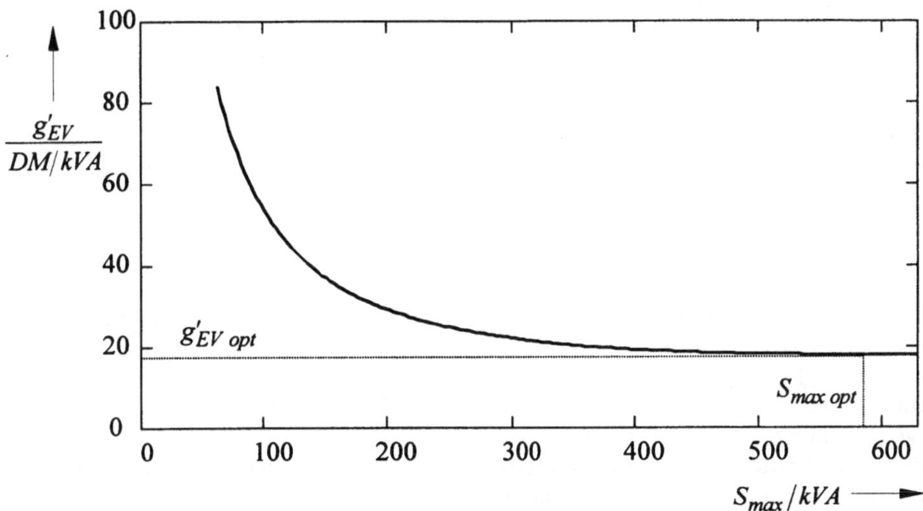

Bild 5.11 : Kostenfunktion des 630-kVA-Transformators

Oberhalb einer Leistung von 300 kVA verläuft die Kostenfunktion sehr flach. Wir können daraus schließen, daß der Transformator oberhalb dieser Scheinleistung unter den gegebenen Bedingungen wirtschaftlich betrieben wird.

5.3.5.2 Wirtschaftliche Auslastung von Kabeln. Für Kabel und Freileitungen erhalten wir

$$g_{EV} = fK_0 + P_{vu}\left(k_p + Tk_w\right) + \left(k_p + \vartheta T_n k_w\right) 3\ R_{(1)}\ I_{max}^2 \tag{5.77}$$

Wir teilen Gleichung (5.73) durch den maximalen Strom und erhalten

$$g'_{EV} = \frac{g_{EV}}{I_{max}} = \frac{f\,K_0 + P_{vu}\left(k_p + T\,k_w\right)}{I_{max}} + \left(k_p + \vartheta\,T_n k_w\right)3\,R_{(1)}\,I_{max} = \frac{A}{I_{max}} + B\,I_{max} \qquad (5.78)$$

Mit Gleichung (5.78) können wir den optimalen Belastungsstrom eines Kabels berechnen. Bei Kabeln und Freileitungen ist auch die Berechnung einer "wirtschaftlichen Stromdichte" üblich. Unter Verwendung von Gleichung (5.77) erhalten wir für sie

$$g''_{EV} = \frac{g_{EV}}{J_{e\,max}} =$$
$$\frac{f\,K_0 + P_{vu}\left(k_p + T\,k_w\right)}{J_{e\,max}} + \left(k_p + \vartheta\,T_n k_w\right)3\,\rho_{(1)}V\,J_{e\,max} = \frac{A'}{J_{e\,max}} + B'J_{e\,max} \qquad (5.79)$$

Die Bestimmung des wirtschaftlichen maximalen Belastungsstromes ist bei Kabeln der der wirtschaftlichen Stromdichte vorzuziehen, da mit dem ohmschen Widerstand die Verluste, die nicht nur im Leiter selbst entstehen, sondern auch in Mänteln und Schirmen, besser beschrieben werden können.

5.3.5.3 Wirtschaftliche Auswahl von Betriebsmitteln aus einer Typenreihe. Oft steht bei Transformatoren und Kabeln ein Betriebsmittel aus einer Typenreihe zur Auswahl. Dann ist das Minimum der Gleichungen (5.72), (5.78) und (5.79) (das wirtschaftliche Optimum des einzelnen Betriebsmittels) im allgemeinen für die Auswahl nicht maßgebend. Hier kommt es vielmehr darauf an, aus der Typenreihe das Betriebsmittel auszuwählen, das für die Übertragungsaufgabe den niedrigsten bezogenen jährlichen Aufwand hat. Das wirtschaftlichste Betriebsmittel ist dasjenige, dessen Kostenfunktion in den gegebenen Belastungsbereich unter den Kostenfunktionen aller anderen Betriebsmittel der Typenreihe liegt. Der wirtschaftliche Vergleich zweier Betriebsmittel läuft auf die Bestimmung des Schnittpunktes ihrer Kostenfunktionen hinaus. Der Schnittpunkt zweier Kostenfunktionen von Kabeln ist zum Beispiel gegeben durch

$$\frac{A_1}{I_{sp}} + B_1\,I_{sp} = \frac{A_2}{I_{sp}} + B_2\,I_{sp} \quad \Rightarrow \quad I_{sp} = \sqrt{\frac{A_2 - A_1}{B_1 - B_2}} \qquad (5.80)$$

Für Transformatoren ersetzen wir in Gleichung (5.80) lediglich den Strom durch die Scheinleistung.

Wir untersuchen als Beispiel eine Typenreihe von 20-kV-Polyäthylen-Einleiterkabeln. Die Energiepreise und der Charakter der Belastung sollen gleich denen des Transformators nach Abschnitt 5.3.5.1 sein. Der Faktor für feste Dienste ergibt sich wiederum aus den Tabellen 5.1 und 5.2 zu f = 0,081+0,045=0,126 bei einem kalkulatorischen Zinssatz von 7,5 %. Die für die Rechnung benötigten Kabeldaten sind in der Tabelle 5.5 zusammengestellt. Der ohmsche Widerstand im Mitsystem gilt für eine angenommene Leitertemperatur von 90 °C. Zusätzlich zum Kabelpreis sind die Aufwendungen für die Verlegung in der Erde einschließlich der notwendigen Montagearbeiten zu berücksichtigen. Sie sind querschnittsunabhängig und betragen für eine Drehstrom-Kabelstrecke K_L=108000 *DM/km* und gehen pro Einleiterkabel mit einem Drittel des Wertes in die Rechnung ein.

Tabelle 5.5: Daten einer 20-kV-Einleiterkabel-Typenreihe

Leiterquerschnitt in mm^2	Kabelpreis in *DM/km*	$R_{(1)}$ in Ω/km	$I_{(1)\,zul}$ in A
95	16500	0,249	324
120	18400	0,199	368
150	20900	0,163	410
185	23700	0,132	462
240	27900	0,102	534

Die Ergebnisse der Wirtschaftlichkeitsuntersuchung für die einzelnen Kabel sind

Tabelle 5.6: Daten zur optimalen Auslastung einzelner Kabel

Leiterquerschnitt in mm^2	A in DM	B in DM/A	$I_{\max opt}$ in A	$\frac{I_{\max opt}}{I_{(1)\,zul}}$	g'_{opt} in DM/A
95	6615	0,195	184	0,569	71,80
120	6854	0,156	210	0,570	65,34
150	7169	0,128	237	0,578	60,48
185	7522	0,103	270	0,584	55,75
240	8051	0,080	318	0,595	50,70

Wir erkennen, daß die Kabel bei einer Auslastung von etwa 60 % wirtschaftlich betrieben werden, wenn man sie einzeln betrachtet. Die Aufwendungen für eine Drehstromkabelstrecke sind dreimal so hoch, wie in der letzten Spalte von Tabelle 5.6 angegeben.

Andere Ergebnisse erhält man bei Betrachtung der gesamten Typenreihe. Die Stromstärken in A in den Schnittpunkten der Kostenfunktionen sind in der Tabelle 5.7 oberhalb der Hauptdiagonale zusammengestellt. Zusätzlich sind unterhalb der Hauptdiagonale die jährlichen Aufwendungen für ein Einleiterkabel in den Schnittpunkten in *DM/A* angegeben.

Die Kostenfunktionen sind im Bild 5.12 grafisch dargestellt. Wir erkennen, daß oberhalb eines Belastungsstromes von 150 A das Kabel mit dem größten Leiterquerschnitt (240 mm^2) bereits wirtschaftlicher ist als alle anderen. Es ist in diesem Punkt nur zu 28,1 % ausgelastet. Selbst der optimale Belastungsstrom des 95-mm^2-Kabels ist größer 150 A.

Tabelle 5.7: Wirtschaftliche Auslastung der Kabeltypenreihe

-	95	120	150	185	240
95	-	78	91	100	112
120	99,80	-	106	113	126
150	90,56	81,28	-	121	136
185	85,84	78,30	74,83	-	150
240	80,97	74,13	70,08	65,61	-

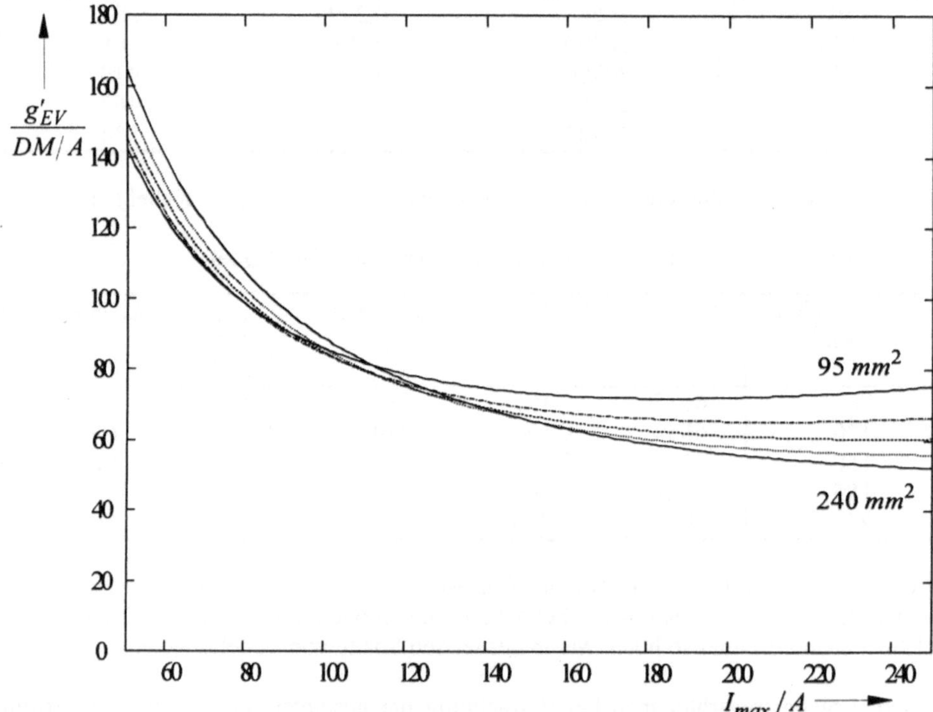

Bild 5.12 : Kostenfunktionen der Typenreihe von Einleiterkabeln

Die Kostenfunktionen verlaufen im Bereich kleiner Belastungsströme von weniger als etwa 100 A sehr steil. Ursache dafür sind die im Vergleich zum Kabelpreis sehr hohen querschnittsunabhängigen Legungskosten.

Neben den hier im Prinzip vorgestellten Möglichkeiten der Auswahl von elektrischen Betriebsmitteln nach ihrer Wirtschaftlichkeit werden in der Praxis eine Vielzahl anderer angewandt. An dieser Stelle sei angemerkt, daß bei der Betriebsmittelauswahl die Wirtschaftlichkeit ein Kriterium neben einer Vielzahl von anderen ist. Zunächst muß ein

Betriebsmittel so ausgewählt werden, daß es die Bedingungen des Normalbetriebes ohne Beeinträchtigungen erfüllen kann. Wir erhalten so z.B. für Transformatoren eine der Aufgabe entsprechende Mindestscheinleistung und für Kabel einen Mindestquerschnitt. Das Kriterium Wirtschaftlichkeit kann zur Bestätigung oder Erhöhung der Nennleistung bzw. des Querschnittes führen, nicht aber zu deren Unterschreitung. Ein elektrisches Betriebsmittel muß außerdem beispielsweise kurzschlußstromfest sein. Auch die Auswahl nach der Kurzschlußstromfestigkeit kann nur zu einer Erhöhung des Nennparameters führen. Es ist dann auf jeden Fall das Betriebsmittel mit dem der Kurzschlußstromfestigkeit entsprechenden Nennparameter einzusetzen, auch wenn dieser noch höher als der wirtschaftliche ist.

5.4 Least-Cost-Planning

5.4.1 Grundgedanken des Least-Cost-Planning

Lange Zeit galt ein hoher Energieverbrauch als Kennzeichen hohen Lebensstandards in einem Land. Seit der Ölkrise in den siebziger Jahren hat sich das Denken diesbezüglich jedoch grundlegend geändert. Ökologische Kriterien gewinnen zunehmend an Bedeutung. Umweltschutz ist für verantwortlich denkende Menschen und Unternehmen eine der wichtigsten Aufgaben der Gegenwart und der Zukunft. Die rationelle Energieanwendung trägt dazu bei, Emissionen zu begrenzen und damit Umwelt und Klima zu schützen. Gleichzeitig werden die Energieressourcen der Erde geschont. Wirtschaftsentwicklung und Energieverbrauch sind seit der Ölkrise zunehmend voneinander entkoppelt worden. Das wurde bereits im Abschnitt 1.2.2 dargestellt.

Einige wesentliche Gesichtspunkte der wirtschaftlichen elektrischen Energieversorgung haben wir in den vorangegangenen Abschnitten bereits kennengelernt. Die Energieversorgungsunternehmen bemühen sich schon seit langer Zeit, ihren Lastgang zu glätten und so eine bessere Ausnutzung der vorhandenen Kraftwerke, Anlagen und Netze zu erreichen. Gleichzeitig soll Energie eingespart und der Leistungsbedarf gesenkt werden. Beispiel dafür ist die Tarifgestaltung. Sie fördert die Benutzung von Elektrogeräten in lastschwachen Zeiten durch einen günstigeren Strompreis und wirkt einem sehr unregelmäßigen Leistungsbezug durch höhere Preise entgegen. Diese Tarifpolitik hat in Westdeutschland im Laufe der Jahre zu einer Veränderung des Lastganges in der öffentlichen Energieversorgung geführt. Während man am 20. Dezember 1961 noch einen Belastungsfaktor von m=0,76 ermittelt hat, betrug der Belastungsgrad unter gleichen Witterungsbedingungen am 18. Dezember 1991 m=0,90.

Das Least-Cost-Planning (LCP) (Minimalkostenplanung) geht über diese Ansätze hinaus. Die bisherigen Überlegungen nahmen einen zu deckenden Energiebedarf als gegeben hin. Während bei dieser Herangehensweise zu einseitig nur die Seite der Energiebereitstellung gesehen worden ist, beginnt man nun auch nach Möglichkeiten der Beeinflussung der Energieabnahme zu suchen. LCP bedeutet damit eine Erweiterung der Grenzen des zu optimierenden Systems durch Einbeziehung der Abnehmer. Der Energiebedarf wird nicht mehr als gegeben hingenommen, sondern in die Betrachtungen werden Überlegungen einbezogen, wie die vom Abnehmer gewünschte Energiedienstleistung bei minimalem Energiebedarf erbracht werden kann. Die beiden Seiten des Prozesses der elektrischen Energieversorgung Angebot (Supply-Side) und Nachfrage (Demand-Side) werden im Zusammenhang betrachtet und nach einheitlichen Kriterien in die Unternehmensplanung eines Energieversorgungsunternehmens einbezogen. Deshalb bezeichnet man das Least-Cost-Planning auch als **Integrated Ressource Planning** (IRP).

Das **Supply-Side-Management** (SSM) untersucht die Möglichkeiten zur Optimierung der Angebotsseite. Hierunter fallen sämtliche Maßnahmen eines Energieversorgungsunternehmens im Bereich der Elektronergieerzeugung und -beschaffung sowie ihres Transports und der Verteilung. Ziel des SSM ist es, eine prognostizierte Nachfrage ausreichend, sicher und unter Berücksichtigung des Umweltschutzes zu decken. Die SSM umfaßt neben den Anlageninvestitionen auch die Verbesserung der Kraftwerkswirkungsgrade, die Verminderung der Transport- und Verteilungsverluste sowie den Energiebezug von Dritten. SSM umfaßt damit die klassischen Instrumente, die Energieversorgungsunternehmen seit vielen Jahrzehnten einsetzen, um das Energieangebot zu optimieren.

Das **Demand-Side-Management** (DSM) hat demgegenüber das Ziel, Struktur und Niveau der Energienachfrage der Kunden zu beeinflussen. DSM-Maßnahmen sollen den Lastgang des EVU verändern. So kann es beispielsweise ein Ziel sein, die von der Gesamtheit der Kunden bzw. einer Kundengruppe eines EVU in Anspruch genommene Leistungsspitze in lastschwächere Zeiten zu verlagern, die Leistungsspitze abzubauen und langfristig den Lastgang abzusenken (**Lastmanagement, Tarifgestaltung**). Durch derartige Maßnahmen wird Leistung eingespart. Die so nicht zu bauende Kraftwerksleistung wird in der Literatur deshalb mit dem Schlagwort **"Negawatt"** bezeichnet. Die eingesparte Leistung wirkt sich auch vermindernd auf die CO_2-Emissionen aus und trägt zur Schonung der Energieresourcen bei.

Eine weitere DSM-Maßnahme ist die Förderung des rationellen Energieeinsatzes durch Informations- und Beratungsaktivitäten des EVU (**Energiesparprogramme**). Auch sie trägt zur Glättung des Lastganges bei. Gleichzeitig werden immer mehr Heizöl, Gas und feste Brennstoffe durch Strom ersetzt. So werden ebenfalls CO_2-Emissionen gesenkt, da mehr als ein Drittel der deutschen Stromerzeugung aus nichtfossilen Primärenergien (Kernkraft, Wasserkraft) stammt. Darüber hinaus tragen Stromanwendungen, die höhere Wirkungsgrade als Brennstoffverfahren haben, zum Ersatz von fossilen Energieträgern bei. Die elektrische Leistung dieser Stromanwendungen wird daher auch **"Ökowatt"** genannt. Der Ersatz anderer Energieträger durch Strom trägt so zur Energieeinsparung und zur umweltschonenden Energienutzung bei.

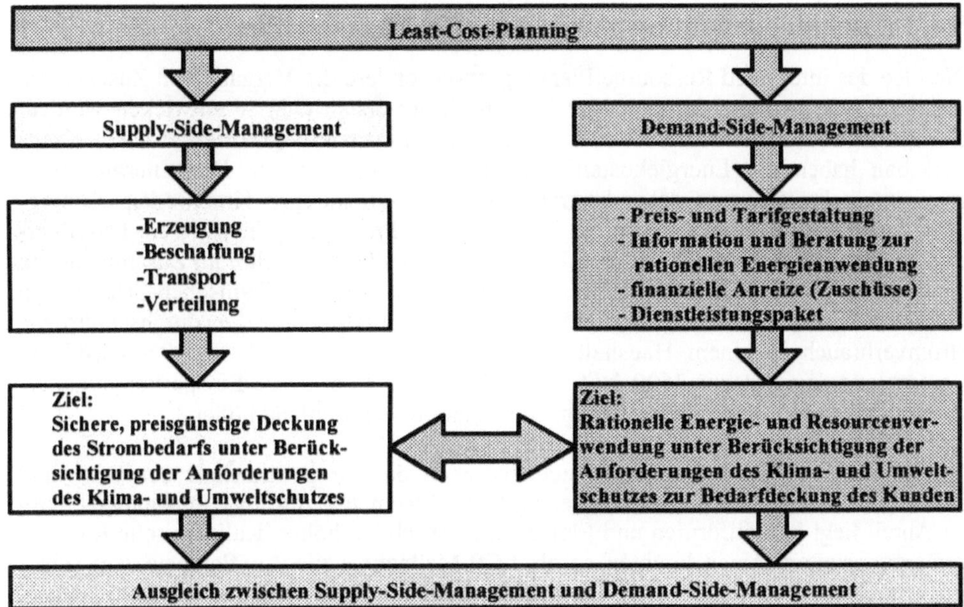

Bild 5.13 : Ansatz des Least-Cost-Planning

In den USA hat man in den achtziger Jahren damit begonnen, die Anschaffung energiesparender Geräte durch Zuschüsse der Energieversorgungsunternehmen zu fördern. **Der Energieversorger kauft auf diese Weise Energieeinsparungen von seinen Kunden.** Er kann so gegebenenfalls auf einen Ausbau seines Netzes verzichten oder diesen um eine gewisse Zeit hinausschieben. Der Nutzen des Kunden aus der Kombination von Energie (Elektrizität) und Gerät oder Anlage sowie dem eigenen Verhalten bezeichnet man als Energiedienstleistung. Der Kunde wünscht von seinem Energieversorger primär keinen Strom, sondern eine Dienstleistung. Er möchte, daß Lebensmittel gekühlt oder seine Wäsche gewaschen wird. Es ist ihm gleichgültig, womit diese Dienstleistung realisiert wird. Allerdings interessiert ihn der Preis. Der jährliche Stromverbrauch von Haushaltsgeräten ist sehr unterschiedlich. Ältere Geräte mit höherem Verbrauch werden oft trotzdem wegen der Anschaffungskosten für sparsamere und gegebenenfalls teurere Geräte weiter betrieben. Das Energieversorgungsunternehmen kann durch einen gezielten Zuschuß den Kauf fördern. Gleichzeitig wird so der Wettbewerb unter den Hausgeräte-Herstellern zur Senkung des spezifischen Energieverbrauchs gefördert. Auch in Deutschland gibt es bei mehreren Energieversorgungsunternehmen ähnliche Projekte.

Sowohl SSM-Maßnahmen als auch DSM-Maßnahmen erfordern erhebliche Investitionen. Die Entscheidung über die durchzuführenden Maßnahmen erfordert daher einen Vergleich zwischen der Supply- und der Demand-Side. Die kostengünstigere Alternative wird in die Praxis umgesetzt. Bild 5.13 zeigt den Ansatz des LCP im Überblick.

5.4.2 Energieeinsparpotentiale in den Haushalten

Die Idee des Integrated Ressource Planning, insbesondere die Vergabe von Zuschüssen, ist in den USA Anfang der siebziger Jahre nach der ersten Ölkrise entwickelt worden. Die gestiegenen Brennstoffkosten und die hohen Finanzierungskosten für den Kraftwerksbau haben die Energiekosten sprunghaft ansteigen lassen. Die Energieversorgungsunternehmen waren daher bestrebt, mit dem vorhandenen Kraftwerkspark möglichst lange auszukommen und nicht in langfristige Projekte zu investieren. Das Interesse an IRP ließ später nach und wurde erst Ende der achtziger Jahre im Zusammenhang mit der Umwelt- und CO_2-Diskussion wieder geweckt. Die amerikanischen Erfahrungen sind jedoch nicht ohne weiteres auf Deutschland übertragbar. Der durchschnittliche Stromverbrauch in einem Haushalt beträgt in den USA im Jahr ca. 9500 *kWh*, in Deutschland dagegen nur 3600 *kWh*. Das läßt sehr viel geringere Einsparpotentiale erwarten. Das Risiko von Fehlinvestitionen ist daher in Deutschland höher.

Daneben gibt es weitere Unterschiede zwischen der Stromwirtschaft der USA und Deutschland. In den USA entfallen ca. 11 % des Stromabsatzes auf Klimaanlagen. Dieser Anteil liegt in Kalifornien und Florida noch erheblich höher. Kalifornische Energieversorgungsunternehmen konnten so als LCP-Maßnahme die Anpflanzung von schattenspendenden Bäumen fördern, um den Energiebedarf von Klimaanlagen zu senken. Für das Kühlen von Lebensmitteln wird in den USA fast fünfmal soviel Strom ausgegeben, wie in Deutschland, obwohl der Standardkühlschrank mit 600 l Fassungsvermögen nur das dreifache Volumen eines deutschen Kühlschranks hat. Die Strompreise sind mit 10 *Cent/kWh* in den USA deutlich niedriger als in Deutschland, bei einzelnen Energieversorgern können sie sogar bis auf 5 *Cent/kWh* zurückgehen.

Die durchschnittliche Benutzungsdauer der Höchstlast erreicht in Deutschland etwa 6500 h (m=0,74), in den USA dagegen nur 5000 h (m=0,57). Das gibt dort einen größeren Spielraum für das Lastmanagement.

Angesichts dieser Situation laufen in Deutschland erst einige Pilotprojekte des IRP. Die dazugehörigen Maßnahmen des Demand-Site-Managemant sind im Bild 5.13 angegeben. **Informationsprogramme** über rationelle Energie- und Stromanwendung dienen der richtigen Auswahl eines neu anzuschaffenden Gerätes. **Finanzierungsprogramme** und **Zuschußprogramme** für den Kauf energiesparender Geräte sollen deren Einsatz im Haushalt beschleunigen. Als zu fördernde Gerätegruppen wurden Waschmaschinen, Geschirrspülmaschinen, Kühlschränke und Gefriergeräte ausgewählt, da sie durch Weiterentwicklung seit den siebziger Jahren die größten Energieeinsparpotentiale (ca. 35-40 %) erwarten lassen. **Energiesparpreisausschreiben** dienen der Förderung der richtigen Nutzung von Elektrogeräten.

In Westdeutschland wird etwa 25 % des Stromes in den privaten Haushalten verbraucht. Daraus resultiert ein großes Einsparpotential, obwohl der Stromverbrauch in der Industrie wesentlich höher ist. Die maximalen theoretischen Einsparpotentiale in den Haushalten sind in Tabelle 5.8 angegeben.

Tabelle 5.8: Maximale theoretische Energie-Einsparpotentiale in Haushalten

Hauhaltsgerät	Einsparpotential in %
Kühlschrank	13
Gefrierschrank	12
Elektroherd	11
Warmwasser im Bad	12
Warmwasser in der Küche	5
Beleuchtung	10
Waschmaschine	8
Television, Audio	6
Geschirrspüler	4
Wäschetrockner	2
Sonstige Geräte	17

Alle diese Maßnahmen dienen der Senkung des Energieverbrauchs und damit gleichzeitig der Vermeidung von CO_2-Emissionen. Auch eine Verminderung der täglichen Lastspitzen um bis zu 50 *MW* wird angestrebt. In der Praxis treten jedoch Unsicherheiten auf. Unbekannte Parameter sind besonders:

- Die Teilnehmerquote: Wieviele Käufer lassen sich durch das Zuschußprogramm in der Kaufentscheidung beeinflussen?
- Die Mitnehmerquote: Welcher Kundenanteil hätte sich ohne das Zuschußprogramm für das gleiche Gerät entschieden?
- Die Mitgeberquote: Welcher Kundenanteil entscheidet sich aufgrund des Programms für ein energiesparendes Gerät, nimmt den Zuschuß jedoch nicht in Anspruch?
- Der Rebound-Effekt: Zuschüsse und eingesparte Stromkosten führen zu einer Erhöhung des verfügbaren Einkommens und lassen so eine intensivere Nutzung zu.
- Der Snap-back-Effekt: Aus Zuschüssen und eingesparten Stromkosten ergibt sich ein höheres verfügbares Einkommen, mit dem mehr und teurere Geräte gekauft werden.

Zur Beherrschung der Energie- und der Umweltprobleme brauchen wir neue Denkansätze, die über rein betriebswirtschaftliche Betrachtungsweisen hinausgehen. LCP/IRP ist ein solcher Ansatz. Seine Wirksamkeit wird sich in der Praxis erweisen müssen.

Literaturverzeichnis

Bücher

[1] Andé, F.
Die Schaltung der Leistungstransformatoren
Springer-Verlag Berlin, Heidelberg, New York, London 1959

[2] Bödefeld, T.;Sequenz, H.
Elektrische Maschinen
Springer-Verlag Berlin, Heidelberg, New York, London 1971

[3] Bose, B.K.
Modern Power Electronics
IEEE Press, New York 1992

[4] Clarke, E.
Circuit Analysis of A-C Power Systems
Volume 1: Symmetrical and Related Components
John Wiley & Sons, Inc., New York 1943

[5] Clarke, E.
Circuit Analysis of A-C Power Systems
Volume 2
John Wiley & Sons, Inc., New York 1950

[6] Constantinescu-Simon, L. (Hrsg.)
Handbuch Elektrische Energietechnik
Vieweg Braunschweig und Wiesbaden 1996

[7] Czichos, H. (Herausgeber)
Hütte: Die Grundlagen der Ingenieurwissenschaften
Springer-Verlag Berlin, Heidelberg, New York, 1991

[8] Edelmann, H.
Berechnung elektrischer Verbundnetze
Springer-Verlag Berlin, Göttingen, Heidelberg, 1963

[9] Edelmann, H.; Theilsiefje, K.
Optimaler Verbundbetrieb in der elektrischen Energieversorgung
Springer-Verlag Berlin, Heidelberg, New York, London 1974

[10] Fischer, W. (Hrsg.)
Die Geschichte der Stromversorgung
Verlags- und Wirtschaftsgesellschaft der Elektrizitätswerke m.b.H.
Frankfurt am Main 1992

[11] Flosdorff, R.; Hilgarth, G.
Elektrische Energieverteilung
B. G. Teubner Stuttgart 1994

[12] Funk, G.
Der Kurzschluß im Drehstromnetz
R. Oldenbourg Verlag München 1962

[13] Funk, G.
Symmetrische Komponenten
Elitera Berlin 1976

[14] Gattinger, G.; Halbritter, J.; Riesner, W.
Ressourcen, Versorgung, Verbrauch
Siemens Aktiengesellschaft Berlin und München 1991

[15] Gattinger, G.; Halbritter, J.; Voigtländer, P.
Emissionen und Umwelt
Siemens Aktiengesellschaft Berlin und München 1990

[16] Gattinger, M. u. a.
Stromerzeugung und Stromverbrauch - Verbundnetze
Siemens Aktiengesellschaft Berlin und München 1992

[17] Gerwin, R. (Hrsg.)
Energieversorgung nach der Planwirtschaft
S. Hirzel Verlag Stuttgart 1993

[18] Handschin, E.
Elektrische Energieübertragungssysteme
Teil 1: Stationärer Betriebszustand
Dr. Alfred Hüthig Verlag Heidelberg 1983

[19] Handschin, E.
Elektrische Energieübertragungssysteme
Teil 1: Netzdynamik
Dr. Alfred Hüthig Verlag Heidelberg 1984

[20] Happoldt, H.; Oeding, D.
Elektrische Kraftwerke und Netze
Springer-Verlag Berlin, Heidelberg, New York 1978

[21] Heuck, K.; Dettmann, K.-D.
Elektrische Energieversorgung
Friedrich Vieweg & Sohn Verlagsgesellschaft mbH
Braunschweig/Wiesbaden 1995

[22] Heumann, K.
Grundlagen der Leistungselektronik
B. G. Teubner 1996

[23] Hochrainer, A.
Symmetrische Komponenten in Drehstromsystemen
Springer-Verlag Berlin/Göttingen/Heidelberg 1957

[24] Hosemann, G.; Boeck, W.
Grundlagen der elektrischen Energietechnik
Springer-Verlag Berlin, Heidelberg, New York, London, Paris, Tokyo, Hong Kong, Barcelona 1991

[25] Hosemann, G. (Hrsg.)
Hütte: Taschenbücher der Technikl - Elektrische Energietechnik
Band 3: Netze
Springer-Verlag Berlin/Heidelberg/New York 1988

[26] Hüttl, A.; Steger, U. (Hrsg.)
Strom oder Askese
Campus Verlag Frankfurt, New York 1994

[27] Jordan, H.; Klima, V.; Kovács, K.P.
Asynchronmaschinen
Funktion, Theorie, Technisches
Vieweg - Verlag, Braunschweig 1975

[28] Kaufmann, W.
Planung öffentlicher Elektrizitätsverteilungsnetze
VDE-Verlag Berlin 1995

[29] Kelemen, A.; Imecs, M.
Vector Control of AC Drives
Écriture Budapest 1993

[30] Knight, U.G.
Power Systems Engineering and Mathematics
Pergamon Press Ocford, New York, Toronto, Sidney 1972

[31] Kloeppel, F.W.; Fiedler H.
Kurzschluß in Elektroenergiesystemen
Deutscher Verlag für Grundstoffindustrie Leipzig 1969

[32] Kloeppel, F.W.
Planung und Projektierung von Elektroenergieversorgungssystemen
Deutscher Verlag für Grundstoffindustrie Leipzig 1974

[33] Koettnitz, H.; Winkler, G.; Weßnigk, K.-D.
Grundlagen elektrischer Betriebsvorgänge in Elektroenergiesystemen
Deutscher Verlag für Grundstoffindustrie Leipzig 1986

[34] Koettnitz, H.; Pundt,H.
Berechnung elektrischer Energieversorgungsnetze
Band I: Mathematische Grundlagen und Netzparameter
Deutscher Verlag für Grundstoffindustrie Leipzig 1968

[35] Kovács, K.P.; Rácz, I.
Transiente Vorgänge in Wechselstrommaschinen
Band 1: Grundlagen - Transiente Vorgänge in Synchronmaschinen
Verlag der Ungarischen Akademie der Wissenschaften Budapest 1959

[36] Kovács, K.P.; Rácz, I.
Transiente Vorgänge in Wechselstrommaschinen
Band 2: Transiente Vorgänge in Asynchronmaschinen
Verlag der Ungarischen Akademie der Wissenschaften Budapest 1959

[37] Kovács, K.P.
Symmetrische Komponenten in Wechselstrommaschinen
Birkhäuser Verlag Basel und Stuttgart 1962

[38] Krause, P. C.;Wasynczuk, O.; Sudhoff, Sc. D,
Analysis of Electric Machinery
IEEE Press, New York 1995

[39] Küchler, R.
Die Transformatoren
Springer-Verlag Berlin, Heidelberg, New York, London 1966

[40] Kugeler, K.; Phlippen, P.-W.
Energietechnik
Springer-Verlag Berlin, Heidelberg, New York, London, Paris, Tokyo, Hong Kong, Barcelona, Budapest 1993

[41] Lappe, R.; Conrad, H.; Kronberg, M.
Leistungselektronik
Springer-Verlag Berlin, Heidelberg, New York, London, Paris, Tokyo, Hong Kong, Barcelona, Budapest 1992

[42] Lázár, J.
Park-Vector Theory of Line-Commutated Three-Phase Bridge Converters
OMIKK Publisher Budapest 1987

[43] Lehne, H.
Gestaltung und Bemessung von Elektroenergiesystemen
Teil 1: Planungsgrundsätze und CAE
Teil 2: Strukturen elektrischer Netze
Teil 3: Berechnung elektrischer Belastungen
Teil 4: Leistungs- und Energiebilanzierung
Teil 5: Betriebsverhalten von Niederspannungs-Asynchronmotoren bei Hochlauf und Spannungsminderung
Teil 6: Drehstrommotoren bei normalen und erschwerten Anlaufbedingungen
Kompaktseminar Prozeßleittechnik: Elektrotechnik
R. Oldenbourg Verlag München Wien 1989

[44] Leonhard, W.
Regelung in der elektrischen Energieversorgung
B.G. Teubener Stuttgart 1980

[45] Linnemann, G. (Hrsg.)
Handbuch Elektrotechnik/Elektronik
Dr. Alfred Hüthig Verlag Heidelberg 1983

[46] Manfred Grathwohl
Energieversorgung
Walter de Gruyter Berlin, New York 1978

[47] Markowitsch, L. M.
Prozeßführung von Elektroenergiesystemen
Deutscher Verlag für Grundstoffindustrie Leipzig 1977

[48] Michel, M.
Leistungselektronik
Springer-Verlag Berlin, Heidelberg, New York, London, Paris, Tokyo, Hong Kong, Barcelona, Budapest 1996

[49] Mohan, N.; Undeland, T. M.;Robbins, W.P.
Power Electronics
John Wiley & Sons, Inc.
New York, Chichester, Brisbane, Toronto, Singapore 1995

[50] Müller, G.
Elektrische Maschinen
Grundlagen, Aufbau und Wirkungsweise
Verlag Technik Berlin 1985

[51] Müller, L.
Reihenkondensatoren in elektrischen Netzen
Resch, München/Gräfelfing 1967

[52] Müller, L.
Unternehmensführung in der Elektrizitätswirtschaft
Vorlesungsskript Universität Erlangen-Nürnberg
Lehrstuhl für Elektrische Energieversorgung 1994

[53] Oswald, B.; Siegmund, D.
Berechnung von Ausgleichsvorgängen in Elektroenergiesystemen
Deutscher Verlag für Grundstoffindustrie Leipzig 1991

[54] Oswald, B.
Netzberechnung
VDE-Verlag Berlin 1991

[55] Oswald, B.
Netzberechnung 2
VDE-Verlag Berlin 1996

[56] Paice, D.A.
Power Electronic Converter Harmonics
IEEE Press, New York 1996

[57] Philippow, E.
Grundlagen der Elektrotechnik
Dr. Alfred Hüthig Verlag Heidelberg 1989

[58] Retter, G. J.
Matrix and Space-Phasor Theory of Electrical Machines
Akadémiai Kiadó, Budapest 1987

[59] Roeper, R.
Kurzschlußströme in Drehstromnetzen
Siemens-Aktiengesellschaft Berlin und München 1984

[60] Schaefer, H.
Elektrische Kraftwerkstechnik
Springer-Verlag Berlin, Heidelberg, New York, London 1971

[61] Schaller, D.
Berechnung elektrischer Energieversorgungsnetze
Teil III: Maschinelle Berechnung und Optimierung
Deutscher Verlag für Grundstoffindustrie Leipzig 1972

[62] Schultheiss, F.; Weßnigk, K.-D.
Berechnung elektrischer Energieversorgungsnetze
Teil II: Übertragungsberechnung
Deutscher Verlag für Grundstoffindustrie Leipzig 1971

[63] Schwenkhagen, H.F.
Allgemeine Wechselstromlehre
Band 1: Grundlagen
Springer-Verlag Berlin, Göttingen, Heidelberg 1951

[64] Schwenkhagen, H.F.
Allgemeine Wechselstromlehre
Band 2: Vierpole - Leitungen - Wellen
Springer-Verlag Berlin, Göttingen, Heidelberg 1959

[65] Seinsch, O.
Grundlagen elektrischer Maschinen und Antriebe
B.G. Teubener Stuttgart 1993

[66] Seinsch, O.
Ausgleichsvorgänge bei elektrischen Antrieben
Grundlagen zur analytischen und numerischen Berechnung
B.G. Teubner Stuttgart 1991

[67] Stagg, G. W.; Ahmed, H. El-A.
Computer Methods in Power Systems Analysis
McGraw-Hill Book Company London 1987

[68] Steinmetz, Ch. Pr.
Theorie und Berechnung der Wechselstrom-Erscheinungen
Verlag von Reuther & Reichard Berlin 1900

[69] Unbehauen, R.
Grundlagen der Elektrotechnik
Band 1: Allgemeine Grundlagen, Lineare Netzwerke, Stationäres Verhalten
Springer-Verlag Berlin, Heidelberg, New York, London, Paris, Tokyo, Hong Kong, Barcelona, Budapest 1994

[70] Unbehauen, R.
Grundlagen der Elektrotechnik
Band 2: Einschwingvorgänge, Nichtlineare Netzwerke, Theoretische Erweiterungen
Springer-Verlag Berlin, Heidelberg, New York, London, Paris, Tokyo, Hong Kong, Barcelona, Budapest 1994

[71] Unbehauen, R.
Systemtheorie
Oldenbourg München 1993

[72] Voß, A. (Hrsg.)
Die Zukunft der Stromversorgung
Verlags- und Wirtschaftsgesellschaft der Elektrizitätswerke m.b.H.
Frankfurt am Main 1992

[73] Winje, D.; Witt, D.
Energiewirtschaft
Springer-Verlag Berlin, Heidelberg, New York, Tokyo 1993

Zeitschriften und Verbandspublikationen

[74] ABB Technik

[75] Archiv für Elektrotechnik

[76] Bulletin des Schweizerischen Elektrotechnischen Vereins

[77] e&i Elektrotechnik und Infomationstechnik

[78] Elektra
[79] Elektrie
[80] Elektrizität
[81] Elektrizitätswirtschaft
[82] Elektrizitätswirtschaftliche Tagesfragen
[83] ETEP European Transactions on Electrical Power
[84] etz Elektrotechnische Zeitschrift
[85] etz-Archiv (bis 1990)
[86] EuM Elektrotechnik und Maschinenbau (bis 1987)
[87] IEEE Transactions on Industry Applications
[88] IEEE Transactions on Power Electronics
[89] IEEE Transactions on Transmission and Distribution
[90] Jahresberichte der Deutschen Verbundgesellschaft
[91] Siemens power journal
[92] Siemens Zeitschrift
[93] Stromthemen
[94] UCPTE-Jahres- und -Halbjahres-Berichte
[95] VDEW-Jahresberichte
[96] VWEW-Energiewirtschaftliche Studien

Sachwortverzeichnis